EUROPA-FACHBUCHREIHE
für Bautechnik

BAUTECHNIK nach Lernfeldern

Grundbildung

Bearbeitet von Lehrern an beruflichen Schulen und Ingenieuren
Lektorat: Hansjörg Frey, Dipl.-Ing.

3. Auflage

VERLAG EUROPA-LEHRMITTEL · Nourney, Vollmer GmbH & Co. KG
Düsselberger Straße 23 · 42781 Haan-Gruiten

Europa-Nr. 45216

Autorenverzeichnis der „Bautechnik nach Lernfeldern – Grundbildung“

Ballay, Falk	Dipl.-Gewerbelehrer	Dresden
Frey, Hansjörg	Dipl.-Ing.	Göppingen
Kärcher, Siegfried	Dipl.-Gewerbelehrer, Oberstudiendirektor	Löffingen
Kuhn, Volker	Dipl.-Ing., Architekt	Höpfingen
Traub, Martin	Oberstudienrat a. D.	Essen
Werner, Horst	Dipl.-Ing. (FH)	Tauberbischofsheim

Lektorat und Leitung des Arbeitskreises:
Hansjörg Frey, Dipl.-Ing.

Bildbearbeitung:
Zeichenbüro Irene Lillich, Schwäbisch Gmünd
Verlag Europa-Lehrmittel, Abteilung Bildbearbeitung, Ostfildern

Fotonachweis zum Titelbild: privat

3. Auflage 2016
Druck 5 4 3 2 1

Alle Drucke derselben Auflage sind parallel einsetzbar, da sie bis auf die Behebung von Druckfehlern untereinander unverändert sind.

Autoren und Verlag können für Fehler im Text oder in den Abbildungen im vorliegenden Buch nicht haftbar gemacht werden.

ISBN 978-3-8085-4523-2

http://www.europa-lehrmittel.de

Umschlaggestaltung: Blick Kick Kreativ KG, 42653 Solingen
Satz: Satz+Layout Werkstatt Kluth GmbH, 50374 Erftstadt
Druck: Konrad Triltsch Print und digitale Medien GmbH, 97199 Ochsenfurt-Hohestadt

Vorwort

Das Fachbuch **„Bautechnik nach Lernfeldern – Grundbildung"** ist nach dem Rahmenlehrplan für den berufsbezogenen Unterricht an Berufsschulen aufgebaut. Nach dem Beschluss der Kultusministerkonferenz vom 05.02.1999 sollen die zugeordneten Berufe in der Bauwirtschaft im 1. Ausbildungsjahr eine berufsfeldbreite Grundbildung erhalten. Die Lerninhalte dieses Buches sind deshalb für alle Auszubildenden im Berufsfeld Bautechnik gleich.

Inhalte

Die einheitliche Gliederung aller Lernfelder in vier Abschnitte erleichtert die Arbeit mit diesem Buch.

- Die **Lernfeld-Einführung** soll Schülerinnen und Schülern einen Überblick über die Themen vermitteln, die in diesem Lernfeld behandelt werden.
- Die **Lernfeld-Kenntnisse** umfassen die im Lernfeld geforderten technologischen, fachmathematischen, zeichnerischen und sicherheitstechnischen Lerninhalte.
- Das **Lernfeld-Projekt** zeigt anhand einer praxisnahen Aufgabenstellung die Vorgehensweise bei der Erarbeitung der Projektlösung.
- Die **Lernfeld-Aufgaben** sind von den Schülerinnen und Schülern allein oder im Team zu bearbeiten. Sie können mit dem Fachwissen aus dem Abschnitt Lernfeld-Kenntnisse gelöst werden. Die Aufgaben sind so gestaltet, dass mehrere richtige Lösungen möglich sind. Dadurch lassen sie sich den individuellen Möglichkeiten der Schülerinnen und Schüler sowie den örtlichen Gegebenheiten der Baustelle anpassen.

Die Entwicklung der Handlungskompetenz im Sinne des Rahmenlehrplans ist vorrangiges Ziel des Unterrichts. Das eigenständige Kapitel **„Projektarbeit im Lernfeld"** soll zur Erreichung dieses Zieles beitragen. Darin finden Schülerinnen und Schüler Vorschläge, Anregungen und Arbeitshilfen für die Vorgehensweise bei der Erarbeitung von Projekten. Im Einzelnen wird dargestellt, wie Informationen beschafft und verarbeitet und wie Ergebnisse dokumentiert werden. Weiterhin werden Möglichkeiten und Hinweise für die Präsentation der Projektergebnisse gegeben.

Ausstattung

Das Tabellenheft **„Grundlagen, Formeln, Tabellen, Verbrauchswerte"** enthält sowohl lernfeldspezifische als auch lernfeldübergreifende fachmathematische, technologische und zeichnerische Grundlagen und Daten, auf die sowohl im Unterricht und bei der Eigenarbeit als auch bei Klassenarbeiten und Prüfungen zurückgegriffen werden kann.

Eine dem Buch beigelegte CD-ROM **„Abbildungen, Tabellen, Grafiken"** dient als Hilfe zur Präsentation von Projektlösungen. Sie enthält auch Formulare zum Download.

Zielgruppe

Die vorliegende **„Bautechnik nach Lernfeldern – Grundbildung"** eignet sich besonders für den Unterricht in der Berufsschule und in den überbetrieblichen Ausbildungsstätten sowie im Berufsgrundbildungsjahr und im Berufsvorbereitungsjahr. Durch die besondere Ausstattung und das handlungsorientierte Konzept ist der Einsatz des Buches auch geeignet in Schularten mit dem Schwerpunkt oder Profilbereich Bautechnik, wie z. B. der zweijährigen Berufsfachschule und Kollegschulen.

Anregungen

Verlag und Autoren wünschen den Benutzern der **„Bautechnik nach Lernfeldern – Grundbildung"** viel Erfolg beim Gebrauch und sind für Hinweise und Anregungen immer dankbar. Sie können dafür unsere Adresse lektorat@europa-lehrmittel.de nutzen.

In der **3. Auflage** der **Bautechnik nach Lernfeldern – Grundbildung** konnten neben Verbesserungen in den Texten, Zeichnungen und Aufgaben auch viele durch Normänderungen bedingte Begriffsänderungen, Kurzzeichen und Tabellen neu eingeführt werden. Solche Änderungen haben sich ergeben z.B. bei Bodenarten, Berechnungen der Fundamente, Pflaster- und Plattenbelägen, dem Diagramm für den Wasserzementwert, bei Baugipsen, sowie bei Fliesen und Platten. Entsprechende Veränderungen wurden beim **Tabellenheft „Grundlagen, Formeln, Tabellen, Verbrauchswerte"** vorgenommen.

Herbst 2016

Hansjörg Frey

Inhalt

Lernfeld 1: Einrichten einer Baustelle

Lernfeld 2: Erschließen und Gründen eines Bauwerks

Lernfeld 3: Mauern eines einschaligen Baukörpers

Lernfeld 4: Herstellen eines Stahlbetonbauteils

Lernfeld 5: Herstellen einer Holzkonstruktion

Lernfeld 6: Beschichten und Bekleiden eines Bauteils

Projektarbeit im Lernfeld

Firmenverzeichnis

Die nachfolgend aufgeführten Firmen haben die Autoren durch Beratung, Druckschriften und Fotos unterstützt.

W. Altendorf Maschinenbau
Minden

Arbeitsgemeinschaft Holz e.V.
Düsseldorf

Birkenmeier KG GmbH & Co., Baustoffwerke
Breisach-Niederrimsingen

R. Bosch, Elektrowerkzeuge
Leinfelden-Echterdingen

Albrecht Braun GmbH
Amstetten

Bundesverband Porenbetonindustrie e.V.
Wiesbaden

CLAY TEC e.V.
Viersen

Dachverband Lehm
Weimar

Desowag Materialschutz
Rheinberg

Deutsche Doka
Mönchengladbach

Deutsche Heraklith GmbH
Simbach am Inn

Deutsche Steinzeug Keramik GmbH
Schwarzwald

Fachverband Bau Württemberg
Stuttgart

Finnforest GmbH
Bremen

Form + Test Seidner & Co. GmbH
Riedlingen

Hess, Holzleimbau
Miltenberg

Holz-Her, Maschinenfabrik
Nürtingen

Kalksandstein Info GmbH
Hannover

Gebr. Knauf
Iphofen

Lauber, Apparatebau
Alfdorf

Liebherr-Mischtechnik
Bad Schussenried

Mafell AG, Maschinenfabrik
Oberndorf a. N.

Merk, Holzbau
Aichach

OECON, Mobilraum GmbH
Bartholomä

PCI Augsburg GmbH
Augsburg

Protool, Elektrowerkzeuge
Wendlingen

Remmers, Baustofftechnik
Löningen

Rigips GmbH
Düsseldorf

Stettner GmbH
Memmingen

Villeroy & Boch
Mettlach

Wienerberger Ziegelindustrie GmbH
Hannover

WOLFIN Henkel Bautechnik
Wächtersbach

1 Einrichten einer Baustelle

1.1 Lernfeld-Einführung

Vor Beginn der Bauarbeiten erfordert das wirtschaftliche, sichere und erfolgreiche Erstellen von Bauwerken von allen am Bau Beteiligten

- das planerische Durchdenken der Arbeitsabläufe,
- die Einsatzplanung von Werkzeugen, Maschinen, Geräten und Baustoffen sowie
- die Einsicht zur Einhaltung der Unfallverhütungsvorschriften und Benutzung der persönlichen Schutzausrüstung **(Bild 1)**.

Bei der Ausführung der Bauarbeiten sind eine Vielzahl von Bauberufen wie z. B. Rohbau-, Ausbau- und Tiefbauberufe beteiligt. Um die Bauarbeiten verantwortungsvoll ausführen zu können, sind notwendig

- Kenntnisse über Baustoffe und Arbeitsabläufe,
- die Einhaltung der Arbeitsschutzvorschriften,
- Kenntnisse zur Vermeidung von Schäden durch Umwelteinflüsse,
- das Wissen über Aufbau und Organisation des eigenen Betriebes sowie
- das Zusammenwirken aller am Bau beteiligten Berufe.

Bild 1: Baustelle

Erforderliche Kenntnisse

- am Bau Beteiligte
- Zuammenwirken der Bauberufe
- Bauaufsicht
- Arbeitgeber- und Arbeitnehmerverbände
- Bauvorschriften
- Arbeitsschutzvorschriften
- Unfallverhütungsvorschriften
- Umweltschutzvorschriften
- Baustelleneinrichtung
- Verkehrssicherung
- Höhen-, Längen- und Rechtwinkelmessung
- Geometrische Grundkonstruktionen
- Längen- und Flächenberechnung
- Körperberechnung
- Maßstäbe
- Bemaßung

1.2 Lernfeld-Kenntnisse

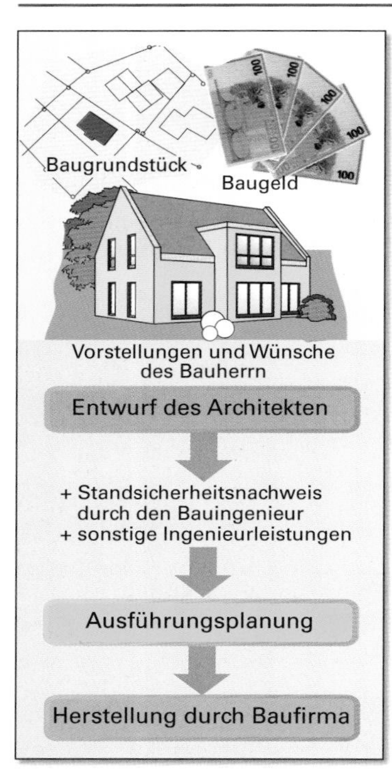

Bild 1: Beteiligte am Bau

1.2.1 Beteiligte am Bau

Bauherr sind
- Privatpersonen,
- Gewerbe- und Industriebetriebe,
- Verkehrsbetriebe sowie
- Gemeinden, Städte, Länder und Bund.

Sie verfügen über
- Baugeld (Eigenkapital und Kredite),
- Baugrundstücke sowie
- Vorstellungen und Wünsche zu ihrem Bauwerk **(Bild 1)**.

Bauplaner sind
- Architekten,
- Bauingenieure und
- Fachingenieure.

Sie versuchen, die Vorstellungen und Wünsche des Bauherrn umzusetzen in einen Bauentwurf, der
- Funktion,
- Erscheinungsbild und
- Wirtschaftlichkeit des Bauwerks gewährleistet.

Baufirma ist Hersteller
- eines Gewerkes, z.B. Mauerarbeiten, Holzbauarbeiten, oder
- mehrerer Gewerke, z.B. der gesamten Rohbauarbeiten, oder
- von schlüsselfertigen Bauwerken, die bezugsfertig dem Bauherrn übergeben werden.

Zu den Bauberufen zählen als Rohbauberufe u.a. Maurer, Beton- und Stahlbetonbauer, Baugeräteführer, Gerüstbauer und Zimmerer.

Maurer
- erstellt Fundamente, Wände, Stützen, Decken, Treppen und Schornsteine
- mauert, schalt, bewehrt und betoniert
- wirkt bei der Herstellung von Fertigteilen mit und versetzt diese
- richtet die Baustelle ein
- verlegt Abwasserrohre
- erstellt Gerüste

Beton- und Stahlbetonbauer
- erstellt Schalungen für Wände, Stützen, Decken, Treppen und Fertigteile
- fertigt Bewehrungen aus Betonstabstahl und Betonstahlmatten
- betoniert Bauteile auf der Baustelle und als Fertigteil im Werk
- saniert durch Korrosion beschädigte Bauteile
- stellt Spannbetonbauteile her

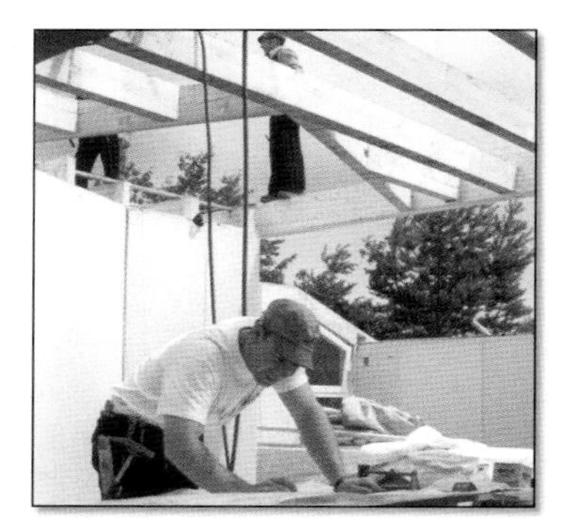

Zimmerer
- stellt vorwiegend Holzkonstruktionen für Wände, Decken, Treppen und Dächer her
- fertigt Lehrgerüste und Betonschalungen
- verarbeitet Holzwerkstoffe
- macht Trockenbauarbeiten
- stellt Verschalungen und Bekleidungen an Außen- und Innenwänden her
- führt Arbeiten für den Wärme-, Feuchte-, Schall- und Brandschutz aus

Damit ein Bauwerk termingerecht erstellt werden kann, ist die Planung des Beginns und der Dauer der unterschiedlichen handwerklichen Arbeiten (Gewerke) in einem **Bauzeitenplan** darzustellen **(Bild 1)**. Dabei ist auf die richtige Reihenfolge der einzelnen Gewerke zu achten. Ohne Rücksichtnahme und Verständnis für die Arbeit des anderen Handwerkers ist ein Zusammenwirken der verschiedenen Bauberufe und damit ein erfolgreiches und sicheres Arbeiten auf der Baustelle nicht möglich.

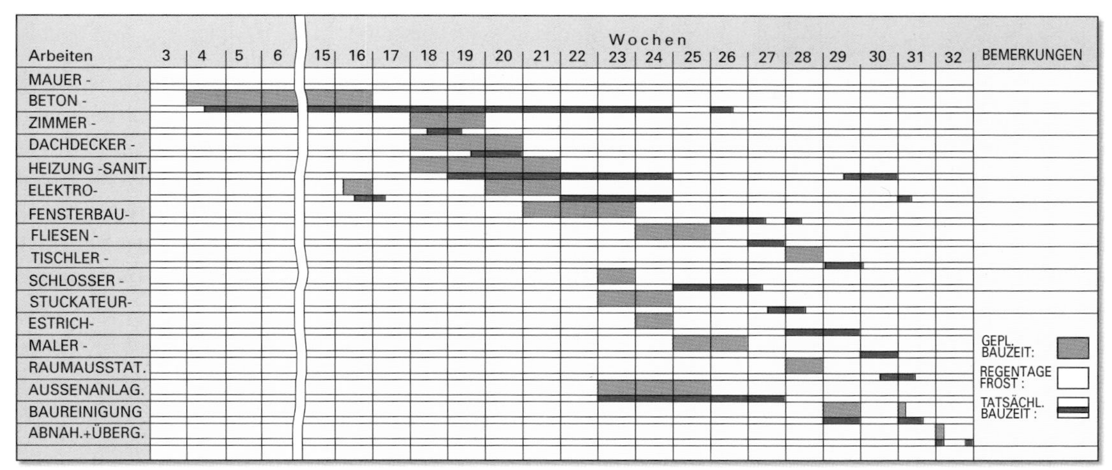

Bild 1: Beispiel für das Zusammenwirken der Bauberufe, dargestellt in einem Bauzeitenplan

Die **Bauaufsicht** gewährleistet eine plangerechte und sichere Ausführung des Bauwerks.

- Die **Baufirma** stellt dies sicher durch Bauleiter, Meister, Poliere sowie Facharbeiter und dokumentiert dies z. B. im Bautagebuch, in Leistungsmeldungen und Lieferscheinen.
- **Architekten, Bauingenieure** und **Fachingenieure** sind für Planung, Ausführung und Überwachung der Bauarbeiten verantwortlich.
- **Bauämter** kontrollieren die Einhaltung technischer und behördlicher Bauvorschriften.
- Das **Gewerbeaufsichtsamt** überwacht u. a. die Einhaltung des Jugendarbeitsschutzgesetzes, der Arbeitszeit- und der Arbeitsstättenverordnung.
- Die **Berufsgenossenschaft** überprüft die Einhaltung der Unfallverhütungsvorschriften (UVV).

Zum Baugewerbe zählen die verschiedenen am Bauen beteiligten Berufsgruppen **(Bild 2)**. Sowohl Arbeitgeber als auch Arbeitnehmer vertreten ihre Interessen über eigene Verbände.

- Die Arbeitgeber der Baubetriebe sind in Arbeitgeberverbänden zusammengeschlossen.
- Die Arbeitnehmer organisieren sich in Gewerkschaften.
- Arbeitgeber- und Arbeitnehmervertreter regeln die Arbeitsbedingungen auf den Baustellen.
- In Tarifverhandlungen werden Festlegungen, wie z. B. Lohnerhöhungen, getroffen.

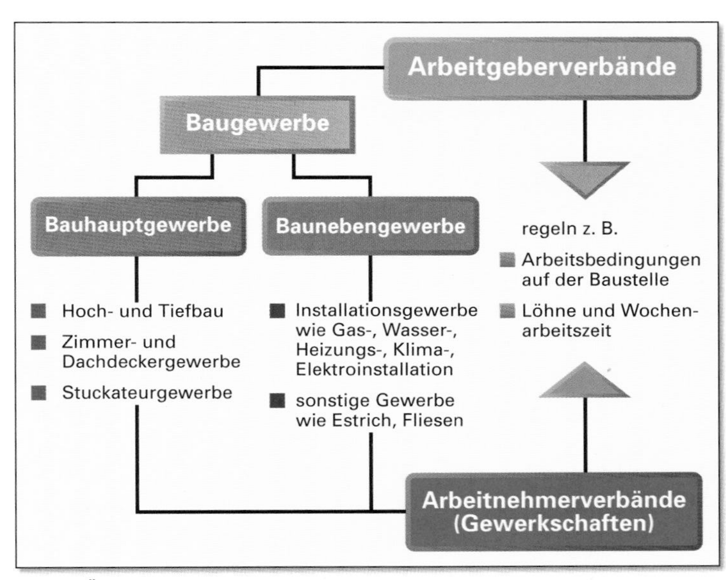

Bild 2: Übersicht über das Baugewerbe und die Interessenvertretungen

Bild 1: Vergabe- und Vertragsordnung

1.2.2 Vorschriften am Bau

Für das qualitätsbewusste Bauen sind z. B. Bauvorschriften, Umweltvorschriften und Unfallverhütungsvorschriften einzuhalten.

1.2.2.1 Bauvorschriften

Bauvorschriften sollen sicherstellen, dass bei Planung und Erstellung eines Bauwerks die Anforderungen an Sicherheit und Gebrauchstauglichkeit eingehalten werden. Außerdem ist Art, Nutzung und Größe des Bauwerks an die vorhandene oder geplante Bebauung anzupassen.

Baurechtliche Regeln sind hauptsächlich Gesetze und Verordnungen

- des Bundes, wie z. B. Baugesetzbuch, Raumordnungsgesetz,
- der Länder, wie z. B. Landesbauordnung, Straßenbaugesetz,
- der Gemeinden, wie z. B. Flächennutzungsplan und Bebauungsplan.

Bautechnische Regeln sind in der Bauausführung wichtig, wie z. B.

- **DIN**-Normen (**D**eutsches **I**nstitut für **N**ormung in Berlin),
- **EN**-Normen (**E**uropäisches Komitee für **N**ormung in Brüssel),
- **ISO**-Normen (**I**nternationale **O**rganisation für Normung in Genf),
- **VOB** (**V**ergabe- und Vertrags**o**rdnung für **B**auleistungen) in der derzeit gültigen Fassung,
- Merkblätter, Verarbeitungshinweise und Prüfzeugnisse **(Bild 1)**.

Bild 2: Schutzschuhe

1.2.2.2 Umweltschutzvorschriften

Beispiele für **Umweltschutz des Bundes**		Beispiele für **Umweltschutzgesetze der Länder**
• Immissionsschutzgesetz	⇨	Luftreinhaltepläne
• Wasserhaushaltsgesetz	⇨	Abwasserbeseitigungspläne
• Abfallbeseitigungsgesetz	⇨	Abfallbeseitigungspläne
• Naturschutzgesetz	⇨	Landschaftsrahmenpläne

Die Umweltbelastung schadet nicht nur den Menschen und der Natur, sondern kann auch zu Schäden an Bauwerken führen. Deshalb müssen alle Beschäftigten die Grundsätze des Umweltschutzes beachten.

1.2.2.3 Unfallverhütungsvorschriften

Die Berufsgenossenschaften haben die Aufgabe, nicht nur bei Unfällen für den Schaden aufzukommen, sondern hauptsächlich der Schadensvermeidung zu dienen. Sie erlassen deshalb **U**nfall**v**erhütungs**v**orschriften **(UVV)** und sorgen durch Baustellenbesuche für deren Einhaltung.

Jeder Mitarbeiter sollte seine Gesundheit als höchstes Gut ansehen. Unfälle beeinträchtigen die Gesundheit, führen zu Betriebsstörungen und finanziellen Einbußen. Deshalb sollte jeder Mitarbeiter die für ihn vorgeschriebene persönliche Schutzkleidung auf der Baustelle tragen.

Diese **persönliche Schutzkleidung** besteht aus

- Schutzkleidung mit Regen- und Winterschutz,
- Schutzschuhen mit durchtrittsicherem Unterbau und Stahlkappe **(Bild 2)**,
- Schutzhelm, Schutzhandschuhen und Gehörschutzmittel **(Bild 3)**.

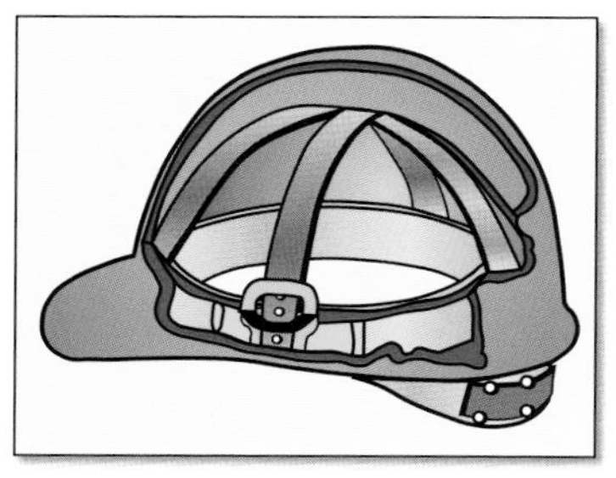

Bild 3: Schutzhelm

1.2.3 Baustelleneinrichtung

Unter der Baustelleneinrichtung versteht man alle Lager-, Transport-, Fertigungs- und Sicherheitseinrichtungen, die zur Erstellung eines Bauwerks gebraucht werden.

1.2.3.1 Planung der Baustelleneinrichtung

Übernimmt eine Baufirma den Auftrag für die Ausführung eines Bauwerks, sind neben den handwerklichen Tätigkeiten auch organisatorische Abläufe zu planen. Dies bezeichnet man als **Arbeitsvorbereitung.** Die Arbeitsvorbereitung sorgt dafür, dass Arbeitskräfte, Baustoffe und Bauhilfsstoffe sowie Maschinen und Geräte zum richtigen Zeitpunkt in der erforderlichen Menge und Anzahl am richtigen Ort verfügbar sind. Die Planung der Baustelleneinrichtung ist ein wichtiger Teil der Arbeitsvorbereitung. Dazu müssen der Platzbedarf und der Aufstellungsort auf dem Baugrundstück für Maschinen und Geräte, Wasser- und Stromversorgung, Telefonanschluss, Baustellenunterkünfte und Sanitärcontainer festgelegt werden **(Bild 1).** Dies hängt von der Lage und Größe des Grundstücks, von der Größe des zu erstellenden Bauwerks und von der möglichen Erschließung des Baugrundstücks ab. Mithilfe von Symbolen und Abkürzungen wird die Baustelleneinrichtung dargestellt **(Bild 2).**

Das Aussehen einer Baustelle ist eine Visitenkarte des Betriebs. Aufgeräumte Baustellen ersparen lange Suchzeiten, tragen zur Sicherheit bei und verbessern das Image der Baufirma bei Bauherren, Behördenvertretern und zukünftigen Kunden der Baufirma.

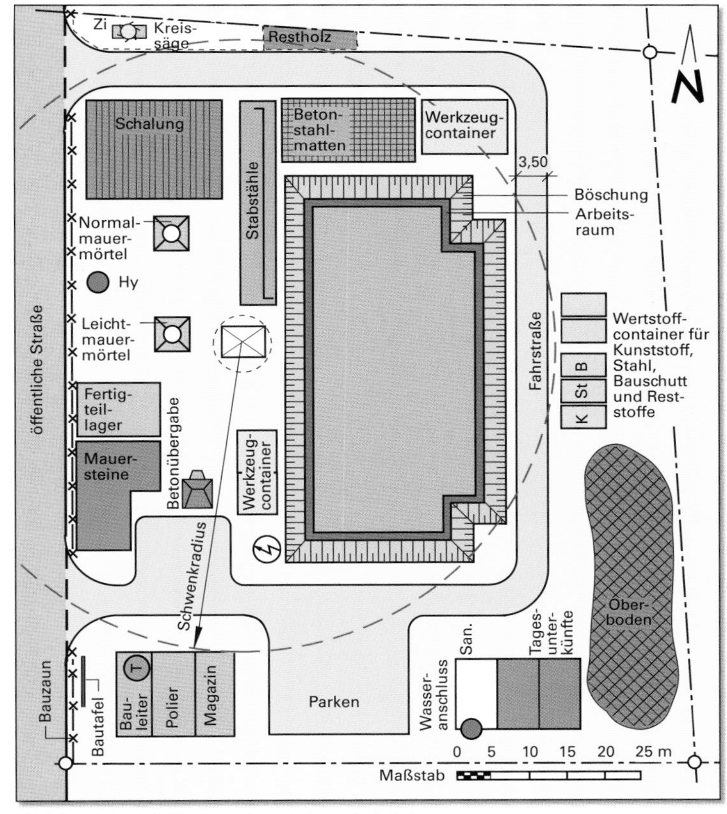

Bild 1: Beispiel für eine Baustelleneinrichtung

Bild 2: Symbole und Abkürzungen für Baustelleneinrichtungen

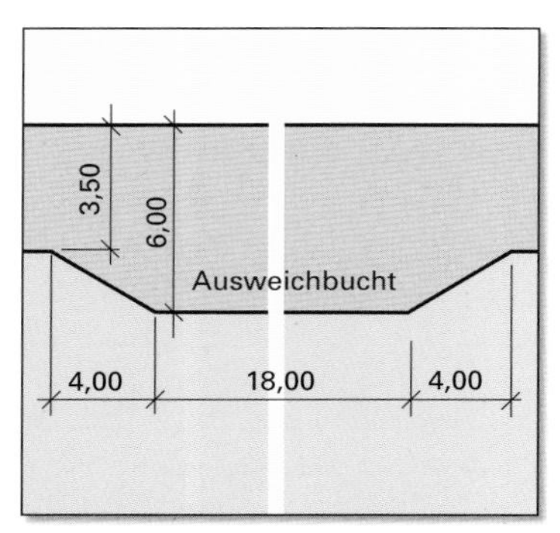

Bild 1: **Baustellenerschließung mit einer Ausweichbucht**

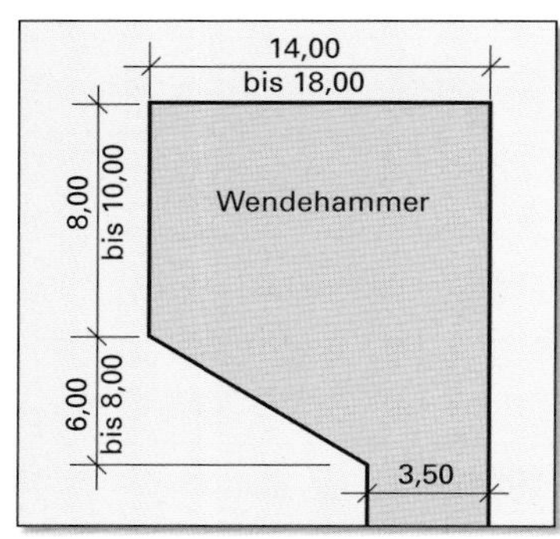

Bild 2: **Baustellenerschließung mit einer Stichstraße**

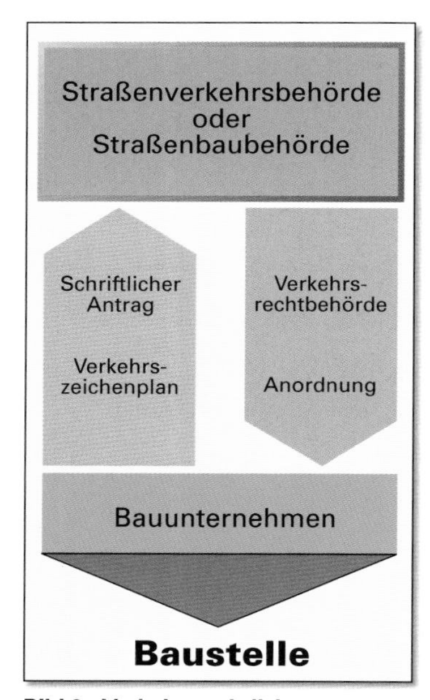

Bild 3: **Verkehrsrechtliche Anordnung an die Bauunternehmung**

1.2.3.2 Erschließung der Baustelle

Mit der Erschließung der Baustelle wird für einen reibungslosen Verkehr zur, von und auf der Baustelle gesorgt. Für die Anlieferung und den Transport von Baustoffen, Maschinen und Geräten werden auf der Bautelle Baustraßen angelegt. Diese können als Stichstraße, als Umfahrt oder als Durchfahrt ausgebildet sein. Die Baustraßen müssen den Belastungen durch die schwersten Fahrzeuge standhalten. Die Breite einspuriger Baustraßen liegt mit beidseitigem Sicherheitsabstand bei 3,50 m, im Bereich einer Ausweichbucht ist mindestens eine Breite von 6,00 m vorzusehen **(Bild 1)**.

Lange Baustraßen sollten so breit angelegt sein, dass Fahrzeugbegegnungen möglich sind. Bei Stichstraßen sind ausreichend bemessene Wendemöglichkeiten, z.B. mit einem Wendehammer, vorzusehen **(Bild 2)**.

Der Anschluss der Baustraße an das öffentliche Straßennetz wird so angelegt, dass der Straßenverkehr möglichst wenig gestört wird. Verkehrsgefährdende Verschmutzungen müssen weitestgehend vermieden werden. Notfalls sind Verunreinigungen ständig zu beseitigen.

1.2.3.3 Verkehrssicherung der Baustelle

Für Bauarbeiten an der Straße selbst, für Arbeiten neben oder über der Straße, für Arbeiten an Leitungen und für Vermessungsarbeiten müssen Verkehrsflächen vorübergehend abgesperrt werden. Diese Absperrungen sind vom Bauunternehmer oder seinen Mitarbeitern verantwortlich zu planen, einzurichten und wieder abzubauen. Die Sicherungsmaßnahmen dienen dem Schutz der Verkehrsteilnehmer, der Arbeitskräfte sowie zur Vermeidung von Sachschäden an den Baustelleneinrichtungen im Arbeitsbereich und an Fahrzeugen.

Für die Verkehrssicherung ist von Mitarbeitern der Bauunternehmung ein schriftlicher Antrag mit einem Verkehrszeichenplan anzufertigen. Die Genehmigung erfolgt durch die zuständige Verkehrsbehörde, der Straßenverkehrsbehörde oder der Straßenbaubehörde als verkehrsrechtliche Anordnung an die Bauunternehmung **(Bild 3)**.

Bei der Planung der Verkehrssicherung von Baustellen sind u.a. folgende Grundsätze zu beachten:

Der Verkehr darf möglichst nicht behindert werden und soll flüssig an der Baustelle vorbeifahren können.

Die Fahrbahnbreite beträgt für eine Fahrspur mindestens 2,75 m, bei Begegnungsverkehr für beide Fahrspuren mindestens 5,50 m.

Die Verkehrsgeschwindigkeit kann auch innerorts herabgesetzt werden, z.B. auf 30 km/h.

Eine Verletzung der Verkehrssicherungspflicht kann zur Folge haben

- eine zivilrechtliche Haftung, z.B. Schadenersatz,
- eine strafrechtliche Haftung, z.B. Freiheits- oder Geldstrafe,
- eine Ordnungswidrigkeit, z.B. Bußgeld, und
- arbeitsrechtliche Folgen für Mitarbeiter der Bauunternehmung, z.B. Rüge, Abmahnung oder Kündigung.

Ein **Verkehrszeichenplan** soll zeichnerisch darstellen, welche Verkehrszeichen an welchen Stellen in welchen Abständen aufgestellt werden müssen. Als Grundlage dienen Regelpläne der **R**ichtlinie für die **S**icherheit von **A**rbeitsstellen an Straßen **(RSA)**.

Die **Verkehrszeichen** müssen der Straßenverkehrsordnung entsprechen **(Bild 1)**. Beim Aufstellen ist Folgendes zu beachten:

- Verkehrszeichen sind fortlaufend in Fahrtrichtung aufzustellen.
- Sie dürfen nicht gehäuft auftreten.
- An einem Pfosten sollen möglichst nur zwei Schilder befestigt werden.
- Die Aufstellung der Schilder erfolgt am rechten Fahrbahnrand.
- Die Entfernung zur Baustelle ist vorgeschrieben **(Tabelle 1)**.
- Das Gefahrzeichen Nr. 123 (Baustelle) ist grundsätzlich erforderlich.
- Das Gefahrzeichen Nr. 101 (Gefahrstelle) ist nur bei besonderer Gefährdung erforderlich, wenn ein Zusatzzeichen die besondere Gefährdung angibt, z. B. Verkehrsführung geändert.
- Streckenverbote, z. B. Geschwindigkeitsbegrenzung, sind am Ende der Baustelle wieder aufzuheben.
- Alle Verkehrszeichen und Verkehrseinrichtungen sind regelmäßig zu reinigen und zu warten.
- Die verwendeten Verkehrszeichen müssen voll retroreflektierend sein und dürfen keine Beschädigungen aufweisen.
- Nach Beendigung der Bauarbeiten wird das zuerst aufgestellte Zeichen zuletzt entfernt.

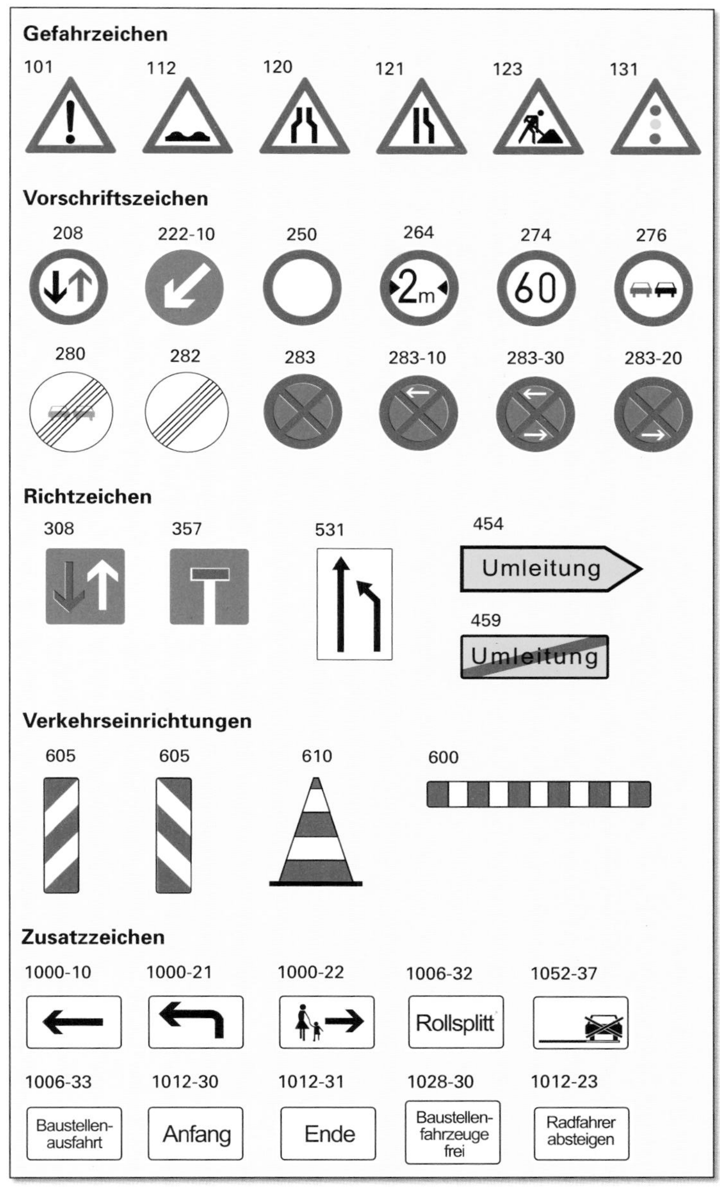

Bild 1: Verkehrszeichen und Verkehrseinrichtungen aus der StVO (Beispiele für Baustelleneinrichtungen innerhalb von Ortschaften)

Tabelle 1: Aufstell-Entfernungen von Verkehrszeichen

Zeichen	Straßen mit zwei und mehr Fahrstreifen in einer Richtung	Straßen mit zwei Fahrstreifen	Straßen in geschwindigkeits-reduziertem Bereich
123	70 m bis 100 m	50 m bis 70 m	30 m bis 50 m
120, 121	–	30 m bis 50 m	–
274, 276	30 m bis 50 m	50 m bis 70 m	–
131	–	30 m bis 50 m	30 m bis 50 m
112	30 m bis 50 m	10 m bis 30 m	10 m bis 30 m
208, 308	–	0 m bis 10 m	0 m bis 10 m
274, 280, 282	10 m bis 20 m	0 m bis 10 m	–

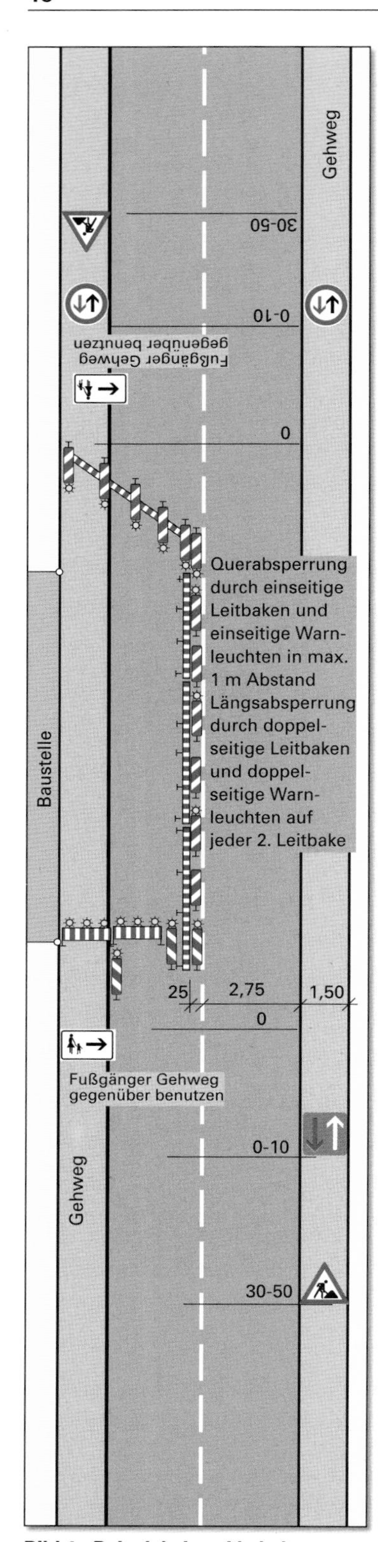

Bild 1: Beispiel eines Verkehrszeichenplans

Zur Baustellensicherung gehören weiterhin Verkehrseinrichtungen wie Absperrschranken, Leiteinrichtungen und Warnleuchten.

Absperrschranken (Zeichen 600) haben rot-weiß-rote Schraffen (Bild 1, Seite 17). Die Oberkante der Schranke soll 1,0 m über der Straße sein.

Sie werden verwendet für

- Vollsperrung (Quersperrung) einer Fahrbahn,
- Absperrung von Gehwegen und Radwegen,
- Teilabsperrung der Fahrbahn,
- Absperrung von Aufgrabungen und
- für Längsabsicherung entlang von Gefahrstellen.

Leiteinrichtungen sind Leitbaken (Zeichen 605) und Leitkegel (Zeichen 610).

Leitbaken sind in der Regel 1,0 m hoch und 25 cm breit mit schrägen rot-weiß-roten Schraffen, die immer zur Fahrbahn hin abfallen.

Sie werden zur Verkehrsführung auf Fahrbahnen und bei Querabsperrung an der Seite, an der vorbei gefahren werden darf, mit einem Abstand von 25 cm zur Fahrbahnbegrenzung und einem Längsabstand von höchstens 1,0 m aufgestellt.

Leitkegel werden bei Arbeitsstellen von kürzerer Dauer, z.B. bei Tagesbaustellen, wie Leitbaken eingesetzt. Je nach Straßenart sind unterschiedliche Höhen und Ausstattung vorgeschrieben. Außerdem sind Warnleuchten mit gelbem Blitzlicht möglich.

Warnleuchten sind notwendig, um Absperrungen bei schlechten Sichtverhältnissen und bei Dunkelheit sichtbar zu machen.

Warnleuchten sind einzusetzen

- bei Vollsperrung in einer Fahrtrichtung mit fünf Warnleuchten im Abstand von höchstens 1,0 m auf der Absperrschranke und rotem Dauerlicht,
- bei Teilabsperrung pro Fahrstreifen mit mindestens drei Warnleuchten auf der Absperrschranke und gelbem Dauerlicht,
- bei Längsabsperrung innerhalb geschlossener Ortschaften alle 10,0 m auf Absperrschranken und Leitbaken, mindestens jedoch auf der Anfangs- und der Endbake,
- bei Längsabsperrung außerhalb geschlossener Ortschaften
  - im Verziehungsbereich bis zur Abschrankung auf jeder Leitbake,
  - danach bei einem Bakenabstand von höchstens 20,0 m auf jeder 2. Leitbake,
- vor Arbeitsstellen zur rechtzeitigen Warnung als Vorwarn-Blinkleuchten mindestens 2,5 m hoch neben der Fahrbahn.

Bei einer Baustelle innerhalb einer geschlossenen Ortschaft im geschwindigkeitsreduzierten Bereich könnte nach Absprache mit der zuständigen Behörde ein Verkehrszeichenplan aussehen wie in **Bild 1.** Anfang und Ende der Baustelle sind mit 0 gekennzeichnet; der Abstand der Verkehrsschilder wird als Meterangabe in Fahrtrichtung geschrieben.

1.2.3.4 Fördergeräte und Hebezeuge

Mit Hilfe von Fördergeräten können Baustoffe und Bauteile waagerecht, senkrecht oder schräg auf der Baustelle befördert werden. Dazu zählen neben Schubkarren und Hubwagen motorbetriebene Geräte wie Förderband und Seilwinde.

Zu den Hebezeugen gehören Schnellbauaufzug und Krane. Ihre Größe ist für die Baustelle so zu bemessen, dass die schwersten Teile noch bewegt werden können. Steht nur eine bestimmte Größe des Hebezeugs zur Verfügung, müssen Größe und Gewicht der zu bewegenden Teile, wie z.B. Schalungen oder Fertigteile, auf die Größe des Hebezeugs abgestimmt werden.

Turmdrehkrane (TDK) sollen alle zu bewegenden Teile an jeden Arbeitsplatz auf der Baustelle heben können. Ist dies durch einen Kran nicht möglich, sind mehrere einzusetzen. Ausladung, Tragfähigkeit, Hubhöhe, aber auch Fahrgeschwindigkeit sind wichtige Kenngrößen für deren Auswahl.

Turmdrehkrane, auch Hochbaukrane genannt, gibt es als Untendreher oder als Obendreher. Dabei ist der Ballast als Gegengewicht zur Last entsprechend unten bzw. oben angeordnet. Kann der Turm durch Einbau von Zwischenstücken dem Baufortschritt angepasst werden, spricht man von einem Kletterkran **(Bild 1)**.

Der Schwenkbereich des Krans wird durch den Ausleger bestimmt.

- Der Nadelausleger ist ein schräg gestellter Ausleger, der durch Ändern der Schrägstellung seine Last im Schwenkbereich befördern kann. Die Tragfähigkeit ändert sich jedoch mit der Schrägstellung **(Bild 2)**.
- Der Laufkatzausleger ist meist ein waagrechter Ausleger, dessen an Seilen bewegliches Hubwerk als Laufkatze bezeichnet wird. Ein zweiteiliger Katzausleger kann auch als Knickausleger Lasten befördern; er bleibt damit auch bei größeren Bauwerkshöhen einsatzfähig.

Schnelleinsatzkrane sind kleiner als Turmdrehkrane. Sie können mit Turm, zusammengeklapptem Ausleger und Ballast als Anhänger auf der Straße transportiert werden. Vorteil ist das schnelle Auf- und Abbauen und dadurch ein rasches Umsetzen **(Bild 3)**.

Fahrzeugkrane, auch als Mobil- oder Autokrane bezeichnet, sind für rasch wechselnde Einsätze von kurzer Dauer geeignet sowie bei beengten Baustellenverhältnissen. Sie sind selbstfahrend und können deshalb sehr schnell umgesetzt werden.

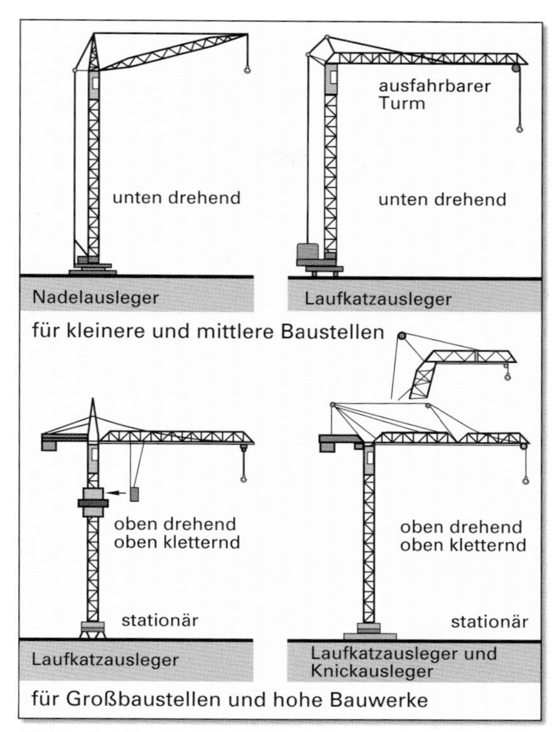

Bild 1: Hochbaukrane (TDK)

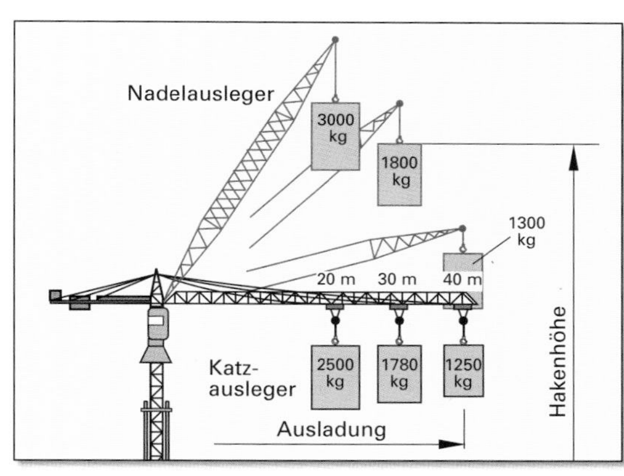

Bild 2: Tragfähigkeit eines Krans mit Katzausleger und eines Krans mit Nadelausleger (Beispiel)

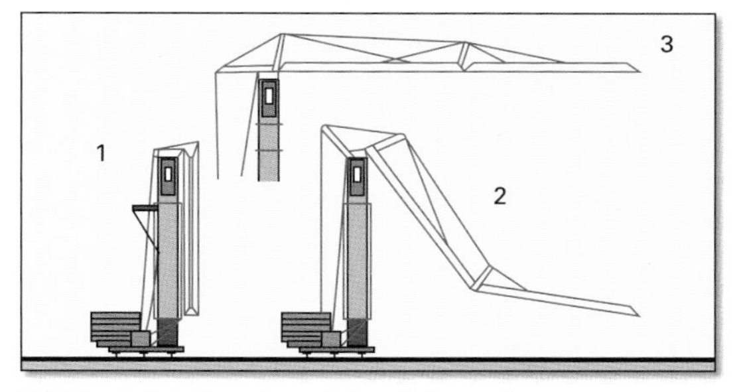

Bild 3: Aufstellen eines Schnelleinsatzkrans

1.2.3.5 Unterkünfte und Magazine

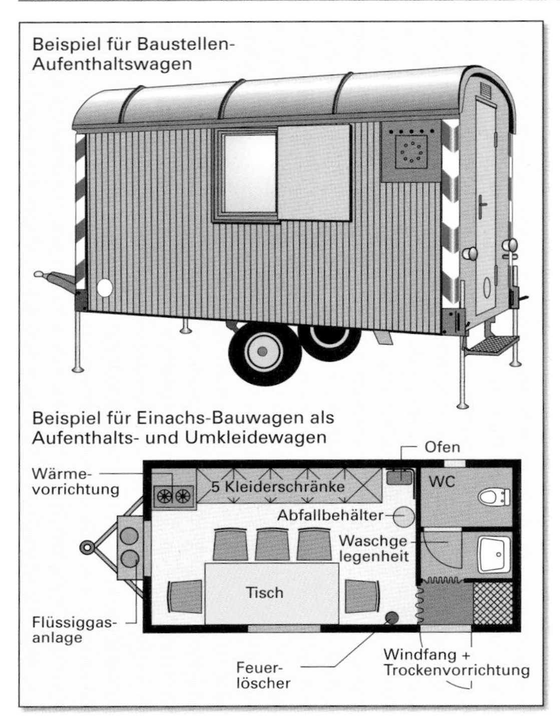

Bild 1: Beispiel für Tagesunterkünfte

Bild 2: Wohn- und Schlafcontainer

Bild 3: Magazincontainer

Zu den Einrichtungen auf der Baustelle gehören

- Tagesunterkünfte für Arbeitskräfte **(Bild 1),**
- Wohn- und Schlafcontainer für nicht ortsansässige Arbeitskräfte **(Bild 2),**
- Sanitärcontainer mit Waschraum, WC und Trockenmöglichkeit für Arbeitskleidung,
- Baubüro und Polierunterkunft,
- Magazin für Werkzeuge und Geräte, Betriebsstoffe und Kleinteile sowie
- Baustoffmagazine **(Bild 3).**

In **Tagesunterkünften** muss für jede regelmäßig auf der Baustelle anwesende Arbeitskraft außer den notwendigen Einrichtungen eine freie Bodenfläche von mindestens 0,75 m^2 vorhanden sein. Zu den Einrichtungen zählen Tische, die sich leicht reinigen lassen, Sitzgelegenheiten mit Rückenlehne, Kleiderhaken oder Kleiderschränke und Abfallbehälter. Von 15. Oktober bis 30. April müssen die Unterkünfte beheizt werden können. Tagesunterkünfte können Container oder Bauwagen sein.

Sanitärcontainer beinhalten Waschgelegenheiten mit fließendem kalten und warmen Wasser. Dabei ist eine Wasserzapfstelle für jeweils 5 Arbeitskräfte vorzusehen. Weiterhin müssen Einrichtungen zum Trocknen der Arbeitskleidung vorhanden sein. Waschräume müssen zu lüften, zu befeuchten und zu beheizen sein. Auf jeder Baustelle oder in deren Nähe muss mindestens eine abschließbare Toilette zur Verfügung stehen.

Unterkünfte und Sanitärcontainer müssen den hygienischen Anforderungen entsprechend gereinigt werden. Verunreinigungen und Ablagerungen sind unverzüglich zu beseitigen.

Baubüro und Polierunterkunft liegen am besten bei der Baustelleneinfahrt. Von hier aus sollten ankommende und abfahrende Fahrzeuge, Magazine und die gesamte Baustelle überblickt werden können.

Baubüro, Baustellenunterkünfte für Polier und Arbeitskräfte sowie Sanitärcontainer müssen außerhalb des Schwenkbereichs des Krans liegen. Auch dürfen auf den Dächern der Unterkünfte und Container keine Baustoffe gelagert werden.

Bei der Aufstellung der **Magazine** ist auf kurze Wege zu achten. Bei größeren Baustellen empfiehlt sich deshalb die Verwendung kleinerer Werkzeugcontainer, die mit dem Kran an die jeweiligen Arbeitsschwerpunkte umgesetzt werden können.

1.2.3.6 Lager- und Werkflächen

Auf der Baustelle muss ausreichend Platz für Lager- und Werkflächen bereitgestellt werden, um fortwährendes Arbeiten zu gewährleisten.

Lagerflächen sollen eben, trocken und tragfähig sein, mit Fahrzeugen leicht erreichbar sein und im Schwenkbereich des Krans liegen. Alle Baustoffe und Bauteile, die mithilfe des Krans auf der Baustelle befördert werden, sind bodenfrei zu lagern, damit das Kranseil leicht angeschlagen werden kann.

Mauersteine werden hauptsächlich auf Paletten angeliefert und können übereinander gestapelt werden **(Bild 1)**. Sie werden je nach Art, Format und Druckfestigkeitsklasse getrennt gelagert. Mauersteine sind vor Regen, Frost oder Schnee sowie vor Verschmutzungen zu schützen.

Betonstahl wird getrennt nach Stabstahl, Matten, Körben und Profilstählen auf Kanthölzern gelagert. Stabstähle und Bügel sind möglichst getrennt nach Bauteilen und positionsweise zu lagern. Betonstahlmatten können stehend oder liegend gelagert werden **(Bild 2)**. Bei stehender Lagerung ist ein standsicheres Stützgerüst notwendig, liegend gelagerte Matten sind gegen seitliches Verrutschen zu sichern. Betonstahl ist vor Verschmutzungen zu schützen und darf z. B. nicht mit Schalöl in Berührung kommen.

Schalungen, Schalelemente und Gerüste sind getrennt in der Nähe der Baustelle zu lagern. Kanthölzer, Bretter, Schaltafeln und Stützen werden nach Abmessungen getrennt in Transportgestellen (Rungen) angeliefert und entsprechend gestapelt. Schalmaterial aus Holz wird stets auf Stapelhölzern aufgeschichtet.

Fertigteile, z. B. Brüstungselemente oder Fertigschornsteine, werden entsprechend ihrer Lage in eingebautem Zustand gelagert. So werden z. B. Fassadenelemente und Wandbauelemente stehend, Fertigplattendecken und Treppenelemente liegend gelagert **(Bild 3)**. Sind Fertigteile übereinander zu stapeln, müssen die Stapelhölzer senkrecht übereinander angeordnet werden. Alle Fertigteile sind wegen ihres Gewichts in der Nähe der Baustraße und des Krans zu lagern.

Weitere Lagerflächen können z. B. für Sand, Fertigmörtel in Silos und Wärme- und Schallschutzdämmplatten notwendig sein.

Sand muss gegen Verunreinigungen durch Oberboden, Lehm, Laub sowie gegen Gefrieren geschützt sein.

> Silos für Fertigmörtel müssen so aufgestellt sein, dass sie nicht kippen oder umfallen können. Deshalb sind sie in sicherem Abstand zur Baugrube und eventuell auf einem eigenen Fundament aufzustellen.

Werkflächen sind auf allen Baustellen vorzusehen für die Holzbearbeitung, z. B. zur Herstellung von Schalungen. Zwar werden die Schalungen meist fertig angeliefert, zum Anpassen an vorhandene Bauteile ist aber in jedem Fall Platz für eine Kreissäge und eventuell einen Schaltisch vorzusehen. Diese sind in der Nähe der Holzlagerflächen vorzusehen, am besten neben den Brettstapeln (Bild 1, Seite 15). Für Schnitt- und Brennholz sind entsprechende Gitterboxen zur Lagerung bzw. zum Abtransport bereit zu halten.

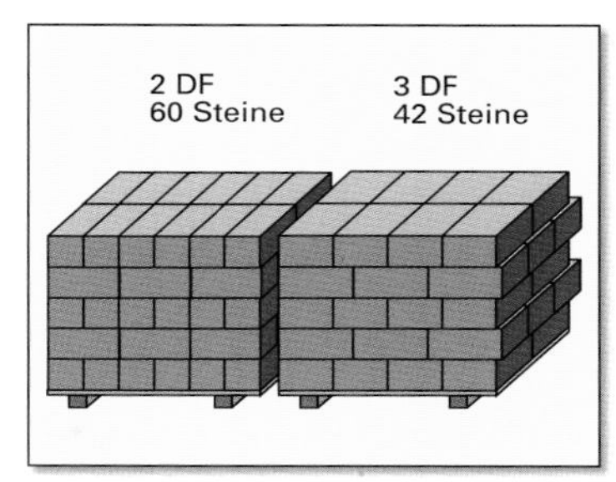

Bild 1: Beispiel von palettiert angelieferten Mauersteinen

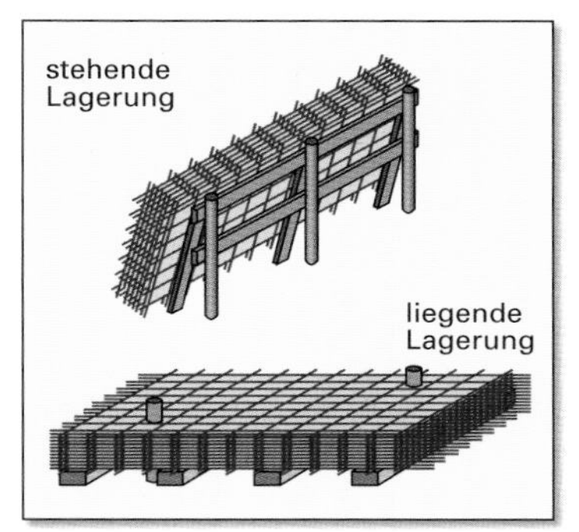

Bild 2: Lagern von Betonstahlmatten

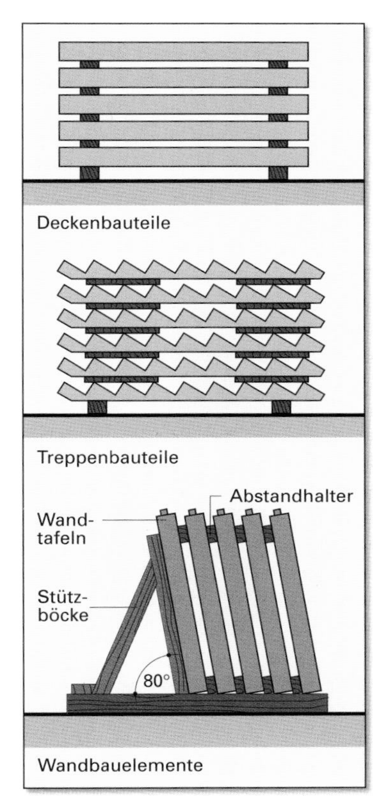

Bild 3: Lagern von Fertigteilen

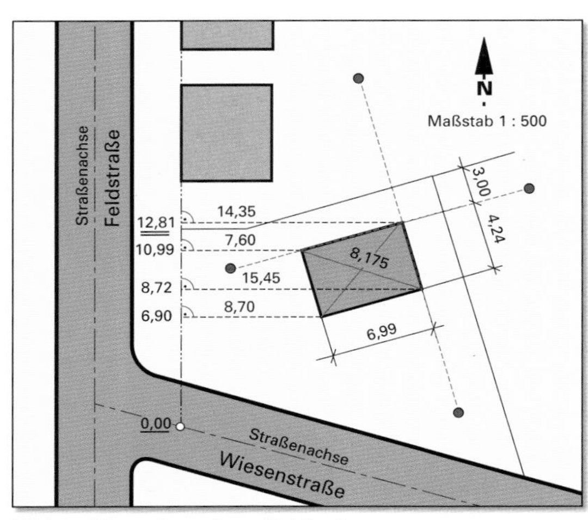

Bild 1: **Abstecken eines Gebäudes**

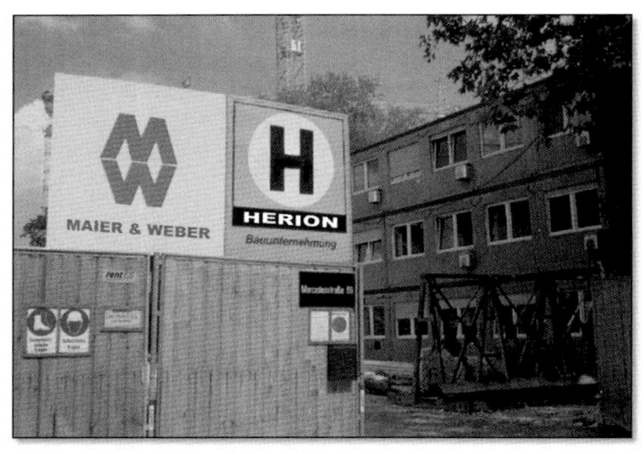

Bild 2: **Zugang zur Baustelle**

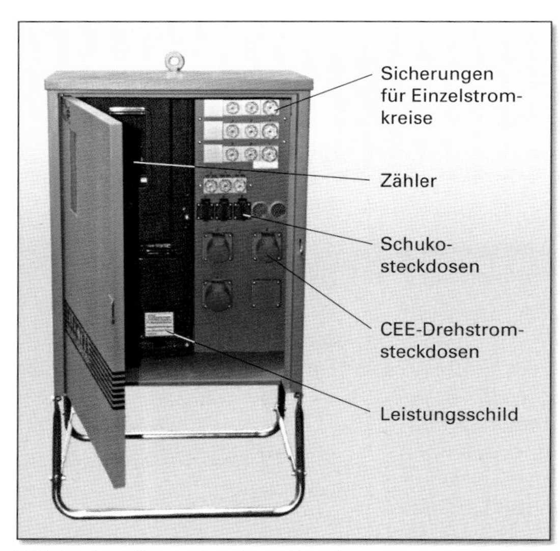

Bild 3: **Anschluss-Verteilerschrank**

1.2.3.7 Einrichten der Baustelle

Auf dem Baugrundstück wird das zur Erstellung des Bauwerks notwendige Baufeld freigemacht, wobei bestehender Bewuchs, wie z. B. Bäume und Sträucher, möglichst zu schonen sind. Dann erfolgt die Bauabsteckung und die Sicherung der Gebäudeecken, so dass der Oberboden abgetragen werden kann. Danach werden die im Baustelleneinrichtungsplan vorgesehenen Einrichtungen abgesteckt und vorbereitet **(Bild 1)**. Wichtig ist es, alle Einrichtungen so aufzustellen, dass sie bei der Erstellung des Bauwerks und dem Anschluss an die verschiedenen Versorgungsnetze nicht hinderlich sind.

Besondere Bedeutung kommt auch der Sicherung der Baustelle zu. Der Bauzaun soll den Zutritt Unbefugter verhindern und die Baustelle z. B. gegen den öffentlichen Straßenraum schützen. Am Zugang zur Baustelle müssen gelbe Schilder angebracht sein mit der Aufschrift „Betreten der Baustelle verboten" und „Eltern haften für ihre Kinder" **(Bild 2)**. Bei Kranbetrieb ist auf das Tragen eines Schutzhelms hinzuweisen.

Zum Einrichten der Baustelle gehört auch die Versorgung mit Strom, Wasser und eventuell der Anschluss an den Abwasserkanal. Der Stromanschluss geschieht über einen abschließbaren Anschluss-Verteilerschrank (AV-Schrank) mit einem Fehlerstrom-Schutzschalter (FI-Schalter), über den eine fehlerfreie Stromverteilung auf der Baustelle erreicht wird **(Bild 3)**.

1.2.3.8 Darstellung der Baustelleneinrichtung

Baustelleneinrichtungspläne werden meist im Maßstab 1:200 erstellt. Dabei sind einzuzeichnen:

- Größe des Baugrundstücks,
- Erschließungsstraße und Baustraße,
- Zufahrt zum Baugrundstück,
- Ver- und Entsorgungsleitungen für Baustelle und Bauwerk,
- Baufeld mit Böschungen,
- Standort des Krans mit Schwenkbereich,
- Lagerflächen für Oberboden, Aushub, Baustoffe und Fertigteile,
- Container für Baustellenpersonal mit Sanitäreinrichtungen und
- Magazine für Baustoffe, Werkzeuge und Geräte.

Außerdem muss angegeben werden, an welchen Stellen ein Bauzaun und Absperrungen notwendig sind. Zur Darstellung verwendet man Symbole (Bild 1 und Bild 2, Seite 15).

1.2.3.9 Längen- und Rechtwinkelmessung

Die Lage von Punkten wird durch Längen- und Rechtwinkelmessung ermittelt. Bei Vermessungsarbeiten auf der Baustelle richtet man sich nach Grenzsteinen oder eigens dazu eingemessenen Punkten. In der Mitte eines zu kennzeichnenden Punktes wird ein Fluchtstab lotrecht aufgestellt. Dies geschieht durch Einstoßen der Stahlspitze in den Boden oder durch Verwendung eines Fluchtstabhalters **(Bild 1)**.

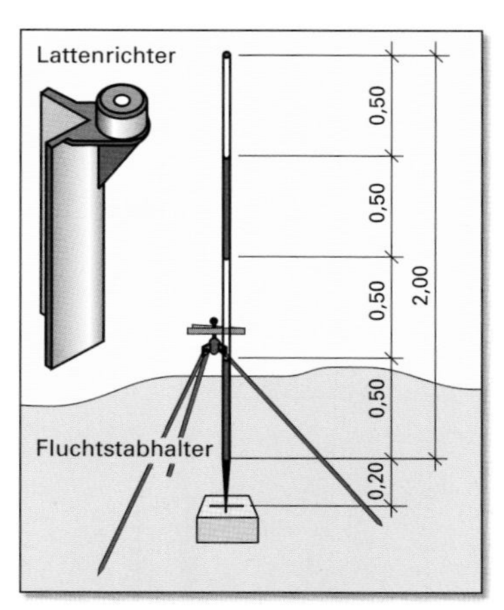

Bild 1: Fluchtstab

Längenmessung

Zur Längenmessung benutzt man Messlatten, Messbänder, optische oder elektronische Entfernungsmesser sowie Laserinstrumente. Strecken werden in der Regel waagerecht und in der Flucht gemessen.

Beim Messen mit Messlatten wird die zu messende Strecke zunächst in ihrem Anfangs- und Endpunkt mit einem Fluchtstab markiert. Dies nennt man auch Abstecken einer Strecke. Die Messung beginnt grundsätzlich mit der rot-weißen Latte eines Messlattenpaares. Durch Zielfluchten wird die Latte in Richtung gebracht und in der Mitte des Anfangspunktes angelegt. Die weiß-rote Latte wird in gleicher Weise in Richtung gebracht und lückenlos an die vorherige Latte angestoßen. Die weitere Messung erfolgt durch Aneinanderreihen der Messlatten. Am Endpunkt wird die Restlänge mit dem Meterstab ermittelt.

Wird die Längenmessung in geneigtem Gelände mit Messlatten durchgeführt, spricht man von Staffelmessung **(Bild 3)**. Sie erfolgt bergab. Längen werden dabei stets in der Horizontalprojektion gemessen, d.h., eine schräge Länge wird als waagerechte Strecke gemessen.

Beim **Messen mit Messband** liegt die Nullmarke des Bandes am Streckenanfang **(Bild 2)**. Das Band darf nicht durchhängen, um Messfehler zu vermeiden. Der Endpunkt des Messbandes wird durch eine Zählnadel markiert. Die Länge der Strecke errechnet sich aus der Anzahl der Bandlängen plus der Restablesung des letzten Bandes.

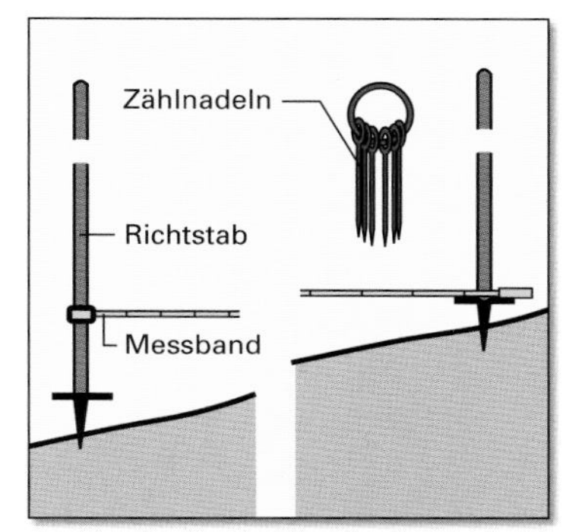

Bild 2: Messen mit dem Messband

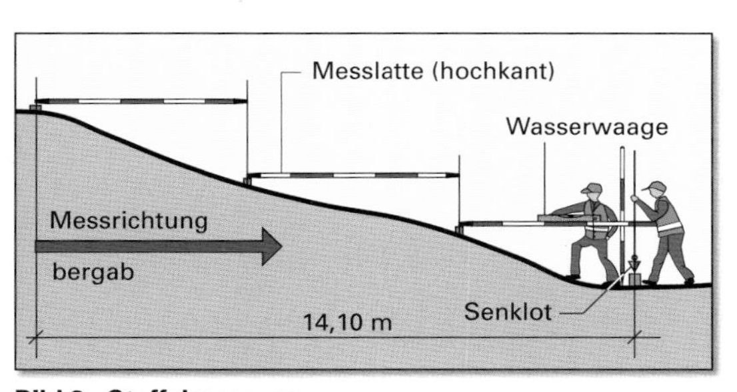

Bild 3: Staffelmessung

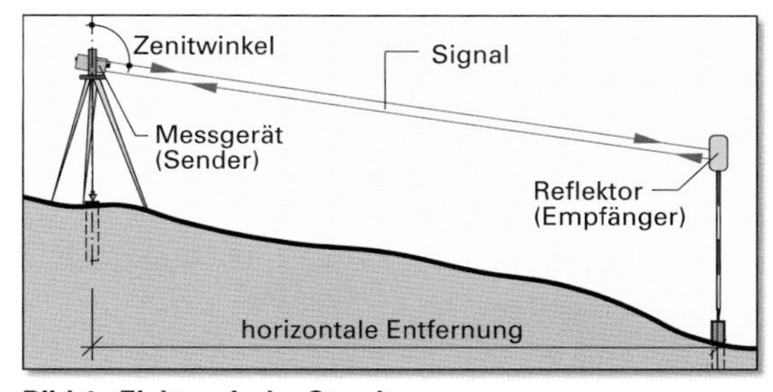

Bild 4: Elektronische Streckenmessung

Die **elektronische Streckenmessung** bietet eine hohe Genauigkeit auch bei großen Strecken **(Bild 4)**. Dabei wird von einem über dem Anfangspunkt der Strecke zentrierten Messgerät (Sender) ein Signal, z.B. ein Infrarot-Lichtstrahl, ausgesendet und von einem am Endpunkt aufgestellten Reflektor (Empfänger) zum Messgerät zurückgeworfen. Gleichzeitig wird der Zenitwinkel gemessen. Ein angeschlossener Rechner wertet die Zeitdauer des Signals aus und errechnet die Streckenlänge.

Beim **Messen mit Lasergeräten** wird als Signal ein Laserstrahl verwendet **(Bild 5)**. Verwendet man z.B. einen Rotationslaser, erhält man eine durchgehende Bezugsebene, die es an jeder Stelle erlaubt, mit dem Empfänger entsprechende Maßablesungen durchzuführen. Dies ist horizontal wie vertikal möglich und erleichtert damit z.B. den Innenausbau.

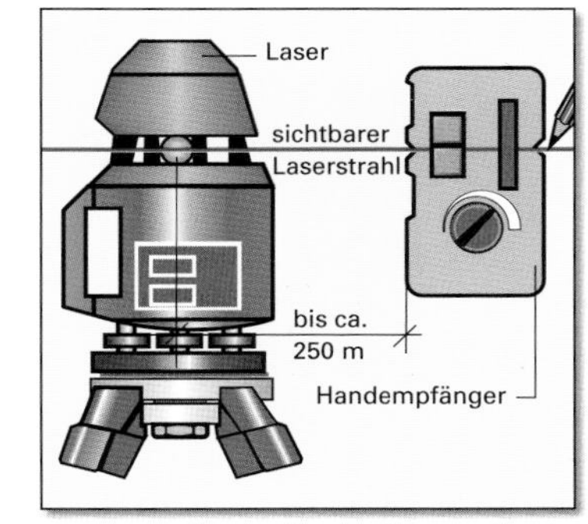

Bild 5: Laser

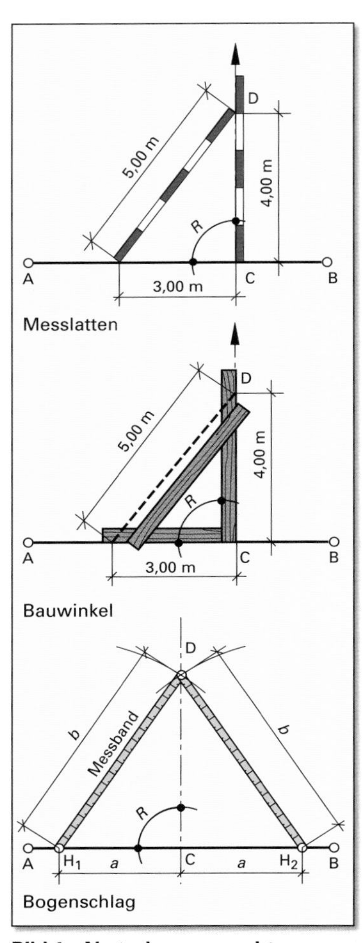

Bild 1: Abstecken von rechten Winkeln

Rechtwinkelmessung

Das Abstecken eines rechten Winkels ist auf der Baustelle von besonderer Bedeutung. Je nach der geforderten Genauigkeit kann dies mithilfe von Längenmesszeugen, mit der Kreuzscheibe oder dem Winkelprisma durchgeführt werden. Zum Abstecken beliebig großer Winkel benutzt man das Nivellierinstrument, den Theodolit oder ein Laserinstrument mit einem Horizontalkreis mit Winkeleinteilung **(Bild 2)**.

Beim Abstecken von rechten Winkeln mit **Längenmesszeugen** geht man vom Lehrsatz des Pythagoras aus (Seite 38). Danach ist ein Dreieck rechtwinklig, wenn sein Seitenverhältnis 3:4:5 ist. Dies bezeichnet man auch als Verreihung. Ein rechter Winkel kann danach mit **Messlatten** markiert werden, z. B. 3,00 m : 4,00 m : 5,00 m **(Bild 1)**. Einen rechten Winkel bildet der **Bauwinkel.** Dazu verbindet man drei Bretter im Verhältnis 3:4:5 miteinander (Bild 1). Ein rechter Winkel kann auch durch den so genannten **Bogenschlag** errichtet werden. Auf einer Strecke AB wird im Zwischenpunkt C, in dem der rechte Winkel errichtet werden soll, eine gleich große Strecke *a* zu den Punkten A und B hin abgetragen. Von deren Endpunkten aus beschreibt man gleich große Kreisbögen, die sich in einem Punkt D schneiden. Die Strecke CD steht senkrecht auf der Strecke AB.

Mit der **Kreuzscheibe** wird ein rechter Winkel im Punkt C abgesteckt, in dem man diese auf der Geraden AB im Punkt C lotrecht aufstellt und mit einem Sehschlitzpaar auf die Flucht AB ausrichtet **(Bild 3)**. Auf der Ziellinie des zweiten Sehschlitzpaares liegt im rechten Winkel zu AB der Punkt D. Er kann mit einem Fluchtstab markiert werden **(Bild 4)**.

Beim Abstecken eines rechten Winkels mit dem **Rechtwinkelprisma** wird dieses vom Beobachter in Punkt C auf der Geraden AB bzw. EF zentriert (Bild 3). Dabei richtet er das Prisma so aus, dass dessen Glasspitze in Richtung A weist. Durch Spiegelung im Prisma werden die sich deckenden Stäbe A und E sichtbar. Durch Einweisung kann in Punkt D mithilfe eines Fluchtstabes der rechte Winkel zur Strecke AB markiert werden.

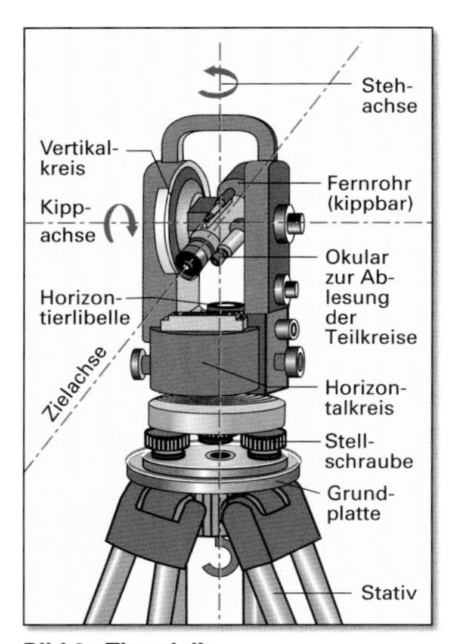

Bild 2: Theodolit

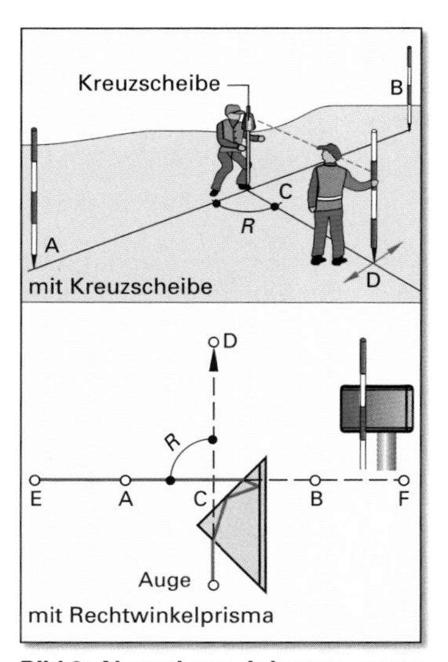

Bild 3: Abstecken mit Instrumenten

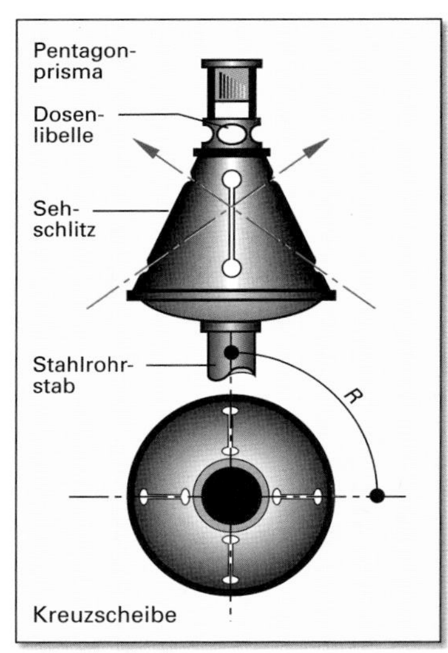

Bild 4: Kreuzscheibe

1.2.4 Darstellung in Plänen

Um Pläne zeichnen und lesen zu können, sind Grundregeln des Zeichnens und Rechnens notwendig.

1.2.4.1 Geometrische Grundkonstruktionen

Für die Konstruktion und die Herstellung von Bauwerken und Bauteilen sind für fast alle Arbeiten Kenntnisse von Linien, Winkeln, Dreiecken und Vierecken sowie vom Kreis notwendig.

Streckenteilung

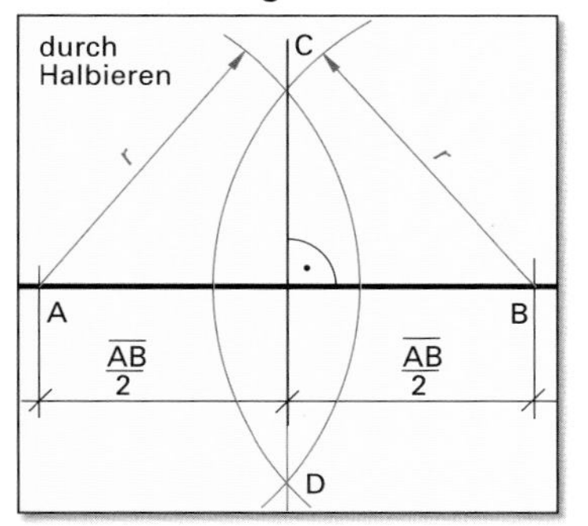

Bild 1: Streckenteilung
Kreisbogen um A und B mit $r \approx 2/3$ $\overline{AB}$ schneiden sich in C und D. Die Verbindungslinie CD halbiert $\overline{AB}$ (Mittelsenkrechte).

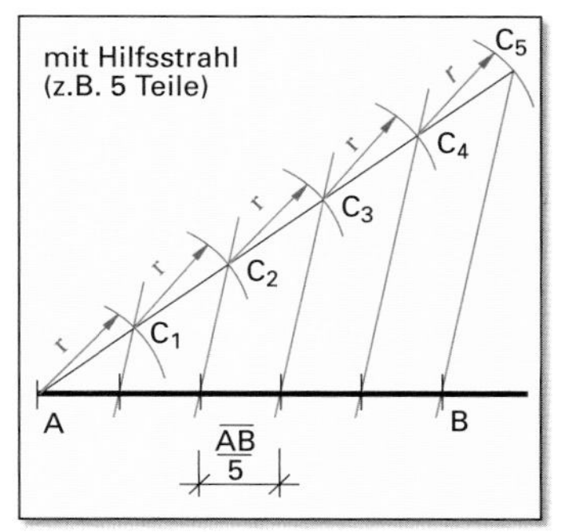

Bild 2: Streckenteilung
Auf dem Hilfsstrahl von A aus 5 gleiche ($r \approx 1/5$ $\overline{AB}$) Teile abtragen. Parallelen zu BC_5 durch C_1, C_2, ... teilen $\overline{AB}$ in 5 Teile.

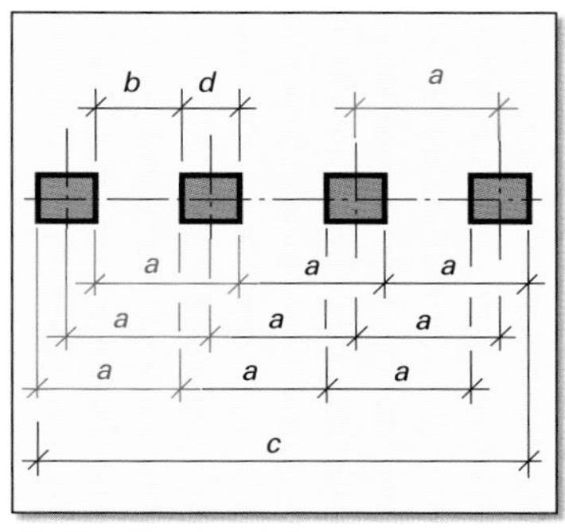

Bild 3: Streckenteilung
Bei Teilungsaufgaben ist zu beachten:
Anzahl der Teilpunkte = Anzahl der Abstände $n + 1$
Achsmaß a = Abstand b + Bauteildicke d
Außenmaß c = Achsmaß $a \cdot$ Anzahl der Abstände n + Bauteildicke d

Aufgaben

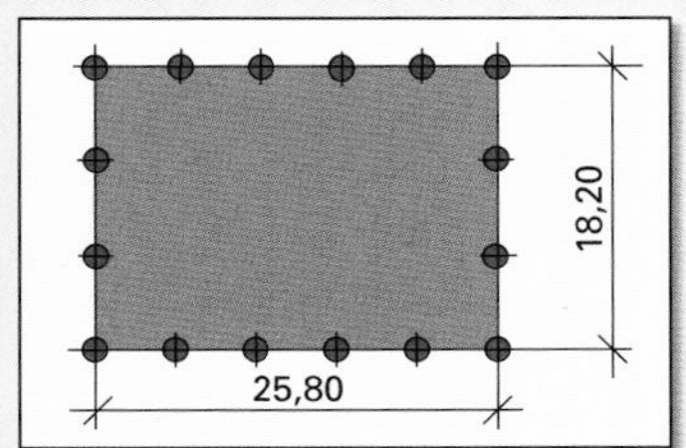

1 Ein rechteckiges **Grundstück,** 25,80 m lang und 18,20 m breit, ist einzuzäunen. 16 Betonpfosten sind gleichmäßig auf der Grundstücksgrenze zu versetzen (M 1:250).

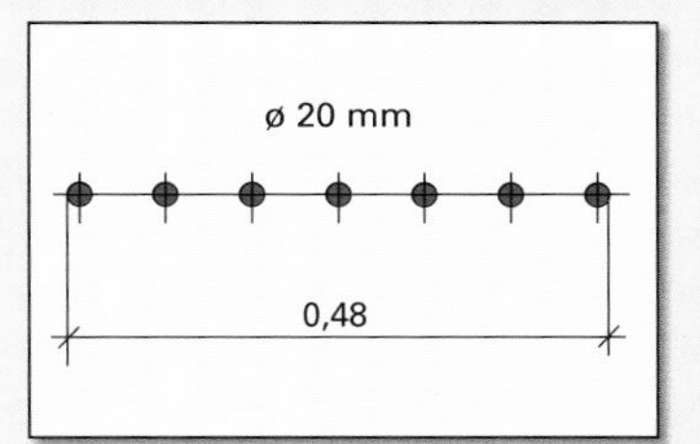

2 Für die untere Bewehrung eines **Stahlbetonbalkens** sind 7 Betonstabstähle mit ∅ 20 mm einzuteilen. Die Gesamtbreite der Bewehrungslage beträgt 48 cm (M 1:5).

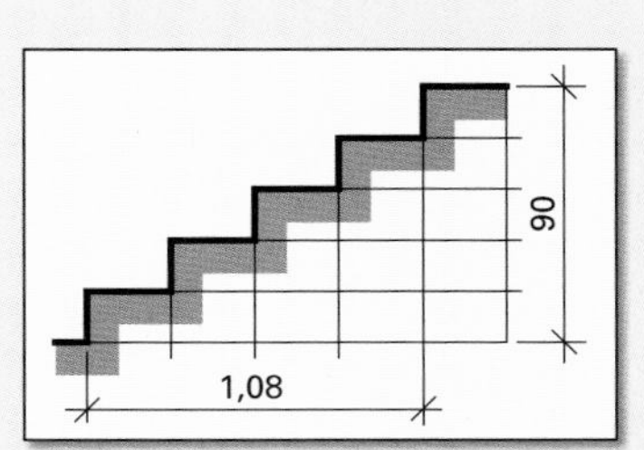

3 Eine **Eingangstreppe** mit einer Lauflänge von 1,08 m und einer Höhe von 90 cm ist aufzureißen. Die Treppe hat 4 Auftritte und 5 Steigungen (M 1:10).

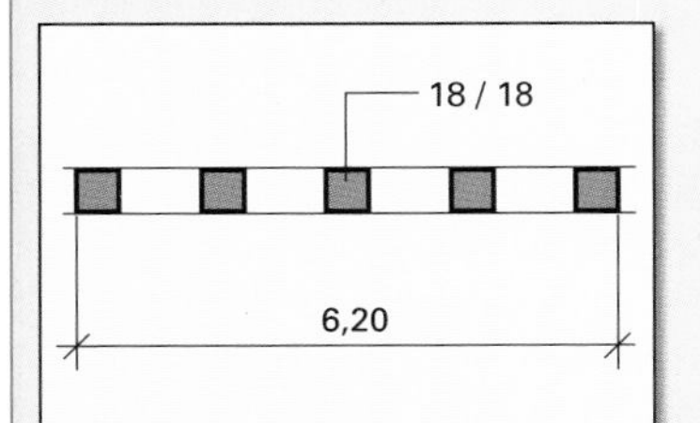

4 Für ein **Vordach** sind 5 Holzstützen 18/18 cm in gleichem Abstand aufzureißen. Der Abstand der äußeren Stützen (Außenmaß) beträgt 6,20 m (M 1:50).

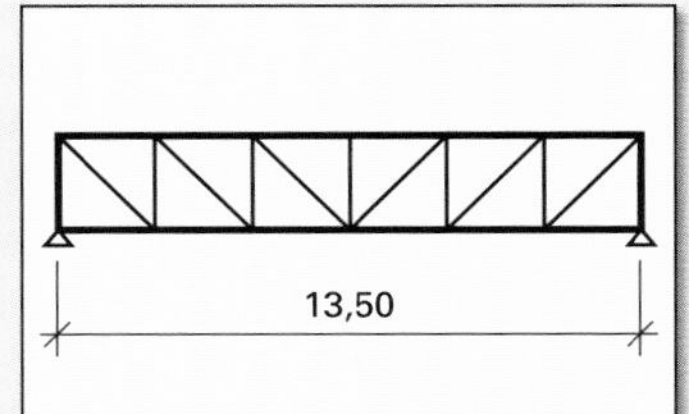

5 Ein **Fachwerkträger** mit 6 quadratischen Feldern und je einem Diagonalstab ist aufzureißen. Die Stützweite beträgt 13,50 m (M 1:100).

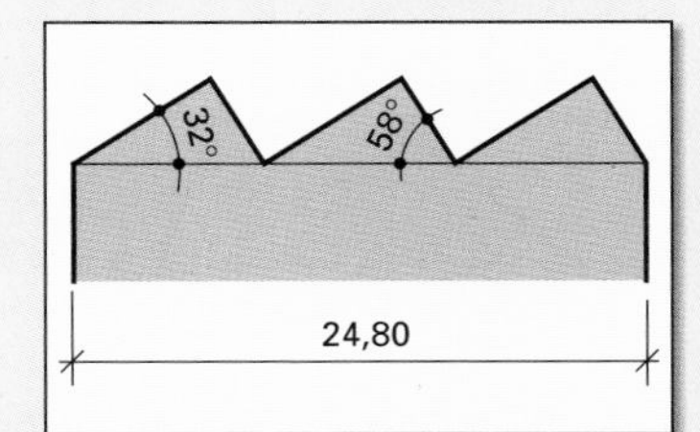

6 Das Dach einer **Lagerhalle** mit einer Länge von 24,80 m, bestehend aus 3 Sheds, ist zu zeichnen. Die Neigungswinkel betragen 32° und 58° (M 1:200).

Winkel

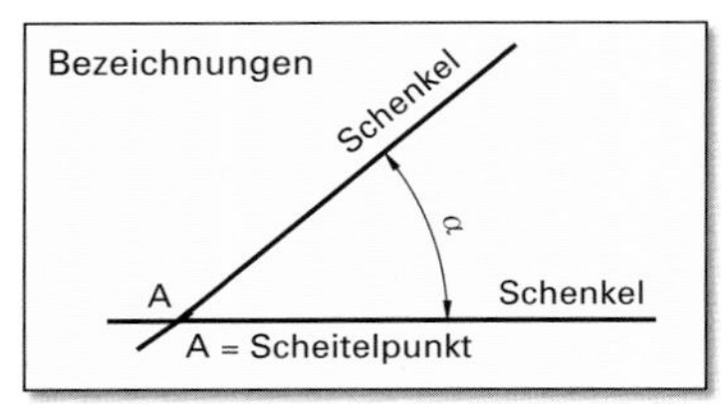

Bild 1: Winkelbezeichnungen

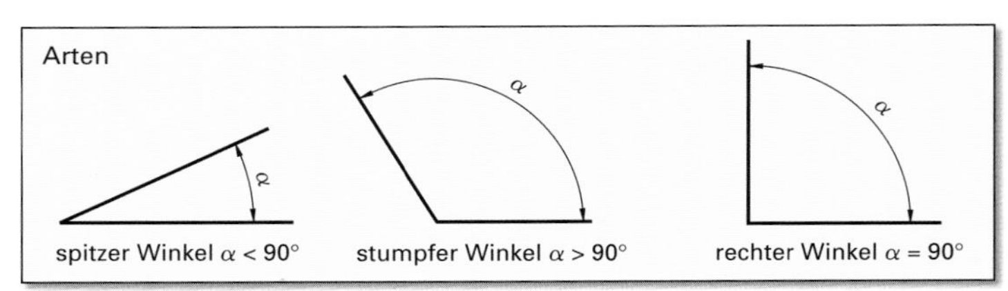

Bild 2: Winkelarten

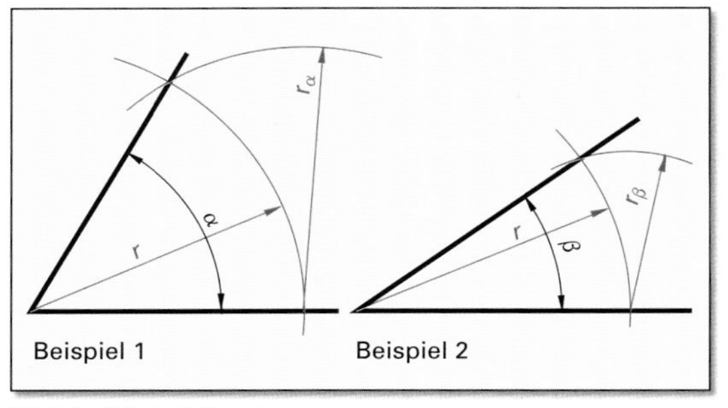

Bild 3: Winkel übertragen

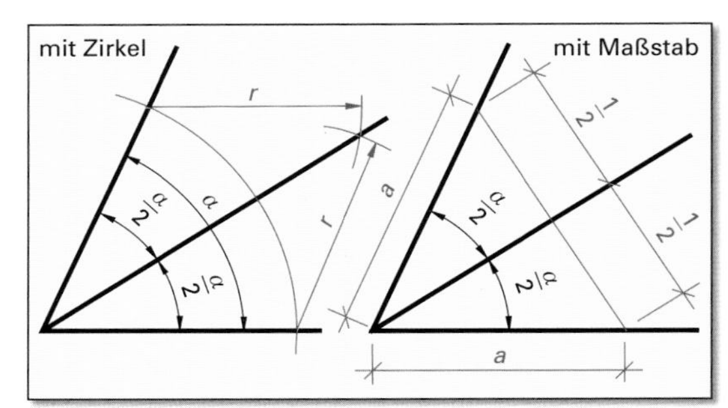

Bild 4: Winkel halbieren

Aufgaben

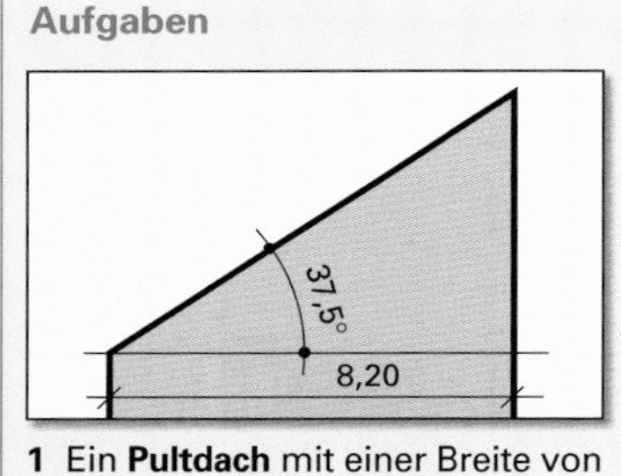

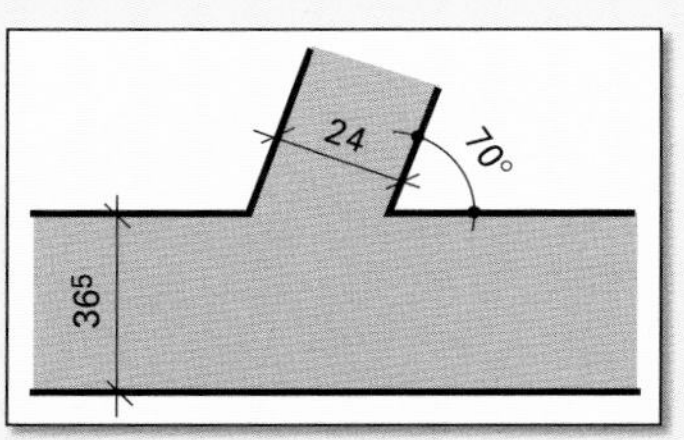

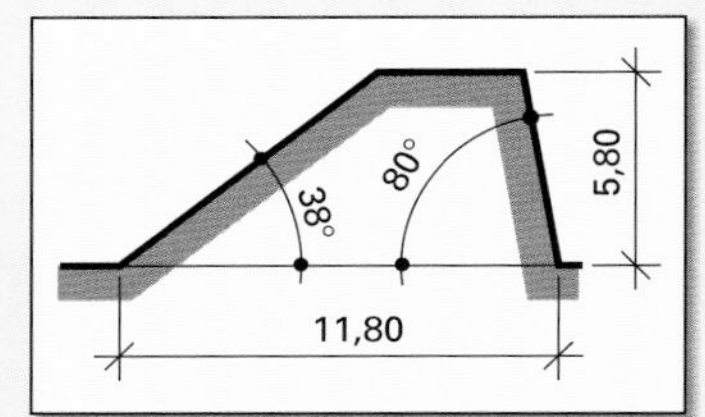

1 Ein **Pultdach** mit einer Breite von 8,20 m und einer Dachneigung von 37,5° ist zu zeichnen (M 1:100).

2 Ein **schiefwinkliger Mauerstoß** unter 70°, 36,5 cm dick, ist zu zeichnen. Die einbindende Mauer ist 24 cm dick (M 1:10).

3 Der Querschnitt eines **Lärmschutzwalles** mit einer Breite von 11,80 m und den beiden Böschungswinkeln von 38° und 80° (Pflanzwand) ist zu zeichnen. Die Höhe beträgt 5,80 m (M 1:100).

Wichtige Punkte im Dreieck

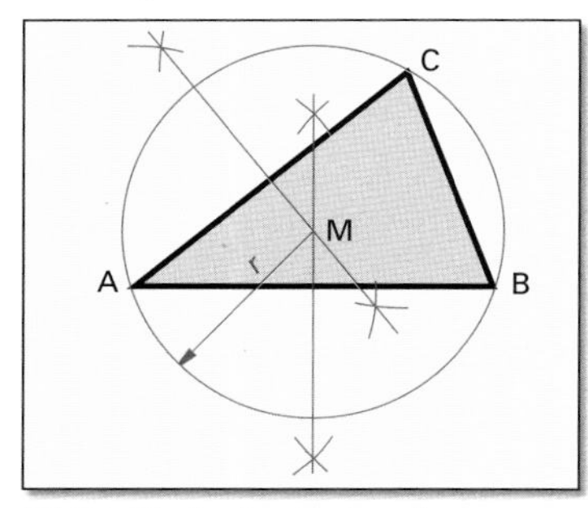

Bild 5: Umkreismittelpunkt

Die Mittelsenkrechten schneiden sich im **Umkreismittelpunkt M** des Dreiecks.

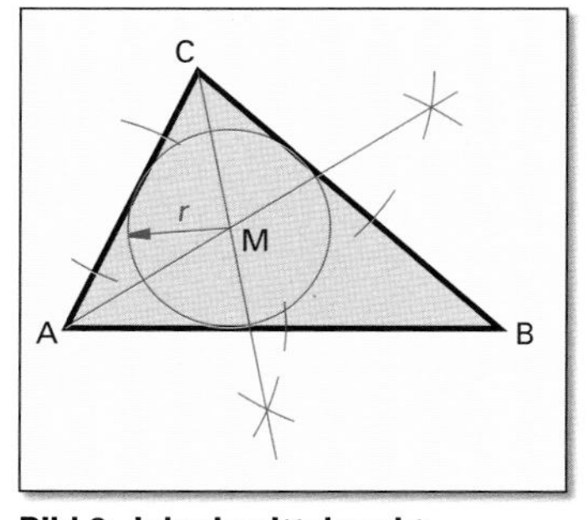

Bild 6: Inkreismittelpunkt

Die Winkelhalbierenden schneiden sich im **Inkreismittelpunkt M** des Dreiecks.

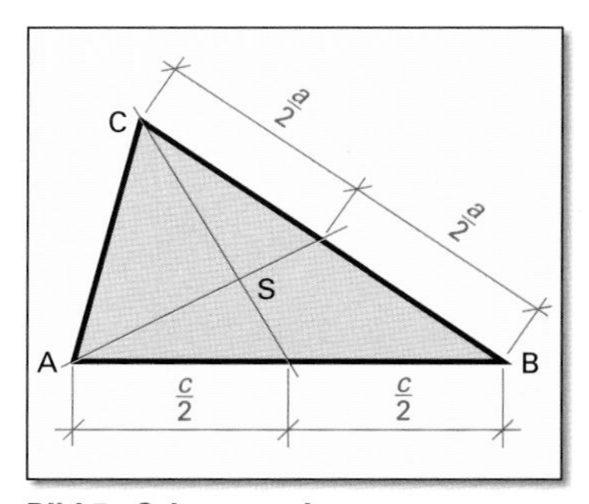

Bild 7: Schwerpunkt

Die Seitenhalbierenden schneiden sich im **Schwerpunkt S** des Dreiecks.

Geometrische Eigenschaften von Vierecken

Quadrat

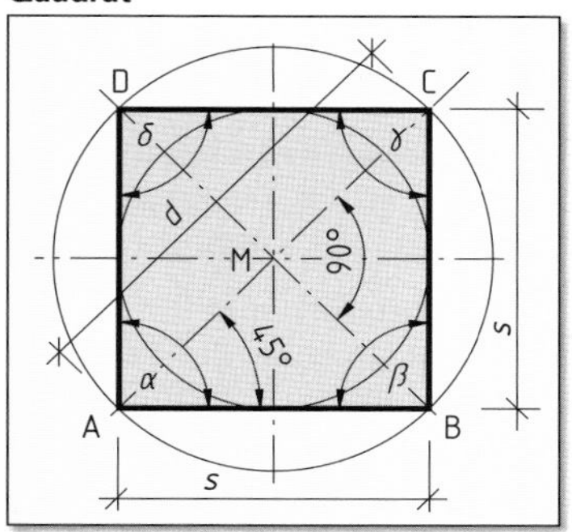

Bild 1: Bezeichnungen am Quadrat

Die Seiten *s* sind gleich lang.

Gegenüberliegende Seiten sind parallel. Die Eckenwinkel sind jeweils 90°. Die Diagonalen sind gleich lang und schneiden sich unter 90° im Mittelpunkt des Um- und Inkreises sowie im Schwerpunkt. Sie halbieren die Eckenwinkel. Das Quadrat ist symmetrisch zu vier Achsen.

Rechteck

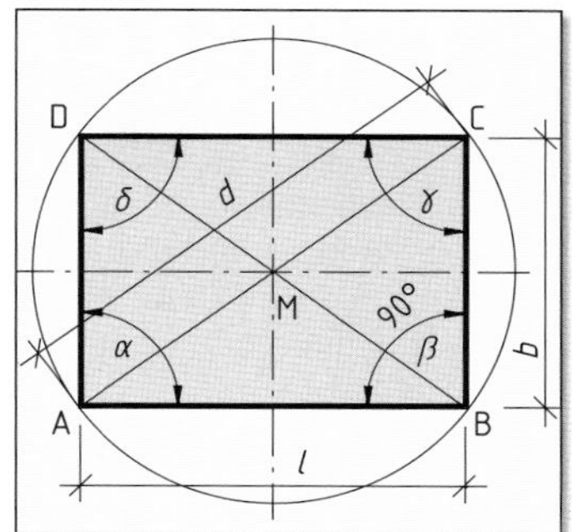

Bild 2: Bezeichnungen am Rechteck

Die gegenüberliegenden Seiten von *l* und *b* sind gleich lang und parallel. Die Eckenwinkel betragen je 90°. Die Diagonalen sind gleich lang und schneiden sich im Mittelpunkt des Umkreises sowie im Schwerpunkt. Das Rechteck ist symmetrisch zu zwei Achsen.

Parallelogramm (Rhomboid)

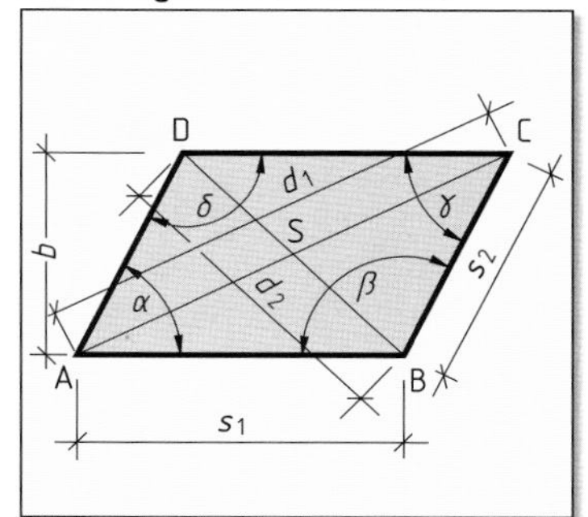

Bild 3: Bezeichnungen am Parallelogramm

Gegenüberliegende Seiten sind parallel und gleich lang. Gegenüberliegende Winkel sind gleich. Nebeneinander liegende Winkel ergänzen sich zu 180°. Die Diagonalen halbieren sich gegenseitig im Schwerpunkt S.

Trapez. Zwei gegenüberliegende Seiten sind parallel: AB $\parallel$ CD; $\alpha + \delta = 180°$, $\beta + \gamma = 180°$.

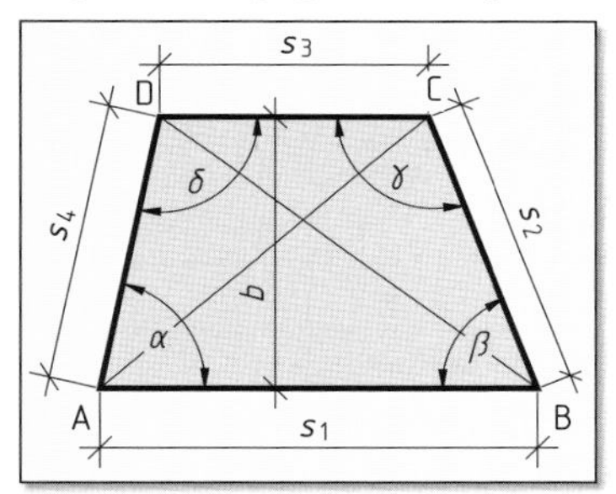

Bild 4: Ungleichschenkliges Trapez

Die Seiten sind ungleich lang.
Die Eckenwinkel sind ungleich groß.
Die Eckenlinien sind ungleich lang.

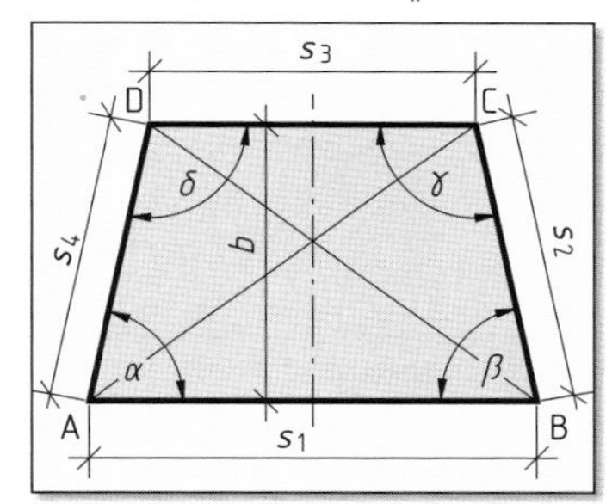

Bild 5: Gleichschenkliges Trapez

Die nichtparallelen Seiten sind gleich lang und die Winkel an den parallelen Seiten gleich groß. Das Trapez ist symmetrisch zu einer Achse.

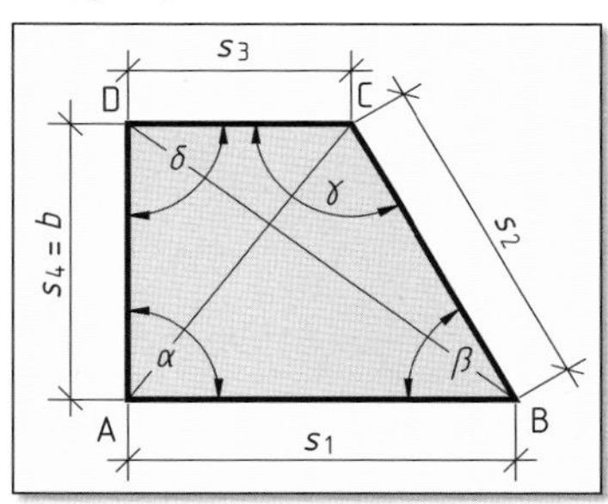

Bild 6: Rechtwinkliges Trapez

Die Seiten sind ungleich lang.
$\overline{AD}$ = Breite *b*.
Eine Seite läuft rechtwinklig zu den parallelen Seiten.

Aufgaben

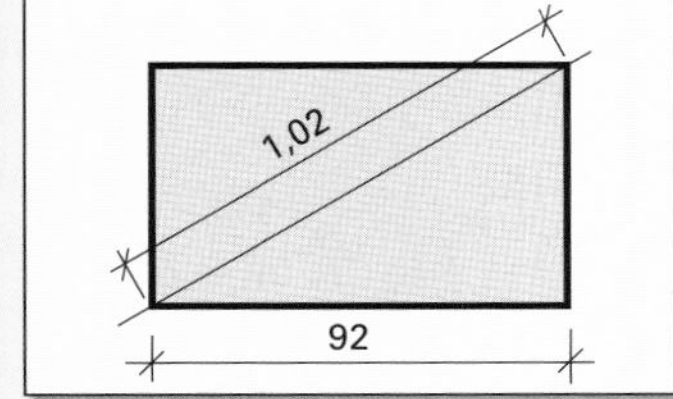

1 Die **Aussparung** für einen Rohrleitungsschacht mit einer Breite von 92 cm und einem Diagonalmaß von 1,02 m ist aufzureißen (M 1:10).

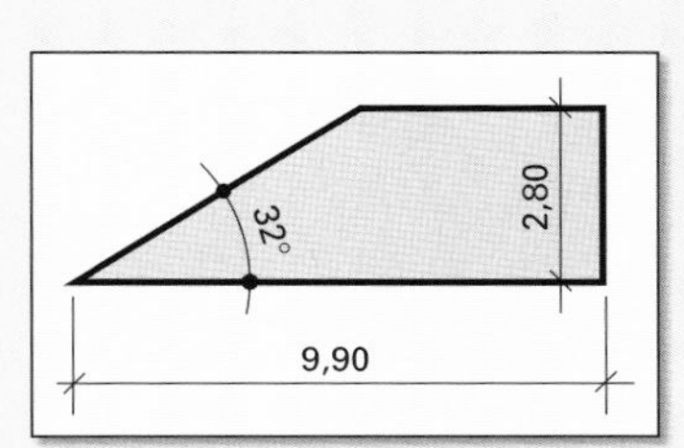

2 Die Seitenfläche der **Rampe** mit der Form eines rechtwinkligen Trapezes ist zu zeichnen. Die Länge an der Sohle ist 9,90 m, die Höhe 2,80 m, der Neigungswinkel 32° (M 1:100).

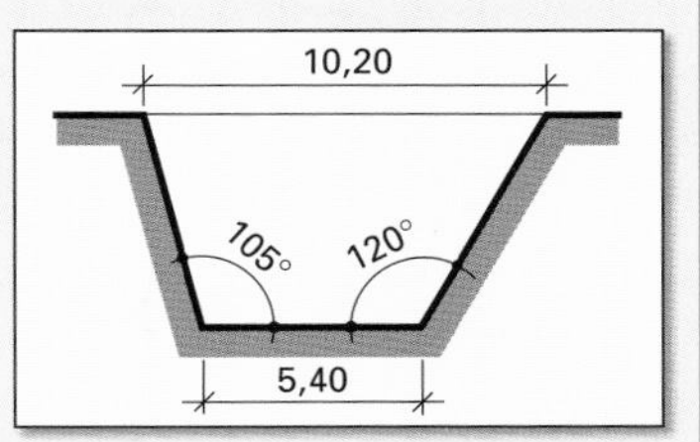

3 Der Querschnitt eines **Grabens** mit der Form eines ungleichseitigen Trapezes ist zu zeichnen. Die Breite an der Sohle ist 5,40 m, die obere Breite 10,20 m. Die Winkel an der Sohle sind 120° und 105° (M 1:100).

Kreis und Linien

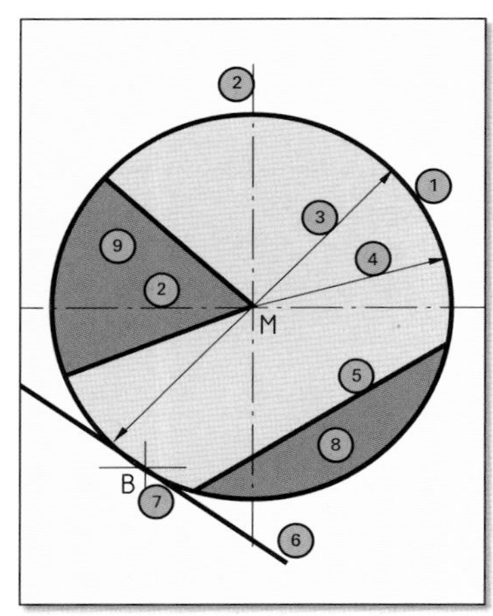

Bild 1: Bezeichnungen am Kreis

❶ **Kreislinie** (Peripherie)
Linie, die von einem Punkt (Mittelpunkt M) stets den gleichen Abstand hat

❷ **Mittelachsen**
Zwei gerade Strich-Punkt-Linien, die sich unter 90° in M schneiden

❸ **Durchmesser**
Abstand von Kreislinie zu Kreislinie über M gemessen

❹ **Halbmesser** (Radius)
Entfernung vom Mittelpunkt M zur Kreislinie (1/2 Durchmesser)

❺ **Sehne**
Länge der Sekante innerhalb des Kreises

❻ **Tangente** (Berührende)
Gerade, die die Kreislinie in einem Punkt berührt

❼ **Berührungspunkt B**
Punkt, in dem die Tangente die Kreislinie berührt

❽ **Kreisabschnitt** (Segment)
Fläche, begrenzt durch Sehne und Kreislinie

❾ **Kreisausschnitt** (Sektor)
Fläche, begrenzt durch 2 Halbmesser und die Kreislinie

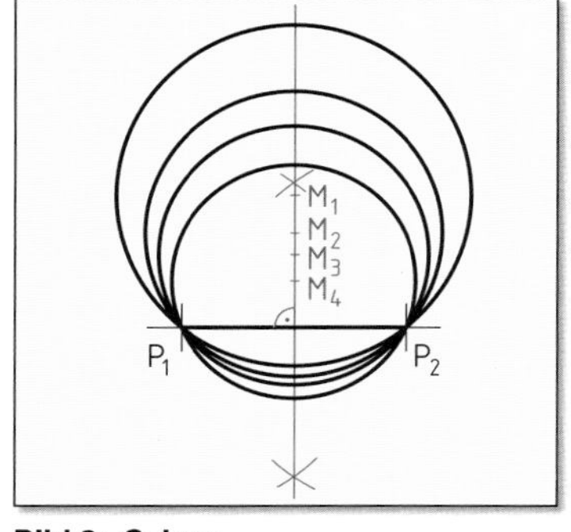

Bild 2: Sehne

Die Mittelpunkte von Kreisen, welche durch die Endpunkte P_1, und P_2 einer Sehne gehen, liegen auf der Mittelsenkrechten der Sehne.

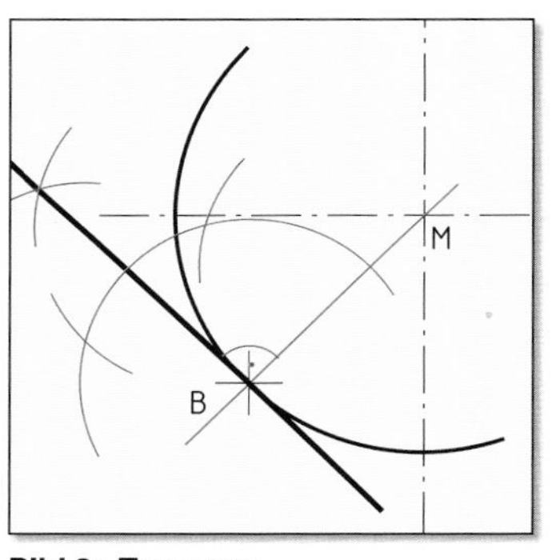

Bild 3: Tangente

Die Tangente an einen Kreis im Berührungspunkt B verläuft rechtwinklig zu $\overline{MB}$.

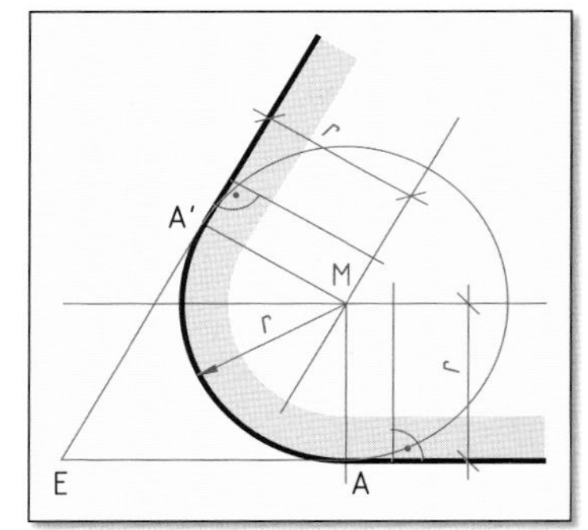

Bild 4: Abrundungen

Parallelen zu den Schenkeln im Abstand *r* schneiden sich im Mittelpunkt M des Abrundungskreises. Lote vom Mittelpunkt M auf die Schenkel ergeben die Anschlusspunkte A und A'.

Aufgaben

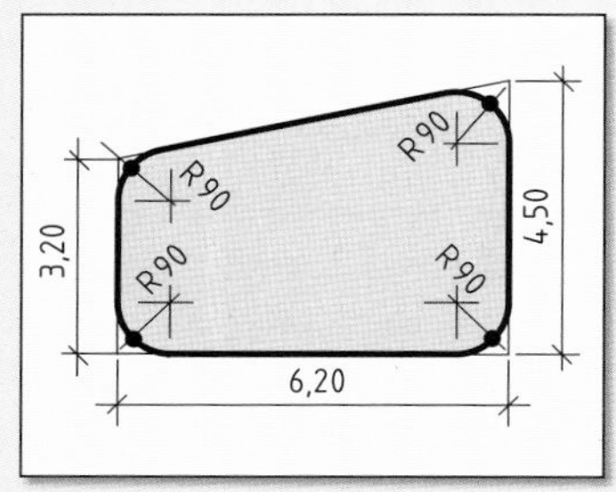

1 Eine **Verkehrsinsel** hat die Form eines rechtwinkligen Trapezes. Die Maße der parallelen Seiten sind 4,50 m und 3,20 m, die Breite 6,20 m. Die Ecken sind mit einem Radius von 90 cm abzurunden (M 1:50).

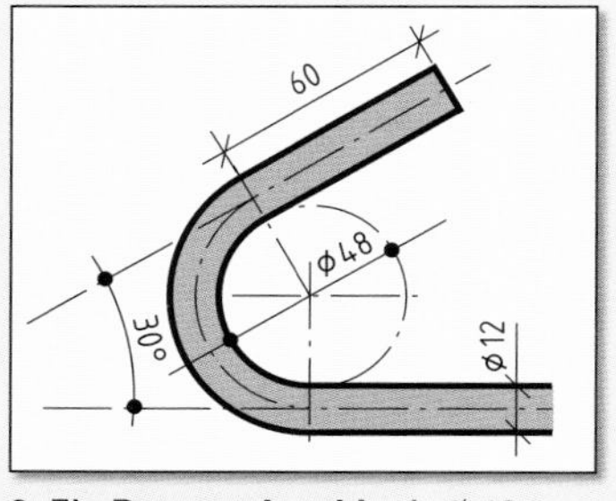

2 Ein **Betonstabstahl** mit ∅ 12 mm ist unter 150° aufzubiegen. Der Biegerollendurchmesser ist 48 mm, das gerade Hakenende 60 mm (M 1:10).

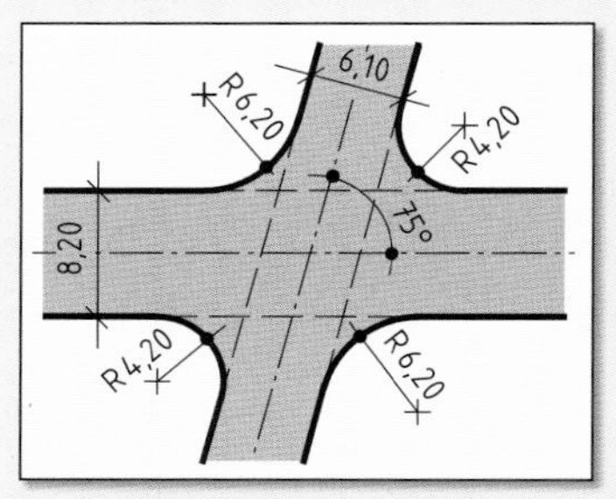

3 Zwei **Straßen** kreuzen sich unter einem Winkel von 75°. Die Straßenbreiten betragen 8,20 m und 6,10 m. Die spitzen Winkel sind mit einem Radius von 4,20 m, die stumpfen mit einem Radius von 6,20 m abzurunden (M 1:200).

1.2.4.2 Zeichnerische Grundlagen

Für alle Pläne ist eine bestimmte Anordnung der zeichnerischen Darstellungen vorgeschrieben. Diese stellt sicher, dass Baukörper und Bauteile gleichartig dargestellt werden.

Normalprojektion

Die Normalprojektion ist eine rechtwinklige Parallelprojektion, bei der ein Körper so in einer Raumecke angeordnet wird, dass seine Hauptansichten parallel zu den Seiten der Raumecke (Bildebenen) liegen. Diese Bildebenen werden als **Aufrissebene, Grundrissebene** und **Seitenrissebene** bezeichnet **(Bild 1)**. Darauf werden die Seiten des Körpers durch parallele Projektionsstrahlen abgebildet. Klappt man die Ebenen 90° um die Projektionsachsen, können die verschiedenen Ansichten auf einem Zeichenblatt dargestellt werden **(Bild 2)**.

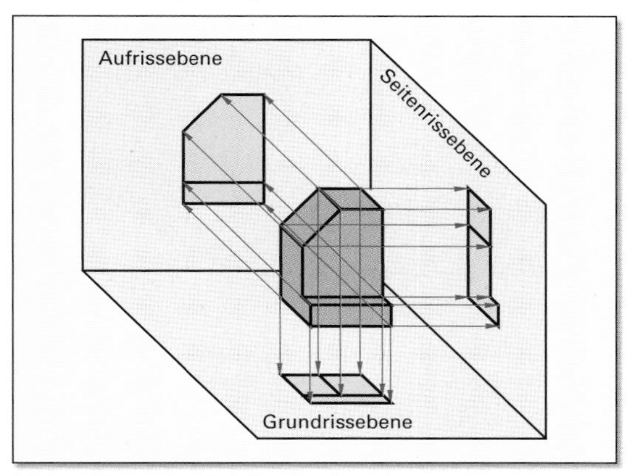

Bild 1: Normalprojektion in einer Raumecke

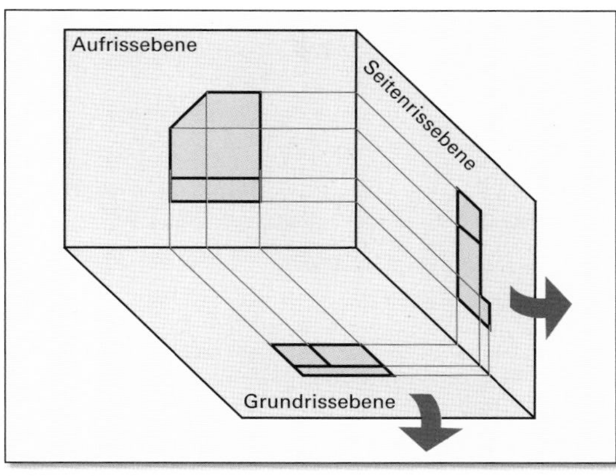

Bild 2: Ansichten in einer Raumecke

Die Bezeichnung der Abbildungen wird durch die Blickrichtung bzw. durch die Bildebene bestimmt, auf die eine Ansicht projiziert wird. Die von vorn betrachtete Abbildung auf der Aufrissebene bezeichnet man als **Vorderansicht.** Unter der Vorderansicht ist auf der Grundrissebene die **Draufsicht** angeordnet. Rechts neben der Vorderansicht wird auf der Seitenrissebene die **Seitenansicht von links** abgebildet **(Bild 3)**.

Bei der Normalprojektion werden alle parallel zu den Bildebenen liegenden Körperflächen in wahrer Größe abgebildet, d.h., die Kantenlängen und die Winkel entsprechen denen des Körpers. Da die Vorderansicht genau über der Draufsicht angeordnet ist, legt man die Länge des Körpers mit senkrechten Projektionslinien fest. In der Draufsicht werden dann die Breitenmaße und in der Vorderansicht die Höhenmaße abgetragen **(Bild 4)**.

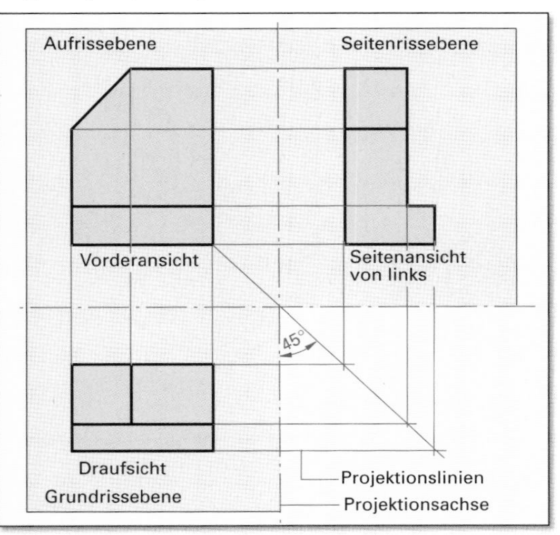

Bild 3: Bezeichnung der Ansichten

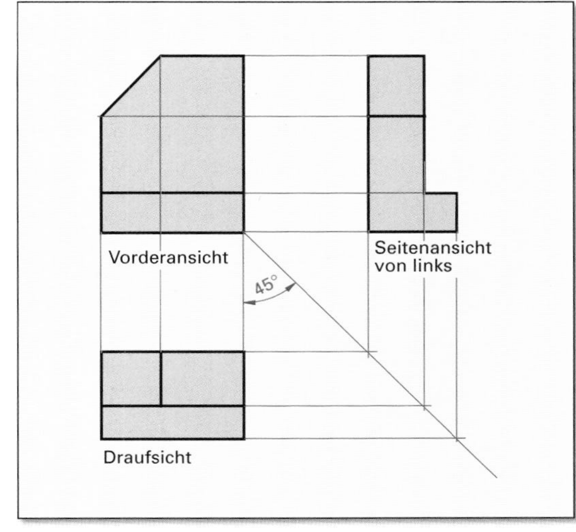

Bild 4: Anordnung der Ansichten ohne Projektionsachsen

Aufgaben

1 Die zusammengesetzten Baukörper mit geneigten Flächen sind in Normalprojektion darzustellen. Alle **Gebäude** sind in Vorderansicht, Draufsicht, Seitenansicht von links und Seitenansicht von rechts zu zeichnen. Die Abmessungen sind den räumlichen Darstellungen zu entnehmen, die dem 5-mm-Raster der Karos auf dem Zeichenblatt entsprechen. Schräge Kanten sind durch waagerechte und senkrechte Hilfslinien festgelegt **(Bild 1, Bild 2)**.

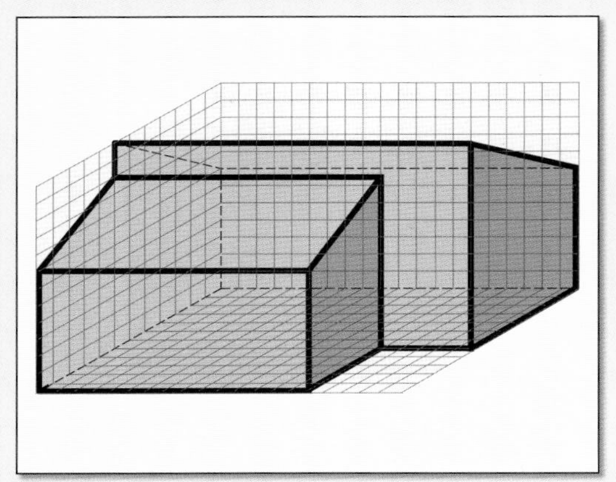

Bild 1: Gebäude mit versetzten Pultdächern

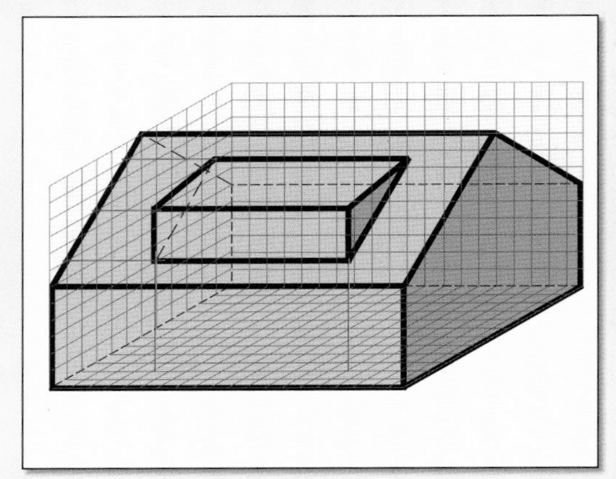

Bild 2: Haus mit Satteldach und Gaube

2 Die Bauteile mit Flächen parallel zu den Bildebenen sind in der Dreitafelprojektion zu zeichnen. Vorderansicht, Draufsicht und Seitenansicht von links sind im M 1:20 darzustellen **(Bild 3, Bild 4, Bild 5)**.

a) Die Putzflächen von Pfeiler, Stütze und Schacht sind zu berechnen.

b) Wie groß ist jeweils die gesamte Schalfläche für den Schacht einschließlich der Schalung für die Aussparung der Öffnung?

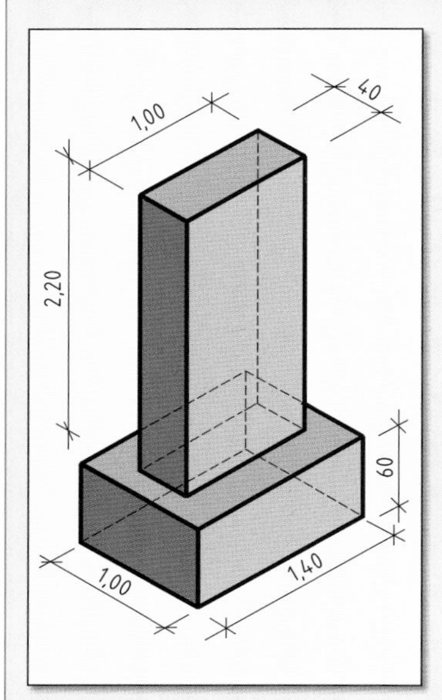

Bild 3: Pfeiler mit Fundament

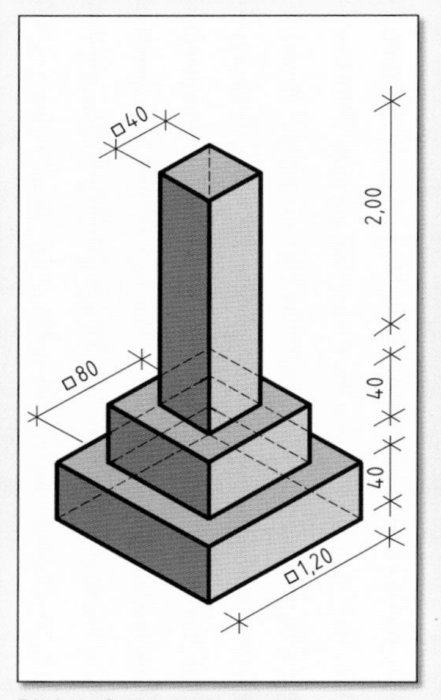

Bild 4: Stütze mit abgetrepptem Fundament

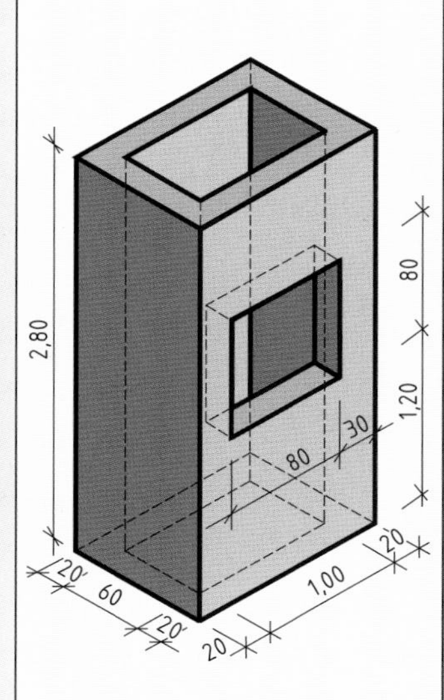

Bild 5: Schacht mit Öffnung

1.2.4.3 Zeichnungsnormen

Zeichnungsnormen sind Regeln, die das gleichartige Zeichnen aller Pläne ermöglichen. Dadurch können die Pläne auch von allen Beteiligten in gleicher Weise gelesen werden.

Bauzeichnungen

Bauzeichnungen dienen der Verständigung zwischen Bauherren, Architekten, Fachingenieuren, Baubehörden und Bauausführenden. Sie werden nach DIN 1356 für den Entwurf, die Genehmigung, die Ausführung und die Abrechnung von Bauten benötigt. Für die Planung der Bauobjekte werden Entwurfszeichnungen, Bauvorlagezeichnungen und Ausführungszeichnungen erstellt **(Bild 1)**. Ausführungszeichnungen sind für die Objektplanung, die Tragwerksplanung und andere Fachplanungen erforderlich.

Bild 1: Bauzeichnungen

Beschriften von Bauzeichnungen

Bauzeichnungen müssen gut lesbar beschriftet werden. Die Beschriftung muss ausreichend und zweckmäßig angeordnet sein. In der DIN 6776 Teil 1 sowie in der ISO-Norm 3098 ist die Beschriftung von technischen Zeichnungen festgelegt. Empfohlen wird die Schriftform B, vertikal oder kursiv **(Bild 2)**. Die kursive Schrift ist unter einem Winkel von 15° nach rechts geneigt. Diese Schriftformen ergeben ein einheitliches Schriftbild. Sie sind für die Mikroverfilmung geeignet. In der Norm sind in Abhängigkeit von der Schrifthöhe die Linienbreite, die Abstände der Buchstaben und der Schriftzeilen voneinander sowie das Höhenverhältnis von Groß- und Kleinbuchstaben festgelegt.

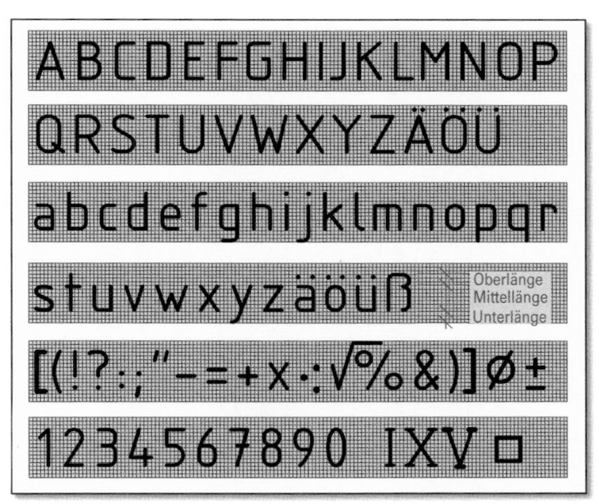

Bild 2: Normschrift, Schriftform B – vertikal

Die **Schrifthöhe *h*** soll nicht kleiner als 2,5 mm, bei Verwendung von Groß- und Kleinbuchstaben nicht kleiner als 3,5 mm sein.

Für die **Linienbreite** ist 1/10 der Schrifthöhe vorgesehen.

Die **Zeilenabstände** betragen von Grundlinie zu Grundlinie 16/10 *h*, wenn bei Großbuchstaben (z.B. Ä) Überlängen und bei Kleinbuchstaben (z.B. g) Unterlängen auftreten. Bei einer Schrift ohne Über- und Unterlängen betragen sie 14/10 *h* **(Bild 3)**.

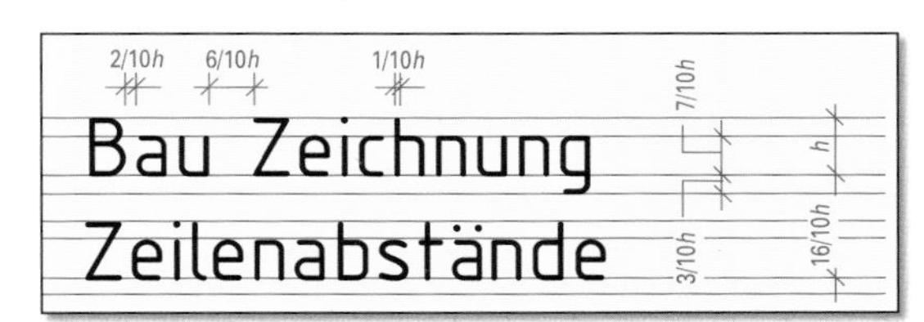

Bild 3: Zeilen- und Buchstabenabstände

Beim Schreiben eines Textes ist zu vermeiden, dass innerhalb eines Wortes durch gleiche **Buchstabenabstände** unterschiedliche Zwischenräume entstehen. Die Flächen zwischen den Buchstaben sollen optisch etwa gleich groß erscheinen. Dies erreicht man durch angepasste Buchstabenabstände **(Bild 4)**.

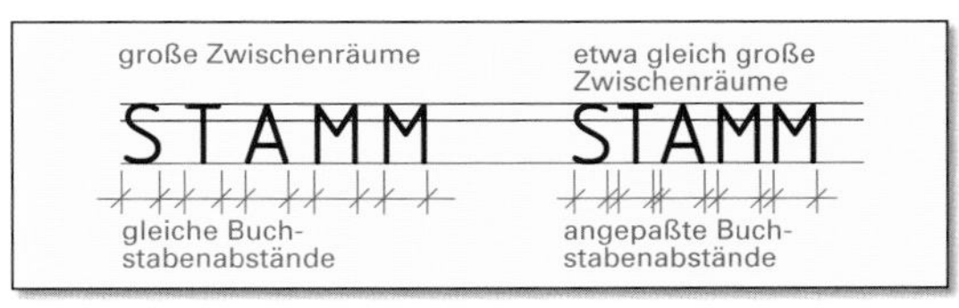

Bild 4: Beispiel für angepasste Buchstabenabstände

Schnittangaben sind mit der nächstgrößeren Schrifthöhe zu schreiben, z.B. bei einer 3,5 mm hohen Schrift 5 mm hoch.

Für hoch- oder tiefgestellte Beschriftungen ist die nächstkleinere Schrifthöhe zu wählen, z.B. für **Maßangaben** in cm oder mm, für **Indizes,** für **Toleranzangaben (Bild 5)**.

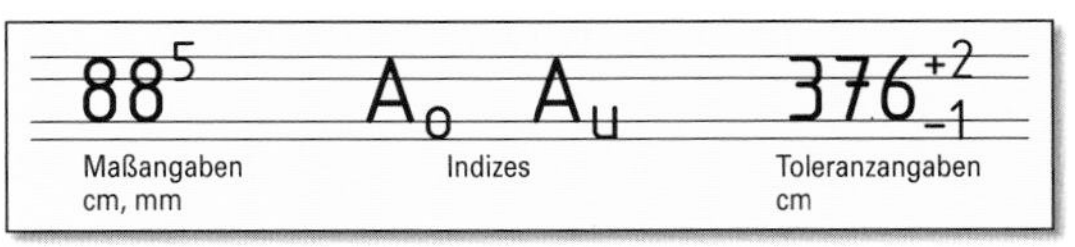

Bild 5: Hoch- und tiefgestellte Beschriftungen

Linien in Bauzeichnungen

Um eine Zeichnung aussagekräftig und leicht lesbar zu machen, verwendet man verschiedene Linienarten und Linienbreiten **(Bild 1, Bild 2, Tabelle 1)**.

Diese sind in DIN 15 und DIN 1356 festgelegt. Die Linienbreiten der einzelnen Linienarten sind vom Zeichnungsmaßstab abhängig. Bei Bleistiftzeichnungen eignen sich für breite Linien weiche Zeichenstifte, z. B. F-, HB- oder B-Zeichenstifte, für schmale Linien harte Zeichenstifte, z. B. H- oder 2H-Zeichenstifte.

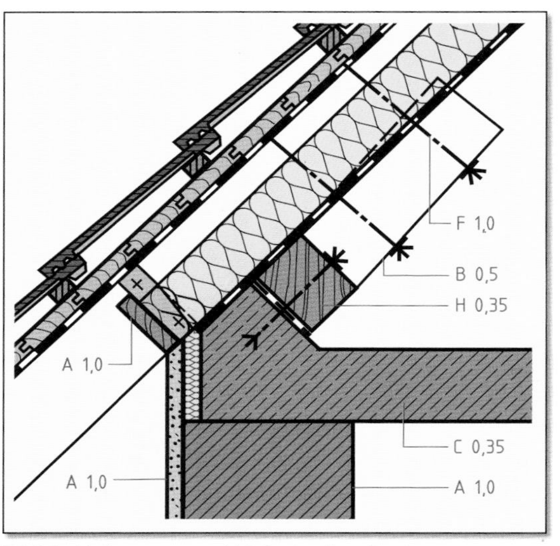

Bild 1: Linienarten und Linienbreiten in einer Ausführungszeichnung M 1:10

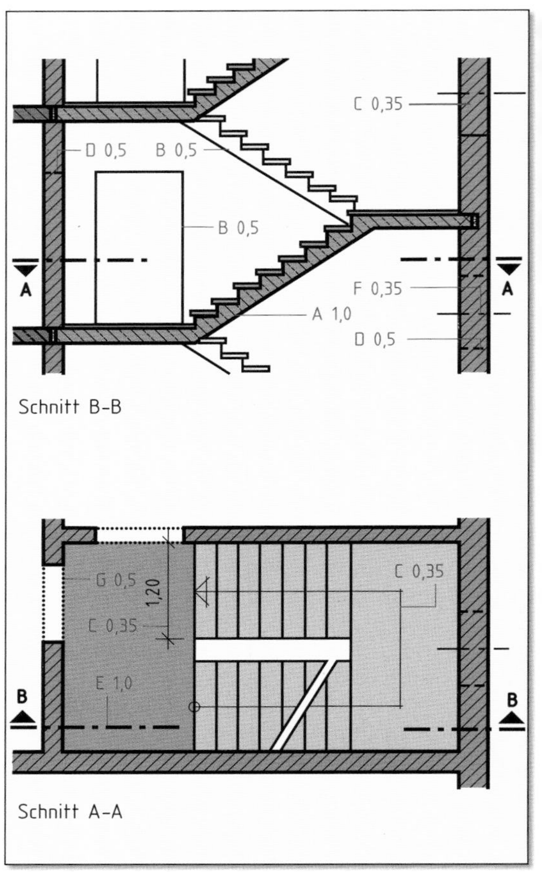

Bild 2: Linienarten und Linienbreiten in einer Ausführungszeichnung M 1:150

Tabelle 1: Linienarten und Linienbreiten

Linienart			Anwendungsbereich	Linienbreiten in Abhängigkeit vom Zeichnungsmaßstab ≤ 1:100	≥ 1:50
				Linienbreiten in mm	
A	Volllinie, breit	———	Begrenzung von Schnittflächen	0,5	1,0
B	Volllinie, schmal	———	Sichtbare Kanten und Umrisse von Bauteilen, Begrenzung von Schnittflächen schmaler und kleiner Bauteile	0,35	0,5
C	Volllinie, fein	———	Maßlinien, Maßhilfslinien, Hinweislinien, Lauflinien, Pfeile, Begrenzung von Ausschnitten, Schraffuren	0,25	0,35
D	Strichlinie, schmal	— — — —	Verdeckte Kanten und verdeckte Umrisse von Bauteilen	0,35	0,5
E	Strichpunktlinie, breit	—·—·—	Kennzeichnung der Lage der Schnittebene	0,5	1,0
F	Strichpunktlinie, fein	—·—·—·-	Achsen	0,25	0,35
G	Punktlinie, schmal	··················	Bauteile vor bzw. über der Schnittebene	0,35	0,5
H	Freihandlinie	≈≈≈	Schraffur für Schnittflächen von Holz	0,25	0,35

Bemaßen von Bauzeichnungen

Zum Bemaßen einer Zeichnung sind Maßzahlen, Maßlinien, Maßlinienbegrenzungen und gegebenenfalls Maßhilfslinien erforderlich **(Bild 1)**.

Maßlinien sind als feine Volllinien zu zeichnen (Tabelle 1, Seite 32). Sie können zwischen den Begrenzungslinien von Schnittflächen und Ansichten oder zwischen Maßhilfslinien gezeichnet werden. Maßlinien sollen einen Abstand von mindestens 10 mm von den Körperkanten und etwa 7 mm von anderen parallel verlaufenden Maßlinien haben. Sie werden parallel zum anzugebenden Maß und der zu bemaßenden Strecke sowie rechtwinklig zu den Körperkanten oder Umrisslinien gezeichnet.

Maßlinien sollen sich mit Hilfslinien und untereinander nicht kreuzen. Ist dies nicht zu umgehen, ist eine der Maßlinien zu unterbrechen.

Maßlinienbegrenzungen kennzeichnen die Strecke, für die die eingetragene Maßzahl gelten soll.

Sie können festgelegt werden durch einen Schrägstrich unter 45°, der bezogen auf die Leserichtung der Maßzahl von links unten nach rechts oben etwa 4 mm lang gezeichnet wird oder durch einen Punkt mit 1 mm oder 1,4 mm Durchmesser **(Bild 2)**.

Längenbemaßung

Wichtige Maße bei der Bauwerksbemaßung sind Außenmaße, Raummaße und Wanddicken **(Bild 3)**. Außerdem unterscheidet man im Mauerwerksbau Maße für Pfeiler, Öffnungen und Vorlagen.

Beschriften von Bauzeichnungen

Zeichnungen werden im Hochformat oder im Querformat erstellt. Die Leserichtung einer Zeichnung ist vor der Beschriftung festzulegen. Alle Maße, Symbole und Wortangaben sind so einzutragen, dass sie von unten oder von rechts lesbar sind, wenn die Zeichnung in Leserichtung betrachtet wird **(Bild 4)**.

Maßzahlen sind über der Maßlinie einzutragen und sollen mindestens 3,5 mm hoch sein **(Bild 5)**.

Maßeinheiten werden in m und cm angegeben. Bruchteile von cm werden zur besseren Unterscheidung hochgesetzt. Bei Maßzahlen in Dezimalschreibweise ist als Dezimalzeichen das Komma anzuwenden. Die verwendeten Maßeinheiten werden hinter der Maßstabangabe im Schriftfeld angegeben z.B. 1:50 – m, cm. Die in die Zeichnung eingetragenen Maße entsprechen der wirklichen Größe des Bauteils.

Höhenbemaßungen sind z.B. bei Geschosshöhen, lichten Raumhöhen und Fußbodenhöhen notwendig. Das Symbol für Höhenlagen ist ein gleichschenkliges Dreieck. Schwarz ausgefüllt (▼ oder ▲) dient es der Höhenangabe für die Rohkonstruktion, nicht ausgefüllt (▽ oder △) der Höhenangabe für die Fertigkonstruktion.

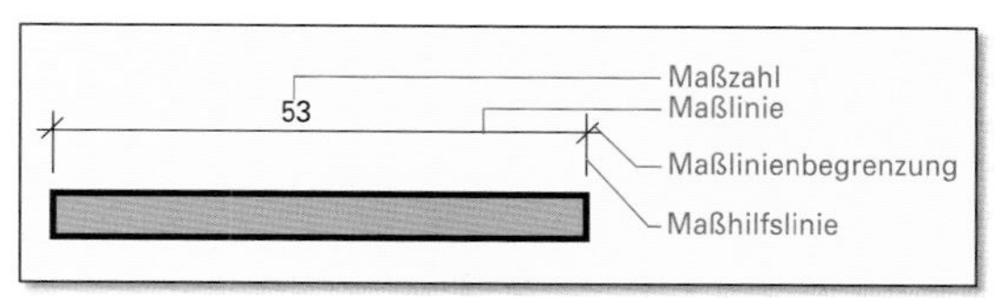

Bild 1: Benennungen für die Bemaßung

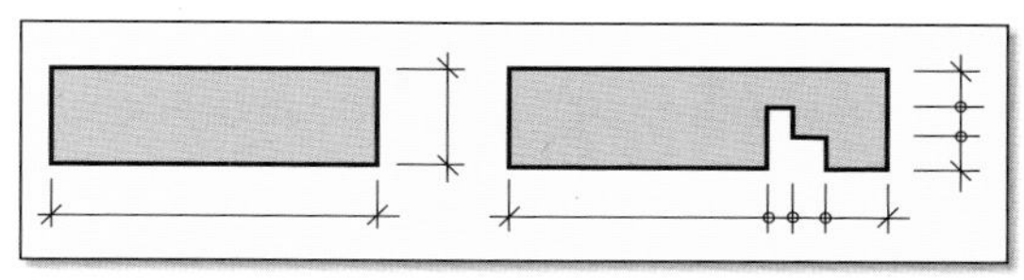

Bild 2: Maßlinienbegrenzung

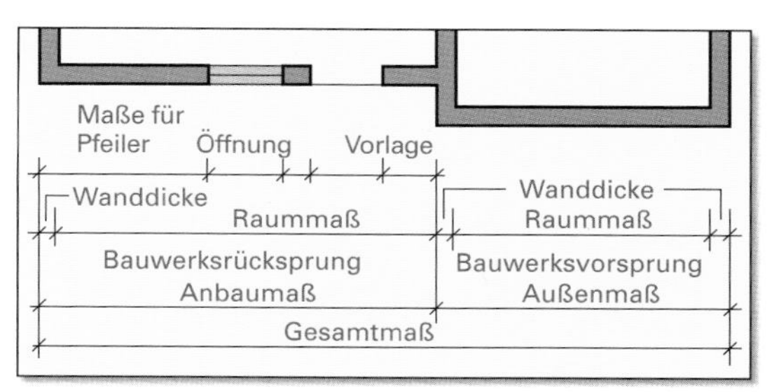

Bild 3: Bemaßung am Beispiel Mauerwerksbau

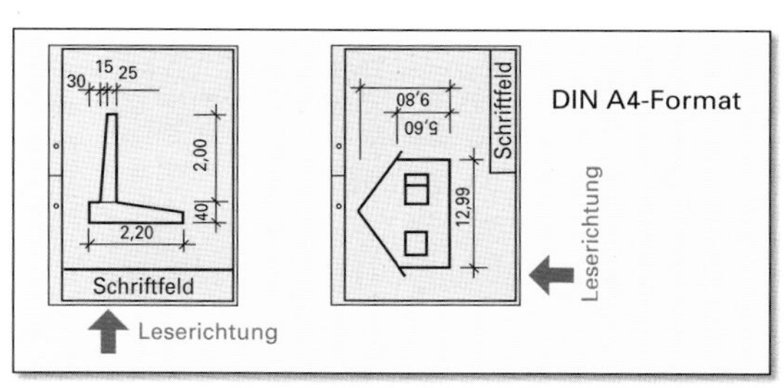

Bild 4: Lese- und Schreibrichtung

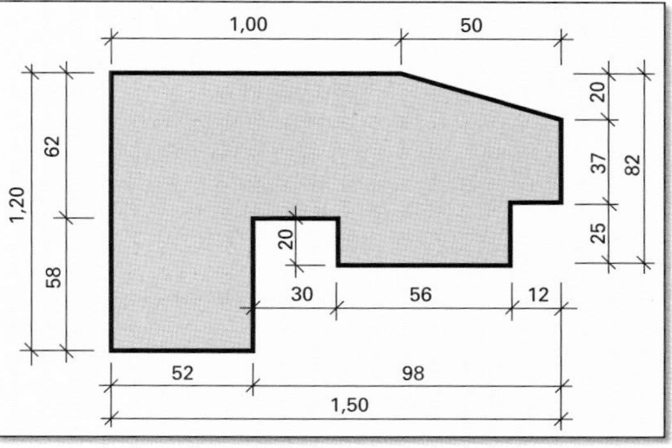

Bild 5: Beschriftung mit Maßzahlen

Kennzeichnen der Schnittflächen

Schnittflächen von Bauteilen müssen besonders hervorgehoben werden. Diese Kennzeichnung kann geschehen durch eine breite Umrisslinie der Schnittfläche, durch Anlegen der Schnittfläche mit einem Punktraster oder durch eine Schraffur unter 45° zur Leserichtung.

Kennzeichnen von Baustoffen

Baustoffe können in Schnittflächen durch besondere Schraffuren oder Farben gekennzeichnet werden. Grundlage für die Kennzeichnung sind die Normdarstellungen in DIN 1356:1995, DIN ISO 128-50:2002 und DIN 4023:2006 sowie weiteren Fachnormen und Verordnungen. Sollten die Normdarstellungen nicht ausreichen, können eigene Baustoffschraffuren verwendet werden. Die Bedeutung dieser Schraffuren ist auf der Zeichnung in einer Legende, z.B. oberhalb des Schriftfeldes, deutlich zu erklären. Beim Schraffieren ist der Abstand der Schraffurlinien der Größe der Schnittfläche anzupassen. Grenzen die Schnittlinien zweier Bauteile aneinander, ist die Schraffurrichtung zu wechseln und der Abstand der Schraffurlinien anzupassen. Werden Maße oder Hinweise in die Schnittfläche eingetragen, ist die Schraffur an dieser Stelle zu unterbrechen.

Schraffuren und Farben DIN 1356:1995			**Schraffuren DIN ISO 128-50:2002**		**Schraffuren für Bodenarten DIN 4023:2006**	
Mauerwerk aus			**Mauerwerk** aus		**Boden** aus	
künstlichen Steinen			Ziegel, kalksand		Kies	
Natursteinen			Leichtziegel		Sand	
Beton			**Beton**		Ton	
unbewehrt			unbewehrt		Steine	
Stahlbeton			Stahlbeton		Blöcke	
Fertigteile			Leichtbeton		Löslehm	
Mörtel, Putz			wasserundurchlässiger Beton		Kalkstein	
Dämmstoff			**Schamotte**		Dolomit	
Dichtstoff		–	**Dämmstoff**		Konglomerat	
Sperrstoff		–	**Füllstoff**		Schluff	
Stahl		–	**Sperrstoff**		**Schraffuren für Tiefbau**	
Vollholz			**Stahl**		Asphaltdecke	
quer zur Faser			**Vollholz**		Asphalt-Tragdeckschicht	
längs zur Faser			quer zur Faser		Asphalt-Tragschicht	
Holzwerkstoffe		–	längs zur Faser		Schottertragschicht	
Erdreich			**Holzwerkstoffe**		Kiestragschicht	
gewachsen		–	**Glas**		Hydraulisch geb. Tragschicht	
aufgefüllt		–	**Erdreich**		EPS-Beton	
Kies		–	gewachsen		Frostschutzschicht	
Sand		–	geschüttet		Pflaster mit Pflasterbett	

1.2.4.4 Maßstäbe

Maßstäbe geben das Größenverhältnis zwischen der wirklichen Länge und der Länge in der Zeichnung an. So bedeutet z. B. beim Maßstab 1:50 die Zahl hinter dem Doppelpunkt, die als Verhältniszahl bezeichnet wird, um wie viel Mal kleiner das Maß in der Zeichnung ist als in Wirklichkeit; das Maß in der Zeichnung ist also 50 mal kleiner als in Wirklichkeit.

Die **Beschriftung** in der Zeichnung zeigt immer das **Maß in Wirklichkeit,** also das Maß, das auf der Baustelle gemessen wird **(Bild 1).**

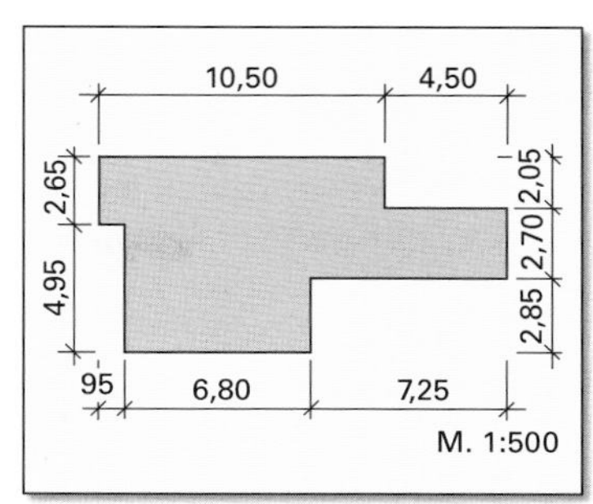

Bild 1: Gebäudeabmessungen

Die Länge in der Zeichnung lässt sich berechnen, wenn die wirkliche Länge und die Verhältniszahl bekannt sind.

$$\textbf{Länge in der Zeichnung} = \frac{\textbf{wirkliche Länge}}{\textbf{Verhältniszahl}}$$

Beispiel: Wirkliche Länge 1,24 m. M 1:20

Lösung: Länge in der Zeichnung. $\frac{1240 \text{ mm}}{20} = \mathbf{62\ mm}$

Die wirkliche Länge kann aus der Länge in der Zeichnung und der gegebenen Verhältniszahl errechnet werden.

$$\textbf{Wirkliche Länge} = \textbf{Länge in der Zeichnung} \cdot \textbf{Verhältniszahl}$$

Beispiel: Länge in der Zeichnung 3,5 cm. M 1:50

Lösung: Wirkliche Länge: 3,5 cm · 50 = **175 cm**

Die Verhältniszahl lässt sich aus der Länge in der Zeichnung und der wirklichen Länge ermitteln.

$$\textbf{Verhältniszahl} = \frac{\textbf{wirkliche Länge}}{\textbf{Länge in der Zeichnung}}$$

Beispiel: Wirkliche Länge 8,00 m
Länge in der Zeichnung 40 mm

Lösung: Verhältniszahl: $\frac{8000 \text{ mm}}{40 \text{ mm}} = \mathbf{200}$

Wichtige Maßstäbe in der Bautechnik sind M 1:1000; M 1:500 für Lagepläne; M 1:100 für Baueingabepläne; M 1:50 für Werkpläne; M 1:20, M 1:10, M 1:5, M 1:1 für Einzelheiten.

Aufgaben

1 Welche Längen haben folgende Baumaße in der Zeichnung bei den angegebenen Maßstäben?

1,25 m; 8,24 m; 7,90 m; 38,50 m; 2,365 m 87,5 cm; 36,5 cm
M 1:200; M 1:100; M 1:50; M 1:20; M 1:10; M 1:5

2 Es sind die wirklichen Längen aus den Zeichnungslängen zu bestimmen.

7 mm; 13,5 mm; 28,4 mm; 4,6 cm; 5,1 cm; 97 mm; 11,5 cm.
Maßstäbe hierfür sind M 1:200; M 1:50; M 1:20; M 1:10; M 1:5.

3 Für den dargestellten **Lageplan** sind die wirklichen Längen des Grundstücks und der Gebäude in Zeichnungslängen für den Maßstab M 1:200 umzurechnen **(Bild 2).**

4 Zeichnen Sie den dargestellten **Lageplan** im M 1:200 und tragen Sie Lage und Größe der Bauwerke maßstäblich ein (Bild 2).

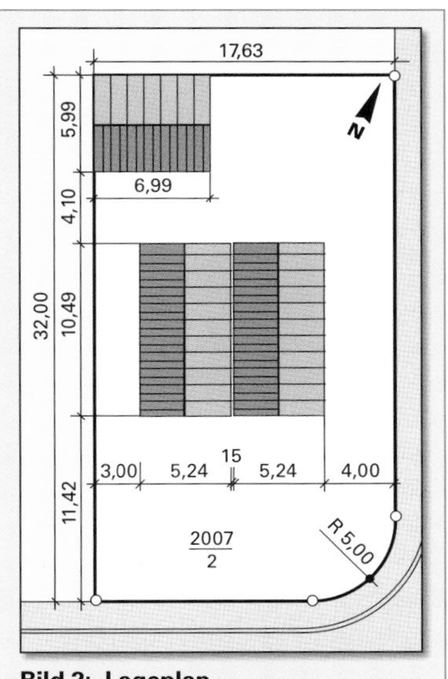

Bild 2: Lageplan

1.2.5 Bautechnische Berechnungen

Berechnungen sind immer dann notwendig, wenn z. B. Abmessungen, Abstände, Flächen, Rauminhalte und daraus Baustoffmengen und deren Gewichte zu bestimmen sind.

1.2.5.1 Längenberechnungen

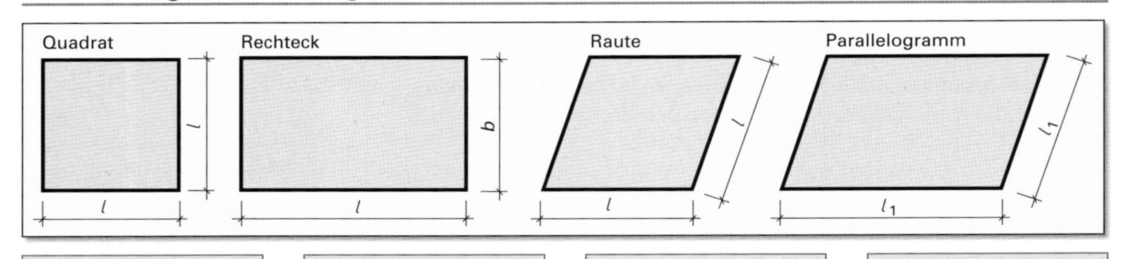

Quadrat: $\boldsymbol{U = 4 \cdot l}$

Beispiele: l = 3,20 m

Lösungen: U = 4 · 3,20 m

U = 12,80 m

Rechteck: $\boldsymbol{U = 2 \cdot (l + b)}$

l = 5,10 m b = 3,35 m

U = 2 (5,10 m + 3,35 m)

U = 2 · 8,45 m

U = 16,90 m

Raute: $\boldsymbol{U = 4 \cdot l}$

l = 3,15 m

U = 4 · 3,15 m

U = 12,60 m

Parallelogramm: $\boldsymbol{U = 2 \cdot (l_1 + l_2)}$

l_1 = 5,55 m l_2 = 3,15 m

U = 2 (5,55 m + 3,15 m)

U = 2 · 8,70 m

U = 17,40 m

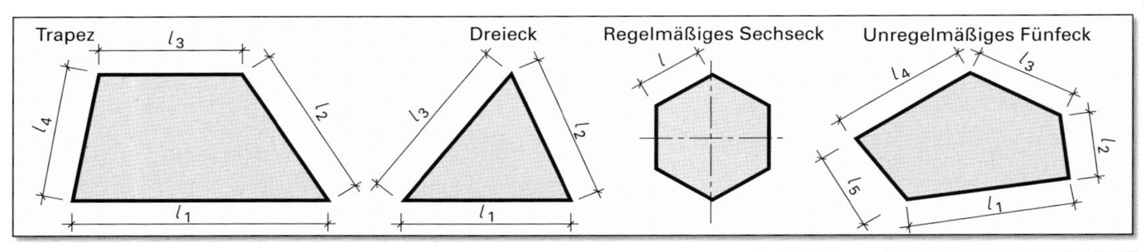

Trapez: $\boldsymbol{U = l_1 + l_2 + l_3 + l_4}$

Beispiele:

l_1 = 5,50 m l_2 = 3,80 m

l_3 = 2,30 m l_4 = 3,20 m

Lösungen:

U = 5,50 m + 3,80 m
+ 2,30 m + 3,20 m

U = 14,80 m

Dreieck: $\boldsymbol{U = l_1 + l_2 + l_3}$

l_1 = 3,50 m

l_2 = 3,20 m

l_3 = 4,20 m

U = 3,50 m + 3,20 m
+ 4,20 m

U = 10,90 m

Regelmäßiges Sechseck: $\boldsymbol{U = 6 \cdot l}$

l = 1,50 m

U = 6 · 1,50 m

U = 9,00 m

Unregelmäßiges Fünfeck: $\boldsymbol{U = l_1 + l_2 + l_3 + l_3 + l_3}$

l_1 = 3,50 m l_2 = 2,10 m

l_3 = 1,60 m l_4 = 3,60 m

l_5 = 2,50 m

U = 3,5 m + 2,1 m + 1,6 m
+ 3,6 m + 2,5 m

U = 13,30 m

Kreis

d M

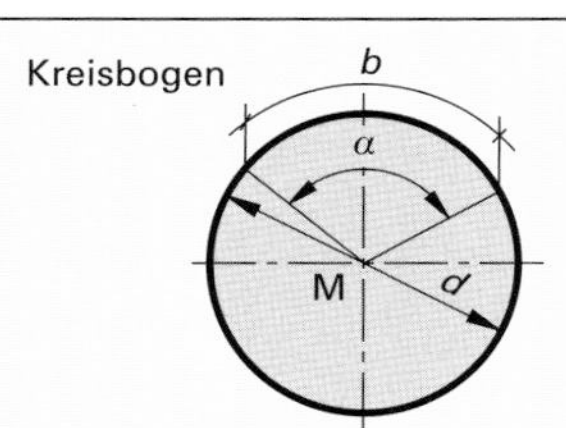

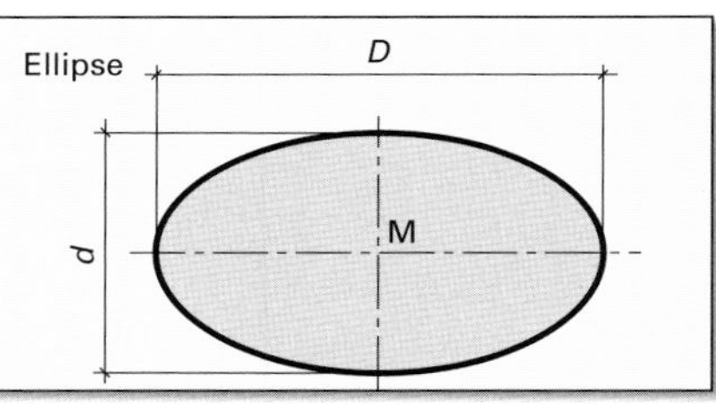

Kreis: $\boldsymbol{U = \pi \cdot d}$ $d = \frac{U}{\pi}$

Beispiele: d = 30 cm

Lösungen: $U \approx$ 3,14 · 30 cm

$U \approx$ 94,20 cm

U = 1,57 m

$d \approx \frac{1{,}57\ \text{m}}{3{,}14}$

$d \approx$ 49,97 cm

Kreisbogen: $\boldsymbol{b = \pi \cdot d \cdot \frac{\alpha}{360°}}$

d = 50 cm α = 80°

$b \approx 3{,}14 \cdot 50\ \text{cm} \cdot \frac{80°}{360°}$

$b \approx$ 34,54 cm

Ellipse: $\boldsymbol{U \approx \pi \cdot \frac{D + d}{2}}$

D = 3,80 m d = 2,50 m

$U \approx 3{,}14 \cdot \frac{3{,}80\ \text{m} + 2{,}50\ \text{m}}{2}$

$U \approx$ 9,90 m

Aufgaben

1 Eine **Terrasse** ist 2,43 m lang und 2,04 m breit. Sie ist mit Platten 40 cm/60 cm belegt. Der Länge nach sind 4 Platten hintereinander verlegt mit einer Fugenbreite von jeweils 1 cm **(Bild 1)**.

a) Planen Sie die Terrasse mit einer Skizze im Maßstab 1:25.

b) Welchen Umfang hat die Terrasse?

c) Die Platten sollen ausgefugt werden. Wieviel Meter Fuge müssen mit Mörtel ausgegossen werden? Der äußere Rand der Terrasse kann nicht ausgefugt werden.

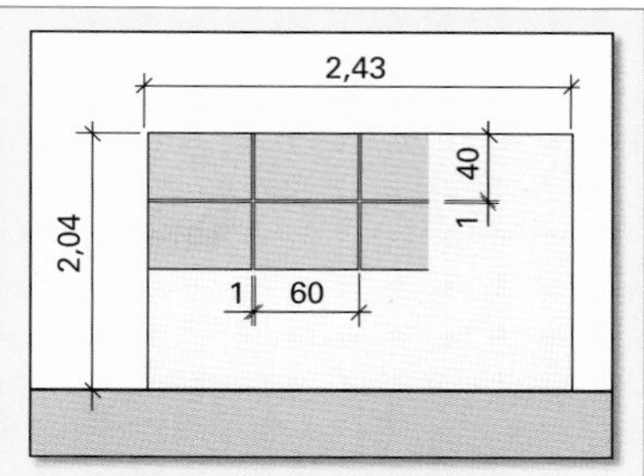

Bild 1: Plattenbelag, Terrasse

2 Wie groß ist der äußere und der innere Umfang eines **Betonrohres** mit dem Nenndurchmesser (innerer Durchmesser) von 1000 mm (1250 mm) und einer Wanddicke von 50 mm **(Bild 2)**?

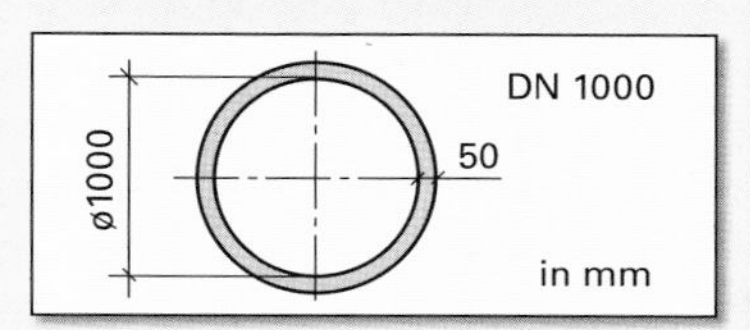

Bild 2: Betonrohr

3 Ein **Baumstamm** hat einen Umfang von 60 cm (72 cm; 1,12 m; 1,95 m). Welchen Durchmesser hat der Stamm?

4 Ein **Schubkarren** wird 20 m (30 m; 40 m; 55 m; 62 m) weit geschoben. Wie oft dreht sich das Rad, wenn dieses einen Durchmesser von 40 cm hat **(Bild 3)**?

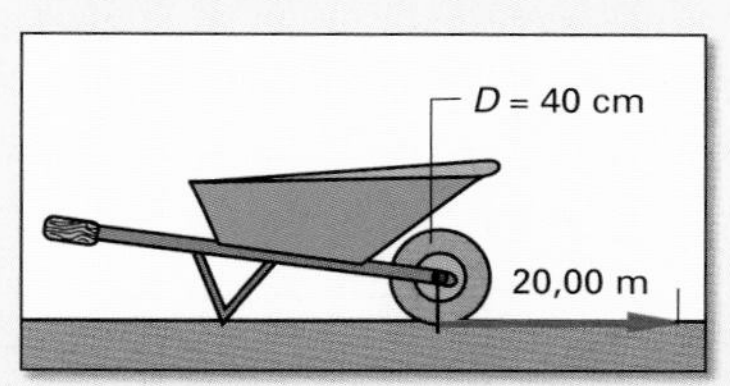

Bild 3: Weg des Schubkarrens

5 Eine runde **Verkehrsinsel** hat einen Durchmesser von 2,60 m (1,80 m; 2,40 m; 3,20 m; 4,20 m). Wie viel Meter Randsteine sind zur Einfassung notwendig?

6 Für eine Sturzbewehrung ist ein **Betonstabstahl** zu biegen **(Bild 4)**.

a) Bestimmen Sie die Längen und sowie die Schnittlänge des Stabstahls.

b) Der Stabstahl ist im M 1:20 zu zeichnen und zu bemaßen.

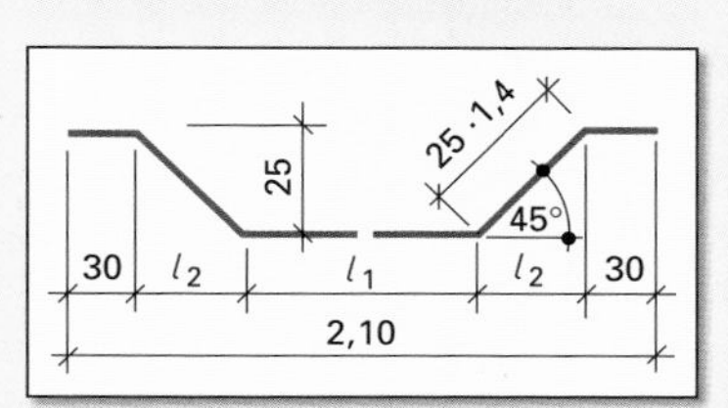

Bild 4: Betonstabstahl

7 Ein **Betonstabstahl** ist nach Plan herzustellen **(Bild 5)**.

a) Es sind die fehlenden Biegelängen l_2 und l_3 sowie die Länge l_4 zu berechnen.

b) Wie groß ist die Schnittlänge des Betonstabstahls?

c) Der Stabstahl ist im M 1:20 zu zeichnen und zu bemaßen.

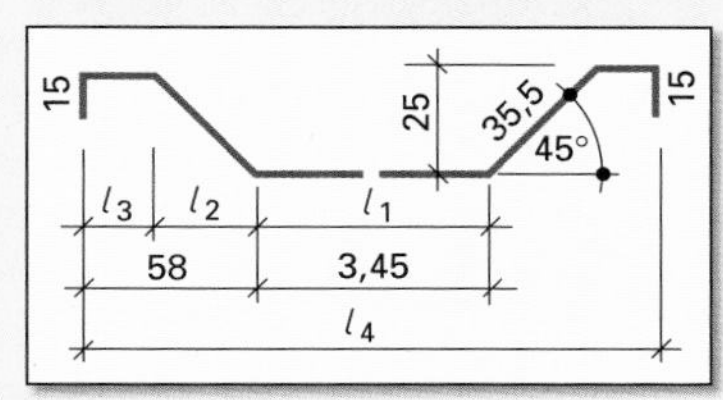

Bild 5: Betonstabstahl

8 Eine **Wohnstraße** mit Wendeplatte wird geplant **(Bild 6)**.

a) Die Straße ist mit der Unterbrechung im M 1:200 zu zeichnen.

b) Für die Bestellung und Abrechnung ist festzustellen, wie lang der Straßenrand insgesamt bis Ende der Rundung an der Straßeneinmündung ist.

c) Wie viel Meter gerade Randsteine und wie viel Meter gekrümmte Randsteine sind abzurechnen?

d) In der Straßenmitte ist ein Leerrohr zu verlegen. Wie viel Meter Rohr sind zu verlegen, wenn es am Rand der Wendeplatte beginnt und über die Wohnstraße hinaus noch 4,50 m verlängert wird?

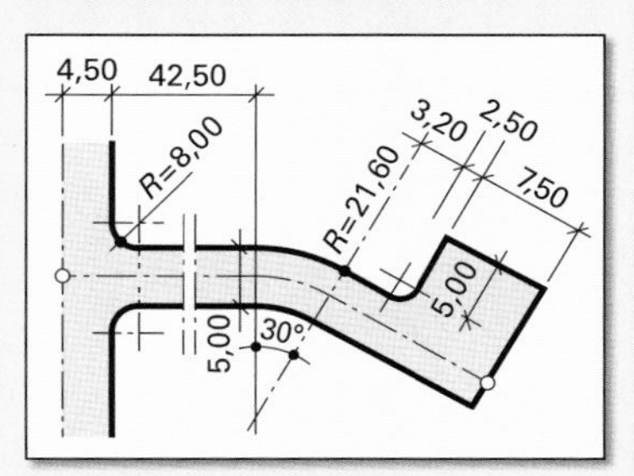

Bild 6: Wohnstraße

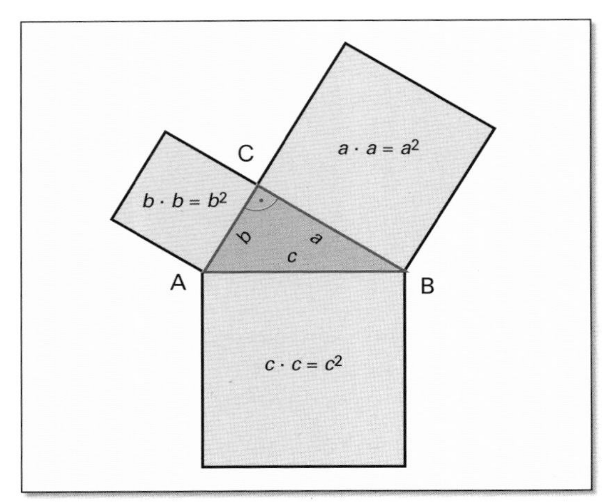

Bild 1: Lehrsatz des Pythagoras

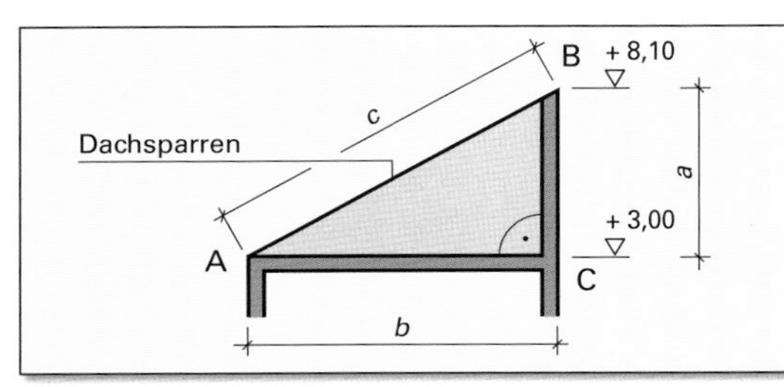

Bild 2: Pultdach

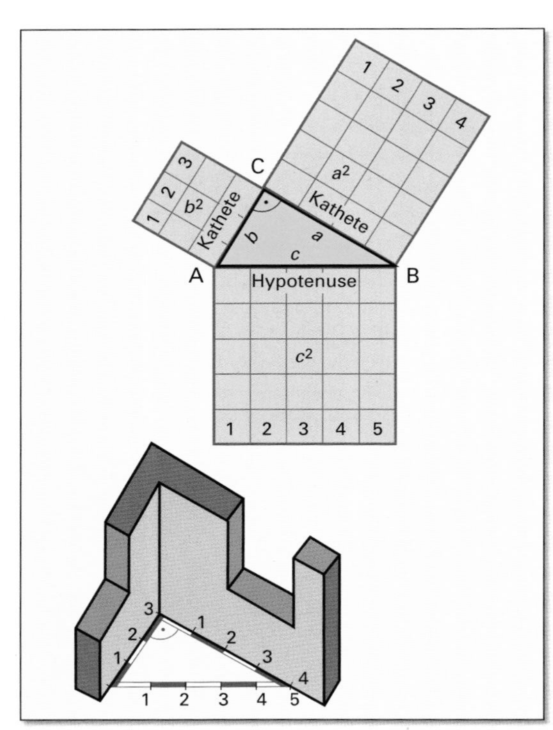

Bild 3: Verreihung

Lehrsatz des Pythagoras

Mithilfe des Lehrsatzes von Pythagoras (griech. Philosoph, um 580 bis 500 v. Chr.) können die Seitenlängen rechtwinkliger Dreiecke berechnet werden.

Im rechtwinkligen Dreieck bezeichnet man die längste Dreiecksseite als **Hypotenuse** und die beiden anderen Seiten als **Katheten (Bild 1)**. Die Hypotenuse liegt dem rechten Winkel gegenüber.

Der Lehrsatz des Pythagoras lautet:

Im rechtwinkligen Dreieck ist das Quadrat über der Hypotenuse gleich der Summe der Quadrate über den Katheten.

$$c^2 = a^2 + b^2$$

$a^2 = c^2 - b^2$ $\qquad$ $b^2 = c^2 - a^2$

Für die Berechnung der Seitenlängen gilt:

$c = \sqrt{a^2 + b^2}$ $\qquad$ $a = \sqrt{c^2 - b^2}$ $\qquad$ $b = \sqrt{c^2 - a^2}$

Beispiel: Ein Pultdach ist abzubinden. Die Bauwerksbreite *b* beträgt 6,30 m, die Firsthöhe *a* misst 5,10 m **(Bild 2)**. Die Länge *c* des Dachsparrens ist zu berechnen.

Lösung: Länge *c* des Dachsparrens

$c^2 = a^2 + b^2$ $\qquad$ $c = \sqrt{65{,}70\ \text{m}^2}$

$c = \sqrt{a^2 + b^2}$ $\qquad$ $\boldsymbol{c \approx 8{,}10\ \text{m}}$

Verreihung

Stehen die Seiten eines Dreiecks im Verhältnis 3:4:5, so ist das Dreieck rechtwinklig. Dieses Verhältnis bezeichnet man auch als Verreihung. Mit der Verreihung lassen sich rechte Winkel herstellen oder überprüfen **(Bild 3)**.

Beispiel: Zur Herstellung eines rechten Winkels stehen Bretter zur Verfügung. Das längste misst 1,80 m. Die Längen der beiden anderen Bretter sind zu berechnen.

Lösung: 5 Teile ≙ 1,80 m
1 Teil ≙ 1,80 m : 5 = 0,36 m
3 Teile ≙ 0,36 m · 3 = **1,08 m**
4 Teile ≙ 0,36 m · 4 = **1,44 m**

Aufgabe

In der Werkstatt ist aus Schalbrettern ein Bauwinkel anzufertigen. Die lange Seite des Winkels soll 3,00 m (2,40 m; 1,20 m; 4,60 m; 5,00 m) sein.

Aufgaben

1 Die Kathete eines **rechtwinkligen Dreiecks** ist 5,50 m lang.

a) Wie lang ist die andere Kathete, wenn die Hypotenuse 7,60 m (8,40 m; 12,30 m) lang ist?

b) Welche Länge hat die Hypotenuse, wenn die andere Kathete 6,60 m (3,60 m; 7,15 m) misst?

2 Für ein **Dach mit unterschiedlichen Trauf- und Firsthöhen** werden die Zimmer- und Dachdeckerarbeiten ausgeführt **(Bild 1)**. Die Länge des Daches beträgt 17,20 m.

a) Es ist eine Skizze der Giebelfläche im M 1:100 zu fertigen.

b) Wie lang sind die Sparren?

c) Wie groß ist die gesamte Dachfläche einschließlich der senkrechten Fläche des Dachversatzes?

d) Wie groß ist die Außenputzfläche einer Giebelseite (ohne Sockel)?

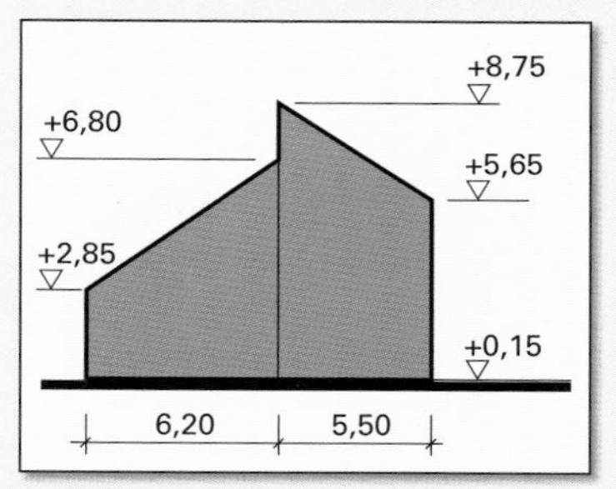

Bild 1: Dacheindeckung

3 Bei der Sanierung eines **Mansarddaches** wird eine Wärmedämmung eingebaut **(Bild 2)**.

a) Es ist eine Skizze der Giebelfläche im M 1:200 zu fertigen.

b) Wie viel m² beträgt die zu dämmende Dachfläche, wenn das Dach 14,50 m lang ist?

c) Wie groß ist die Putzfläche der beiden Giebel für den Wärmedämmputz?

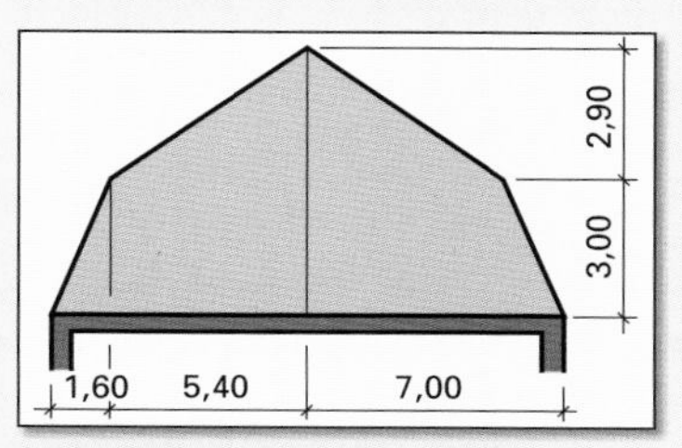

Bild 2: Mansarddach

4 Zur standsicheren Montage einer **Systemschalung** sind in der Bodenplatte Befestigungshülsen einzubetonieren **(Bild 3)**.

a) Wie groß ist der Abstand der Hülsen von Außenkante Bodenplatte, wenn die Länge der Schrägsprieße 3,00 m beträgt?

b) Auf welche Länge müssen die Schrägsprieße ausgezogen werden, wenn der Hülsenabstand 1,50 m von Außenkante Bodenplatte betragen kann?

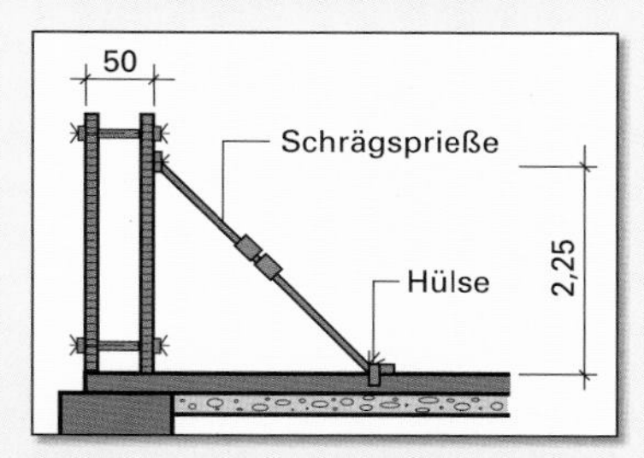

Bild 3: Systemschalung

5 Bei Ausbesserungsarbeiten an einer **Fachwerkwand** sind Strebe und Andreaskreuz auszuwechseln **(Bild 4)**.

a) Welche Zuschnittlänge hat die Strebe, wenn für die Verzapfung an beiden Enden jeweils 5 cm zugeschlagen werden?

b) Welche Zuschnittlänge haben die beiden Hölzer für das Andreaskreuz?

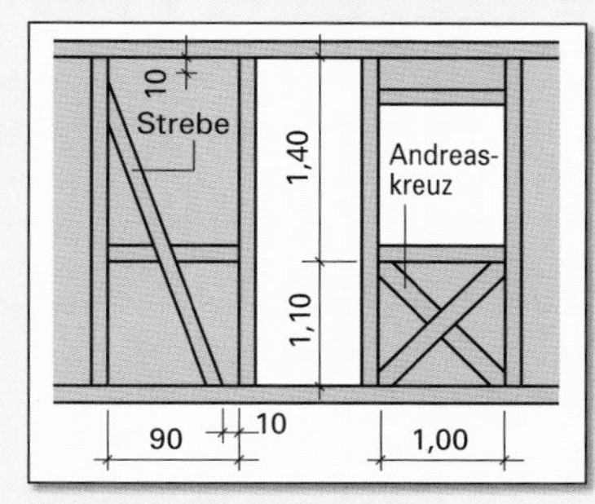

Bild 4: Fachwerkwand

6 Ein zweiseitiger **Hauseingang** erhält eine Brüstungswand in Sichtmauerwerk **(Bild 5)**.

a) Es ist eine Skizze der Brüstungswand im M 1:100 zu fertigen.

b) Wie groß ist die Länge der Rollschicht als oberer Mauerabschluss?

c) Welche Gesamtfläche ist als Sichtmauerwerk einschließlich Rollschicht herzustellen?

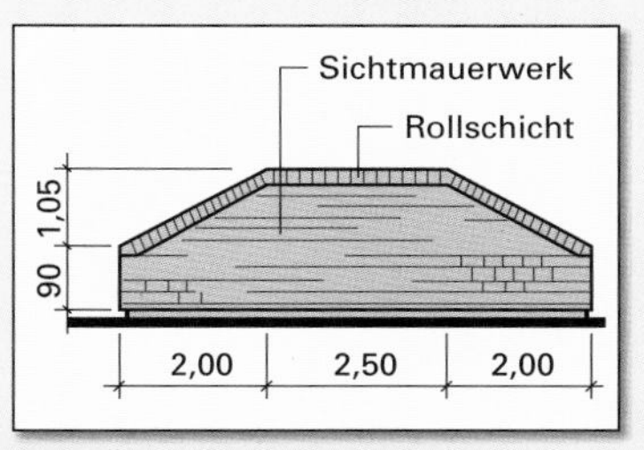

Bild 5: Hauseingang

1.2.5.2 Flächenberechnungen

Bei den Flächen unterscheidet man geradlinig begrenzte Flächen und krummlinig begrenzte Flächen. Zusammengesetzte Flächen bestehen aus mehreren Flächen.

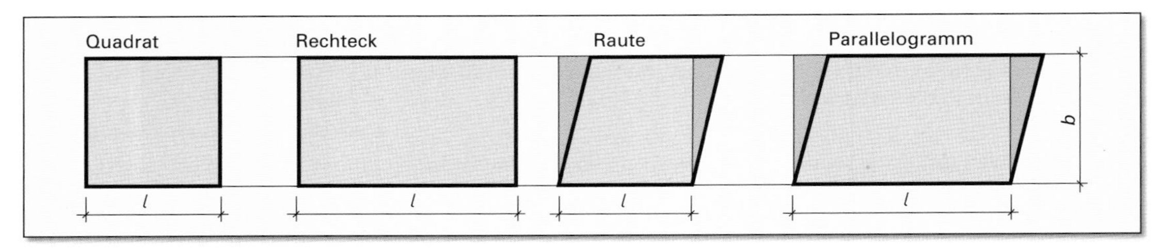

Flächeninhalt = Länge · Breite

$$A = l \cdot b$$

$$\text{Länge} = \frac{\text{Flächeninhalt}}{\text{Breite}} \qquad l = \frac{A}{b}$$

$$\text{Breite} = \frac{\text{Flächeninhalt}}{\text{Länge}} \qquad b = \frac{A}{l}$$

Beispiel: Ein Quadrat hat eine Länge und eine Breite von 1,80 m. Wie groß ist der Flächeninhalt?

Lösung: $A = l \cdot b$

$A = 1{,}80\ \text{m} \cdot 1{,}80\ \text{m}$

$\boldsymbol{A = 3{,}24\ \text{m}^2}$

Beispiel: Ein Rechteck hat einen Flächeninhalt von 9,50 m² und eine Breite von 2,45 m. Wie lang ist das Rechteck?

Lösung: $l = \frac{A}{b}$

$l = \frac{9{,}50\ \text{m}^2}{2{,}45\ \text{m}}$

$\boldsymbol{l = 3{,}88\ \text{m}}$

Beispiel: Ein Parallelogramm mit 12,82 m² Flächeninhalt hat eine Länge von 5,25 m. Wie breit ist das Parallelogramm?

Lösung: $b = \frac{A}{l}$

$b = \frac{12{,}82\ \text{m}^2}{5{,}25\ \text{m}}$

$\boldsymbol{b = 2{,}44\ \text{m}}$

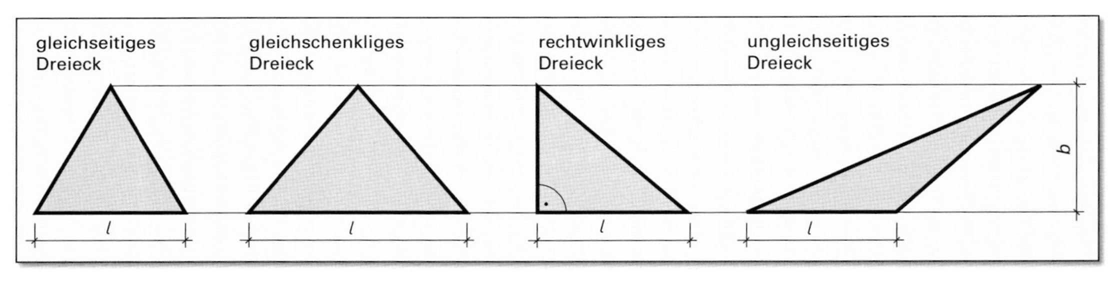

$$\textbf{Flächeninhalt} = \frac{\textbf{Länge} \cdot \textbf{Breite}}{2}$$

$$A = \frac{l \cdot b}{2}$$

$$\text{Länge} = \frac{2 \cdot \text{Flächeninhalt}}{\text{Breite}} \qquad l = \frac{2 \cdot A}{b}$$

$$\text{Breite} = \frac{2 \cdot \text{Flächeninhalt}}{\text{Länge}} \qquad b = \frac{2 \cdot A}{l}$$

Beispiel: Ein Dreieck hat die Länge 4,32 m und die Breite 3,35 m. Wie groß ist der Flächeninhalt?

Lösung: $A = \frac{l \cdot b}{2}$

$A = \frac{4{,}32\ \text{m} \cdot 3{,}35\ \text{m}}{2}$

$\boldsymbol{A = 7{,}24\ \text{m}^2}$

Beispiel: Der Flächeninhalt eines Dreiecks beträgt 3,36 m², seine Breite $b = 1{,}82$ m. Wie lang ist das Dreieck?

Lösung: $l = \frac{2 \cdot A}{b}$

$l = \frac{2 \cdot 3{,}36\ \text{m}^2}{1{,}82\ \text{m}}$

$\boldsymbol{l = 3{,}69\ \text{m}}$

Beispiel: Der Flächeninhalt eines Dreiecks beträgt 8,74 m², seine Länge $l = 6{,}40$ m. Wie breit ist das Dreieck?

Lösung: $b = \frac{2 \cdot A}{l}$

$b = \frac{2 \cdot 8{,}74\ \text{m}^2}{6{,}40\ \text{m}}$

$\boldsymbol{b = 2{,}73\ \text{m}}$

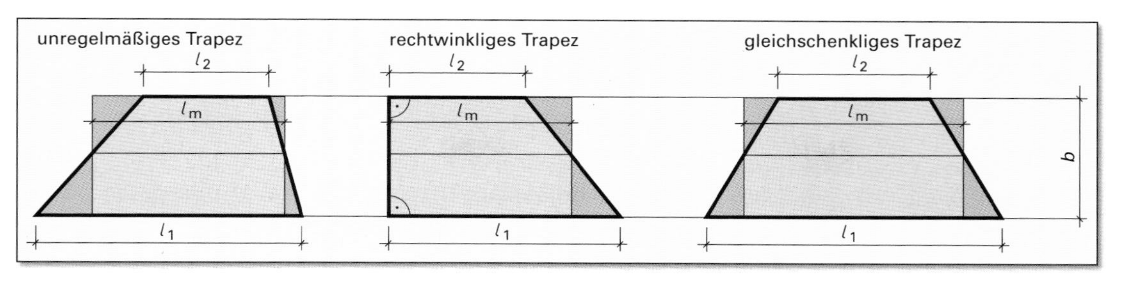

Flächeninhalt = Mittlere Länge · Breite

$$\boldsymbol{A = l_m \cdot b}$$

$$\text{Mittlere Länge} = \frac{\text{Länge 1} + \text{Länge 2}}{2}$$

$$l_m = \frac{l_1 + l_2}{2}$$

Beispiel: Ein unregelmäßiges Trapez hat die Längen $l_1 = 2{,}25$ m und $l_2 = 1{,}35$ m sowie $b = 1{,}25$ m.
a) Wie lang ist die mittlere Länge? b) Wie groß ist der Flächeninhalt?

Lösung: a) $l_m = \frac{l_1 + l_2}{2}$

$l_m = \frac{2{,}25\text{ m} + 1{,}35\text{ m}}{2}$

$\boldsymbol{l_m = 1{,}80\text{ m}}$

b) $A = l_m \cdot b$

$A = 1{,}80\text{ m} \cdot 1{,}25\text{ m}$

$\boldsymbol{A = 2{,}25\text{ m}^2}$

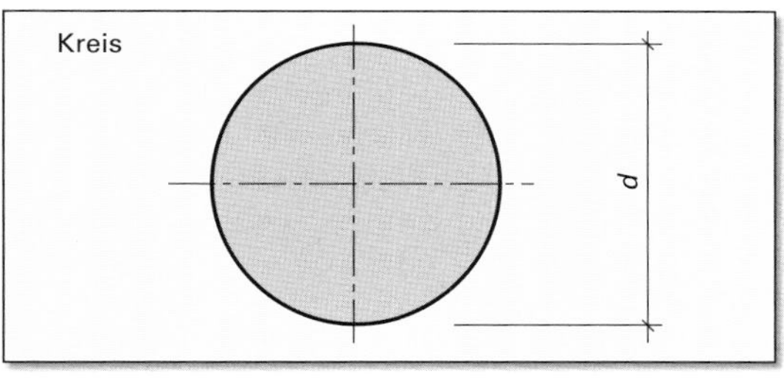

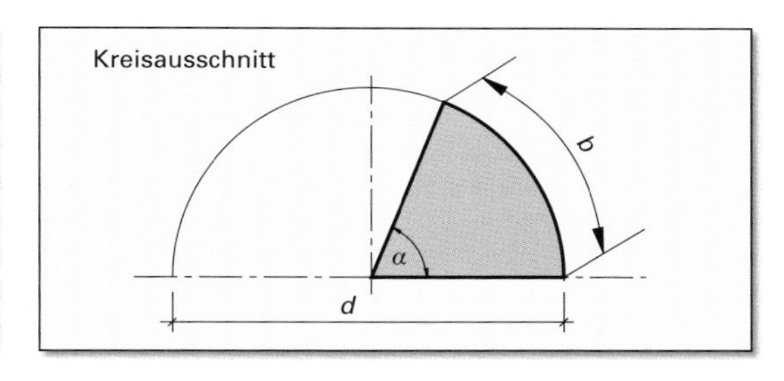

Kreisfläche

$$\boldsymbol{A = \frac{\pi}{4} \cdot d^2}$$

$$\boldsymbol{A \approx 0{,}785 \cdot d^2}$$

Kreisdurchmesser

$$d = \sqrt{\frac{4 \cdot A}{\pi}}$$

$$\boldsymbol{A_{\text{Kreisausschnitt}} = \frac{\pi}{4} \cdot d^2 \cdot \frac{\alpha}{360°}}$$

$$\boldsymbol{A_{\text{Kreisausschnitt}} \approx 0{,}785 \cdot d^2 \cdot \frac{\alpha}{360°}}$$

$$\boldsymbol{A_{\text{Kreisausschnitt}} = \frac{b \cdot d}{4}}$$

$$\boldsymbol{\text{Bogenlänge } b = \pi \cdot d \cdot \frac{\alpha}{360°}}$$

Beispiel:
Ein Kreis hat einen Durchmesser von 3,20 m. Wie groß ist der Flächeninhalt?

Lösung:

$A \approx 0{,}785 \cdot d^2$

$A \approx 0{,}785 \cdot (3{,}2\text{ m})^2$

$\boldsymbol{A \approx 8{,}04\text{ m}^2}$

Beispiel:
Eine Kreisfläche hat einen Flächeninhalt von 2,41 m². Wie groß ist der Durchmesser?

Lösung:

$d = \sqrt{\frac{4 \cdot A}{\pi}}$

$d \approx \sqrt{\frac{4 \cdot 2{,}41\text{ m}^2}{3{,}14}}$

$\boldsymbol{d \approx 1{,}75\text{ m}}$

Beispiel:
Es ist der Flächeninhalt des Kreisausschnitts mit dem Kreisdurchmesser $d = 2{,}60$ m und dem Mittelpunktswinkel $\alpha = 80°$ zu berechnen.

Lösung:

$A \approx 0{,}785 \cdot d^2 \cdot \frac{\alpha}{360°}$

$A \approx 0{,}785 \cdot 2{,}60\text{ m} \cdot 2{,}60\text{ m} \cdot \frac{80°}{360°}$

$\boldsymbol{A \approx 1{,}18\text{ m}^2}$

Lösung:

$b = \pi \cdot d \cdot \frac{\alpha}{360°}$

$b \approx 3{,}14 \cdot 2{,}60\text{ m} \cdot \frac{80°}{360°}$

$b \approx 1{,}81\text{ m}$

$A \approx \frac{1{,}81\text{ m} \cdot 2{,}60\text{ m}}{4}$

$\boldsymbol{A \approx 1{,}18\text{ m}^2}$

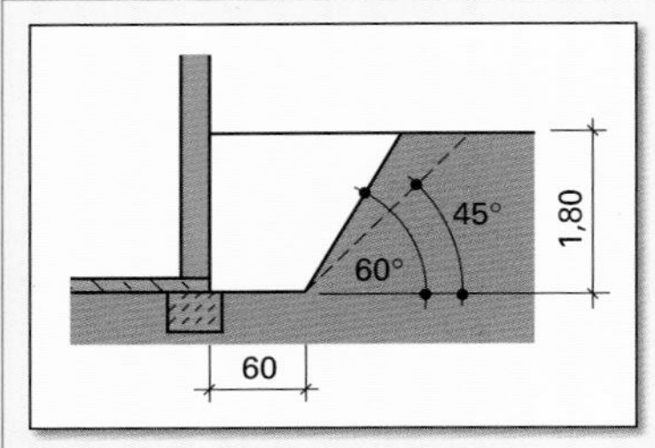

Bild 1: Arbeitsraum

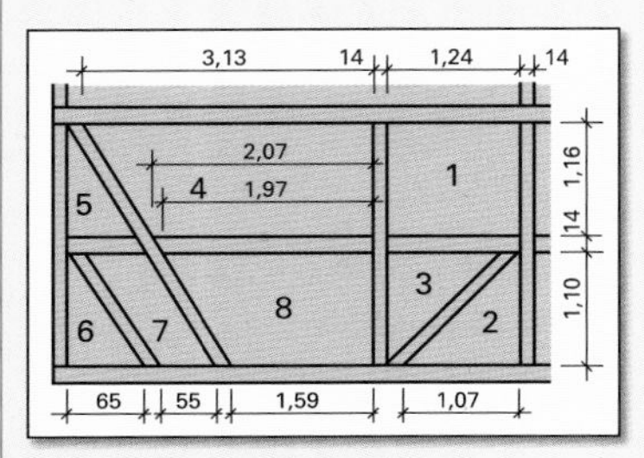

Bild 2: Fachwerkwand

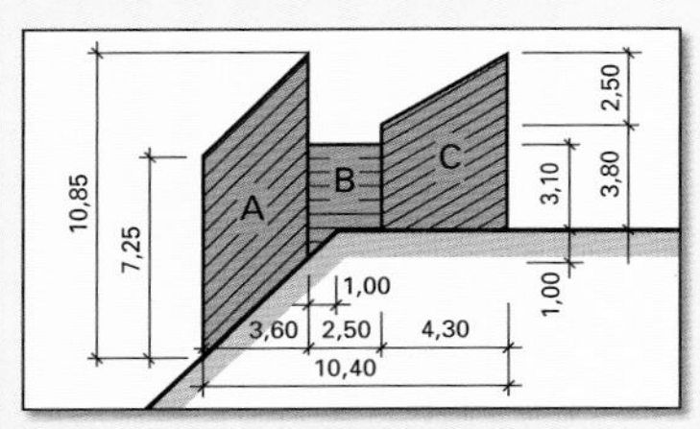

Bild 3: Seitenansicht eines Betriebsgebäudes

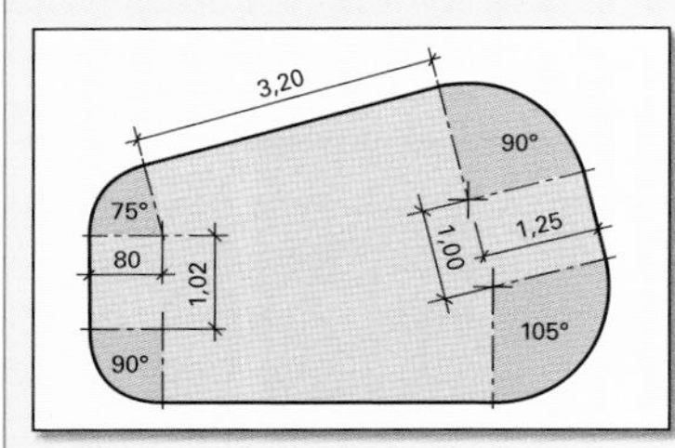

Bild 4: Verkehrsinsel

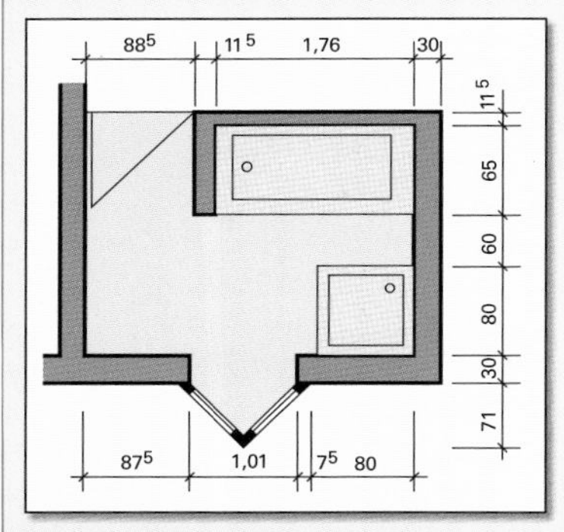

Bild 5: Badezimmer

Aufgaben

1 Wie viel m² misst die Querschnittsfläche des **Arbeitsraumes** bei einem Böschungswinkel von 60° (45°) **(Bild 1)**?

2 Eine **Baugrube** ist 2,10 m tief und hat an der Baugrubensohle eine Länge von 9,20 m. Die Länge der Baugrube an der Geländeoberkante beträgt 11,60 m.

a) Fertigen Sie eine Skizze vom Querschnitt der Baugrube im M 1:100 mit Maßeintragung.

b) Wie groß ist die Querschnittsfläche der Baugrube?

c) Wie breit ist die Böschung?

d) Wie breit wäre die Böschung bei einem Böschungswinkel von 45°?

3 Die Felder einer **Fachwerkwand** sollen neu verputzt werden **(Bild 2).** Zeichnen Sie die Fachwerkwand im M 1:10.

Wie groß sind die Fachwerkfelder 1 bis 8?

4 Die **Seitenansicht eines Betriebsgebäudes** ist mit Holzbrettern zu verschalen **(Bild 3).** Zeichnen Sie die Ansicht M 1:100.

Wie groß sind die Schalflächen A, B und C?

5 Um einen **Baumstamm** mit 80 cm Durchmesser soll ein kreisringförmiger Gartentisch angefertigt werden. Der äußere Durchmesser des Tisches beträgt 1,90 m. Wie groß ist die Fläche der Tischplatte, wenn zwischen Baum und Tischinnenkante für das Wachstum des Baumes ein Zwischenraum von 5 cm freigelassen wird? Fertigen Sie eine Skizze des Tisches.

6 Bei Pflasterarbeiten für eine **Verkehrsinsel** sind vier Kreisausschnitte mit unterschiedlichen Mittelpunktswinkeln und Radien zu pflastern **(Bild 4).**

a) Konstruieren Sie die Verkehrsinsel im M 1:50.

b) Wie groß sind die Pflasterflächen der Kreisausschnitte 1 bis 4?

c) Wie viel m gebogene Randsteine sind jeweils erforderlich?

7 In einem **Badezimmer** muss ein Estrich eingebracht werden. Danach werden Badewanne und Duschwanne eingebaut **(Bild 5).**

a) Zeichnen Sie den Grundriss des Badezimmers im M 1:25.

b) Wie viel m² Estrich sind einzubringen?

c) Wie viel m² Bodenfläche sind nach dem Einbau der Sanitäreinrichtungen noch zu fliesen?

d) Alle Wandflächen werden 2,50 m hoch gefliest. Für wie viel m² Wandfläche sind Fliesen bereitzustellen? Das Fenster ist raumhoch, die Badewanne 50 cm hoch.

1.2.5.3 Körperberechnungen

In der Bautechnik ist sehr häufig das Volumen (Rauminhalt) und die Oberfläche eines Körpers zu berechnen. Dazu müssen die Abmessungen der Körper, wie z. B. Länge und Breite von Grund- und Deckfläche und die Körperhöhe, bekannt sein.

Zur Berechnung des Volumens von Körpern mit gleicher Querschnittsfläche multipliziert man die Grundfläche A mit der Körperhöhe h.

Volumen = Grundfläche · Körperhöhe

$$\boldsymbol{V = A \cdot h}$$

Körperhöhe = Volumen / Grundfläche

$$h = \frac{V}{A}$$

Grundfläche = Volumen / Körperhöhe

$$A = \frac{V}{h}$$

Zur Berechnung der Oberfläche eines gleich dicken Körpers werden die Seitenflächen (Mantelfläche), Grundfläche und Deckfläche addiert. Grundfläche und Deckfläche sind stets gleich groß.

Oberfläche = Mantelfläche + Grundfläche + Deckfläche

$$\boldsymbol{O = M + A_{Grundfläche} + A_{Deckfläche}}$$

Mantelfläche = Körperumfang · Körperhöhe

$$\boldsymbol{M = U \cdot h}$$

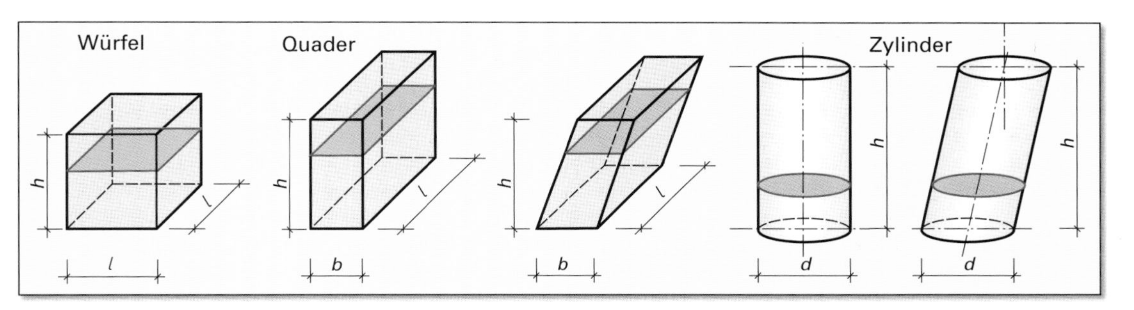

Beispiel:

Ein Würfel hat eine Kantenlänge von 25 cm. Wie groß ist das Volumen?

Lösung:

$V = A \cdot h$

$V = 25\text{ cm} \cdot 25\text{ cm} \cdot 25\text{ cm}$

$\boldsymbol{V = 15\,625\text{ cm}^3}$

Beispiel:

Ein Quader hat eine Länge von 80 cm, eine Breite von 36,5 cm sowie ein Volumen von 0,73 m³. Wie hoch ist der Quader?

Lösung:

$h = \frac{V}{A}$

$h = \frac{730\,000\text{ cm}^3}{80\text{ cm} \cdot 36{,}5\text{ cm}}$

$\boldsymbol{h = 250\text{ cm}}$

Beispiel:

Ein Zylinder hat ein Volumen von 0,396 m³ und eine Höhe von 2,85 m. Welchen Durchmesser hat er?

Lösung:

$A = \frac{V}{h}$ $\qquad d = \sqrt{\frac{4\,A}{\pi}}$

$A = \frac{396\,000\text{ cm}^3}{285\text{ cm}}$ $\qquad d \approx \sqrt{\frac{4 \cdot 1389\text{ cm}^2}{3{,}14}}$

$\boldsymbol{A = 1389\text{ cm}^2}$ $\qquad \boldsymbol{d = 42\text{ cm}}$

Beispiel:

Wie groß ist die Mantelfläche eines Würfels mit einer Kantenlänge von 30 cm?

Lösung:

$M = U \cdot h$

$M = 4 \cdot 30\text{ cm} \cdot 30\text{ cm}$

$\boldsymbol{M = 3600\text{ cm}^2}$

Beispiel:

Ein Quader ist 60 cm lang, 40 cm breit und 1,20 cm hoch. Welchen Flächeninhalt hat die Mantelfläche?

Lösung:

$M = U \cdot h$

$M = (2 \cdot 0{,}60\text{ m} + 2 \cdot 0{,}40\text{ m}) \cdot 1{,}20$

$\boldsymbol{M = 2{,}40\text{ m}^2}$

Beispiel:

Ein Zylinder hat einen Durchmesser von 42 cm. Seine Höhe ist 3,50 m. Wie groß ist die Mantelfläche?

Lösung:

$M = U \cdot h$

$M \approx 3{,}14 \cdot 0{,}42\text{ m} \cdot 3{,}50\text{ m}$

$\boldsymbol{M \approx 4{,}62\text{ m}^2}$

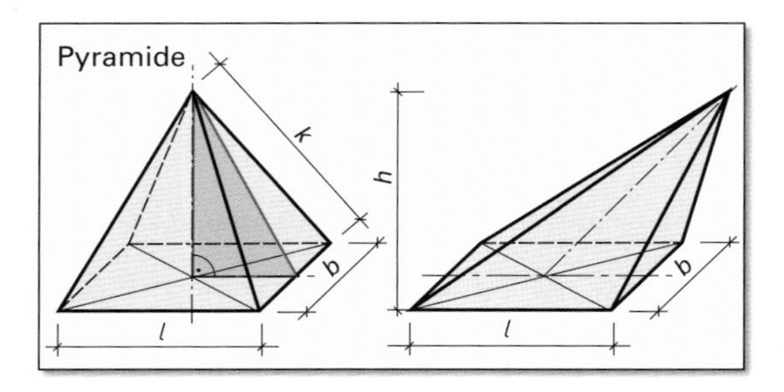

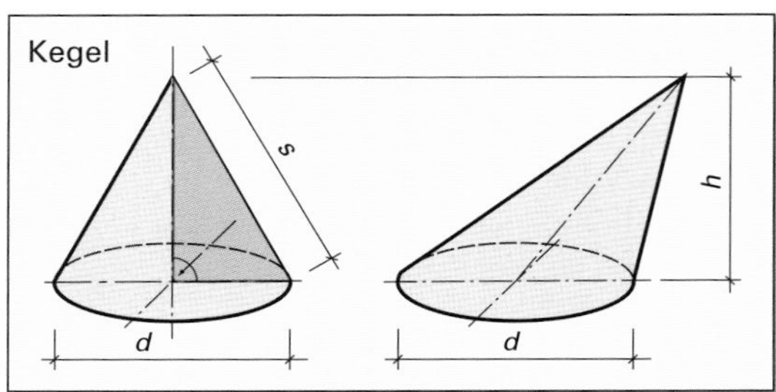

$$\textbf{Volumen} = \frac{1}{3} \cdot \textbf{Grundfläche} \cdot \textbf{Körperhöhe}$$

$$V = \frac{1}{3} \cdot A \cdot h$$

$$\text{Körperhöhe} = \frac{3 \cdot \text{Volumen}}{\text{Grundfläche}} \qquad \text{Grundfläche} = \frac{3 \cdot \text{Volumen}}{\text{Körperhöhe}}$$

$$h = \frac{3 \cdot V}{A} \qquad A = \frac{3 \cdot V}{h}$$

Beispiel:

Ein pyramidenförmiges Dach hat eine quadratische Grundfläche mit $l = 3{,}20$ m und $h = 4{,}10$ m. Wie groß ist das Volumen?

Lösung:

$$V = \frac{1}{3} A \cdot h$$

$$V = \frac{1}{3} \cdot (3{,}20 \text{ m})^2 \cdot 4{,}10 \text{ m}$$

$$= \mathbf{13{,}995\ m^3}$$

Beispiel:

Ein kegelförmiger Turmhelm hat ein Volumen $V = 14{,}230$ m³ und eine Grundfläche $A = 8{,}29$ m². Wie hoch ist der Turmhelm?

Lösung:

$$h = \frac{3 \cdot V}{A}$$

$$h = \frac{3 \cdot 14{,}230 \text{ m}^3}{8{,}29 \text{ m}^2}$$

$$= \mathbf{5{,}15\ m}$$

Beispiel:

Ein pyramidenförmiges Dach hat ein Volumen $V = 11{,}800$ m³ und eine Höhe $h = 2{,}80$ m. Wie groß ist die Grundfläches des Daches?

Lösung:

$$A = \frac{3 \cdot V}{h}$$

$$A = \frac{3 \cdot 11{,}800 \text{ m}^3}{2{,}80 \text{ m}}$$

$$= \mathbf{12{,}64\ m^2}$$

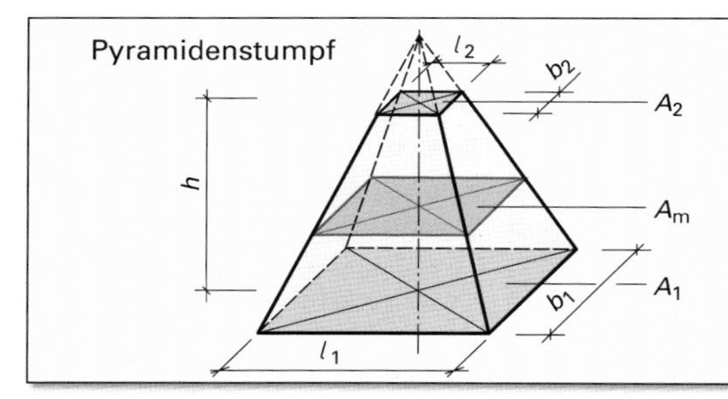

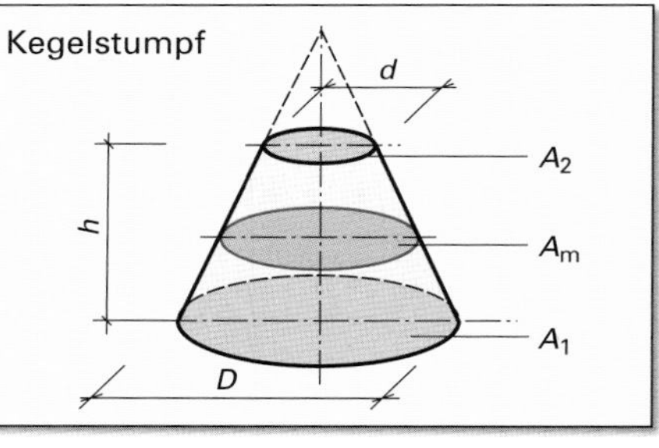

$$V_{\text{Pyramidenstumpf}} = V_{\text{ganze Pyramide}} - V_{\text{abgeschnittene Pyramidenspitze}}$$

Für die Berechnung des Aushubs, z. B. für eine Baugrube, wird die **Simpson'sche Formel** verwendet:

$$V_{\text{Stumpfer Körper}} = \frac{\textbf{Körperhöhe}}{6} \cdot (\textbf{Grundfläche} + \textbf{Deckfläche} + 4 \cdot \textbf{mittlere Fläche})$$

$$V = \frac{h}{6} \cdot (A_1 + A_2 + 4 \cdot A_m)$$

$$\textbf{mittlere Fläche} = \textbf{mittlere Länge} \cdot \textbf{mittlere Breite}$$

$$A_m = \frac{l_1 + l_2}{2} \cdot \frac{b_1 + b_2}{2}$$

Aufgaben

1 Ein **Mauerkörper** soll erstellt werden **(Bild 1).**

a) Zeichnen Sie die Draufsicht im Maßstab 1:50 mit Bemaßung und teilen Sie den Mauerkörper in Teilkörper auf.

b) Wie viel m³ Mauerwerk müssen hergestellt werden?

2 Eine **Garage mit Sichtschutzmauer** ist zu mauern **(Bild 2).**

a) Zeichnen Sie die Wandecke in der Draufsicht und als Wandabwicklung im Maßstab 1:50.

b) Wie lässt sich die Wandecke in Teilkörper zerlegen?

c) Wie viel m³ Mauerwerk sind herzustellen?

3 Die Wände einer **Garage** sind als Mauerwerk geplant **(Bild 3).**

a) Zeichnen Sie einen Werkplan für den Grundriss im Maßstab 1:50.

b) Wie viel m³ Mauerwerk sind herzustellen?

4 Es sollen **U-Steine** betoniert werden **(Bild 4).**

a) Wie groß ist das Volumen eines U-Steines?

b) Wie viel U-Steine können aus 2 m³ Frischbeton bei einem Verdichtungsmaß von 1,20 hergestellt werden?

5 **Kaminformsteine** sollen hergestellt werden **(Bild 5).**

a) Welches Volumen haben 25 Kaminformsteine?

b) Wie viel m³ Leichtbeton sind zu deren Herstellung notwendig, wenn der Verdichtung wegen ein Zuschlag von 30 % auf die Festbetonmenge erforderlich ist?

6 **L-förmige Fertigteile** werden hergestellt **(Bild 6).**

a) Welches Volumen hat ein Fertigteil?

b) Wie viel m³ Frischbeton müssen für 20 Fertigteile gemischt werden, wenn der Verdichtung wegen ein Zuschlag von 30% auf die Festbetonmenge erforderlich ist?

7 **Schornsteinabdeckplatten** sind zu betonieren **(Bild 7).**

a) Welches Volumen haben 45 Schornsteinabdeckplatten?

b) Der Verdichtung wegen sind 30 % mehr Frischbeton erforderlich. Wie viel Frischbeton muss hergestellt werden?

c) Wie viele Mischerfüllungen sind notwendig, wenn mit einer Füllung 250 Liter Beton ausgebracht werden?

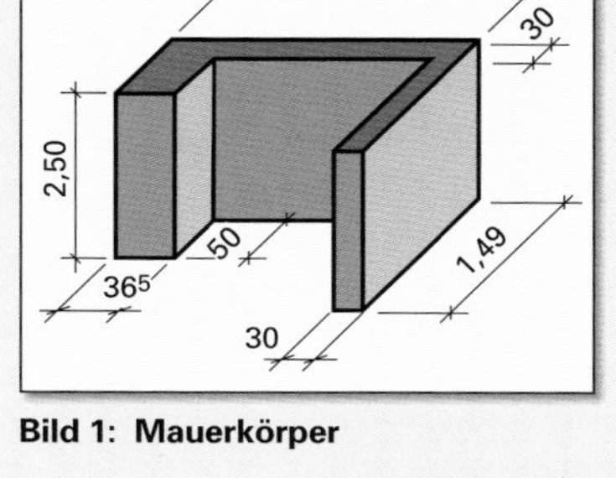

Bild 1: Mauerkörper

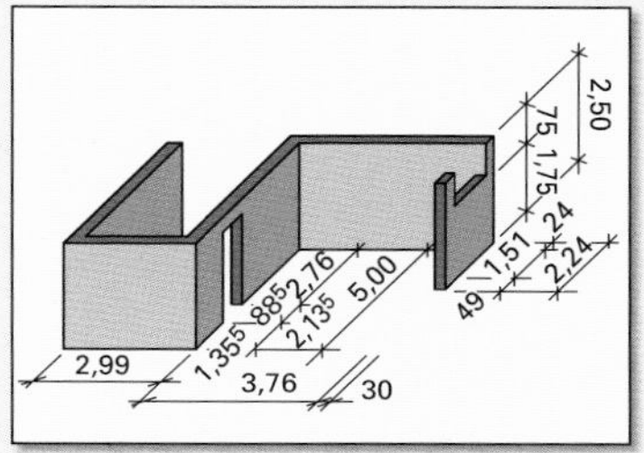

Bild 2: Garage mit Sichtschutzmauer

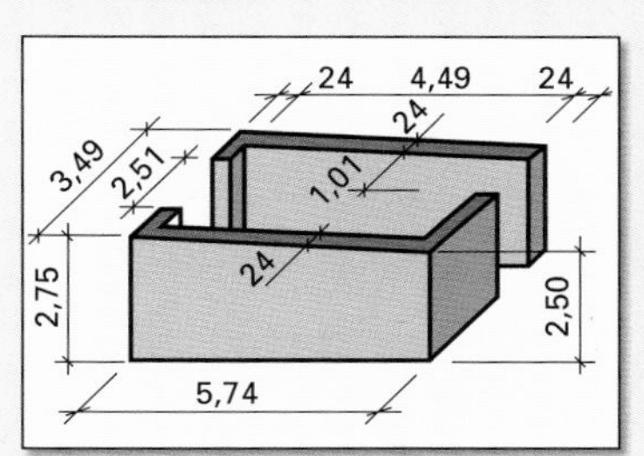

Bild 3: Garage

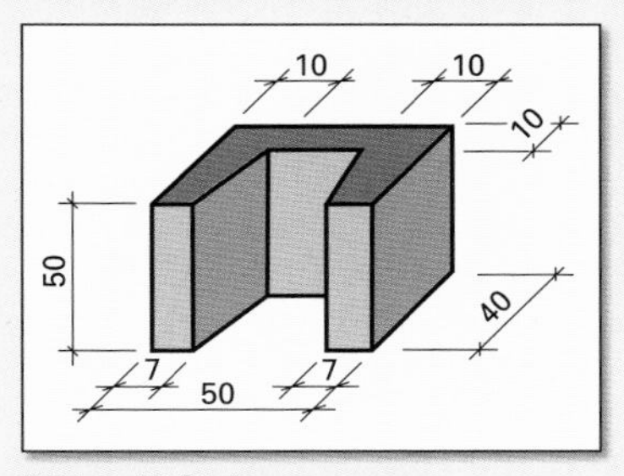

Bild 4: U-Stein

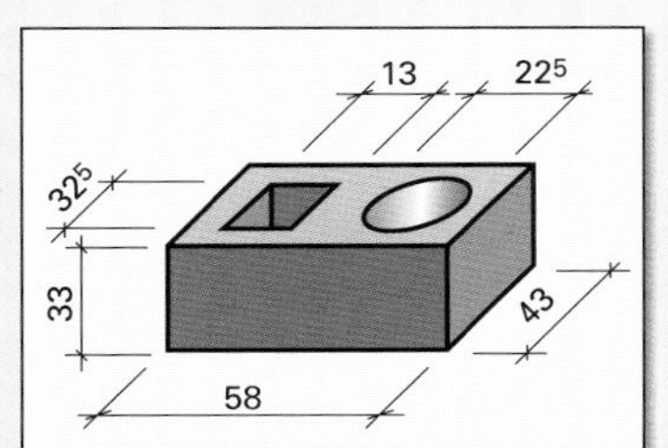

Bild 5: Kaminformstein

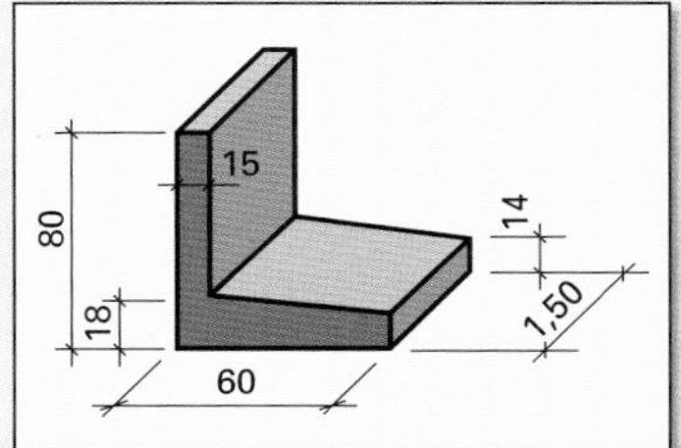

Bild 6: L-Stein

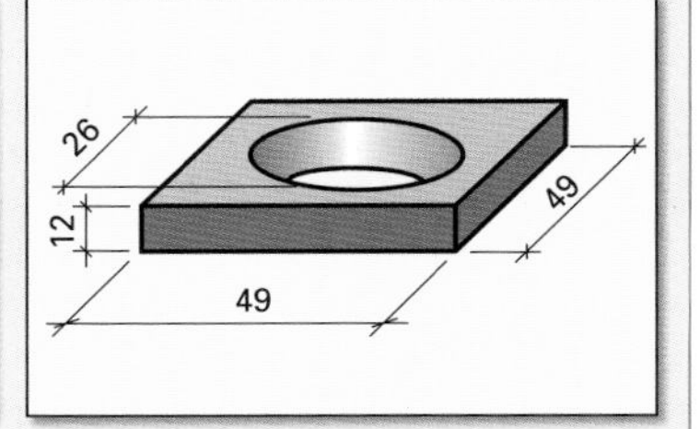

Bild 7: Schornsteinabdeckplatte

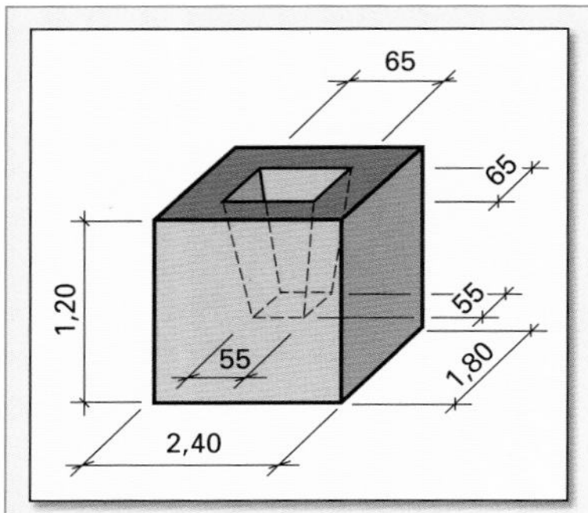

Bild 1: Fundament

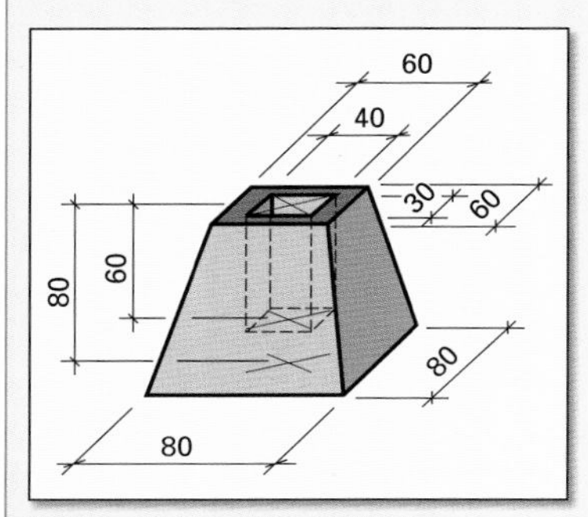

Bild 2: Stützenfundament

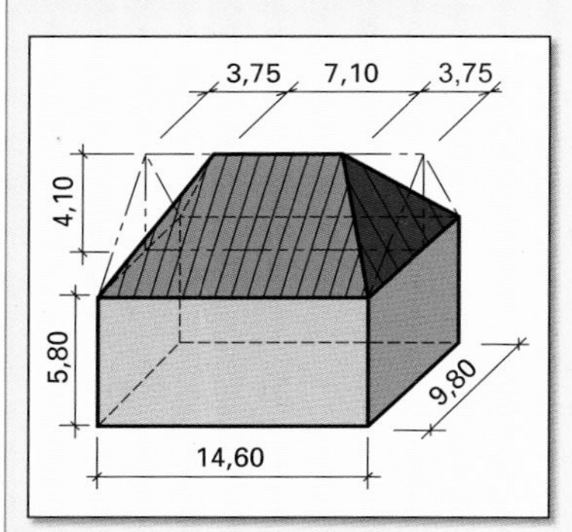

Bild 3: Gebäude mit Walmdach

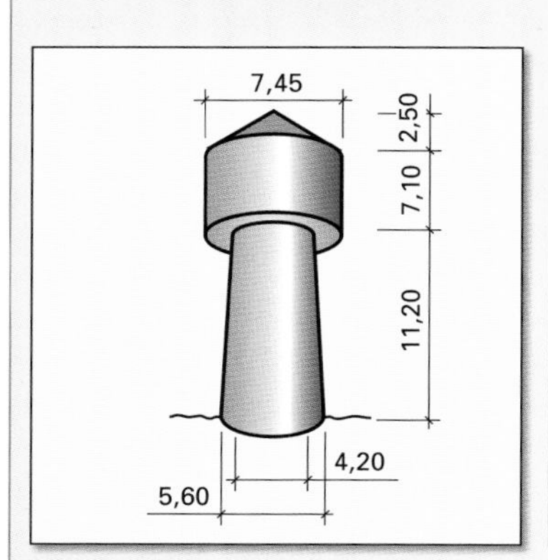

Bild 4: Wasserturm

Aufgaben

8 Ein **Fundament** mit einer 80 cm tiefen, pyramidenstumpfförmigen Aussparung wird hergestellt **(Bild 1)**.

a) Wie groß ist das Volumen des Fundaments?

b) Welche Frischbetonmenge benötigt man für vier Fundamente bei einem Verdichtungsmaß von 1,15?

9 Ein pyramidenstumpfförmiges **Stützenfundament** mit einer Aussparung wird betoniert **(Bild 2)**.

a) Das Fundament ist im Maßstab 1:10 zu zeichnen und zu bemaßen.

b) Wie groß ist das Volumen des Stützenfundaments?

c) Welche Frischbetonmenge muss für neun Fundamente bei einem Verdichtungsmaß von 1,18 hergestellt werden?

10 Bei einem **Mauervollziegel** (Mz) im Normalformat beträgt der Gesamtlochquerschnitt 15 % der Lagerfläche.

a) Wie groß ist das Volumen des Ziegels für die Ermittlung der Steinrohdichte?

b) Wie groß ist der Gesamtlochquerschnitt in cm^2?

c) Wie groß ist das Volumen des Ziegels zur Ermittlung der Scherbenrohdichte?

11 Ein **Wohngebäude** hat ein Walmdach **(Bild 3)**.

a) Das Wohngebäude ist in drei Ansichten normgerecht in M 1:200 zu zeichnen und zu bemaßen.

b) Welches Volumen hat das Gebäude?

c) Wie groß ist die Dachfläche?

12 Ein **Wasserturm** wird saniert **(Bild 4)**.

a) Wie viel m^2 Außenputz sind zu erneuern?

b) Wie viel m^2 Dachfläche sind neu einzudecken?

c) Welches Volumen hat der gesamte Turm?

d) Wie viel m^3 Wasser fasst der Wasserbehälter, wenn sein Innendurchmesser 6,60 m und die Behälterhöhe 6,40 m beträgt?

13 Eine **Rampe** wird aufgeschüttet **(Bild 5)**. Wie viel m^3 verdichteter Boden ist für die Rampe notwendig?

14 Ein **Pavillon** hat eine sechseckige Grundfläche **(Bild 6)**.

a) Der Pavillon ist in drei Ansichten normgerecht im M 1:100 zu zeichnen und zu bemaßen.

b) Welchen Rauminhalt hat der Pavillon?

c) Wie viel m^2 Außenputz müssen aufgebracht werden?

d) Welche Länge l hat der Gratsparren?

e) Wie viel m^2 misst die Dachfläche?

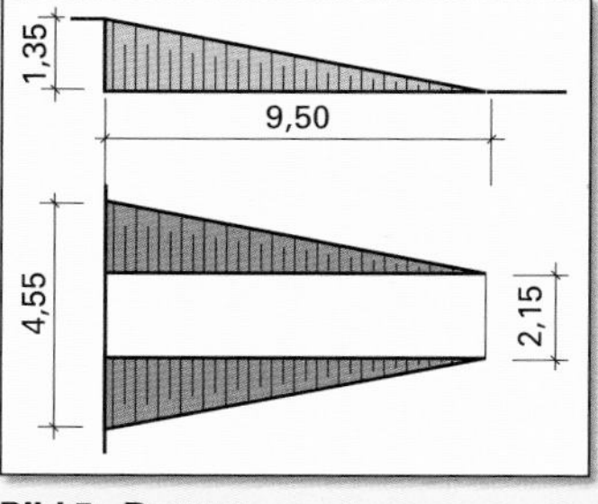

Bild 5: Rampe

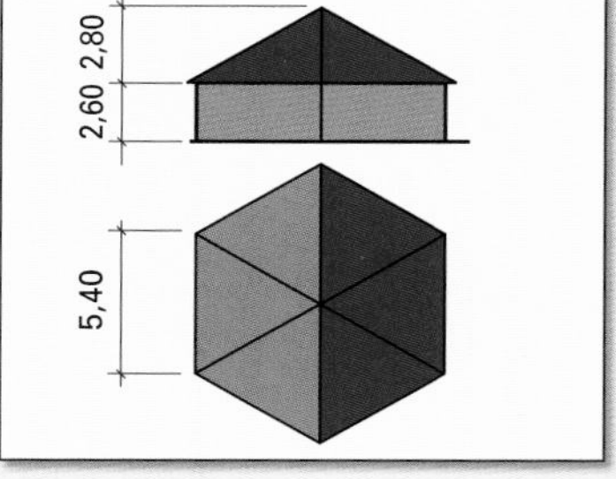

Bild 6: Pavillon

Aufgaben

15 Ein **Bauschutt-Container** wird bereitgestellt **(Bild 1).** Wie groß ist das Volumen des Containers?

16 Stützen sollen betoniert werden **(Bild 2).**

a) Die Stütze ist in drei Ansichten normgerecht im M 1:20 zu zeichnen und zu bemaßen.

b) Wie groß ist das Volumen einer Stütze?

c) Wie viel m³ Frischbeton sind zum Betonieren von fünf Stützen bei einem Zuschlag von 15% auf die Festbetonmenge notwendig ?

17 Ein **Schüttgutsilo** aus Stahlblech wird gefertigt **(Bild 3).**

a) Wie viel m³ Schüttgut fasst das Silo?

b) Das Silo erhält innen eine Kunststoffbeschichtung. Wie viel m² Fläche müssen beschichtet werden?

c) Bis zu welcher Höhe ist das Silo gefüllt, wenn das Volumen des Schüttguts 10 m³ beträgt?

18 Ein **Klärwerkbehälter** ist zu betonieren **(Bild 4).**

a) Der Klärwerkbehälter ist im Vertikalschnitt (Höhenschnitt) und in der Draufsicht im M 1:100 normgerecht zu zeichnen, zu bemaßen und zu schraffieren.

b) Wie viel m³ Klärschlamm fasst der Behälter?

c) Wie groß ist die Innenfläche des Behälters?

d) Wie viel m³ Frischbeton sind zur Herstellung des Behälters notwendig bei einem Zuschlag von 12% auf die Festbetonmenge?

19 Eine 35 m lange **Stützwand** wird erstellt **(Bild 5).**

a) Wie viel m³ Festbeton enthält das Fundament aus Stahlbeton?

b) Welches Volumen hat das aufgehende Wandteil?

c) Welche Frischbetonmenge ist bei einem Zuschlag von 11% auf die Festbetonmenge für die Stützwand insgesamt notwendig?

d) Wie oft muss ein Fahrmischer mit einem Fassungsvermögen von 5 m³ zum Transport des Betons für Fundament und Stützwand jeweils fahren?

20 An der Fassade eines Hauses ist ein **Erker** vorgebaut **(Bild 6).**

a) Welches Volumen hat das geschosshohe Mittelteil?

b) Welches Volumen hat das Dachteil?

c) Wie groß ist das Volumen des gesamten Erkers?

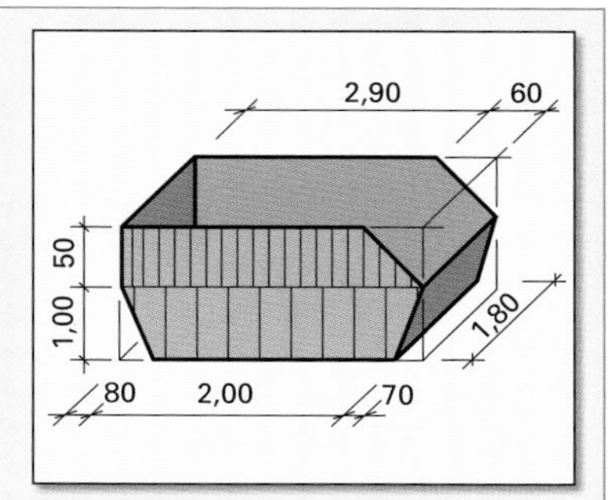

Bild 1: Container

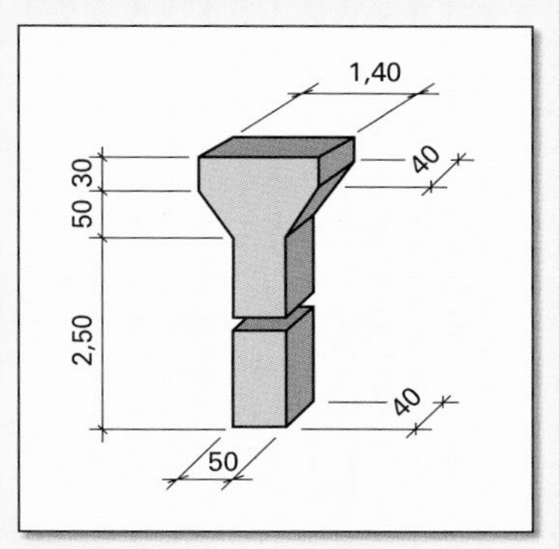

Bild 2: Stütze

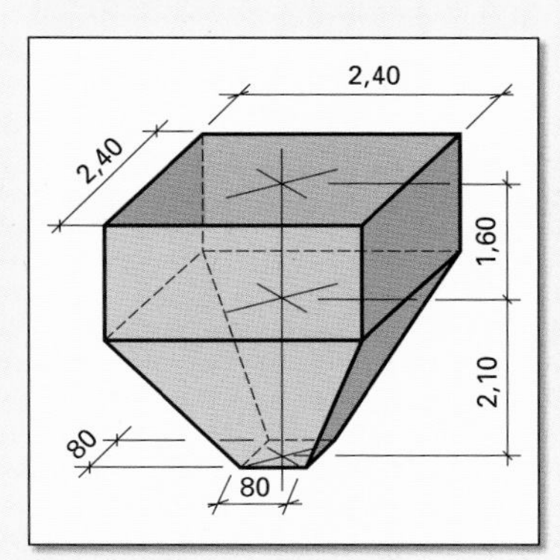

Bild 3: Schüttgutsilo

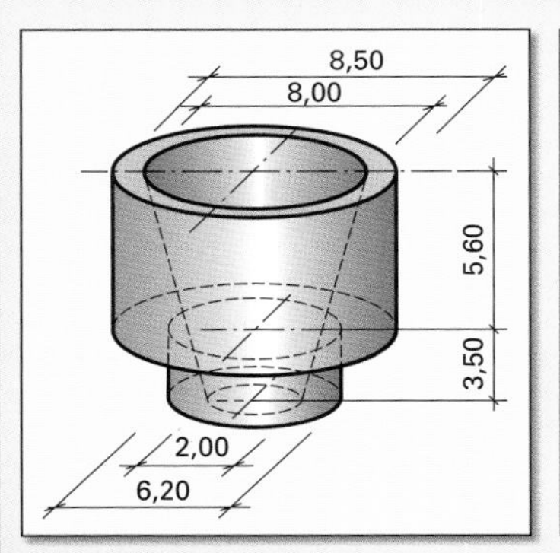

Bild 4: Klärwerkbehälter

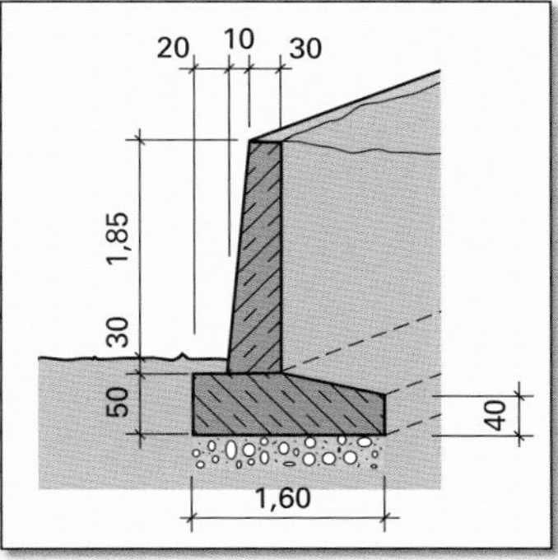

Bild 5: Stützwand

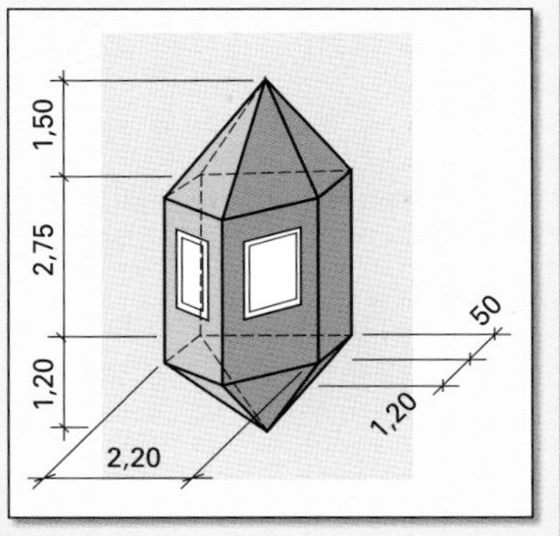

Bild 6: Erker

1.3 Lernfeld-Projekt: Baustelleneinrichtung

Auf dem Flurstück 5002 an der Karl-Stein-Straße soll ein Gebäude für einen Handwerksbetrieb errichtet werden. Der Lageplan ist vorhanden **(Bild 1)**. Vor Beginn der Bauarbeiten ist die Planung der Baustelleneinrichtung in mehreren Schritten durchzuführen.

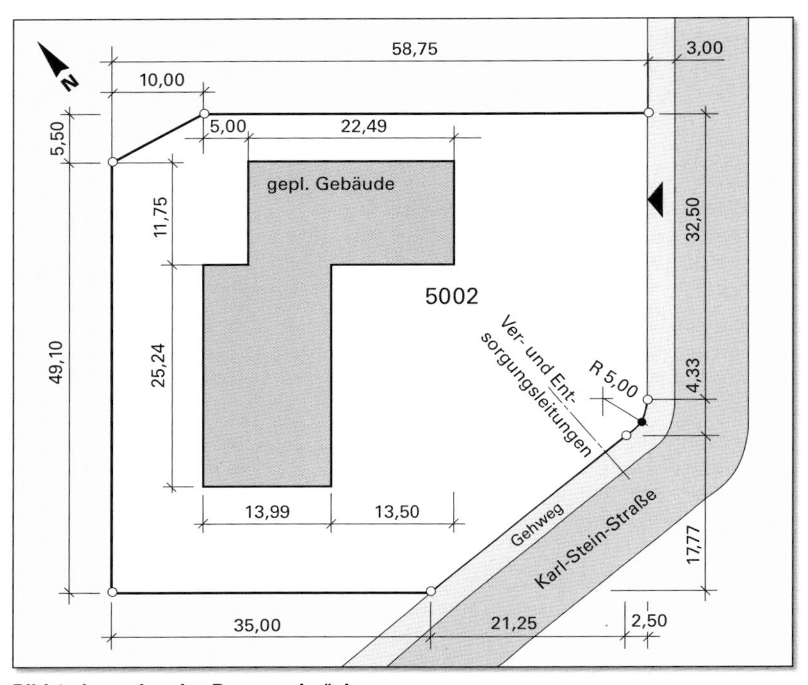

Bild 1: Lageplan des Baugrundstücks

Ausführungshinweise

Breite des Gehwegs 3,00 m

Breite der Straße 6,00 m

Der Bogen an der Grundstücksgrenze hat einen Mittelpunktswinkel $\alpha = 60°$

Der Pfeil am Gehweg markiert die Baustellenzufahrt

1.3.1 Lageplan zeichnen

Die Lösung ist unter 1.3.4 dargestellt.

Arbeitsschritte

Grundstück und Lage des geplanten Gebäudes im M 1:200 zeichnen und bemaßen

Liniendicke und Bemaßungsregeln beachten

Schriftfeld rechts unten am Zeichenblatt enthält Name, Klasse, Inhalt der Zeichnung und Maßstab

1.3.2 Länge des Bauzauns berechnen

Entlang der Karl-Stein-Straße muss ein Bauzaun aufgestellt werden.

Länge des Bauzauns = gerade Länge l_1 + Bogenlänge l_2 + gerade Länge l_3

$l_1 = 32{,}50$ m (nach Zeichnung)

$$l_2 = 3{,}14 \cdot 10{,}00 \text{ m} \cdot \frac{60°}{360°}$$

$l_2 = 5{,}23$ m

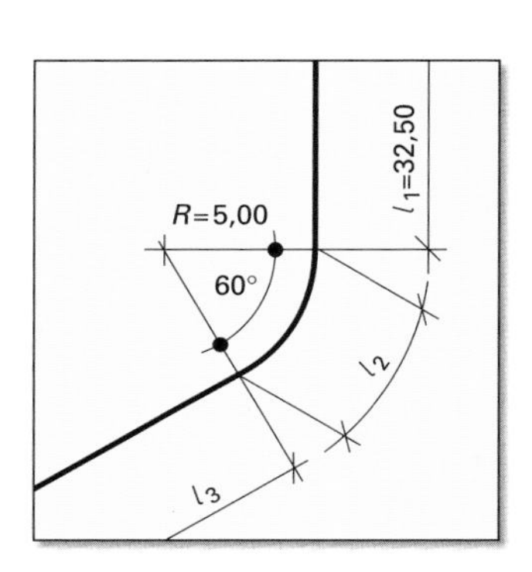

Arbeitsschritte

Skizze zum Kreisausschnitt erleichtert die Längenermittlung

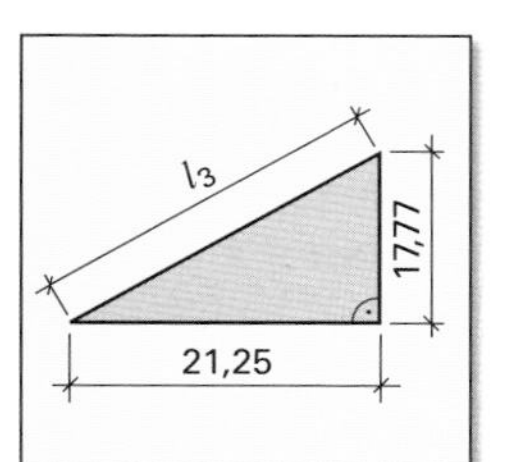

Nach dem Satz des Pythagoras kann angesetzt werden:

$l_3 = \sqrt{(21{,}25\ \text{m})^2 + (17{,}77\ \text{m})^2} \Rightarrow l_3 = \sqrt{767{,}3354\ \text{m}^2}$

$l_3 = 27{,}70$ m

Länge des Bauzauns

$l = 32{,}50\ \text{m} + 5{,}23\ \text{m} + 27{,}70\ \text{m}$

l = **65,43 m**

Arbeitsschritte

Anwendung des Satzes von Pythagoras

Einzeichnen des 3,00 m breiten Streifens

1.3.3 Standort des Baukrans bestimmen

Für die Baustelle ist ein Baukran mit einer Auslegerlänge von R = 26,00 m vorgesehen. Seine maximale Tragkraft beträgt 2600 kg.

Es ist um das gesamte geplante Gebäude ein etwa 3,00 m breiter Streifen für Arbeitsraum, Böschung und Sicherheitsstreifen einzuplanen.

Arbeitsschritte

Kreis mit R = 26,00 m aufzeichnen, ausschneiden und auf der Zeichnung verschieben, bis passender Standort gefunden ist

1.3.4 Baustelleneinrichtungsplan

Die Restfläche des Baugrundstücks kann für die Baustelleneinrichtung genutzt werden.

Container für Polier, Personal und Sanitäreinrichtung, die Lage der Werkzeug- und Baustoffmagazine, der Platz der Lägerflächen für Oberboden, Mauersteine, Betonstabstahl, Betonstahlmatten, Schalung, Kreissäge, Fertigteile, Silos, Übergabegefäße für Mörtel und Beton sowie Abfallcontainer für Reststoffe sind im Baustelleneinrichtungsplan eingezeichnet **(Bild1)**.

Arbeitsschritte

Baustellenzufahrt und -ausfahrt festlegen

Baustellenver- und -entsorgung überdenken

Stell- und Lagerflächen einzeichnen

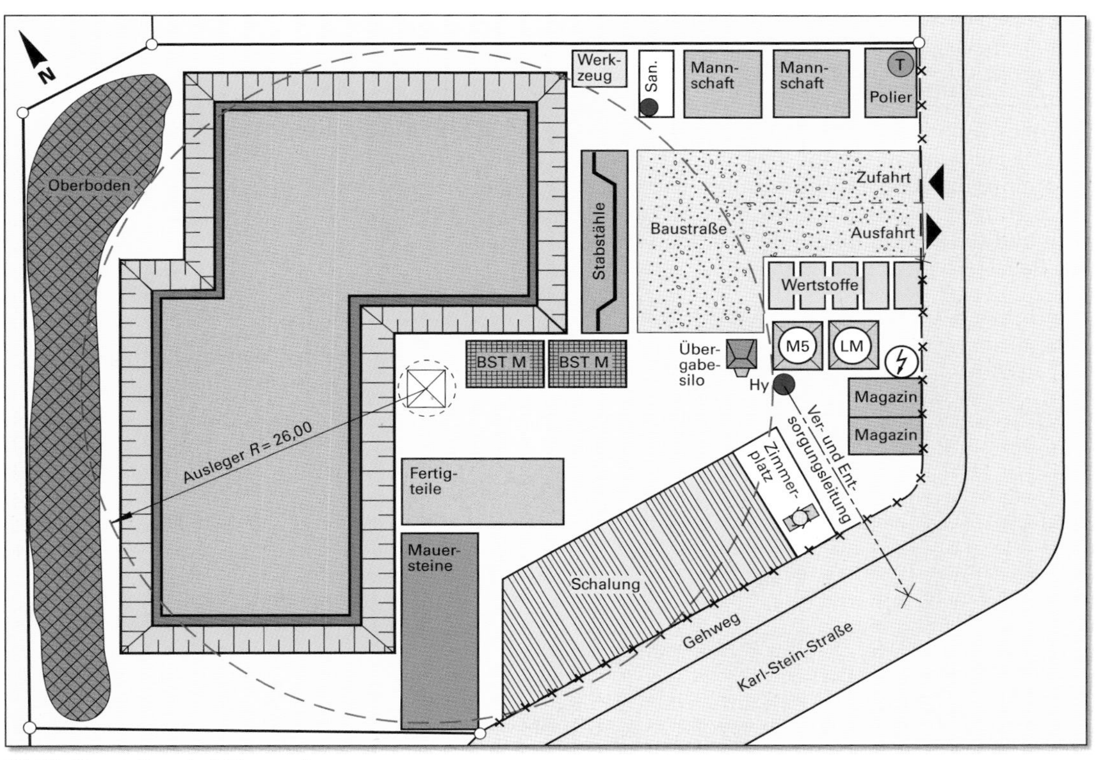

Bild 1: Baustelleneinrichtungsplan

1.4 Lernfeld-Aufgaben

1.4.1 Einfamilienhaus

Auf dem Grundstück 97/1 am Hanauer Weg soll ein Einfamilienhaus mit Garage erstellt werden **(Bild 1)**. Es ist die Lage des geplanten Gebäudes auf dem Grundstück im M 1:200 zu zeichnen, die Grundstücksfläche und die bebaute Fläche zu berechnen. Für das Gebäude ist ein Baustelleneinrichtungsplan im M 1:200 und ein Vorschlag zur Verkehrsabsicherung zu fertigen.

Bild 1: Einfamilienhaus mit Garage

Ausführungshinweise

Zeichnung auf ein Blatt DIN A4

Um das geplante Gebäude ist für die Baugrube ein Streifen von 1,80 m Breite freizuhalten.

Der Standort des Baukrans ist zu bestimmen.

Überlegen Sie die Lage der Ver- und Entsorgungsleitungen.

Fertigen Sie eine Bereitstellungsliste für Verkehrszeichen.

1.4.2 Doppelhaus

Auf dem Grundstück 2007/2 an der Ecke Schillerstraße und Hegelweg soll ein Doppelhaus mit Garage errichtet werden **(Bild 2)**. Für die Ausführung sind ein Baustelleneinrichtungsplan und ein Verkehrszeichenplan im M 1:200 zu zeichnen. Ihr Chef möchte Ihre Überlegungen vorgestellt bekommen und die Begründung Ihrer Planung wissen. Errechnen Sie die Länge des Bauzauns entlang der Straße.

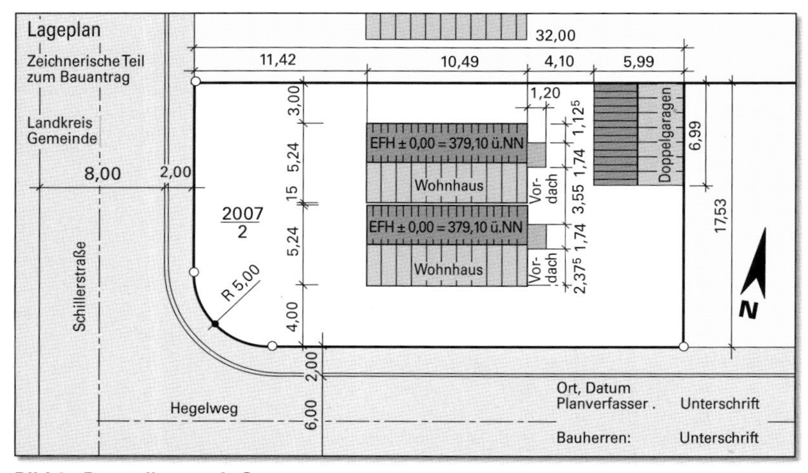

Bild 2: Doppelhaus mit Garage

Ausführungshinweise

Zeichnung auf ein Blatt DIN A4

Für Arbeitsraum, Böschung und Sicherheitsstreifen ist rund um das geplante Gebäude ein 2,00 m breiter Streifen freizulassen.

Standort des Baukrans bestimmen

Baustellenzufahrt überlegen

Bereich für Ver- und Entsorgungsleitungen freilassen

Liste für notwendige Verkehrszeichen erstellen

1.4.3 Reihenhäuser

Auf dem Grundstück Austraße 2 sollen drei Reihenhäuser erstellt werden **(Bild 1)**. Zeichnen Sie den Lageplan im M 1:200. Berechnen Sie die Grundstücksfläche und die bebaute Fläche.

Die Fläche außerhalb der Baugrube steht für die Baustelleneinrichtung zur Verfügung. Zeichnen Sie die für Ihr Gewerk notwendige Baustelleneinrichtung ein.

Bild 1: Reihenhäuser

Ausführungshinweise

Das Grundstück liegt innerhalb einer geschlossenen Ortschaft.

Die geplanten Parkplätze können für die Baustelleneinrichtung genutzt werden.

Eine Skizze mit Einteilung der Grundstücksfläche in Einzelflächen macht die Berechnung übersichtlich.

Zeichenblatt DIN A4 Querformat

Gewerke sind z. B.
- Mauerarbeiten,
- Betonarbeiten,
- Zimmer- und Holzbauarbeiten,
- Putz- und Stuckarbeiten,
- Estricharbeiten,
- Fliesen- und Plattenarbeiten

Stellen Sie Ihre Baustelleneinrichtung vor und begründen Sie Ihren Vorschlag.

1.4.4 Verwaltungsgebäude

An der Düsseldorfer Straße soll ein mehrgeschossiges Verwaltungsgebäude errichtet werden **(Bild 2)**. Zeichnen Sie die vorhandene und die geplante Bebauung im M 1:200.

Die Grundstücksfläche zwischen Baustelle und Straße steht für die Baustelleneinrichtung zur Verfügung. Zeichnen Sie die für Ihr Gewerk notwendige Baustelleneinrichtung ein und begründen Sie Ihren Vorschlag.

Erstellen Sie zur Absicherung der Baustelle einen geeigneten Verkehrszeichenplan.

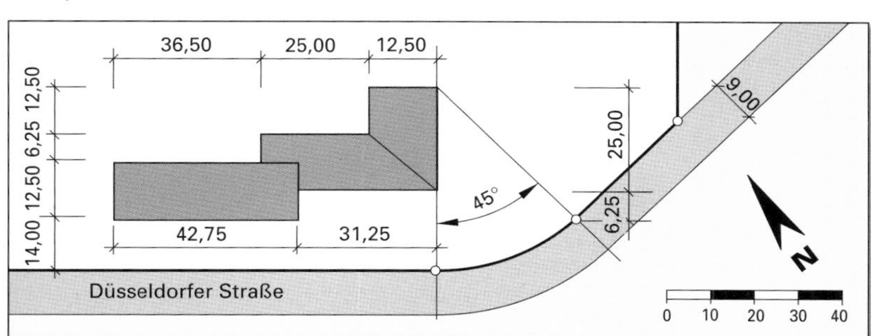

Bild 2: Lage des Verwaltungsgebäudes

Ausführungshinweise

Die Düsseldorfer Straße ist eine viel befahrene Straße außerhalb des Bebauungsgebiets.

Zeichenblatt DIN A3 Querformat

2 Erschließen und Gründen eines Bauwerks

2.1 Lernfeld-Einführung

Erschließen und Gründen eines Bauwerks bedeutet

- das Herstellen von Baugrube und Gräben,
- das Gründen von Bauwerken mithilfe von Fundamenten sowie
- das Verlegen der Entwässerungsleitungen.

Für die Planung und Ausführung dieser Arbeiten sind Kenntnisse erforderlich, die es ermöglichen

- bei **Boden** die Arten zu unterscheiden, ihre Tragfähigkeit und den Einfluss von Wasser zu beurteilen.
- bei **Baugrube und Gräben** die Abmessungen und Höhenmaße abzustecken, für das Ausheben Maschinen und Geräte auszuwählen, die Unfallverhütungsvorschriften zu kennen und anzuwenden, die Menge des Aushubs zu berechnen sowie Ansichten und Schnitte zeichnerisch darzustellen.
- bei **Fundamenten** die Lastübertragung auf den Baugrund zu kennen und entsprechend der anstehenden Bodenart und der vorhandenen Lasten eine Flachgründung zu konstruieren sowie zeichnerisch darzustellen.
- bei **Entwässerung** die Baustoffe für die Entwässerungsleitungen auszuwählen und richtig zu verlegen sowie Höhenlage und Längen nach dem Gefälle zu berechnen **(Bild 1)**.
- bei **Pflaster- und Plattenbelägen** den Aufbau für die Tragschicht zu kennen, die Randeinfassung auszuwählen sowie für die Entwässerung zu sorgen.

Bild 1: Blick in die Baugrube mit Entwässerung und Fundamenten

Erforderliche Kenntnisse

Boden als Baugrund

- Bodenarten
- Bodenklassen
- Tragverhalten
- Wassereinfluss

Baugruben und Gräben

- Höhenmessung
- Ausheben
- Böschungswinkel
- Sicherung durch Verbau
- Offene Wasserhaltung
- Ansichten und Schnitte
- Berechnung des Aushubs

Flachgründungen

- Einzel-, Streifen- und Plattenfundamente
- Tragfähigkeit
- Frostfreie Gründung
- Kraft und Spannung
- Fundamentplan

Entwässerung

- Rohrleitungsführung
- Baustoffe
- Länge, Neigung, Gefälle
- Entwässerungsplan

Pflaster- und Plattenbeläge

- Planum
- Untergrund
- Ungebundene Tragschicht
- Beläge aus künstlichen Steinen
- Randeinfassung

2.2 Lernfeld-Kenntnisse

2.2.1 Boden als Baugrund

Boden ist der natürlich entstandene Baugrund, auf dem Bauwerke errichtet werden. Die Eigenschaften des Bodens, z. B. sein Verhalten bei Belastung oder bei Durchfeuchtung, sind für die Standsicherheit des Bauwerks von großer Bedeutung. Deshalb ist die Einteilung der Böden in verschiedene Bodenarten notwendig **(Bild 1)**.

2.2.1.1 Bodenarten

Organischer Boden setzt sich aus Resten zersetzter Pflanzen und tierischen Organismen zusammen. Dazu zählen Oberboden, Torf und Braunkohle. Diese Bodenarten sind wegen ihrer geringen Druckfestigkeit als Baugrund nicht geeignet.

Als **Oberboden** bezeichnet man die oberste Schicht, die beim Ausheben der Baugrube zuerst abgetragen wird. Sie besteht aus einer Mischung von Humus mit mineralischen Bestandteilen und enthält viele kleine Lebewesen. Der Oberboden ist deshalb bis zu einer Wiederverwendung in dammförmigen Schüttungen (Mieten) luftdurchlässig zu lagern.

Anorganischer Boden enthält mineralische Bestandteile wie Sand, Kies, Ton und Fels. Diese können als reine Bodenarten, wie z. B. Kies mit 2 mm bis 63 mm Korndurchmesser, vorkommen. Am häufigsten sind jedoch gemischte Bodenarten. Sie werden nach ihrer Korngrößenverteilung bezeichnet. Dabei wird die Bodenart mit dem höchsten Anteil (ab 60 %) mit einem Hauptwort, z. B. Kies, die Bodenart mit dem kleineren Anteil mit einem Eigenschaftswort, z. B. sandig, gekennzeichnet. Bei gleich großen Anteilen werden die Bodenarten mit „und" verbunden, z. B. Kies und Sand.

Wegen ihres unterschiedlichen Tragverhaltens teilt man die anorganischen Böden nach DIN 1054 in **gewachsenen Boden** (Lockerböden), **Fels** (Festgestein) und **geschütteten Boden** ein.

Wichtig für die Baustelle ist die Unterscheidung des gewachsenen Bodens nach bindigem Boden und nichtbindigem Boden **(Bild 2)**.

Bindiger Boden besteht aus Schluff und Ton mit plättchenartigem Aufbau. Wirkt Wasser auf die Tonplättchen ein, weicht deren Oberfläche auf und der Boden wird immer weniger tragfähig.

Nichtbindiger Boden besteht aus Körnern unterschiedlicher Größe, z. B. Kies und Sand. In den Boden einsickerndes Wasser kann in die Hohlräume eindringen und nach unten absickern. Die Tragfähigkeit wird dadurch nicht beeinträchtigt.

Boden	
organischer Boden	**anorganischer**
Humus, Torf, Braunkohle	Sand, Kies, Ton, Fels

Bodenarten		
gewachsener Boden (Lockergestein)	**Fels** (Festgestein)	**geschütteter Boden**
– unberührter Boden durch Verwitterung und Ablagerung entstanden	– dichtes, festgelagertes Gestein – lockeres, zerklüftetes Gestein	– durch Aufschüttung oder Aufspülung entstanden
Unterscheidung		
– nichtbindige Böden, z. B. Sand, Kies, Steine – bindige Böden, z. B. Lehm, Ton, Mergel, Schluff	– alle Gesteinsarten, z. B. Kalkstein, Sandstein, Granit, Basalt, Porphyr	– unverdichtete Schüttung in beliebiger Zusammensetzung – verdichtete Schüttung aus gewachsenem Boden
Tragfähigkeit		
– gering bis sehr hoch	– hoch bis sehr hoch	– sehr gering bis hoch

Bild 1: Boden als Baugrund

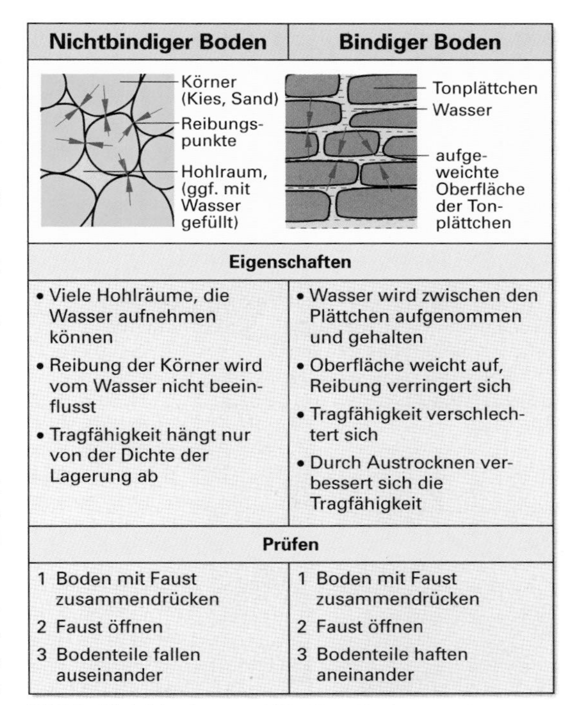

Nichtbindiger Boden	Bindiger Boden
Eigenschaften	
• Viele Hohlräume, die Wasser aufnehmen können • Reibung der Körner wird vom Wasser nicht beeinflusst • Tragfähigkeit hängt nur von der Dichte der Lagerung ab	• Wasser wird zwischen den Plättchen aufgenommen und gehalten • Oberfläche weicht auf, Reibung verringert sich • Tragfähigkeit verschlechtert sich • Durch Austrocknen verbessert sich die Tragfähigkeit
Prüfen	
1 Boden mit Faust zusammendrücken 2 Faust öffnen 3 Bodenteile fallen auseinander	1 Boden mit Faust zusammendrücken 2 Faust öffnen 3 Bodenteile haften aneinander

Bild 2: Nichtbindiger und bindiger Boden

2.2.1.2 Einteilung von Boden und Fels

Für die Ausführung von Erdarbeiten ist die Kenntnis von der Bearbeitbarkeit des anstehenden Bodens wichtig **(Tabelle 1 und 2)**. Daraus ergibt sich der Einsatz entsprechender Maschinen und Geräte und damit die Dauer der notwendigen Arbeitszeit. Dies wirkt sich auch auf den Preis für diese Leistung aus.

Tabelle 1: Boden und Fels

Bodenart	Bezeichnung	Beschreibung	Lösen und Laden
Boden	Oberboden	oberste Schicht des Bodens, besteht aus Humus mit Bodenlebewesen sowie aus Kies-, Sand-, Schluff- und Tongemischen	Schaufellader, Planierraupe
	fließende Böden	flüssiger bis breiiger Boden, wasserhaltend und Böden, die das Wasser schwer abgeben	Bagger mit Greifer
	leicht lösbare Böden	nichtbindige bis schwachbindige Böden, Sande, Kiese und Sand-Kies-Gemische mit bis zu 15% Beimengungen an Schluff und Ton	Schaufellader, Laderaupe, Bagger
	mittelschwer lösbare Böden	Gemische von Sand, Kies, Schluff und Ton, bindige Böden von leichter bis mittlerer Plastizität, je nach Wassergehalt weich bis halbfest	Laderaupe, Bagger
	schwer lösbare Böden	Böden nach den Klassen 3 und 4, jedoch mit mehr als 30% Steinen von über 63 mm Korngröße	Bagger, starke Laderaupe
Fels	leicht lösbarer Fels und vergleichbare Böden	Felsarten, die stark klüftig, brüchig oder verwittert sind. Böden mit über 30% Massenanteil an Blöcken	Bagger
	schwer lösbarer Fels	Felsarten, die hohe Gefügefestigkeit haben und nur wenig klüftig oder verwittert sind, Haufwerke aus großen Blöcken	Kompressor, Sprengen

Tabelle 2: Einsatz von Erdbaumaschinen und Geräten

Arbeitsgänge	Lösen	Laden	Einbauen	Verdichten
	Standplanum Tieflöffelbagger	Radlader beim Transportieren	Planierraupe beim Oberbodenabtrag	Vibrationsplatte bei der Bodenverdichtung
Maschinen und Geräte	**Tieflöffelbagger** Greifbagger Bohrgeräte Kompressor	**Radlader** Kettenlader Bagger aller Art	**Planierraupe** Kettenlader Radlader	**Vibrationsplatte** Stampfer Rüttelwalze

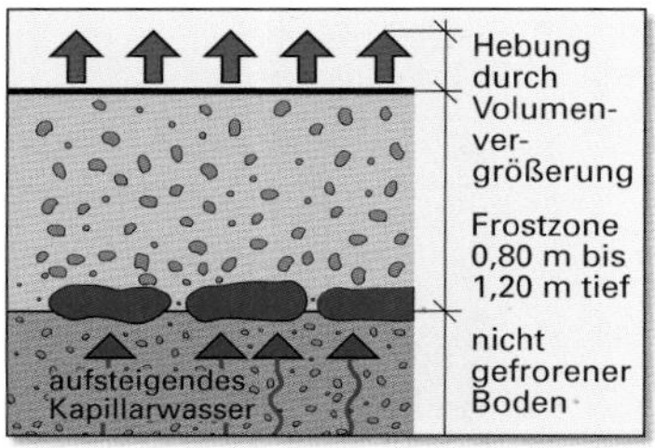

Bild 1: Frosthebung

2.2.1.3 Verhalten des Bodens bei Frost

Durchfeuchteter Boden verhält sich bei Frosteinwirkung unterschiedlich. Vorhandenes Wasser kann bis zu einer Tiefe von 0,80 m bis 1,20 m gefrieren. Dabei vergrößert sich das Volumen des Wassers um etwa 10%. Die dabei entstehenden Frostlinsen dehnen sich aus **(Bild 1)**. In bindigem Boden führt diese Volumenvergrößerung zu Anhebungen des Bodens. Als Folge können Bauschäden auftreten. Bei nichtbindigem Boden bilden die Hohlräume zwischen den Körnern eine Ausdehnungsmöglichkeit.

2.2.1.4 Einwirkungen auf den Baugrund

Auf den Baugrund wirkende Gewichtskräfte (Lasten) bezeichnet man als Einwirkungen. Einwirkungen sind z. B. Eigenlasten von Baustoffen und Bauteilen sowie Nutzlasten (Verkehrslasten), wie z. B. Personen, Lagerstoffe oder Wind- und Schneelasten. Jede Bodenart hat eine bestimmte Tragfähigkeit, die nicht überschritten werden darf. Da Baugrund aus unterschiedlichen Bodenarten bestehen kann, gelten deshalb verschiedene Bemessungswerte für den Sohldruckwiderstand. Die aus den Einwirkungen erzeugte Druckspannung wird als Sohldruck σ (gesprochen: Sigma) bezeichnet und in kN/m² angegeben. Vereinfachte Mittelwerte für Sohldruckwiderstand $\sigma_{R,d}$ bei Flächengründungen dürfen angenommen werden, wenn man keine Grenzzustände überschreitet **(Tabelle 1)**.

Tabelle 1: Bemessungswerte des Sohldruckwiderstands bei Flachgründungen (vereinfachte Mittelwerte)

Bodenart **Nichtbindige Böden,** fest gelagert	$\sigma_{R,d}$ in kN/m²	Bodenart **Fels** mit geringer Klüftung, unverwittert, mit geschlossener Schichtenfolge	$\sigma_{R,d}$ in kN/m²
Fein- und Mittelsand bis zu 1 mm Korngröße Grobsand von 1 mm bis 3 mm Korngröße Kiessand mit mind. 1/3 Raumteilen Kies und Kies bis 70 mm Korngröße	200 300 700	– von geringer Festigkeit – in fester Beschaffenheit – in massiger Ausbildung, gesund	1000 1500 4000
Bindige Böden (Lehm, Ton, Mergel)	$\sigma_{R,d}$ in kN/m²	**Eigenschaften bindiger Böden**	
breiig weich steif halbfest fest gemischtkörnig	– 40 80 150 300 150 bis 500	– quillt beim Pressen in der Faust durch die Finger; – lässt sich leicht kneten; – lässt sich schwer kneten, aber in der Hand zu 3 mm dicken Röllchen ausrollen ohne zu reißen oder zu zerbröckeln; – bröckelt und reißt beim Ausrollen der 3 mm dicken Röllchen, ist so feucht, dass er sich zu einem Klumpen formen lässt; – ist ausgetrocknet, nicht mehr knetbar und zerbricht. Ein Zusammenballen der Teile ist nicht mehr möglich.	

Bei tieferen Fundamenten ist die Einbindetiefe in das Erdreich zu berücksichtigen. Unter der Einbindetiefe versteht man das Maß von der Fundamentsohle bis zur Baugrubensohle **(Bild 1)**. Die entstehende Reibung zwischen Fundamentwandung und Fundamentgraben verringert den Sohldruck $\sigma_{E,d}$ an der Fundamentsohle. Der Sohldruck $\sigma_{E,d}$ wird aus dem Verhältnis von Auflast zu Auflagerfläche ermittelt.

$$\textbf{Sohldruck} = \frac{\textbf{Einwirkung (Auflast)}}{\textbf{Fundamentfläche}} \qquad \sigma_{E,d} = \frac{F}{A} \quad \text{in } \frac{\text{kN}}{\text{m}^2}$$

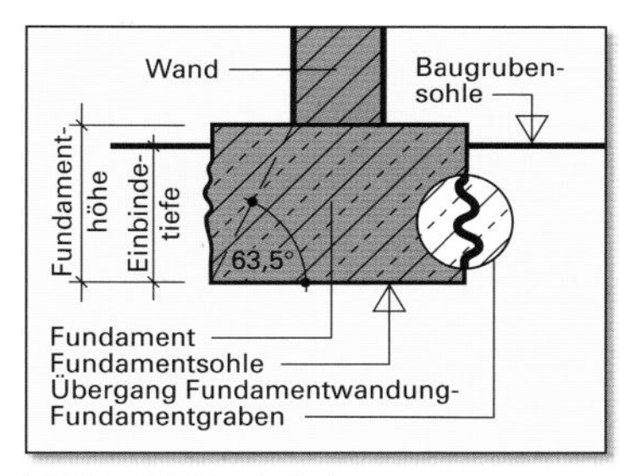

Bild 1: Einbindetiefe

Damit die Bemessungswerte des Sohldruckwiderstands $\sigma_{R,d}$ nicht überschritten werden, muss für die Lastübertragung eine entsprechend große Fundamentfläche vorhanden sein. Die erforderliche Fundamentfläche wird aus dem Verhältnis von Auflast und Sohldruckwiderstand $\sigma_{R,d}$ errechnet.

$$\textbf{erforderliche Fundamentfläche} = \frac{\textbf{Einwirkung (Auflast)}}{\textbf{Sohldruckwiderstand } \sigma_{R,d}}$$

$$A_{erf} = \frac{F}{\sigma_{R,d}} \quad \text{in } \frac{\text{kN} \cdot \text{m}^2}{\text{kN}}$$

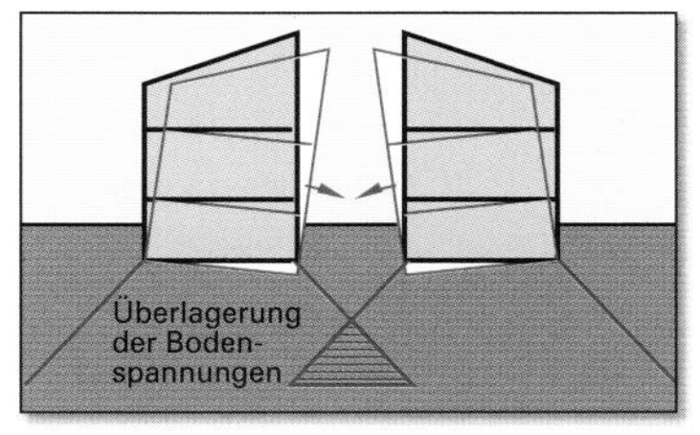

Bild 2: Setzung, ungleichmäßig

Bei kleinerem Sohldruckwiderstand $\sigma_{R,d}$ ist daher eine große Auflagerfläche, bei größerem Sohldruckwiderstand $\sigma_{R,d}$ und gleicher Auflast eine kleinere Auflagerfläche notwendig. Wird der Sohldruckwiderstand $\sigma_{R,d}$ überschritten und damit der Baugrund zu hoch belastet, kann es zu Setzungen des Bauwerks kommen **(Bild 2)**. Sind diese Setzungen ungleichmäßig, führt dies meist zu Bauschäden. Das Holstentor in Lübeck, fertiggestellt 1477, hat sich z. B. um 1,50 m gesetzt. Weitere Bauschäden können durch Grundbruch eintreten **(Bild 3)**. Dabei weicht der Baukörper entlang einer Gleitfuge, z. B. bei unterschiedlichen Bodenschichten, seitlich aus und das Bauwerk sinkt ein oder kippt.

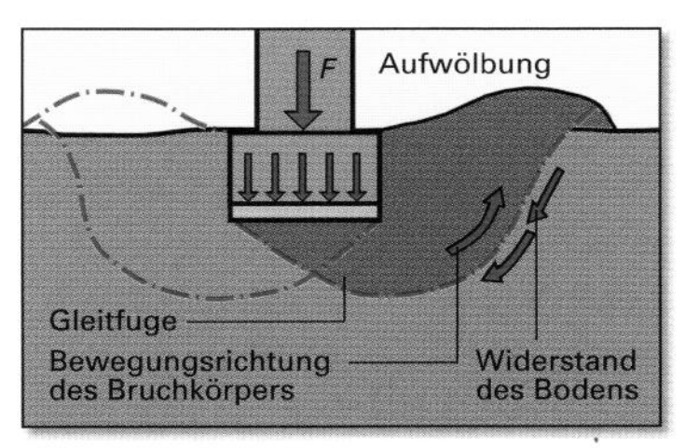

Bild 3: Grundbruch

2.2.2 Baugrube

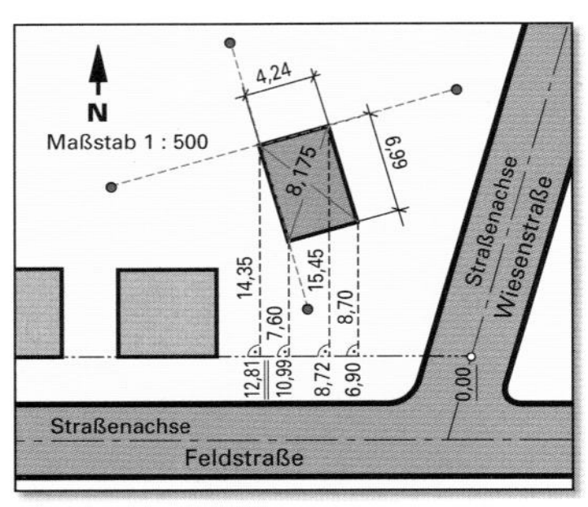

Bild 1: Bauabsteckungsplan

2.2.2.1 Vermessung

Das geplante und im Lageplan dargestellte Bauwerk muss auf das Baugelände übertragen werden. Dazu markiert man die Eckpunkte des Bauwerks auf dem Baugrundstück durch Pflöcke. Die notwendigen Maße sind dem Lageplan oder einem besonderen **Bauabsteckungsplan** zu entnehmen **(Bild 1)**.

Zur genauen Festlegung des Gebäudegrundrisses dient das **Schnurgerüst.** Dazu wird an jeder Gebäudeecke ein Schnurgerüstbock senkrecht und unverrückbar in den Boden eingegraben, eingeschlagen oder mit Stativbeinen aufgestellt **(Bild 2)**.

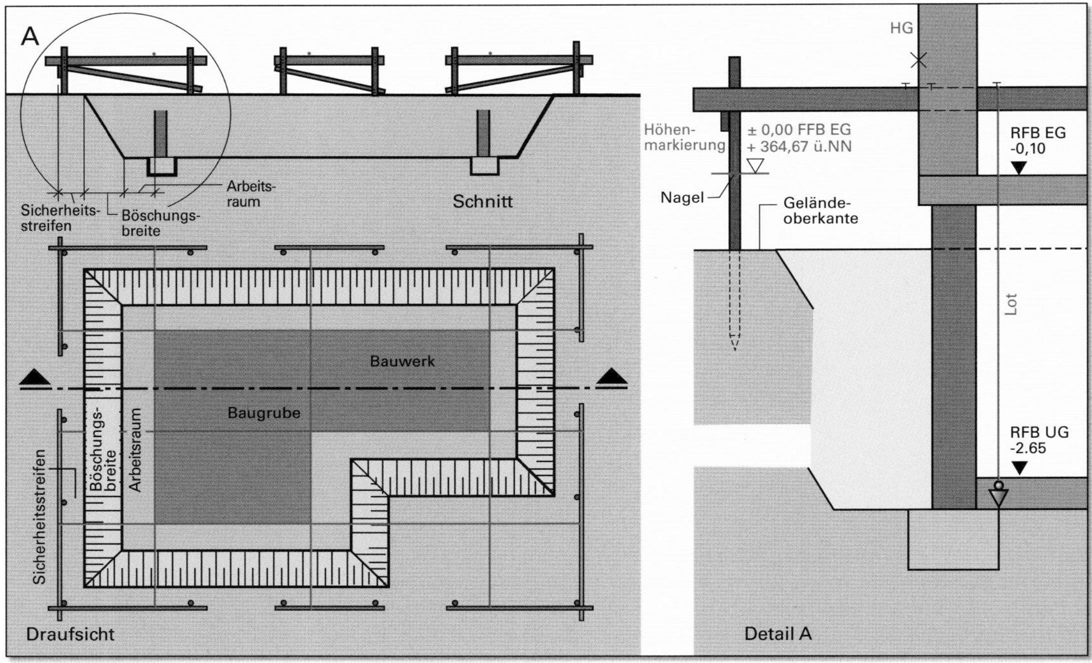

Bild 2: Schnurgerüst

Der Abstand der Böcke von den Gebäudeecken ergibt sich aus der Summe von Arbeitsraumbreite, Böschungsbreite und einem ausreichend breiten Sicherheitsstreifen an der oberen Böschungskante der Baugrube (Seite 60). An den Böcken werden rechtwinklig zueinander Bretter oder Bohlen waagerecht etwa 50 cm über der späteren Fußbodenhöhe des Erdgeschosses befestigt. Gegenüberliegende Bretter oder Bohlen werden gleich hoch angebracht. Die Bohlenpaare zur Markierung der Längsflucht des Gebäudes setzt man tiefer als die Bohlenpaare für die Gebäudebreite, um Maßungenauigkeiten durch Reiben von durchhängenden Drähten zu verhindern.

Nach der Fertigstellung des Schnurgerüsts schneidet der Vermessungsingenieur die Maße des Gebäudes nach Lageplan ein. Er markiert an den Bohlen mithilfe sich kreuzenden Nägeln oder Linien die äußerste Wandflucht des Erdgeschossgrundrisses. Die äußere Ge-

Aufgabe

Berechnen Sie den Abstand der Gerüstböcke vom Gebäude für eine 1,90 m tiefe Baugrube bei Bodenklasse 5.

Lösung:

Schalungsdicke der Kelleraußenwand	0,15 m
Arbeitsraumbreite	0,60 m
Böschungsbreite bei Bodenklasse 5 $b = 0{,}58 \cdot 1{,}90$ m	1,10 m
Sicherheitsstreifen	0,60 m
Abstand der Böcke vom Gebäude	**2,45 m**

bäudeflucht im Erdgeschoss des Rohbaus bezeichnet man als **Hausgrund (HG)**. Von dieser Markierung aus werden alle anderen Maße, wie z. B. die Breite der Fundamente oder der Kellerwände, eingemessen (Bild 2, Seite 56).

Zur weiteren Festlegung des Bauwerks auf dem Baugrundstück sind **Höhenangaben** notwendig. Die Höhenangabe bei Gebäuden bezieht sich auf die **O**ber**k**ante des **F**ertig**f**uß**b**odens im **E**rd**g**eschoss (EFH oder **OK FFB EG**). Auf das Bauwerk bezogen wird diese Höhe mit + 0,00 m angegeben, auf die Geländehöhe bezogen mit einer Meterangabe **ü**ber **N**ormal**n**ull **(ü. NN)**.

Durch die **Höhenmessung** wird der Höhenunterschied im Gelände sowie die Höhenlage von Gebäuden und Bauteilen ermittelt. So sind z. B. Abwasserleitungen oder Estriche in einem bestimmten Gefälle, Böschungen und Geländeeinschnitte mit festgelegten Neigungen, Straßen und Gleisanlagen mit notwendigen Steigungen oder Dächer in vorgeschriebenen Neigungen herzustellen. Dagegen werden Deckenplatten, Träger und Unterzüge meist auf gleicher Höhe ohne Höhenunterschied gebaut.

Zur Höhenmessung verwendet man auf der Baustelle meist Wasserwaage und Setzlatte, Nivellier- und Laserinstrument.

Wasserwaage und Setzlatte eignen sich zur Höhenmessung über kurze Strecken, z. B. bei steil geneigtem Gelände oder bei der Herstellung steigender oder geneigter Bauteile **(Bild 1)**.

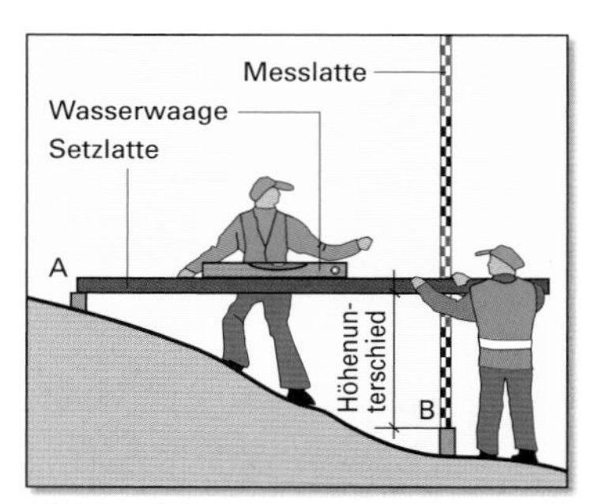

Bild 1: Höhenmessung mit Wasserwaage und Setzlatte

Das **Nivellierinstrument** wird für umfangreiche und genaue Höhenmessung benötigt **(Bild 2)**. Ist das Instrument mit einem Horizontalkreis ausgestattet, kann es auch zur Winkelmessung eingesetzt werden. Weitere Zusatzeinrichtungen ermöglichen eine schnelle Geländeaufnahme mit Entfernungs- und Höhenmessung.

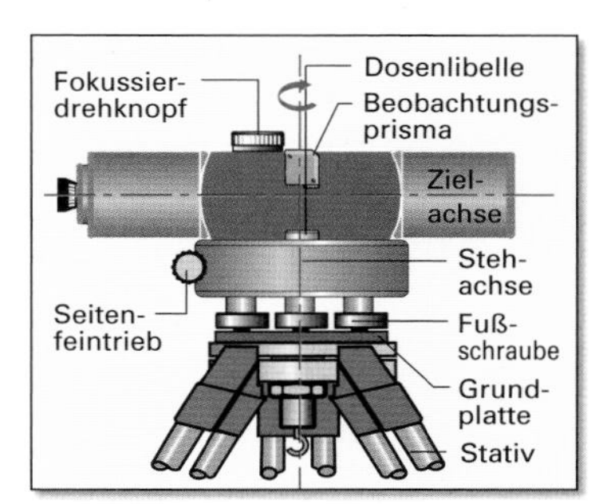

Bild 2: Nivellierinstrument

Der **Baulaser** wird für Vermessungsarbeiten eingesetzt, die rasch, fehlerfrei und von einer Person ausgeführt werden können **(Bild 3)**. Für Hochbau und Innenausbau verwendet man Rotationslaser, z. B. zum Anbringen eines Meterrisses **(Bild 3)**. An jeder Stelle kann eine Höhenablesung stattfinden. Beim Kanalbaulaser ist der Messstrahl horizontal, vertikal und mit vorgegebener Neigung einstellbar **(Bild 4)**. Seine Reichweite beträgt bis 300 m.

Bild 3: Anbringen eines Meterrisses

Durch **Nivellieren** werden vorwiegend Höhenunterschiede zwischen verschiedenen Punkten oder Punkte gleicher Höhen eingemessen. Höhenunterschiede werden von einer horizontalen Ziellinie (Instrumentenhorizont) mittels lotrecht über den Messpunkten stehenden Nivellierlatten oder Reflektoren bei Laserinstrumenten ermittelt. Punkte gleicher Höhenlage misst man vom Instrumentenhorizont aus durch gleiche Abstriche ein.

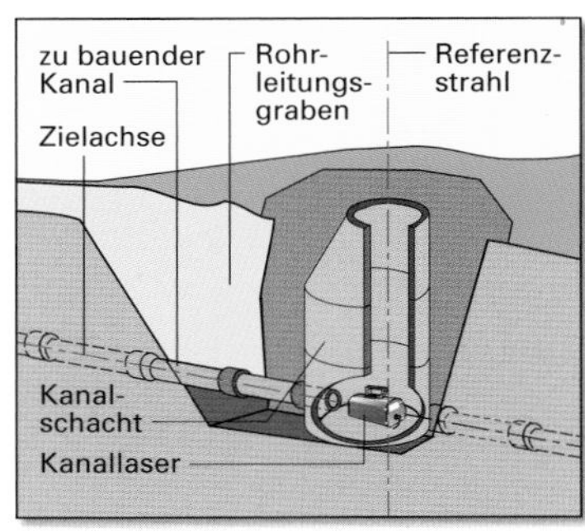

Bild 4: Einsatz eines Kanalbaulasers

Beispiel

Punkt A hat eine Höhe von 551,78 m ü. NN. Es soll in etwa 100 m Entfernung die Höhe eines Punktes B festgestellt werden **(Bild 1, Seite 58)**. Dazu wird das Instrument etwa in der Mitte von AB aufgestellt, so dass man nach beiden Seiten messen kann.

– Im **R**ückblick zu A liest man auf der Nivellierlatte **R** = 2,51 m ab

– Im **V**orblick auf Punkt B liest man **V** = 1,29 m ab.

Welche Höhe ü. NN hat Punkt B?

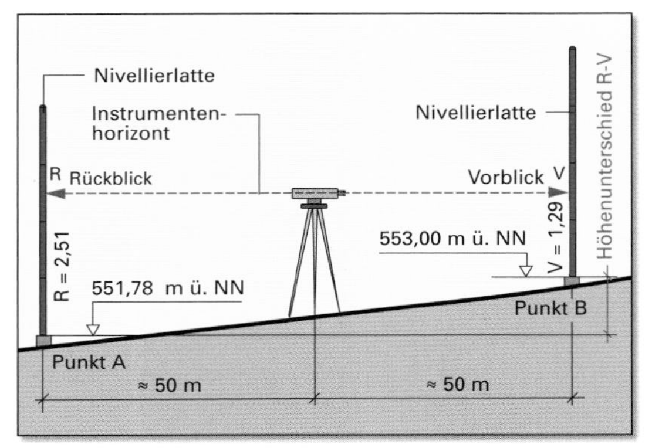

Bild 1: Höhenbestimmung mit dem Nivellierinstrument

Lösung:

Den Höhenunterschied Δh errechnet man

Höhenunterschied = Rückblick − Vorblick

Δh = R − V

Δh = 2,51 m − 1,29 m

Δh = 1,22 m

Die Höhe des Punktes B beträgt

Höhe B = Höhe A + Höhenunterschied

$H_B = H_A + \Delta h$

H_B = 551,78 m + 1,22 m

H_B = 553,00 m ü. NN

Ist es nicht möglich, den Höhenunterschied zweier Punkte mit nur einer Instrumentenaufstellung zu ermitteln, muss der Instrumentenstandpunkt (IS) mehrmals gewechselt werden (Instrumentenwechsel). Bei jeder neuen Aufstellung des Instrumentes gilt der zuletzt vermessene Punkt der vorangegangenen Höhenmessung als Ausgangspunkt. Der neu bestimmte Ausgangspunkt wird als Wechselpunkt (WP) bezeichnet.

FELDBUCH Ort: Biberach Längen-Nivellement Witterung: sonnig Blatt: 1
mit Instrument: Zeiss Ni 2 383612
angeschlossen an: HP A mit NN + 512,78 m

Punkt	Ablesung in m Rückblick	Zw. Punkt	Vorblick	Instrumentenhorizont	Höhe d. Pkt. in m ü. NN	Bemerkungen
A					512,78	HP
	3,73		0,79	516,51	515,72	WP_1
	3,46		0,53	519,18	518,65	WP_2
B	1,36		3,39	520,01	516,62	
Σ R = 8,55		Σ V = 4,71		HP = 512,78		Datum: TT.MM.JJ
Δ h = 3,84				Δ h = 3,84		Beobachter: Huber
				516,62		

Bild 2: Feldbuch

Ablauf eines Nivellements mit Instrumentenwechsel **(Bild 3)**:

- Nivellierlatte auf dem Festpunkt A lotrecht aufstellen.
- Nivellierinstrument unter Beachtung der Zielweiten im Punkt IS_1 aufstellen.
- Rückblick R_1 in das Feldbuch eintragen **(Bild 2)**.
- Nivellierlatte in WP_1 aufstellen.
- Vorblick V_1 in das Feldbuch eintragen.
- Instrumentenwechsel nach Standpunkt IS_2 vornehmen und Latte am WP_1 drehen.
- Rückblick R_2 in das Feldbuch eintragen.
- Nivellierlatte auf Wechselpunkt WP_2 aufstellen.
- Vorblick V_2 in das Feldbuch eintragen.

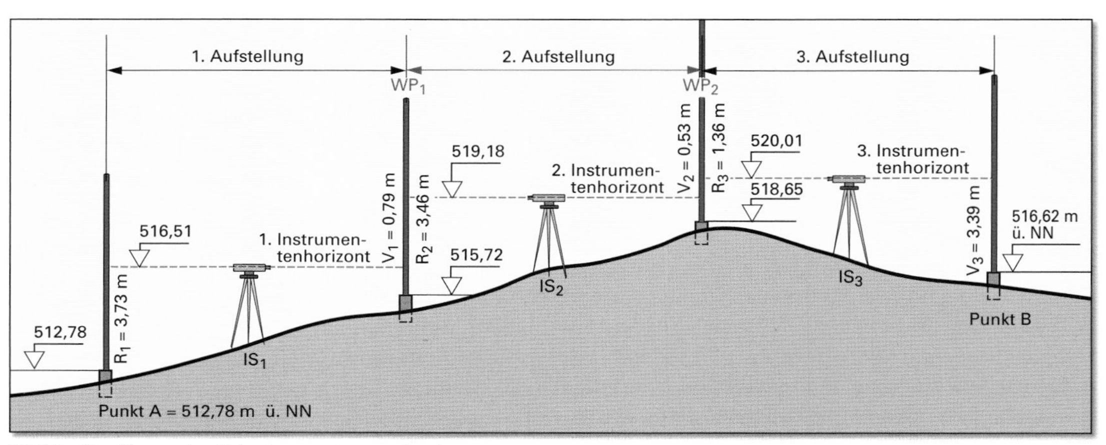

Bild 3: Nivellement mit Instrumentenwechsel

2.2.2.2 Herstellung der Baugrube

Fundamente und Kellerräume liegen unter der Erdgleiche. Deshalb muss Erdreich ausgehoben und eine Baugrube hergestellt werden. Den anstehenden Böden entsprechend wird über den Maschineneinsatz entschieden (**Tabelle 1,** Seite 54).

Außerdem muss geprüft werden, ob im Bereich der Baugrube Ver- und Entsorgungsleitungen, wie z. B. Gas-, Wasser- und Abasserleitung oder Erdkabel verlegt sind.

Im Bereich der Bau-, Werk- und Lagerflächen wird zunächst der bis zu 40 cm dicke **Oberboden** abgetragen und möglichst locker und in breiten Mieten auf dem Baugrundstück gelagert. Er wird zum Einebnen bzw. zur Neugestaltung des Geländes um das fertige Bauwerk wieder gebraucht.

Das **Ausheben der Baugrube** (Ausschachten) geschieht fast ausnahmslos mit Ladefahrzeugen und Baggern. Der Aushub muss gegebenenfalls mit Lastkraftwagen abtransportiert werden. Beim Aushub von gewachsenem Boden entsteht eine Volumenvergrößerung, die man als **Auflockerung** bezeichnet. Diese ist je nach Boden verschieden **(Tabelle 1)**. Die Auflockerung kann in Prozent, bezogen auf die Masse des gewachsenen Bodens, oder als Auflockerungsfaktor angegeben werden.

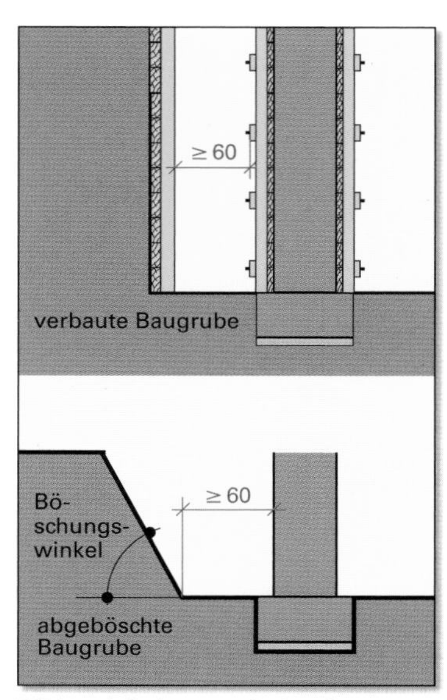

Bild 1: Arbeitsraum bei verbauter und abgeböschter Baugrube

Die **Größe der Baugrube** richtet sich nach den Außenmaßen des zu erstellenden Bauwerks. Um genügend Bewegungsfreiheit rund um das Bauwerk zu haben, ist ein ausreichend breit bemessener Arbeitsraum einzuplanen. Der freie Arbeitsraum von der Außenseite des Bauteils bzw. der Schalwandkonstruktion bis zum Fuß der abgeböschten Baugrubenwand bzw. bis zum Verbau muss mindestens 50 cm betragen **(Bild 1)**.

Tabelle 1: Böschungswinkel und Auflockerung bei Erdarbeiten

Bodenart	Bezeichnung	Beschreibung	Böschungswinkel nach UVV	Auflockerung	
				in %	Faktor
Boden	Oberboden	oberste Schicht des Bodens mit Kies-, Sand-, Schluff- und Tongemischen	für diese Bodenklassen sind keine Böschungswinkel festgelegt	15	1,15
	fließende Böden	flüssiger bis breiiger Boden, wasserhaltend und Böden, die das Wasser schwer abgeben		–	–
	leicht lösbare Böden	nichtbindige bis schwachbindige Böden, Sande, Kiese, Sand-Kies-Gemische sowie höchstens 30 % Masseanteil an Steinen mit Korngrößen über 63 mm bis 200 mm	$b = h$, h, 45°	15	1,15
	mittelschwer lösbare Böden	Gemische von Sand, Kies, Schluff und Ton. Bindige Böden weich bis halbfest und höchstens 30 % Masseanteil an Steinen		20 bis 25	1,20 bis 1,25
	schwer lösbare Böden	leicht und mittelschwer lösbare Böden mit mehr als 30 % Masseanteil an Blöcken der Korngröße über 200 mm bis 630 mm	$b = 0{,}58 \cdot h$, h, 60°	30 bis 35	1,30 bis 1,35
Fels	leicht lösbarer Fels und vergleichbare Böden	Felsarten, die stark klüftig, brüchig, schiefrig oder verwittert sind. Böden mit über 30 % Masseanteil an Blöcken	$b = 0{,}18 \cdot h$, h, 80°		
	schwer lösbarer Fels	Felsarten mit hoher Gefügefestigkeit, Haufwerke aus großen Blöcken mit Korngrößen über 630 mm		40 bis 50	1,40 bis 1,50

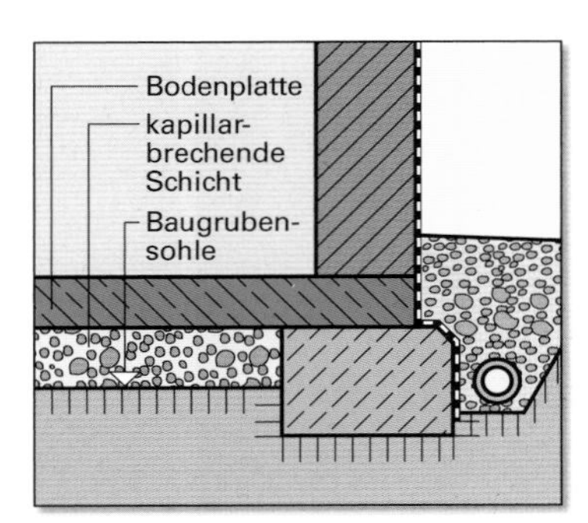

Bild 1: Beispiel für die Lage der Baugrubensohle

Die **Tiefe der Baugrube** ist abhängig von der Höhenlage des Bauwerks sowie der Konstruktion von Fundament und Bodenplatte **(Bild 1)**. Zur Bestimmung der Baugrubentiefe wird von der Oberkante Fertigfußboden im Erdgeschoss des Gebäudes (OK FFB EG) ausgegangen. Dieses Maß ist am Schnurgerüst markiert. Ein Lasergerät kann auf diese Höhe eingestellt werden, so dass der Reflektor, z.B. am Baggerarm, dem Baggerfahrer das Erreichen der vorgegebenen Tiefe an jeder Stelle der Baugrubensohle mit einem Signalton anzeigt. Dies macht eine waagerechte, ebene und profilgerechte Baugrubensohle möglich.

Zur Berechnung des Baugrubenaushubs wird das Volumen der Baugrube mit der Simpson'schen Formel festgestellt:

$$V_{\text{Aushub}} = \frac{h}{6}(A_1 + A_2 + 4 \cdot A_m)$$

$$A_m = \frac{l_1 + l_2}{2} \cdot \frac{b_1 + b_2}{2}$$

Mithilfe der Auflockerung in % oder als Faktor lässt sich das abzufahrende Aushubvolumen berechnen (Tabelle 1, Seite 59).

Das **Verfüllen des Arbeitsraums** hat mit geeignetem Boden zu geschehen. Dabei erfolgt der Einbau und die Verdichtung des Bodens lagenweise in Schichten bis zu 50 cm Dicke über der eingebauten und abgedeckten Dränung.

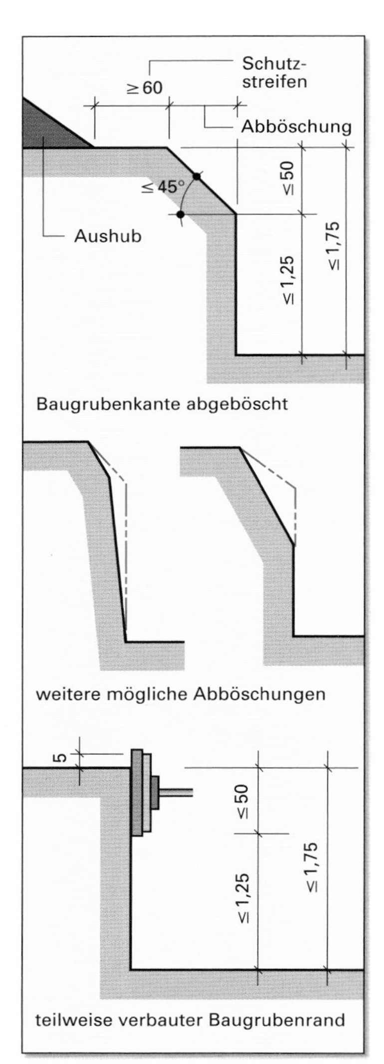

Bild 2: Baugrubensicherung bei einer Tiefe von 1,25 m bis 1,75 m

2.2.2.3 Sicherung der Baugrube

Offene Baugruben müssen bis zum Verfüllen des Arbeitsraumes vor Einsturz oder Nachrutschen von Boden durch anhaltende Niederschläge, wasserführende Schichten, Frost, Erschütterungen sowie Belastungen der Baugrubenkante geschützt werden. Es sind deshalb die entsprechenden Unfallverhütungsvorschriften einzuhalten.

Bei allen Baugruben ist immer ringsum ein **Schutzstreifen** (Sicherheitsstreifen) von 60 cm Breite freizuhalten. Dabei soll vermieden werden, dass durch die Belastung mit Aushub der Baugrubenrand einbrechen kann und der dort gelagerte Aushub nicht in die Baugrube zurückrollen kann sowie ein ausreichend breiter Arbeitsraum um die Baugrube sichergestellt ist.

Baugruben **bis 1,25 m Tiefe** müssen nicht verbaut werden.

Baugruben die **tiefer als 1,25 m** sind, müssen je nach Bodenart durch Abböschung oder durch Verbau gesichert werden **(Bild 2)**. Bei standfestem Boden kann der über 1,25 m Tiefe hinausgehende Teil mit 45° sowie durch andere Möglichkeiten abgeböscht werden oder die Böschungskante 50 cm breit durch eine Saumbohle gesichert sein (Bild 2). Diese muss bis 2,00 m Tiefe 5 cm, bei einer Tiefe über 2,00 m 10 cm über die Baugrubenkante überstehen.

Sind Baugruben **tiefer als 1,75 m,** müssen diese immer dem Baufortschritt entsprechend vollständig verbaut werden **(Tabelle 1, Seite 61)**. Dazu bieten sich Spundwände und Trägerbohlwände an **(Bild 1, Seite 61)**. Weitere Verbaumöglichkeiten sind massive Verbauarten, wie z.B. Ortbetonwände, Schlitzwände und Pfahlwände aus Ortbeton- oder Fertigpfählen. Baugrubenböschungen lassen sich auch durch Spritzbetonbauweisen sichern.

Tabelle 1: Verbauarten

Waagerechter Normenverbau	Senkrechter Normenverbau
Verbau mit waagerecht angeordneten Bohlen von 2,50 m bis 4,50 m Länge. Bohlendicke 5 cm. Einbau entsprechend dem Aushubfortschritt. Brusthölzer 8 cm/16 cm. Länge der untersten Brusthölzer mindestens 1,50 m. Steifendurchmesser 12 cm. Steifenfreier Raum maximal 60 cm.	Verbau mit senkrecht angeordneten Bohlen oder Kanaldielen entsprechend dem Aushubfortschritt. Gurthölzer 16 cm/16 cm. Staffelung der Bohlen mit einer Überdeckung von 20 cm möglich. Bohlen dürfen höchstens 1,20 m über das unterste Gurtholz hinausragen.

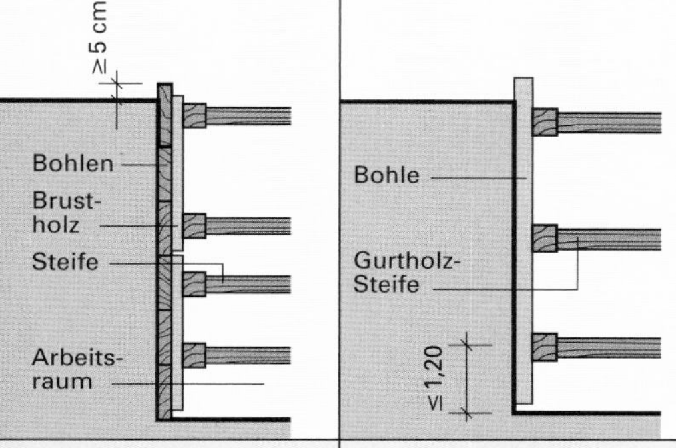

Spundwände	Trägerbohlwände
Verbau in wasserführenden Bodenschichten. Die Stahlspundbohlen werden vor dem Baugrubenaushub mit Rammen eingetrieben. Spundwände müssen statisch berechnet sein. Bei hohen Lasten sind Spundwände auszusteifen und mit Gurten zusammenzufassen.	Der „Berliner Verbau" besteht aus eingerammten I-Stahlträgern mit einer waagerecht eingespannten Ausfachung aus Bohlen, Kanthölzern oder Stahlbetonfertigteilen. Die Ausfachung erfolgt entsprechend dem Aushubfortschritt. Sie muss tief in die Flanschen einbinden und fest verkeilt werden.

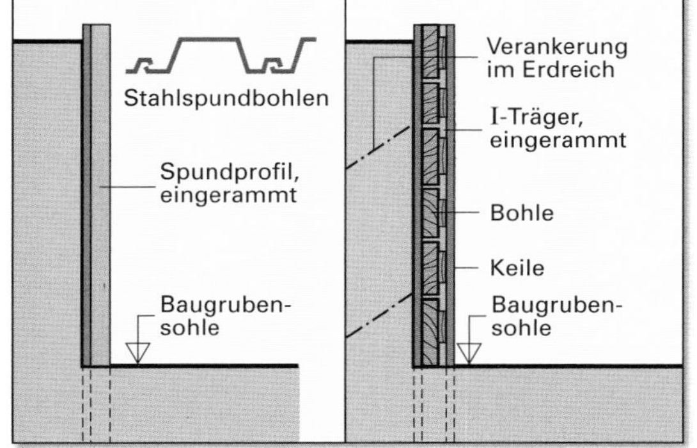

Bild 1: Trägerbohlwand als Baugrubenverbau

2.2.2.4 Offene Wasserhaltung

Zur Erstellung von Bauwerken sind in der Regel trockene Baugruben erforderlich. Gelangt Oberflächenwasser, Hangwasser oder Grundwasser in die Baugrube, besteht die Gefahr, dass Böschungen abrutschen oder Baugrubenwände einstürzen. Außerdem kann der Boden der Baugrubensohle aufweichen und sich die Tragfähigkeit des Baugrunds vermindern. Um dies auszuschließen, muss eingedrungenes Wasser aus der Baugrube entfernt werden. Maßnahmen zur Trockenhaltung der Baugrube bezeichnet man als Wasserhaltung.

Bei der **offenen Wasserhaltung** wird das anfallende Wasser an einem Tiefpunkt der Baugrube, dem Pumpensumpf, außerhalb des Gebäudegrundrisses gesammelt und aus der Baugrube gepumpt. Die Baugrubensohle ist deshalb so anzulegen, dass das Wasser über ein Gefälle zum Pumpensumpf geführt wird **(Bild 2)**. Am Baugrubenrand können z.B. Gräben angelegt werden, in denen sich das Wasser sammelt und zum Pumpensumpf abläuft.

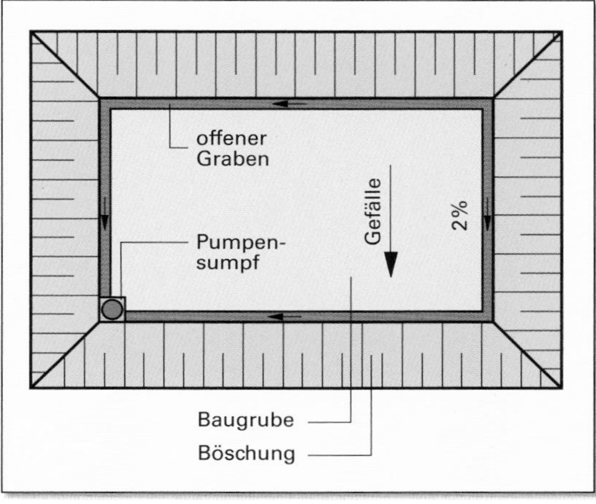

Bild 2: Offene Wasserhaltung

2.2.2.5 Zeichnerische Darstellung

Zur Planung und fachgerechten Herstellung eines Bauwerks kann es notwendig sein, z. B. eine **Baugrube** zeichnerisch darzustellen **(Bild 1)**. Diese Darstellung erfolgt im Grundriss (Lageplan) und in Schnitten (Profilen). Genauso verfährt man bei **Leitungsgräben (Bild 2)**.

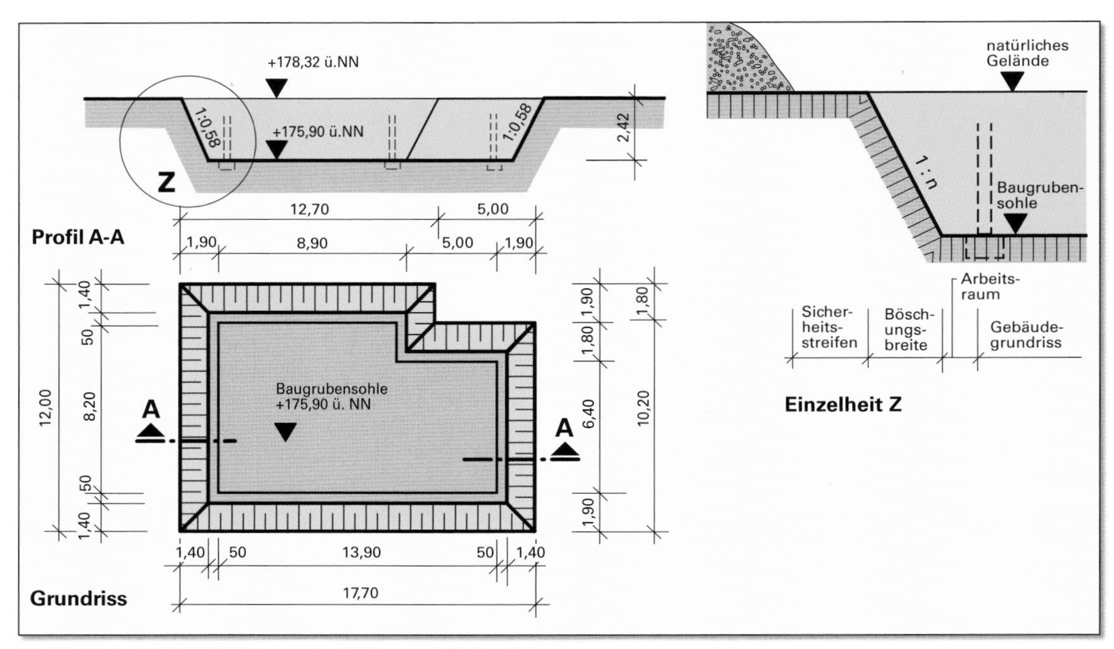

Bild 1: Beispiel für eine Baugrube in ebenem Gelände

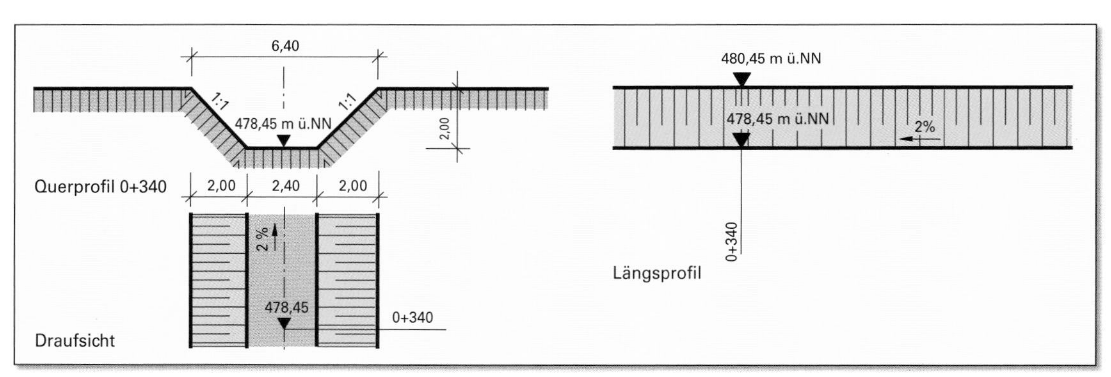

Bild 2: Beispiel für einen Leitungsgraben

Aufgaben

1 Baugrube für ein Wohngebäude

Für das im Grundriss dargestellte Wohngebäude ist die 2,20 m tiefe Baugrube in ebenem Gelände darzustellen **(Bild 3)**. Die Kelleraußenwand wird in Stahlbeton hergestellt; die Dicke der Schalwandkonstruktion beträgt 18 cm. Der Boden des Baugrundes gehört zu den schwer lösbaren Bodenarten.

Der Hausgrund und die Baugrube sind in Draufsicht und Schnitt A-A im M 1:100 zu zeichnen und zu bemaßen.

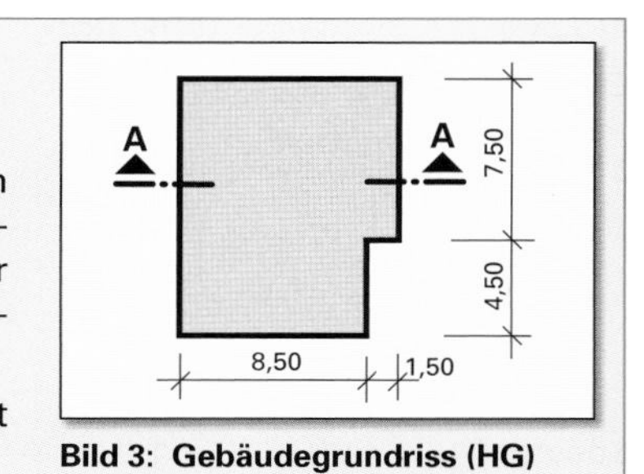

Bild 3: Gebäudegrundriss (HG)

2 Baugrube für ein Betriebsgebäude

Das Baugrundstück hat nach einer Seite eine Neigung von 5% **(Bild 1)**. Die Baugrube ist aus leicht lösbaren Bodenarten abzuböschen. Die Kelleraußenwände werden in Mauerwerk erstellt.

Die Baugrube ist einschließlich Böschung im M 1:100 in der Draufsicht und im Schnitt A-A zu zeichnen und zu bemaßen. Fehlende Maße sind zu berechnen. Es ist zu beachten, dass sich die Böschungsflächen bei gleicher Böschungsneigung in der Draufsicht unter 45° schneiden.

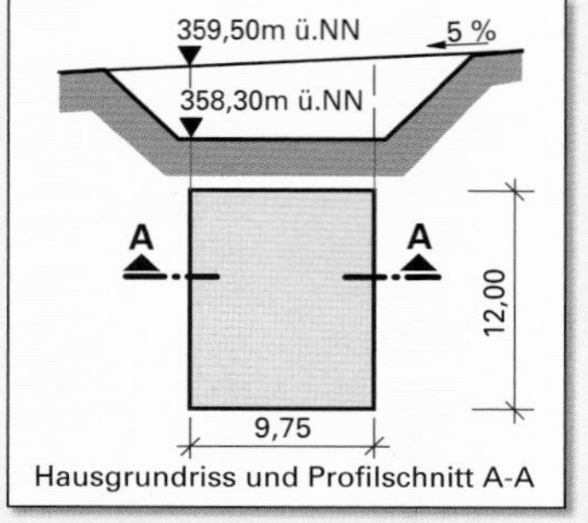

Bild 1: Baugrube für ein Betriebsgebäude

3 Leitungsgraben

Der Leitungsgraben hat an seiner Sohle eine Breite von 1,20 m. Die Böschungen müssen mit einer Neigung von 1:1 hergestellt werden. Das Gelände weist quer zur Längsachse des Grabens eine Neigung von 1:25 auf **(Bild 2)**.

Zeichnen Sie im M 1:50 das Querprofil und ein 5,00 m langes Teilstück des Grabens in der Draufsicht mit normgerechter Bemaßung.

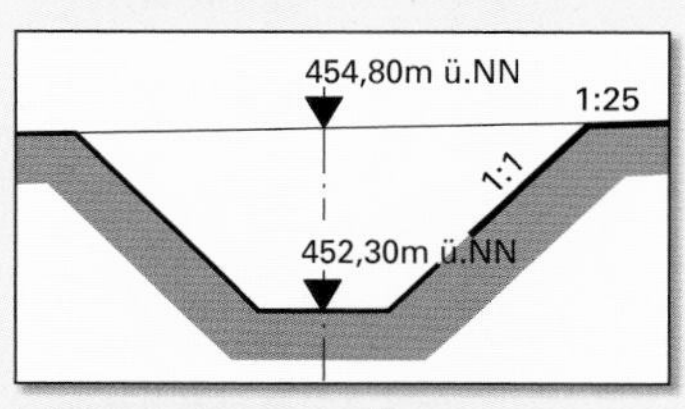

Bild 2: Leitungsgraben

2.2.2.6 Berechnung des Aushubs

Die Abrechnung des Aushubs erfolgt nach dem Volumen des gewachsenen Bodens. Zur Bestimmung der Leistung von Erdbaumaschinen und zur Ermittlung der erforderlichen Transportkapazität für die Abfuhr des Aushubmaterials werden die Bodenmassen im aufgelockerten Zustand zugrunde gelegt.

Die beim **Aushub** von gewachsenem Boden entstehende Volumenvergrößerung bezeichnet man als Auflockerung. Diese ist je nach Bodenart und Korngröße verschieden. Die Auflockerung kann in Prozent, bezogen auf die Masse des gewachsenen Bodens oder als Auflockerungsfaktor angegeben werden (Tabelle 1, Seite 59). Sie beträgt z.B. bei leicht lösbaren Bodenarten 15%, was einem Auflockerungsfaktor von 1,15 entspricht.

Beispiel: Eine Baugrube hat eine Länge von 14,10 m, eine Breite von 11,30 m und eine Aushubtiefe von 1,17 m. Die Grundrissmaße des zu erstellenden Gebäudes betragen 10,76 m x 7,96 m. Der anstehende Boden entspricht mittelschwer lösbaren Bodenarten, mit einer Auflockerung von 20%.

a) Wie viel m³ Aushub sind für die spätere Verfüllung des Arbeitsraumes auf der Baustelle zu lagern?

b) Wie viel Fuhren sind für den Abtransport des überschüssigen Aushubmaterials notwendig, wenn ein Kipperfahrzeug mit 5,250 m³ Aushub beladen werden darf.

Lösung: a) $V_{Baugrube}$ nach Simpson'scher Formel — $V_{Baugrube} = 148{,}739\ m^3$

$V_{Auffüllung} = (V_{Baugrube} - V_{Gebäude}) \cdot$ Auflockerungsfaktor

$V_{Auffüllung} = (148{,}739\ m^3 - 100{,}210\ m^3) \cdot 1{,}20$ — $\mathbf{V_{Auffüllung} = 58{,}235\ m^3}$

b) Anzahl n der Lkw-Fuhren $= V_{Gebäude} \cdot$ Auflockerung $: V_{Lkw\text{-}Ladung}$ — $\mathbf{n = 23}$ **Fuhren**

Die **Verdichtung** einer Schüttung kann als Zuschlag in Prozent bezogen auf das Volumen des unverdichteten Schüttmaterials oder als Verdichtungsfaktor angegeben werden. Bei einer Verdichtung von z.B. 10% beträgt das Volumen des unverdichteten Schüttmaterials 110% oder den Verdichtungsfaktor 1,10.

Beispiel: Ein 50 m langer und 2,20 m hoher Damm hat die Form eines gleichschenkligen Trapezes. Die Breite am Dammfuß beträgt 10,00 m, die an der Dammkrone 5,00 m.

Wie viel m³ Boden sind für die Dammschüttung anzufahren, wenn für die Verdichtung ein Zuschlag von 15% zu berücksichtigen ist?

Lösung: $V = 50{,}00\ m \cdot \frac{5{,}00\ m + 10{,}00\ m}{2} \cdot 2{,}20\ m \cdot \frac{115\%}{100\%}$ — $\mathbf{V = 948{,}750\ m^3}$

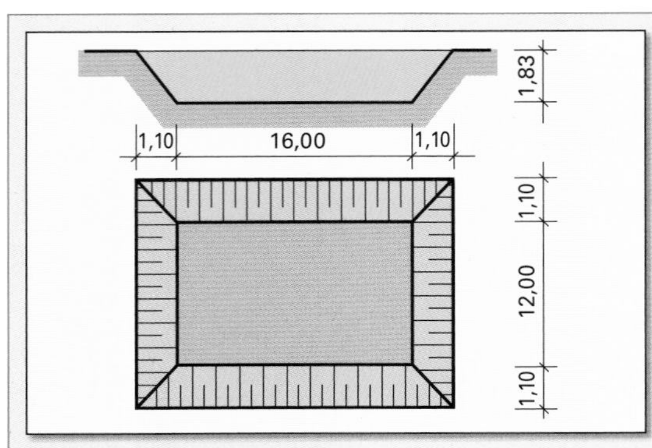

Bild 1: Baugrube für ein Gebäude

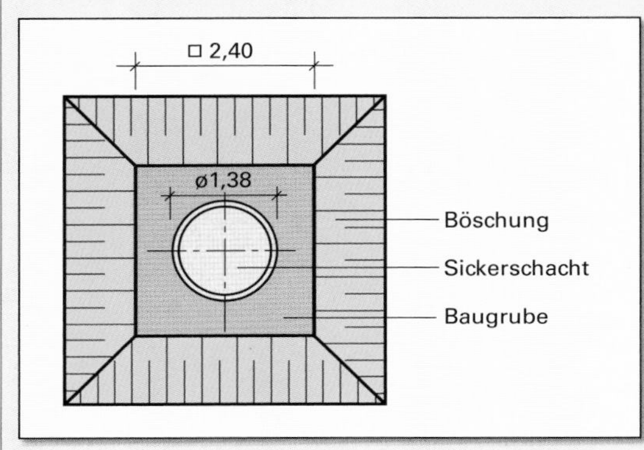

Bild 2: Sickerschacht einer Kleinkläranlage

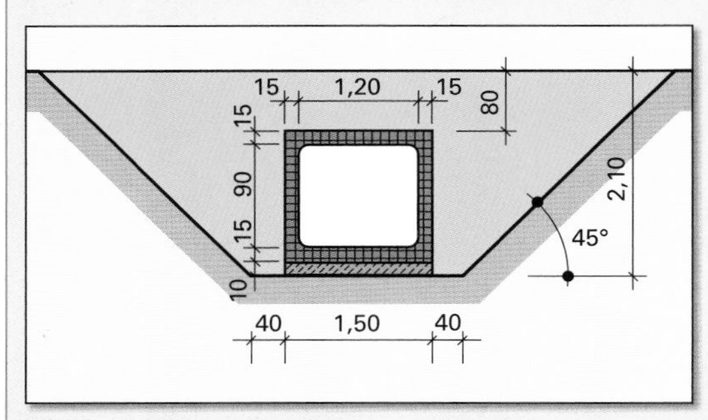

Bild 3: Baugrube für Versorgungskanal

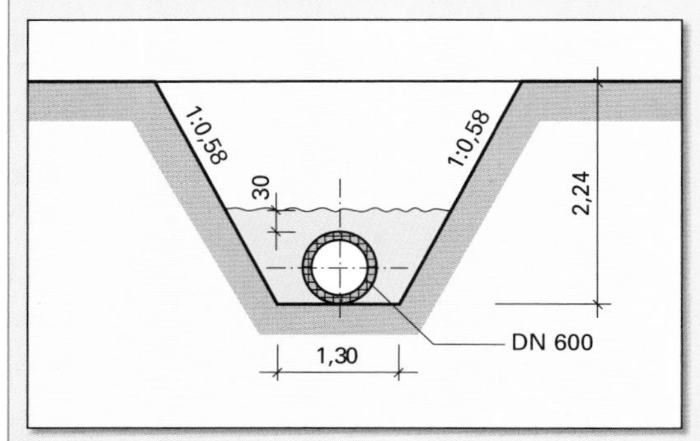

Bild 4: Rohrgraben

Aufgaben

1 Baugrube für ein Gebäude

Die Baugrube für ein unterkellertes Gebäude mit gemauerten Außenwänden ist auszuheben **(Bild 1)**. Der Baugrund besteht aus schwer lösbaren Bodenarten. Der gesamte Aushub muss abgefahren werden.

a) Zeichnen und bemaßen Sie die Draufsicht und einen Schnitt durch die Baugrube im M 1:250.

b) Berechnen Sie die Anzahl der Lkw-Fahrten, wenn das Ladevolumen des Lkw 4,5 m³ beträgt.

2 Sickerschacht einer Kleinkläranlage

Der Sickerschacht einer Kleinkläranlage misst im Außendurchmesser 1,38 m. Die zugehörige Baugrube hat eine quadratische Grundfläche von 2,40 m x 2,40 m, eine allseitige Böschung 1:0,58 und eine Tiefe von 2,50 m **(Bild 2)**. Der Auflockerungsfaktor beträgt 1,30. Der Aushub ist für die Wiederverwendung nicht geeignet.

a) Zeichnen Sie Draufsicht und Schnitt M 1:50 mit normgerechter Bemaßung.

b) Wie viel m³ Aushub müssen abgefahren werden?

c) Berechnen Sie die Menge an Schüttmaterial in m³, die eingebaut werden muss, wenn für die Verdichtung 12% Zuschlag vorzusehen ist.

3 Baugrube für einen Versorgungskanal

Für den Anschluss eines Wohnblocks an das Fernheizwerk ist ein 98,00 m langer Kanal aus Betonfertigteilen zur Aufnahme von Heizungsleitungen herzustellen. Die Fertigteile werden auf eine 10 cm dicke Sohle aus Ortbeton verlegt und sind 80 cm erdüberdeckt **(Bild 3)**. Die Breite des Arbeitsraumes beträgt auf beiden Seiten jeweils 40 cm, die Böschung ist unter 45° geneigt.

Zeichnen und bemaßen Sie den Querschnitt im M 1:50 und berechnen Sie die Anzahl der Lkw-Fahrten mit je 5,5 m³ Ladevolumen bei einer Auflockerung von 25%. Der zum Verfüllen notwendige Boden wird auf der Baustelle gelagert.

4 Rohrgraben

Ein Rohrgraben von 50 m Länge ist auszuheben **(Bild 4)**. Die Betonrohre DN 600 haben eine Wanddicke von 7 cm. Für die Einbettung der Rohre bis 30 cm über dem Rohrscheitel wird der Aushub gegen steinfreien Boden ausgetauscht.

a) Zeichnen und bemaßen Sie den Querschnitt des Grabens im M 1:50.

b) Berechnen Sie, wie viel m³ Boden abgefahren werden müssen bei einer Auflockerung von 20%.

c) Welche Menge in m³ an steinfreiem Boden ist zum Einbetten der Rohre notwendig bei einem Verdichtungsfaktor von 10%.

2.2.3 Fundamente

Fundamente haben die Aufgabe

- die Bauwerkslasten aufzunehmen und auf den Baugrund abzutragen **(Bild 1)**,
- die Standsicherheit des Bauwerks zu gewährleisten und
- ungleichmäßige Setzungen zu verhindern (Seite 55).

Häufig vorkommende Fundamente sind Streifenfundamente, Einzelfundamente und Plattenfundamente. Ihre Abmessungen hängen vom Sohldruckwiderstand des vorhandenen Baugrunds ab.

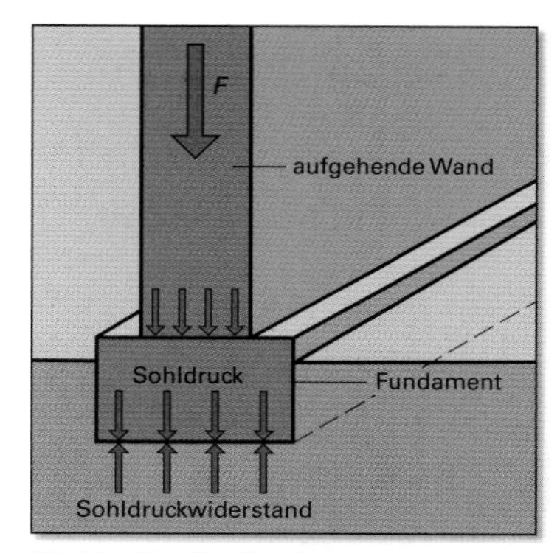

Bild 1: Streifenfundament

2.2.3.1 Streifenfundamente

Streifenfundamente werden mittig unter Bauteilen angeordnet, die gleichmäßig belastet sind, wie z.B. unter Wänden.

Fundamentgräben

- werden maschinell oder von Hand ausgehoben,
- die Wände des Grabens sind senkrecht,
- die Sohle des Fundamentgrabens ist immer waagerecht auszuführen.

Fundamente sind im frostfreien Bereich bei einer Tiefe von 0,80 m bis 1,20 m unter der Erdgleiche anzuordnen. In geneigtem Gelände können deshalb Streifenfundamente abgetreppt werden **(Bild 2)**.

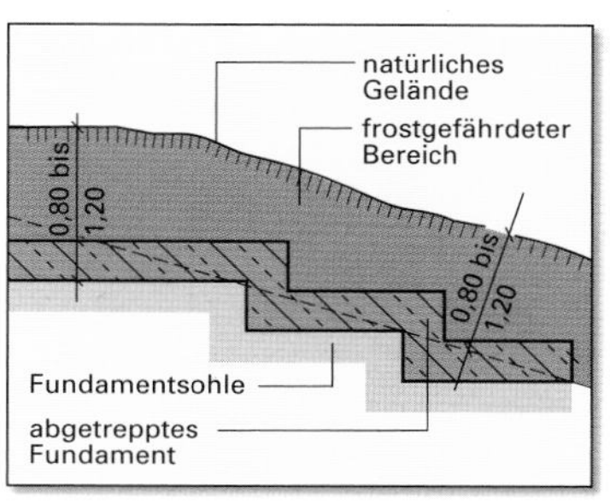

Bild 2: Abgetrepptes Fundament

Streifenfundamente haben einen rechteckigen Querschnitt, sind meist aus unbewehrtem Beton und können gegen das Erdreich betoniert werden.

Bauwerkslasten, die über die Wände auf die Streifenfundamente übertragen werden, verteilen sich im Fundament aus unbewehrtem Beton unter einem Lastverteilungswinkel von 63,5° auf die Fundamentsohle **(Bild 3)**. Daraus ergibt sich die **Fundamenthöhe h_F**. Sie muss mindestens doppelt so groß sein wie der Fundamentüberstand *e*.

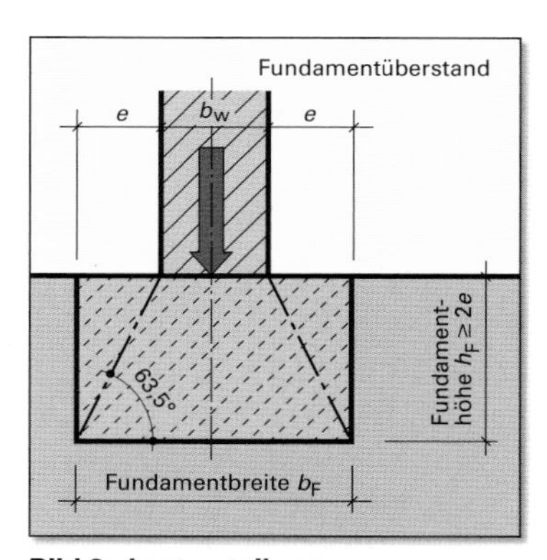

Bild 3: Lastverteilung

Die **Fundamentbreite b_F** hängt von der Tragfähigkeit des Baugrunds ab. Deshalb muss die Fundamentbreite in Abhängigkeit von der Bauwerkslast und dem Sohldruckwiderstand errechnet werden (Seite 55).

Müssen Streifenfundamente Einzellasten aufnehmen, ist eine Bewehrung erforderlich. Deshalb dürfen diese Fundamente auch ausmittig belastet werden. Fundamente aus Stahlbeton dürfen nicht gegen Erdreich betoniert werden. Deshalb

- werden die Seiten von solchen Streifenfundamenten geschalt und
- an der Fundamentsohle wird vor dem Betonieren eine mindestens 5 cm dicke Sauberkeitsschicht aus Mineralbeton oder unbewehrtem Beton C 8/10 eingebracht.

Der Einbau von Fundamenten aus Stahlbeton beginnt in der Regel auf der Baugrubensohle bzw. der Fundamentsohle und erfordert keinen Aushub mehr **(Bild 4)**.

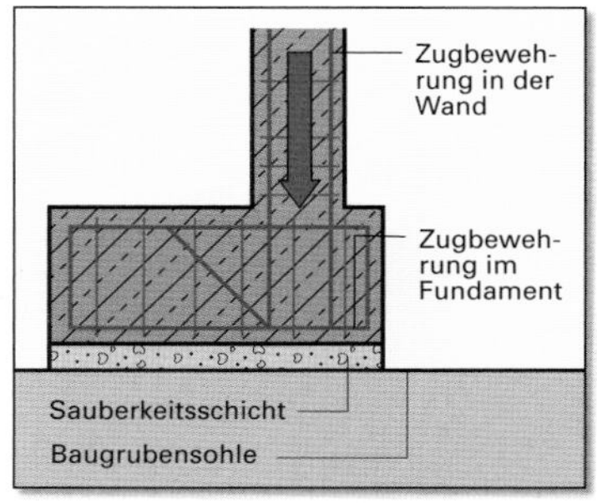

Bild 4: Ausmittig belastetes Streifenfundament

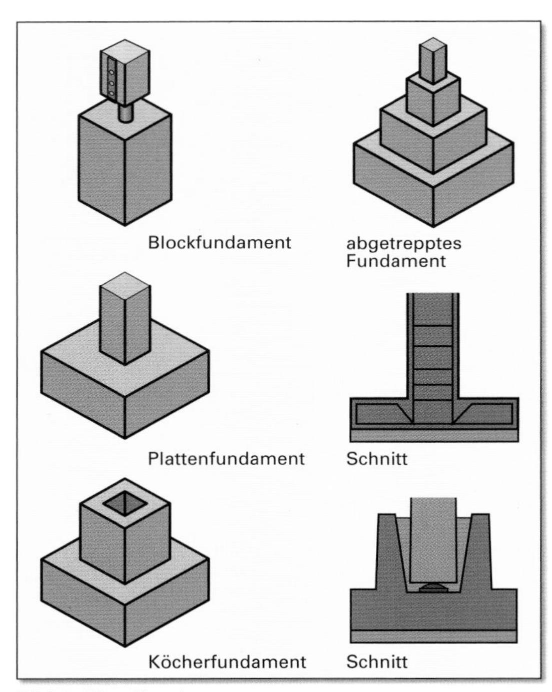

Bild 1: Einzelfundamente

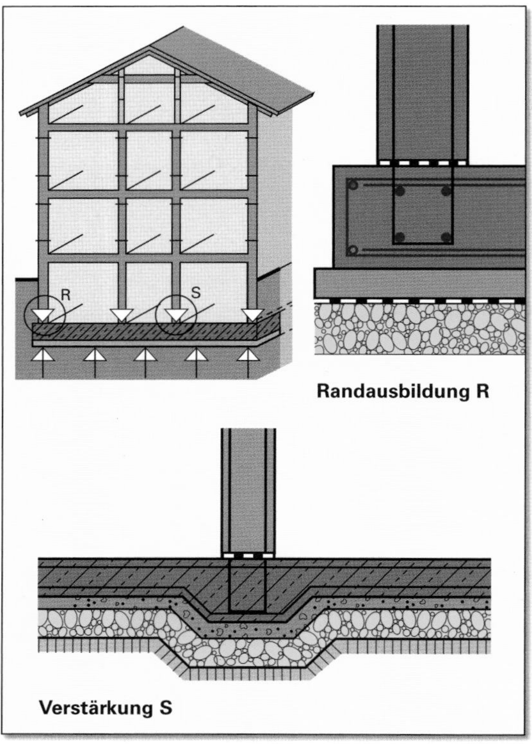

Bild 2: Fundamentplatten mit Einzelheiten

2.2.3.2 Einzelfundamente

Punktförmige Belastungen eines Fundaments, z.B. durch Stützen oder Pfeiler aus Stahlbeton, durch Pfeiler oder kurze Wände aus Mauerwerk, durch Stützen aus Stahl oder Holz, werden über Einzelfundamente auf den Baugrund übertragen. Dabei unterscheidet man Blockfundamente, abgeschrägte oder abgetreppte Fundamente, plattenförmige Fundamente sowie Köcherfundamente **(Bild 1)**.

Blockfundamente werden häufig unter Holzstützen, z.B. beim Bau von Carports oder Pergolen, unter Kaminen sowie unter Stützen und Pfeilern von Balkonen verwendet. Erfordern hohe Einzellasten große Fundamentflächen, so kann Beton eingespart werden, der außerhalb des Lastverteilungswinkels liegt. Dazu kann man abgetreppte Fundamente oder abgeschrägte Fundamente verwenden. Allerdings werden diese Fundamente wegen erhöhtem Schalungsaufwand, z.B. durch die Sicherung gegen Auftrieb, und der schwierigeren Verarbeitung des Betons, z.B. bei abgeschrägten Fundamenten, nicht sehr häufig angewandt.

Plattenförmige Fundamente sind für große Einzellasten, wie z.B. unter Stahlbetonstützen, eine sehr wirtschaftliche Gründungsart. Solche Fundamente können trotz einer großen Fundamentsohle eine geringe Fundamenthöhe aufweisen. Die stets erforderliche Bewehrung verhindert sowohl einen Bruch der Platte außerhalb des Lastverteilungswinkels als auch ein Durchstanzen von Stützen.

Köcherfundamente (Becher- oder Hülsenfundamente) verwendet man meist als Fundament für Stützen im Fertigteilbau. Sie sind bewehrt und bestehen aus einer lastverteilenden Fundamentplatte und einem ebenfalls bewehrten Köcher, in den die Fertigteilstütze eingestellt, ausgerichtet und zur Einspannung mit Beton vergossen wird.

2.2.3.3 Fundamentplatten

Fundamentplatten (Sohlplatten) sind unter dem ganzen Bauwerk durchgehende Stahlbetonvollplatten. Sie werden als Gründung bei wenig tragfähigem Baugrund oder bei Baugrund aus unterschiedlichen Bodenarten verwendet **(Bild 2)**. Bei Fundamentplatten wird die Bauwerkslast auf die gesamte Platte verteilt und somit der Sohldruck herabgesetzt. Wand- und Stützlasten können durch entsprechende Verstärkung der Platte aufgenommen werden (Bild 2).

2.2.3.4 Kraft, Last und Spannung

Auf jeden Baukörper wirkt eine Vielzahl von **Kräften,** z.B. Druckkräfte. Solche Kräfte nennt man im Bauwesen **Lasten;** in der Norm werden sie als **Einwirkungen** bezeichnet. Solche Einwirkungen sind z.B. Eigenlasten und Nutzlasten **(Bild 1).** Diese Lasten werden über Wände und Stützen auf Fundamente übertragen und in den Baugrund abgeleitet.

Wirkt eine Last auf ein Bauteil, z.B. die Bauwerkslast auf das Fundament, so setzen Zusammenhangskräfte (Kohäsion) des Baustoffs im Fundament dieser Einwirkung einen Widerstand entgegen. Diesen inneren Widerstand bezeichnet man als **Spannung** σ (gesprochen: Sigma). Die Größe der Spannung ist abhängig von der Größe der Einwirkung und der Größe der lastübertragenden Fläche.

Spannung $= \frac{\textbf{Last}}{\textbf{Fläche}}$	$\sigma = \frac{F}{A}$	***F*** in kN ***A*** in m² σ in kN/m²

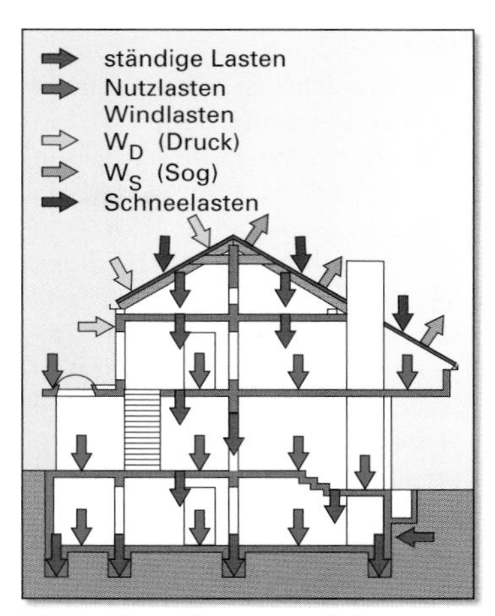

Bild 1: Einwirkungen auf ein Bauwerk

Um Bauschäden, wie z.B. Verformungen und Risse, zu vermeiden und um die Standsicherheit des Bauwerks zu gewährleisten, dürfen Bauteile nicht bis zur Bruchspannung belastet werden. Deshalb werden für Baustoffe Höchstwerte für ihre Beanspruchung festgelegt, die man als **Sohldruckwiderstand** $\sigma_{R,d}$ bezeichnet. Zur Aufnahme von **Sohldruck** bei Gründungen eignet sich besonders unbewehrter Beton und Stahlbeton.

Ein Fundament wird von dem darüber liegenden Bauteil auf den Baugrund gedrückt **(Bild 2).** Die im Fundament vorhandenen Einwirkungen erzeugen an der Fundamentsohle Druckspannungen im Baugrund, die man als Sohldruck bezeichnet. Damit der Sohldruckwiderstand nicht überschritten wird, kann die Fundamentfläche (Sohlfläche) vergrößert werden. Bei Streifenfundamenten erfolgt die Berechnung des Sohldrucks immer für 1 Meter Fundamentlänge. Aus Sicherheitsgründen muss durch den **Spannungsnachweis** überprüft werden, ob der Sohldruck geringer oder höchstens gleich dem Sohldruckwiderstand ist. Die Werte für die zulässige Bodenpressung sind in Tabellen festgelegt (Tabelle 1, Seite 55).

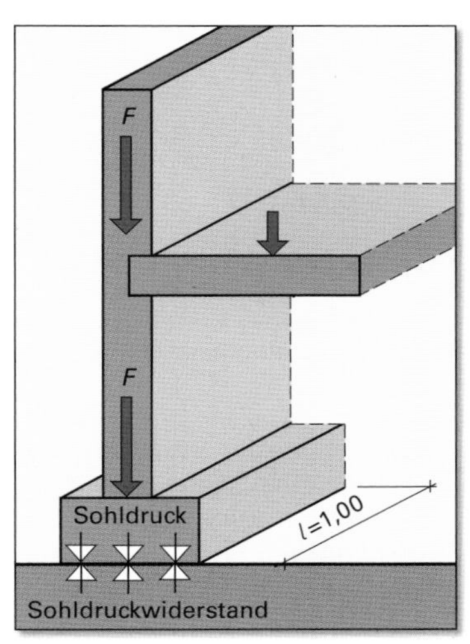

Bild 2: Kräfte auf ein Fundament

Sohldruck $\sigma_{E,d} \leq$ **Sohldruckwiderstand** $\sigma_{R,d}$

Man nimmt an, dass die Druckverteilung im Boden unter einem Druckverteilungswinkel von 45° erfolgt. Die im Boden entstehende Spannung verteilt sich jedoch in einer zwiebelähnlichen Form unter dem Fundament. Dabei ergeben sich Linien gleich großer Druckspannungen, Isobaren genannt. Der Verlauf dieser Isobaren wird auch als **Druckzwiebel** bezeichnet **(Bild 3).** Aus dem Isobarenverlauf ist ersichtlich, dass die Druckspannungen unter der Mitte des Fundaments am tiefsten in den Baugrund hineinreichen. Bei Einzelfundamenten sind die Spannungen in einer Tiefe von etwa der doppelten Fundamentbreite fast abgeklungen. Bei Streifenfundamenten hingegen ist die Tiefe von etwa der dreifachen Fundamentbreite erforderlich. Isobaren verschiedener Fundamente dürfen sich nicht überlagern, da im Schnittbereich die zulässigen Bemessungswert für den Sohlwiderstand überschritten werden kann. Dies kann zu Bauschäden führen (Seite 55).

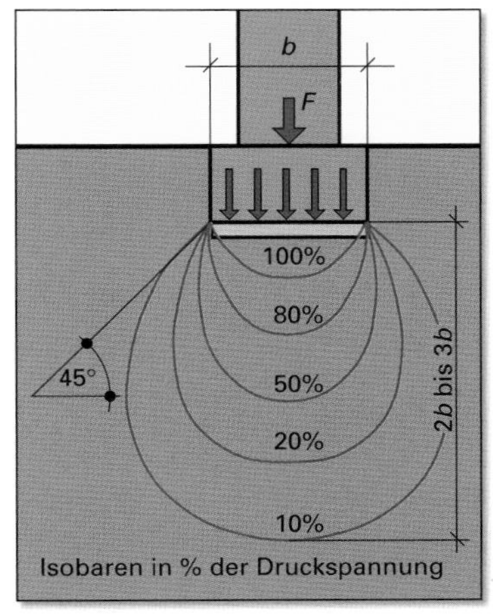

Bild 3: Druckspannungen unter einem Fundament

Beispiel

Ein unbewehrtes, mittig belastetes **Streifenfundament** hat Einwirkungen einschließlich Eigenlast auf 1,0 m Länge von $F =$ 95 kN zu übertragen. Der Baugrund besteht aus einem bindigen, halbfesten Boden mit einem Sohldruckwiderstand von 150 kN/m². Es ist die notwendige Fundamentbreite zu errechnen und der Nachweis zu führen, dass der Boden diese Last aufnehmen kann **(Bild 1)**.

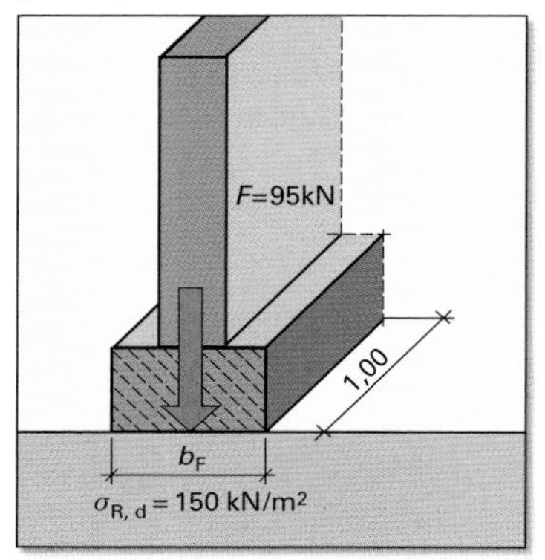

Bild 1: Streifenfundament

Lösung:

Berechnung der Fundamentbreite

$$\text{Sohldruckwiderstand} = \frac{\text{Einwirkung (Auflast)}}{\text{Fundamentfläche}}$$

$$\text{erf. Fundamentfläche} = \frac{\text{Einwirkung}}{\text{Sohldruckwiderstand}} \qquad A_{erf} = \frac{95 \text{ kN}}{150 \text{ kN/m}^2}$$

$$A_{erf} = 0{,}633 \text{ m}^2$$

$$\text{erf. Fundamentfbreite} = \frac{\text{erf. Fundamentfläche}}{1{,}00 \text{ m Fundamentlänge}} \qquad b_{erf} = 0{,}633 \text{ m}$$

Gewählte Fundamentbreite $b_{erf} = 0{,}65$ m

Vereinfachter Sohldrucknachweis in Regelfällen

Bemessungswert des Sohldrucks ≤ Bemessungswert des Sohldruckwiderstands

$$\sigma_{E,d} = \frac{95 \text{ kN}}{1{,}00 \text{ m} \cdot 0{,}65 \text{ m}}$$

$$\boldsymbol{\sigma_{E,d} = 146 \text{ kN/m}^2 \leq \sigma_{R,d} = 150 \text{ kN/m}^2}$$

Beispiel

Das quadratische **Stützenfundament** hat eine Last von 135 kN aufzunehmen **(Bild 2)**. Der bindige Boden des Baugrunds hat höchstens einen Sohldruckwiderstand von 250 kN/m². Es ist die erforderliche Auflagefläche der Fundamentsohle zu berechnen sowie die Seitenlänge des Fundaments. Kann die Last vom Baugrund aufgenommen werden?

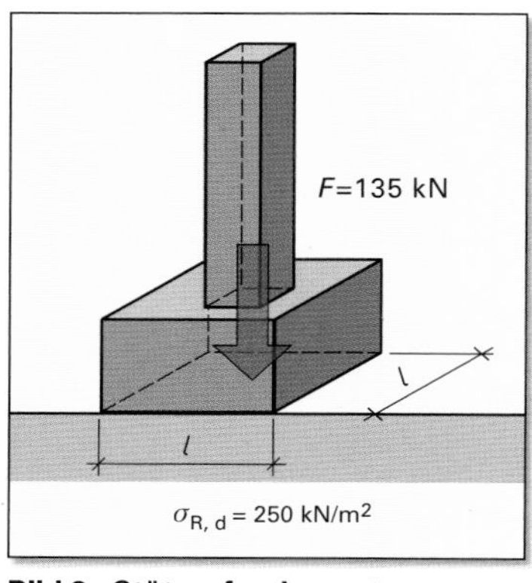

Bild 2: Stützenfundament

Lösung:

Berechnung der Seitenlänge des Stützenfundaments

$$\text{Sohldruckwiderstand} = \frac{\text{Einwirkung (Auflast)}}{\text{erf. Fundamentfläche}}$$

$$A_{erf} = \frac{\text{Einwirkung}}{\text{Sohldruckwiderstand}} \qquad A_{erf} = \frac{135 \text{ kN}}{250 \text{ kN/m}^2}$$

$$A_{erf} = 0{,}54 \text{ m}^2$$

$$l_{F,erf} = \sqrt{A} \qquad l_{erf} = \sqrt{0{,}54 \text{ m}^2}$$

$$l_{F,erf} = 0{,}73 \text{ m}$$

Gewählte Seitenlänge des Stützenfundaments $l_F = 0{,}75$ m

Vereinfachter Sohldrucknachweis in Regelfällen

Bemessungswert des Sohldrucks ≤ Bemessungswert des Sohldruckwiderstands

$$\sigma_{E,d} = \frac{135 \text{ kN}}{0{,}75 \text{ m} \cdot 0{,}75 \text{ m}}$$

$$\boldsymbol{\sigma_{E,d} = 241 \text{ kN/m}^2 \leq \sigma_{E,d} = 250 \text{ kN/m}^2}$$

Aufgaben

1 Stützenfundament

Das quadratische Fundament einer Stütze mit den Querschnittsmaßen 25 cm/25 cm überträgt die Last F = 110 kN auf den Baugrund. Der Boden des Baugrundes besteht aus festem Lehm mit einem Sohldruckwiderstand von 250 kN/m² **(Bild 1).**

a) Bestimmen Sie die erforderliche Fläche A_{erf} des Fundaments.

b) Wie groß ist die Seitenlänge l des Fundaments?

c) Bestimmen Sie zeichnerisch im M 1:10 mithilfe des Druckverteilungswinkels die Höhe des Fundaments und bemaßen Sie das Fundament normgerecht.

d) Prüfen Sie nach, ob der Sohldruckwiderstand nicht überschritten wurde.

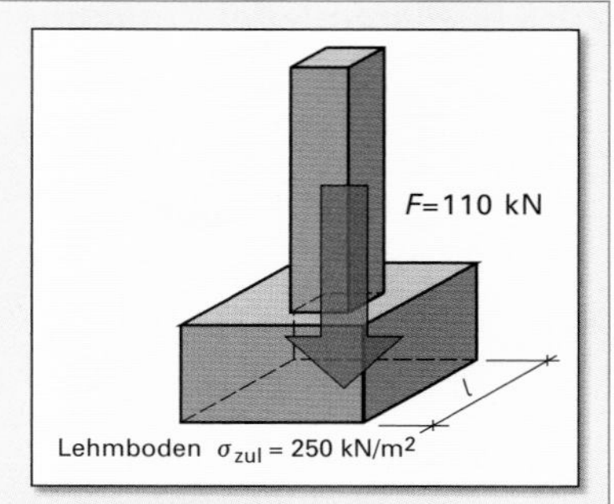

Bild 1: Stützenfundament

2 Streifenfundament

Eine Kellerwand aus Stahlbeton mit einem unbewehrten Fundament aus Standardbeton C16/20 wird mit einer Streckenlast q = 150 KN/m belastet. Der Baugrund ist nichtbindiger Boden aus Grobsand und einem Sohldruckwiderstand von 300 kN/m² **(Bild 2).** Für die Belastung durch Stahlbeton nimmt man einen Rechenwert von 25 kN/m³ an; der Rechenwert für unbewehrten Beton ist 23 kN/m³.

Prüfen Sie nach, ob der Sohldruckwiderstand eingehalten wird.

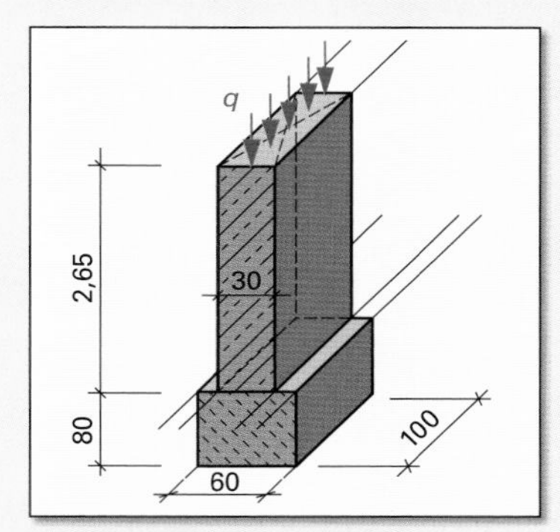

Bild 2: Streifenfundament

3 Einwirkung aus einer Wand/Decke-Konstruktion

Auf eine Wand wirkt aus der Decke eine Einwirkung als Streckenlast von q = 90 kN/m. Die Wand und das Streifenfundament sollen aus Stahlbeton (Rechenwert 25 kN/m³) hergestellt werden. Der Baugrund besteht aus halbfestem bindigem Boden mit einem Sohldruckwiderstand von 150 kN/m² **(Bild 3).**

a) Berechnen Sie die Gesamteinwirkung aller Bauteile auf den Baugrund.

b) Überprüfen Sie, ob der Sohldruckwiderstand des Bodens ausreichend ist.

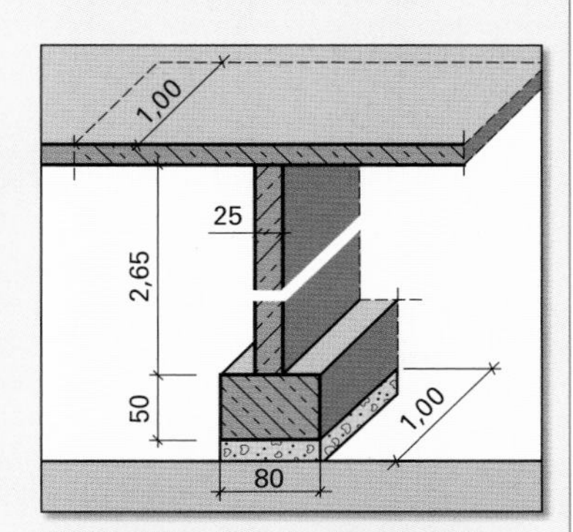

Bild 3: Wand/Decke-Konstruktion

4 Einwirkungen aus einer Pfeiler/Decke-Konstruktion

Die Decke belastet einen Mauerpfeiler mit F = 180 kN. Das Kalksandstein-Mauerwerk ist mit Normalmörtel gemauert. Für die Steine wird ein Rechenwert von 18 kN/m³ angenommen. Das rechteckige Einzelfundament wird mit unbewehrtem Beton (Rechenwert 23 kN/m³) hergestellt **(Bild 4).** Das Fundament soll 40 cm tief werden. Der Baugrund ist nichtbindiger Boden mit festgelagertem Grobsand und einem Sohldruckwiderstand von 300 kN/m².

a) Bestimmen Sie durch Zeichnung M 1:10 die Fundamentmaße.

b) Überprüfen Sie, ob der Sohldruckwiderstand nicht überschritten wird.

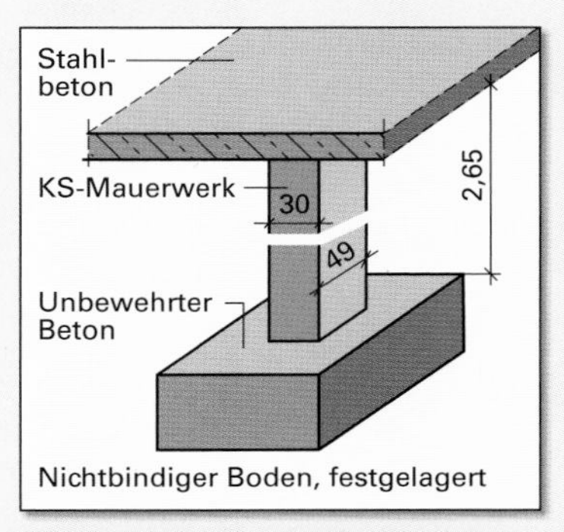

Bild 4: Pfeiler/Decke-Konstruktion

2.2.3.5 Planung der Fundamente

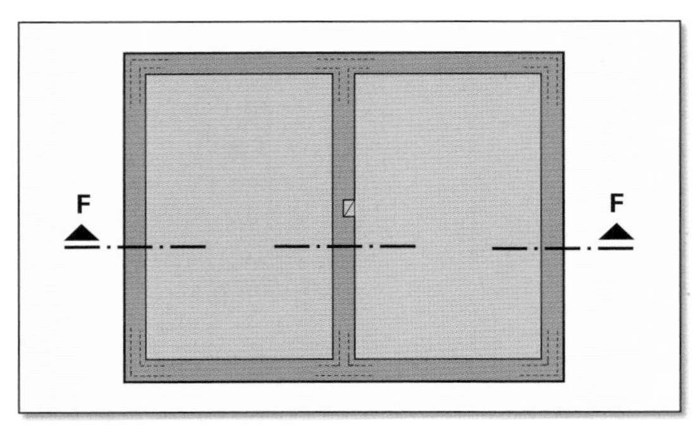

Bild 1: Fundamentgrundriss

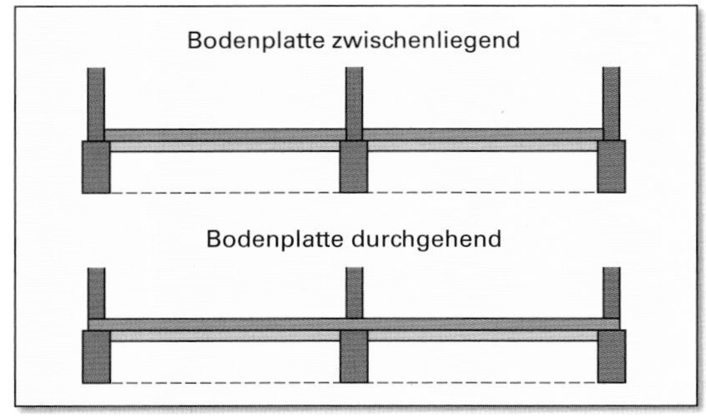

Bild 2: Fundamentschnitt

Zur Planung der Fundamente gehört außer der Berechnung der Fundamentmaße und dem Spannungsnachweis auch die Werkzeichnung für die Bauausführung. In der Fundamentzeichnung werden der Grundriss und die Schnitte des Fundaments im Maßstab 1:50 dargestellt.

Der **Fundamentgrundriss** zeigt das waagerecht geschnittene Fundament unter der Bodenplatte und den aufgehenden Bauteilen wie z.B. Wände und Stützen **(Bild 1)**. Damit man sich besser in der Zeichnung zurechtfindet, können diese Bauteile eingestrichelt werden. Dabei werden Wände meist nur an den Wandecken, Wandeinbindungen oder bei Unterbrechungen, z.B. bei Türen, mit gestrichelter Linie eingezeichnet.

Der **Fundamentschnitt** zeigt den Aufriss der senkrecht geschnittenen Fundamente sowie die Bodenplatte und die aufgehenden Wände **(Bild 2)**. In der Schnittdarstellung wird der jeweilige Baustoff der einzelnen Bauteile durch normgerechte Schraffur gekennzeichnet.

Fundamentschnitte können auch als Profilschnitte in die Fundamentzeichnung eingeklappt oder als Einzelschnitte herausgezeichnet werden (Bild 1, Seite 71).

Zu den **Inhalten der Fundamentzeichnung** gehören neben der Darstellung der Bauteile auch die Bemaßung und Beschriftung **(Tabelle 1)**.

Tabelle 1: Inhalte der Fundamentzeichnung

Zeichnungsart	Darstellung von Bauteilen	Bemaßung	Beschriftung
F F Fundamentgrundriss	• lastabtragende Bauteile über dem Fundamentkörper wie Wände, Stützen, Pfeiler • Aussparungen wie Durchbrüche und Schlitze • Kanäle, Schächte • Rohrdurchgänge, Rohrhülsen, Einbauteile • Fundamenterder mit Lage der Anschlussfahnen • Fundamentabtreppungen	• Fundamentgrundriss • aufgehende Bauteile • Aussparungen • Einbauteile • Konstruktionsaufbauten	• Bezeichnung des Grundrisses • Raumbezeichnung entsprechend der darüber liegenden Grundrissebene • Schnittverlauf • Schnittkennzeichnung
Fundamentschnitt F–F	• Fundamentkörper • Bodenplatte mit Unterbau • lastabtragende Bauteile über dem Fundamentkörper wie Wände, Stützen, Pfeiler • Sauberkeitsschichten • Baugrubenplanum • Lage des Fundamenterders • Schraffur der geschnittenen Bauteile entsprechend der verwendeten Baustoffe	• Fundamenthöhe • Fundamentbreite • Aussparungen • Lage der aufgehenden Bauteile • Dicke der Bodenplatte und der Schichten des Unterbaus • Dicke der Sauberkeitsschichten • Konstruktionsaufbauten	• Bezeichnung des Schnittes • Konstruktionsaufbauten • Aussparungen • Einbauteile • Baustoffe

Aufgaben

1 Fundamentschnitt A–A

a) Welchen Querschnitt hat das Fundament unter der Toröffnung der Garage **(Bild 1)?**

b) Welche Dicke hat die Bodenplatte?

c) Wie ist die Bodenplatte über dem Fundament eingebaut?

d) Auf welcher Höhe liegt OK RFB Bodenplatte?

2 Fundamentgrundriss

a) Welche Abmessung hat das Fundament unter den Außenwänden und wie groß sind die Fundamentüberstände?

b) Welche Abmessung hat das Fundament unter der Mittelwand und wie groß sind die Fundamentüberstände?

c) Welche Abmessung hat das Fundament unter der Haustrennwand und wie groß sind die Fundamentüberstände?

d) Welche Art der Fundamentaussparung ist dargestellt?

e) Wie groß sind die Fundamentaußenmaße des Gebäudes?

3 Fundamentgrundriss mit Profilschnitten

a) Welchen Querschnitt haben die Außenwandfundamente?

b) Wie groß sind die Fundamentüberstände?

c) Welche Abmessungen ergeben sich für die Fundamentaussparungen?

d) Wie ist die Bodenplatte über den Fundamenten angeordnet?

e) Wie groß sind die Abstände der Fundamente unter dem Raum für Haustechnik und unter der Garage?

f) In welchem Schnitt wird das Fundament der Haustrennwand dargestellt und wie breit ist die Gebäudetrennfuge?

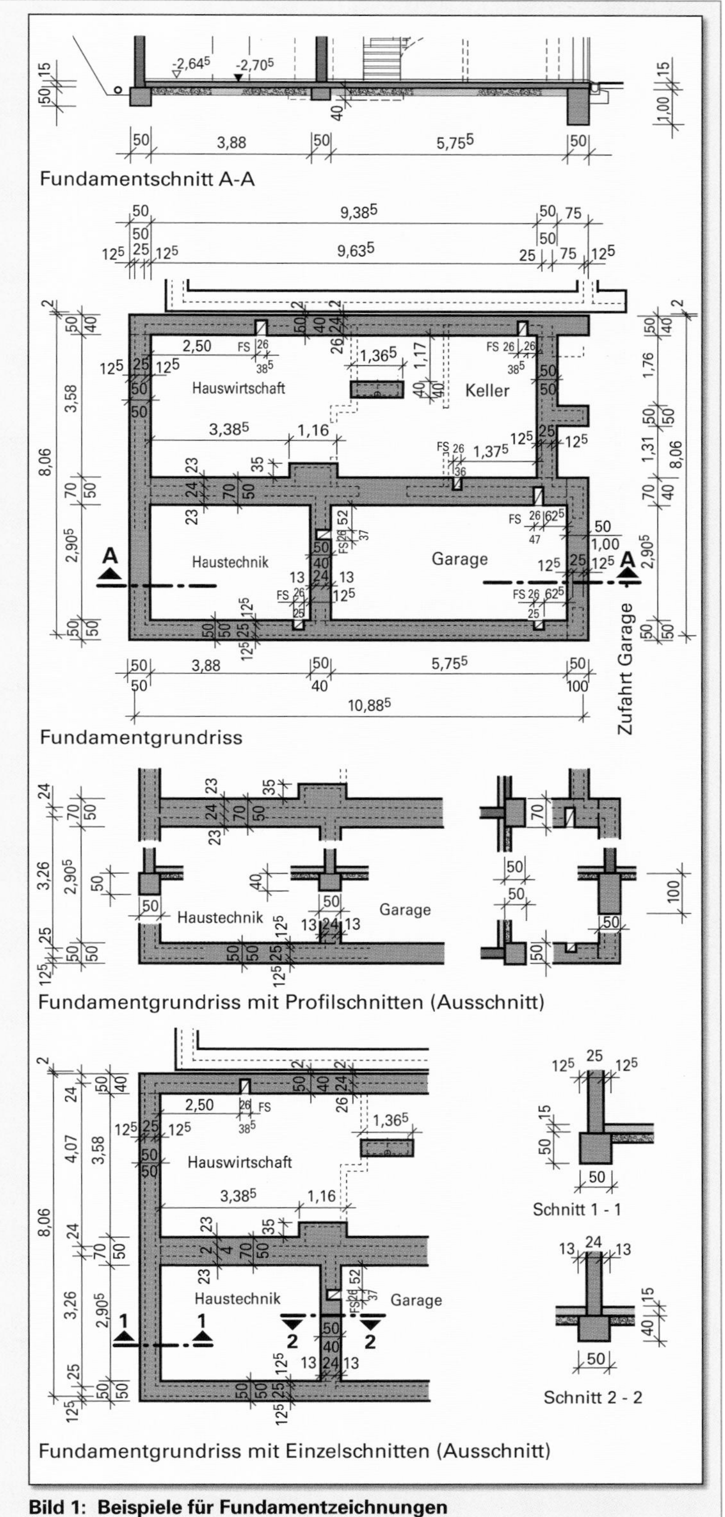

Bild 1: Beispiele für Fundamentzeichnungen

Aufgaben

4 Gebäude für Gartengeräte

Für das Gebäude ist die Herstellung der Fundamente und der Bodenplatte zu planen **(Bild 1)**.

Der Baugrund liegt 20 cm unter der Bodenplatte, so dass die Außenfundamente ringsum an der Außenseite noch geschalt werden müssen. Die Streifenfundamente sind aus unbewehrtem Beton und müssen ausgehoben werden. Sie werden aus Standardbeton C16/20 betoniert, die Bodenplatte aus Stahlbeton C20/25 auf einer Trennlage aus PE-Folie. Unter der Bodenplatte ist eine kapillarbrechende Schicht aus Gesteinskörnung 8/32 eingeplant.

a) Erstellen Sie die Fundamentzeichnung M 1:50.

b) Listen Sie alle Arbeitsgänge bis zur Fertigstellung der Bodenplatte auf.

c) Berechnen Sie den Aushub für die Fundamente.

d) Wie viel Meter Schalung sind notwendig?

e) Berechnen Sie die Menge aller zu bestellenden Baustoffe.

5 Garage mit Vorplatz

Für die Garage ist die Herstellung der Fundamente und der Bodenplatte zu planen **(Bild 2)**.

Die Streifenfundamente für die Garage sind in Standardbeton C16/20 auszuführen. Ihre Querschnittsmaße sind b/h = 50 cm/80 cm.

Die Bodenplatte mit einer Dicke d = 15 cm wird aus Stahlbeton C20/25 hergestellt. Auf der 15 cm dicken kapillarbrechenden Schicht aus Splitt 11/32 wird eine Trennlage aus PVC-Folie ausgelegt.

Das Streifenfundament für die Abgrenzungsmauer mit b/h = 40 cm/80 cm wird aus Stahlbeton C20/25 betoniert, ebenso wie der mittig angeordnete Sockel auf diesem Fundament mit b/h = 24 cm/40 cm.

a) Zeichnen Sie die Fundamentzeichnung M 1:50.

b) Listen Sie alle Arbeitsgänge bis zur Fertigstellung der Bodenplatte auf.

c) Berechnen Sie alle zu bestellenden Baustoffmengen und fertigen Sie eine Bestellliste mit normgerechten Angaben.

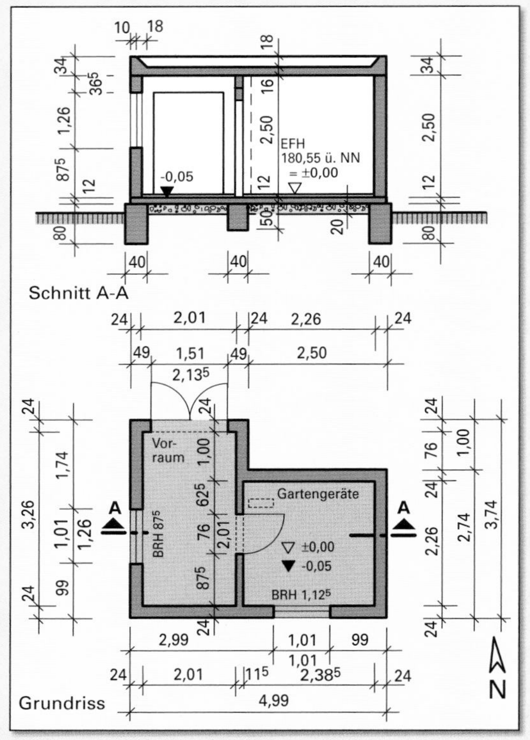

Bild 1: Gebäude für Gartengeräte

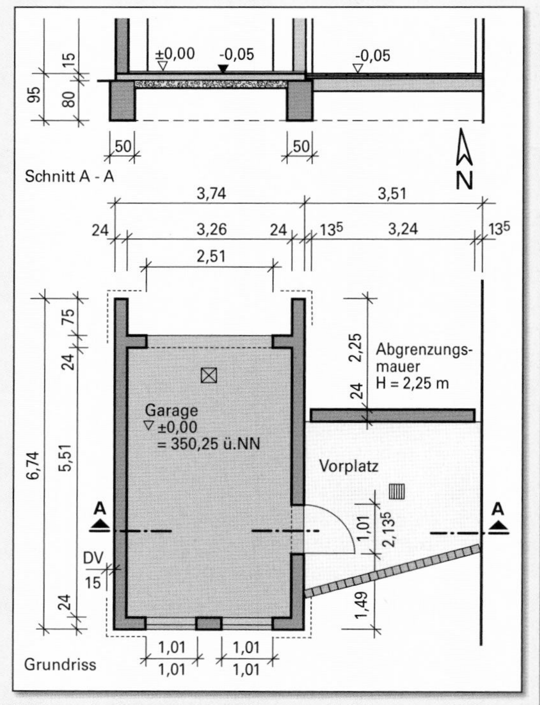

Bild 2: Garage mit Vorplatz

2.2.4 Entwässerung

Alle Baugrundstücke sind vor dem Erstellen von Bauwerken zu erschließen. Das bedeutet, dass sie an das öffentliche Straßennetz angeschlossen und die nötigen Ver- und Entsorgungsleitungen verlegt sein müssen **(Bild 1)**. Dazu gehören z. B. Anschlüsse für Trinkwasser, Abwasser, Strom, Gas, Telekommunikation und Fernheizung. Die Leitungsverlegung wird von den entsprechenden Versorgungsunternehmen in Auftrag gegeben. Der Bauherr hat für die Ableitung des auf seinem Grundstück anfallenden Abwassers bis zum Straßenkanal selbst zu sorgen. Anschlusskanal, Kontrollschacht und Grundleitung werden in der Regel von der Baufirma verlegt **(Bild 2)**. Für das Verlegen der Abwasserleitungen oberhalb der Bodenplatte sowie für den Einbau aller Sanitäreinrichtungsgegenstände ist der Anlagenmonteur für Haus- und Gebäudetechnik verantwortlich. Über Sammelleitungen gelangt das Abwasser in die Kläranlage, wird dort gereinigt und in den nächsten Vorfluter (Bach, Fluss, See) eingeleitet.

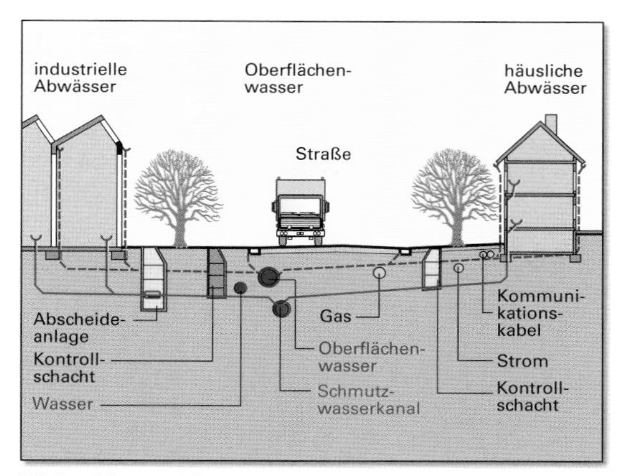

Bild 1: Ver- und Entsorgung

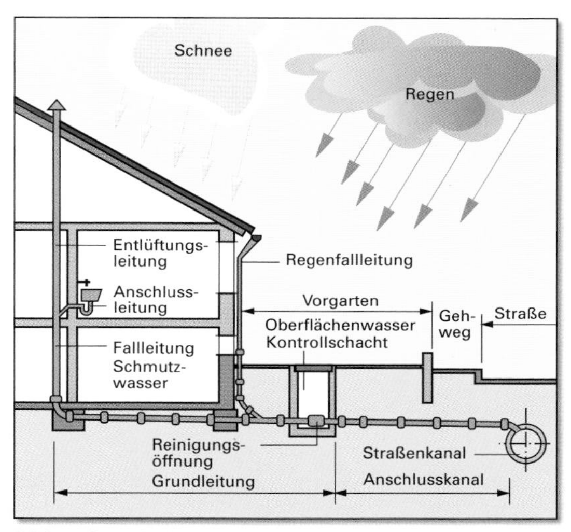

Bild 2: Grundstücksentwässerung

Abwasser entsteht

- in Gebäuden als Schmutzwasser und
- außerhalb von Gebäuden als Oberflächenwasser.

Schmutzwasser aus industriellen Anlagen enthält oft chemische Verunreinigungen oder hat hohe Temperaturen. Benzin, Öle und Säuren dürfen nicht mit dem Abwasser abgeleitet werden und müssen deshalb in Abscheideanlagen, z. B. Benzin-, Öl-, Fettabscheidern, entfernt werden.

Oberflächenwasser ist Wasser von Regen und Schnee. Es fällt auf Dachflächen, Hof- und Straßenflächen, auf Terrassen sowie in Gärten und Grünanlagen an. Dieses wenig verschmutzte Wasser sollte möglichst direkt im Boden oder über Versickerungen dem Grundwasser zugeführt werden. Stärker verschmutztes Niederschlagswasser, z. B. von Straßen, Plätzen, Hofeinfahrten, Garagenvorplätzen, kann zur Kläranlage abgeleitet werden.

Wegen der begrenzten Verfügbarkeit muss mit dem **Lebensmittel Trinkwasser** sehr sorgfältig umgegangen werden. Dies ist in der Europäischen Wassercharta festgeschrieben worden. Pro Person rechnet man mit einem Tagesbedarf von 100 l bis 250 l Wasser **(Tabelle 1)**. Die Menge des in einem Gebäude verbrauchten Trinkwassers wird von einem Wasserzähler gemessen und wird nach der jeweils gültigen Satzung einer Gemeinde auch als Abwasser abgerechnet.

Europäische Wassercharta (Auszug)

„Wasser verschmutzen heißt, den Menschen und allen anderen Lebewesen Schaden zuzufügen. Verwendetes Wasser ist den Gewässern in einem Zustand wieder zurückzuführen, der ihre weitere Nutzung für den öffentlichen wie für den privaten Gebrauch nicht beeinträchtigt."

Tabelle 1: Trinkwasserverbrauch pro Person und Tag (Mittelwert)

Toilettenspülung	48 l	Geschirr spülen	9 l
Baden, Duschen	45 l	Garten bewässern	6 l
Wäsche waschen	18 l	Auto waschen	3 l
Körperpflege	10 l	Kochen, Trinken	3 l

2.2.4.1 Ableitungsverfahren

Zur Abwassereinleitung gibt es zwei Verfahren, das Mischverfahren und das Trennverfahren **(Bild 1, Bild 2)**. Welches Verfahren angewandt wird, hängt von den Bestimmungen der Abwassersatzung der jeweiligen Gemeinde ab.

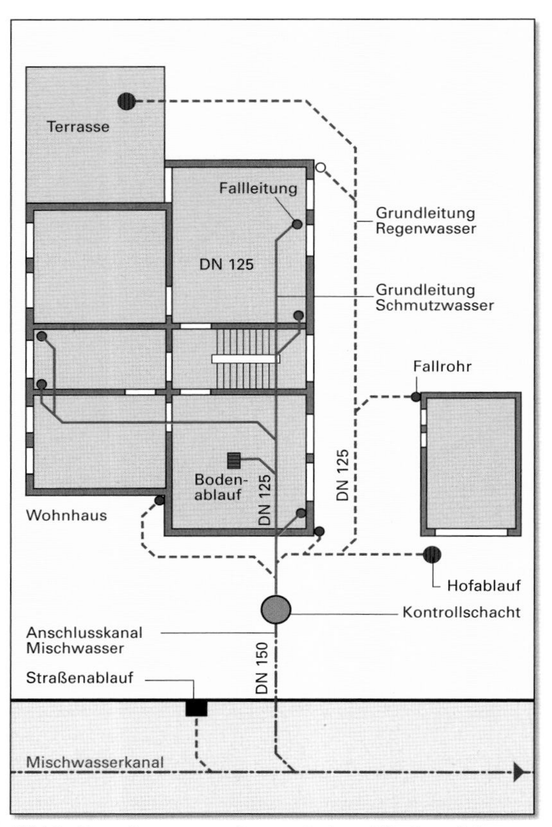

Bild 1: Entwässerungsplan nach dem Mischverfahren

Bild 2: Entwässerungsplan nach dem Trennverfahren

Mischverfahren:

- Das Schmutzwasser wird innerhalb des Gebäudes abgeleitet.
- Die Leitungen für Regenwasser liegen außerhalb des Gebäudes.
- Schmutz- und Regenwasserleitungen dürfen in der Regel nur außerhalb des Gebäudes möglichst nahe dem Anschlusskanal an der Grundstücksgrenze zusammengeführt werden.
- Die Zusammenführung kann im Kontrollschacht geschehen; es ist aber in jedem Fall eine Reinigungsmöglichkeit vorzusehen.

Trennverfahren:

- Schmutz- und Regenwasser wird getrennt abgeleitet.
- Die Leitungen für Regenwasser liegen außerhalb des Gebäudes und haben einen eigenen Kontrollschacht sowie einen eigenen Anschlusskanal zum Regenwasserkanal in der Straße.
- Die beiden Abwasserleitungen laufen parallel, sind aber unterschiedlich tief verlegt.
- Das Schmutzwasser wird in der Kläranlage gereinigt; Regenwasser läuft zur Grobreinigung über einen Rechen und kann in der Regel sofort in den Vorfluter eingeleitet werden.

2.2.4.2 Entwässerungsleitungen

Zur Ableitung von Schmutz- und Regenwasser können Rohre aus unterschiedlichen Baustoffen gewählt werden. Häufig verwendet man Rohre aus Steinzeug und Kunststoffen.

Steinzeugrohre bestehen aus Ton, Quarzsand und Feldspat. Sie werden bis zur Sinterung gebrannt, um ein möglichst dichtes Gefüge zu erhalten. Die Rohre können unglasiert sein oder die Glasur kann vor dem Brennen durch Aufstreuen von Kochsalz vorbereitet werden. Durch die Glasur wird die Oberfläche hart und verschleißfest. Der Scherben ist feinkörnig, sehr dicht, beständig gegen chemische Angriffe, hat eine niedrige Wasseraufnahme und ist deshalb frostbeständig.

Bild 1: Steinzeugrohre

Für die Entwässerungsleitungen werden nach DIN EN 295 gerade Rohre mit unterschiedlichen Rohrdurchmessern (DN) und Formstücke wie z.B. Abzweige, Bogen und Übergangsstücke mit Muffen zusammengesteckt **(Bild 1)**. Bis zu einem Innendurchmesser von DN 200 sind werkseitig Lippendichtungen (Steckmuffe L), ab DN 200 Kunststoffdichtungen (Steckmuffe K) eingebaut **(Tabelle 1)**.

Tabelle 1: Entwässerungsrohre aus Steinzeug (Auszug aus dem Lieferprogramm)

Leitungsteile	Nennweite	Außendurchmesser D in mm	wichtige Baumaße in m	Verpackungseinheit
gerade Rohre	DN 100 DN 125 DN 150 DN 200	131 159 186 242	Baulängen 1,00 1,25 1,50 2,00	15 Stück/Bündel
Bogen	DN 100 DN 125 DN 150 DN 200	–	Winkelmaße 15° 30° 45° (90°)	Einzelstücke
Abzweige 45° (90°)	DN 100/100 DN 200/100 DN 125/100 DN 200/125 DN 125/125 DN 200/150 DN 150/100 DN 200/200 DN 150/125 DN 150/150	–	Baulänge 0,40 (0,50)	Einzelstücke
Übergänge	DN 100/125 DN 100/150 DN 125/150 DN 150/200	–	Baulänge 0,25	Einzelstücke
Verschlussteller	DN 100 DN 125 DN 150 DN 200	–	–	Einzelstücke

Werden Steinzeugrohre ohne Muffen eingesetzt, so werden die beiden Spitzenden mit einer Manschettendichtung (M-Dichtung) verbunden. Die M-Dichtung besteht aus einem Kautschuk-Elastomer-Dichtring und einem äußeren Edelstahl-Stützkörper mit Spannschlössern. Beim Auswechseln von Steinzeugrohren oder beim nachträglichen Einbau z.B. von Abzweigen kann der Einsatz von M-Dichtungen notwendig werden. Die Dichtung sollte mittig über dem Rohrspalt sitzen; die Spannschlösser sind gleichmäßig anzuziehen.

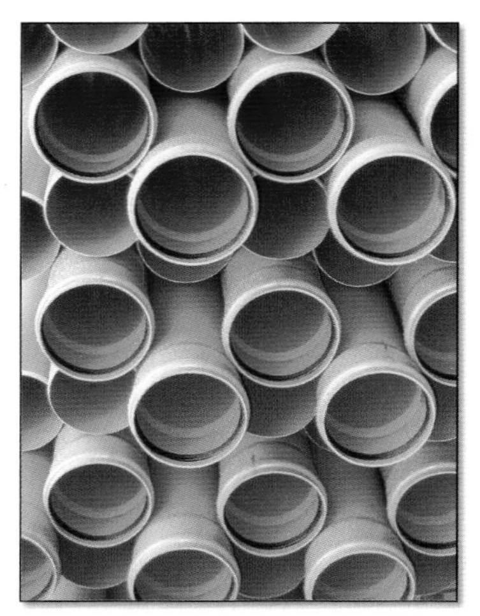

Bild 1: Kunststoffrohre

Kunststoffrohre für Abwasserleitungen sind meist aus weichmacherfreiem Polyvinylchlorid (PVC-U/D) hergestellt. Die chemische Widerstandsfähigkeit und die Abriebfestigkeit wird durch eine dichte Schicht auf der Außen- und Innenseite der Rohre und Formstücke erreicht. Diese Schicht nimmt auch Druck- und Zugspannungen auf, die durch Belastung der Rohre entstehen. Bei der Verwendung für erdverlegte Grundleitungen werden die Leitungsteile als **KG-Rohre** bezeichnet und sind orangebraun gefärbt **(Bild 1).**

Die Rohre haben am Ende eine Steckmuffe mit werkseitig montierten Lippendichtringen (Bild 1). Diese Dichtringe gewährleisten eine dauerhaft dichte und wurzelfeste Rohr- und Formstückverbindung. Die Innendurchmesser weichen wegen der unterschiedlichen Wanddicke von denen der Steinzeugrohre ab; die Nennweiten werden aber meist wie bei den Steinzeugrohren bezeichnet **(Tabelle 1).** Außer geraden Rohren gibt es Formstücke wie z.B. Abzweige, Bogen und Übergangsstücke. Alle Formstücke können entweder mit einseitiger Steckmuffe und Einsteckende auf der anderen Seite oder mit beidseitiger Steckmuffe bezogen werden.

Tabelle 1: Entwässerungsrohre aus Polyvinylchlorid (PVC-U/D) (Auszug aus dem Lieferprogramm)

Leitungsteile	Nennweite	Außendurchmesser D in mm	wichtige Baumaße in m	Verpackungseinheit
gerade Rohre	DN 100 DN 125 DN 150 DN 200	116 131 168 210	Baulänge 0,50 3,00 1,00 5,00 2,00	108 Stück/Palette 80 Stück/Palette 32 Stück/Palette
Bogen	DN 100 DN 125 DN 150 DN 200	–	Winkelmaße 15° 30° 45° 67,5° 87,5°	Einzelstücke
Abzweige 45° (90°)	DN 100/100 DN 200/100 DN 125/100 DN 200/125 DN 125/125 DN 200/150 DN 150/100 DN 200/200 DN 150/125 DN 150/150	–	Baulänge ~ 0,16 bis ~ 0,31	Einzelstücke
Übergänge	DN 100/125 DN 100/150 DN 125/150 DN 150/200	–	Baulänge ~ 0,25 bis ~ 0,31	Einzelstücke
Verschlussteller	DN 100 DN 125 DN 150 DN 200	–	–	Einzelstücke

2.2.4.3 Leitungsverlegung

Bevor Entwässerungsleitungen verlegt werden können, ist der Rohrgraben herzustellen. Je nach Tiefe des Grabens sind unterschiedliche Unfallverhütungsvorschriften einzuhalten. Für den fachgerechten Einbau sorgen Regeln, die einen dauerhaften Durchfluss des Abwassers gewährleisten. Die Anforderungen an die Entwässerungsleitungen werden durch eine Dichtheitsprüfung nachgewiesen. Danach kann der Graben verfüllt werden.

Herstellen des Rohrgrabens

Abwasserleitungen sind frostfrei zu verlegen. Sie müssen deshalb mindestens 0,80 m bis 1,20 m tief im Erdreich liegen. Um einen dauerhaften Abfluss zu gewährleisten, müssen Abwasserleitungen in einem Mindestgefälle von 1% bis 2% verlegt werden **(Tabelle 1)**.

Kunststoffrohre dürfen ohne statischen Nachweis unter Verkehrsflächen mit einer Mindestüberdeckung von 1,00 m, bei nur leichtem Fahrzeugverkehr mit einer Mindestüberdeckung von 0,80 m und höchstens 6,00 m tief verlegt werden.

Rohrgräben sind je nach Tiefe und Bodenart nach den Unfallverhütungsvorschriften gegen Einstürzen zu sichern.

Rohrgräben über 1,25 m Tiefe müssen je nach Bodenart verschieden abgeböscht oder durch Verbau gesichert werden. Nur in standfestem, gewachsenem Boden kann man bei Gräben bis 1,75 m Tiefe auf den Verbau verzichten, wenn der Grabenrand mit einer Saumbohle gesichert ist oder wenn die oberen Grabenkanten bis auf 1,25 m herab mit einem Winkel ≤ 45° abgeböscht sind. Hierzu gibt es für steifen bindigen Boden unterschiedliche Möglichkeiten **(Bild 1)**. Rohrgräben, die tiefer als 1,75 m sind, müssen verbaut werden. Dabei unterscheidet man wie bei den Baugruben den waagerechten Verbau mit Bohlen und den senkrechten Verbau mit Bohlen oder Kanaldielen (herkömmlicher Verbau).

Um Kosten beim Verbau von Rohrgräben zu sparen, werden vorgefertigte Grabenverbaugeräte aus Stahl verwendet **(Bild 2)**. Diese Verbaugeräte bestehen aus seitlichen Plattenpaaren, die mittig oder am Rand abgestützt sind. Sie werden z. B. mit dem Bagger in den Graben eingesetzt und umgesetzt, aber auch mit dem Baufortschritt waagerecht weiter gezogen (Schleppbox). Durch Abspindeln der Stahlstreben werden die Platten an die Wände gedrückt. Randgestützte Grabenverbaugeräte sind bis zu einer Grabentiefe von 6,00 m, mittig gestützte bis 4,00 m einsetzbar. Lücken zwischen einzelnen Verbaugeräten, z. B. bei Leitungskreuzungen im Verbaubereich, müssen herkömmlich verbaut werden.

Tabelle 1: Mindestgefälle von Entwässerungsleitungen

Nennweite (DN)	Misch- und Schmutzwasser	Regenwasser
DN 100	2%	1%
DN 125	1,5%	1%
DN 150	1,5%	1%
DN 200	1%	1%

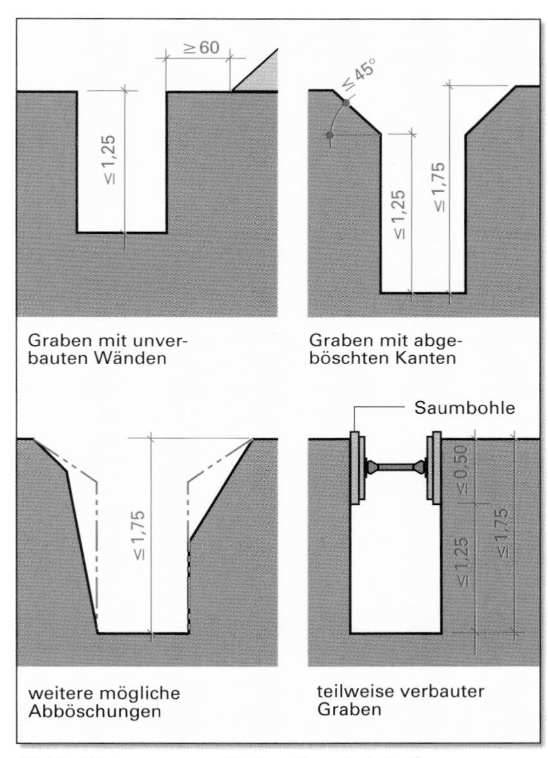

Bild 1: Sicherung von Rohrgräben bei steifem bindigem Boden

Bild 2: Grabenverbaugerät

Die Breite von Gräben sollte so bemessen sein, dass ein ausreichend breiter Arbeitsraum vorhanden ist, der auf beiden Seiten des einzulegenden Rohres gleich breit ist. Die Grabenbreite ist abhängig vom Durchmesser des Rohres und der Mindestbreite des Arbeitsraumes zwischen Rohr und Grabenwand **(Tabelle 1)**. Außerdem ist die Breite des Grabens von der erforderlichen Grabentiefe abhängig **(Tabelle 2)**.

Tabelle 2: Mindestgrabenbreite in Abhängigkeit von der Grabentiefe nach DIN EN 1610

Grabentiefe (m)	Mindestgrabenbreite (m)
bis 1,00	keine Vorgabe
über 1,00 unter 1,75	0,80
über 1,75 unter 4,00	0,90
über 4,00	1,00

Tabelle 1: Mindestgrabenbreite in Abhängigkeit vom Leitungsdurchmesser nach DIN EN 1610

Äußerer Leitungs- bzw. Rohrschaftdurchmesser D (m)	Mindestgrabenbreite b (m)		
	Verbauter Graben	Unverbauter Graben	
		$\beta > 60°$	$\beta \leq 45°$
≤ 0,225	D+0,40	D+0,40	
> 0,225 bis ≤ 0,350	D+0,50	D+0,50	D+0,40
> 0,350 bis ≤ 0,700	D+0,70	D+0,70	D+0,40
> 0,700 bis ≤ 1,200	D+0,85	D+0,85	D+0,40
> 1,200	D+1,00	D+1,00	D+0,40

Verlegeregeln für Entwässerungsleitungen nach DIN EN 1610

- Für die Entwässerungsleitungen sind Formstücke zu verwenden: gerade Rohre; Bogen mit 15°, 30° und 45°; Abzweige 45° mit gleichen und unterschiedlichen Durchmessern und Übergänge zur Verringerung des Rohrdurchmessers.
- Mit der Leitungsverlegung beginnt man überlicherweise am tiefsten Punkt, der Einmündung in den Straßenkanal oder am Kontrollschacht. Muffen zeigen immer gegen die Fließrichtung.
- Bevor die Rohre miteinander verbunden werden, ist zu überprüfen, ob die Rohre selbst und die Verbindungsteile sauber, unbeschädigt und trocken sind. Steckverbindungen sind mit vom Hersteller empfohlenen Gleitmitteln zu behandeln.
- Können die Rohre nicht von Hand zusammengesteckt werden, sind geeignete Geräte zu verwenden, damit die Rohre zwängungsfrei und ohne Überlastung der Bauteile richtungsgenau verlegt werden können.
- Die einzelnen Formstücke sind nach Entwässerungsplan in Richtung und Höhenlage mit gleichmäßigem Gefälle nach Planung zu verlegen.
- Die Bettung der Rohre hat über die gesamte Länge zu geschehen. Verlegekorrekturen dürfen niemals durch örtliches Herummurksen erfolgen. Die Bettung kann direkt auf gewachsenem Boden erfolgen; für Muffen sind entsprechende Vertiefungen auszuheben. Besteht die Bettung aus Sand oder Feinkies, so ist unter den Rohren zunächst eine Schicht von mindestens 10 cm, bei Fels oder steinreichen Böden von mindestens 15 cm einzubringen. Weiter ist eine seitliche Bettung notwendig, deren Dicke vom Rohrdurchmesser abhängt (Bild 1, Seite 80).
- Bei Rohrleitungen, die durch Bauteile wie z. B. durch Fundamente oder durch Schächte geführt werden müssen, sind Gelenkverbindungen in die Bauteile einzubauen, damit durch Setzungen der Bauwerke keine Schäden entstehen. Dies kann auch durch Einbau von Schutzrohren mit größerem lichtem Durchmesser oder durch Manschetten (Deformationsmatten) geschehen. Zwischen Schutzrohr und Entwässerungsrohr dürfen aus dem Boden keine Steine gelangen.
- Reinigungsöffnungen sollten in den Grundleitungen bis DN 150 ohne Richtungsänderungen alle 40 m, über DN 200 mit Schächten und offenem Durchfluss alle 60 m, ansonsten alle 20 m vorgesehen werden. In der Nähe der Grundstücksgrenze ist zum Straßenkanal ein Abstand von höchstens 15 m zulässig.
- Beim Übergang von Fallleitungen in Grundleitungen sollen zwei Bögen 45° mit einem Zwischenstück von 25 cm vorgesehen werden, um Störungen im Abfluss zu vermeiden **(Bild 1)**.

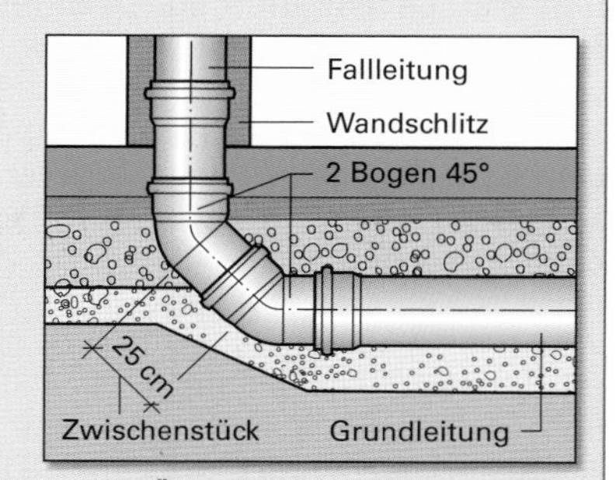

Bild 1: Übergang in eine liegende Leitung

Kontrolleinrichtungen

Kontrolleinrichtungen bei der Haus- und Grundstücksentwässerung sind Reinigungsöffnungen und Schächte.

Reinigungsöffnungen sind Formstücke, die einzubauen sind z. B.

- beim Übergang einer Fallleitung in eine Grundleitung,
- bei langen Grundleitungen im Abstand von etwa 40 m,
- bei Richtungsänderungen von mehr als 45° sowie
- vor dem öffentlichen Abwasserkanal.

Damit diese Reinigungsöffnungen zugänglich sind, müssen sie meistens in Schächten eingebaut sein. Schächte sind auch zur Überbrückung von größeren Höhenunterschieden anzuordnen, weil das Gefälle der Leitungen 5% nicht überschreiten darf.

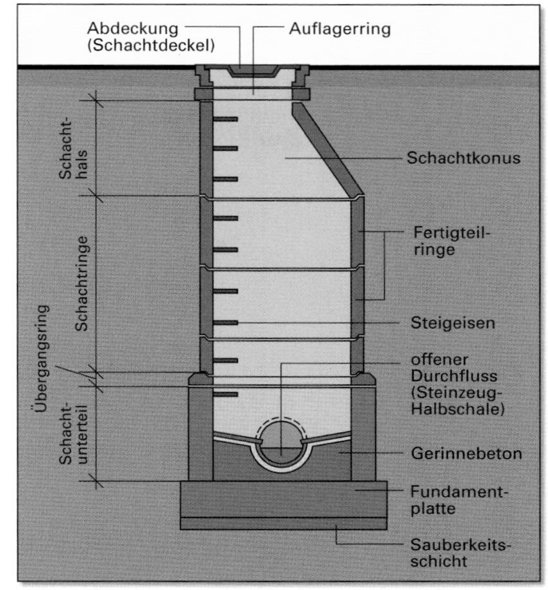

Bild 1: Kontrollschacht aus Betonfertigteilen

Schächte mit geschlossener Rohrdurchführung müssen tagwasserdicht sein, bei offenem Gerinne soll die Abdeckung Lüftungsöffnungen aufweisen. Die jeweils erforderliche Schachtabdeckung ist auf die anfallende Verkehrslast abzustimmen. Bei Entwässerungsanlagen im Trennverfahren sind getrennte Kontrollschächte anzuordnen. Reinigungsrohre oder offene Gerinne dürfen hierbei nicht in einem gemeinsamen Schacht verlegt werden.

Besteigbare Schächte können einen runden, rechteckigen oder quadratischen Querschnitt haben. Die Schachtquerschnitte sind von der Schachttiefe abhängig. Schächte bis zu einer Tiefe von 0,80 m haben einen Querschnitt von 0,60 m x 0,80 m und brauchen keine Steigvorrichtung. Für Schächte mit größerer Tiefe ist ein Mindestdurchmesser von 1,00 m oder ein Mindestquerschnitt von 0,90 m x 0,90 m bzw. 0,80 m x 1,00 m vorgeschrieben. Hier sind im Abstand von 25 cm Steigeisen versetzt anzuordnen. Schächte, die tiefer als 1,60 m sind, können nach oben verjüngt werden.

Häufig werden Schächte aus Betonfertigteilen nach DIN 4034 zusammengesetzt **(Bild 1)**. Sie bestehen aus Schachtunterteil mit Durchfluss, Schachtringen, Schachthals, Auflagerring und Schachtabdeckung. Die Ringe werden mit Zementmörtel oder mit eingebauten Dichtringen versetzt.

Der Durchfluss im Schachtunterteil ist als Rinne so auszubilden, dass das Abwasser sich nicht ausbreiten kann. Innerhalb von Gebäuden haben Schächte wegen möglicher Geruchsbelästigung einen geschlossenen Durchfluss. Der Anschluss der Entwässerungsleitung an einen Schacht muss gelenkig sein, damit mögliche Setzungen oder Verlagerungen des Schachtes aufgenommen werden können, ohne dass es zu Schäden kommt. Dies erreicht man durch Anordnung der Muffen unmittelbar vor Eintritt und nach Austritt der Rohrleitung oder durch entsprechende Gelenkstücke.

Leitungsprüfung

Nach Abschluss der Verlegung sind Prüfungen der Leitungen durchzuführen, z. B. eine Sichtprüfung. Die Prüfung auf Dichtheit der Rohrleitungen kann mit Luft (Verfahren „L") oder Wasser (Verfahren „W") durchgeführt werden. Dazu müssen die offenen Rohrenden mit Verschlussteller und Schraubklemmbügel oder mit Schnellverschlussteller dicht verschlossen werden.

Bei der Luftdruckprüfung wird je nach Durchmesser, Baustoff und Prüfverfahren die gesamte Rohrleitung unter Druck gesetzt und dieser über eine bestimmte Zeit beibehalten, so dass gegebenenfalls ein Druckabfall gemessen werden kann. Bei Steinzeugrohren wird z. B. bis DN 500 ein Überdruck von 10 mbar mindestens 5 Minuten lang empfohlen. Die Prüfung mit Luft kann im Bedarfsfall beliebig oft wiederholt werden.

Bei der Wasserdruckprüfung liegt der Prüfdruck bei 0,1 bar bis 0,5 bar, die Prüfdauer beträgt 30 Minuten. Über die Prüfung auf Dichtheit ist ein Protokoll anzufertigen.

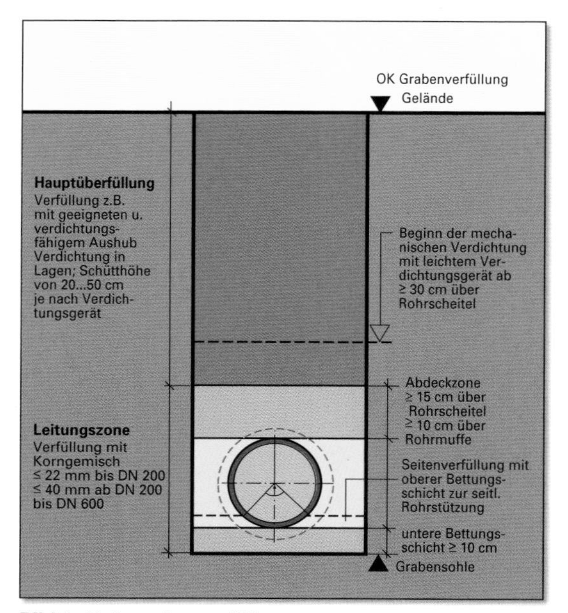

Bild 1: Rohrgrabenverfüllung

Verfüllen des Rohrgrabens

Auch bei der Verfüllung des Rohrgrabens sind nach DIN EN 1610 Regeln einzuhalten. Vor dem Verfüllen müssen die Leitungen vollständig eingebettet werden. Dazu wird geeigneter Boden oder Kiessand mit einem Größtkorn bis 22 mm in Schüttlagen zwischen 10 cm und 15 cm eingefüllt. Durch gleichmäßiges Stampfen zu beiden Seiten der Rohre wird die Bettung so verdichtet, dass sich die Entwässerungsleitungen nicht verschieben können.

Die Verfüllung der Abdeckzone mindestens 15 cm über dem Rohrscheitel bzw. mindestens 10 cm über der Rohrmuffe erfolgt durch weitere Schüttlagen. Diese können nur mit leichten Verdichtungsgeräten, wie z. B. Rüttelplatten verdichtet werden. Danach erfolgt die weitere Verfüllung des Grabens in Verdichtungslagen von 20 cm bis 50 cm bis zur vorgesehenen Oberkante des Grabens. Dabei ist zu beachten, dass der Einsatz von mittleren und schweren Verdichtungsgeräten erst 1,00 m über den Rohren, in verdichtetem Zustand gemessen, zulässig ist **(Bild 1)**.

2.2.4.4 Planung der Entwässerung

Grundlage für die Bauausführung ist die Entwässerungszeichnung. Die Entwässerungsleitungen werden als Draufsicht in die Grundrisszeichnung der untersten Bauwerksebene oder in den Fundamentplan eingezeichnet. Der Höhenverlauf der Entwässerungsleitungen wird in einer Schnittzeichnung dargestellt. Da die Höhenlage des Anschlusskanals die gesamte Planung bestimmt, ist die Berechnung des Gefälles eine wichtige Aufgabe. Das richtige Gefälle ist für die Herstellung der geneigten Grabensohle notwendig und gewährleistet auch das dauerhafte Leerlaufen aller Entwässerungsleitungen.

Entwässerungszeichnung

Zur Darstellung der einzelnen Leitungsteile im Grundriss und Schnitt werden Sinnbilder und Zeichen verwendet. Außerdem werden die Sanitär-Ausstattungsgegenstände mit Symbolen dargestellt. Mithilfe dieser Darstellung können im Entwässerungsplan Rohrbaustoffe, Lage der Leitungsteile, Art der Formstücke, Nennweite, Gefälle und die Art von Sondereinbauteilen kenntlich gemacht werden **(Bild 2)**.

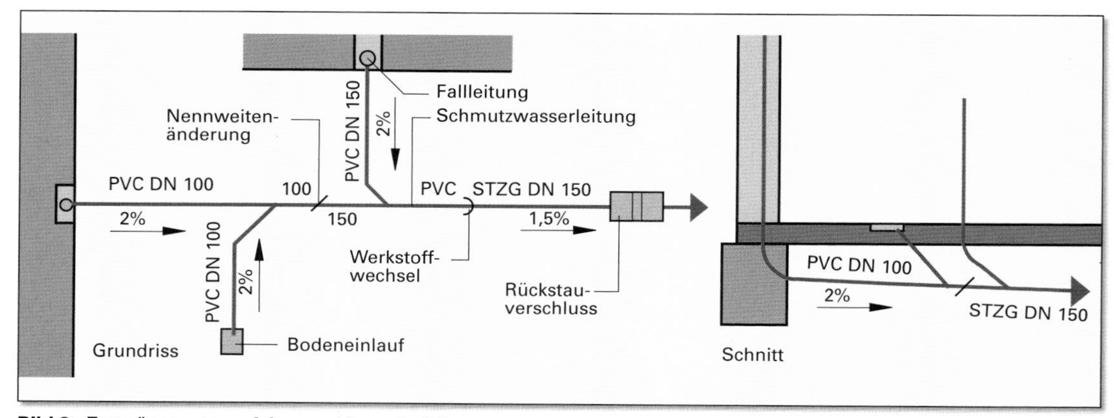

Bild 2: Entwässerungszeichnung (Ausschnitt)

Die Inhalte einer Entwässerungszeichnung sind die Darstellung der Bauteile und der Verlauf der Entwässerungsleitungen sowie die Bemaßung und Beschriftung **(Tabelle 1)**. Bei der Planung der Leitungsführung ist auf möglichst wenige Richtungsänderungen zu achten, damit das Abwasser störungsfrei ablaufen kann. Bei Richtungsänderungen und unsachgemäß eingebauten Formstücken können Wirbel sowie Senkstellen entstehen. Senkstellen führen zur Beruhigung des Wasserlaufs, so dass es zu Absetzungen von mitgeführten Stoffen kommen kann. Dadurch entstehen Verengungen des Rohrquerschnitts und damit Behinderungen des Abflusses. Schlimmstenfalls kommt es zur Verstopfung. Die Entwässerungsleitungen sollten auf möglichst kurzem Wege durch Fundamente geführt werden. Werden die Leitungen im Grundriss des Untergeschosses dargestellt, ist die Fundamentbreite beim Einzeichnen der Leitungen zu berücksichtigen.

Teilt man die Entwässerungsleitungen in Rohre und Formstücke ein, kann nach Zeichnung der Bedarf ermittelt und die Rohrliste erstellt werden. Dabei ist zu beachten, dass jede Fallleitung mit 2 Bogen 45° in die Grundleitung geführt wird. Die Anzahl der jeweiligen Passstücke kann festgestellt werden; ihre genaue Länge ergibt sich aber erst beim Verlegen **(Bild 1)**.

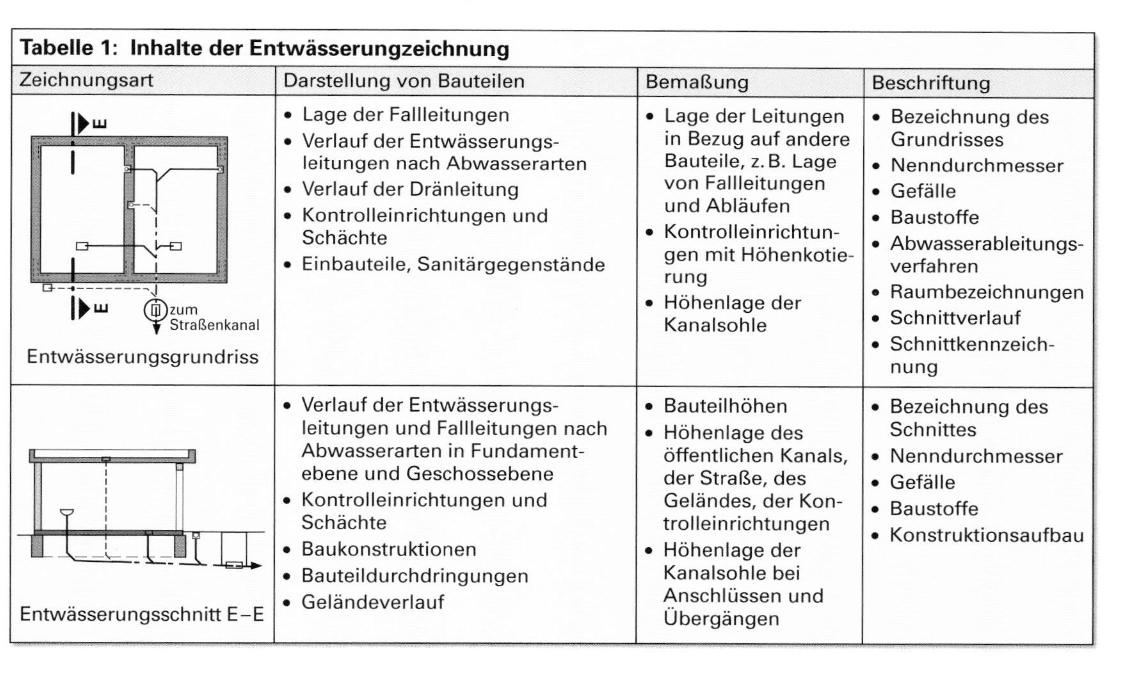

Tabelle 1: Inhalte der Entwässerungzeichnung

Zeichnungsart	Darstellung von Bauteilen	Bemaßung	Beschriftung
E E zum Straßenkanal Entwässerungsgrundriss	• Lage der Fallleitungen • Verlauf der Entwässerungsleitungen nach Abwasserarten • Verlauf der Dränleitung • Kontrolleinrichtungen und Schächte • Einbauteile, Sanitärgegenstände	• Lage der Leitungen in Bezug auf andere Bauteile, z. B. Lage von Fallleitungen und Abläufen • Kontrolleinrichtungen mit Höhenkotierung • Höhenlage der Kanalsohle	• Bezeichnung des Grundrisses • Nenndurchmesser • Gefälle • Baustoffe • Abwasserableitungsverfahren • Raumbezeichnungen • Schnittverlauf • Schnittkennzeichnung
Entwässerungsschnitt E–E	• Verlauf der Entwässerungsleitungen und Fallleitungen nach Abwasserarten in Fundamentebene und Geschossebene • Kontrolleinrichtungen und Schächte • Baukonstruktionen • Bauteildurchdringungen • Geländeverlauf	• Bauteilhöhen • Höhenlage des öffentlichen Kanals, der Straße, des Geländes, der Kontrolleinrichtungen • Höhenlage der Kanalsohle bei Anschlüssen und Übergängen	• Bezeichnung des Schnittes • Nenndurchmesser • Gefälle • Baustoffe • Konstruktionsaufbau

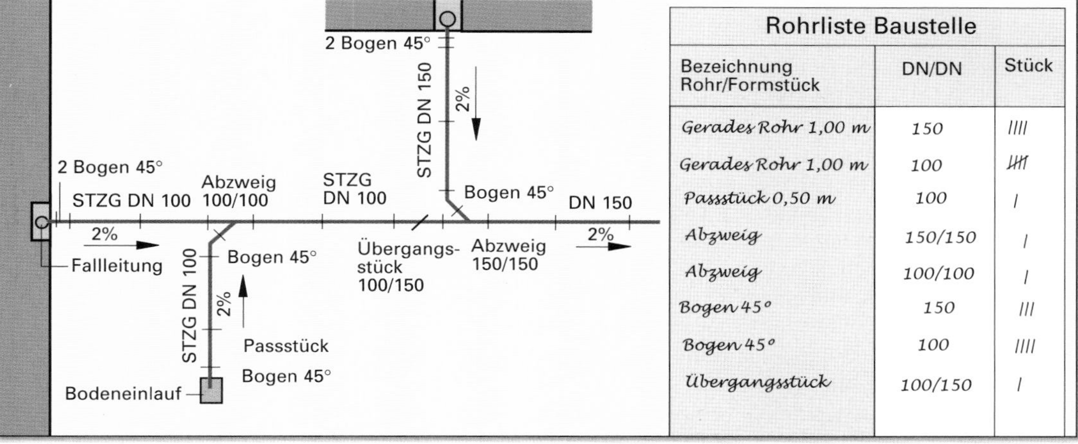

Rohrliste Baustelle

Bezeichnung Rohr/Formstück	DN/DN	Stück
Gerades Rohr 1,00 m	150	IIII
Gerades Rohr 1,00 m	100	~~IIII~~
Passstück 0,50 m	100	I
Abzweig	150/150	I
Abzweig	100/100	I
Bogen 45°	150	III
Bogen 45°	100	IIII
Übergangsstück	100/150	I

Bild 1: Entwässerungsplan mit Rohreinteilung und Auszug Rohrliste (Ausschnitt)

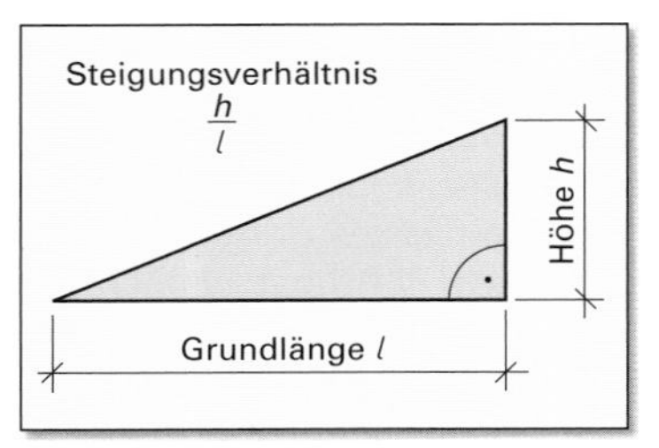

Bild 1: **Steigungsverhältnis**

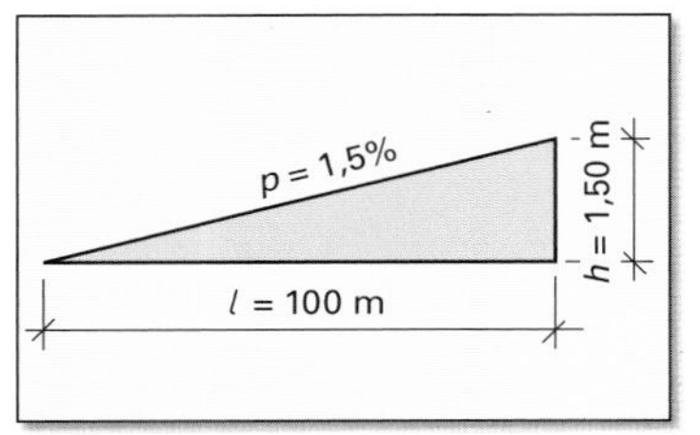

Bild 2: Steigungsverhältnis als Prozentsatz

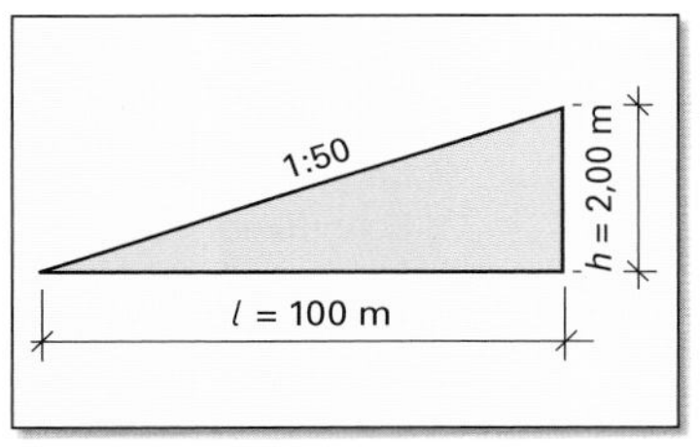

Bild 3: Steigungsverhältnis als Zahlenverhältnis

Aus Gründen der Vergleichbarkeit von Gefällen wird das kleinere Maß im Steigungsverhältnis mit 1 festgelegt. Das Zahlenverhältnis erhält man, in dem man durch die kleinere Zahl dividiert.

Leitungsberechnungen

Entwässerungsleitungen werden im **Gefälle** verlegt, damit sie leer laufen können. Von der Fallleitung aus hat die Entwässerungsleitung als Grundleitung zum Straßenkanal hin ein Gefälle oder eine **Neigung** bezogen auf die Rohrsohle. Die Größe des Gefälles kann als Verhältnis von Höhe *h* zu Grundlänge *l* angegeben werden. Dieses Verhältnis wird als Steigungsverhältnis S_v angegeben. In der Bautechnik kann die Höhe *h* und die Grundlänge *l* durch Messen ermittelt werden **(Bild 1).**

$$\textbf{Steigungsverhältnis} = \frac{\textbf{Höhe}}{\textbf{Grundlänge}}$$

$$S_v = \frac{h}{l}$$

$$h = S_v \cdot l \qquad l = \frac{h}{S_v}$$

Das Steigungsverhältnis kann in Prozent oder als Zahlenverhältnis angegeben werden.

Gefälle als Prozentsatz

Die Höhe *h* in m wird auf die Grundlänge von *l* von 100 m bezogen.

$$\text{Gefälle (\%)} = \frac{\text{Höhe} \cdot 100\%}{\text{Länge}}$$

$$p\ (\%) = \frac{h \cdot 100\%}{l}$$

Beispiel:

Wie viel % Gefälle hat eine 100 m lange Leitung bei einem Höhenunterschied von 1,50 m **(Bild 2)**?

Lösung:

$$p = \frac{1{,}50\ \text{m} \cdot 100\%}{100\ \text{m}} \qquad \mathbf{p = 1{,}5\,\%}$$

Bei einem Höhenunterschied von 1,50 m und einer Grundlänge von 100 m ist das Gefälle 1,5%.

Gefälle als Zahlenverhältnis

Die Höhe *h* in m wird auf die gemessene Grundlänge *l* bezogen.

$$h = \frac{p\ (\%) \cdot l}{100\%}$$

$$l = \frac{h \cdot 100\%}{p\ (\%)}$$

Beispiel:

Welches Steigungsverhältnis hat eine Leitung von 100 m Länge bei einem Höhenunterschied von 2,00 m **(Bild 3)**?

Lösung:

$$S_v = \frac{2{,}00\ \text{m}}{100\ \text{m}} \qquad S_v = \frac{1}{50}$$

Bei einem Höhenunterschied von 2,00 m und einer Grundlänge von 100 m ist das Steigungsverhältnis S_v = 1:50.

Aufgaben

1 Hausentwässerung

Zur Entwässerung eines Gebäudes müssen zwei Fallleitungen mit Grundleitungen zum Kontrollschacht (KS) geführt werden. Die Grundleitungen sollen aus PVC-Rohren DN 100 zusammengesteckt werden **(Bild 4).**

a) Wie hoch über der Sohle des Kontrollschachtes muss der Abzweig und in welcher Höhe müssen die beiden Bogen am Übergang von der Grundleitung zur Fallleitung ① gesetzt werden?

b) Die Endbogen zu Fallleitung ② sind auf der gleichen Höhe wie für Fallleitung ①. Welches Gefälle in % hat Grundleitung ②?

c) Das Steigungsverhältnis für beide Grundleitungen ist als Zahlenverhältnis anzugeben.

d) Der Entwässerungsplan M 1:50 ist mit Bemaßung und Beschriftung zu zeichnen.

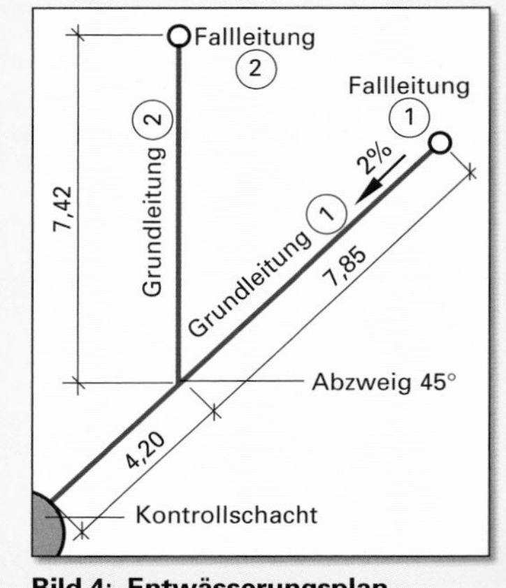

Bild 4: Entwässerungsplan

Aufgaben

2 Entwässerungszeichnung für die Garage

Die Garage mit Sitzplatz ist im Grundriss dargestellt. In der Zeichnung sind die anzuschließenden Rohre und Entwässerungseinrichtungen mit ihrer Lage und Höhe eingezeichnet **(Bild 1)**.

Die Steinzeugrohre für die Grundleitung DN 125 und für den Anschlusskanal DN 150 haben ein Gefälle von 2%. Die Entfernung vom Kontrollschacht zum Straßenkanal beträgt 8,75 m. Der Kontrollschacht wird aus Betonfertigteilen DN 1000 hergestellt. Die Höhe des Schachtdeckels liegt bei −0,05 m.

a) Für die Garage ist die Entwässerungszeichnung zu erstellen. Im Gebäudegrundriss ist der Verlauf der Leitungen nach dem Mischverfahren im M 1:50 darzustellen.

b) Berechnen Sie die Sohle des Kontrollschachts und die Tiefe des Anschlusses in den Straßenkanal in Meter ü. NN. Für die Bauhöhe eines Bodenentwässerers sind 18 cm anzunehmen.

c) Die Entwässerungszeichnung ist alternativ im Fundamentplan nach dem Trennverfahren im M 1:50 zu zeichnen.

d) Eine Stückliste für die notwendigen Rohre und Formstücke ist zu erstellen.

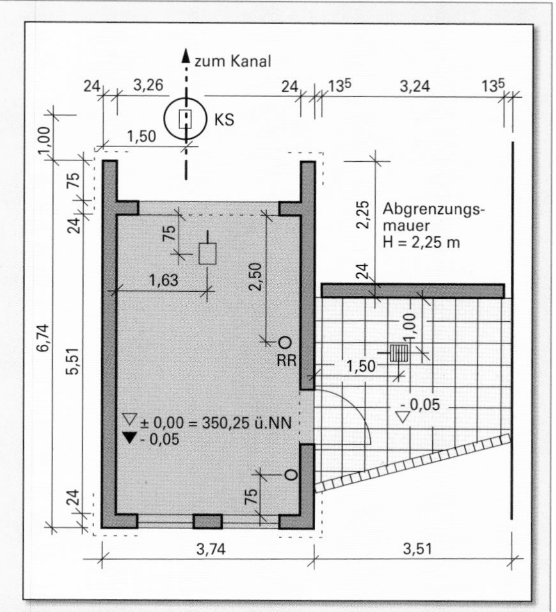

Bild 1: Garage im Grundriss

3 Entwässerungszeichnung für das Gebäude in Massivbauweise

Das Gebäude in Massivbauweise ist im Grundriss dargestellt **(Bild 2)**. Die anzuschließenden Rohre und Entwässerungseinrichtungen sind eingezeichnet. Soweit ihre Lage nicht festgelegt ist, muss sie selbst gewählt werden. Die Entwässerungsleitungen sind in PVC (STZ) mit einem Gefälle von 2,5% auszuführen. Für die Grundleitungen sind Rohre DN 100, für die Anschlusskanäle DN 150 zu verwenden.

a) Die Entwässerungszeichnung ist nach dem Trennverfahren im Gebäudegrundriss M 1:50 zu zeichnen.

b) Zur Kontrolle sind die Höhen der Abzweige zu berechnen und in die Zeichnung einzutragen.

c) Die Entwässerungszeichnung ist alternativ im Fundamentplan M 1:50 einzuzeichnen. Die Breite der Fundamente ist 50 cm.

d) Eine Stückliste für die notwendigen Rohre und Formstücke ist zu erstellen.

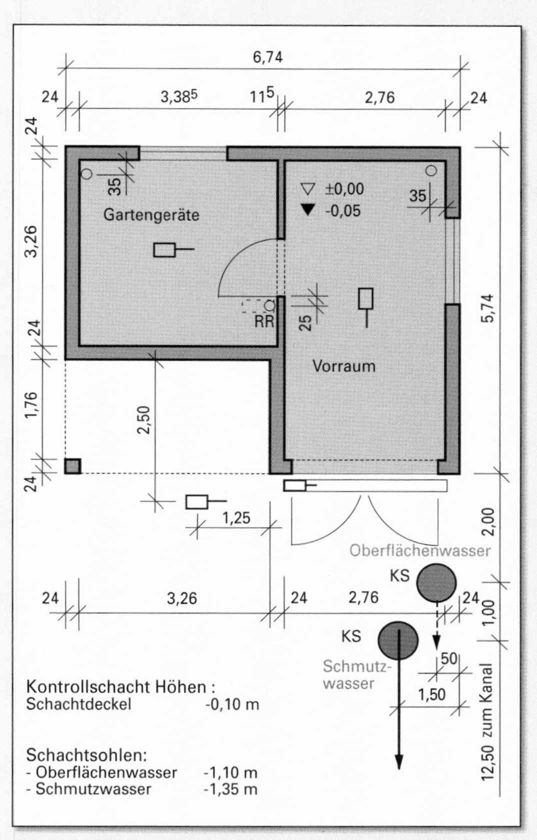

Bild 2: Gebäude in Massivbauweise

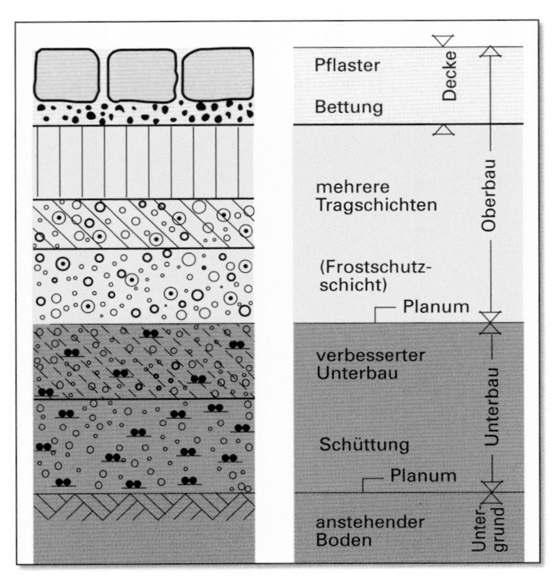

Bild 1: Bauweise von Pflasterdecke

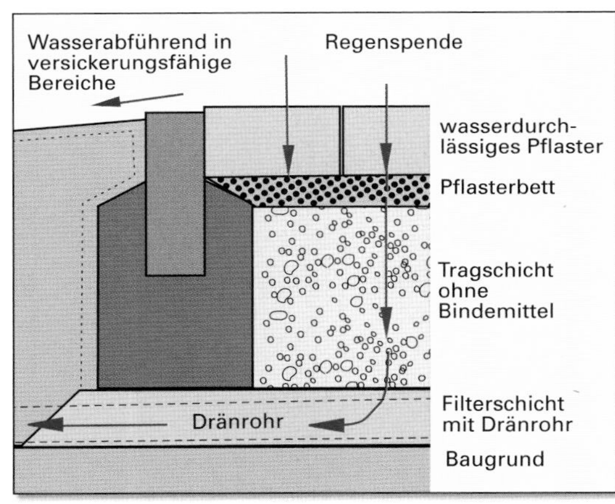

Bild 2: Wasserableitung seitlich in versickerungsfähige Bereiche

2.2.5 Pflaster- und Plattenbeläge

Gebäude brauchen einen Zugang, der begangen oder befahren wird. Der Zugang ist eine befestigte Fläche, die als Verkehrsfläche bezeichnet wird.

Verkehrsflächen müssen eben und dauerhaft sein, dürfen sich nicht verformen, z. B. bei Belastungen mit Fahrzeugen, und müssen jederzeit unfallfrei begangen und befahren werden können.

2.2.5.1 Untergrund und Schichtenaufbau

Der Schichtenaufbau für Pflaster- und Plattenbeläge beginnt auf dem Untergrund **(Bild 1).**

Als **Untergrund** im Straßenbau bezeichnet man den gewachsenen Boden (Baugrund). Um die Tragfähigkeit des Untergrunds zu erhöhen, kann er mit Rüttelgeräten verdichtet werden, jedoch nur so viel wie nötig, damit so viel wie möglich an Wasserdurchlässigkeit erhalten bleibt.

Die Oberfläche des fertig verdichteten und eingeebneten Untergrunds wird als **Planum** bezeichnet. Auf dem Planum wird der Unterbau und der Oberbau samt Oberflächenbelag aufgebaut.

Ein **Unterbau** ist notwendig, wenn der Untergrund nicht gewachsen ist oder aufgelockert wurde. Der richtig eingebrachte und eventuell verdichtete Unterbau aus Kies- oder Schotterschüttung gewährleistet eine ausreichende Tragfähigkeit.

Ist im Untergrund keine ausreichende Versickerung des Oberflächenwassers gegeben, muss das durch den Pflaster- oder Plattenbelag in die Tragschichten durchsickernde Wasser seitlich in versickerungsfähige Bereiche abgeführt werden **(Bild 2).** Dies geschieht durch eine Filterschicht oder durch Dränrohre. Ein Trennvlies deckt den Unterbau ab, damit das Eindringen von Feinteilen verhindert wird. Das seitlich abgeführte Sickerwasser wird in Dränrohren oder Rigolen (Entwässerungsgräben) zu Versickerungsflächen weitergeleitet.

Tabelle 1: Bauweisen für Rad- und Gehwege (Dicken in cm)

Bauweisen mit	Pflasterdecke		Plattenbelag	
Dicke des frostsicheren Oberbaues	30	40	30	40
Schotter- oder Kiestragschicht auf Tragschicht aus frostunempfindlichem Material				
Decke Schotter- oder Kiestragschicht Schicht aus frostunempfindlichem Material	8 4 15 27		8 4 15 27	
Dicke der Tragschicht aus frostunempfindlichem Material	–	13	–	13

Bauweisen mit	Pflasterdecke		Plattenbelag	
Dicke des frostsicheren Oberbaues	30	40	30	40
Schotter- oder Kiestragschicht auf Planum				
Decke Schotterschicht, Kiestragschicht oder kombinierte Frostschutz- und Tragschicht	8 4 12		8 4 12	
Dicke der Schotter- oder Kiestragschicht	18	28	18	28

Der **Oberbau** umfasst eine oder mehrere Tragschichten sowie den Pflaster- oder Plattenbelag. Er muss in seiner gesamten Dicke frostsicher sein. Für die Festlegung der Schichtdicken ist die Beurteilung des Untergrundes auf Wasserdurchlässigkeit und damit auf Frostunempfindlichkeit wichtig. Die Frostempfindlichkeitsklassen F1, F2 und F3 geben Richtwerte für die Mindestdicke von Tragschichten an **(Tabelle 1)**. Bei möglicher Frosteinwirkung und ungünstigen Entwässerungsverhältnissen sind Mehrdicken der Tragschicht bis 15 cm notwendig.

In den **R**ichtlinien für die **St**andardisierung des **O**berbaus von Verkehrsflächen **(RStO)** sind Schichtdicken für den Aufbau von Pflaster- und Plattenbelägen vorgegeben **(Tabelle 2)**. Die Schichtdicken sind auch bei privaten Verkehrsflächen einzuhalten. Die Einstufung der Verkehrsflächen in Belastungsklassen hängt von der zu erwartenden Verkehrsbelastung durch den Schwerverkehr ab. Private Verkehrsflächen wie z.B. Hauseingänge oder Garagenzufahrten sind meist den Belastungsklassen Bk 1,0 und Bk 0,3 zugeordnet. Die dort vorgeschriebenen Bauweisen berücksichtigen die örtlich vorkommenden Baustoffe wie z.B. Kies oder Schotter und Kombinationen davon. Für Rad- und Gehwege gibt es weniger aufwendige Bauweisen (**Tabelle 1,** Seite 84).

Die **Frostschutzschicht** ist häufig die unterste Tragschicht. Sie muss als kapillarbrechende Schicht das Aufsteigen von Wasser aus dem Untergrund oder aus dem Unterbau weitgehend verhindern und als Sickerschicht von oben eindringendes Wasser rasch absickern lassen. Für Frostschutzschichten wird gebrochener Naturstein, z.B. Schotter, Splitt oder Brechsand sowie ungebrochener Naturstein, z.B. Kies oder Sand, verwendet. Diese Mineralstoffe müssen frostunempfindlich und auch in verdichtetem Zustand ausreichend wasserdurchlässig sein. Mit der Frostschutzschicht werden die Neigungsdifferenzen zwischen dem Verkehrsbelag und dem Planum hergestellt. Es ist darauf zu achten, dass an allen Stellen die Mindestdicken eingehalten werden.

Tragschichten müssen die Belastungen aus dem Verkehr aufnehmen und schadlos auf die untergelagerten Schichten ableiten können. Alle Tragschichten werden auf einer Frostschutzschicht oder einer Tragschicht aus frostunempfindlichen Baustoffen aufgebaut. Bei den Tragschichten unterscheidet man ungebundene und gebundene Tragschichten.

- **Ungebundene Tragschichten** werden ohne Bindemittel aus Schotter und Kies hergestellt. Sie sind wasserdurchlässig und daher frostunempfindlich (Tabelle 1).
- **Gebundene Tragschichten** enthalten Bitumen als Bindemittel oder hydraulische Bindemittel wie Baukalk oder Zement.

Tabelle 1: Richtwerte für die Mindestdicke von Tragschichten

Untergrund	Nutzung für Belastungsklasse Bk 1,0 u. Bk 0,3	Frostempfindlichkeitsklasse	Schichtdicke	Radwege, Gehwege
wasserdurchlässig, nicht frostempfindlich	Anliegerstraße, befahrbarer Wohnweg, auch mit Lkw-Anlieferung	F1	40 cm	30 cm
bedingt oder nicht wasserdurchlässig, frostempfindlich		F2	50 cm	40 cm
		F3	60 cm	50 cm

Tabelle 2: Bauweisen mit Pflasterdecken für Fahrbahnen auf F2- und F3-Untergrund/Unterbau (Dicken in cm)

Belastungsklasse	Bk 1,0				Bk 0,3			
Dicke des frostsicheren Oberbaues	45	55	65	75	35	45	55	65
Schottertragschicht auf Frostschutzschicht								
Pflasterdecke / Schottertragschicht / Frostschutzschicht	8 / 4 / 20 / 32				8 / 4 / 15 / 27			
Dicke der Frostschutzschicht	–	–	33	43	–	18	28	38
Kiestragschicht auf Frostschutzschicht								
Pflasterdecke / Kiestragschicht / Frostschutzschicht	8 / 4 / 25 / 37				8 / 4 / 20 / 32			
Dicke der Frostschutzschicht	–	–	28	38	–	–	23	33
Schotter- oder Kiestragschicht auf frostunempfindlichem Material								
Pflasterdecke / Schotter- oder Kiestragschicht / Tragschicht aus frostunempfindlichem Material	8 / 4 / 30 / 42				8 / 4 / 25 / 37			
Dränbetontragschicht auf Frostschutzschicht								
Pflasterdecke / Dränbetontragschicht (DBT) / Frostschutzschicht	8 / 4 / 15 / 27				8 / 4 / 15 / 27			
Dicke der Frostschutzschicht	18	28	38	48	–	18	28	38

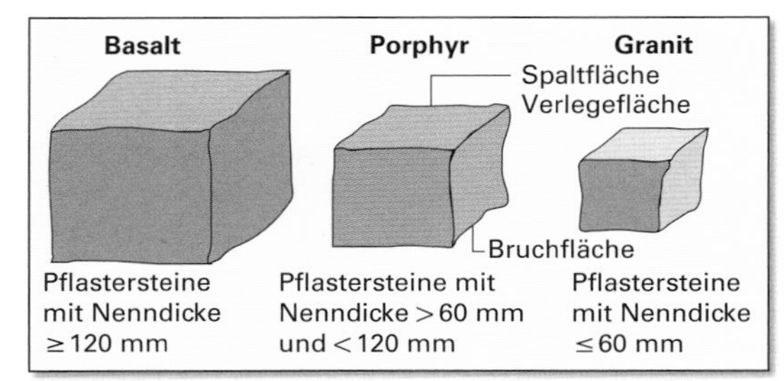

Bild 1: Pflastersteine

Tabelle 1: Verbrauchswerte für Pflastersteine

Erstarrungsgestein, z. B. Granit, Porphyr, Basalt usw.	Größe in cm	Materialbedarf/ Ergiebigkeit		
		Fläche pro t ca.	Stück pro t ca.	Einzeiler pro m ca.
Pflastersteine mit Nenndicken ≥ 120 mm	15 / 17 / 16 15 / 17 / 14	2,7 m² 2,8 m²	90–100 100–110	16,0 m 17,5 m
Pflastersteine mit Nenndicken > 60 mm und < 120 mm	9 / 11 8 / 10 8 / 11 7 / 9	4,4 m² 4,8 m² 4,8 m² 5,5 m²	490 550 540 800	- - - -
Pflastersteine mit Nenndicken ≤ 60 mm	5 / 7 4 / 6 3 / 5	7,5 m² 8,5 m² 10,0 m²	2500 4000 5000	- - -

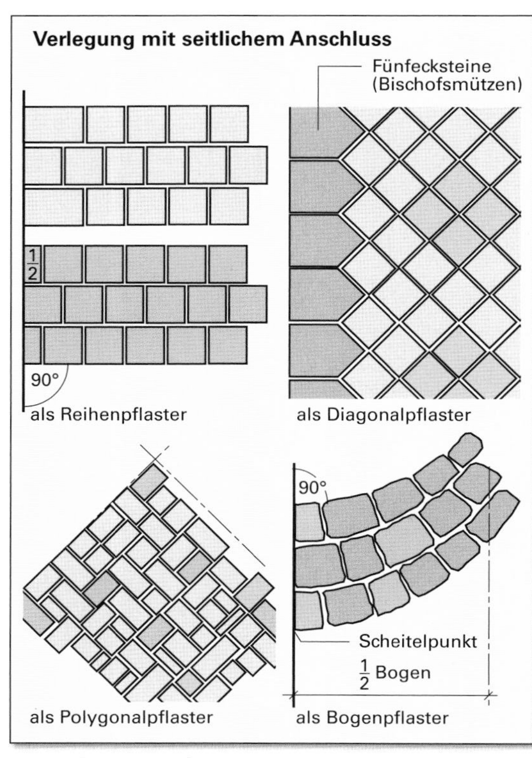

Bild 2: Mögliche Pflasterverbände

2.2.5.2 Natursteinpflaster

Pflastersteine aus Naturstein sollen ausreichend druckfest sein, je nach Einbauort einen Widerstand gegen Frost-Tausalz-Wechsel sowie gegen Abrieb aufweisen. Die Oberfläche der Steine kann werksteintechnisch bearbeitet sein. Pflastersteine sind quaderförmig mit Abmessungen von 3 cm bis 17 cm, ihre Dicke beträgt mindestens 5 cm **(Bild 1).**

Gebräuchliche Natursteinpflaster sind z. B.

- **Granit** in unterschiedlichen Farben von grau über gelb bis schwarz in verschiedenen Körnungen,
- **Porphyr** in verschiedenen Körnungen, meist rötlich über gräulich bis grünlich,
- **Basalt** mit sehr feinkörniger Struktur, grau bis schwarz, hoher Druckfestigkeit, schwer bearbeitbar.

Die unterschiedlichen Pflastersteine werden durch Schlagen oder Spalten in unterschiedlichen Größen hergestellt **(Tabelle 1).**

Natursteinpflaster gibt es als

- **Großpflaster,** Pflastersteine mit Nenndicken ≥ 120 mm, z. B. zur Flächenbefestigung bei Bushaltestellen oder Kreiselbauwerken, zur Randbefestigung als Einzeiler und zur Herstellung von Entwässerungsrinnen **(Bild 2),**
- **Kleinpflaster,** Pflastersteine mit Nenndicken > 60 mm und < 120 mm zur Wegebefestigung, häufig mit Mustern,
- **Mosaikpflaster,** Pflastersteine mit Nenndicken ≤ 60 mm, als Möglichkeit der Gestaltung mit Muster im Belag.

Der Baustoffbedarf wird nach t/m² oder nach t/m ermittelt. Die Steine werden lose als ganze Lkw-Ladung geliefert, in Palettenkisten sowie als Kleinmenge im Sack oder Big Bag.

Vor dem Versetzen der Pflastersteine ist ein **Pflasterbett** (Bettung) einzubauen. Dazu können Sand 0/2 oder 0/4 Kiessand, Brechsand, Splitt 1/3 oder 2/5 sowie ein Brechsand-Splitt-Gemisch 0/5 verwendet werden. Pflastersteine sind in der Bettung hammerfest im Verband zu versetzen. Die Fugenachsen sollen gleichmäßig verlaufen.

- Bei **Pflastersteinen mit Nenndicken ≥ 120 mm** muss die Dicke des Pflasterbetts 4 cm bis 6 cm betragen. Die Fugenbreite darf in Kopfhöhe der Steine höchstens 15 mm betragen. Pressfugen sind nicht erlaubt.
- Bei **Pflastersteinen mit Nenndicken > 60 mm und < 120 mm** ist das Pflasterbett 3 cm bis 4 cm dick. Die Fugenbreite darf höchstens 10 mm betragen. Die Steine sind im Segmentbogen engfugig zu versetzen.
- Bei **Pflastersteinen mit Nenndicken ≤ 60 mm** ist die Bettung wie bei Kleinpflaster. Die Fugenbreite darf höchstens 6 mm betragen.

Das Verfugen hat mit den gleichen Baustoffen wie die Bettung zu erfolgen. Die Fugen sind vollkommen einzufegen oder einzuschlämmen. Das Schließen der Fugen ist mit dem Fortschreiten des Versetzens durchzuführen. Werden Fugen vergossen, sind sie nach dem Rütteln mindestens 3 cm tief auszukratzen, auszublasen, gegebenenfalls zu trocknen und mit Mörtel bündig mit den Steinkanten zu vergießen. Danach ist der Mörtelverguss ausreichend lange feucht zu halten, damit er keine Risse bekommt.

2.2.5.3 Klinkerpflaster

Pflasterklinker und Straßenklinker sind hart gebrannte, ungelochte oder gelochte Vollziegel. Sie werden bis zur Sinterung gebrannt, haben ein dichtes Gefüge (Scherben), nehmen fast kein Wasser auf und gelten deshalb als frost- und tausalzbeständig. Sie sind säurebeständig, abriebfest und haben einen dauerhaften Gleit-/Rutschwiderstand.

Die Pflasterklinker werden im rechteckigen und quadratischen Format hergestellt in Rastermaßen zwischen 100 mm und 300 mm und in Dicken von 45 mm, 52 mm, 62 mm und 71 mm. Der Baustoffbedarf wird in Stück/m² angegeben **(Tabelle 1)**.

Vor dem Verlegen ist das Pflasterbett profilgerecht abzuziehen. Dies geschieht durch Abziehen mit einer Brettlehre, wobei z.B. die bereits fertig gestellte Randbefestigung das Höhenmaß vorgibt. Eine andere Möglichkeit ist das Setzen von Metallschienen mithilfe der Höhenmessung auf oder in die Bettung. Auf diesen Schienen kann mit einer Setzlatte aus Holz oder Metall das Pflasterbett abgezogen werden. Die Bettung muss in verdichtetem Zustand 3 cm bis 5 cm betragen.

Das Versetzen der Pflasterklinker geschieht von der verlegten Pflasterfläche aus. Für das Versetzen der Klinker bieten sich die vielfältigsten Verbände an, die reiche Gestaltungsmöglichkeiten bieten **(Bild 1)**. Die Fugen müssen 3 mm breit sein; auf den gleichmäßigen Verlauf der Fugen ist zu achten. Damit gleichmäßige Abstände erzielt werden, gibt es Abstandhalter an den Klinkern. Das sind kleine vorstehende Profile an den Seitenflächen der Klinker, so dass die Steine aneinander gestoßen werden können **(Bild 2)**.

Das Verfugen der Pflasterklinker geschieht wie beim Natursteinpflaster. Auch ist der fertig verlegte Belag standsicher einzurütteln und anschließend nachzuverfugen.

Sollen die Fugen vergossen werden, müssen sie mindestens 8 mm breit sein. Das Vergießen der Fuge geschieht mit gießfähigem Zementmörtel im Mischungsverhältnis 1:4. Der Mörtel muss für diesen Zweck mindestens 600 kg/m³ Zement enthalten. Der fertige Belag ist einzurütteln und, wenn notwendig, die Fugen nachzuverfüllen mit Mörtel. Er ist ausreichend lange nach dem Verguss feucht zu halten. Bei vergossenen Fugen ist für eine Entwässerung der Belagoberfläche zu sorgen.

Tabelle 1: Mengenbedarf bei Pflasterklinker

Klinkergröße in mm	Klinkerbedarf in Stück/m²
240 x 118	32
200 x 100	48
300 x 150	22
200 x 200	25
150 x 150	44
220 x 105	42
200 x 150	33

Bild 1: Verbände mit Pflasterklinker

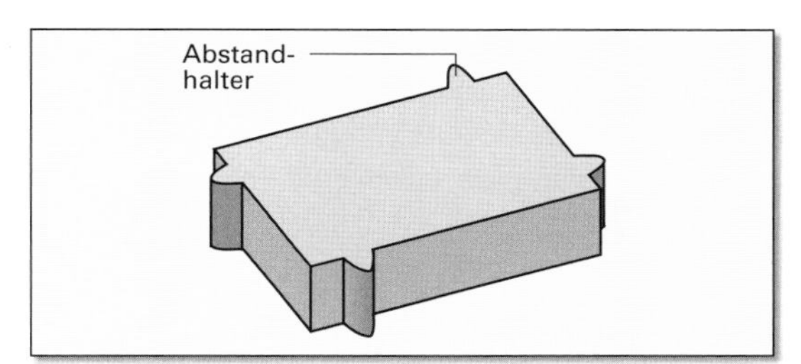

Bild 2: Pflasterklinker mit Abstandhalter

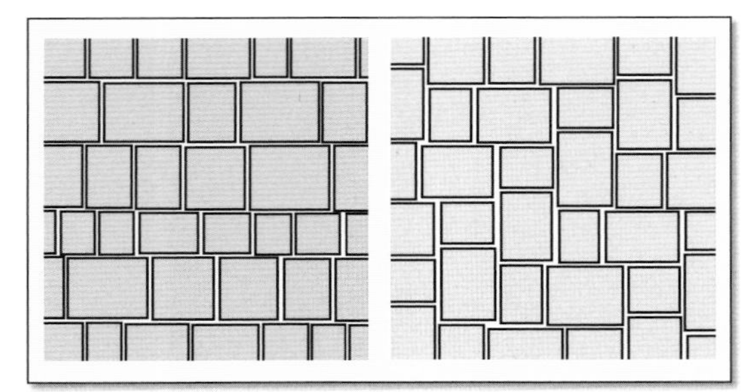

Bild 1: Verlegebeispiele für Betonsteinpflaster

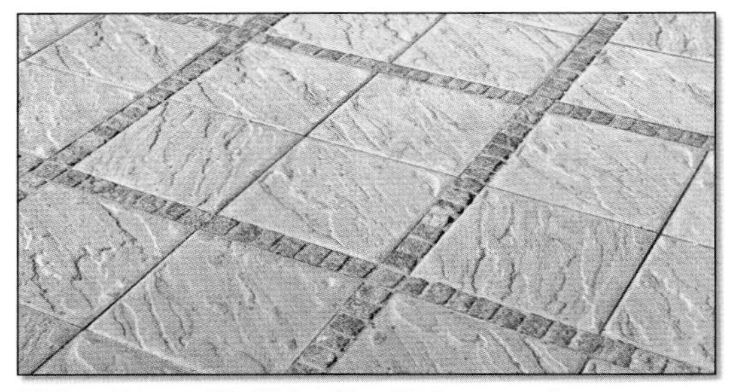

Bild 2: Unterschiedliche Oberflächengestaltung

Tabelle 1: Maße und Baustoffbedarf für Betonsteinpflaster

Steinform	Steindicke cm	Abmessung in cm l x b	Stück/m²	m²/Euro-Palette	Gewicht/Euro-Pal. kg
10,4 cm 17,3 cm	7	10,4x17,3	55	8,91	1381
17,3 cm 17,3 cm	7	17,3x17,3	33	6,78	1051
20,8 cm 17,3 cm	7	20,8x17,3	27	8,30	1286
20,8 cm 10,4 cm	7	20,8x10,4	45,5	6,15	953
20,8 cm 20,8 cm	7	20,8x20,8	23	6,95	1077
28,1 cm 20,8 cm	7	28,1x20,8	17	7,53	1167

Bild 3: Rasensteine

2.2.5.4 Betonsteinpflaster

Pflastersteine aus Beton sind in Form und Verwendung den Pflastersteinen aus Naturstein sehr ähnlich. Diese künstlich hergestellten Pflastersteine können aber in ihren Eigenschaften sehr viel besser den Anforderungen für ihre Verwendung und den Kundenwünschen angepasst werden **(Bild 1)**.

Die Pflastersteine werden aus steifem Beton in eine Stahlform gegossen. Man verwendet widerstandsfähige, quarzhaltige Gesteinskörnungen, die eine griffige, abriebfeste Oberfläche ergeben. Bei Verwendung von Vorsatzbeton können Pflastersteine mit den unterschiedlichsten Körnungen und Farben hergestellt werden **(Bild 2)**. Außerdem ist es durch Oberflächenbearbeitung, wie z.B. Auswaschen, Sandstrahlen oder Stocken, möglich, die Struktur der Steine unterschiedlich zu gestalten. Betonpflastersteine gibt es in verschiedenen Größen **(Tabelle 1)**. 6 cm dicke Steine eignen sich nicht für den öffentlichen Verkehr; sie sind für Gehwege und im privaten Bereich, z.B. für Haus- und Garagenzufahrten, verwendbar.

Man unterscheidet bei der Form der Pflastersteine Quadrat-, Rechteck-, Sechseck- und Achtecksteine sowie Verbundpflastersteine.

Bei **Verbundpflastersteinen** wird durch eine besondere Art der Formgebung ein Verbund der Steine untereinander erzielt, der das Loslösen einzelner Pflastersteine durch Verkehrslasten verhindert. Deshalb erhält man z.B. durch Belastung in Kurven einen unverschieblichen Fahrbahnbelag. Die jeweilige Formgebung der Verbundpflastersteine ist firmenbezogen, ebenso die Abmessungen.

Um eine bessere Entsiegelung der Fahrbahnfläche, d.h. eine bessere Wasserdurchlässigkeit, zu erreichen, ist z.B. bei Parkplätzen oder im privaten Bereich die Verwendung von **haufwerksporigen Pflastersteinen** möglich. Durch Verwendung von Einkornbeton werden die Steine wasserdurchlässig, ihre Druckfestigkeit ist aber gering.

Rasensteine und **Rasenkammersteine** werden mit Zwischenräumen verlegt und die Kammern innerhalb der Steine mit Oberboden verfüllt und Rasen ausgesät. So entstehen z. B. bei Parkplätzen oder Zufahrten gegrünte Flächen, die vom Verkehr benutzbar sind **(Bild 3)**.

Das Verlegen und Versetzen erfolgt auf einem 3 cm bis 5 cm dicken verdichteten Pflasterbett. Dabei werden die Pflastersteine von der verlegten Pflasterfläche aus in gleichmäßigem Verband mit Fugenbreiten von 3 mm bis 5 mm verlegt. Die Pflasterfläche ist gleich nach dem Verfugen zu reinigen und anschließend gleichmäßig bis zur Standfestigkeit zu rütteln.

2.2.5.5 Plattenbeläge

Plattenbeläge aus keramischen Platten kommen z. B. bei Fußbodenbelägen und Terrassen vor. Für Hauszugänge und im Gartenbereich können auf Format geschnittene oder unbearbeitete Natursteinplatten verlegt werden. Häufig verwendet man Platten aus Beton (Gehwegplatten) in unterschiedlichen Größen **(Tabelle 1)**. Diese Platten werden als quadratische oder rechteckige Betonplatten mit einer Dicke zwischen 4 cm und 6 cm hergestellt **(Bild 1)**. Sie werden in unterschiedlichen Farben mit gefasten Kanten abgeboten. Durch entsprechende Gesteinskörnung im Vorsatzbeton und durch nachträgliche Behandlung lassen sich unterschiedliche Oberflächenstrukturen, wie z. B. Waschbeton oder auch Natursteinnachbildungen, herstellen **(Bild 2)**.

Das Verlegen der Platten geschieht auf einer Bettung mit 3 cm bis 5 cm Dicke. Die Platten werden in der Regel in einem Verband parallel zur Randeinfassung mit versetzten Fugen fluchtgerecht und höhengleich verlegt. Die Fugen sind dabei zwischen 3 mm und 5 mm breit; werden die Platten knirsch gestoßen, besteht die Gefahr von Abplatzungen der Kanten. Verfugt man von Hand oder werden die Fugen vergossen, müssen sie 8 mm breit sein. Wichtig ist, dass die Platten nach dem Verlegen vollflächig auf dem gleichmäßig verdichteten Plattenbett aufliegen.

Werden Plattenbeläge diagonal verlegt, ist darauf zu achten, dass keine spitzen Winkel unter 45° entstehen. Bei Platten mit spitzen Winkeln besteht die Gefahr, dass beim Zuschneiden und Verlegen die Spitzen abbrechen können. Auch sollten die Platten nicht kleiner als die Hälfte der Plattengröße sein. Kleine Reststücke sind möglichst zu vermeiden, weil sie häufig durch Verkehrsbelastung oder Senkungen nicht in ihrer Lage bleiben.

Bild 1: Plattenbelag mit unterschiedlichen Formaten

Tabelle 1: Maße und Baustoffbedarf für Betonplatten

Abmessungen l x b x d in cm	Stück/m²	m²/Einwegpalette	Gewichte in kg/Einwegpalette
30 x 30 x 4	11,1	5,05	455
45 x 45 x 4	4,9	5,71	514
60 x 30 x 4	5,55	9,01	811
60 x 45 x 4	3,7	7,57	681
60 x 60 x 4	2,8	10,00	900

Bild 2: Plattenbelag

Aufgaben

Ein Weg zum **Hauseingang** soll einen Plattenbelag mit rechteckigen Betonplatten erhalten. Seitlich der Haustüre wird vom Bauherrn eine Verbreiterung gewünscht, z. B. zum Abstellen von Fahrrädern. Der 1,50 m breite Weg einschließlich Verbreiterung soll mit Betonplatten 60 cm x 30 cm x 4 cm belegt werden. Der Rand soll mit einer Zeile Großpflastersteine ausgebildet sein **(Bild 3)**.

a) Es ist eine Zeichnung des Weges M 1:20 zu fertigen.

b) Der Baustoffbedarf für die Betonplatten und die Großpflastersteine ist zu ermitteln.

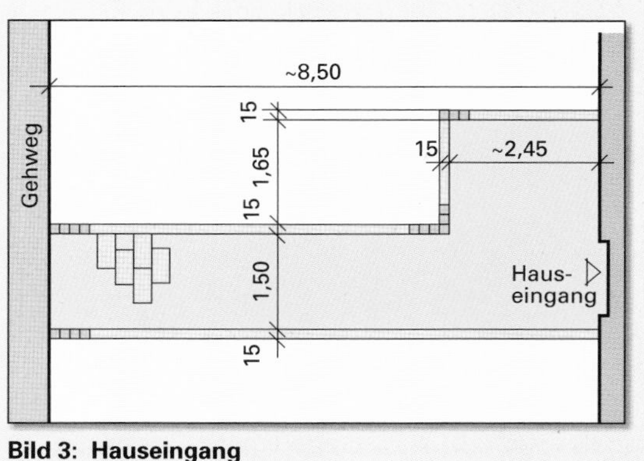

Bild 3: Hauseingang

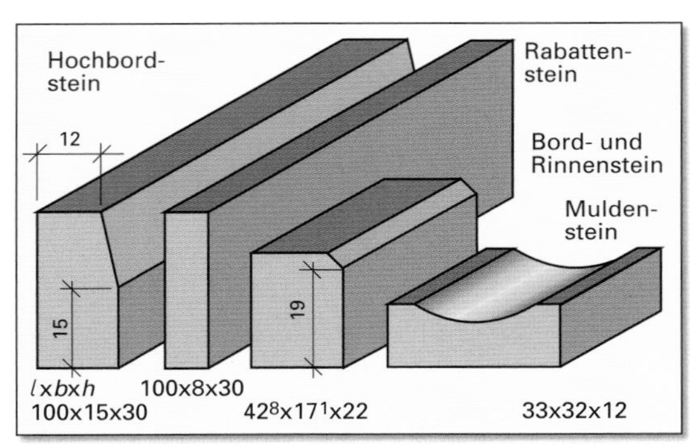

Bild 1: Bord- und Rinnensteine (Beispiele)

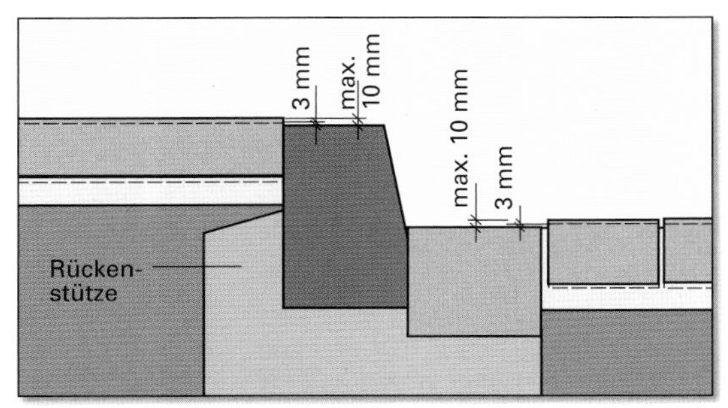

Bild 2: Rinnenausbildung mit Bordstein

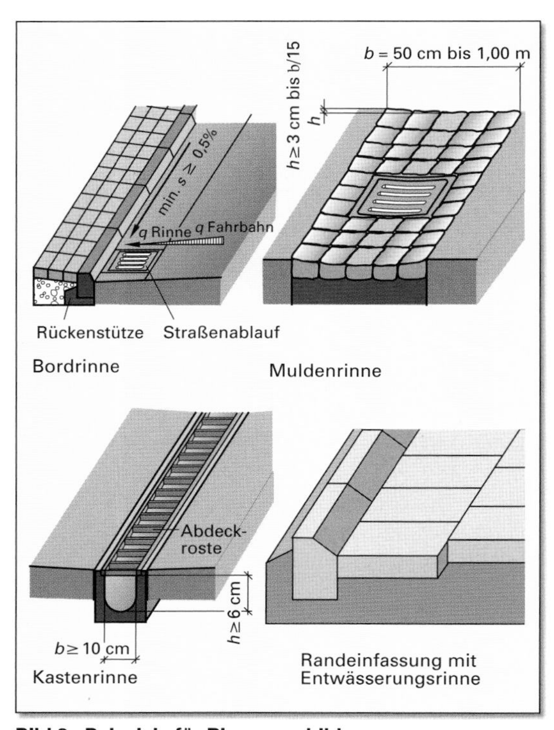

Bild 3: Beispiele für Rinnenausbildung

2.2.5.6 Einfassungen und Entwässerung

Pflaster- und Plattenbeläge werden häufig zu angrenzenden Rasen- und Pflanzflächen sowie zu weiteren Verkehrsflächen abgegrenzt. Dies kann z. B. durch Erhöhungen oder Vertiefungen sowie durch Einfassungssteine geschehen **(Bild 1)**.

Einfassungssteine können z. B. Bordsteine, Leistensteine, Kantensteine, Randbegrenzungselemente oder Rabattensteine sein. Randeinfassungssteine müssen auf ein mindestens 20 cm dickes Fundament aus Beton C10/15 versetzt sein. Zur Sicherung ihrer Lage haben sie eine 10 cm breite Rückenstütze aus Beton in der ganzen Höhe bis zur Unterkante Belagsbettung **(Bild 2)**. Die Fundamentbreite ist abhängig von dem verwendeten Einfassungsstein einschließlich der Breite der Rückenstütze und gegebenenfalls der Breite einer anzubauenden Entwässerungsrinne. Bord- und Einfassungssteine aus Beton sind mit etwa 5 mm breiten Stoßfugen zu versetzen. Zulässige Maßabweichungen dürfen bei Steinen mit ebener Oberfläche höchstens 2 mm, mit grobrauer Oberfläche höchstens 5 mm betragen.

Einfassungssteine dienen auch der Oberflächenentwässerung von Verkehrsbelägen.

Alle Beläge müssen zur Wasserabführung eine Querneigung haben. Sie beträgt mindestens

- 3,0% bei Pflasterdecken aus Naturstein,
- 2,5% bei Pflasterdecken aus Betonstein und Straßenklinker sowie
- 2,0% bei Pflasterdecken aus Plattenbelägen.

Das Oberflächenwasser wird zur Seite hin, d. h. zur Einfassung hin, abgeleitet. Ein Rinnenablauf mit einem Längsgefälle von mindestens 0,5% führt das Wasser ab in Richtung eines Schachtes oder einer Entwässerungsrinne **(Bild 3)**. Die Rinnenausbildung kann z. B. als Bordrinne, als Muldenrinne oder als Kastenrinne ausgeführt werden.

Die **Bordrinne** wird aus einem Hochbordstein und einem Teil des Fahrbahnbelags gebildet. Sie hat dieselbe Längs- und Querneigung wie der Verkehrsbelag (Bild 3).

Die **Muldenrinne** wird zur Trennung unterschiedlicher Verkehrsflächen verwendet. Sie soll sich von den anderen Verkehrsflächen unterscheiden (Bild 3).

Kastenrinnen werden häufig bei Grundstückszufahrten verwendet (Bild 3). Die 1 m langen Rinnenstücke können mit und ohne innen liegendes Gefälle geliefert werden. Ihre obere Abdeckung besteht aus einem befahrbaren verzinkten Gitterrost oder gelochten Platten aus Kunstharzbeton.

Aufgaben

1 Hauserschließung

Ein Bauherr möchte seinen Hauszugang neu gestalten **(Bild 1)**. Es sind von einer verkehrsberuhigten Wohnstraße aus ein Weg zum Hauseingang, eine Zufahrt zur Garage und ein Autoabstellplatz getrennt voneinander herzustellen. Notwendige Entwassungen sind einzuplanen.

a) Der Bauherr verlangt mehrere Gestaltungsvorschläge. Zeichnen Sie die Vorschläge im Maßstab 1:50 und beschreiben Sie die vorgeschlagenen Baustoffe in den entsprechenden Flächen.

b) Ein Vorschlag soll ausgeführt werden. Dazu ist ein Schnitt mit Unterbrechungen im Maßstab 1:10 zu zeichnen, der die Ausführung der Konstruktion in den Randbereichen und bei Baustoffwechseln zeigt.

c) Der Bedarf aller Baustoffe ist zu berechnen.

2 Wohnhaus mit Garage und Sitzplatz

Zur Fertigstellung eines Wohnhauses ist die Herstellung der Garagenzufahrt und des Hauszugangs herzustellen **(Bild 2)**.

a) Die **Garagenzufahrt** ist mit Betonpflastersteinen und Einfassungssteinen an beiden Seiten herzustellen. Für die Entwässerung ist zu sorgen.

Planen Sie die Zufahrt in der Draufsicht und als Querschnitt im M 1:20.

Geben Sie das Gefälle an und schreiben Sie Höhenmarken in die Zeichnung.

Ermitteln Sie den Baustoffbedarf.

b) Der **Hauszugang** ist nach eigenem Vorschlag zu planen, im M 1:20 zu zeichnen und der notwendige Baustoffbedarf zu berechnen. Für Fahrräder ist neben dem Weg ein Abstellplatz etwa 2,00 m/1,25 m mit einzuplanen **(Bild 3)**.

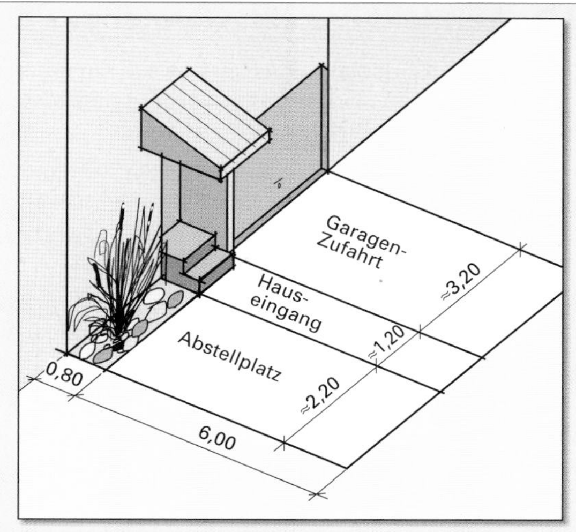

Bild 1: Hauserschließung

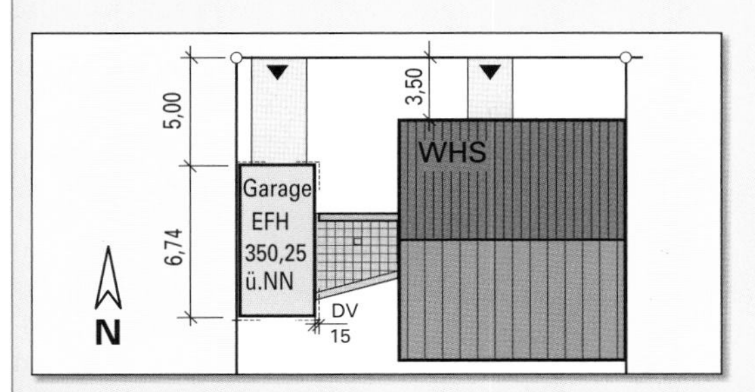

Bild 3: Lageplan mit Zufahrt und Zugang

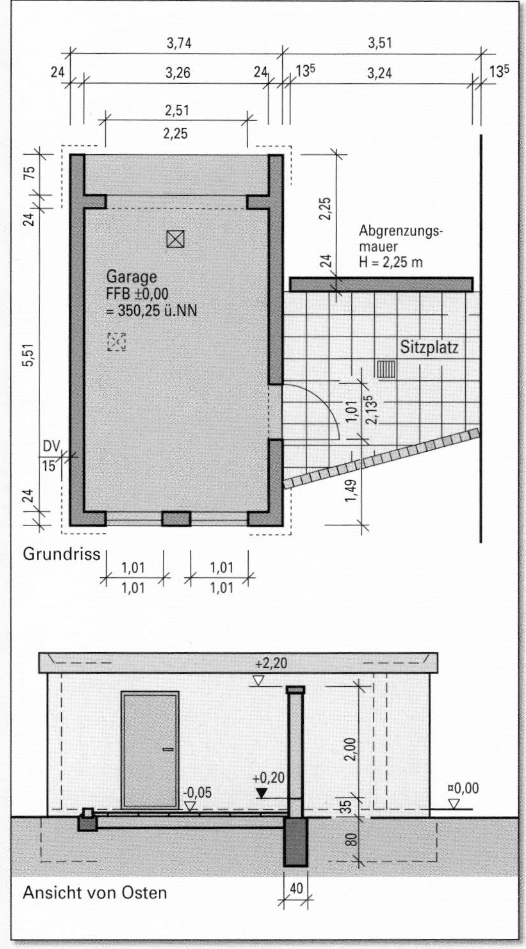

Bild 2: Garage mit Sitzplatz

2.3 Lernfeld-Projekt: Gerätehaus für einen Spielplatz

Der Spiel- und Grillplatz eines Vereins soll ein unterkellertes Gebäude erhalten, in dem Spiel-, Sportgeräte und Zubehörteile sowie ein WC untergebracht sein sollen **(Bild 1, 2, 3)**.

1 Für die Arbeiten am Gebäude sind die Arbeitsschritte von Baubeginn an bis zum Einbau der Bodenplatte der Reihe nach aufzulisten.

2 Die Baugrube ist zu planen, der Abtrag von Oberboden und die Abfuhr von überschüssigem Aushub zu berechnen.

3 Die Fundamente sind zu planen. Für die Randabschalung der Bodenplatte ist die erforderliche Menge an Schalmaterial aufzulisten.

4 Die Entwässerung des Gebäudes ist zu planen, die Höhe des Kontrollschachts zu berechnen und die Rohrliste zu erstellen.

5 Der überdeckte Sitzplatz und der Zugangsweg von der Zufahrtsstraße sind zu pflastern. Die gewählte Ausführung ist zu planen und die notwendigen Baustoffmengen in einer Bestellliste festzuhalten.

Ausführungshinweise

Oberboden $d = 35$ cm

Baugrund, schwer lösbare Bodenarten

Kapillarbrechende Schicht aus Splitt 11/32 $d = 15$ cm und PE-Folie

Streifenfundamente C12/15 mit $b/h = 55$ cm/30 cm

Bodenplatte $h = 16$ cm aus Stahlbeton C20/25

Steinzeugrohre DN 100, DN 150

KS DN 1000

Straßenkanal DN 600 Wanddicke $s = 7$ cm Rohrsohle −3,94 m

Decke über UG $h = 18$ cm aus C20/25

Decke im überdachten Eingangsbereich $h = 12$ cm

auf allen Decken Zementestrich $d = 4$ cm

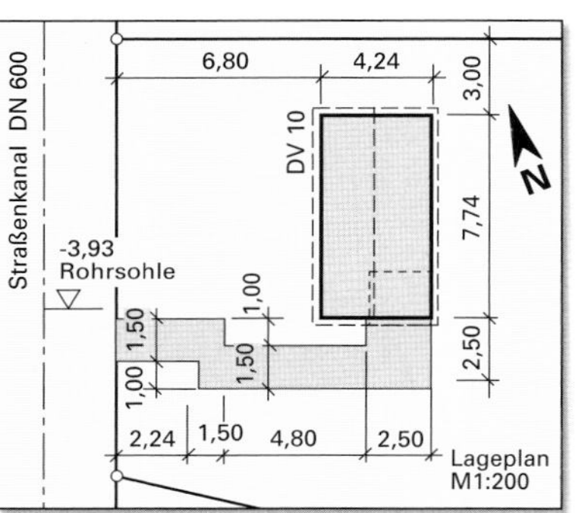

Bild 1: Lageplan

Bild 2: Räumliche Darstellung

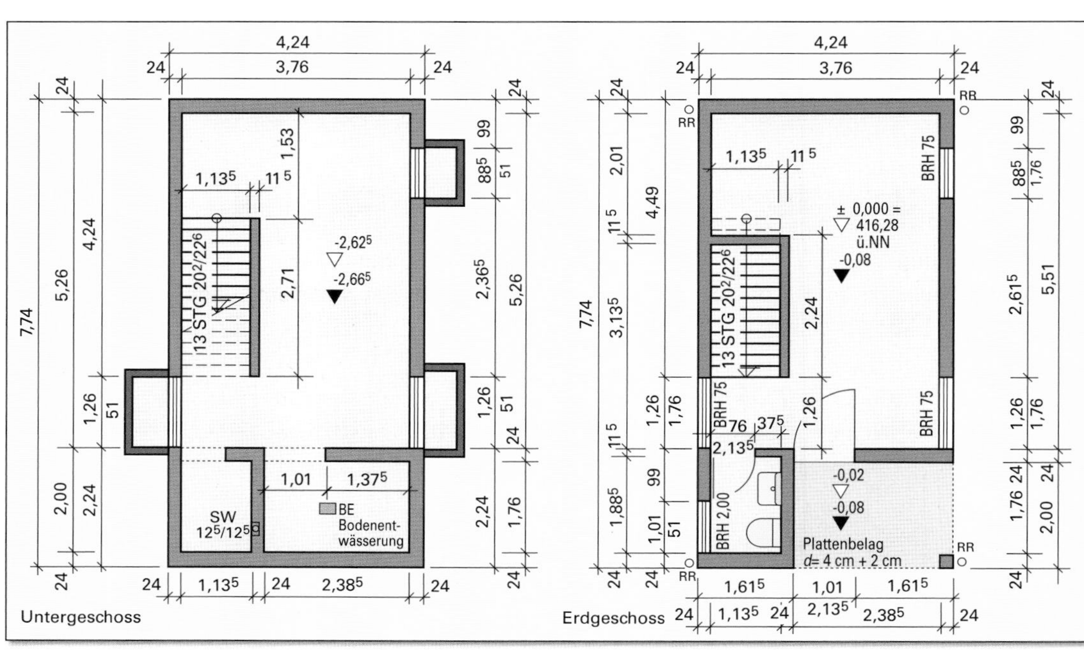

Bild 3: Grundrisse des Gerätehauses

2.3.1 Auflistung der Arbeiten ab Baubeginn

Freimachen des Baugeländes
Auspflocken des Gebäudegrundrisses
Abtrag des Oberbodens
Aufstellen des Schnurgerüstes mit Festlegung von HG und Höhe ü. NN
Ausheben der Baugrube mit Arbeitsraum und notwendigen Böschungen
Ausheben der Gräben für Entwässerungsleitungen, Kontrollschacht und Anschlusskanal
Ausheben der Fundamente
Abschalen der Fundamentränder
Verlegen der Entwässerungsleitungen
Verfüllen der Gräben
Einbringen der kapillarbrechenden Schicht unter der Bodenplatte
Betonieren der Fundamente
Aufbringen der Trennlage
Betonieren der Bodenplatte

Arbeitsschritte

Merkliste für alle Bauarbeiten erstellen

2.3.2 Planung der Baugrube

Arbeitsschritte

Schnitt durch die Baugrube zeichnen und bemaßen **(Bild 1)**

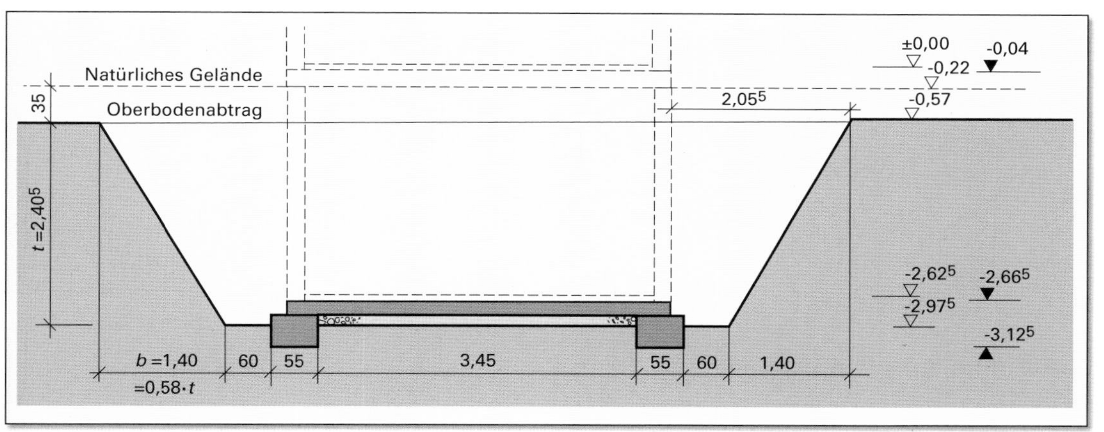

Bild 1: Schnitt durch die Baugrube

Berechnung des Oberbodenabtrags

Benötigte Werk- und Lagerfläche in Ost-West-Richtung

Breite des Bauwerks am Fundament		=	4,55 m
+ 2 x Arbeitsraumbreite	2 x 0,60 m	=	1,20 m
+ 2 x Böschungsbreite	2 x 1,40 m	=	2,80 m
+ 2 x Sicherheitsabstand	2 x 0,60 m	=	1,20 m
+ Werk- und Lagerflächen		=	4,30 m
Breite des Abtrags		=	**14,05 m**

Benötigte Werk- und Lagerfläche in Nord-Süd-Richtung

Länge des Bauwerks am Fundament		=	8,05 m
+ 2 x Arbeitsraumbreite	2 x 0,60 m	=	1,20 m
+ 2 x Böschungsbreite	2 x 1,40 m	=	2,80 m
+ 2 x Sicherheitsabstand	2 x 0,60 m	=	1,20 m
+ Werk- und Lagerflächen		=	5,00 m
Länge des Abtrags		=	**18,25 m**

Abtrag Oberboden	18,00 m x 14,00 m x 0,35 m	= 88,200 m³
mit Bodenauflockerung	88,200 m³ x 1,15	= 101,430 m³
	Abtrag Oberboden	= **101,500 m³**

Dieser Boden wird zur Geländemodellierung wieder gebraucht und sollte möglichst auf dem Baugrundstück gelagert werden.

Berechnung des Aushubs der Baugrube

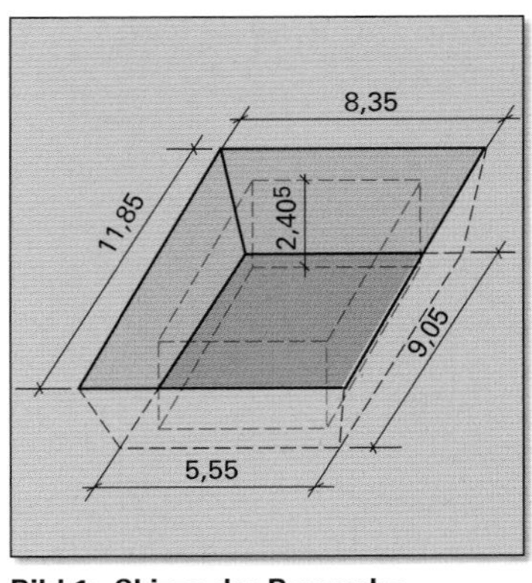

Bild 1: Skizze der Baugrube

Nach Simpson'scher Formel:

$$V_{Aushub} = \frac{h}{6} \cdot (A_1 + A_2 + 4 \cdot A_m)$$

$$A_m = \frac{l_1 + l_2}{2} \cdot \frac{b_1 + b_2}{2}$$

$$= \frac{9{,}25\text{ m} + 12{,}05\text{ m}}{2} \cdot \frac{5{,}75\text{ m} + 8{,}55\text{ m}}{2}$$

$$A_m = 10{,}65\text{ m} \cdot 7{,}15\text{ m}$$

$$A_m = 76{,}15\text{ m}^2$$

$$V_{Aushub} = \frac{2{,}405\text{ m}}{6} \cdot (9{,}25\text{ m} \cdot 5{,}75\text{ m} + 12{,}05\text{ m} \cdot 8{,}55\text{ m} + 4 \cdot 76{,}15\text{ m}^2)$$

$$= \frac{2{,}405\text{ m}}{6} \cdot (53{,}19\text{ m}^2 + 103{,}03\text{ m}^2 + 304{,}60\text{ m}^2)$$

$$= 184{,}712\text{ m}^3$$

$$V_{aufgelockerter\ Boden} = 184{,}712\text{ m}^3 \cdot 1{,}3$$

$$\mathbf{V_{aufgelockerter\ Boden} = 240{,}123\text{ m}^3}$$

Auffüllmenge für den Arbeitsraum

$$V_{Arbeitsraum} = V_{Aushub} - V_{Gebäude}$$

$$= 184{,}712\text{ m}^3 - 7{,}74\text{ m} \cdot 4{,}24\text{ m} \cdot 2{,}405\text{ m}$$

$$= 105{,}786\text{ m}^3$$

$$V_{aufgelockerte\ Auffüllmenge} = 105{,}786\text{ m}^3 \cdot 1{,}3$$

$$\mathbf{V_{aufgelockerte\ Auffüllmenge} = 137{,}522\text{ m}^3}$$

$$\mathbf{V_{Abfuhr} = 102{,}601\text{ m}^3}$$

Arbeitsschritte

Erstellen eine Skizze mit Bemaßung **(Bild 1)**

Der Ausub für die Baugrube wird mithilfe der Simpson'schen Formel berechnet.

Auflockerung bei Bodenklasse 5

Berechnung der Auffüllmenge
= Menge des Aushubs
 – $V_{Gebäude}$

Menge für Abtransport

2.3.3 Planung der Fundamente

Berechnung der Schalung

$$Länge_{Schalung} = 2 \times 8{,}05\text{ m} + 2 \times 4{,}55\text{ m}$$

$$= 16{,}10\text{ m} + 9{,}10\text{ m}$$

Länge = 25,20 m

Berechnung der Splittmenge für kapillarbrechende Schicht

$$Menge_{Splitt} = 0{,}15\text{ m } (3{,}45\text{ m} \cdot 4{,}95\text{ m} + 0{,}825\text{ m} \cdot 1{,}45\text{ m} + 2{,}075\text{ m} \cdot 1{,}45\text{ m})$$

$$= 0{,}15\text{ m } (17{,}08\text{ m}^2 + 1{,}20\text{ m}^2 + 3{,}01\text{ m}^2)$$

$$= 0{,}15\text{ m} \cdot 21{,}29\text{ m}^2$$

$$\mathbf{Menge_{Splitt} = 3{,}194\text{ m}^3}$$

Arbeitsschritte

Fundamentzeichnung mit Bemaßung erstellen (Tabelle 1, Seite 70)

Schalung ist nur an der Außenseite notwendig

Kapillarbrechende Schicht

Fundamentzeichnung

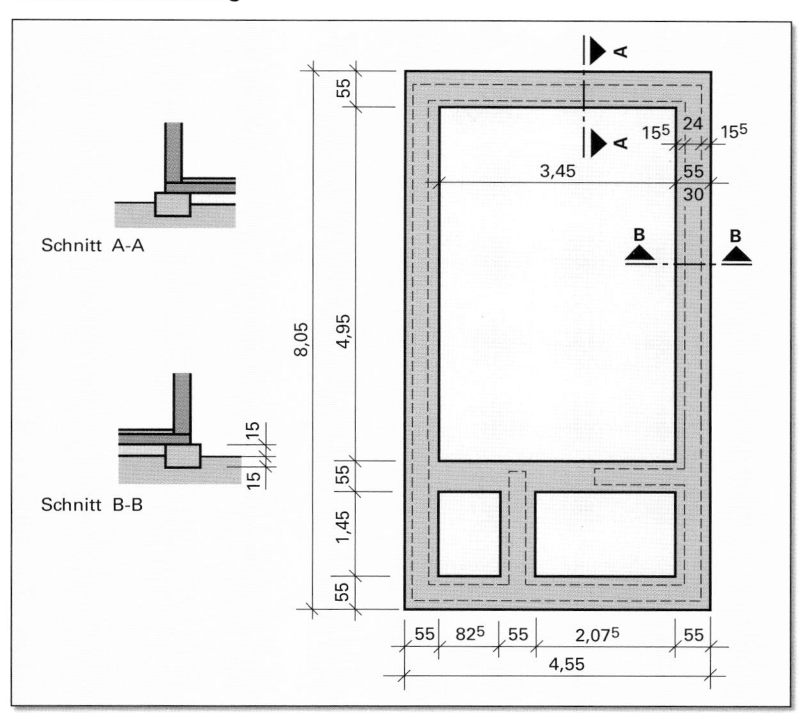

Bild 1: Fundamentzeichnung

Arbeitsschritte

Fundamentzeichnung mit Profilschnitten **(Bild 1)**

Berechnung der Trennlage

Bezeichnung der Größe der Trennlage aus PE-Folie

$A_{\text{Trennlage}} = (7{,}74\ \text{m} - 2 \cdot 0{,}24\ \text{m}) \cdot (4{,}24\ \text{m} - 2 \cdot 0{,}24\ \text{m})$

$= 7{,}26\ \text{m} \cdot 3{,}76\ \text{m}$

$\boldsymbol{A_{\text{Trennlage}} = 27{,}30\ \text{m}^2}$

Berechnung des Fundamentbetons

Berechnen von unbewehrtem Beton C16/20

$A_{\text{Fund.}} = (2 \cdot 8{,}05\ \text{m} + 3 \cdot 3{,}45\ \text{m} + 1{,}45\ \text{m}) \cdot 0{,}55\ \text{m} \cdot 0{,}30\ \text{m}$

$= 2{,}657\ \text{m}^3 + 1{,}708\ \text{m}^3 + 0{,}239\ \text{m}^3$

$\boldsymbol{A_{\text{Fund.}} = 4{,}604\ \text{m}^3}$

Bestellliste:

Schalung:	26 m Schalbretter oder Dielen, mind. 15 cm breit mit Befestigungsmaterial
Trennlage:	28 m² PE-Folie von der Rolle abgeschnitten
Kapillarbrechende Schicht:	3,2 m³ Splitt 11/32
Unbewehrter Beton:	C16/20 für Fundamente, 4,6 m³

Die Bestellmengen werden je nach Baustoff zu handelsüblichen Mengen aufgerundet.

2.3.4 Planung der Entwässerung

Entwässerungszeichnung erstellen

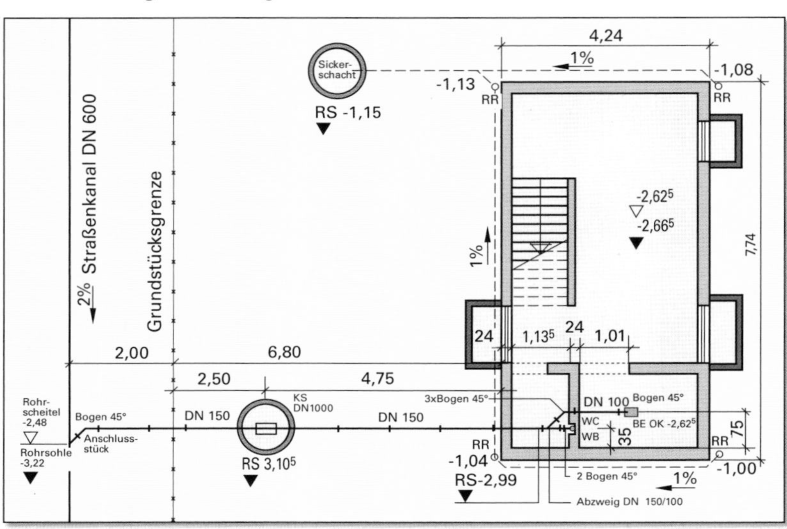

Bild 1: Entwässerungszeichnung

Rohrliste (Bestellliste) erstellen

Rohrliste für Steinzeugrohre				
Formstücke	Baustoff	Länge in m	Durchmesser	Anzahl in Stück
Gerade Rohre	STZG	1,00	DN 150	8
Gerade Rohre	STZG	1,00	DN 100	1
Putzstück	Guss	–	DN 150	1
Bogen 45°	STZG	–	DN 150	3
Bogen 45°	STZG	–	DN 100	2
Abzweig 45°	STZG	–	DN 150/100	1
Anschlussstück	STZG	–	DN 150	1
Verschlussteller	PVC	–	DN 150	1
Verschlussteller	PVC	–	DN 100	1

Höhenberechnungen

Am Ende der Leitung führen 2 Bogen 45° in die Fallleitung. Das Höhenmaß dieser beiden Bogen beträgt 33 cm, gemessen von OK FFB bis UK Rohrsohle.

$h_{\text{Schmutzwasser}} = \frac{p\,(\%) \cdot l\text{ cm}}{100\,\%}$ $\quad h = \frac{2\,\% \cdot 750\text{ cm}}{100\,\%}$ $\quad h = 15\text{ cm}$

$Rs_{\text{Kontrollschacht}}$ – 2,62⁵ m – 0,33 m – 0,15 m = **–3,10⁵ m**

Länge BE bis Abzweig 1,40 m, $p = 2{,}5\,\%$

$h = \frac{p\,(\%) \cdot l\text{ cm}}{100\,\%}$ $\quad h = \frac{2{,}5\,\% \cdot 140\text{ cm}}{100\,\%}$ $\quad h = 3{,}5\text{ cm}$

OK Grundleitung – 2,625 m – 2 Bogen 0,33 m – Gefälle 0,035 m ergibt für den Abzweig eine Höhe von **–2,99 m.**

Arbeitsschritte

Entwässerungszeichnung mit Anschluss an Straßenkanal in Grundriss UG oder Fundamentzeichnung einzeichnen nach dem Trennsystem **(Bild 1)**

Schmutzwasser mit Steinzeugrohren, Kontrollschacht und Anschlusskanal

Oberflächenwasser mit Rohrleitungsführung bis Sickerschacht

Entwässerungsleitungen in Formstücke STZG einteilen

Zur Berechnung der Leitungshöhen sind die Längenmaße aus der Zeichnung durch Messen zu ermitteln.

Weitere Höhen werden in gleicher Weise ermittelt.

2.3.5 Planung der Pflasterflächen

Arbeitsschritte

Pflasterflächen aufzeichnen und bemaßen **(Bild 1)**

Nach Auswahl der Pflasterarten kann sich die Bemaßung ändern

Vorschlag für Pflasterflächen

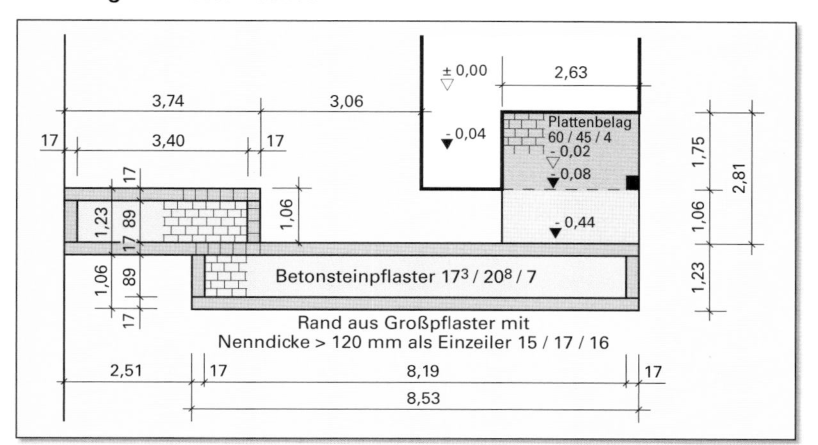

Bild 1: Pflasterflächen

Ausgewählt:

Auswahl der Baustoffe

Zugangsweg	aus Betonsteinpflaster, eingefasst durch Einzeiler aus Großpflastersteinen.
Eingangsbereich	mit Plattenbelag im überdeckten Bereich in Mörtel auf Schweißbahn verlegt.

Unterbau und Bettung aus Kies- und Schotterschicht mit $d = 35$ cm

Baustoffberechnung

Großpflaster mit einer Nenndicke > 120 mm als Einzeiler verlegt:

$l = 2 \cdot 8{,}53\ \text{m} + 2{,}51\ \text{m} + 3{,}74\ \text{m} + 4 \cdot 0{,}89\ \text{m}$

$l = 26{,}87\ \text{m}$ Gewicht = 26,87 m : 16 m/t **Gewicht = 1,679 t**

Betonsteinpflaster 173/208/7

Verlegefläche A	= (0,89 m + 3,40 m) · 0,89 m	A	= 10,32 m²
Stückzahl	= 10,32 m² · 27 Steine/m²	**Anzahl**	**= 279 Steine**
oder Paletten	= 10,32 m² : 8,3 m²/Pal.	**Anzahl**	**= 1,24 Paletten**

Plattenbelag 45/60/4

Verlegefläche A	= 2,63 m · 2,81 m	A	= 7,39 m²
Plattenanzahl	= 7,39 m² · 3,7 Stück/m²	**Anzahl**	**= 27,34 Platten**
Palettenanzahl	= 7,39 m² : 7,57 m²/Pal.	**Anzahl**	**= 0,98 Paletten**

Unterbau mit Kies und Schotter

Fläche A	= 1,23 m · 3,74 m + 1,23 m · 8,53 m – (3,74 m – 2,51 m) · 0,17 m + 2,63 m · 1,06 m		
	= 4,60 m² + 10,49 m² – 0,21 m² + 2,79 m²	A	= 17,67 m²
Unterbau V	= 17,67 m² · 0,32 m	**Unterbau V**	**= 5,654 m³**
Bettung V	= 17,67 m² · 0,03 m	**Bettung V**	**= 0,530 m³**
Schweißbahn	= 2,63 m · 1,75 m	A	= 4,60 m²
	+ Zuschlag	**A**	**= 5,00 m²**

2.4 Lernfeld-Aufgaben

2.4.1 Umkleideanlage an einem Hotelpool

In der Umkleideanlage sollen WC und geschlossene Duschen für Damen und Herren, ein Technikraum für den Hotelpool, einige Umkleidekabinen sowie eine Ausgabe für Handtücher untergebracht sein **(Bild 1)**.

a) Planen Sie die Fundamente. Der Baugrund ist bindiger Boden der Bodenklasse 4.

b) Zeichnen Sie einen Entwässerungsplan M 1:50 mit Höhenangaben. Die Sohle der Kontrollschächte soll auf –0,96 m liegen.

c) Als Zugang zu dem Gebäude soll eine Pflasterfläche dienen. Für eine Dusche im Freien ist ebenfalls ein gepflasterter Platz herzustellen.

Ausführungshinweise

Fundamente aus unbewehrtem Beton C16/20 bei standfestem Boden ohne Schalung

Kapillarbrechende Schicht aus Schotter und Splitt d = 15 cm

Trennlage aus PVC-Folie

Entwässerungsleitungen aus PVC im Trennsystem

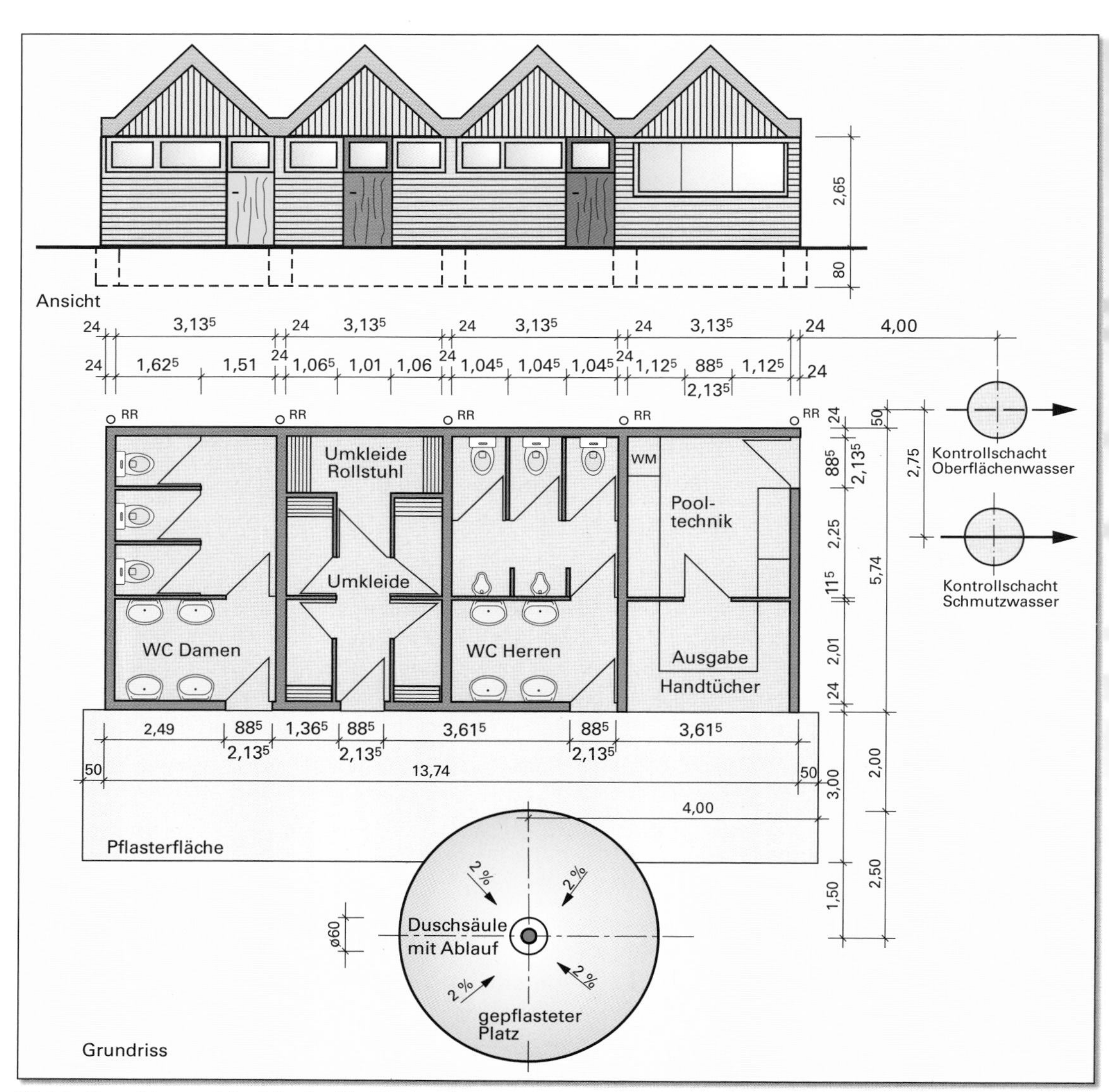

Bild 1: Grundriss und Ansicht der Umkleideanlage

2.4.2 Doppelgarage, Entwässerung, Pflasterbelag

Für ein bestehendes Wohngebäude ist eine Doppelgarage zu erstellen. Gleichzeitig muss die Abwasserableitung vom Mischverfahren auf das Trennverfahren umgestellt werden. Der Hauszugang und die Stellplatzfläche sollen einen Pflasterbelag erhalten (**Bild 1**).

a) Die Fundamente sollen in Stahlbeton ausgeführt werden. Planen Sie die Streifenfundamente und die durchgehende Bodenplatte. Berechnen Sie dafür alle benötigten Baustoffmengen.

b) Nach Änderung der Abwassersatzung hat die Gemeinde einen zusätzlichen Kanal für das Regenwasser (Niederschlagswasser) in der Straße verlegt. Der bisher für Mischwasser MW genutzte Kanal wird zum Schmutzwasser umgewidmet. Die Haus- und Grundstücksentwässerung ist entsprechend anzupassen. Planen Sie die getrennte Ableitung von Schmutzwasser und Regenwasser und berechnen Sie die für die Regenwasserableitung notwendigen Höhenmaße zur normgerechten Verlegung der Rohrteile. Fertigen Sie eine Bestellliste für die Formteile.

c) Planen Sie für den Hauszugang und den Stellplatz vor den Garagen einen Pflasterbelag. Die Abgrenzung zu den Pflanzflächen soll mit einer Randeinfassung erfolgen. Berechnen Sie alle dazu notwendigen Baustoffe.

Alle Zeichnungen sind normgerecht und im M 1:50 zu fertigen und alle Berechnungen schriftlich zu belegen.

Ausführungshinweise

Fundamente
Stahlbeton C16/20
Fundamentbreite b_F = 45 cm
frostfreie Tiefe 0,80 m

Bodenplatte
durchgehende Bodenplatte
Stahlbeton C20/25, h = 16 cm
Verbundstrich d = 4 cm

Grundstücksentwässerung
Schmutzwasserkanal SW aus Steinzeugrohren, Regenwasserkanal RW aus Kunststoffrohren

Ortsentwässerung
SW-Kanal DN 300 liegt tiefer als RW-Kanal DN 400
Achsabstand der Kanäle 80 cm
Kontrollschacht KS DN 1000

Pflasterbelag
Frostschutzschicht und kombinierte Tragschicht unter dem Pflasterbelag
Stellplatzfläche schließt zur Straße hin mit Gefälle von 2% des gesamten Belags zur Straße hin
Belag Hauseingang 1%, Quergefälle zur Pflanzfläche hin

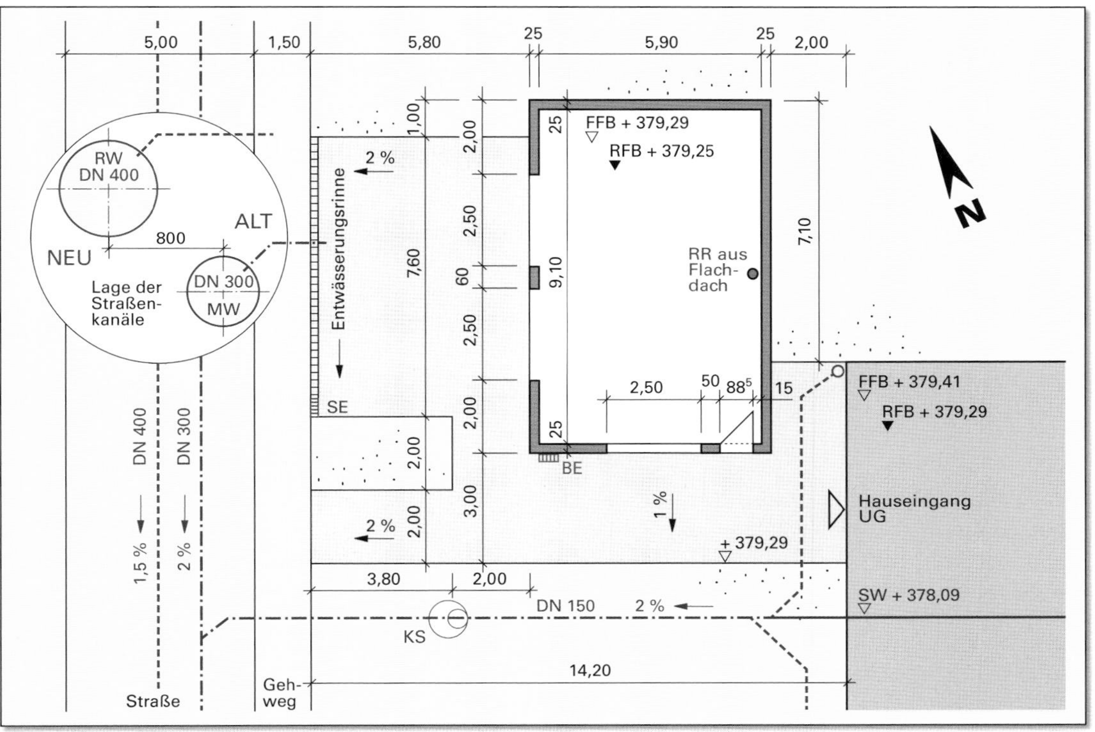

Bild 1: Garagen, Hauszugang, Entwässerung (Planung)

2.4.3 Waschplatz für Baugeräte

Eine Baufirma erstellt zur Pflege ihrer Baufahrzeuge und Baumaschinen einen Waschplatz mit Betriebsgebäude **(Bild 1)**. Der Waschplatz erhält ein Flachdach auf 4 Stützen. Das Bauwerk wird aus Stahlbeton gefertigt. Als Betriebsgebäude sind Baucontainer seitlich angeordnet. Sie enthalten ein WC und Räume als Magazin. Der Waschplatz soll gepflastert werden. Das Gefälle vom Rand zu den Bodenabläufen sollte mindestens 4 cm betragen. Die Fugen des Pflasterbelags müssen wasserundurchlässig verschlossen sein. Das Abwasser muss in verschiedenen Stufen einen Schlammfang, einen Benzin- und Ölabscheider, einen Koaleszenzabscheider sowie einen Probenentnahmeschacht durchfließen, bis es abgeleitet werden darf. Diese liegen außerhalb des Planungsbereichs.

a) Planen Sie den Oberbodenabtrag und berechnen Sie den notwendigen Bodenaushub. Bedenken Sie dabei die Dicke des Unterbaus und die Dicke des Pflasterbelags. Wie viel m³ Boden müssen abgefahren werden?

b) Planen Sie die Ausführung der Stahlbetonfundamente und weisen Sie nach, für welchen Baugrund die vorhandene Bodenpressung von 150 kN/m² zulässig ist.

c) Planen Sie die Entwässerungsleitungen bis zum Kontrollschacht. Erstellen Sie eine Rohrliste für Steinzeugrohre. Berechnen Sie die Höhe der Sohle des Kontrollschachts.

d) Planen Sie die Pflasterfläche und berechnen Sie den Baustoffbedarf.

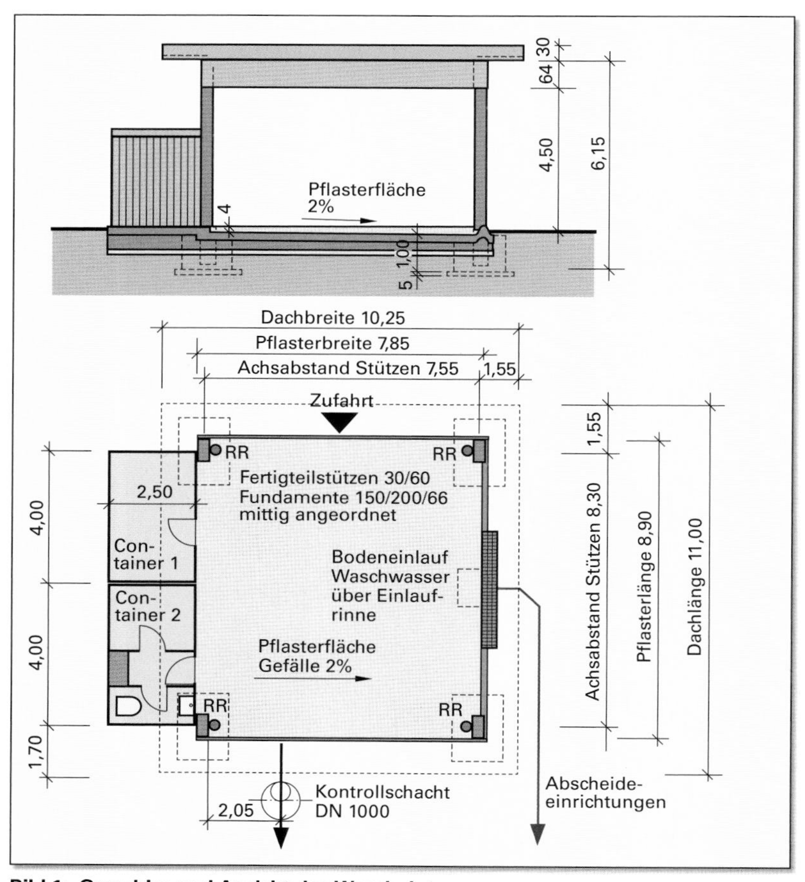

Bild 1: Grundriss und Ansicht des Waschplatzes

Ausführungshinweise

Alle notwendigen Ausführungszeichnungen im M 1:50

Baugrund, leicht lösbare Bodenarten

Die Baucontainer werden auf den Pflasterbelag gestellt und benötigen keine eigenen Fundamente.

Stahlbetonfundamente benötigen an der Fundamentsohle eine Sauberkeitsschicht aus unbewehrtem Beton C12/15 mit $h = 5$ cm.

Fundamente aus Stahlbeton dürfen nicht gegen Erdreich betoniert werden und müssen deshalb seitlich geschalt werden.

Der gepflasterte Rand des Waschplatzes sollte mindestens 4 cm über dem Pflasterbelag liegen.

Entwässerungsleitungen im Mischverfahren

Gefälle von 2%

Oberflächenwasser und Schmutzwasser fließen nicht durch die Abscheider des Waschplatzes.

Grundleitungen
Regenwasser DN 125
Schmutzwasser DN 100

Kontrollschacht
DN 1000

Waschwasserzulauf
zu den Abscheidern
DN 200

3 Mauern eines einschaligen Baukörpers

3.1 Lernfeld-Einführung

Im Mauerwerksbau werden Wände und Pfeiler für die unterschiedlichsten Anforderungen hergestellt. Sie können tragend oder nichttragend, frostsicher, wärme-, feuchte-, schall- und brandschützend sein. Dabei werden meist industriell hergestellte Mauersteine aus verschiedenen Rohstoffen und Herstellungsverfahren mit unterschiedlichen Eigenschaften, Größen und Formen verarbeitet **(Bild 2)**.

Bild 1: Einzigartigkeiten von Bauwerken im Mauerwerksbau

Gerade die handwerkliche Verarbeitung ermöglicht eine vielfältige Gestaltung und Herstellung von Mauerwerk, so dass die Einzigartigkeit eines jeden Bauwerks sichtbar werden kann **(Bild 1)**.

Bauhandwerker erstellen Bauwerke nach den individuellen Wünschen der Bauherrschaft. Industriell gefertigte Baukörper aus Mauerwerk können dies nicht immer in gleichem Maße erfüllen. Durch Beratung ihrer Kunden sowie fachgerechte Verarbeitung der Mauersteine zu hochwertigem Mauerwerk tragen Bauhandwerker zur Kundenzufriedenheit bei **(Bild 3)**.

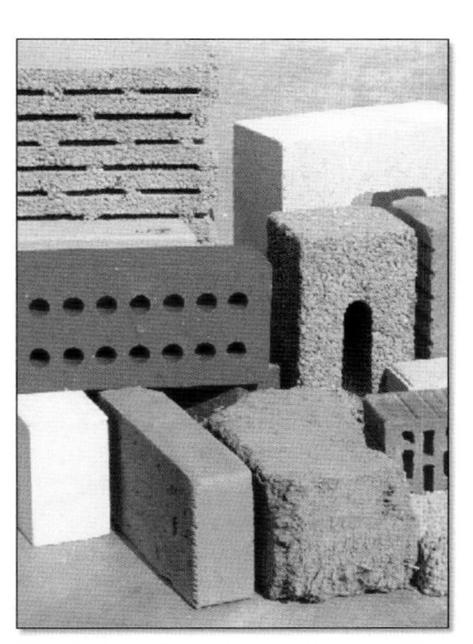

Bild 2: Künstliche Mauersteine im Klein- und Mittelformat (Auswahl)

Bild 3: Bauhandwerker beim Mauern

Erforderliche Kenntnisse

Wände
- Aufgaben und Arten

Maßordnung im Hochbau
- Baurichtmaße
- Rohbaumaße

Mauerverbände
- Regelverbände
- Endverbände
- Rechtwinklige Maueranschlüsse

Industriell hergestellte Mauersteine
- Mauerziegel
- Kalksandsteine
- Porenbetonsteine
- Normalbetonsteine
- Leichtbetonsteine
- Lehmsteine
- Baustoffberechnung

Mauermörtel
- Mörtelzusammensetzung
- Mörtelgruppen
- Mörtelarten
- Mörteleigenschaften
- Mörtelberechnung

Mauerarbeiten
- Arbeitsplatz, Rüstzeug
- Arbeitsablauf

Abdichten gegen Bodenfeuchte

Darstellungsarten
- Ausführungszeichnungen
- Isometrie
- Aufmaßskizzen

3.2 Lernfeld-Kenntnisse

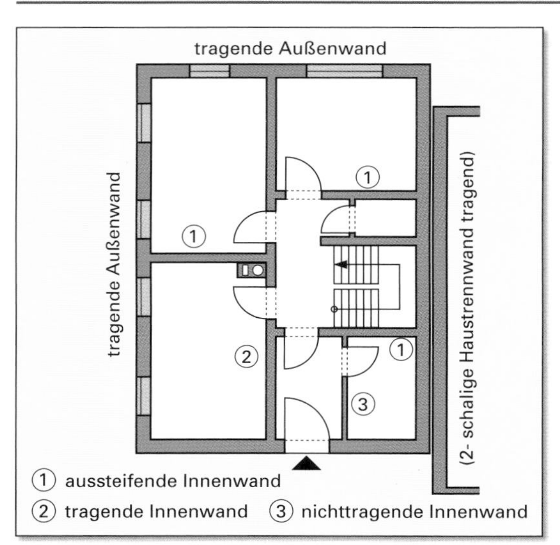

Bild 1: Wandarten

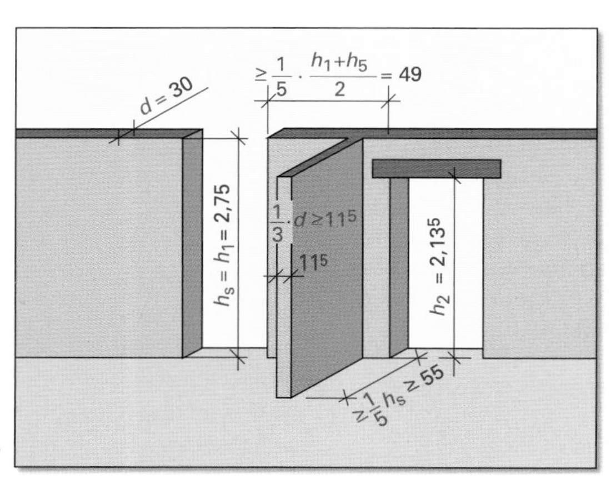

Bild 2: Aussteifende Wand (Beispiele)

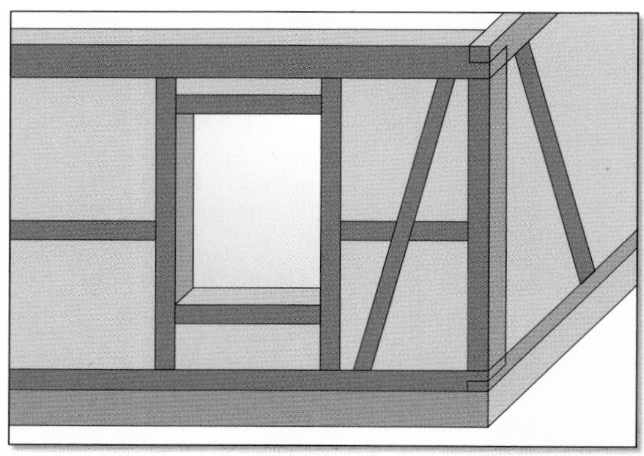

Bild 3: Fachwerkwand

3.2.1 Wandarten

Wände sind scheibenartige Bauteile. Sie grenzen Räume ab, tragen zur Standsicherheit bei, nehmen Lasten auf, leiten diese ab und erfüllen Anforderungen der Bauphysik wie Wärme-, Schall-, Feuchte- und Brandschutz. Je nach Belastung unterscheidet man tragende und nichttragende Wände, hinsichtlich der Lage im Gebäude Innen- und Außenwände **(Bild 1)**.

3.2.1.1 Tragende Wände

Tragende Wände werden überwiegend auf Druck beansprucht. Sie nehmen neben ihrer Eigenlast weitere Lasten, wie Decken-, Wind- und Nutzlasten auf und leiten diese ab. Auszuführen sind tragende Wände mit einer Dicke von mindestens 11,5 cm, sofern aus Gründen der Statik und der Bauphysik nicht größere Dicken erforderlich sind.

Aussteifende Wände und kurze Wände, auch Pfeiler genannt, gelten ebenfalls als tragende Wände.

Aussteifende Wände dienen der Knickaussteifung tragender Wände oder der Aussteifung des Gebäudes. Sie müssen mindestens eine wirksame Länge von $1/5$ der lichten Geschosshöhe h_s und eine Dicke von $1/3$ der auszusteifenden Wand haben, jedoch mindestens 11,5 cm dick sein. Wird eine aussteifende Wand durch Öffnungen unterbrochen, muss die verbleibende Wand zwischen den Öffnungen mindestens so breit sein wie $1/5$ des arithmetischen Mittels der lichten Öffnungshöhen **(Bild 2)**.

3.2.1.2 Nichttragende Wände

Unter nichttragenden Wänden versteht man Wände, die überwiegend durch ihre Eigenlast beansprucht und nicht zur Gebäudeaussteifung oder Knickaussteifung tragender Wände herangezogen werden. Nichttragende Wände dürfen keine Lasten aus anderen Bauteilen aufnehmen, müssen aber die auf ihre Fläche einwirkenden Lasten, z. B. Windlasten, auf angrenzende tragende Bauteile abtragen. Sie kommen als Außenwände, bei Ausfachungen im Fachwerk und im Skelettbau vor **(Bild 3)**. Nichttragende Innenwände dienen zur Abgrenzung von Räumen. Aufgrund ihres geringeren Gewichts werden sie auch als leichte Trennwände bezeichnet und in der Regel erst nach Fertigstellung der Tragkonstruktion eingebaut.

3.2.2 Maßordnung im Hochbau

In der Maßordnung im Hochbau beziehen sich nach DIN 4172 die Abmessungen von Bauteilen und Bauwerken auf die Längeneinheit Meter. Das **A**chtel**m**eter (**am**) bildet im Mauerwerksbau die Grundlage der Maßordnung. Man spricht auch vom Oktametersystem (*okt* bedeutet im Griechischen acht). Die Länge eines Achtelmeters beträgt 12,5 cm, auf der Baustelle auch als Kopf bezeichnet. Mauermaße berechnet man als Baurichtmaße und als Rohbaumaße.

3.2.2.1 Baurichtmaße

Das Baurichtmaß ist ein theoretisches Maß für die Bauplanung und wird von Fugenmitte bis Fugenmitte betrachtet **(Bild 1).** Es bildet die Grundlage für alle Rohbau- und Ausbaumaße und basiert auf dem Achtelmeter **(Bild 2),** das in Teilen oder Vielfachen zur Anwendung kommt **(Tabelle 1).**

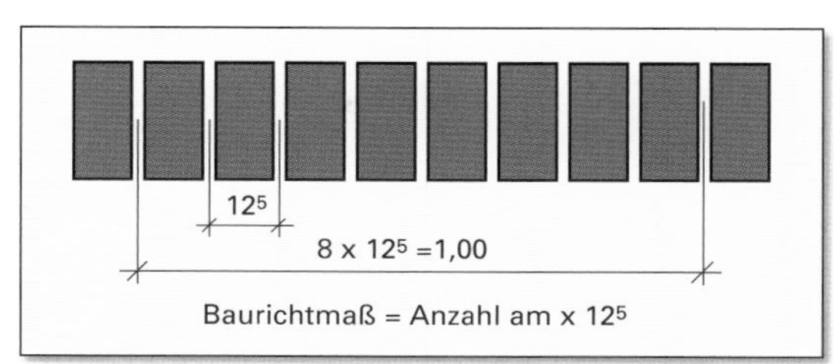

Bild 1: Baurichtmaß

Tabelle 1: Umrechnung von am in cm

am	0,5	1	1,5	2	2,5	3	3,5	4	4,5	5
cm	6,25	12,5	18,75	25	31,25	37,5	43,75	50	56,25	62,5

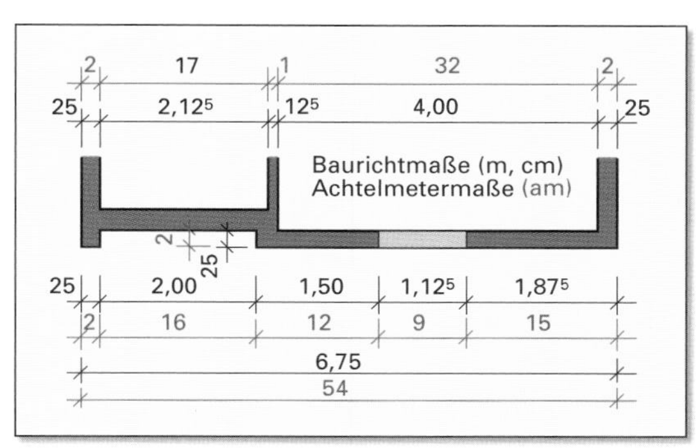

Bild 2: Baurichtmaße und Achtelmetermaße

3.2.2.2 Rohbaumaße

Als Rohbaumaße, auch Nennmaße genannt, bezeichnet man die tatsächlichen Maße des gemauerten Bauteils bzw. Bauwerkes, die in den Ausführungszeichnungen angegeben werden. Hierbei wird unter Berücksichtigung der Fugenanzahl in Anbau-, Außen- und Innenmaß unterschieden **(Bild 3).**

Anbaumaße, auch als Vorsprungs- oder Vorlagemaß bezeichnet, entsprechen dem Baurichtmaß.

Bei **Außenmaßen** wird vom Baurichtmaß eine Fugenbreite abgezogen. Als Bezugskanten dienen die Außenkanten des ersten und des letzten Mauersteins. Alle Wanddicken und Wandlängen sind Außenmaße.

Als **Innenmaße** gelten die Maße zwischen zwei Bauteilen. Dem Baurichtmaß wird eine Fugenbreite hinzugerechnet. Alle Öffnungen sind Innenmaße. Man spricht deshalb auch vom Öffnungsmaß.

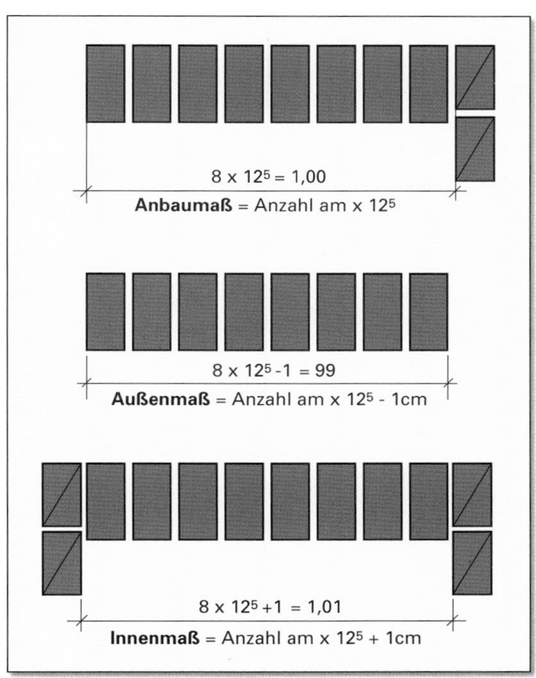

Bild 3: Rohbaumaße

3.2.2.3 Steinformate

Im Mauerwerksbau werden zwischen den Steinen Mörtelfugen erforderlich. Um die Baurichtmaße einhalten zu können, sind Länge, Breite und Höhe der Mauersteine jeweils um eine Fugenbreite kleiner. Die sich daraus ergebenden Abmessungen der Mauersteine bezeichnet man als Steinformate **(Tabelle 2,** Seite 107). Grundformate sind das **D**ünn**f**ormat (**DF**) mit 24/11,5/5,2 in cm und das **N**ormal**f**ormat (**NF**) mit 24/11,5/7,1 in cm (**Tabelle 1,** Seite 104).

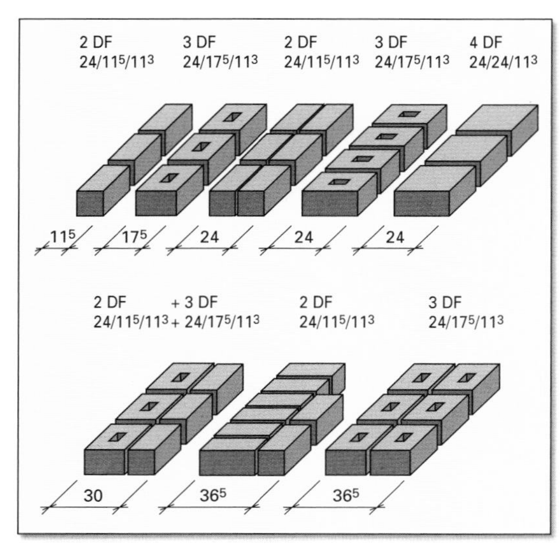

Bild 1: Mauerdicken mit klein- und mittelformatigen Steinen

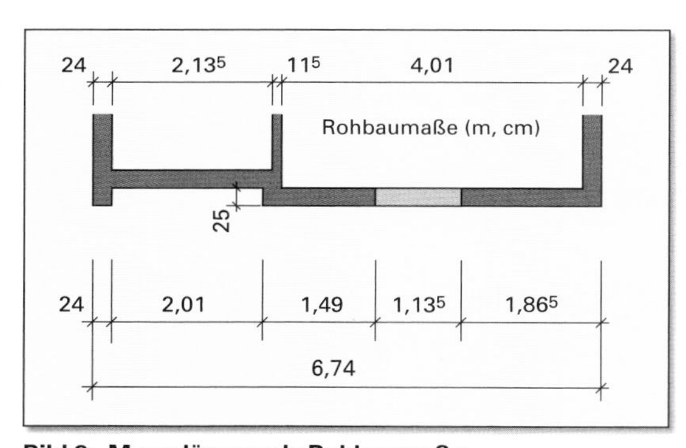

Bild 2: Mauerlängen als Rohbaumaße

Steinformate und Steinmaße	DF 24/11⁵/5²	NF 24/11⁵/7¹	2 DF bis 6 DF	8 DF bis 20 DF
+ 50				
Steine mit Fugen + 25				
Steine mit Fugen ± 0				
Steinhöhen in cm	5²	7¹	11³	23⁸
Fugendicke in cm	1⁰⁵	1²³	1²	1²
Schichthöhe in cm	6²⁵	8³³	12⁵	25
Schichten je m	16	12	8	4

Bild 3: Schichthöhen

Tabelle 1: Beispiele für die Berechnung der Steinformate in am

Steinformat	Länge x	Breite x	Höhe	am
DF	2	1	$1/2$	1
2 DF	2	1	1	2
3 DF	2	$1\,1/2$	1	3

3.2.2.4 Mauerdicken

Die Mauerdicke hängt von der Anordnung und Anzahl der verwendeten Mauersteine ab. Die kleinste Mauerdicke beträgt 11,5 cm, wenn der Stein als **Läufer** vermauert wird **(Bild 1)**. Wird der Stein als **Binder** vermauert, ergibt sich eine Mauerdicke von 24 cm. Dasselbe Maß erhält man, wenn zwei Läufer einschließlich **Längsfuge** nebeneinander liegen.

Weitere Mauerdicken ergeben sich durch Verwendung von mittelformatigen Steinen und durch Kombinationen von klein- und mittelformatigen Steinen (Bild 1).

3.2.2.5 Mauerlängen

Mauerlängen entsprechen den Rohbaumaßen. Bei der Berechnung ist zu berücksichtigen, ob die Breite einer Stoßfuge wie bei Außenmaßen abgezogen oder wie bei Innenmaßen dazugerechnet werden muss **(Bild 2)**.

3.2.2.6 Mauerhöhen

Mauerhöhen werden durch die Schichthöhe und die Anzahl der Schichten bestimmt. Die **Schichthöhe** ergibt sich aus der Steinhöhe einschließlich der Lagerfuge. Die Dicke der Lagerfuge ist je nach verwendetem Steinformat unterschiedlich. Sie errechnet sich nach der Anzahl der Steine je Meter Mauerhöhe und beträgt beim Dünnformat 1,05 cm, beim Normalformat 1,23 cm und ab dem 2 DF-Format 1,2 cm **(Bild 3)**. Die Anzahl der Schichten ist abhängig von der Mauerhöhe und dem gewählten Steinformat und errechnet sich aus der Mauerhöhe in cm dividiert durch die Schichthöhe.

Beispiel für die Berechnung der Schichthöhe:

Gegeben: Mauerhöhe: 2,62⁵ m
Steinformat 3 DF

Lösung: $\text{Anzahl der Schichten} = \frac{262{,}5\ \text{cm}}{12{,}5\ \text{cm}}$

Anzahl der Schichten = **21**

Aufgaben

1 Eine **frei stehende Wand** ist 7,49 m lang, 24 cm dick und 2,50 m hoch. Sie soll mit NF-Steinen gemauert werden.

a) Wie viele am misst die Binderschicht?

b) Wie viele Schichten sind bis zur vorgegebenen Höhe zu mauern?

2 Eine **Winkelmauer** soll erstellt werden **(Bild 1)**.

a) Wie viele Köpfe sind für die angegebenen Abmessungen notwendig?

b) Bestimmen Sie die Schichtenanzahl bei einer Höhe von 1,75 m (2,50 m) unter Verwendung von Steinen im Format 2 DF (NF).

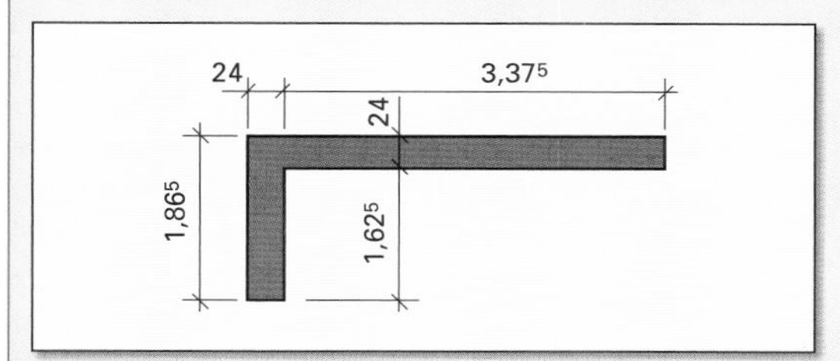

Bild 1: Winkelmauer

3 Unterscheiden Sie **Baurichtmaß** und **Rohbaumaß**.

Welche der angegebenen Maße (in cm) sind dem jeweiligen Maß zuzuordnen: 30,25; 199; 87,5; 218,75; 136,5 und 75?

4 Eine **Wandecke** wurde nur mit am-Bemaßung versehen **(Bild 2)**. Helfen Sie dem Bauherrn, indem Sie zur Grobplanung die am-Maße in Baurichtmaße umrechnen und in den Grundriss M 1:20 eintragen.

Bestimmen Sie das fehlende Maß.

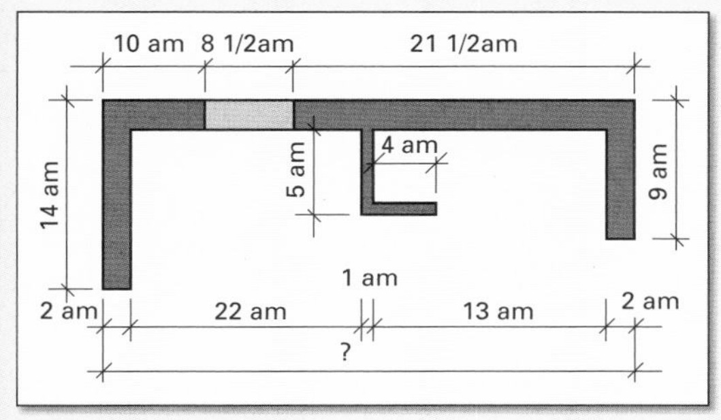

Bild 2: Wandecke

5 Welchen **Formaten** entsprechen folgende Steinmaße in cm?

a) 24 x 11,5 x 11,3

b) 24 x 17,5 x 23,8

c) 24 x 30 x 11,3

Weisen Sie jeweils das Ergebnis nach.

6 Bemaßen Sie das **Mauerwerk** entsprechend den vorgegebenen Achtelmetermaßen **(Bild 3)**. Fertigen Sie dazu eine Skizze an und tragen Sie die Nennmaße ein.

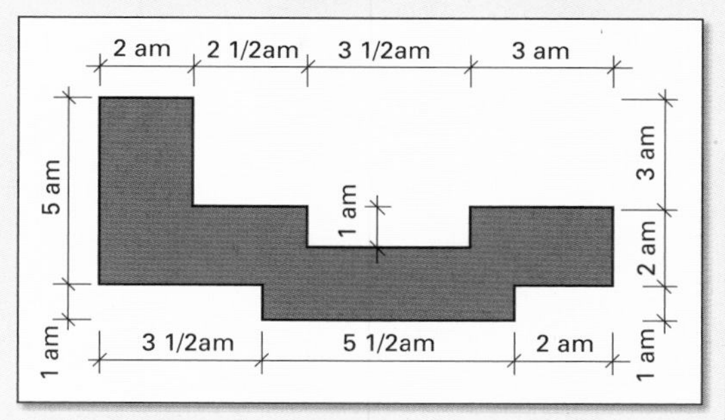

Bild 3: Mauerwerk

7 Die gegebenen **Baukörper** sind mit Achtelmetermaßen versehen **(Bild 4)**.

Wandeln Sie diese in Rohbaumaße um.

Zeichnen Sie einen Grundriss im Maßstab 1:20 und bemaßen Sie normgerecht.

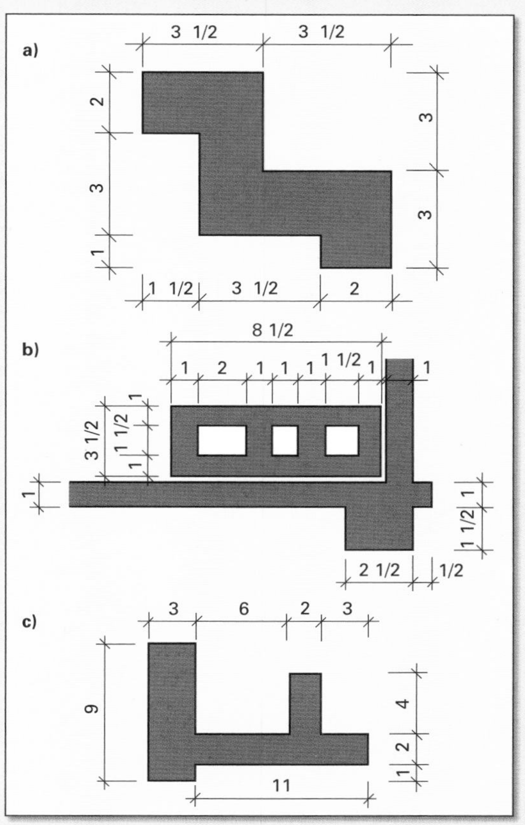

Bild 4: Baukörper mit am-Bemaßung

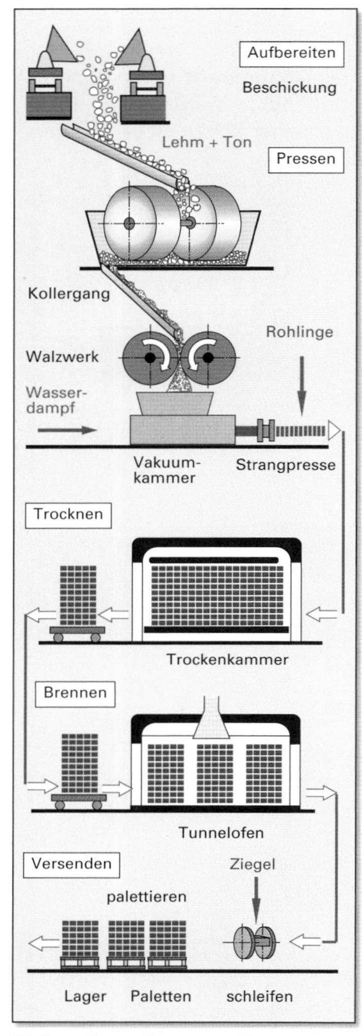

Bild 1: Herstellung von Mauerziegeln

Tabelle 1: Druckfestigkeit von Mauerziegeln

Druckfestigkeitsklasse	Mindestdruckfestigkeit N/mm²	Farbkennzeichnung
4	4,0	blau
6	6,0	rot
8	8,0	schwarzer Stempel
10	10,0	schwarzer Stempel
12	12,0	ohne
16	16,0	schwarzer Stempel
20	20,0	gelb
28	28,0	braun

3.2.3 Mauersteine

Wände können aus natürlichen und industriell hergestellten Steinen gemauert werden. Als natürliche Steine bezeichnet man alle auf der Erde vorkommenden Steine. Industriell hergestellte Steine werden nach gebrannten und ungebrannten Steinen unterschieden.

Gebrannte Steine sind hauptsächlich Mauerziegel als Voll- und Hochlochziegel mit Rohdichten $\geq$ 1,2 kg/dm³, als Wärmedämm- und Hochlochziegel mit Rohdichten $\leq$ 1,0 kg/dm³. Daneben gibt es hochfeste Ziegel, hochfeste Klinker sowie Planziegel. Ziegel und Klinker unterscheiden sich bei der Herstellung durch unterschiedliche Brenntemperaturen. Klinker werden mit höherer Temperatur gebrannt, wodurch ein dichteres Gefüge entsteht. Dadurch saugen die Steine kaum noch Wasser, sind frostbeständig und haben eine höhere Druckfestigkeit.

Zu den **ungebrannten Steinen** zählen Kalksandsteine, Normalbetonsteine, Leichtbetonsteine, Porenbetonsteine und Lehmsteine. Die Rohstoffe für diese Steine werden gemischt, geformt und gehärtet.

3.2.3.1 Mauerziegel

Herstellung

Für die Herstellung von Mauerziegeln ist ein Gemisch aus Lehm und Ton notwendig. Da die beiden Stoffe meist nicht in der richtigen Beschaffenheit und im richtigen Verhältnis zueinander vorkommen, müssen sie aufbereitet werden. Das Gemisch wird zerdrückt, geknetet, unter Zuführung von Wasserdampf geschmeidig gemacht und durch eine Strangpresse gedrückt. Je nach gewünschter Ziegelart erzeugen Kerneinsätze unterschiedliche Lochungen. Den geformten Strang schneidet ein Draht auf die gewünschte Steinhöhe zu Rohlingen ab. Die Rohlinge müssen größer geformt sein, da sie beim anschließenden Trocknen und Brennen schwinden. Im Trockenraum wird ihnen bei Temperaturen bis 100 °C das bei der Aufbereitung zugegebene Wasser langsam entzogen, damit sie keine Schwindrisse bekommen. Anschließend brennt man die Rohlinge im Tunnelofen bei Temperaturen von 900 °C bis 1200 °C. Dabei backen die Rohstoffteilchen durch die chemische Umbildung von Silikaten zusammen. Die Farbe der Ziegel wird durch die im Rohstoff enthaltenen Metallverbindungen bestimmt. Die rötliche Färbung der Ziegel zum Beispiel entsteht durch Eisenoxide. Je nach Menge und Zusammensetzung der Eisenoxide sowie der Höhe der Brenntemperatur entstehen Farben von Gelb über Rot bis Dunkelbraun. Bei Planziegeln werden die Lagerflächen geschliffen. Die gebrannten Steine werden sortiert, auf Paletten gestapelt und versandfertig verpackt **(Bild 1)**.

Eigenschaften

Die Eigenschaften der Mauerziegel sind nach DIN V 105-1 genormt.

Druckfestigkeit. Mauerziegel werden in acht Druckfestigkeitsklassen geliefert, die zur Unterscheidung eine Farbkennzeichnung erhalten **(Tabelle 1)**.

Rohdichte. Bei Mauerziegeln gibt es sieben Rohdichteklassen, die zwischen 1,2 und 2,4 liegen. Dabei geben die Zahlen den höchsten Wert für die jeweilige Rohdichte in kg/dm³ an **(Tabelle 1).**

Tabelle 1: Rohdichteklassen von Mauerziegeln

Rohdichte-klasse	Mittelwert in kg/dm³
1,2	1,01 bis 1,20
1,4	1,21 bis 1,40
1,6	1,41 bis 1,60
1,8	1,61 bis 1,80
2,0	1,81 bis 2,00
2,2	2,01 bis 2,20
2,4	2,21 bis 2,40

Wärmedämmung. Ziegel sind porig. Da Luft ein schlechter Wärmeleiter ist, wirkt sich die eingeschlossene Luft in den Poren und Lochungen auf die Wärmedämmung günstig aus. Mauerziegel können Wärme aufnehmen, sie über längere Zeit speichern und langsam wieder abgeben.

Sorptions- und Diffusionsfähigkeit. Die Eigenschaften von Lehm und Ton sowie die Kapillarität der Mauerziegel ermöglichen eine Aufnahme und Abgabe von Luftfeuchtigkeit. Diese kann in den Kapillarporen gespeichert und wieder an den Raum abgegeben werden (Sorption). Feuchte und Wasserdampf können durch die Wand nach außen abgeleitet werden (Diffusion). Der Stein kann „atmen". Sorption und Diffusion verbessern in Verbindung mit der Wärmespeicherfähigkeit der Mauersteine das Raumklima.

Kapillarität. Porigkeit führt zu Kapillarität, d. h. die Steine nehmen bei Wasseranfall Feuchtigkeit auf. Dadurch, dass Wasser die Wärme besser leitet als Luft, nimmt die Wärmedämmfähigkeit ab. Die Feuchtigkeit kann an den Steinseiten in angrenzende Baustoffe und Bauteile weitergegeben werden und zu Bauschäden führen. Gefriert das aufgenommene Wasser, kommt es zu Abplatzungen.

Frostbeständigkeit. Mauerziegel sind nicht frostbeständig und müssen deshalb bei Verwendung in Außenbauteilen in durchfeuchtetem Zustand vor Frost geschützt werden.

Maße, Formate, Lochungen

Die **Maße** der Mauerziegel sind einerseits von der Maßordnung im Hochbau abgeleitet und richten sich nach den Achtelmetermaßen **(Tabelle 2).** Andererseits dürfen Ziegel zusätzlich Längen (mm) von 90, 145 und 425, Breiten (mm) von 90 und 425 sowie Höhen (mm) von 155 und 175 haben. In DIN V 105-100 sind Nenn-, Mindest- und Höchstmaße angegeben. Innerhalb der Lieferungen für ein Bauwerk dürfen sich die Maße der größten und kleinsten Ziegel höchstens um eine festgesetzte Toleranz unterscheiden.

Tabelle 2: Maße und Formate von Mauerziegeln

Kurz-zeichen	Länge mm	Breite mm	Höhe mm
DF	240	115	52
NF	240	115	71
2 DF	240	115	113
3 DF	240	175	113
4 DF	240	240	113
5 DF	240	300	113
6 DF	240	365	113
8 DF	240	240	238
10 DF	240	300	238
12 DF	240	365	238
14 DF	425	240	238
15 DF	365	300	238
16 DF	490	240	238
18 DF	365	365	238
20 DF	490	300	238
21 DF	425	365	238

Bei den **Formaten** unterscheidet man je nach Länge, Breite und Höhe der Mauersteine das Dünnformat (DF), das Normalformat (NF) und Formate, die sich aus dem Vielfachen des Dünnformates ergeben (Tabelle 2).

Nach der Art der **Lochung** unterscheidet man Vollziegel und Ziegel mit Lochungen **(Bild 1).** Lochungen sparen Rohstoff, Gewicht und erhöhen die Wärmedämmfähigkeit der Mauerziegel.

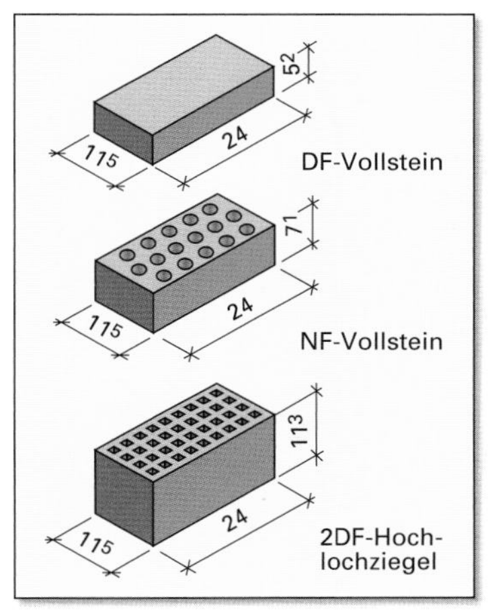

Bild 1: Mauerziegel

Ziegelarten

Vollziegel (Mz) sind Vollsteine ohne Lochung, die in den Formaten DF, NF und 2 DF hergestellt werden. Sie dürfen aber senkrecht zur Lagerfläche einen Lochanteil haben, der maximal 15 % der Lagerfläche entspricht.

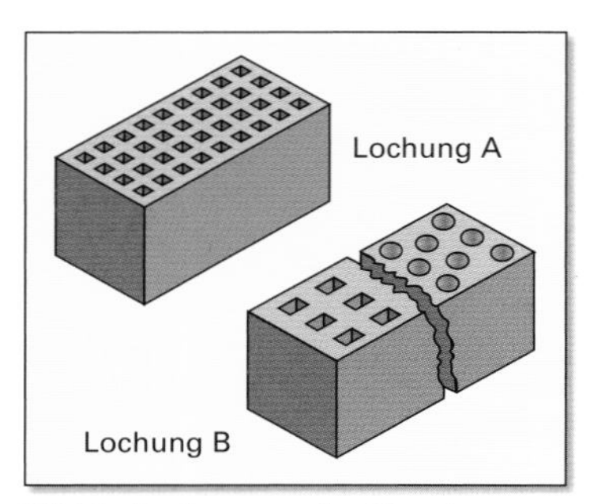

Bild 1: Lochungen der Ziegel

Tabelle 1: Druckfestigkeit von Klinkern

Druckfestigkeitsklasse	Mindestdruckfestigkeit N/mm²	Farbkennzeichnung
36	36,0	violett
48	48,0	2 schwarze Streifen
60	60,0	3 schwarze Streifen

Bezeichnung von Mauerziegeln (Beispiel)

Ziegel DIN V 105-100 – Mz 12 – 1,8 – 2 DF

bedeutet Vollziegel, Mindestdruckfestigkeit von 12 N/mm², Rohdichte von 1,8 kg/dm³, Format 2 DF

Bezeichnung von Klinkern (Beispiel)

Ziegel DIN 105 – KMz 48 – 1,8 – NF

bedeutet Vollklinker, Mindestdruckfestigkeit von 48 N/mm², Rohdichte von 1,8 kg/dm³, Format NF

Bild 2: Bestandteile von Kalksandsteinen

Hochlochziegel (HLz) werden mit einem größeren Lochanteil geliefert, der maximal 50% der Lagerfläche entspricht. Es gibt je nach Form und Größe drei unterschiedliche Lochungen A, B und C **(Bild 1)**. Zur Kennzeichnung wird das Kurzzeichen des Ziegels um den jeweiligen Kennbuchstaben der Lochung erweitert. Hochlochziegel sind ab dem Format 2 DF lieferbar.

Vormauer-Vollziegel (VMz) und **Vormauer-Hochlochziegel (VHLz)** werden bei der Herstellung mit höheren Temperaturen als Mauerziegel gebrannt, wobei als verbesserte Eigenschaft ein dichteres Gefüge entsteht. Die Steine saugen kaum noch Wasser auf und sind frostbeständig. Maße, Formate und Lochungen entsprechen denen von Mauerziegeln. Verblender oder Riemchen sind halbe bzw. längs gespaltene Vormauerziegel mit Breiten von 55 mm bis 90 mm.

Vollklinker (KMz) und **Hochlochklinker (KHLz)** werden mit einer Temperatur von bis zu 1500 °C gebrannt. Dabei verschmelzen Teile des Rohstoffes zu einer glasartigen Masse mit nahezu geschlossenen Poren. Klinker haben als besondere Eigenschaft eine sehr geringe Wasseraufnahme und sind deshalb frostbeständig. Sie haben Rohdichten über 1,2 kg/dm³ und sind den Druckfestigkeitsklassen 36, 48 und 60 zugeordnet **(Tabelle 1)**. Maße, Formate und Lochungen entsprechen denen von Mauerziegeln. Sie sind in DIN 105-3 und -4 genormt. Klinker können in den Formaten DF, NF, 2 DF, 3 DF, 4 DF und 5 DF hergestellt werden.

Wärmedämmziegel (WDz) und **Hochlochziegel W (HLzW)** sind Mauerziegel mit verbesserten Wärmedämmeigenschaften, die u. a. durch erhöhte Anforderungen an die Lochung erreicht werden. Bei der Herstellung mischt man dem Ziegelrohstoff leicht ausbrennbare Bestandteile bei. Beim Brennen entstehen deshalb im Ziegel zusätzliche Luftporen. Dadurch erreichen diese Ziegel eine geringe Rohdichte, die zwischen 0,55 kg/dm³ und 1,0 kg/dm³ liegt. Maße, Formate und Lochungen entsprechen fast denen der Mauerziegel. Sie sind den Druckfestigkeitsklassen von Mauerziegeln zugeordnet und in DIN V 105-2 genormt (Tabelle 1, Seite 106).

Bezeichnung von Mauerziegeln

Ziegel werden in der Reihenfolge Benennung, DIN-Hauptnummer, Ziegelart (Kurzzeichen), gegebenenfalls Lochung (Kurzzeichen), Druckfestigkeitsklasse, Rohdichteklasse und Format (Kurzzeichen) bezeichnet. Wanddicken werden gegebenenfalls in Klammern hinter das Format angefügt.

3.2.3.2 Kalksandsteine

Herstellung

Zur Herstellung von Kalksandsteinen wird feiner quarzhaltiger Sand und Feinkalk (gemahlener Kalk) als Bindemittel verwendet **(Bild 2)**. Das Mischen erfolgt im Zwangsmischer oder in der Löschtrommel. In Pressen erhalten die Steinrohlinge (Presslinge) ihre Form und ihre genauen Abmessungen. Beim Aushärten im Härtekessel verbinden sich die Sandkörner mit dem Kalk zu einer Kalk-Kieselsäure-Verbindung.

Temperatur und Druck beschleunigen die Erhärtung. Kalksandsteine können nach Entnahme aus dem Härtekessel ohne Lagerung ausgeliefert und verarbeitet werden **(Bild 1)**.

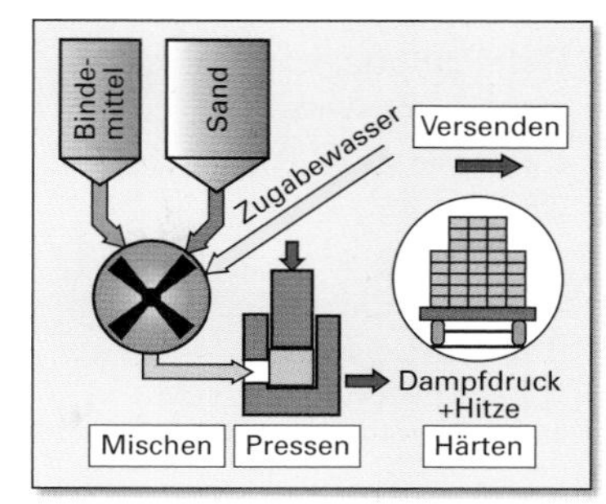

Bild 1: Herstellung von Kalksandsteinen

Eigenschaften

Die Eigenschaften der Kalksandsteine sind nach DIN V 106 genormt. Sie haben eine weißgraue Farbe, sind scharfkantig und maßhaltig.

Rohdichte. Kalksandsteine werden in 11 Rohdichteklassen eingeteilt, die zwischen 0,6 kg/dm³ und 2,2 kg/dm³ liegen.

Druckfestigkeit. Kalksandsteine werden in den gleichen Druckfestigkeitsklassen wie gebrannte Mauersteine hergestellt. Ihre Kennzeichnung erfolgt durch Stempelaufdruck bei jedem zweihundertsten Stein oder durch Farbkennzeichnung. Die Farben entsprechen der Kennzeichnung von Mauerziegeln **(Tabelle 1)**.

Tabelle 1: Druckfestigkeit von Kalksandsteinen

Druckfestigkeitsklasse	Mindestdruckfestigkeit N/mm²	Farbkennzeichnung
4	4,0	blau
6	6,0	rot
8	8,0	rot
10	10,0	grün
12	12,0	ohne
16	16,0	2 grüne Streifen
20	20,0	gelb
28	28,0	braun
36	36,0	violett
48	48,0	2 schwarze Streifen
60	60,0	3 schwarze Streifen

Frostbeständigkeit. Kalksandsteine saugen Wasser langsam auf, d.h., sie sind kapillar und deshalb nicht frostbeständig. KS-Vormauersteine und KS-Verblender sind allerdings frostbeständig.

Maße, Formate, Lochungen

Kalksandsteine können **Formate** haben, die auf die Maßordnung im Hochbau abgestimmt sind und denen der Mauerziegel entsprechen **(Bild 2)**.

In DIN V 106 sind **Nennmaße** für Kalksandsteine angegeben. Sie werden in den Längen (mm) von 240, 300, 365 und 490, Breiten (mm) von 115, 120, 123, 140, 150, 175, 190, 200, 214, 240, 248, 265, 298, 300 und 365 sowie Höhen (mm) von 52, 71, 113, 155, 175, 190, 198 und 238 hergestellt. Steine mit Nut- und Federsystem sind jeweils 8 mm länger.

Es gibt Ergänzungssteine mit abweichenden Maßen.

In Kalksandsteinen können durchgehende **Lochungen** und nicht durchgehende Lochungen angeordnet sein.

Griffhilfen sollen bei allen Steinen ab einem Format von 2 DF ergonomisch angebracht werden. Für Formate ≥ 2 DF ist mindestens eine, bei Formaten ≥ 5 DF sind mindestens 2 Griffhilfen vorzusehen **(Bild 3)**.

Bild 2: Kalksandsteine

Bild 3: Griffhilfen

Arten

Kalksand-Vollstein (KS) sind fünfseitig geschlossene Mauersteine in den Formaten DF bis 5 DF mit einer Steinhöhe von ≤ 12,3 cm. Ihr Querschnitt darf aber durch Lochung senkrecht zur Lagerfläche um bis zu 15 % gemindert sein.

Kalksand-Lochstein (KS L) sind wie Vollsteine ausgebildet, haben jedoch einen Lochanteil > 15 % des Querschnitts senkrecht zur Lagerfläche. Die Steine können bis 12,3 cm hoch sein.

Kalksand-Plansteine (KS P) sind Voll-, Loch-, Block- und Hohlblocksteine mit erhöhten Anforderungen an die Grenzabmaße für die Höhe. Sie werden im Dünnbettmörtel versetzt.

Bezeichnung von Kalksandsteinen (Beispiel)

Kalksandstein DIN V 106 – KS L 6 – 1,2 – 3 DF

bedeutet Kalksand-Lochstein, Mindestdruckfestigkeit von 6 N/mm², Rohdichte von 1,2 kg/dm³, Format 3 DF

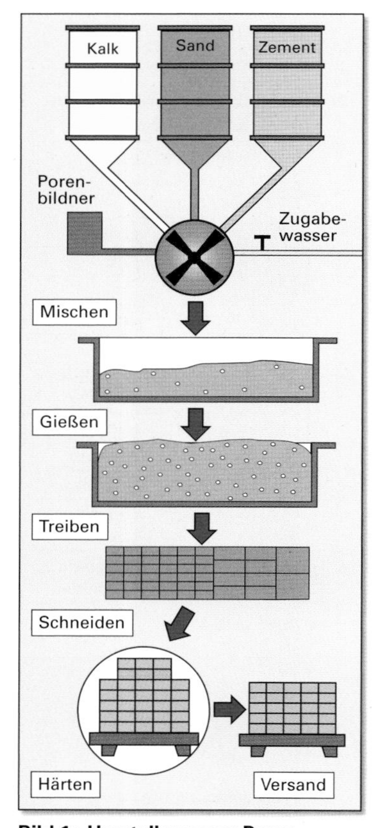

Bild 1: Herstellung von Porenbetonsteinen

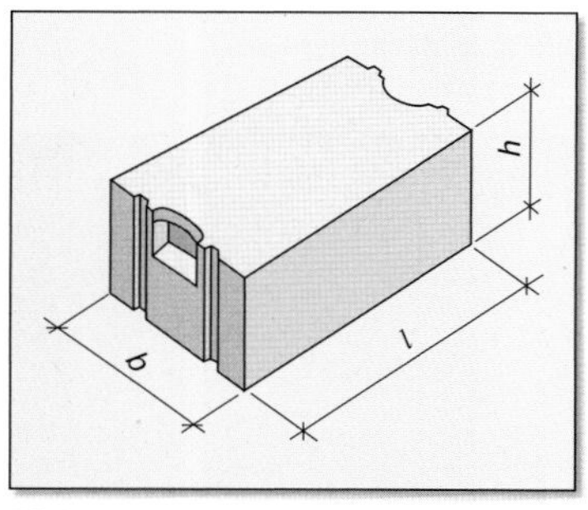

Bild 2: Nut- und Federausbildung

Kalksand-Fasensteine (KS F) sind Plansteine als Voll- oder Blockstein mit abgefasten Kanten.

Für das rationelle Mauern ohne Stoßfugenvermörtelung sind Kalksandsteine ab einem Format von 4 DF an den Stoßfugenseiten mit Nut und Feder versehen. Diese Steine werden mit einem **R** gekennzeichnet.

Bezeichnung von Kalksandsteinen

Kalksandsteine werden in der Reihenfolge Benennung, DIN-Nummer, Steinart (Kurzzeichen), Steinsorte (Kurzzeichen), Druckfestigkeitsklasse, Rohdichteklasse und Format (Kurzzeichen) bezeichnet. Wanddicken werden ab 4 DF zusätzlich angegeben. Anstelle des Formates dürfen auch die Maße in der Reihenfolge Länge/Breite/Höhe angegeben werden.

3.2.3.3 Porenbetonsteine

Herstellung

Porenbeton wird aus Zement oder Kalk, feinkörnigem oder feingemahlenem, quarzhaltigem Sand, Zugabewasser und einem Porenbildner gemischt und in Gießformen gefüllt **(Bild 1)**. Das Zugabewasser löscht den Kalk und der Porenbildner aus feinem Aluminiumpulver verbindet sich mit dem kalkhaltigen (alkalischen) Wasser. Dabei bildet sich Wasserstoff, der den Frischbeton unter Wärme auftreibt und feine Poren mit Durchmessern bis 1,5 mm bildet. Die auf Format geschnittenen Steine werden in einen Härtekessel gefahren und mit Hilfe von Wasserdampf bei 190 °C unter einem Druck von 12 bar ausgehärtet. Danach sind die Steine verarbeitbar.

Maße, Formate, Arten

Die Steine können sehr maßgenau hergestellt werden. Ihre Abmessungen sind auf die Verarbeitung abgestimmt. Beim Vermauern mit Normal- und Leichtmörtel ist eine Fuge von 1 cm bis 1,2 cm Dicke zu berücksichtigen. Bei Verwendung von Dünnbettmörtel genügt eine Maßverringerung gegenüber den Baurichtmaßen um 1 mm an den Lager- und Stirnseiten.

Die Nennmaße dürfen deshalb vom Herstellerwerk um 1 mm reduziert werden.

Ergänzungssteine dürfen von den Regelmaßen abweichen.

Porenbeton-Plansteine (PP) sind quaderförmige Vollsteine mit einer Höhe von 124 mm bis 249 mm, einer Breite von 115 mm bis 500 mm und einer Länge von 249 mm bis 624 mm. Die Stirnseiten können ebenflächig oder mit Nut-Federausbildung versehen sein **(Bild 2)**.

Eigenschaften

Die Eigenschaften von Porenbetonsteinen sind in DIN V 4165 genormt.

Druckfestigkeit. Porenbetonsteine werden in vier Druckfestigkeitsklassen geliefert **(Tabelle 1)**. Die Kennzeichnung erfolgt auf mindestens jedem 10. Stein mit einer Farbmarkierung, bei Paketierung der Steine auf der Verpackung oder auf einem beigefügten Beipackzettel.

Rohdichte. Diese liegt zwischen 0,35 kg/dm³ und 1,0 kg/dm³. Der hohe Porenanteil erhöht die Wärmedämmfähigkeit **(Bild 1)**. Porenbetonsteine sind nicht frostbeständig und deshalb vor Witterung, z.B. durch Putz, Anstrich, Verblendung oder Verkleidung, zu schützen. Porenbetonsteine können leicht bearbeitet werden, z.B. durch Sägen, Hobeln und Bohren.

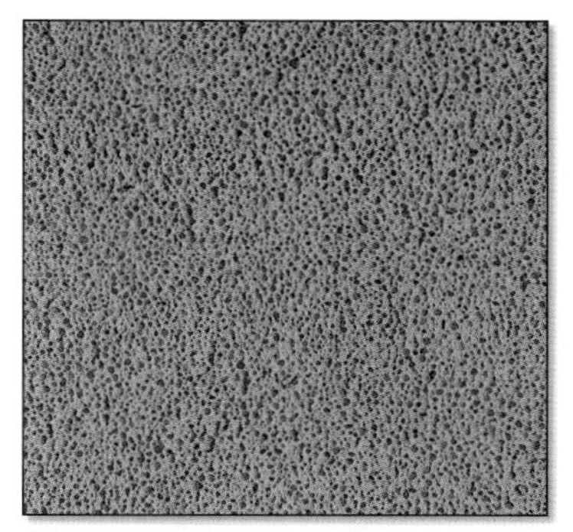

Bild 1: Schnitt durch einen Porenbetonstein

Tabelle 1: Druckfestigkeit und Rohdichte von Porenbetonsteinen

Druckfestigkeitsklasse	Mindestdruckfestigkeit N/mm²	Farbkennzeichnung	Rohdichteklasse	mittlere Rohdichte kg/dm³
2	2,0	grün	0,35 0,40 0,45 0,50	> 0,30 bis 0,35 > 0,35 bis 0,40 > 0,40 bis 0,45 > 0,45 bis 0,50
4	4,0	blau	0,55 0,60 0,65 0,70 0,80	> 0,50 bis 0,55 > 0,55 bis 0,60 > 0,60 bis 0,65 > 0,65 bis 0,70 > 0,75 bis 0,80
6	6,0	rot	0,65 0,70 0,80	> 0,60 bis 0,65 > 0,65 bis 0,70 > 0,70 bis 0,80
8	8,0	schwarzer Stempel	0,80 0,90 1,00	> 0,70 bis 0,80 > 0,80 bis 0,90 > 0,90 bis 1,00

Bezeichnung von Porenbetonsteinen (Beispiel)

Porenbeton-Planstein
DIN 4165 – PP4 – 0,55 –
249 x 115 x 124

bedeutet Porenbeton-Planstein, Mindestdruckfestigkeit von 4 N/mm², Rohdichte von 0,55 kg/dm³, l = 249 mm, b = 115 mm, h = 124 mm

Porenbeton hat eine geringe **Wärmeleitfähigkeit** und ist **nicht brennbar.** Bei einem Brand ist die Temperaturerhöhung auf der dem Feuer abgewandten Seite gering **(Bild 2)**. Das bedeutet, dass Porenbeton für alle Feuerwiderstandsklassen eingesetzt werden kann.

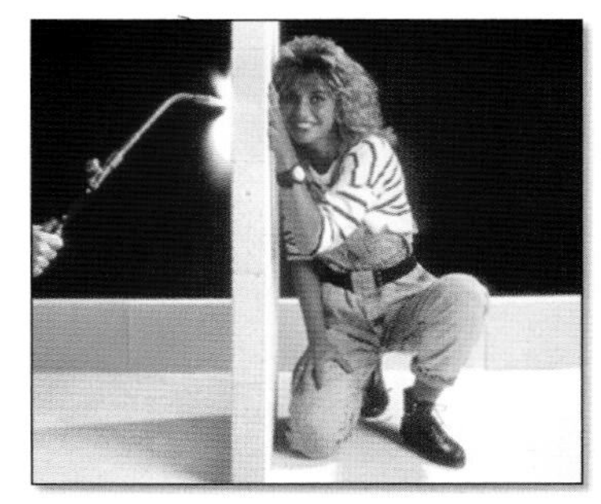

Bild 2: Brandverhalten von Porenbeton

Bezeichnung von Porenbetonsteinen

Porenbetonsteine werden in der Reihenfolge DIN-Nummer, Steinart (Kurzzeichen), Steinsorte (Kurzzeichen), Druckfestigkeitsklasse, Rohdichteklasse und Abmessungen bezeichnet.

3.2.3.4 Normalbetonsteine

Herstellung

Normalbetonsteine sind Mauersteine aus haufwerksporigem oder gefügedichtem Beton, die aus mineralischen Gesteinskörnungen und hydraulischen Bindemitteln hergestellt werden. Es dürfen nur bauaufsichtlich zugelassene Zusatzstoffe, z.B. Gesteinsmehl, Trass oder Farbstoffe und Betonzusatzmittel nach DIN EN 934-2, zugegeben werden **(Bild 3)**.

Bild 3: Betonsteine

Bild 1: Sichtmauerwerk aus Betonsteinen

Mauersteine aus Normalbeton eignen sich für Innen- und Außenmauerwerk. Sie werden auf Grund der höheren Rohdichte und Festigkeit zu schalldämmenden Trennwänden vermauert und häufig zu Sichtmauerwerk, z. B. bei zweischaligem Außenmauerwerk, eingesetzt **(Bild 1)**.

Es gibt genormte Mauersteine nach DIN V 18153 und nicht genormte, bauaufsichtlich zugelassene Mauersteine.

Genormte Mauersteine aus Normalbeton werden als **V**ollsteine (**Vn**), **P**lan-**V**ollsteine (**Vn-P**), **V**or**m**auersteine (**Vm**) sowie als **V**or**m**auer**b**löcke (**Vmb**) hergestellt. Die Stirnseiten der Steine können ebenflächig, mit Aussparungen und/oder mit Nut- und Federausbildung versehen sein. Hantier- und Grifflöcher sind zulässig **(Tabelle 1)**.

Die Maße sind einerseits auf die Maßordnung im Hochbau abgestimmt, andererseits gibt es auch abweichende Maße **(Tabelle 2)**.

Tabelle 1: Mauersteine aus Normalbeton (Beispiele)

Benennung	Kurzzeichen	Rohdichteklasse	Druckfestigk.-klasse	mögliche Maße in mm			Formate in DF	Besonderheiten
				Länge	Breite	Höhe		
Vollsteine z. B. NF	Vn	0,8 bis 2,4	4 bis 28	240 490	115 175 240 300 365	52 71 95 113 115	DF bis 10 DF	• ohne Schlitze • Kammerwerte für Planvollsteine Vn-P
Vormauersteine z. B. 3 DF	Vm	1,6 bis 2,4	6 bis 48	190 240 290 490	90 100 115 140 190 240	52 71 95 113 115 175 238	DF bis 16 DF	• ohne Kammern • frostsicher • Sichtfläche ist eben, bruchrau oder werksteinmäßig bearbeitet • Maße sind kombinierbar
Vormauerblöcke z. B. 6 DF	Vmb	1,6 bis 2,4	6 bis 48	190 240 290 490	90 100 115 140 190 240	175 190 238	DF bis 16 DF	• mit Kammern senkrecht zur Lagerfläche • frostsicher • Sichtfläche ist eben, bruchrau oder werksteinmäßig bearbeitet • Maße sind kombinierbar

Tabelle 2: Sondermaße in mm

Format	Systemlänge	Breite $b \pm 3$	Höhe Vn	Höhe Vn-P
1,7 DF	250	95	113	123
2 NF	250	140	113	123
2,5 DF	250	150	113	123
3,5 DF	250	200	115	123
6,8 DF	500	95	240	248

Bild 2: Farbiger Natursplitt

Bei **bauaufsichtlich zugelassenen Mauersteinen** aus Normalbeton handelt es sich zumeist um Varianten der genormten Steine, die in den Abmessungen, dem Aussehen oder ihrer Hohlraumeinteilung und Hohlraumfüllung von der Norm abweichen. Besonderheiten der Steine können z. B. ihre Farbe und ihre Oberflächenstruktur sein.

Dies wird bei der **Herstellung** bereits berücksichtigt, z. B. durch entsprechende Auswahl von farbigem Sand und Natursplitt **(Bild 2)**. Auch durch Zugabe von Farbmitteln und farbigem Gesteinsmehl kann die Steinfarbe bestimmt werden. Als Bindemittel wird hauptsächlich Weißzement verwendet. Es gibt weiße und farbige Steine, wobei fast alle Farben von Braun über Rot bis Weiß herstellbar sind.

Die **Eigenschaften** dieser bauaufsichtlich zugelassenen Mauersteine sind auf ihre Verwendung abgestimmt. Ihre Oberfläche kann glatt, porig, bruchrau, ausgewaschen oder gestrahlt sein.

Diese Steine werden vorzugsweise in den Druckfestigkeitsklassen 12 bis 20 hergestellt.

Für Außenmauerwerk gibt es frostbeständige Steine, die bei besonderer Zusammensetzung auch tausalzbeständig sind.

Die Maße der bauaufsichtlich zugelassenen Mauersteine aus Normalbeton sind zum Einen auf die Maßordnung im Bauwesen abgestimmt, zum Anderen gibt es Zentimetermaße nach der Modulordnung.

Bild 1: Leichtbetonsteine

3.2.3.5 Leichtbetonsteine

Leichtbetonsteine werden für tragendes und nicht tragendes Innen- und Außenmauerwerk hergestellt **(Bild 1)**.

Herstellung

Leichtbetonsteine werden aus Bindemittel, Wasser und poriger Gesteinskörnung hergestellt. Als Bindemittel sind genormte Zemente oder bauaufsichtlich zugelassene Bindemittel möglich. Als porige Gesteinskörnung kann **N**atur**b**ims (**NB**) oder **B**läh**t**on (**BT**) sowie Hüttenbims, Ziegelsplitt und Lavaschlacke verwendet werden **(Bild 2)**. Der Frischbeton wird in Formen eingebracht und verdichtet. Die Erhärtung erfolgt an der Luft oder in Härtekesseln mit Hilfe von Wasserdampf und unter Druck. Bei Lufterhärtung müssen die Leichtbetonsteine nach 28 Tagen ihre Mindestdruckfestigkeit erreicht haben.

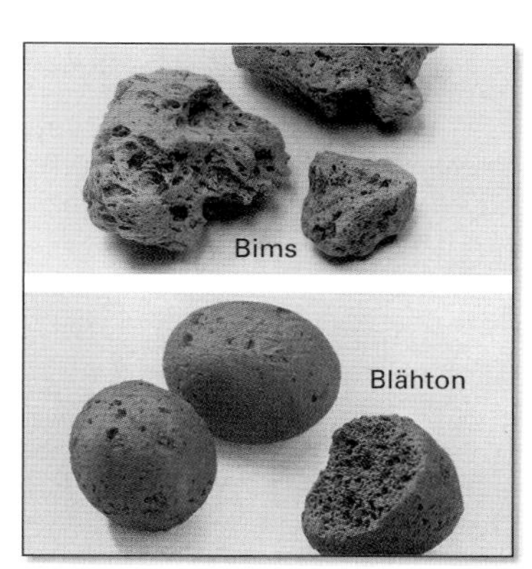

Bild 2: Leichtbetonzuschlag

Eigenschaften

Die Eigenschaften von Leichtbetonsteinen sind in DIN V 18152 genormt.

Druckfestigkeit. Leichtbetonsteine werden in den Druckfestigkeitsklassen 2 bis 20 hergestellt **(Tabelle 1)**.

Tabelle 1: Druckfestigkeit von Leichtbetonsteinen

Druckfestigkeitsklasse	Mittelwert N/mm²	Kennzeichnung	
		Farbe	Nuten
2	2,5	grün	–
4	5,0	blau	1
6	7,5	rot	2
8	10,0	schwarzer Stempel	–
12	15,0	schwarz	3
20	25,0	gelb	–

Rohdichte. Es gibt 14 Rohdichteklassen, die zwischen 0,45 kg/dm³ und 2,0 kg/dm³ liegen. Dies erreicht man durch Verwendung von stark poriger Gesteinskörnung. Das Bindemittel umhüllt die Gesteinskörnung und verringert dadurch die Kapillarwirkung, so dass die Körner weniger Wasser aufsaugen. Durch die Luftporen wird die **Wärmedämmung** der Leichtbetonsteine erheblich verbessert.

Leichtbetonsteine blühen im Allgemeinen nicht aus. Sie haben eine raue Oberfläche und ergeben deshalb einen gut haftenden Putzgrund. Plangeschliffene Steine können ohne Mörtel in Lager- und Stoßfugen als Trockenmauerwerk versetzt werden.

Maße und Formate

Die Maße von Leichtbetonsteinen sind in der Regel auf die Achtelmetermaße abgestimmt **(Tabelle 2)**. Sie hängen jedoch von der Art der Vermauerung ab. Bei der Vermauerung mit Normal- oder Leichtmörtel ist eine 12 mm dicke Mörtelfuge zu berücksichtigen.

Werden die Leichtbetonsteine mit Dünnbettmörtel vermauert, ist die Fuge nur 1 mm bis 3 mm dick. Bei der Herstellung von Trockenmauerwerk sind 2 mm Toleranz zu berücksichtigen.

Tabelle 2: Maße und Formate der Vollsteine in mm

Format	Systemlänge l_s	Breite $b \pm 3$	Höhe h	
			V±3	V-P±1
DF	250	115	52	60
NF	250	115	71	81
1,7 DF	250	95	113	123
2 DF	250	115	113	123
2 NF	250	140	113	123
2,5 DF	250	150	113	123
3 DF	250	175	113	123
3,5 DF	250	200	115	123
4 DF	250	240	115	123
5 DF	250	300	115	123
6 DF	250	365	115	123
6,8 DF	500	95	115	248

Bild 1: Leichtbeton-Vollstein

Bezeichnung von Leichtbetonsteinen (Beispiel)

Vollstein DIN V 18152 – V 6 – 0,7 – 3 DF – 250 x 175 x 113 – SN

bedeutet Leichtbeton-Vollstein, Verarbeitung mit Dickbettmörtel, Mindestdruckfestigkeit von 6 N/mm², Rohdichte von 0,7 kg/dm³, Format 3 DF, l = 250 mm, b = 175 mm, h = 113 mm, mit Stirnseitennuten.

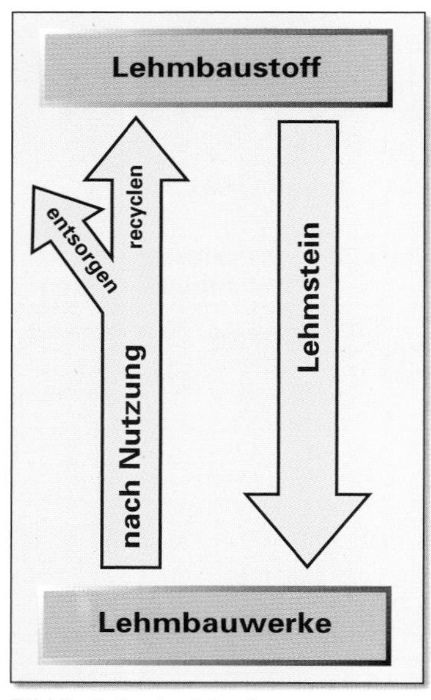

Bild 2: Lehmkreislauf

Bild 3: Lehm

Arten

Vollsteine (V) sind kleinformatige Leichtbetonsteine in Form eines Quaders ohne Schlitze. Die Stirnseiten können ebenflächig, mit Stirnseitennuten (**SN**) und/oder mit Nut- und Federausbildung (**SN/N+F** oder **N+F**) ausgebildet sein und dürfen einen Griffschlitz haben **(Bild 1)**. Die Verarbeitung erfolgt in Dickbettmörtel.

Plan-Vollsteine (V-P) sind Vollsteine mit besonderer Anforderung an die Maßhaltigkeit, insbesondere an die Steinhöhe. Die Verarbeitung erfolgt in Dünnbettmörtel.

Bezeichnung von Leichtbetonsteinen

Leichtbetonsteine werden in der Reihenfolge Benennung, DIN-Nummer, Kurzzeichen, Druckfestigkeitsklasse, Rohdichteklasse, Maße (Format) sowie die Abmessungen, Stirnflächenausbildung und gegebenenfalls die Gesteinskörnung (Kurzzeichen) bezeichnet.

Die Bezeichnung für Vollsteine und Vollblöcke aus Leichtbeton weist auch auf die Art der Verarbeitung mit Dickbett- und Dünnbettmörtel hin. Diese wird vor der Druckfestigkeitsklasse angegeben.

3.2.3.6 Lehmsteine

Lehm kann als Baustoff genutzt werden. Dieser traditionelle Baustoff gewinnt zunehmend an Bedeutung. Vor allem Aspekte des ökologischen Bauens sowie der Denkmalpflege machen ein energiesparendes und umweltschonendes Bauen mit dem gesundheitlich unbedenklichen und wiederverwertbaren Baustoff Lehm aus **(Bild 2)**.

Lehm ist ein Gemisch aus Ton, Schluff, Sand und Kies in verschiedenen Korngrößen. Die Tonmineralien bilden das Bindemittel zwischen den groben Bestandteilen **(Bild 3)**.

Herstellung

Lehmsteine werden aus Lehm, Sand, Wasser und gegebenenfalls Zusätzen, wie Naturfasern (z. B. Hanf, Stroh), nach drei Verfahren hergestellt.

Beim **Handstrichverfahren** oder **Patzen** wird aufbereiteter, leicht knetbarer Lehm manuell in eine Form aus Holz oder Metall eingeworfen und eingedrückt. Nach dem Abziehen der Oberfläche und dem Ausschalen trocknen die Rohlinge an der Luft oder werden künstlich getrocknet (**Bild 1, Bild 2,** Seite 115). Die Formen für die Steine müssen ca. 5% größer sein, da die Steine beim Trocknen schwinden.

Halbfester Lehm wird beim **manuellen** oder **maschinellen Pressen** in handelsübliche Pressen eingefüllt und verdichtet. Nach dem Entfernen der Presskammer trocknen die Rohlinge an der Luft oder werden künstlich getrocknet (**Bild 3**, Seite 115).

Aufbereiteter, schwer knetbarer Lehm wird wie bei der Ziegelherstellung im **Strangpressverfahren** hergestellt.

Die Rohlinge trocknen an der Luft oder werden künstlich getrocknet. Diese Lehmsteine werden als **Grünlinge** bezeichnet.

Bild 1: Herstellung der Lehmsteine im Handstrichverfahren

Eigenschaften

Lehm erreicht seine Festigkeit durch Trocknen im Gegensatz zum Beton, der seine Festigkeit durch chemische Vorgänge beim Erhärten von Zement erhält. Durch Zugabe von Wasser kann fester Lehm wieder plastisch und damit verarbeitbar gemacht werden. Der Erhärtungs- und Einweichungsprozess ist beliebig oft wiederholbar, ohne dass der Lehm seine Eigenschaften verliert.

Der in der Luft enthaltene Wasserdampf lagert sich im Lehm an und wird bei Veränderungen des Innenraumklimas wieder an den Raum abgegeben. So wird eine konstante relative Luftfeuchtigkeit von 45 % bis 55 % erreicht. Durch dieses Anlagern und Abgeben werden Austauschprozesse in Gang gesetzt. Zugleich werden Gerüche gebunden. Lehm wirkt dabei wie ein Luftfilter. Diesen Vorgang nennt man Sorption. Die Sorptionsfähigkeit des Lehms begünstigt das Raumklima.

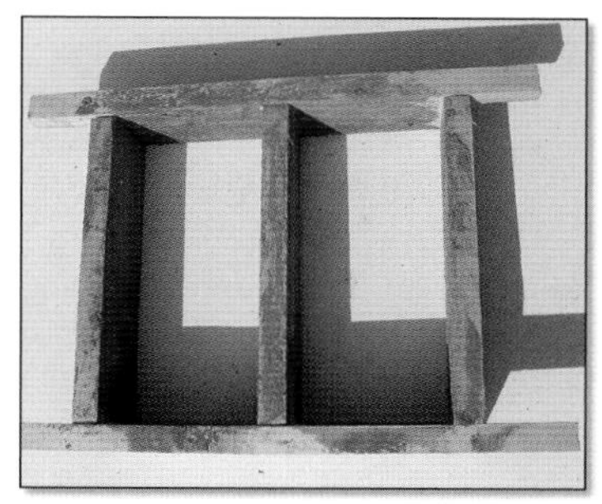

Bild 2: Formen für die Lehmsteinherstellung durch Patzen

Lehm ist nicht wasserfest und muss insbesondere in feuchtem Zustand vor Regen und Frost geschützt werden. Als Spritzwasserschutz ist ein Sockel von mindestens 50 cm Höhe über der Geländeoberkante aus wasserunempfindlichen Baustoffen herzustellen.

Lehm hat auf Grund seiner großen Masse ein gutes Wärmespeichervermögen. Wärme kann über einen längeren Zeitraum gespeichert werden und wird langsam wieder abgegeben. Weiterhin wird durch die große Masse eine gute Schalldämmung erreicht.

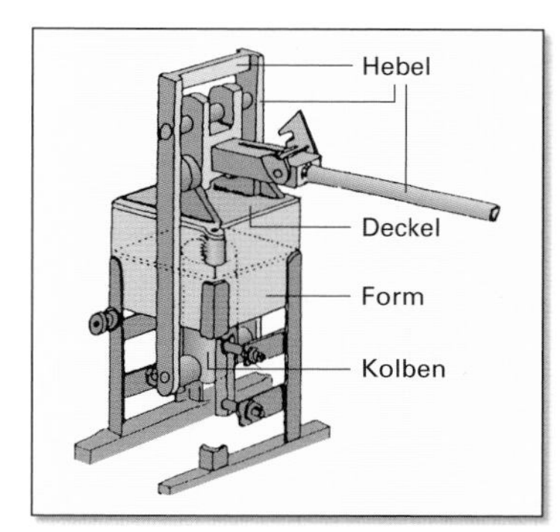

Bild 3: Herstellung der Lehmsteine beim manuellen Pressen

Maße und Formate

Lehmsteine können in den Maßen und Formaten entsprechend der Mauerziegel hergestellt werden **(Bild 4)**. Die gute Verarbeitbarkeit von Lehm lässt jedes Individualmaß zu.

Arten

Als **Grünlinge** werden die Lehmsteine bezeichnet, die herstellungsbedingt feuchtigkeits- und frostempfindlich sind. Ein Einsatz für tragendes Mauerwerk sowie als Außenmauerwerk mit bewittertem Außenputz ist nicht zulässig.

Leichtlehmsteine entstehen durch die Beimischung von Strohhäckseln. Sie können als Voll- oder Lochsteine hergestellt werden und sind für alle Anwendungen im Innen- und Außenbereich einsetzbar.

Verarbeitung

Lehmsteine werden nach den Regeln des Mauerhandwerks verarbeitet.

Die Steinhaftung kann durch Vornässen der Lehmsteine in der Lagerfuge verbessert werden. Lehmsteine können auch vorgenässt mit Kalk- oder Trasskalkmörtel vermauert werden. Dadurch lässt sich die Mauerwerksfestigkeit erhöhen.

Bild 4: Beispiele für Lehmsteine

3.2.3.7 Baustoffbedarf für Mauerwerk

Die Ermittlung des Baustoffbedarfs ist für die Arbeitsvorbereitung sowie zur Kostenermittlung notwendig. Der Baustoffbedarf für Mauerwerk setzt sich aus der Anzahl der Mauersteine und der Menge des erforderlichen Mauermörtels zusammen. Bei Mauersteinen werden Bruch und Verlust berücksichtigt, beim Mauermörtel vorwiegend die Mörtelkonsistenz sowie Oberfläche und Maßabweichungen der Mauersteine. Das Vermauern von Lochsteinen erfordert z.B. mehr Mauermörtel als das Vermauern von Vollsteinen, da der Mauermörtel teilweise in die Löcher gedrückt wird.

Der Bedarf an Mauersteinen wird in Stück je m² oder m³ Mauerwerk, die Mauermörtelmenge in Litern je m² oder m³ Mauerwerk angegeben **(Tabelle 1)**. Die Mengenermittlung erfolgt nach Wanddicken getrennt. In der Regel werden Wanddicken bis 24 cm in m² abgerechnet und Wanddicken über 24 cm in m³.

Bei der Ermittlung wird die Wandfläche bzw. das Wandvolumen mit dem entsprechenden Baustoffbedarf je Mengeneinheit multipliziert.

Tabelle 1: Baustoffbedarf für einschaliges Mauerwerk

Format	Wanddicke (cm)	Bedarf je m²		Bedarf je m³	
		Steine (Stück)	Mörtel (Liter)	Steine (Stück)	Mörtel (Liter)
DF	11,5	66	29	–	–
	24	132	70	550	292
	36,5	198	114	541	311
NF	11,5	50	27	–	–
	24	99	65	416	274
	36,5	148	100	405	280
2 DF	11,5	33	19	–	–
	24	66	50	276	210
	36,5	98	80	270	220
3 DF	17,5	33	29	190	160
	24	44	50	183	210
2 DF + 3 DF	30	33 + 33	60	110 + 110	200
4 DF	11,5	16	16	–	–
	24	33	40	137	167
5 DF	24	26	40	108	160
	30	32	50	108	165
6 DF	17,5	16	21	94	120
	24	23	38	88	148
	36,5	32	62	90	180

Baustoffbedarf nach m²:
Steinbedarf = Wandfläche x Stück/m²
Mörtelbedarf = Wandfläche x Liter/m²

Baustoffbedarf nach m³:
Steinbedarf = Wandvolumen x Stück/m³
Mörtelbedarf = Wandvolumen x Liter/m³

Beispiel:

Ein quadratischer Schacht ist mit dem lichten Maß von 1,51 m, einer Höhe von 2,50 m und einer Wanddicke von 24 cm in KS L – 2 DF herzustellen.

Bestimmen Sie den Baustoffbedarf an KS L in Stück und an Mauermörtel in Litern.

Lösung:

Mengenermittlung für Mauerwerk, 24 cm

A_1 = 2 x 1,99 m x 2,50 m A_1 = 9,95 m²

A_2 = 2 x 1,51 m x 2,50 m A_2 = 7,55 m²

$\boldsymbol{A_1 + A_2}$ **= 17,50 m²**

Steinbedarf für 2 DF = Wandfläche x Stück/m²
Steinbedarf für 2 DF = 17,50 m² x 66 St/m²
Steinbedarf für 2 DF = 1155 Stück
Mörtelbedarf für 2 DF = Wandfläche x Liter/m²
Mörtelbedarf für 2 DF = 17,50 m² x 50 l/m²
Mörtelbedarf für 2 DF = 875 l

Für den Schacht werden 1155 KS L – 2 DF und 875 l Mauermörtel benötigt.

Beispiel:

Es muss eine Türöffnung 0,885 m x 2,135 m x 0,365 m zugemauert werden. Es sind Mauerziegel im Format NF auf der Baustelle vorrätig.

Ermitteln Sie den Baustoffbedarf an Mz in Stück und an Mauermörtel in Litern.

Lösung:

Mengenermittlung für Mauerwerk, 36,5 cm

V = 0,885 m x 2,135 m x 0,365 m

$\boldsymbol{V}$ **= 0,690 m³**

Steinbedarf für NF = Wandvolumen x Stück/m³
Steinbedarf für NF = 0,690 m³ x 405 St/m³
Steinbedarf für NF = 280 Stück
Mörtelbedarf für NF = Wandvolumen x Liter/m³
Mörtelbedarf für NF = 0,690 m³ x 280 l/m³
Mörtelbedarf für NF = 194 l

Für die Türöffnung werden 280 Mz – NF und 194 l Mauermörtel benötigt.

Aufgaben

1 Eine 17,5 cm dicke, **frei stehende Wand** ist 6,25 m lang und 1,75 m hoch zu mauern. Wählen Sie hierfür geeignete Mauersteine aus und begründen Sie ihre Auswahl.
Ermitteln Sie den Stein- und Mörtelbedarf.

2 Unterscheiden Sie die **künstlichen Mauersteine** nach Herstellung und Eigenschaften und stellen Sie das Ergebnis in einer Tabelle dar.

3 Zeichnen Sie einen **künstlichen Mauerstein** im Format 3 DF im Maßstab 1:5 in drei Ansichten und bemaßen Sie normgerecht.

4 Als Übungsstück ist eine **Wandecke** mit Tür- und Fensteröffnung zu mauern **(Bild 1).**

a) Entwickeln Sie eine Verbandslösung mit großformatigen Steinen 6 DF für die 1. und 2. sowie die vorletzte und letzte Schicht.

b) Ermitteln Sie durch Auszählen der Schichten den Bedarf an ganzen Steinen und Teilsteinen bei der Verwendung von 6 DF Steinen und Teilsteinen.

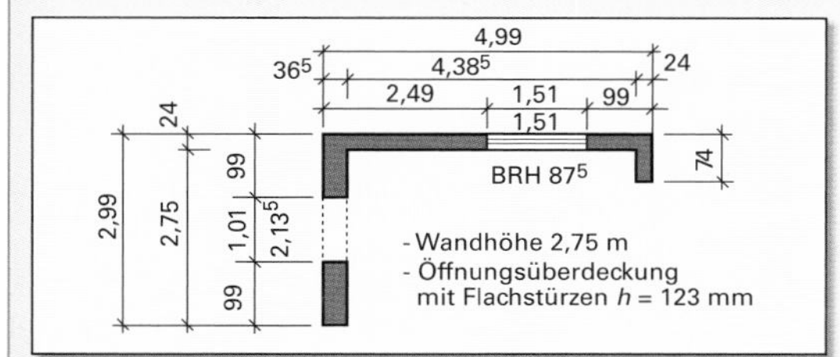

Bild 1: Wandecke

5 Ein Auszubildender hat ein **Mauerwerk** mit Mauersteinen im NF-Format zu erstellen **(Bild 2).**
Wieviel m³ Mauerwerk werden gemauert, wenn 21 Schichten verlangt sind?

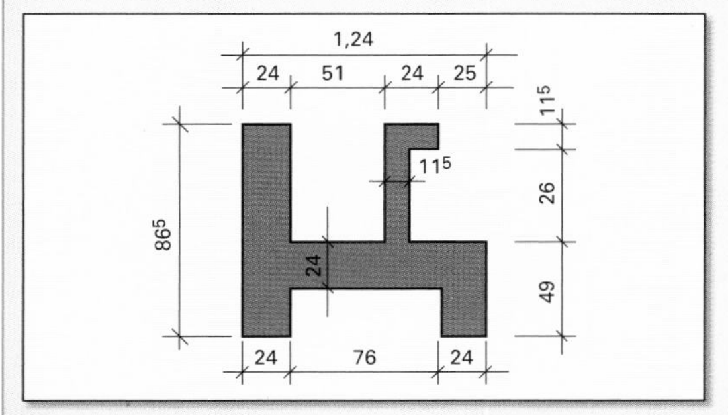

Bild 2: Mauerwerk

6 Ein 2,25 m hohes **Absetzbecken** mit den Außenmaßen 3,74 m x 2,49 m wird als Zweikammergrube in Mauerwerk 30 cm dick auf einer Stahlbetonplatte erstellt. Die gleich großen Kammern sind in Längsrichtung angeordnet und durch eine 11,5 cm dicke und 1,75 m hohe Wand mittig voneinander getrennt.
Wählen Sie geeignete Mauersteine im Klein- und Mittelformat aus und ermitteln Sie den Baustoffbedarf.

7 Die Wände einer **Garage** sind aus Mauerwerk herzustellen **(Bild 3).**

a) Wie viel m³ Mauerwerk sind für die Erstellung des Baukörpers erforderlich?

b) Bestimmen Sie den Bedarf an Mauersteinen und an Mauermörtel bei der Verwendung von Mz-20 – 2,0 – NF (V 4 – 0,8 – 2 DF – 250/115/113).

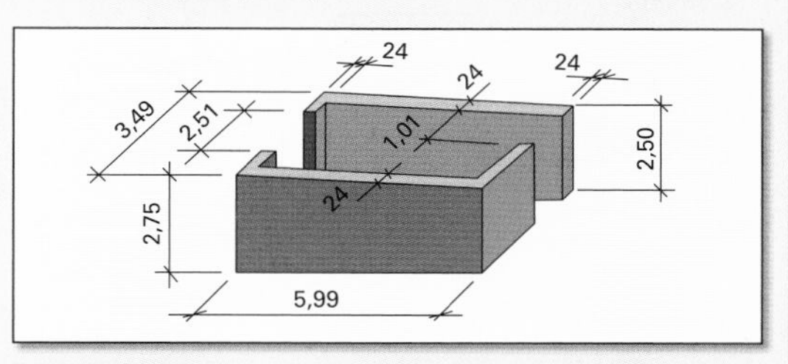

Bild 3: Garage

8 Eine **Fachwerkwand** soll neu ausgefacht werden. Nach Entfernung der Gefache wurde eine Bestandsaufnahme mittels einer Aufmaßskizze angefertigt **(Bild 4).** Die Ausfachung soll mit Lehmsteinen ausgeführt werden.

a) Schlagen Sie ein Verfahren zur Herstellung und Verarbeitung der Lehmsteine vor und begründen Sie die Vorteile bei der Verwendung von Lehmsteinen.

b) Bestimmen Sie den Stein- und Mörtelbedarf bei der Verwendung von DF-Steinen.

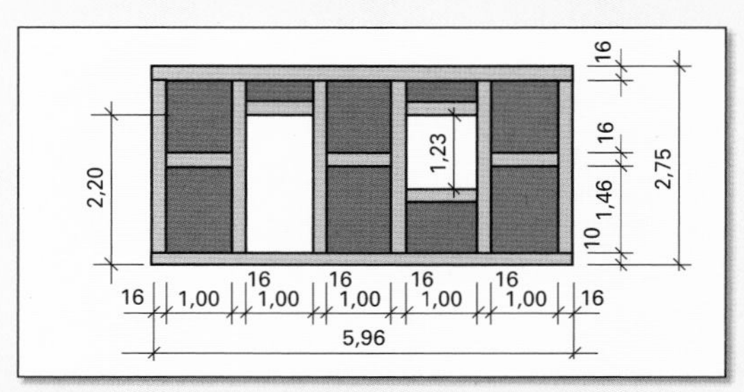

Bild 4: Bestandsaufnahme Fachwerkwand

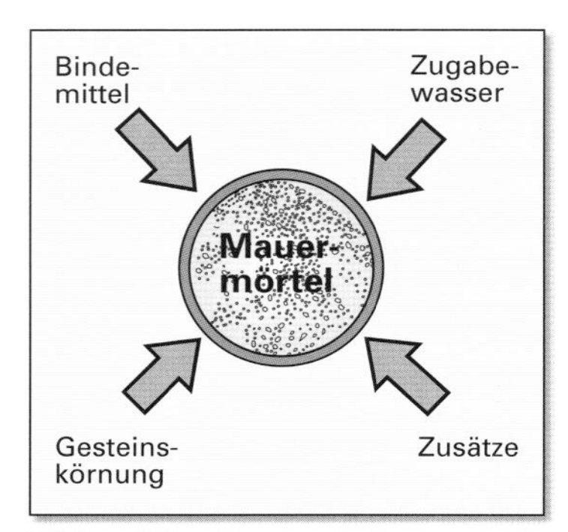

Bild 1: Mörtelbestandteile

3.2.4 Mauermörtel

Mauermörtel ist ein Gemisch aus einem oder mehreren Bindemitteln, Gesteinskörnungen, gegebenenfalls Zusatzmitteln oder Zusatzstoffen sowie Zugabewasser **(Bild 1)**. Mauermörtel hat die Aufgabe, die einzelnen Steine über Lager- und Stoßfugen oder nur über Lagerfugen zu Mauerwerk zu verbinden. Die statischen und bauphysikalischen Eigenschaften des Mauerwerks werden durch die Verbindung von bestimmten Steinen mit bestimmten Mauermörteln festgelegt. Maßdifferenzen der Steine werden durch Mauermörtel ausgeglichen.

3.2.4.1 Bindemittel

Bindemittel sind mineralische Stoffe, die auf Grund chemischer Vorgänge erhärten. Sie sollen die Gesteinskörner umhüllen und diese fest und dauerhaft verbinden. Als Bindemittel für Mauermörtel werden Baukalke, Zemente, Mischbinder sowie Putz- und Mauerbinder verwendet.

Baukalke

Man unterscheidet Luftkalke und hydraulische Kalke (**Tabelle 2**, Seite 119).

Luftkalke erhärten langsam an der Luft. Ohne Luftzufuhr, z. B. unter Wasser, können sie nicht erhärten.

Kalkstein ($CaCO_3$) oder Dolomitkalk werden aufbereitet und in Drehrohröfen bei Temperaturen unter 1250 °C gebrannt. Dabei wird Kohlenstoffdioxid (CO_2) ausgetrieben. Es entsteht **Calciumoxid (CaO)**, das als **ungelöschter Kalk** bezeichnet wird.

Brennen: $CaCO_3 \xrightarrow{+\text{ Wärme}} CaO + CO_2$

Calciumcarbonat Kalkstein → Calciumoxid Branntkalk + Kohlenstoffdioxid

Den Branntkalkstücken setzt man durch Überbrausen soviel Wasser zu, bis diese zu feinem Pulver zerfallen. Diesen Vorgang nennt man Löschen. Dabei verbindet sich Branntkalk unter Wärmeentwicklung mit Wasser zu **Calciumhydroxid ($Ca(OH)_2$)**, das als **gelöschter Kalk** oder auch als Kalkhydrat bezeichnet wird.

Löschen: $CaO + H_2O \longrightarrow Ca(OH)_2 + \text{Wärme}$

Calciumoxid Branntkalk + Wasser → Calciumhydroxid

Beim Erhärten von Mauermörtel nimmt das Kalkhydrat **Kohlenstoffdioxid $(CO)_2$** aus der Luft auf. Es entstehen Kalkstein und Wasser.

Erhärten: $Ca(OH)_2 + CO_2 \longrightarrow CaCO_3 + H_2O$

Calciumhydroxid + Kohlenstoffdioxid → Calciumcarbonat Kalkstein + Wasser

Das freiwerdende Wasser im Mauerwerk wird als Baufeuchte bezeichnet und trocknet langsam aus. Durch Zufuhr von Wärme und Kohlenstoffdioxid kann der Erhärtungsvorgang des Mauermörtels und das Austrocknen des Bauwerkes beschleunigt werden **(Bild 2)**.

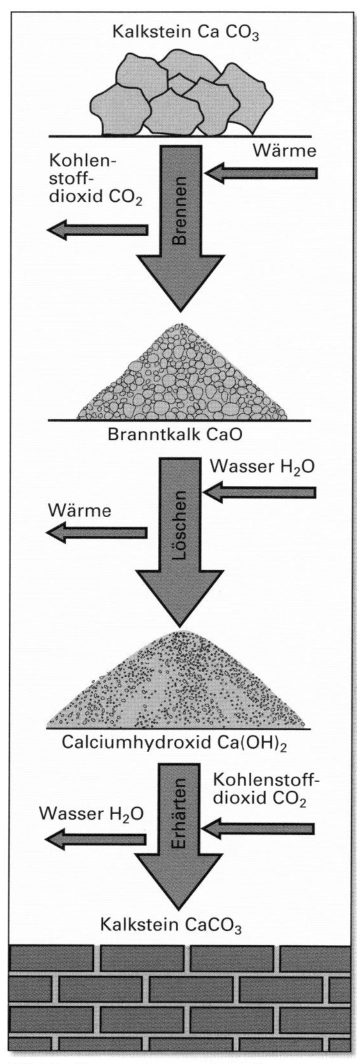

Bild 2: Herstellen und Erhärten von Luftkalken

Mauermörtel aus Luftkalken sind geschmeidig und lassen sich deshalb gut verarbeiten. An Festmörtel wird nach Norm keine Anforderung an die Druckfestigkeit gestellt.

Luftkalke werden als Weißkalk und Dolomitkalk in verschiedenen Lieferformen gehandelt (**Tabelle 1** und **Tabelle 2**).

Tabelle 1: Luftkalke

Arten	Kurzzeichen	Arten	Kurzzeichen
Weißkalk 90	CL 90	Dolomitkalk 90–30	DL 90–30
Weißkalk 80	CL 80	Dolomitkalk 90–5	DL 90–5
Weißkalk 70	CL 70	Dolomitkalk 85–30	DL 85–30
		Dolomitkalk 80–5	DL 80–5

Normbezeichnung: **Weißkalk DIN 1060 – CL 90**
bezeichnet einen Weißkalk nach DIN 1060 mit einem Anteil von mindestens 90% Branntkalk CaO und MgO.

Hydraulische Kalke erhärten sowohl an der Luft als auch ohne Luftzufuhr unter Wasser.

Durch Brennen von tonhaltigem Kalkstein (Mergel), nachfolgendem Löschen und Mahlen entstehen **H**ydraulische **K**alke (**HL**). Sie enthalten Calciumsilikate und Calciumhydroxide. Man nennt sie deshalb **N**atürliche **H**ydraulische **K**alke (**NHL**).

Hydraulische Kalke (HL) können auch durch Mischen geeigneter Stoffe und Calciumhydroxid hergestellt werden. Werden ihnen bis zu 20% geeignete puzzolanische (vulkanische) oder hydraulische Stoffe zugegeben, spricht man von Natürlichen Hydraulischen Kalken mit Puzzolanen (**NHL-P**).

Hydraulische Kalke benötigen zur Erhärtung des Calciumhydroxides Kohlenstoffdioxid aus der Luft. Die **Silikate (SiO_2), Aluminate (Al_2O_3)** und eventuell beigemischte **Eisenoxide (Fe_2O_3)** verbinden sich mit Wasser zu wasserunlöslichen Stoffen. Man nennt diese drei Stoffe auch hydraulische Stoffe oder **Hydraulefaktoren**.

Hydraulische Kalke müssen nach DIN 1060 ihre Druckfestigkeit nach 28 Tagen erreicht haben (**Tabelle 3**). Diese ist umso höher, je höherwertiger der Kalk ist.

Normbezeichnung: **Hydraulischer Kalk DIN 1060 – HL 5**
bezeichnet einen Hydraulischen Kalk nach DIN 1060 mit Mindestdruckfestigkeit von 5 N/mm² nach 28 Tagen.

Mischbinder

Mischbinder ist ein hydraulisches Bindemittel, das fein gemahlenen Trass, Hochofenschlacke oder Hüttensand sowie Kalkhydrat oder Portlandzement als Anreger zur Wasseraufnahme enthält. Mischbinder erhärtet sowohl an der Luft als auch unter Wasser. Seine Druckfestigkeit ist nach DIN 4207 auf mindestens 15 N/mm² nach 28 Tagen festgelegt.

Tabelle 2: Lieferformen von Baukalken

Gütezeichen für Baukalke

Luftkalke

Ungelöschter Kalk (Q)
CaO, MgO
- als **Stückkalk,** nicht gemahlen
- als **Feinkalk,** fein gemahlen

Kalkhydrat (S)
als gelöschter Kalk $Ca(OH)_2$, $Mg(OH)_2$
- in **Pulverform (S)** sackweise oder im Silo
- als **Kalkteig (S PL)** mit Wasser zu einer gewünschten Konsistenz gemischt

Hydraulische Kalke

Kalkhydrat (S)
als gelöschter Kalk $Ca(OH)_2$, $Mg(OH)_2$ mit Hydraulefaktoren
- in **Pulverform (S)** sackweise oder im Silo

Hydraulefaktoren

SiO_2	Siliciumdioxid
Al_2O_3	Aluminiumoxid
Fe_2O_3	Eisenoxid

Tabelle 3: Druckfestigkeiten von hydraulischem Kalk

Baukalkarten	Druckfestigkeit N/mm² nach 7 Tagen	Druckfestigkeit N/mm² nach 28 Tagen
HL 2	–	2 bis 7
HL 3,5	–	3,5 bis 10
HL 5	≥ 2	5 bis 15

Tabelle 1: Druckfestigkeit von Putz- und Mauerbinder

Putz- und Mauerbinderarten	Druckfestigkeit N/mm² nach 7 Tagen	28 Tagen	Luftporenbildner
MC 5	–	5 bis 15	mit
MC 12,5	≥7	12,5 bis 32,5	mit
MC 12,5 X			ohne
MC 22,5	≥10	22,5 bis 42,5	mit
MC 22,5X			ohne

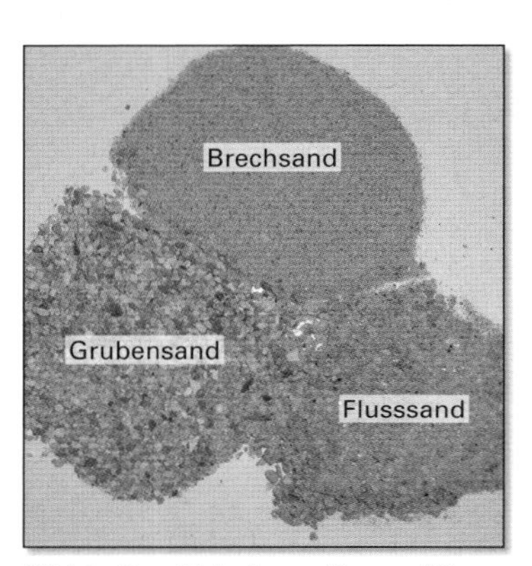

Bild 1: Sand bis 4 mm Korngröße

Zusatzmittel

Luftporenbildner
Verflüssiger
Dichtungsmittel
Erstarrungsbeschleuniger
Verzögerer

Zusatzstoffe

Mineralische Stoffe:
Gesteinsmehl
Trass
Flugasche

Organische Stoffe:
Kunstharzzusätze

zementechte Farbmittel

Putz- und Mauerbinder

Putz- und Mauerbinder (MC) ist ein werkmäßig hergestelltes, hydraulisches Bindemittel. Es besteht im Wesentlichen aus Portlandzement und anorganischen Stoffen, wie z.B. Gesteinsmehl. Beim Mischen mit Sand und Wasser erhält man einen Mörtel, der für Putz- und Mauerarbeiten geeignet ist. Putz- und Mauerbinder werden nach DIN 4211 in drei Festigkeitsklassen eingeteilt **(Tabelle 1)**. Die Zugabe luftporenbildender Zusatzmittel verbessert die Verarbeitbarkeit und die Dauerhaftigkeit.

Normbezeichnung: **Putz- und Mauerbinder DIN 4211 – MC 12,5X**
bezeichnet einen Putz- und Mauerbinder nach DIN 4211 der Festigkeitsklasse 12,5 ohne Luftporenbildner.

3.2.4.2 Gesteinskörnungen

Gesteinskörnungen sind Gemenge aus Mineralstoffen. Sie bilden das tragende Gerüst des Mauermörtels und dienen als Magerungsmittel. Um diese Aufgaben zu erfüllen, müssen Gesteinskörnungen tragfähig, frostsicher, frei von Verunreinigungen und gemischtkörnig sein. Die Körner sollen eine gedrungene Kornform haben.

Zur Herstellung von Feinmörtel wird feine Gesteinskörnung (Sand) bis 4 mm Korngröße verwendet, bei Dünnbettmörtel beträgt die maximale Korngröße 1 mm. Dazu eignen sich Grubensand (ungewaschen und gewaschen), Flusssand sowie Brechsand **(Bild 1)**.

Ungewaschener Grubensand enthält lehmige und tonige Bestandteile. Gewaschener Gruben- und Flusssand wird für Zementmörtel verwendet. Häufig wird ungewaschene feine Gesteinskörnung mit gewaschener feiner Gesteinskörnung verbessert.

3.2.4.3 Zugabewasser

Für die Herstellung des Mauermörtels benötigt man Wasser. Das Zugabewasser soll den Mauermörtel plastisch und verarbeitbar machen. Es darf nur Wasser verwendet werden, das frei von Verunreinigungen, Fetten, Ölen und organischen Stoffen ist.

Die für die Herstellung erforderliche Wassermenge setzt sich zusammen aus der Eigenfeuchte der Gesteinskörnung und der Zugabewassermenge. Unter Eigenfeuchte versteht man die Oberflächenfeuchte und Kornfeuchte der Gesteinskörner. Zur Ermittlung der Zugabewassermenge ist von der benötigten Wassermenge die Eigenfeuchte abzuziehen.

3.2.4.4 Zusätze

Die Mauermörteleigenschaften können durch die Zugabe von Zusatzmitteln und Zusatzstoffen verändert werden.

Zusatzmittel, in der Regel flüssige Stoffe, werden dem Mauermörtel in geringer Menge zugegeben und sollen die Eigenschaften des Mauermörtels verbessern.

Zusatzstoffe, in der Regel pulverförmige Stoffe, werden in größeren Mengen zugegeben und müssen bei der Mauermörtelberechnung beachtet werden. Sie steigern z.B. die Ergiebigkeit oder verändern die Farbe.

3.2.4.5 Mauermörtelherstellung

Mauermörtel kann als **Werkmauermörtel** in einem Mischwerk hergestellt oder als **Baustellenmörtel** auf der Baustelle aus seinen Bestandteilen zusammengesetzt und gemischt werden.

Werkmauermörtel

Werkmauermörtel ist ein in einem Werk zusammengesetzter und gemischter Mörtel. Die Bestandteile von Werkmauermörtel werden nach einer Mischanweisung mit Hilfe einer Waage dosiert, in der notwendigen Mischzeit gemischt und mit einem Fahrmischer zur Baustelle geliefert. Ein Lieferschein zu jeder Lieferung enthält Mörtelart, alle Bestandteile des Mauermörtels einschließlich beigemischter Zusatzmittel und Zusatzstoffe, Uhrzeit der Mischung, Liefermenge, Lieferwerk sowie Hinweise zur Weiterverarbeitung. Bei Veränderungen der Mörtelzusammensetzung auf der Baustelle erlischt die Qualitätszusage. Die Übergabe des Mauermörtels auf der Baustelle erfolgt in Übergabesilos, die eine Beschickung der einzelnen Arbeitsplätze ermöglicht. Werkmauermörtel wird als Nassmörtel, Trockenmörtel oder Kalk-Sand-Werk-Vormörtel geliefert **(Bild 1)**.

Nassmörtel wird im Werk zusammengesetzt, mit Wasser gemischt, kellenfertig (gebrauchsfertig) auf die Baustelle geliefert und in besondere Mörtelübergabebehälter umgefüllt. Damit Mauermörtel längere Zeit gebrauchsfertig vorgehalten werden kann, lässt sich die Verarbeitungszeit mit Zusatzmitteln bis zu 36 Stunden verzögern.

Trockenmörtel ist ein Gemisch aus einem oder mehreren Bindemitteln und Sand. Dieses Gemisch kommt sackweise oder in Silofahrzeugen auf die Baustelle und ist dort trocken und witterungsgeschützt so zu lagern, dass eine ordnungsgemäße Verwendung über eine Zeitspanne von mindestens vier Wochen sichergestellt ist. Werden die Bindemittel und Sand getrennt geliefert oder teilweise vorgemischt und in einzelnen Silokammern gelagert, spricht man von Mehrkammer-Silomörtel. Die Mörtelbestandteile sind nach dem vorgegebenen Mischungsverhältnis zu dosieren und dürfen nur mit der vom Mörtelhersteller angegebenen Wassermenge gemischt werden.

Kalk-Sand-Werk-Vormörtel ist im Werk zusammengesetzter und mit Zugabewasser gemischter Mauermörtel, dem auf der Baustelle weitere Bestandteile nach Anweisung des Mischwerks hinzugefügt werden. Besteht der Kalkanteil aus Luftkalk, kann der Kalk-Sand-Werk-Vormörtel unter Wasser vor dem Erhärten geschützt und damit länger vorgehalten werden. Durch Zugabe von hydraulischem Kalk und/oder Zement erhält der Mauermörtel die geforderte Druckfestigkeit.

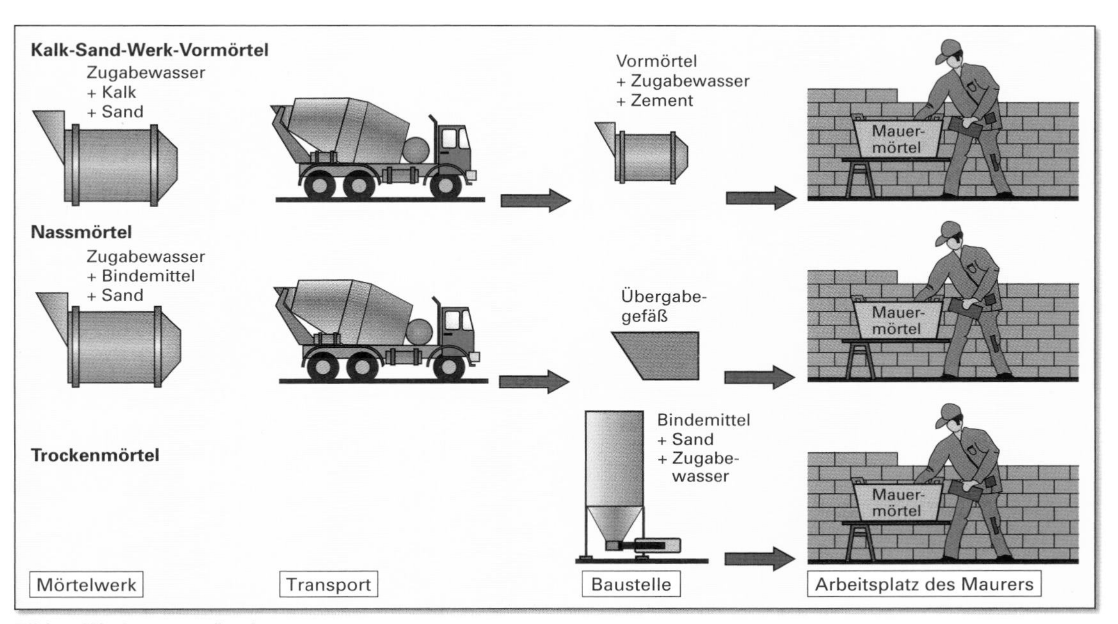

Bild 1: Werkmauermörtel

Baustellenmörtel

Auf der Baustelle hergestellter Mauermörtel ist als Normalmörtel ohne Eignungsprüfung nach Rezept zusammengesetzt. Dazu ist Mauermörtel entsprechend DIN 1053 nach den verwendeten Bindemitteln und der sich daraus ergebenden Druckfestigkeit in fünf Mörtelgruppen eingeteilt. Für jede Mörtelgruppe sind die Bindemittel und der Sandanteil in Raumteilen festgelegt **(Tabelle 1)**.

3.2.4.6 Mörtelgruppen und Mörtelklassen

Für Planung, Bemessung und Ausführung von Mauerwerk gilt DIN 1053. Daneben gibt es die Normen DIN EN 998-2, DIN V 18580 sowie DIN V 20000-412. Die Verwendungsmöglichkeiten von Mauermörtel der einzelnen Mörtelgruppen ist unterschiedlich.

Mauermörtel der Mörtelgruppe I enthält nur Kalk als Bindemittel. Da keine Anforderungen an die Druckfestigkeit gestellt werden, sind diese Mörtel nicht zulässig für Mauerwerk mit mehr als zwei Vollgeschossen und bei Wanddicken unter 24 cm. Weiterhin ist mit diesem Mörtel das Mauern von Außenschalen, zweischaligen Außenwänden, Kellermauerwerk, Gewölbe und Mauerwerk nach Eignungsprüfung nicht zulässig (Tabelle 1).

Mauermörtel der Mörtelgruppen II und II a enthalten Kalk und Zement als Bindemittel. Sie haben eine ausreichende Druckfestigkeit und können für normal belastetes Mauerwerk sowohl für Innen- als auch für Außenwände verarbeitet werden.

Mauermörtel der Mörtelgruppen III und III a haben Zement als Bindemittel. Beide Mörtelgruppen haben das gleiche Mischungsverhältnis, jedoch werden an den Sand in Gruppe III a erhöhte Anforderungen gestellt. Sie können wegen ihrer hohen Druckfestigkeit für besonders hochbelastetes Mauerwerk, wie z. B. für kurze Wände (Pfeiler) und Auflager, verwendet werden.

Mauermörtel unterschiedlicher Gruppen dürfen auf einer Baustelle nur dann gemeinsam verwendet werden, wenn keine Verwechslungsgefahr besteht. Sollen Mauermörtel mit anderen Mischungsverhältnissen verarbeitet werden, sind diese stets, wie Mauermörtel der Mörtelgruppe III a, einer Eignungsprüfung zu unterziehen.

Die Einteilung der Mauermörtel nach DIN EN 998-2 erfolgt in **Mörtelklassen (Tabelle 2)**. Das verwendete Bindemittel hat dabei keine Bedeutung.

Tabelle 1: Mörtelgruppen für Mauermörtel nach DIN 1053 (Zusammensetzung in Raumteilen)

Mörtelgruppe	Mörtelart	Luft- u. Wasserkalk		Hydraulischer Kalk (HL2)	Hydr. Kalk (HL5) Putz- u. Mauerbinder (MC5)	Zement	Sand	Mindestdruckfestigkeit nach 28 Tagen N/mm²	
		Kalkteig	Kalkhydrat					Güteprüfung	Eignungsprüfung
I	Kalkmörtel	1	–	–	–	–	4	–	–
		–	1	–	–	–	3		
		–	–	1	–	–	3		
		–	–	–	1	–	4,5		
II	Kalkzementmörtel	1,5	–	–	–	1	8	2,5	3,5
		–	2	–	–	1	8		
		–	–	2	–	1	8		
		–	–	–	1	–	3		
II a		–	1	–	–	1	6	5	7
		–	–	–	2	1	8		
III	Zementmörtel	–	–	–	–	1	4	10	14
III a		–	–	–	–	1	4	20	25

Tabelle 2: Mörtelklassen nach DIN EN 998-2

Mörtelklasse	Druckfestigkeit N/mm²
M 1	1
M 2,5	2,5
M 5	5
M 10	10
M 15	15
M 20	20
M d	d

d = eine vom Hersteller angegebene Druckfestigkeit > 20 N/mm² in Stufen von 5 N/mm²

3.2.4.7 Mauermörteleigenschaften

Frischmauermörtel

Frischmauermörtel ist noch nicht erhärteter Mörtel. Er soll geschmeidig und gut verarbeitbar sein, am Mauerstein haften, sich nicht entmischen, kein Wasser absondern und nicht zu früh erhärten. Diese Eigenschaften sind abhängig vom Kornaufbau, dem Bindemittel, der Konsistenz, den beigemischten Zusätzen und der Lagerzeit des Frischmauermörtels.

Festmauermörtel

Festmauermörtel ist erhärteter Mauermörtel mit einer Trockenrohdichte > 1,5 kg/dm³. Er muss mit dem Mauerstein eine feste Verbindung haben, wasserdampfdurchlässig sein und die geforderte Druckfestigkeit erreichen. Diese kann durch eine Güteprüfung nachgewiesen werden. Werden an Mauermörtel der Gruppen MG II, II a und III höhere Anforderungen an die Druckfestigkeit gestellt, sind Eignungsprüfungen wie bei Mauermörteln der MG III a durchzuführen (Tabelle 1, Seite 122). Dabei wird die für das Erreichen einer bestimmten Druckfestigkeit erforderliche Zusammensetzung des Mauermörtels bestimmt. Zusätzlich ist nach DIN EN 998-2 die Druckfestigkeit in der Fuge zu prüfen **(Tabelle 1)**. Dies erfolgt nach den Verfahren I, II und III **(Tabelle 2)**. Mauermörtel dürfen ohne Prüfung der Brandverhaltensklasse A1 zugeordnet werden.

Tabelle 1: Zuordnung der Mauermörtel nach DIN 1053 und DIN EN 998-2 unter Berücksichtigung der Fugendruckfestigkeit

Mörtelgruppe nach DIN 1053	Mörtelklasse nach DIN EN 998-2	Verbundfestigkeit N/mm²	Fugendruckfestigkeit nach 28 Tagen		
			Verfahren I N/mm²	Verfahren II N/mm²	Verfahren III N/mm²
I	M 1	–	–	–	–
II	M 2,5	0,04	1,25	2,5	1,75
II a	M 5	0,08	2,5	5	3,5
III	M 10	0,10	5,0	10	7,0
III a	M 20	0,12	10,0	20	14,0

Tabelle 2: Prüfverfahren zur Fugendruckfestigkeit

Verfahren	Beschreibung
F	**Würfeldruck-Prüfverfahren** vollflächige Belastung quaderförmiger Prüfkörper
F	**Plattendruck-Prüfverfahren** teilflächige Belastung plattenförmiger Prüfkörper mit quadratischem Druckstempel
F	**ibac-Prüfverfahren** teilflächige Belastung plattenförmiger Prüfkörper mit kreisrundem Druckstempel

3.2.4.8 Anwendung von Mauermörtel

Anwendungs- und Verarbeitungshinweise für Mauermörtel sind schon bei der Planung zu beachten. Die Lagerfugendicken sind einzuhalten und es ist vollfugig zu mauern. Alle Mauermörtel müssen eine Konsistenz aufweisen, die ein vollfugiges Vermauern zulässt. Tragfähigkeit und äußeres Erscheinungsbild des Mauerwerks hängen in hohem Maße von der handwerklich einwandfreien Ausführung ab.

Nicht jeder Mauermörtel darf für jedes Mauerwerk verwendet werden. Für bestimmte Mauermörtel sind Anwendungsbeschränkungen zu beachten **(Tabelle 3)**.

Mit Normalmauermörteln (G) hergestelltes Mauerwerk ist nicht frostbeständig und muss deshalb vor Durchfeuchtung geschützt werden. Die Lagerfugendicke beträgt in der Regel 12 mm. Leichtmauermörtel (L) und Dünnbettmörtel (T) kommen meist bei großformatigen Steinen zur Anwendung.

Tabelle 3: Anwendungsbeschränkungen für Normalmörtel

Mörtelgruppe	Einschränkungen
MG I	nicht zulässig: • für Gewölbe und Keller • bei > 2 Vollgeschossen • bei Wanddicken < 24 cm • für Außenschale von zwei-schaligem Mauerwerk
MG II	keine
MG III	nicht zulässig für Außenschale von zweischaligem Mauerwerk

3.2.4.9 Mauermörtelberechnungen

Für Mauermörtel sind in DIN 1053 Mischungsverhältnisse nach Raumteilen vorgegeben. Ein Mischungsverhältnis drückt aus, wie viele Raumteile Bindemittel mit wie vielen Raumteilen Sand gemischt werden. Dieses Gemisch, auch als lose Masse bezeichnet, wird mit Zugabewasser gemischt bis die gewünschte Konsistenz erreicht ist. Beim Mischen mit Wasser erhält man weniger Mauermörtel als die lose Masse aus Bindemittel und Sand ausmacht. Die aus der losen Masse gewonnene Mauermörtelmenge wird als **Ausbeute** bezeichnet. Diese kann als **Prozentzahl** oder als **Mörtelfaktor** (Dezimalzahl) angegeben werden.

Ausbeute in %:

$$\text{Ausbeute} = \frac{\text{Volumen des Frischmörtels}}{\text{Volumen der losen Masse}} \cdot 100\,\%$$

Ausbeute als Mörtelfaktor:

$$\text{Mörtelfaktor} = \frac{\text{Volumen der losen Masse}}{\text{Volumen des Frischmörtels}}$$

Beispiel:

Zur Herstellung von 1000 l Frischmörtel der MG I im Mischungsverhältnis 1:3 sind 400 l Kalkhydrat und 1200 l Sand erforderlich.

Ermitteln Sie die Ausbeute.

Lösung:

$$\text{Ausbeute} = \frac{\text{Volumen des Frischmörtels}}{\text{Volumen der losen Masse}} \cdot 100\,\%$$

$$\text{Ausbeute} = \frac{1000\text{ l}}{400\text{ l} + 1200\text{ l}} \cdot 100\,\%$$

Ausbeute = 62,5 %

Ermitteln Sie den Mörtelfaktor.

Lösung:

$$\text{Mörtelfaktor} = \frac{\text{Volumen der losen Masse}}{\text{Volumen des Frischmörtels}}$$

$$\text{Mörtelfaktor} = \frac{400\text{ l} + 1200\text{ l}}{1000\text{ l}}$$

Mörtelfaktor = 1,6

Der Mörtelfaktor gibt an, wie viel mehr lose Masse bereitzustellen ist, um das erforderliche Mörtelvolumen zu erhalten. Bei trockenem Sand beträgt der Mörtelfaktor etwa 1,4, bei baufeuchtem Sand ungefähr 1,6.

Für die lose Masse ist die Bestellmenge der einzelnen Mörtelbestandteile zu ermitteln. Die Summe der Raumteile ergibt sich aus dem Mischungsverhältnis. Werden die Bindemittel als Sackware angeboten, müssen die Volumenangaben in die Anzahl der Säcke umgerechnet werden **(Tabelle 1)**. Der Sand wird in m³ bestellt.

Umrechnung von kg in l :

$$\text{Mörtelmenge in l} = \frac{\text{Masse in kg}}{\text{Dichte in kg/l}}$$

Umrechnung von l in kg:

$$\text{Mörtelmenge in kg} = \text{Volumen in l} \cdot \text{Dichte in kg/l}$$

Tabelle 1: Schüttdichte und Sackinhalt von Bindemitteln

Bindemittel	mittlere Schüttdichte kg/dm³	Sackinhalt	
		in l	in kg
Kalkhydrat	0,5	40	20
Hydraulischer Kalk HL 2	0,7	36	25
Hydraulischer Kalk HL 3,5	0,8	31	25
Hydraulischer Kalk HL 5	1,0	25	25
Kalkteig	1,25	25	20
Putz- und Mauerbinder	1,0	40	40
Zement	1,2	21	25

Beispiel:

Für eine Wand sind 333 l Mauermörtel der MG II a im Mischungsverhältnis 1:1:6 herzustellen. Wie viele Säcke Kalkhydrat und Zement sind erforderlich? Welche Sandmenge (trocken) ist dazu notwendig?

Ermittlung der Bestellmengen:

Volumen der losen Masse (V_M) = Volumen Frischmörtel · Mörtelfaktor

Volumen eines Raumteils (V_{RT}) = $\frac{\text{Volumen der losen Masse}}{\text{Summe Raumteile}}$

Volumen eines Bestandteils:

Volumen Kalkhydrat (V_K) = Volumen eines Raumteils · Raumteile Kalk

Volumen Zement (V_Z) = Volumen eines Raumteils · Raumteile Zement

Volumen Sand (V_S) = Volumen eines Raumteils · Raumteile Sand

Anzahl der Säcke für Bindemittel:

Anzahl der Säcke = $\frac{\text{Volumen eines Bestandteils}}{\text{Sackinhalt in l}}$

Sandmenge 1000 l ≙ 1 m³

Lösung:

V_M = 333 l · 1,4
$\mathbf{V_M}$ = **466,2 l**

$V_{RT} = \frac{466{,}2\ l}{8}$
$\mathbf{V_{RT}}$ = **58,28 l**

V_K = 58,28 l · 1 Raumteil
$\mathbf{V_K}$ = **58,28 l**

V_Z = 58,28 l · 1 Raumteil
$\mathbf{V_Z}$ = **58,28 l**

V_S = 58,28 l · 6 Raumteile
$\mathbf{V_S}$ = **349,68 l**

Anzahl der Säcke = $\frac{58{,}28\ l}{40\ l}$
Anzahl der Säcke = **1,46**
Bestellmenge Kalk = 2 Sack

Anzahl der Säcke = $\frac{58{,}28\ l}{21\ l}$
Anzahl der Säcke = **2,78**
Bestellmenge Zement = 3 Sack

notwendige Menge = **349,68 l**
Bestellmenge Sand = 0,350 m³

Aufgaben

1 Unterscheiden Sie die verschiedenen **Arten von Mauermörtel** an Hand ihrer Verwendungsmöglichkeiten. Präsentieren Sie Ihr Ergebnis jeweils auf Schautafeln.

2 Für die Herstellung von **Mauermörtel MG III** im Mischungsverhältnis 1:4 beträgt der Zementanteil der losen Masse 50 l.
a) Wie viel m³ Sand sind bereitzustellen?
b) Wie groß ist die Ausbeute in Prozent, wenn sich aus der losen Masse 167 l Frischmauermörtel ergeben?

3 Aus 820 l Trockenmauermörtel wurden 550 l **Frischmauermörtel** hergestellt.
a) Wie groß ist die Ausbeute in Prozent?
b) Ermitteln Sie den Mörtelfaktor.

4 Es soll Mauermörtel der **Mörtelgruppe MG II** hergestellt werden. Der Mörtelfaktor beträgt 1,4. Wie viel Liter loser Masse wird benötigt, um 750 l (680 l, 1350 l) fertigen Mauermörtel zu erhalten?

5 Die **Wände einer Garage (Bild 1)** sollen aus Mauerziegeln im Format 2 DF gemauert werden. Das Mauerwerk hat eine Höhe von 2,25 m.
a) Wählen Sie hierfür einen geeigneten Mauermörtel aus und begründen Sie Ihre Auswahl.
b) Berechnen Sie den Bedarf an Bindemitteln als Sackware und Sand in m³.

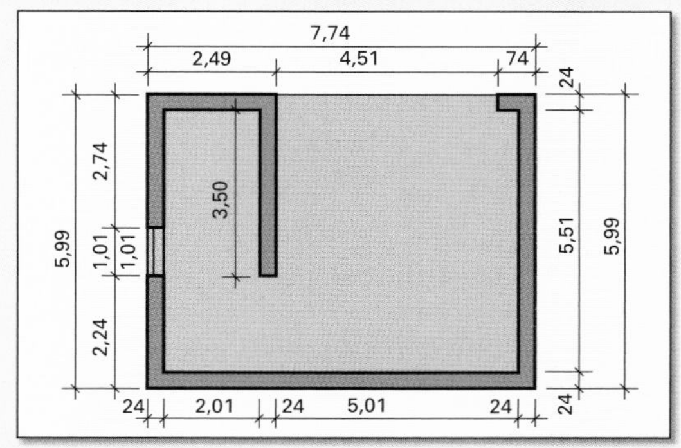

Bild 1: Garage (Grundriss)

Aufgaben

6 Zur Herstellung von 425 l **Mauermörtel** MG II wird Putz- und Mauerbinder als Bindemittel verwendet.

a) Wie viel Sack Putz- und Mauerbinder und wie viel m³ Sand sind dazu erforderlich?

b) Berechnen Sie die Ausbeute in Prozent und den Mörtelfaktor, wenn die Mischung 265 l Frischmörtel ergibt.

7 In einer **Lagerhalle** wird ein Büroraum eingebaut **(Bild 1)**. Die Außenwand wird in Mauerwerk erstellt. Das Mauerwerk ist mit 2 DF- und 3 DF-Steinen und Mauermörtel MG IIa mit Hydraulischem Kalk HL 5 herzustellen.

Ermitteln Sie den Baustoffbedarf für die Außenwand. Geben Sie die Bindemittel in Sack, den Sand in m³ und die Mauersteine in Stück an.

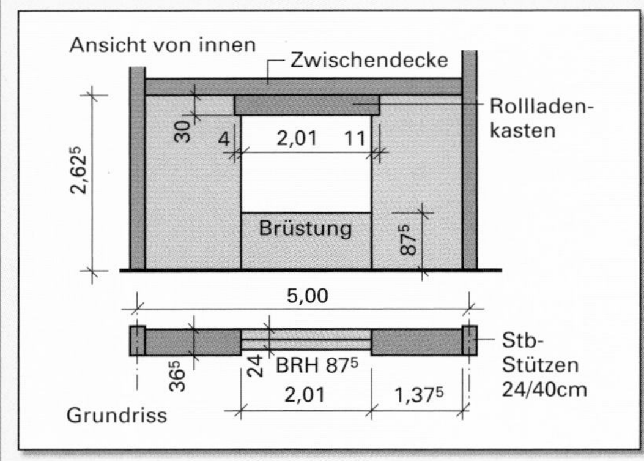

Bild 1: Außenwand einer Lagerhalle

8 Als Auflager eines Stahlträgers ist ein **Mauerpfeiler** 49 cm lang, 36,5 cm breit und 3,00 m hoch herzustellen. Es werden KS L im Format NF, Mauermörtel MG II aus hydraulischem Kalk HL 5, Zement und Sand vermauert.

Bestimmen Sie den Bedarf an Kalk und Zement in Sack, Sand in m³ und KS L in Stück.

9 **Eine Massenermittlung** hat ergeben, dass 4,2 m³ Mauerwerk, 24 cm dick, für einen Schacht erforderlich werden. Das Mauerwerk soll in Zementmörtel ausgeführt werden.

Ermitteln Sie den Bedarf an KMz im Format 2 DF, Zement und baufeuchtem Sand.

10 Eine **Mauerecke** soll gemauert werden **(Bild 2)**.

a) Zeichnen Sie den Grundriss der Mauerecke im M 1:20 mit normgerechter Bemaßung.

b) Wie viel m³ Mauerwerk sind erforderlich?

c) Wählen Sie einen Mauermörtel aus und stellen Sie die einzelnen Bestandteile in einer Bestellliste zusammen.

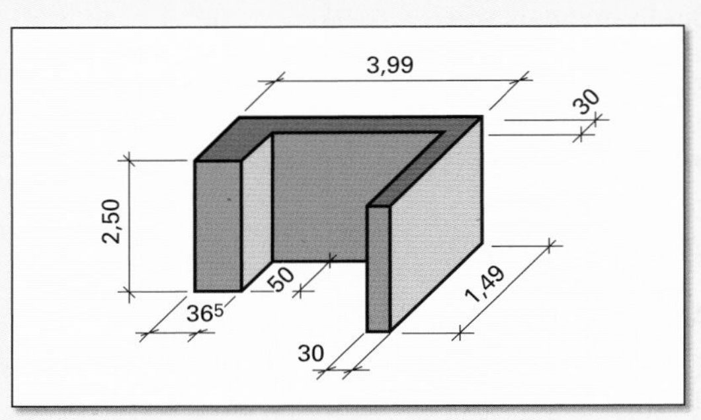

Bild 2: Mauerecke

11 In einer Baubeschreibung für eine **Garage** sind u. a. folgende Angaben enthalten **(Bild 3)**:

- Außenmaße 6,99 m x 5,99 m, Höhe 2,75 m
- Wände 24 cm dick, Mz, 4 DF
- 1 Tür (*b*/*h* = 7 am/17 am), 8 am von der Ecke
- 1 Fenster (*b*/*h* = 12 am/6 am), BRH 1,12⁵ m, mittig auf Stirnseite
- Mauermörtel MG II a, trockener Sand
- Garagentor mittig (*b*/*h* = 40 am/18 am)
- Sturz über Garagentor aus Stahlbeton (*l*/*d*/*h* = 5,51 m / 24 cm / 50 cm).

a) Fertigen Sie eine Zeichnung für den Grundriss im M 1:50 an und bemaßen Sie normgerecht.

b) Ermitteln Sie den Baustoffbedarf.

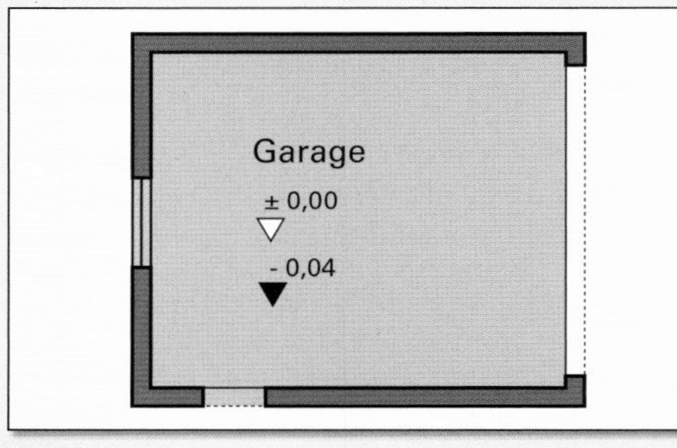

Bild 3: Garage

3.2.5 Mauerverbände

Mauerwerksbegriffe

Sieht man auf der Sichtseite des Mauerwerks die Längsseite der Mauersteine, sind sie als **Läufer** vermauert. Läufer stoßen mit ihren Breitseiten, Kopfseiten oder nur **Kopf** genannt, zusammen. Die Fugen zwischen den Köpfen werden als **Stoßfugen** bezeichnet. Liegen Läufer bei größeren Mauerdicken mit ihren Längsseiten nebeneinander, werden diese Fugen als **Längsfugen** bezeichnet.

Sieht man die Kopfseite der Mauersteine in der Maueransicht, sind die Steine als **Binder** vermauert. Binder stoßen mit ihren Längsseiten an den Stoßfugen zusammen. Alle waagerecht angeordneten Steine einer bestimmten Mauerlänge ergeben die Mauerschicht. Die waagerechten Fugen zwischen den Mauerschichten heißen **Lagerfugen.**

Die **Schichthöhe** ergibt sich aus der Summe von Steinhöhe und Lagerfugendicke **(Bild 1).**

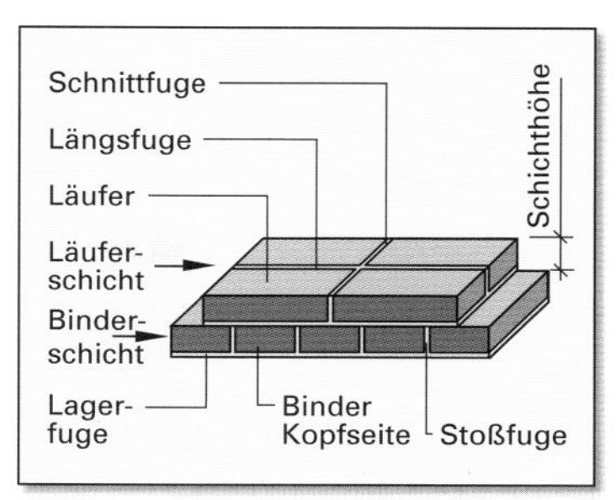

Bild 1: Mauerwerksbegriffe

Aufgaben von Mauerverbänden

Ein Mauerverband entsteht durch regelmäßiges, waagerechtes und fluchtrechtes Aneinanderreihen, durch senkrechtes Aufschichten mit Fugenversatz und durch Vermörteln der Mauersteine. Festigkeit, Tragfähigkeit und Aussehen des Mauerwerks werden durch den Verband beeinflusst. Alle auftretenden Kräfte müssen in den tragfähigen Untergrund abgeleitet werden. Durch einen Mauerverband werden die Lasten und Kräfte nicht nur senkrecht, sondern gleichmäßig auf den ganzen Mauerquerschnitt im Mauerwerk verteilt **(Bild 2).** Die Lasten werden unter einem Winkel von 45° bis 55° im Mauerwerk abgetragen.

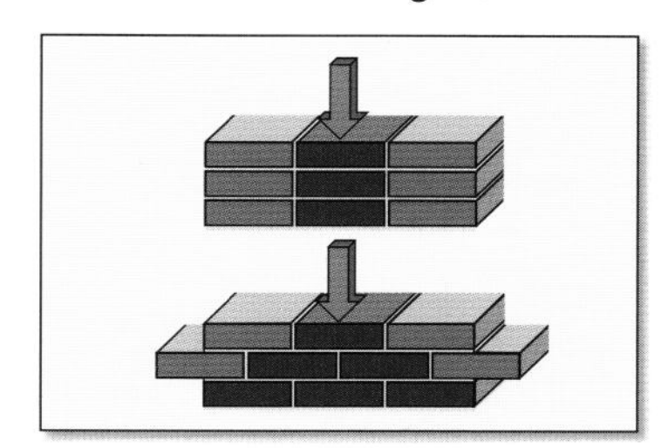

Bild 2: Lastverteilung im Mauerwerk

Um den Verband einzuhalten, sind allgemeine Regeln beim Mauern zu beachten:

- Die Lagerfuge muss waagerecht durch die gesamte Mauer verlaufen.
- In der Ansicht dürfen Stoßfugen nicht direkt übereinander liegen.
- Ein Mindestüberbindemaß *ü* muss 0,4 x Steinhöhe *h* betragen, mindestens aber 4,5 cm **(Bild 3).** Dieses Maß wird auch als Fugenversatz bezeichnet **(Tabelle 1).**
- Die Stoßfugen in der Draufsicht gehen nach jeder Steinlänge als Schnittfuge durch die ganze Mauerdicke (Bild 1).
- Läufer- und Binderschichten wechseln sich bei Mauerdicken ≥ 24 cm regelmäßig ab.
- Die Läuferschicht beginnt und endet mit soviel $^3/_4$-Steinen, wie die Wand Achtelmeter dick ist.
- Die Lage der $^3/_4$-Steine gibt die Läuferschicht an.
- Die Läuferschichten laufen bei Ecken, Anschlüssen und Kreuzungen durch. Die Binderschichten stoßen stumpf an.
- Fugen stellen im Mauerwerk die schwächste Stelle dar. Es sind deshalb möglichst wenig Teilsteine zu verwenden **(Bild 4).**

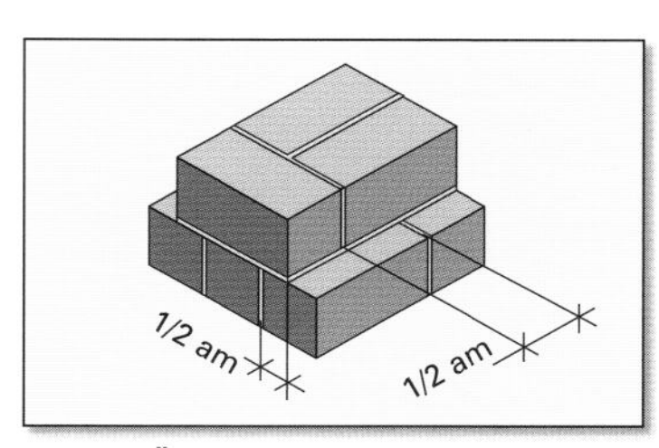

Bild 3: Überbindemaße

Tabelle 1: Überbindemaße

Steinhöhe ***h*** in cm	***ü*** in cm nach DIN 1053	***ü*** in **am**
5,2	≥ 4,5	$^1/_2$
7,1		
11,3	≥ 4,52	
23,8	≥ 9,52	1

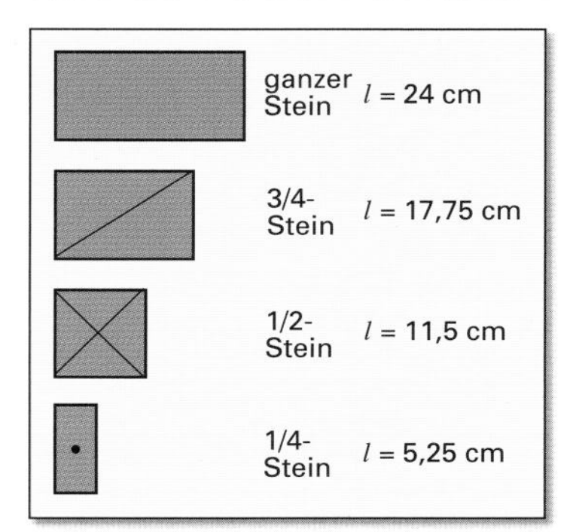

Bild 4: Abmessungen von Teilsteinen

3.2.5.1 Regelverbände

Je nach Anordnung der Mauersteine ergeben sich unterschiedliche Mauerbilder, die man als Regel- oder Mittenverbände bezeichnet. Bei den Regelverbänden unterscheidet man den Läuferverband, den Binderverband, den Blockverband und den Kreuzverband.

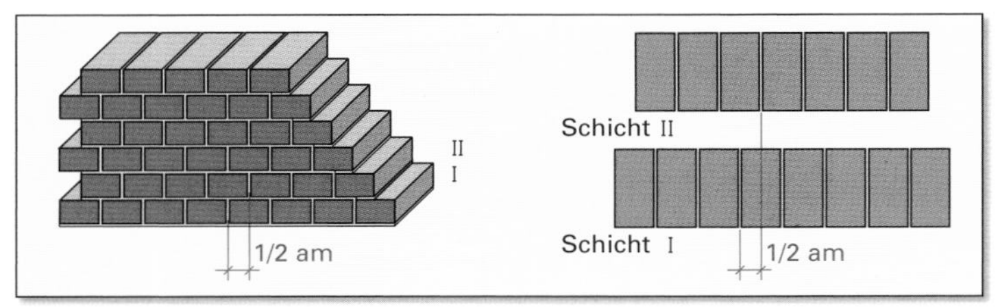

Bild 1: Binderverband

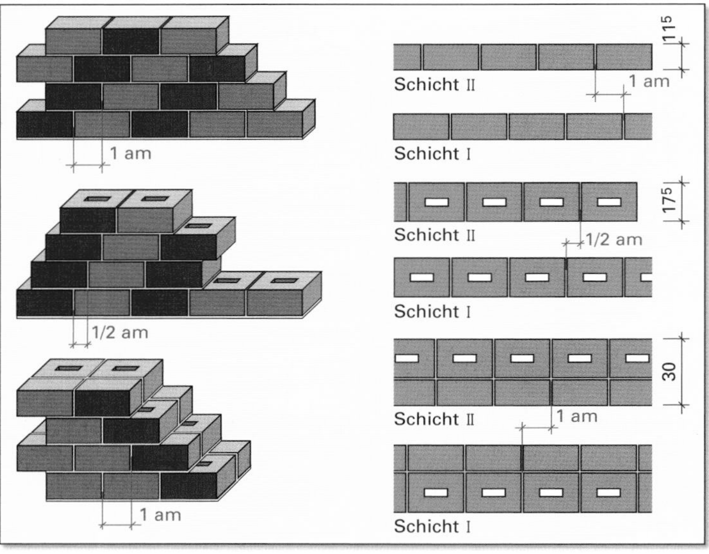

Bild 2: Läuferverbände aus Klein- und Mittelformaten

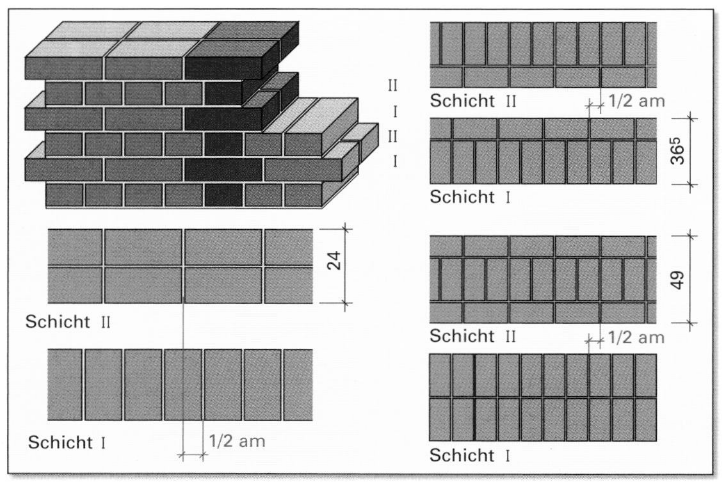

Bild 3: Blockverband mit kleinformatigen Steinen

Binderverband

Beim Binderverband bestehen alle Schichten aus Bindern **(Bild 1)**. Die Schichten sind gegeneinander mit einem Überbindemaß von $1/2$ am versetzt. Dieser Verband ergibt bei klein- und mittelformatigen Steinen eine Mauerdicke von 24 cm. Beim Binderverband sind die Verzahnung und die Abtreppung regelmäßig $1/2$ am. Der Binderverband wird bei kleinformatigen Steinen selten ausgeführt.

Läuferverband

Beim Läuferverband bestehen alle Schichten aus Läufern. Die Mauersteine der folgenden Schicht werden versetzt angeordnet, bei einem schleppenden Verband um $1/2$ am und bei einem mittigen Verband um 1 am **(Bild 2)**. Die Steinbreite bestimmt die Wanddicke. Der Läuferverband wird für 11,5 cm dicke Wände aus kleinformatigen Steinen und für 17,5 cm dicke Wände aus mittelformatigen Steinen angewendet. Eine Wanddicke von 30 cm ergibt sich durch die Verwendung von klein- und mittelformatigen Steinen. Beim Läuferverband sind die Verzahnung und die Abtreppung regelmäßig jeweils $1/2$ am.

Blockverband

Beim Blockverband wechseln Läufer- und Binderschichten regelmäßig miteinander ab. Die Wand ist mindestens 24 cm dick. Man beginnt mit der Binderschicht. Darüber liegt die Läuferschicht. Sie besteht aus zwei nebeneinander liegenden Läuferreihen. Die Läufer sind gegenüber den Bindern um $1/2$ am versetzt **(Bild 3)**. Die Läuferschichten sind untereinander gleich, alle Läufer liegen genau übereinander. Beim Blockverband ist die Verzahnung regelmäßig $1/2$ am und die Abtreppung unregelmäßig zwischen $1/2$ am und $1\,1/2$ am.

Kreuzverband

Der Kreuzverband entsteht, wenn die Läuferschicht gegenüber der Binderschicht um $^{1}/_{2}$ am und die Läuferschichten untereinander um 1 am versetzt angeordnet werden **(Bild 1)**. Das erreicht man durch das Einfügen eines Verschiebekopfes nach den $^{3}/_{4}$-Steinen in der Läuferschicht. Der Kreuzverband ist nur bei Mauerdicken ab 24 cm möglich und erst nach vier Schichten erkennbar.

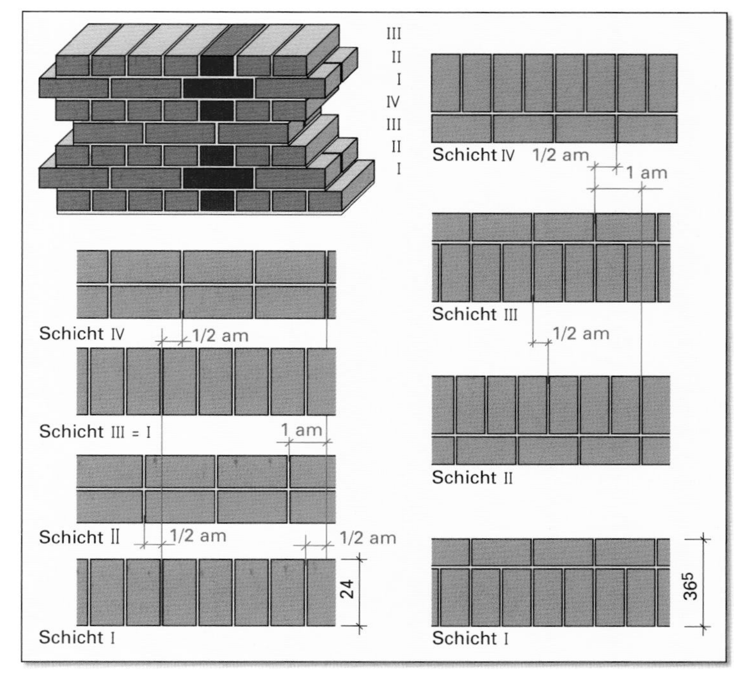

Bild 1: Kreuzverband mit kleinformatigen Steinen

Wird der Kreuzverband bei Mauerdicken ab 36,5 cm angewendet, liegen bei klein- und mittelformatigen Steinen Läufer und Binder in derselben Schicht. In der Ansicht sieht man aber weiterhin in der Binderschicht Binder und in der Läuferschicht Läufer. Innerhalb einer Mauerschicht gehen die Stoßfugen als Schnittfuge über die ganze Mauerdicke. Beim Kreuzverband ist die Abtreppung regelmäßig $^{1}/_{2}$ am. Die Verzahnung ist unregelmäßig und wechselt zwischen $^{1}/_{2}$ am und 1 am. Dadurch entsteht das kreuzförmige Bild in der Ansicht.

Nach der Verwendung des Mauerwerks im Bauwerk unterscheidet man Endverbände, rechtwinklige Maueranschlüsse und rechtwinklige Mauerkreuzungen.

3.2.5.2 Endverbände

Die beiden Schmalseiten einer frei stehenden Mauer bezeichnet man als Mauerenden. Dazu zählen auch Vorlagen und Nischen sowie kurze Wände (Pfeiler).

Mauerenden

Das Mauern von Mauerenden geschieht im **Dreiviertelsteinverband** bei Mauerlängen mit ganzen Vielfachen von 1 am. Dabei enden die Läuferschichten mit so viel $^{3}/_{4}$-Steinen, wie die Wand Achtelmeter dick ist, die Binderschichten bei einer Wanddicke von 24 cm mit ganzen Steinen und bei Wanddicken > 30 cm mit $^{3}/_{4}$-Steinpaaren **(Bild 2)**. Aus Gründen der Wirtschaftlichkeit können die $^{3}/_{4}$-Steine in der Läuferschicht durch andere Formate ersetzt werden, um das Schlagen von Teilsteinen zu vermeiden.

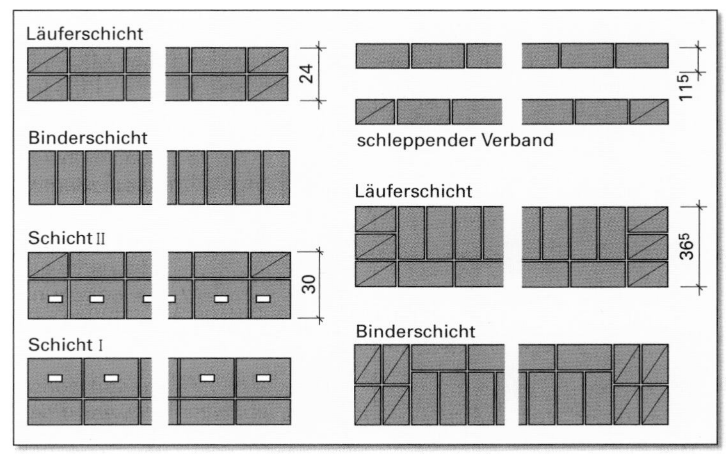

Bild 2: Dreiviertelsteinverbände

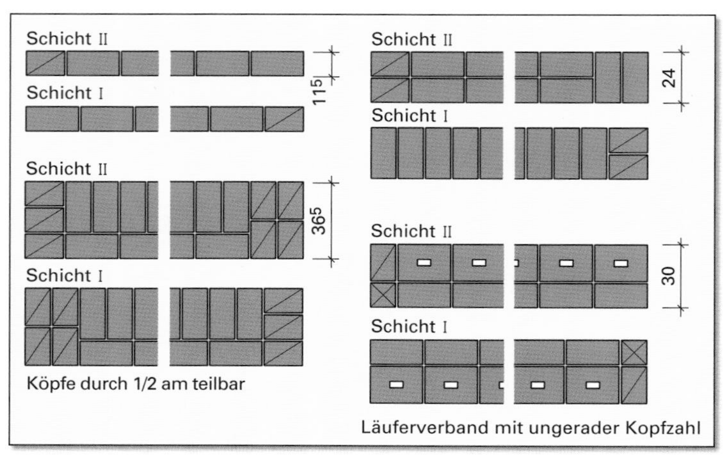

Bild 1: Umgeworfene Verbände

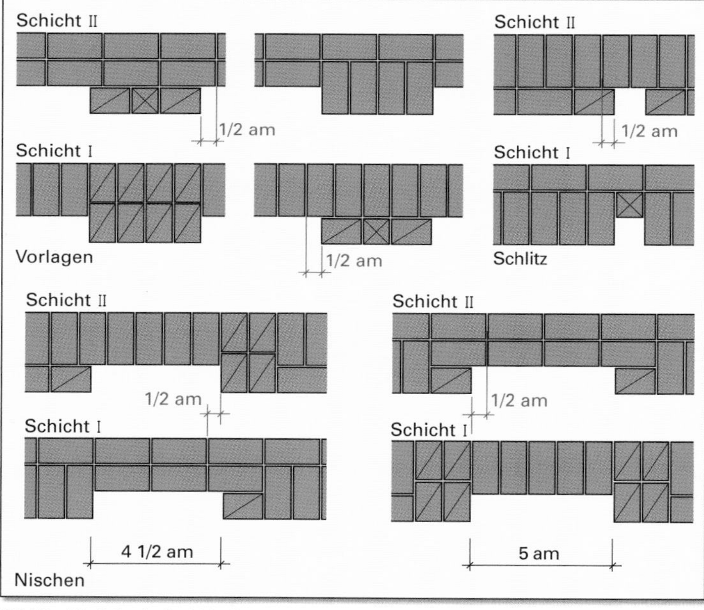

Bild 2: Verbände bei Vorlagen, Nischen und Schlitzen

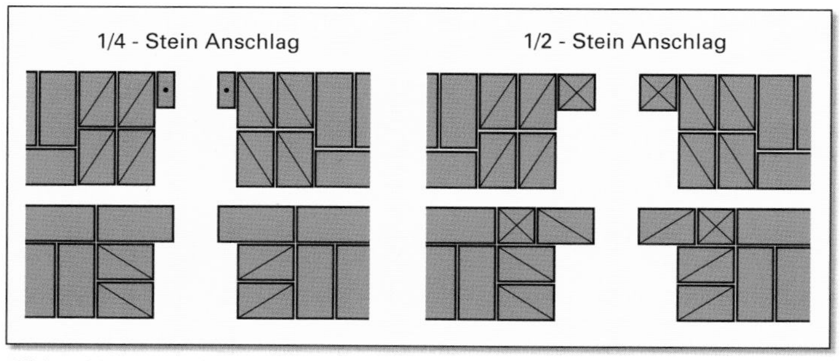

Bild 3: Verbände für Anschläge

Umgeworfener Verband

Beträgt die Mauerlänge ein Vielfaches von $^1/_2$ am, kann das Mauerende nicht wie gewohnt ausgeführt werden. Eine Verbandslösung wird durch den umgeworfenen Verband erzielt. Man beginnt an einem Mauerende wie beim Dreiviertelsteinverband. Das andere Mauerende wird mit dem Ende der jeweils anderen Schicht ausgeführt **(Bild 1)**.

Läuferschichten beginnen mit $^3/_4$-Steinen und enden mit Bindern. Jede folgende Schicht ist um 180° gedreht anzuordnen.

Vorlagen und Nischen

Bei Vorlagen und Nischen wird die Dicke der Mauer vergrößert oder verkleinert.

Bei **Nischen** gehen sowohl Läufer- als auch Binderschichten durch und werden auf Nischenbreite zurückgesetzt. Jede Schicht beginnt und endet wie beim Mauerende im Dreiviertelsteinverband oder im umgeworfenen Verband. Die Größe von Mauernischen ist nach DIN 1053 begrenzt. Nischen von geringer Breite werden als Schlitze bezeichnet.

Beim Mauern von **Vorlagen** läuft die äußere Läuferschicht durch. Ihre Regelfuge liegt $^1/_2$ am vom Beginn der Vorlage entfernt. In der Binderschicht bindet die Vorlage in die Mauer ein, z. B. mit $^3/_4$-Steinen **(Bild 2)**.

Anschläge

Fenster- und Türanschläge werden wie ein gerades Mauerende ausgeführt, wobei der Anschlag in der Läuferschicht einbindet und in der Binderschicht anstößt.

Beim Viertelsteinanschlag wird der $^3/_4$-Stein der Läuferschicht als ganzer Stein gesetzt. Bei einem Halbsteinanschlag wird nach dem $^3/_4$-Stein des Anschlags ein Kopf gesetzt **(Bild 3)**.

3.2.5.3 Rechtwinklige Maueranschlüsse

Bei rechtwinkligen Maueranschlüssen gilt als Regel, dass diejenige Schicht durchgeführt wird, die in der Ansicht Läufer zeigt. Die rechtwinklig daran anschließende Schicht ist eine Binderschicht. An der Innenecke ergibt sich bei klein- und mittelformatigen Steinen ein Versatz von 1/2 am bzw. 1 am zur Regelfuge. Die darüberliegende Schicht wird nach den Verbandsregeln so angelegt, dass an der Sichtseite über der Läuferschicht eine Binderschicht liegt und umgekehrt.

Mauerecken

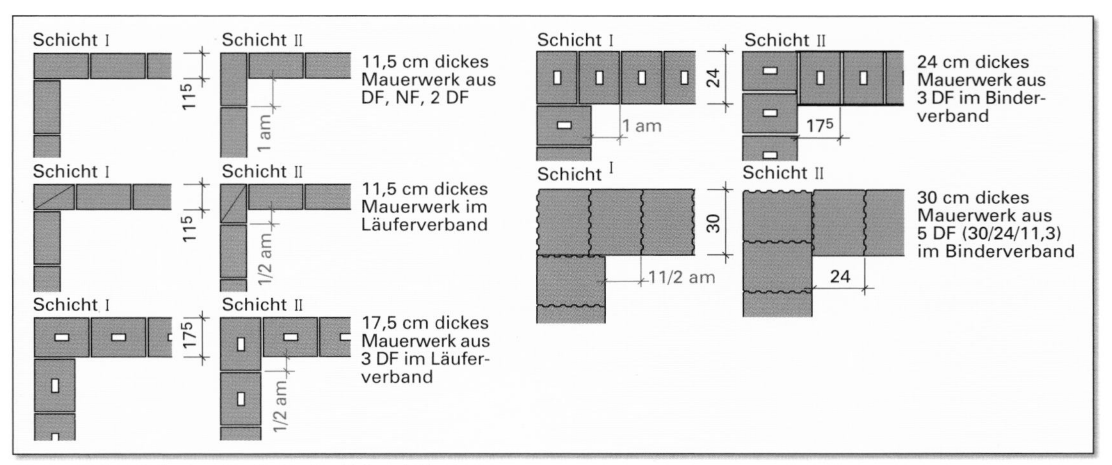

Bild 1: Eckverbände mit ein-Stein-dicken Wänden

Die Mauerecke wird so angelegt, dass bei einer ein-Stein-dicken Mauer jede Schicht abwechselnd durchläuft. Dies gilt für alle Steinformate **(Bild 1)**. Bei zwei- und drei-Stein-dickem Mauerwerk wird die Flucht der durchbindenden Schicht nicht verändert und die Flucht der einbindenden Schicht schließt sich an. Stoß- und Längsfugen der einbindenden Schicht sind in der Ecke so anzulegen, dass keine Fugenüberdeckungen entstehen und der Verband eingehalten werden kann **(Bild 2)**. Kreuzfugen sind unzulässig.

Bei Mauerwerk aus kleinformatigen Steinen wird an der Mauerecke wie bei Mauerenden der Dreiviertelsteinverband verwendet. Bei mittelformatigen Steinen müssen keine Teilsteine geschlagen werden. Auf diese Weise lassen sich sowohl der Blockverband als auch der Kreuzverband herstellen.

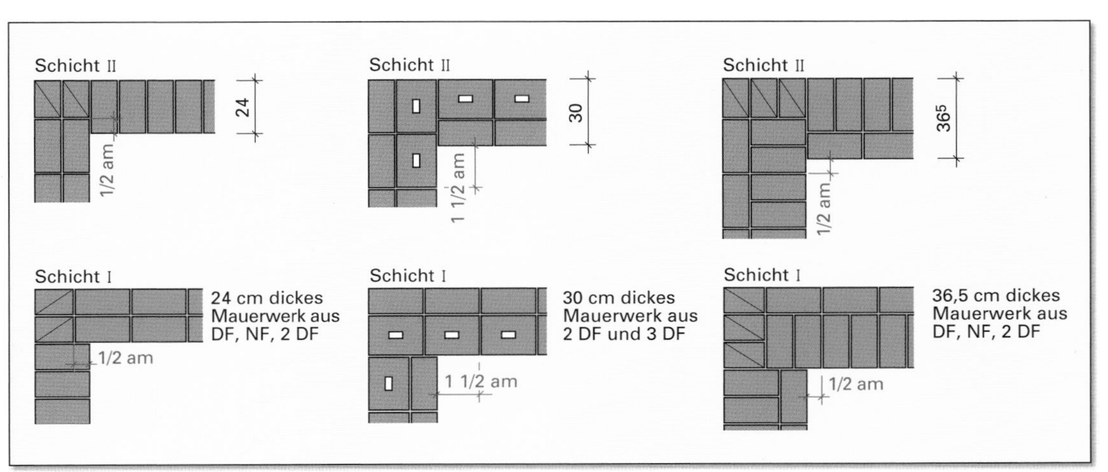

Bild 2: Eckverbände mit zwei- und drei-Stein-dicken Wänden

Mauereinbindungen

Bei Mauereinbindungen, auch Mauerstoß genannt, sollten die durchgehende und die einbindende Mauer gleichzeitig angelegt und hochgeführt werden. Andernfalls ist die einbindende Mauer abzutreppen oder eine Verzahnung vorzusehen. Jede zweite Schicht der schließenden Mauer ist einzubinden. Dadurch wird in der Mauereinbindung der Verbund gesichert. Unabhängig von der Dicke des Mauerwerks ist bei klein- und mittelformatigen Steinen die Regelfuge der durchgehenden Schicht um $^1/_2$ am versetzt **(Bild 1).**

Ist eine Mauer anzuschließen, die mit der durchlaufenden Mauer keinen Regelfugenversatz ermöglicht, kann z.B. das Steinformat am Maueranschluss gewechselt werden.

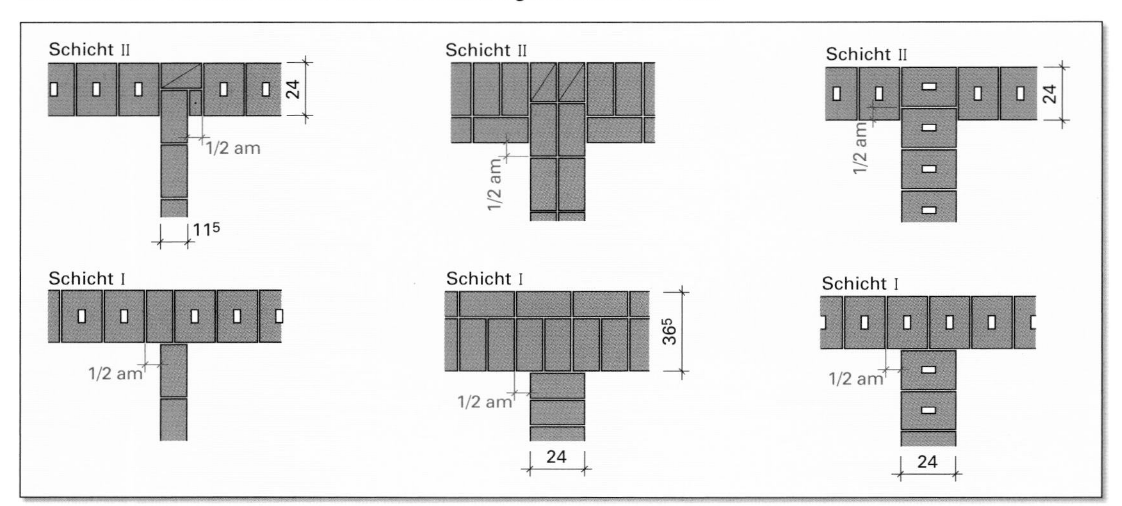

Bild 1: Verbände bei Mauereinbindungen

Mauerkreuzungen

Bei rechtwinkligen Mauerkreuzungen laufen die Schichten abwechselnd durch **(Bild 2).** Die jeweilige Regelfuge der durchgehenden Schicht ist um $^1/_2$ am bei kleinformatigen und um $^1/_2$ am bzw. 1 am bei mittelformatigen Steinen gegenüber der anstoßenden Schicht zu versetzen.

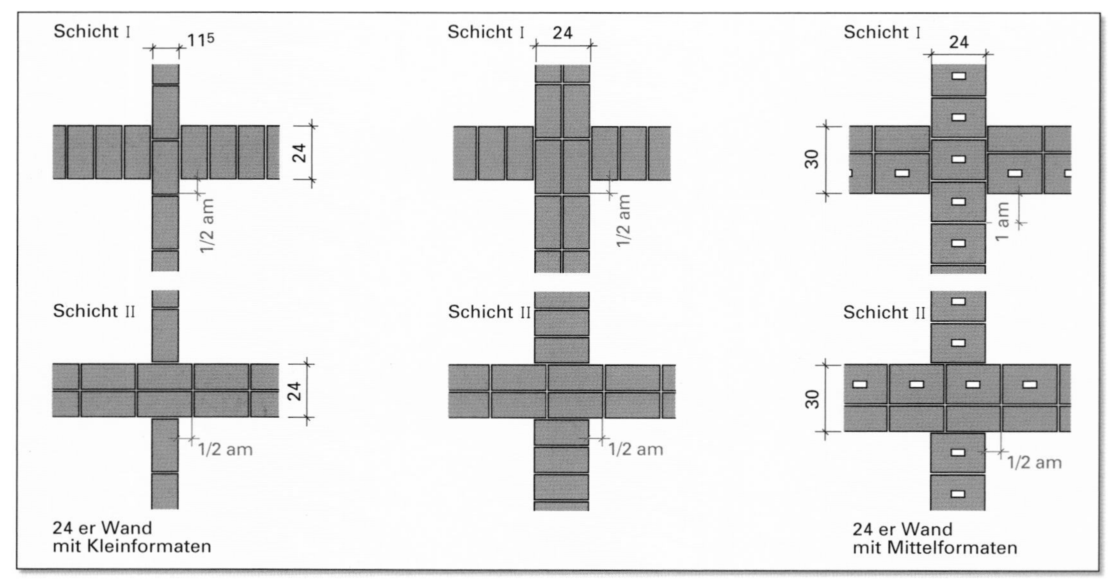

Bild 2: Verbände bei Mauerkreuzungen

Aufgaben

1 Für einen **Mauerpfeiler** ist ein Verband mit geeigneten Formaten vorzuschlagen **(Bild 1)**.

a) Zeichnen Sie dazu im Maßstab 1:10 den Blockverband. Die Fugen werden dargestellt.

b) Zeigen Sie weitere Verbandslösungen auf.

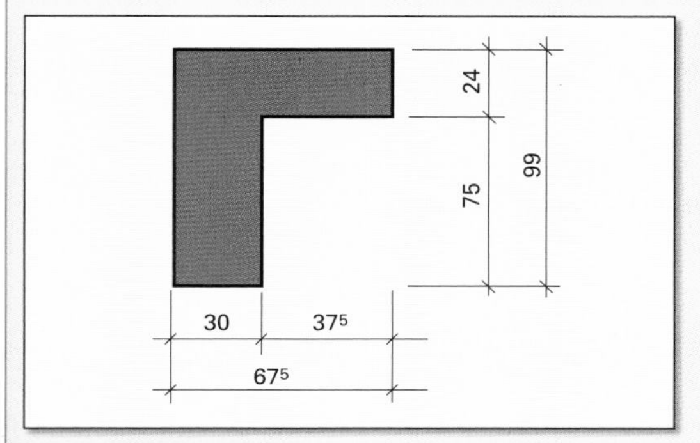

Bild 1: Mauerpfeiler

2 Ein **Stellplatz für Mülltonnen** soll mit einem Mauerwerk aus kleinformatigen Steinen im Kreuzverband ummauert werden **(Bild 2)**.

Zeichnen Sie eine Verbandslösung im Maßstab 1:10. Die Fugen sind darzustellen. Bemaßen Sie normgerecht.

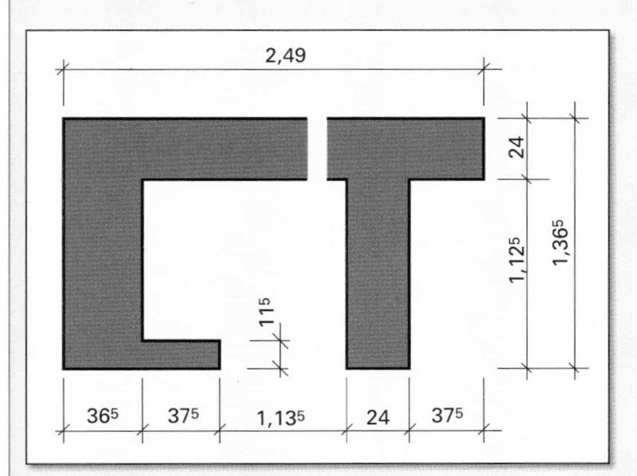

Bild 2: Stellplatz für Mülltonnen

3 Nennen Sie die Grundregeln für die Herstellung von **Mauerwerksverbänden**. Stellen Sie jeweils eine Grundregel mit Erläuterung auf einem Einzelblatt dar und fertigen Sie hierzu eine Präsentation an.

4 Für das Baugesuch ist der **Grundriss einer Garage** mit Baurichtmaßen bemaßt worden **(Bild 3)**.

Es sind zur Vorbereitung der Verbandslösung die Achtelmetermaße zu bestimmen.

a) Skizzieren Sie den Grundriss als Kreuzverband auf kariertem Papier (1 am = 1 Kästchen) unter Verwendung klein- und mittelformatiger Steine.

b) Alle Baurichtmaße sind in Rohbaumaße umzurechnen und an eine Schicht mit normgerechter Bemaßung einzutragen.

c) Entwickeln Sie für die lange Garagenseite ohne Öffnungen eine Ansicht im Maßstab 1:20. Das Mauerwerk ist 2,75 m hoch zu mauern. Kennzeichnen Sie den Kreuzverband.

d) Sämtliche Fenster- und Türanschläge sind als Viertelsteinanschlag auszuführen. Stellen Sie für die gekennzeichnete Mauerecke den Anschlag im Kreuzverband im Maßstab 1:10 dar und bemaßen Sie eine Schicht neu. Die Öffnungsmaße bleiben erhalten.

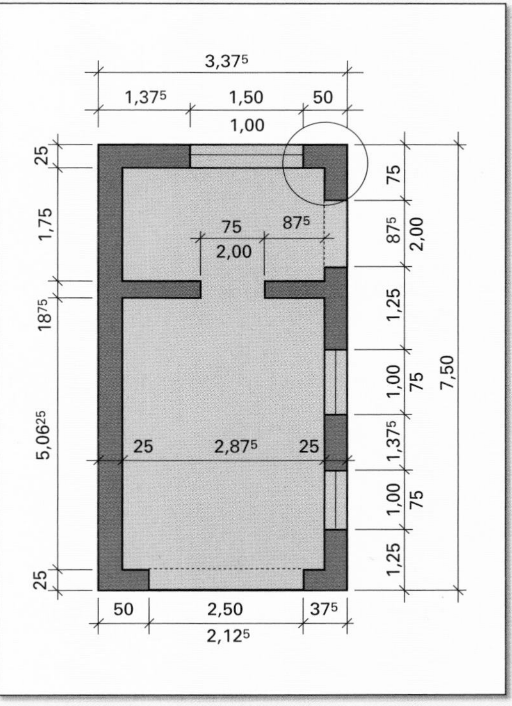

Bild 3: Garage mit Baurichtmaßen

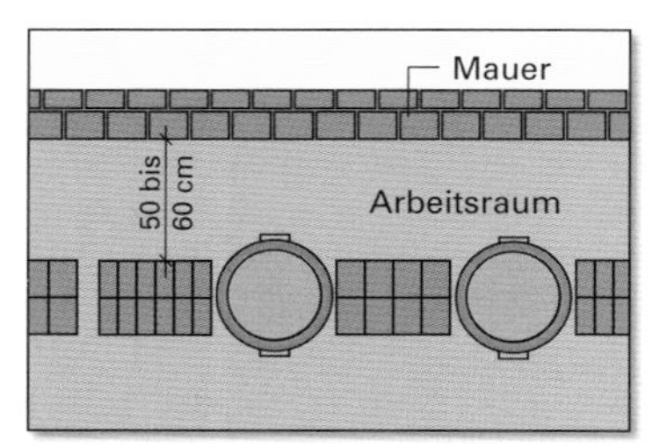

Bild 1: Arbeitsplatz und Arbeitsraum

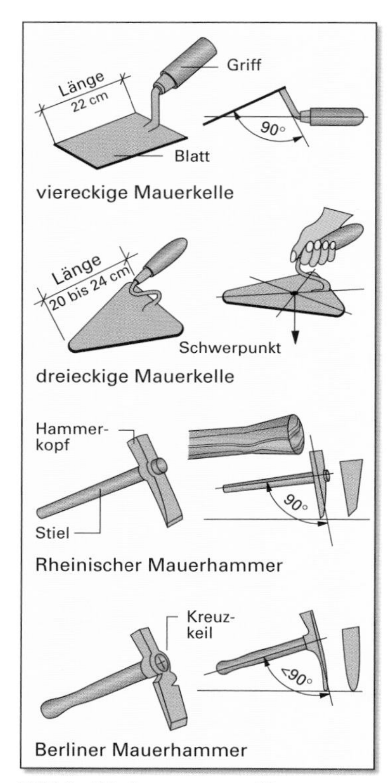

Bild 2: Werkzeuge zum Mauern

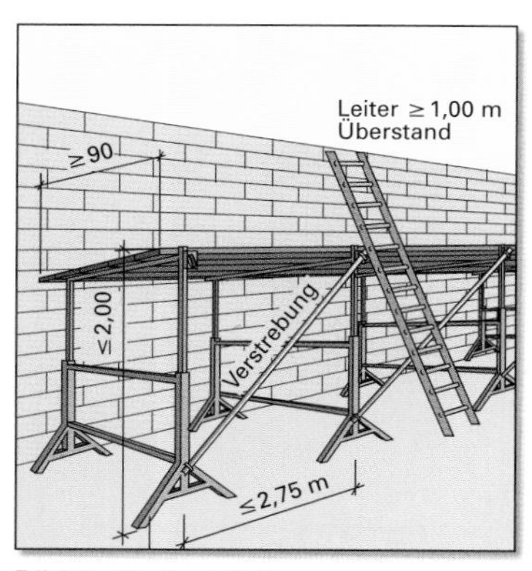

Bild 3: Bockgerüst

3.2.6 Ausführung von Mauerwerk

Zur Ausführung von Mauerarbeiten gehört neben dem Mauern auch das Einrichten des Arbeitsplatzes, das Bereitstellen der benötigten Werkzeuge und Geräte sowie der erforderlichen Arbeitsgerüste.

3.2.6.1 Einrichtung des Arbeitsplatzes

Der Arbeitsplatz ist so einzurichten, dass Mauersteine, Mauermörtel und Geräte in Reichweite zur Wand liegen. Dazu werden zuerst die Stellflächen für Mörtel und Steine festgelegt. Der Mörtelkasten steht auf der Seite des Steinstapels, auf der der Maurer seine Kelle führt. Der Abstand der Baustoffe und Geräte von der zu erstellenden Wand sollte 50 cm bis 60 cm betragen. Dieses Maß reicht als Breite für den Arbeitsraum des Maurers aus **(Bild 1)**.

3.2.6.2 Werkzeuge und Geräte

Werkzeuge zum Mauern sind Mauerkelle, Mauerhammer, Wasserwaage, Schnurlot, Fluchtschnur, Bauwinkel, Setzlatte oder Richtscheit, Schichtmaßlatte, Schlauchwaage und Gliedermaßstab **(Bild 2)**.

Geräte für Mauerarbeiten sind Arbeitshilfen, wie z.B. Schaufel, Mörtelkasten und Schubkarren sowie Baumaschinen. Dazu zählen Mischer, Förderband, Bauaufzug, Kran, Greif- und Versetzzange, Steinsäge, Trenn- und Schleifmaschine.

3.2.6.3 Arbeitsgerüste

Erreicht das Mauerwerk eine Höhe, bei der nicht mehr zügig und fachgerecht gemauert werden kann, ist ein Arbeitsgerüst erforderlich. Die Arbeitsgerüste müssen sich leicht erstellen lassen, sicher und fest stehen sowie Personen und Baustoffe tragen können.

Als Gerüste eignen sich Bockgerüste aus Holz oder Stahl sowie ergonomische Mauergerüste. **Bockgerüste** bestehen aus in der Höhe festgelegten oder höhenverstellbaren Gerüstböcken und dem darüber liegenden Belag **(Bild 3)**. Mehr als zwei **Gerüstböcke** dürfen nicht übereinander gestellt werden, wobei die Gesamthöhe 4,00 m nicht überschreiten darf. Die Gerüstböcke müssen miteinander ausreichend verstrebt sein, bei ausziehbaren Gerüstböcken auch der ausziehbare Teil. Der Abstand der Gerüstböcke ist abhängig von der zu erwartenden Belastung, darf aber bei ausgezogenen Gerüstböcken maximal 2,00 m betragen.

Der **Gerüstbelag** ist entsprechend der Belastung zu wählen. Dazu eignen sich Gerüstbretter bzw. -bohlen mit einer Dicke von 3 cm bis 5 cm. Sie sind so zu verlegen, dass sie weder kippen noch ausweichen können. Zum Besteigen der Gerüste müssen Leitern vorhanden sein, die mindestens 1 m über den Gerüstbelag hinausragen. Ab einer Gerüsthöhe von 2,00 m ist ein 1,00 m hoher Seitenschutz, auch an den Kopfseiten, vorgeschrieben. Dieser besteht aus einem Geländerholm, einem Zwischenholm und einem 15 cm hohen Bordbrett.

Zunehmend werden ergonomisch gestaltete Gerüste, auch als hydraulische Mauerarbeitsbühnen bezeichnet, eingesetzt. Dabei sind Mauersteine und Mörtelkasten auf einer höheren Ebene angeordnet als der Standplatz des Maurers **(Bild 1)**. Dadurch kann der Maurer Steine und Mörtel immer in einer für ihn günstigen Körperhaltung aufnehmen. Diese Mauergerüste sind dem Arbeitsfortschritt entsprechend höhenverstellbar und verfahrbar.

Bild 1: Ergonomisches Mauergerüst

3.2.6.4 Mauern

Vor dem Anlegen des Mauerwerks werden alle notwendigen Maße, z.B. für Mauerecken, Mauereinbindungen und Öffnungen auf der Bodenplatte oder den Geschossdecken eingemessen und angezeichnet.

Beim **Anlegen** der ersten Schicht versetzt man Mauersteine oder Höhenausgleichssteine (Kimmsteine) in einem Mörtelbett MG III waagerecht und nach der eingemessenen Mauerflucht. Das Mörtelbett und die Kimmsteine ermöglichen den Ausgleich von Unebenheiten. Rechtwinklige Mauerecken, Mauereinbindungen und Mauerkreuzungen richtet man mithilfe von Bauwinkel und Gliedermaßstab aus. Der rechte Winkel lässt sich mit dem Gliedermaßstab durch Abmessen eines Dreiecks mit dem Seitenverhältnis 3 : 4 : 5 überprüfen.

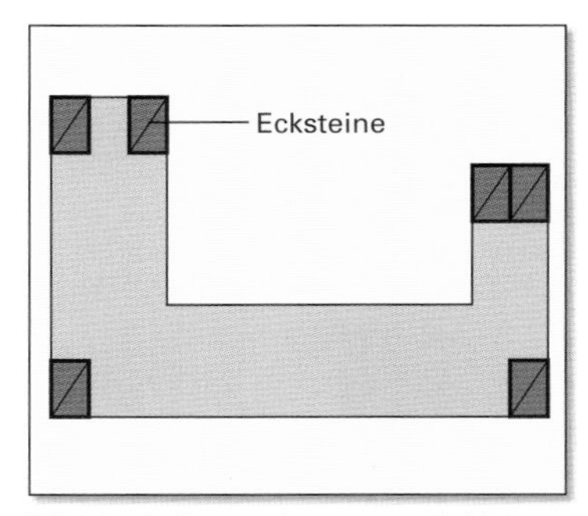

Bild 2: Anlegen der ersten Schicht

Ist in eine Mauerschicht eine Sperrschicht gegen aufsteigende Feuchtigkeit einzubauen, so wird dazu eine genormte, mineralische Dichtungsschlämme empfohlen oder eine besandete Bitumenpappe. Diese wird in Rollen entsprechend der jeweiligen Mauerdicke geliefert.

Zunächst gleicht man die Unebenheiten der Rohdecke mit Mörtel ab, um ein Durchstoßen der Mauersperre durch Kanten zu verhindern. Um die Mauersperrbahn auch von oben gegen Durchstoßen zu sichern, wird sie mit einer Mörtelschicht abgedeckt **(Bild 3)**. Diese Mörtelschicht dient gleichzeitig dem Ausgleich von Maßtoleranzen der nächsten Mauerschicht.

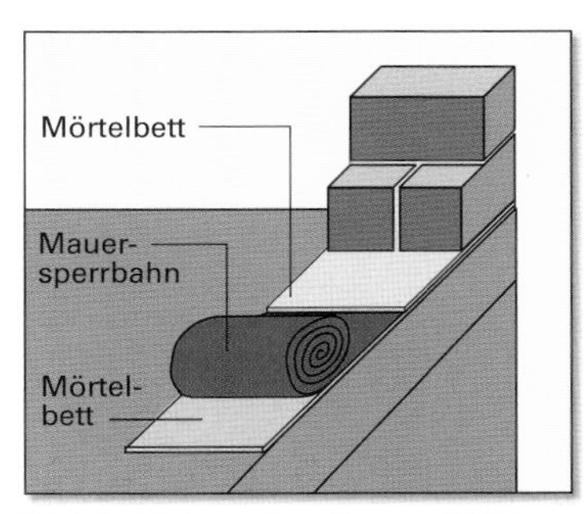

Bild 3: Einbau einer Sperrschicht

Das **Hochmauern** geschieht in mehreren Arbeitsschritten. Man beginnt an den Mauerenden bzw. Mauerecken, in dem diese einige Schichten vorausgemauert und zur Mauerflucht hin abgetreppt werden. Um das Maß für die Mauerhöhe einhalten zu können, gibt es Meterstäbe sowie Schichtmaßlatten, auf denen die Schichthöhen der einzelnen Steinformate markiert sind. Schichtmaßlatten werden lotrecht an den Mauerenden bzw. -ecken aufgestellt und dienen als Lehren beim Hochmauern. Die Flucht zwischen den vorausgemauerten Mauerenden bzw. -ecken wird mit der Fluchtschnur markiert. Sie muss immer gespannt sein, damit über die gesamte Länge die Schichthöhe eingehalten wird **(Bild 4)**.

Die Qualität der Arbeit ist durch den Maurer selbst und den Polier hinsichtlich Maßhaltigkeit, Flucht, Winkligkeit, Lot, Waage, Verband, Fugenbild, Aussehen und Sauberkeit ständig zu überprüfen.

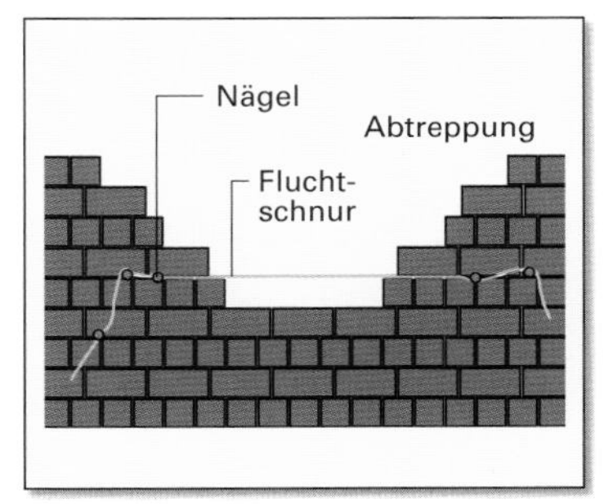

Bild 4: Hochmauern

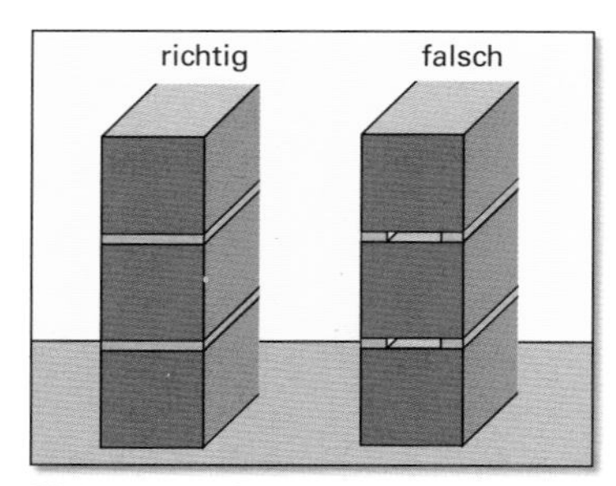

Bild 1: Lagerfuge

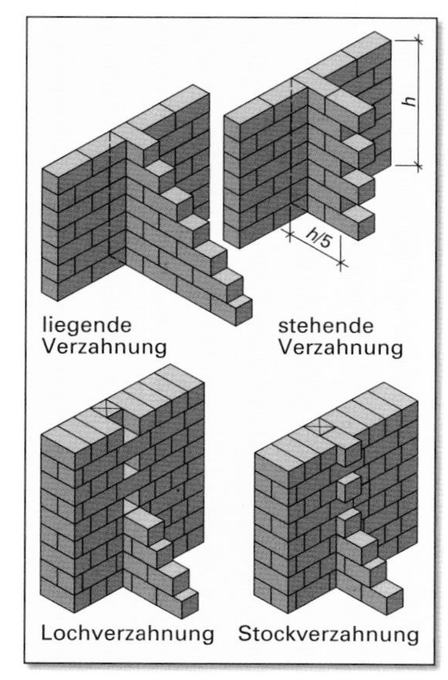

Bild 2: Verzahnungen

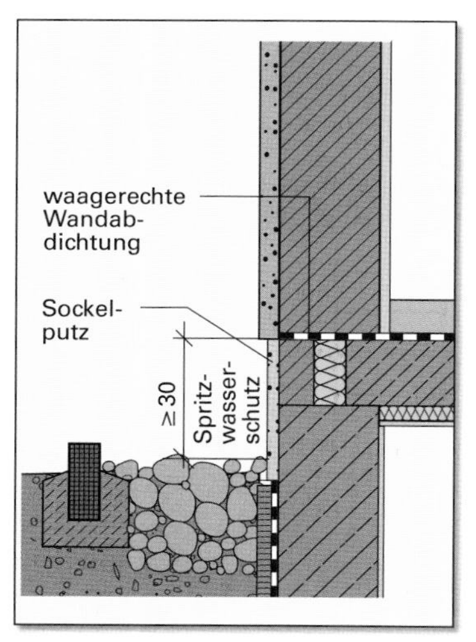

Bild 3: Abdichtung gegen Bodenfeuchte im Sockelbereich

Beim Mauern sind allgemein anerkannte Regeln zu beachten:

- Mauersteine sind stets waagerecht und lotrecht zu vermauern.
- Es sind nur gleichartige Mauersteine zu verwenden. Mischmauerwerk aus unterschiedlichen Steinarten ist nicht zulässig.
- Stark saugende Steine sind vorzunässen.
- Lagerfugen sind stets vollflächig herzustellen, damit die geforderte Mörteldruckfestigkeit erreicht wird **(Bild 1)**.
- In einer Schicht sind Mauersteine von gleicher Höhe zu verwenden, damit die Lagerfuge waagerecht durchgeht.
- Ein versetzter Mauerstein soll möglichst wenig „bewegt" und nicht mehr angehoben werden.
- Frisches Mauerwerk ist rechtzeitig vor Durchfeuchtung und Frost durch geeignete Maßnahmen zu schützen.
- Gefrorene Baustoffe und Frostschutzmittel dürfen nicht verwendet werden. Durch Frost geschädigtes Mauerwerk ist vor dem Weiterbau abzutragen.
- Die Verbindung zweier Wände in Längsrichtung sowie rechtwinklig zueinander kann durch liegende, stehende, Loch- oder Stockverzahnung erfolgen **(Bild 2)**.

3.2.7 Abdichten gegen Bodenfeuchte

Bodenfeuchte ist im Erdreich ständig vorhandenes, in den Kapillaren gebundenes und durch die Kapillarkräfte auch gegen die Schwerkraft fortleitbares Wasser. Als Mindestbeanspruchung ist diese immer anzunehmen. Sie tritt bei erdberührten Bauteilen und im Sockelbereich auf.

Die wichtigsten Abdichtungen gegen Bodenfeuchte sind die waagerechte Wandabdichtung und die Abdichtung im Sockelbereich **(Bild 3)**.

Außen- und Innenwände im Untergeschoss sind durch eine **waagerechte Abdichtung** (Querschnittsabdichtung) gegen aufsteigende Feuchtigkeit zu schützen. Bei Wänden aus Mauerwerk wird die Abdichtung in der Regel unter der ersten Schicht angeordnet. Damit keine Feuchtigkeitsbrücken, insbesondere im Bereich von Putzflächen, entstehen können, muss die Wandabdichtung in ihrer gesamten Länge an die waagerechte Abdichtung herangeführt oder mit ihr verklebt werden. Für Mauerwerksabdichtungen werden besandete Bitumenpappen oder Kunststoffdichtungsbahnen verwendet **(Bild 3)**.

Gegen Eindringen von Spritzwasser im Sockelbereich, bis etwa 30 cm über Gelände, sind Außenwände zusätzlich abzudichten. Häufig geschieht dies mit einem Sperrputz aus Zementmörtel bzw. aus Buntsteinputz. An Stelle eines Putzes können Sockelbereiche auch aus frostbeständigen Mauersteinen hergestellt werden.

Durch den Einbau eines Grobkiesstreifens wird der Spritzwasseranfall vermindert.

3.2.8 Darstellungsarten

Baukörper werden je nach Notwendigkeit verschieden dargestellt. Die Bauausführung verlangt genaue Darstellungen, die als Ausführungszeichnungen bezeichnet werden. Um sich eine Vorstellung zu verschaffen, eignen sich die Normalprojektion (Seite 29) und insbesondere räumliche Darstellungen. Aufmaßskizzen dienen zur Abrechnung und zur Bestandsaufnahme.

3.2.8.1 Ausführungszeichnungen

Ausführungszeichnungen, auch Werkzeichnungen genannt, bilden die Grundlage der Bauausführung. Sie enthalten alle Einzelangaben, die zur Erstellung eines Bauwerkes erforderlich sind. Als Werkzeichnungen gelten Grundrisse, Schnitte und Ansichten, die vorzugsweise im Maßstab 1:50 dargestellt werden. Für die Darstellung schwieriger Bauteilanschlüsse werden Detailzeichnungen (Einzelheiten) in den Maßstäben 1:20, 1:10, 1:5 oder 1:1 angefertigt **(Tabelle 1)**.

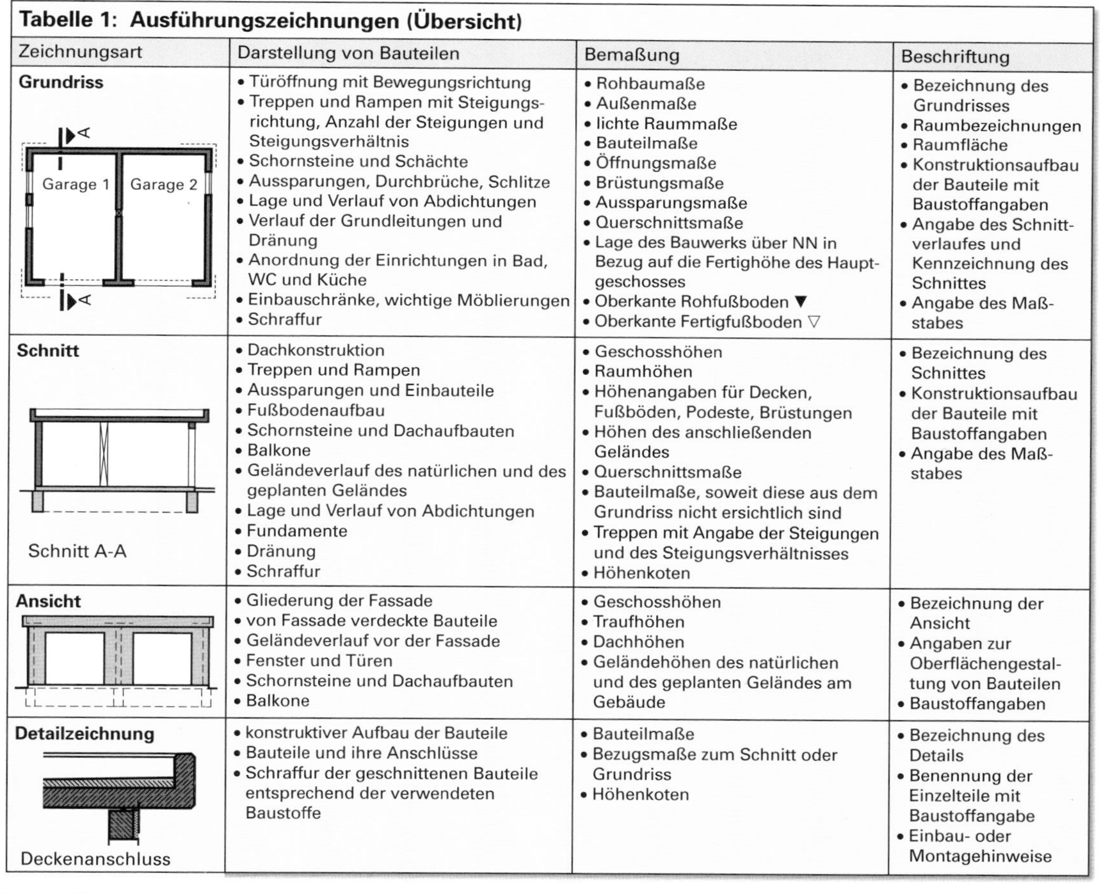

Tabelle 1: Ausführungszeichnungen (Übersicht)

Zeichnungsart	Darstellung von Bauteilen	Bemaßung	Beschriftung
Grundriss Garage 1 Garage 2	• Türöffnung mit Bewegungsrichtung • Treppen und Rampen mit Steigungsrichtung, Anzahl der Steigungen und Steigungsverhältnis • Schornsteine und Schächte • Aussparungen, Durchbrüche, Schlitze • Lage und Verlauf von Abdichtungen • Verlauf der Grundleitungen und Dränung • Anordnung der Einrichtungen in Bad, WC und Küche • Einbauschränke, wichtige Möblierungen • Schraffur	• Rohbaumaße • Außenmaße • lichte Raummaße • Bauteilmaße • Öffnungsmaße • Brüstungsmaße • Aussparungsmaße • Querschnittsmaße • Lage des Bauwerks über NN in Bezug auf die Fertighöhe des Hauptgeschosses • Oberkante Rohfußboden ▼ • Oberkante Fertigfußboden ▽	• Bezeichnung des Grundrisses • Raumbezeichnungen • Raumfläche • Konstruktionsaufbau der Bauteile mit Baustoffangaben • Angabe des Schnittverlaufes und Kennzeichnung des Schnittes • Angabe des Maßstabes
Schnitt Schnitt A-A	• Dachkonstruktion • Treppen und Rampen • Aussparungen und Einbauteile • Fußbodenaufbau • Schornsteine und Dachaufbauten • Balkone • Geländeverlauf des natürlichen und des geplanten Geländes • Lage und Verlauf von Abdichtungen • Fundamente • Dränung • Schraffur	• Geschosshöhen • Raumhöhen • Höhenangaben für Decken, Fußböden, Podeste, Brüstungen • Höhen des anschließenden Geländes • Querschnittsmaße • Bauteilmaße, soweit diese aus dem Grundriss nicht ersichtlich sind • Treppen mit Angabe der Steigungen und des Steigungsverhältnisses • Höhenkoten	• Bezeichnung des Schnittes • Konstruktionsaufbau der Bauteile mit Baustoffangaben • Angabe des Maßstabes
Ansicht	• Gliederung der Fassade • von Fassade verdeckte Bauteile • Geländeverlauf vor der Fassade • Fenster und Türen • Schornsteine und Dachaufbauten • Balkone	• Geschosshöhen • Traufhöhen • Dachhöhen • Geländehöhen des natürlichen und des geplanten Geländes am Gebäude	• Bezeichnung der Ansicht • Angaben zur Oberflächengestaltung von Bauteilen • Baustoffangaben
Detailzeichnung Deckenanschluss	• konstruktiver Aufbau der Bauteile • Bauteile und ihre Anschlüsse • Schraffur der geschnittenen Bauteile entsprechend der verwendeten Baustoffe	• Bauteilmaße • Bezugsmaße zum Schnitt oder Grundriss • Höhenkoten	• Bezeichnung des Details • Benennung der Einzelteile mit Baustoffangabe • Einbau- oder Montagehinweise

In Ausführungszeichnungen werden verschiedene Abkürzungen verwendet **(Tabelle 2)**.

Tabelle 2: Abkürzungen in Ausführungszeichnungen (Auswahl)

Bezeichnung	Abkürzung	Bezeichnung	Abkürzung	Bezeichnung	Abkürzung
Fertigfußboden	FFB ▽	Deckendurchbruch	DD	Brüstungshöhe	BRH
Rohfußboden	RFB ▼	Wandschlitz	WS	Regenrohr	RR
über Normal Null	üNN	Wanddurchbruch	WD	Dachneigung	DN
Oberkante	OK	Unterkante	UK	Dachvorsprung	DV

Aufgaben

1 Für eine **Gartenlaube** sind die Werkzeichnungen zu erstellen **(Bild 1).**

Ausführungshinweise:
- Streifenfundamente aus Stahlbeton b/h = 40 cm/80 cm
- Bodenplatte aus Stahlbeton, h = 16 cm, auf Trennlage und kapillarbrechender Schicht mit d = 25 cm
- Fußboden als Estrich auf Trennschicht mit d = 5 cm

a) Zeichnen Sie Grundriss und Schnitt A-A im Maßstab 1:50 mit Bemaßung.

b) Entwickeln Sie für den angegebenen Bereich (Detail X) den Mauerverband als Kreuzverband und zeichnen Sie vier Schichten im Maßstab 1:10. Die Fugen sind darzustellen.

c) Stellen Sie die notwendigen Maßnahmen zur Abdichtung gegen Bodenfeuchte in einem Schnitt (Detail Y) im Maßstab 1:10 dar.

d) Zeichnen Sie die Gartenlaube in vier Ansichten im Maßstab 1:50.

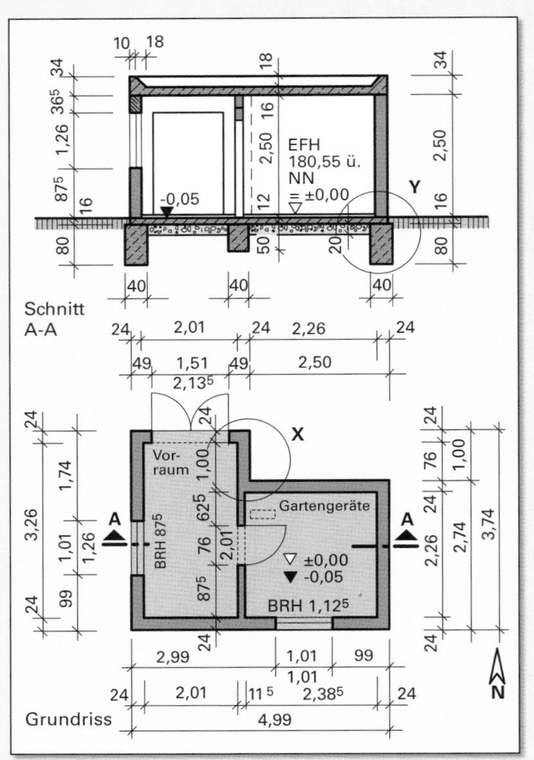

Bild 1: Gartenlaube

2 Das bestehende Gebäude eines **Verkaufskioskes** soll um zwei Räume erweitert werden. In die Wand des Altbaues sind zwei Türen nach Vorgabe einzuplanen. Gegeben sind die Ansicht des Altbaues und die Grundrisserweiterung als Planungsgrundlage **(Bild 2).**

Ausführungshinweise:
- Streifenfundamente b/h = 50 cm/80 cm
- Bodenplatte aus Stahlbeton, h = 12 cm, auf Trennlage und kapillarbrechender Schicht mit d = 20 cm
- OK Gelände = OK Bodenplatte
- Fußbodenaufbau d = 10 cm

a) Zeichnen Sie den Grundriss im Maßstab 1:50 und bemaßen Sie normgerecht.

b) Fertigen Sie den Schnitt A-A im Maßstab 1:50 an. Die Baustoffe sind zu schraffieren.

c) Zeichnen Sie das Detail Z im Maßstab 1:10 und stellen Sie die notwendigen Abdichtungen dar.

d) Die Fensteröffnungen sind mit einem 1/4-Stein-Anschlag zu versehen. Das lichte Maß der Öffnung bleibt erhalten.

Zeichnen Sie den Mauerverband im Maßstab 1:10 für den gekennzeichneten Bereich X in zwei Schichten.

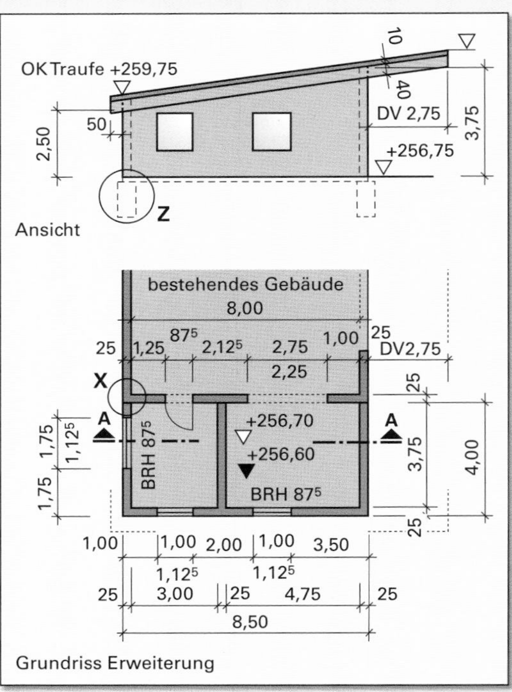

Bild 2: Verkaufskiosk

3.2.8.2 Räumliche Darstellungen

Der Betrachter muss sich bei der Normalprojektion aus den drei einzelnen Ansichten eines Körpers eine Vorstellung über seine Form entwickeln. Durch eine räumliche Darstellung werden Form und Anordnung eines Körpers leichter verständlich und die Vorstellung vereinfacht **(Bild 1)**. Der Körper wird dabei in seinen drei Ausdehnungen auf einer Bildebene dargestellt.

Die am häufigsten angewandten räumlichen Darstellungen, auch Schrägbilder oder schräge Parallelprojektion genannt, sind die Isometrie, die Dimetrie und die Kavalierprojektion.

Bei der **Isometrie** verlaufen Länge und Breite unter einem Winkel von 30° zur Waagerechten. Alle Maße in Richtung der Achsen (Hauptrichtungen) werden ohne Verkürzung gezeichnet.

Im Unterschied dazu sind bei der **Dimetrie** die Länge unter einem Winkel von 7°, die Breite unter einem Winkel von 42° zur Waagerechten gezeichnet. Die Längen- und Höhenmaße werden maßstabsgerecht angegeben, das Breitenmaß auf die Hälfte verkürzt.

Bei der **Kavalierprojektion** wird die Vorderansicht in Normalprojektion unverkürzt und maßstabsgetreu gezeichnet. Die Breite wird unter einem Winkel von 45° zur Waagerechten angetragen und auf Zweidrittel verkürzt.

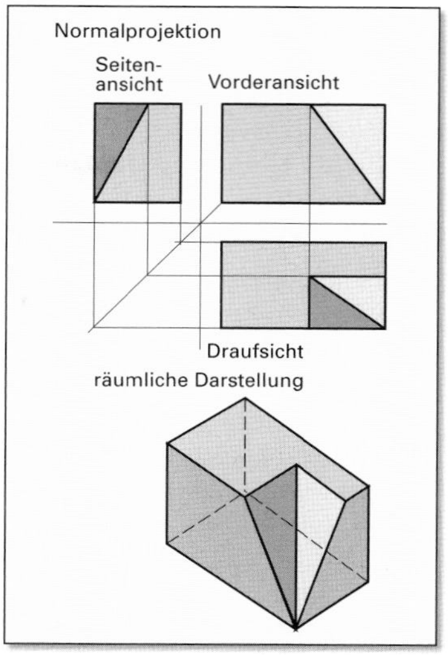

Normalprojektion
Seitenansicht
Vorderansicht
Draufsicht
räumliche Darstellung

Bild 1: Körper in Normalprojektion und räumlicher Darstellung

Regeln beim Zeichnen von Schrägbildern:

- Parallele Kanten bleiben auch im Schrägbild parallel.
- Senkrechte Kanten bleiben auch im Schrägbild senkrecht.
- Schräge Kanten werden durch waagerechte und senkrechte Hilfslinien festgelegt.
- Linien für die Achsen zur Darstellung des Hüllkörpers und weitere Hilfslinien werden zunächst als dünne Volllinien gezeichnet. Sie sind so zu zeichnen, dass sich Schnittpunkte ergeben.

Am Beispiel der Isometrie wird der Arbeitsablauf zur Herstellung einer räumlichen Darstellung beschrieben **(Bild 2)**.

① Zuerst wird eine Körperecke durch die Achsen festgelegt. Dabei werden Länge und Breite unter einem Winkel von 30° zur Waagerechten gezeichnet.

② Über der Grundfläche werden in den Eckpunkten die Senkrechten errichtet und die größten Höhen abgetragen. Die entstandenen Schnittpunkte werden zu einem Hüllkörper mit dünnen Volllinien jeweils durch Parallelverschiebung der Achsen verbunden.

③ Weitere Maße werden von Bezugskanten aus festgelegt und die Kanten mit dünnen Volllinien konstruiert.

④ Abschließend werden die sichtbaren Körperkanten mit dicken Volllinien nachgezogen. Nicht sichtbare Körperkanten können gestrichelt werden. Sämtliche Hilfslinien können stehen bleiben.

Die Bemaßung erfolgt entsprechend den Regeln für eine Bauzeichnung parallel zur jeweiligen Körperkante. Die Maßbegrenzung kann neben dem Schrägstrich unter 45° auch mit einem Punkt erfolgen.

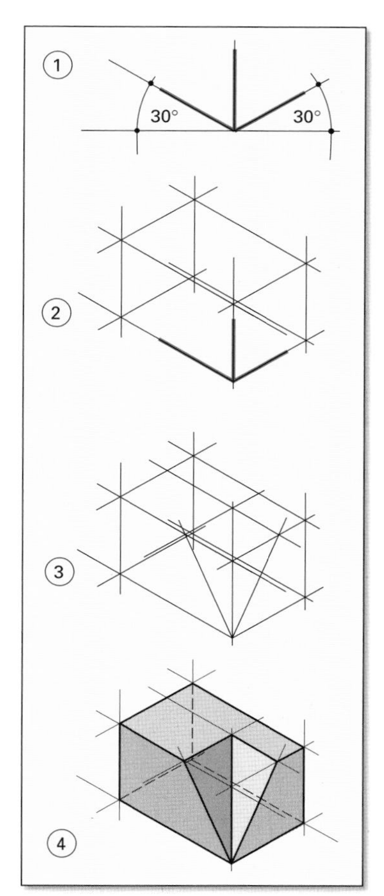

Bild 2: Isometrie (Arbeitsschritte)

Aufgaben

1 Ein **Mauerstein** im DF-Format (NF, 2 DF, 3 DF) ist in der Isometrie als Skizze darzustellen. Die Skizze kann als Freihandzeichnung oder mit dem Lineal erstellt werden. Alle Seitenflächen sind mit dem Fachausdruck zu bezeichnen.

2 Eine 1,00 m lange **Binderschicht** ist mit Vollziegel im Format NF gemauert. Die Binderschicht ist mit Fugen in der Isometrie darzustellen. Die Zeichnung im M 1:10 ist vollständig zu bemaßen.

3 Ein **winkelförmiger Baukörper** ist 2,00 m hoch **(Bild 1).** Er soll in Normalprojektion mit Bemaßung und als Isometrie im M 1:25 dargestellt werden.

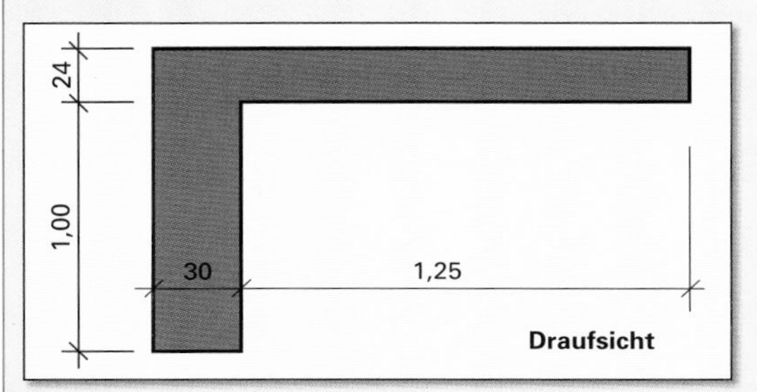

Bild 1: Winkelförmiger Baukörper

4 Ein 50 cm hoher **U-Stein** ist in der Draufsicht dargestellt **(Bild 2).** Er ist als Normalprojektion im M 1:15 mit Bemaßung und als Isometrie zu zeichnen.

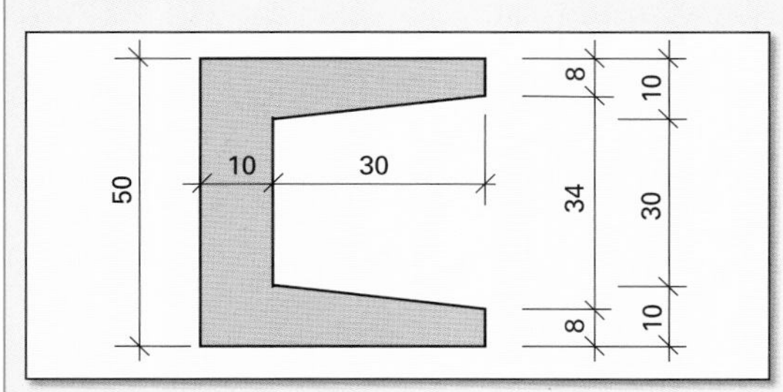

Bild 2: Draufsicht eines U-Steins

5 Eine **Stuckleiste** ist im Querschnitt, als Längsansicht und als Draufsicht im M 1:1 zu zeichnen und zu bemaßen **(Bild 3).** Das Profil soll dem Bauherrn als Isometrie vorgestellt werden.

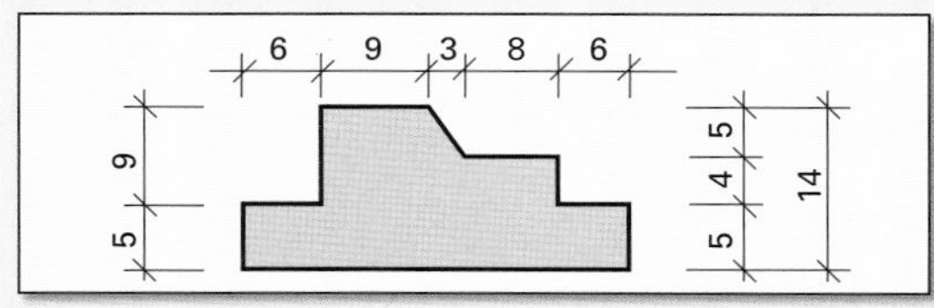

Bild 3: Stuckleiste im Querschnitt

6 Ein Bauherr möchte in einer **Wandnische** eine Duschwanne installieren lassen **(Bild 4).** Die Wandnische bietet zusätzlich Platz für eine Fuß- und Sitzbank. Der Bauherr bittet um Vorschläge über die Art des Einbaus. Zeichnen Sie den Duschraum im M 1:20 mit Bemaßung. Um die Vorschläge anschaulich darstellen zu können, fertigen Sie isometrische Handskizzen.

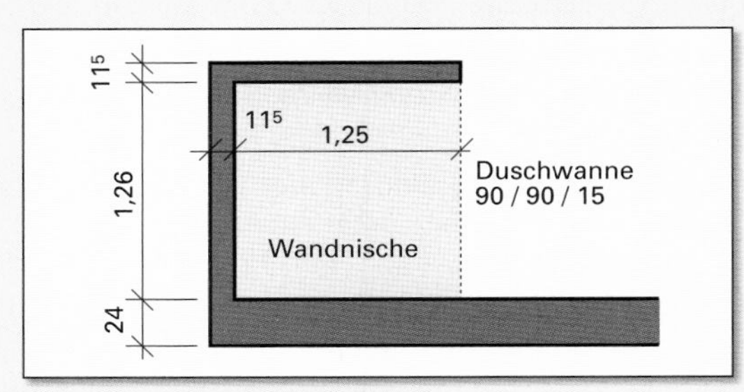

Bild 4: Wandnische für Dusche

7 Zeichnen Sie zwei **zimmermannsmäßige Holzverbindungen** als Normalprojektion M 1:5 und in isometrischer Darstellung. Es können Längs- und Eckverbindungen oder Abzweigungen mit Hölzern 10 cm/12 cm dargestellt werden.

8 Ein **Gebäude mit Satteldach** ist in Normalprojektion im M 1:100 zu zeichnen und zu bemaßen **(Bild 5).** Das Gebäude ist außerdem als Isometrie darzustellen.

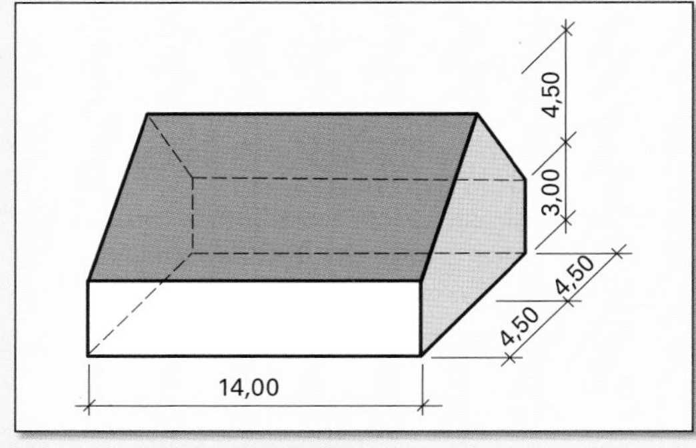

Bild 5: Gebäude mit Satteldach

9 Ein **Gebäude mit Pultdach** hat eine Länge von 4,50 m, eine Breite von 3,50 m und eine Höhe an der Regenrinne von 2,75 m. Die Dachfläche ist 30° geneigt.

Zeichnen Sie das Gebäude in Normalprojektion und in der Isometrie im M 1:50. Fenster und Türen können nach eigenen Vorstellungen eingezeichnet werden.

3.2.8.3 Aufmaßskizzen und Aufmaß

Zur Ermittlung des Baustoffbedarfs und zur Kalkulation von Bauleistungen bilden die Ausführungszeichnungen die Arbeitsgrundlage. Die genaue Abrechnung nach VOB erfolgt nach dem Aufmaß. In der Regel erfolgt das Aufmaß auf der Grundlage der Ausführungszeichnungen.

Liegen keine Zeichnungen vor, wie z. B. bei Renovierungs- oder Umbaumaßnahmen oder ist die Bauleistung in den Zeichnungen nicht dargestellt, wird die ausgeführte Arbeit örtlich aufgemessen und in **Aufmaßskizzen** dokumentiert. Diese Aufmaßskizzen, auch als Bestandsaufnahme bezeichnet, sind eine möglichst maßstabsgerechte Darstellung eines Bauteils oder Bauwerks. Die Skizzen werden in der Regel freihändig angefertigt **(Bild 1)**.

Aufmaßskizzen dienen weiterhin als Grundlage für die Instandsetzung schadhafter Bauteile, zur Feststellung des Ist-Zustandes vor baulichen Maßnahmen und zur Dokumentation historischer Gebäude.

Zur besseren Übersicht für die Massenermittlung dient ein **Aufmaßformular (Bild 2, Druckvorlage auf CD)**. Hierbei werden die einzelnen Bauteile nach Positionen aufgelistet. Gleichartige Bauteile, z. B. Wände mit gleichen Wanddicken, können in Gruppen zusammengefasst werden. Man erhält eine Mengenermittlung getrennt nach Flächen- oder Raummaß. Aufmaßformulare eignen sich besonders für Grundrisse mit mehreren Wanddicken.

Beispiel:

Eine **Wandecke** mit Fenster- und Türöffnungen ist zu mauern. Der Türsturz liegt auf jeder Seite 12 cm auf und ist 24 cm hoch **(Bild 3)**.

Ermitteln Sie mit Hilfe eines Aufmaßformulars die Mengen des Mauerwerks **(Bild 4)**. Download von CD-ROM.

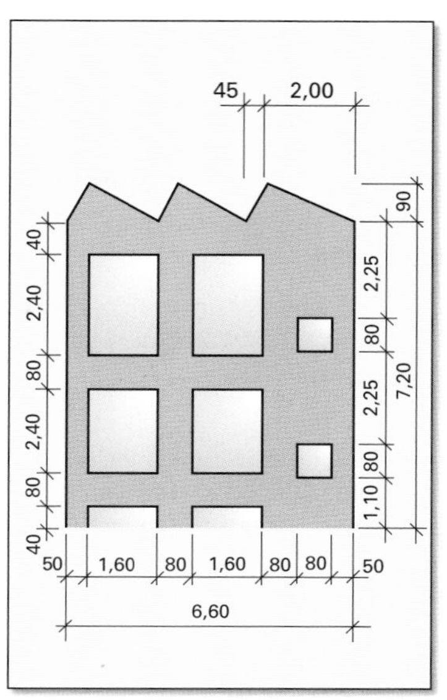

Bild 1: Aufmaß für eine Außenwand

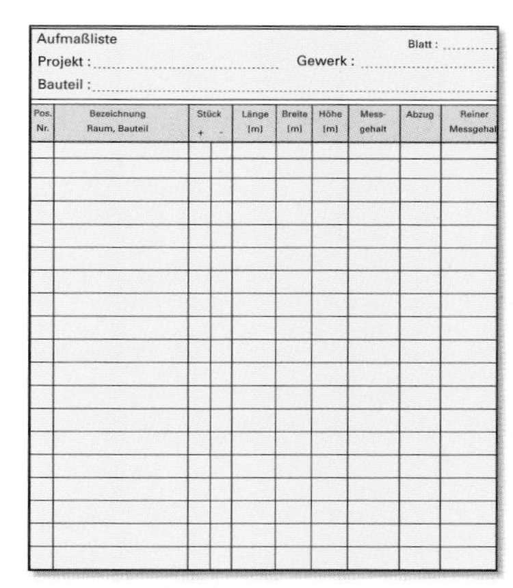

Aufmaßliste Blatt :
Projekt : Gewerk :
Bauteil :

Pos. Nr.	Bezeichnung Raum, Bauteil	Stück +	-	Länge [m]	Breite [m]	Höhe [m]	Mess-gehalt	Abzug	Reiner Messgehalt

Bild 2: Aufmaßformular

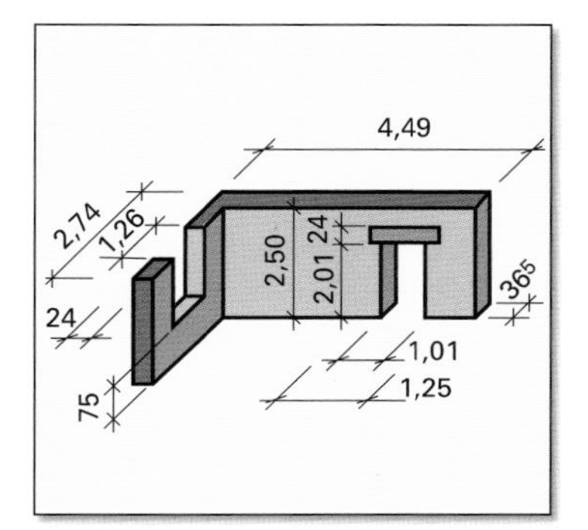

Bild 3: Wandecke eines Nebengebäudes

Aufmaßliste Blatt :
Projekt : Nebengebäude Gewerk : Mauerarbeiten
Bauteil : Wandecke

Pos. Nr.	Bezeichnung Raum, Bauteil	Stück +	Stück -	Länge [m]	Breite [m]	Höhe [m]	Mess-gehalt	Abzug	Reiner Messgehalt
	Wanddicke 36^5 cm; m^2								
1	Wand mit Tür	1		4,49	0,365	2,50	4,097		
	Tür		1	1,01	0,365	2,01		0,741	
	Türsturz		1	1,25	0,365	0,24		0,110	3,247
	Wanddicke 24 cm; m^2								
2	Wand mit Fenster	1		2,375		2,50	5,94		
	Fenster		1	1,26		1,75		2,21	3,73

Bild 4: Eintragungen in ein Aufmaßformular

Aufgaben

1 Fertigen Sie für Ihr **Klassenzimmer** eine Aufmaßskizze mit Bemaßung an.

2 Die **Außenfassade Ihres Schulgebäudes** soll neu verputzt werden. Fertigen Sie hierfür eine Aufmaßskizze an.

3 Die **Kellerräume** Ihres Schulgebäudes sollen umgenutzt werden. Erstellen Sie hierfür eine Aufmaßskizze.

4 Ein Bauherr hat ein bisher ungenutztes **Dachgeschoss** in massiver Bauweise ausbauen lassen. Die Baufirma rechnete die ausgeführte Arbeit nach örtlichem Aufmaß ab. Der Bauherr möchte nun für seine Unterlagen eine exakte Werkzeichnung.
Fertigen Sie diese aus der Aufmaßskizze an und bemaßen Sie normgerecht entsprechend der Maßordnung im Bauwesen **(Bild 1)**.

5 Ein Grundstück soll in die **Kleingärten** A, B und C geteilt werden **(Bild 2)**. Das Aufmaß ergab die Längen l_1 bis l_{10}.

l_1 = 10,80 m (12,40 m) l_6 = 5,80 m (5,15 m)
l_2 = 7,20 m (7,30 m) l_7 = 6,60 m (5,90 m)
l_3 = 4,80 m (5,30 m) l_8 = 7,20 m (6,25 m)
l_4 = 5,50 m (6,10 m) l_9 = 5,10 m (6,35 m)
l_5 = 2,75 m (4,00 m) l_{10} = 4,50 m (5,00 m)

Skizzieren Sie die einzelnen Grundstücksflächen der Kleingärten mit Bemaßung und bestimmen Sie deren Flächeninhalte.

6 Die Fläche einer **Hofeinfahrt** soll gepflastert werden. Ein Aufmaß ist als Skizze gegeben **(Bild 3)**.
a) Fertigen Sie eine Zeichnung im Maßstab 1:50 mit Bemaßung an.
b) Berechnen Sie die Fläche der Hofeinfahrt.
c) Beschreiben Sie den Aufbau der Hofeinfahrt. Skizzieren Sie einen Schnitt und legen Sie die erforderlichen Schichtenhöhen fest.

7 Der **Innenhof** einer Wohnanlage soll neu gestaltet werden **(Bild 4)**. Die schraffierte Fläche soll ein Hochbeet mit einer 24 cm dicken und 50 cm hohen Ummauerung erhalten. Es sind die Außenmaße gegeben. Die restliche Fläche soll mit Kleinpflaster versehen werden.
a) Zeichnen Sie den Innenhof M 1:50 mit Bemaßung.
b) Ermitteln Sie die Größe der Pflasterfläche.
c) Die Ummauerung soll aus Klinkern im 2 DF-Format hergestellt werden. Wie viele Klinker werden benötigt?
d) Berechnen Sie die zu bestellende Menge an Pflanzerde für das Hochbeet.

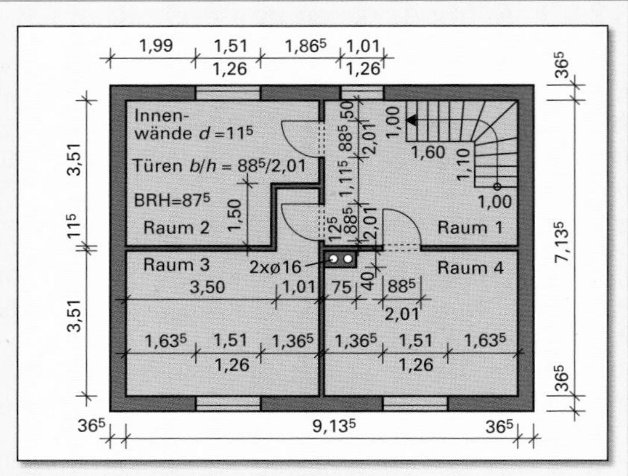

Bild 1: **Aufmaßskizze Dachgeschoss**

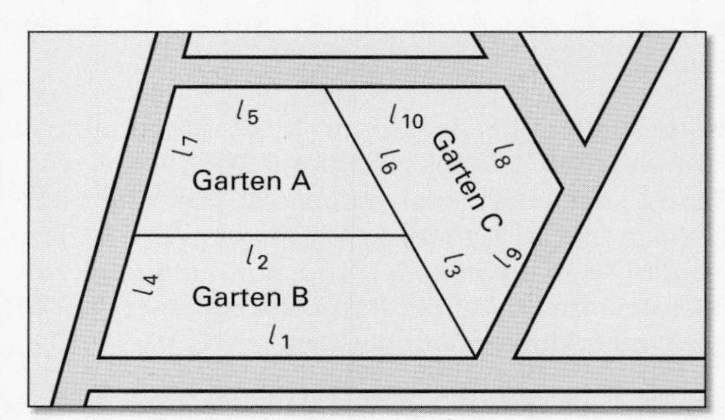

Bild 2: **Kleingärten**

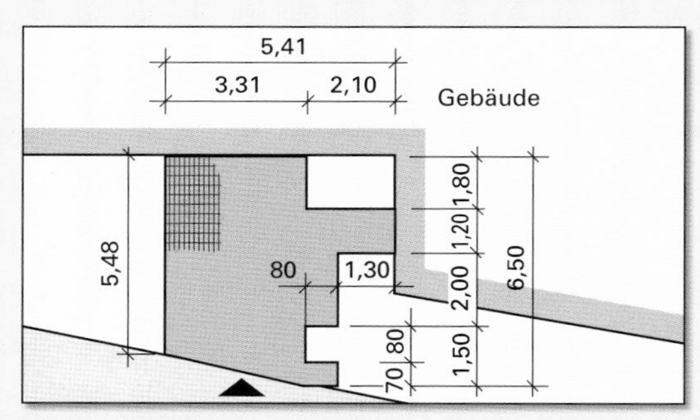

Bild 3: **Hofeinfahrt**

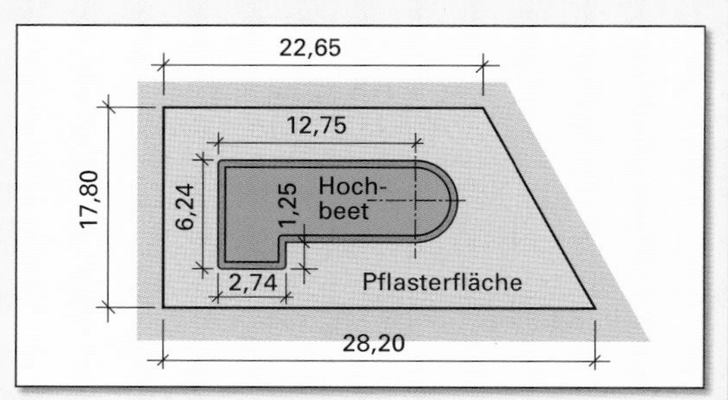

Bild 4: **Aufmaßskizze des Innenhofes**

3.3 Lernfeld-Projekt: Lagergebäude

Ein Lagergebäude wird als nichtunterkellertes Gebäude mit Flachdach erstellt. Ein Entwurfsplan ist als Grundriss mit Achtelmetermaßen vorgegeben **(Bild 1)**. Die Oberkante der Bodenplatte liegt auf Höhe der Geländeoberfläche. Die Wände werden 3,25 m hoch gemauert und verputzt.

1 Planen Sie den Arbeitsablauf für die Erstellung des Mauerwerks ab Oberkante Bodenplatte unter Berücksichtigung der Unfallverhütungsvorschriften.

2 Erstellen Sie für das Erdgeschoss eine normgerechte Ausführungszeichnung im Maßstab 1:50 mit Bemaßung.

3 Wählen Sie für das Mauerwerk geeignete Mauersteine und Mauermörtel aus und begründen Sie Ihre Auswahl. Ermitteln Sie den Baustoffbedarf.

4 Entwickeln Sie für einen Blockverband die Mauerverbände und zeichnen Sie diese für die gekennzeichneten Bereiche im Maßstab 1:10.

5 Beschreiben Sie die Abdichtungsmaßnahmen gegen Bodenfeuchte und stellen Sie den Einbau in einer Skizze als Schnittdarstellung dar.

Ausführungshinweise

Unfallverhütungsvorschriften (UVV)

Qualitätskontrolle

Ausführungszeichnung M 1:50

Auswahl nach Beanspruchung, Eigenschaften, Verarbeitung

Detailzeichnung M 1:10 für A, B und C mit zugehörigen Mauerverbänden

horizontale und vertikale Abdichtungsmaßnahmen

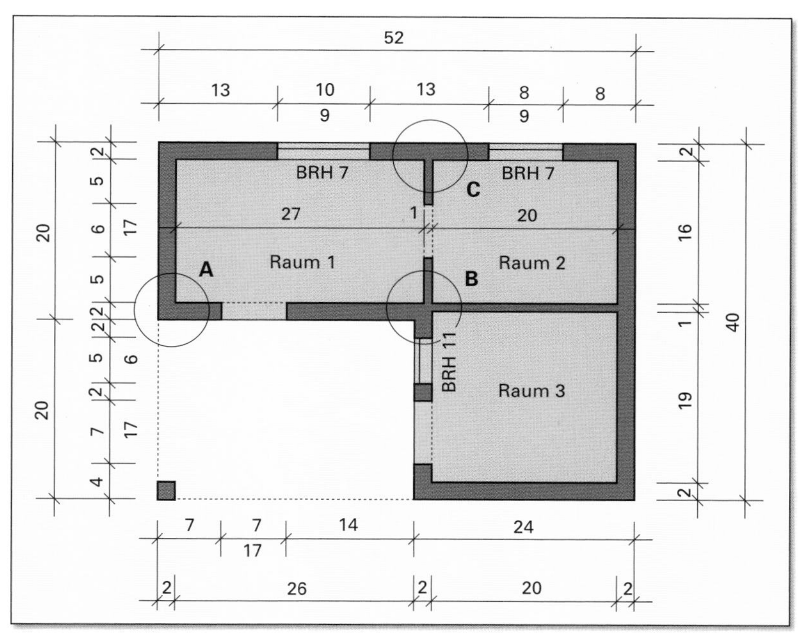

Bild 1: Lagergebäude (Maße in am)

3.3.1 Arbeitsablauf

- Bereitstellen aller notwendigen Werkzeuge, Geräte und Hilfsmittel
- Anzeichnen der Mauerecken auf der Bodenplatte
- Einbetten der waagerechten Abdichtung im Mörtelbett
- Ecksteine anlegen und ausrichten; 1. Schicht mit Fluchtschnur mauern
- Ecken hochmauern, Öffnungen anlegen; Fluchtmauerung bis auf 1,50 m Höhe
- Gerüstböcke stellen mit höchstens 2,50 m Abstand, Belag mind. 90 cm breit auslegen, Aufgang anbringen mit 1,00 m Überstand, ab 2,00 m dreiteiligen Seitenschutz mit 15 cm hohem Bordbrett anbringen

Arbeitsschritte

Liste erstellen

Beschreibung des Arbeitsablaufes in der Reihenfolge der Arbeiten

UVV beachten

- Weitere Aufmauerung bis auf Wandhöhe nach Werkzeichnung
- Abdichtungsmaßnahmen im Sockelbereich über Bodenplatte hinweg führen
- Ständige Kontrolle von Ordnung und Sauberkeit am Arbeitsplatz

Arbeitsschritte

Qualitätskontrolle

Zur Abnahme durch Bauleiter und Bauherr sind zu überprüfen:

- Maßhaltigkeit,
- Flucht und Winkel,
- Lot und Waage,
- Vollfugigkeit,
- Verband mit Fugenbild und Aussehen sowie
- Sauberkeit.

Kontrolle der Qualitätsmerkmale

3.3.2 Ausführungszeichnung

Zur Erstellung der Ausführungszeichnung sind alle Achtelmetermaße in Rohbaumaße umzurechnen. Für die Ausführungszeichnung sind die Rohbaumaße entsprechend dem Maßstab in Zeichnungsmaße umzuwandeln **(Bild 1)**.

Umrechnung der Achtelmetermaße in Rohbaumaße

Ausführungszeichnung M 1:50 mit normgerechter Bemaßung erstellen

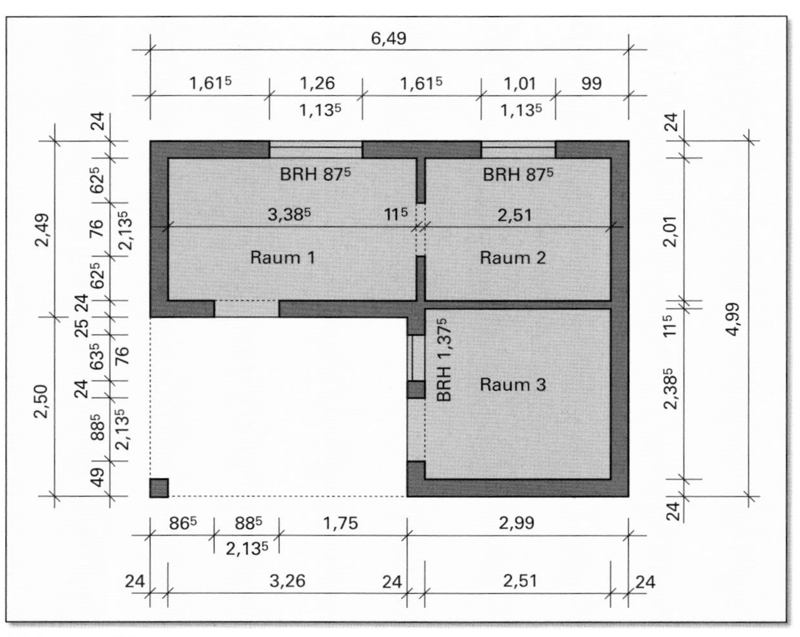

Bild 1: Ausführungszeichnung

3.3.3 Steinauswahl und Baustoffbedarf

Stein- und Mörtelauswahl entsprechend den Anforderungen

Stein- und Mörtelauswahl

Für das Lagergebäude sind keine besonderen Anforderungen hinsichtlich Wärme-, Schall-, Feuchtigkeits- und Brandschutz erforderlich.

Gewählt für verputztes Mauerwerk:

Mauersteine: HLz; Format 2 DF

Mauermörtel: MG II; Mischungsverhältnis 2:1:8; Mörtelfaktor 1,6

Arbeitsschritte

Ermittlung des Baustoffbedarfs

Zunächst werden die Mengen mittels Aufmaßliste ermittelt **(Bild 1)**.

Mengenermittlung auf vorgegebener Aufmaßliste

Aufmaßliste — Blatt: 1
Projekt: Lagergebäude — Gewerk: Mauerarbeiten
Bauteil: gemauerte Wände

Pos. Nr.	Bezeichnung Raum, Bauteil	Stück +	Stück -	Länge [m]	Breite [m]	Höhe [m]	Messgehalt	Abzug	Reiner Messgehalt
1	Wanddicke 24 cm; m²								
		1		6,49		3,25	21,093	0,000	
		1		3,74		3,25	12,155	0,000	
		1		2,99		3,25	9,718	0,000	
		1		4,51		3,25	14,658	0,000	
		1		2,01		3,25	6,533	0,000	
		1		2,26		3,25	7,345	0,000	
		1		0,24		3,25	0,780	0,000	
	Fenster		1	1,26		1,135	0,000	1,430	
	Fenster		1	1,01		1,135	0,000	1,146	
	Tür		2	0,885		2,135	0,000	3,779	
	Fenster		1	0,635		0,76	0,000	0,483	
							72,280	**6,838**	**65,442**
3	Wanddicke 11,5 cm; m²	1		2,51		3,25	8,158	0,000	
		1		2,01		3,25	6,533	0,000	
			1	0,76		2,135	0,000	1,623	
							14,691	**1,623**	**13,068**

Bild 1: Aufmaßliste

Baustoffbedarf nach Tabelle für einschaliges Mauerwerk

Wanddicke 24 cm, 2 DF:

Steinbedarf = Wandfläche x Stück/m²
Steinbedarf = 65,44 m² x 66 St/m² — **Steinbedarf = 4319 Stück**
Mörtelbedarf = Wandfläche x Liter/m²
Mörtelbedarf = 65,44 m² x 50 l/m² — **Mörtelbedarf = 3272 l**

Stein- und Mörtelbedarf getrennt nach Wanddicken berechnen

Wanddicke 11,5 cm, 2 DF:

Steinbedarf = Wandfläche x Stück/m²
Steinbedarf = 13,07 m² x 33 St/m² — **Steinbedarf = 432 Stück**
Mörtelbedarf = Wandfläche x Liter/m²
Mörtelbedarf = 13,07 m² x 19 l/m² — **Mörtelbedarf = 248 l**

Gesamtmengen ermitteln

Gesamtsteinbedarf HLz 2 DF: 4751 Stück
Gesamtmörtelbedarf: 3520 l

Mengen für Bindemittel und Sand ermitteln

Mörtelbestandteile

Volumen des Trockenmörtels (V_T) $= 3520\,l \cdot 1{,}6$ — $V_T = 5632\,l$

Volumen eines Raumteils (V_R) $= \frac{5632\,l}{11}$ — $V_R = 512\,l$

Volumen Kalkhydrat (V_K) $= 512\,l \cdot 2$ Raumteile — $V_K = 1024\,l$

Volumen Zement (V_Z) $= 512\,l \cdot 1$ Raumteil — $V_Z = 512\,l$

Volumen Sand (V_S) $= 512\,l \cdot 8$ Raumteile — $V_S = 4096\,l$

Kalkhydrat:

Anzahl der Säcke $= \frac{1024\ l}{40\ l}$

Anzahl der Säcke = 25,6 Bestellmenge **Kalkhydrat 26 Säcke**

Zement:

Anzahl der Säcke $= \frac{512\ l}{21\ l}$

Anzahl der Säcke = 24,38 Bestellmenge **Zement 25 Säcke**

Sand:

notwendige Menge = 4096 l Bestellmenge **Sand 4,100 m³**

Arbeitsschritte

Gesamtmengen für Bindemittel und Sand berechnen

3.3.4 Mauerwerksverbände für Details

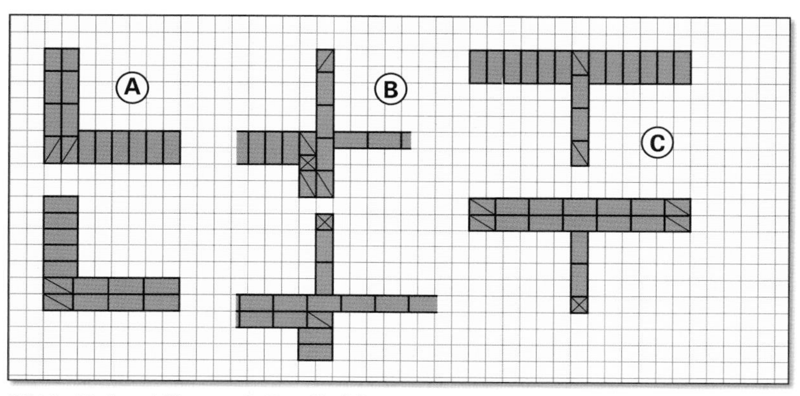

Bild 1: Verbandslösung als Detailzeichnung

Arbeitsschritte

Blockverband für die Details A, B und C im M 1:10 in zwei Schichten darstellen **(Bild 1)**

3.3.5 Abdichtung gegen Bodenfeuchte

- Kapillarbrechende Schicht, $d = 15$ cm unter Bodenplatte, Trennschicht
- Bitumenpappe zwischen Bodenplatte und Mauerwerk einbauen
- Sockelputz bis 30 cm über Geländeoberfläche und Bodenplatte führen
- Grobkiesstreifen 30 cm bis 50 cm breit mit Randeinfassung als Spritzschutz um das Gebäude anbringen

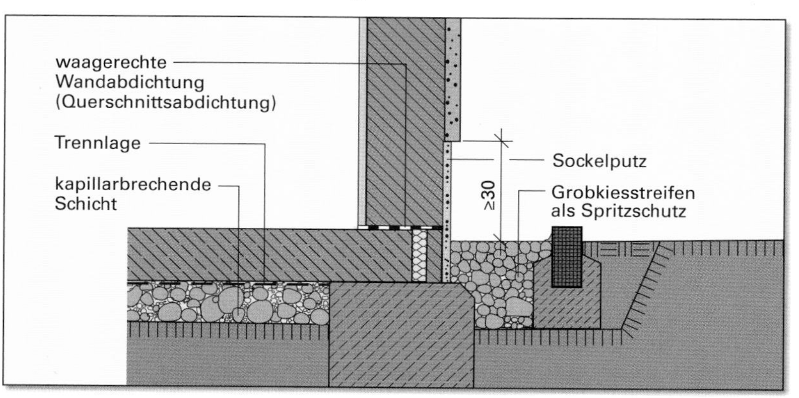

Bild 2: Schnittdarstellung durch Außenwand, Abdichtungsmaßnahmen

Arbeitsschritte

Abdichtungsmaßnahmen für horizontale und vertikale Abdichtung gegen Bodenfeuchte beschreiben und im Schnitt als Skizze darstellen **(Bild 2)**

3.4 Lernfeld-Aufgaben

3.4.1 Garage mit Abgrenzungsmauer

Auf einem Grundstück soll eine Garage errichtet werden. Für den Sichtschutz ist eine Abgrenzungsmauer zum Haupthaus vorgesehen **(Bild 1)**.

Für die Baumaßnahme sind die Mauerarbeiten zu planen. Erarbeiten Sie Verbandslösungen für die Abgrenzungsmauer im Kreuzverband und die gekennzeichneten Bereiche X und Y im Blockverband. Fertigen Sie ein Modell im Maßstab 1:20 an.

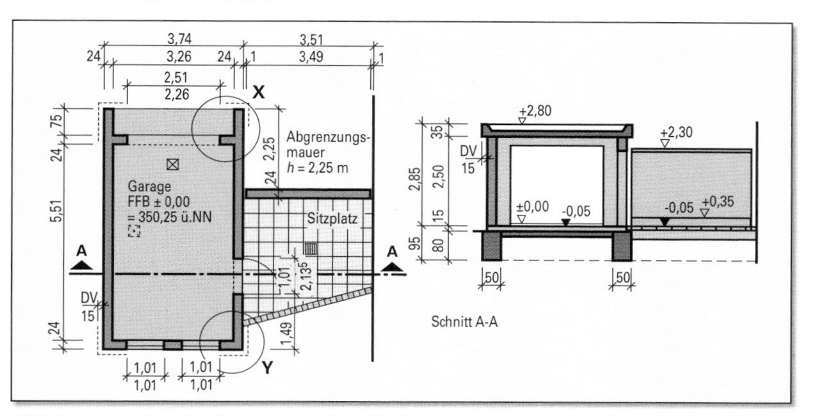

Bild 1: Grundriss der Garage mit Schnitt A-A

Ausführungshinweise

Werkzeichnungen im M 1:50 und die Ansichten im M 1:20 erstellen

Fehlende Maße ergänzen

Verbandslösungen im M 1:10 mit Fugen und Bemaßung

Baustoffe auswählen und Baustoffbedarf ermitteln

Modellbau im M 1:20

3.4.2 Wartehäuschen

Eine Gemeinde plant den Bau mehrerer Wartehäuschen für ihre Bushaltestellen. Als Arbeitsgrundlage dient der Grundriss **(Bild 2)**. Das Wartehäuschen erhält ein Satteldach mit 45° Dachneigung. Die Außenwände sind 2,75 m hoch zu mauern.

Erarbeiten Sie baulich verschiedene Projekte für ein Wartehäuschen durch Änderungen, z.B. der Fenster, der Dachform und der Bauausführung. Als Werkzeichnungen sind Grundriss und Ansichten im Maßstab 1:50 darzustellen.

Präsentieren Sie Ihre erarbeiteten Projekte. Fertigen Sie dazu ein Modell im Maßstab 1:20 an.

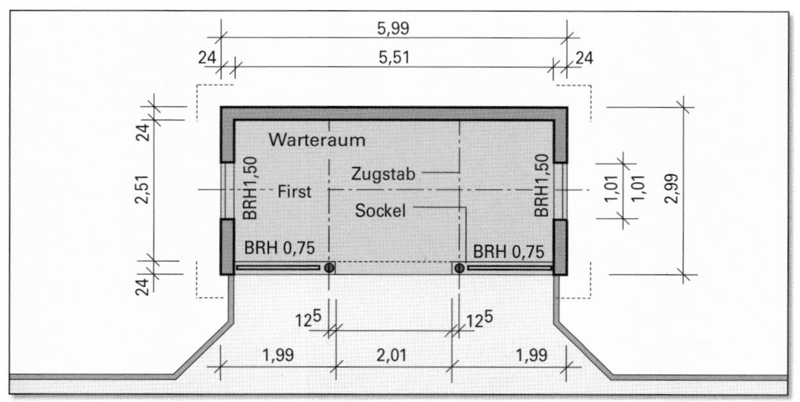

Bild 2: Grundriss des Wartehäuschens

Ausführungshinweise

Planungsunterlagen für Mauerarbeiten erstellen

Baustoffe auswählen und Baustoffbedarf ermitteln

Werkzeichnungen und räumliche Darstellung als Isometrie im M 1:50

Fehlende Maße ergänzen

Modellbau im M 1:20

3.4.3 Vereinsheim

Die Mitglieder eines Kleingartenvereins möchten in Eigenleistung ein neues Vereinsheim errichten. Vorplanungen haben einen Grundriss, die Einordnung in den Lageplan sowie eine räumliche Darstellung entstehen lassen **(Bild 1)**.

Es sind die Mauerarbeiten zu planen.

a) Beschreiben Sie den Arbeitsablauf für die Mauerarbeiten.

b) Erstellen Sie für das Erdgeschoss den Grundriss im Maßstab 1:50 und bemaßen Sie diesen normgerecht. Fehlende Maße sind selbst festzulegen.

c) Ermitteln Sie den Baustoffbedarf.

d) Tragen Sie in den Grundriss für alle Räume das Flächenmaß ein.

e) Zeichnen Sie die Querschnitte A-A und B-B im Maßstab 1:50. Die Baustoffe sind durch Schraffuren zu kennzeichnen.

f) Entwickeln Sie die vier Ansichten im Maßstab 1:20. Fertigen Sie ein Modell im Maßstab 1:20 an.

g) Präsentieren Sie den Vereinsmitgliedern Ihr Ergebnis.

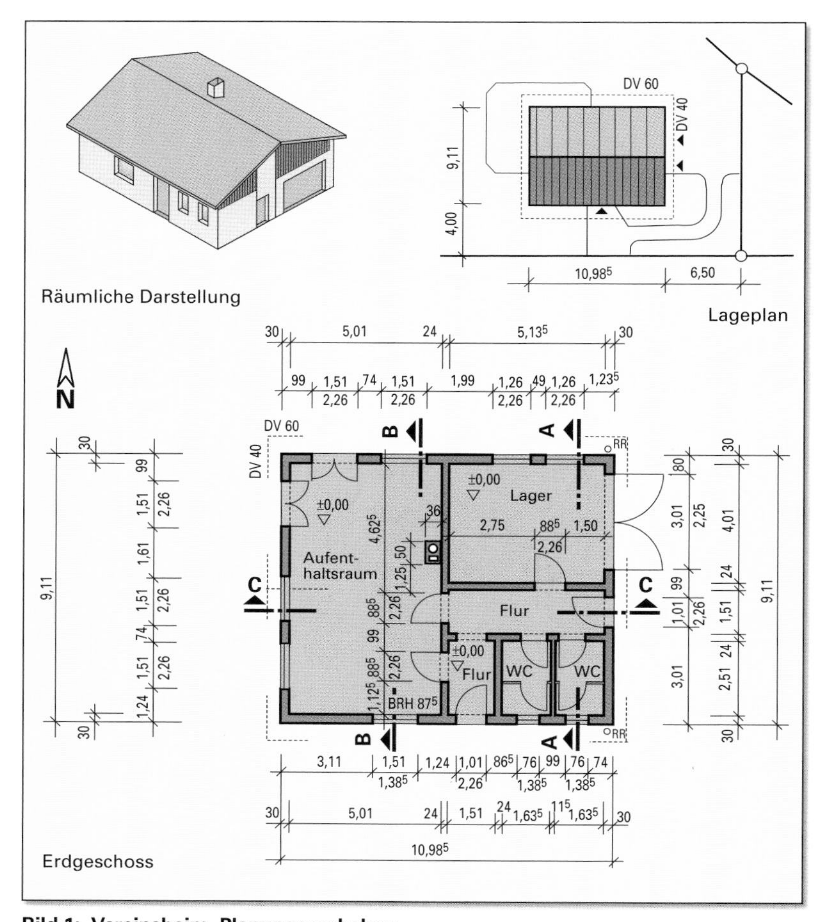

Bild 1: Vereinsheim, Planungsvorhaben

Ausführungshinweise

Fundamente:

für 30 cm dicke Wände
b/h = 50 cm/90 cm

für 24 cm dicke Wände
b/h = 50 cm/50 cm

Bodenplatte:

Stahlbeton C20/25
h = 20 cm; auf Trennlage und kapillarbrechender Schicht
d = 15 cm

Mauerwerk:

h = 3,00 m
Klein- und Mittelformat

Abdichtung:

frei wählbar nach Norm

Fenster- und Türstürze:

Flachstürze h = 6,25 cm liegen auf einer Höhe

Giebelmauerwerk:

Abschrägung beginnt ab + 3,50 m

Dach:

Sparrendach mit Dachneigung 22°

Schwelle 10 cm/10 cm

Sparren 8 cm/16 cm

Dicke der Dachdeckung 10 cm

Schornstein:

einzügig mit Lüftung
∅ 160 mm,
15 cm/20 cm

Mantelstein
50 cm/36 cm

4 Herstellen eines Stahlbetonbauteils

4.1 Lernfeld-Einführung

Der Stahlbetonbau geht zurück auf den Franzosen Monier, der 1867 auf der Weltausstellung in Paris Behälter aus Beton mit einer Bewehrung aus Drahtgewebe ausstellte.

Stahlbetonbauteile werden waagerecht, z.B. als Sturz, Balken oder Decken eingebaut sowie senkrecht als Stütze oder Wand hergestellt. Sie müssen ausreichend tragfähig sein, den bauphysikalischen Anforderungen genügen sowie wirtschaftlich in der Herstellung und Instandhaltung sein. Bleibt die Betonoberfläche sichtbar, so müssen sie in der geforderten Qualität hergestellt werden.

Die Lernfeldkenntnisse sind beispielhaft auf die Herstellung von Stahlbetonbalken bzw. Stahlbetonstürze mit systemloser Schalung beschränkt **(Bild 1)**. Sie umfassen Grundkenntnisse der Betontechnologie und des Bewehrens von Stahlbetonbauteilen nach den Forderungen der DIN EN 206-1 und der DIN 1045 sowie den Anforderungen der Schalungstechnik für Betonbauteile.

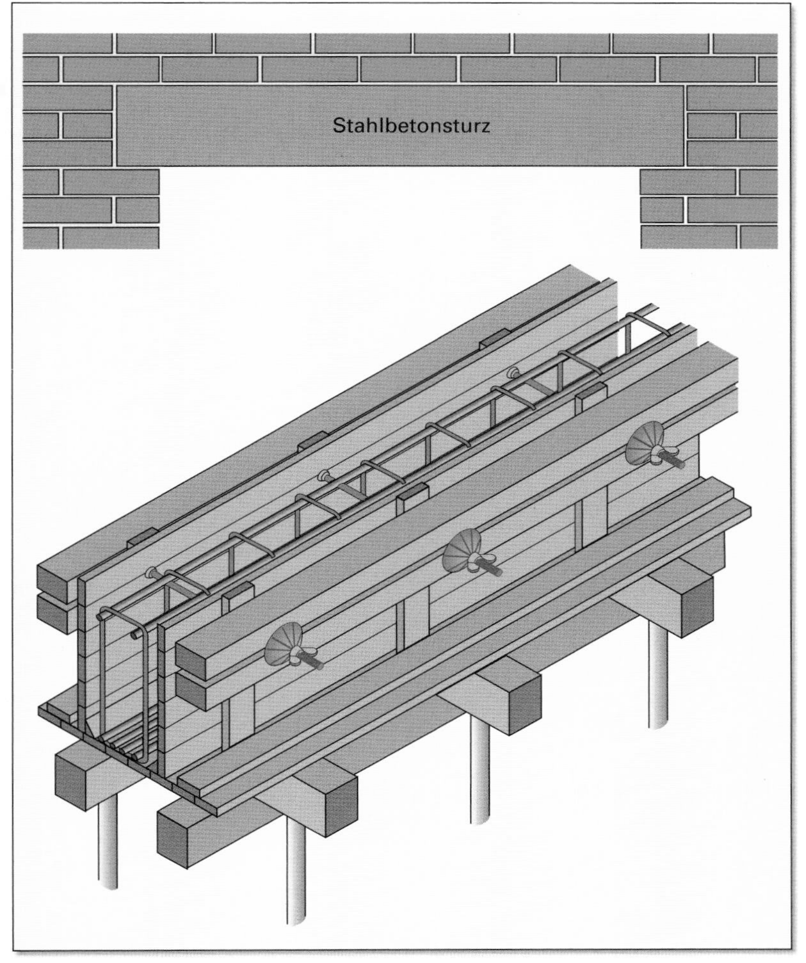

Bild 1: Beispiel für die Herstellung eines Stahlbetonsturzes

Erforderliche Kenntnisse

Beton
- Zement
- Gesteinskörnungen
- Zugabewasser
- Herstellung
- *w*/*z*-Wert
- Konsistenz
- Betonbestellung
- Standardbeton
- Beton nach Eigenschaften
- Beton nach Zusammensetzung
- Einbauen
- Fördern
- Einbringen
- Verdichten, Glätten
- Nachbehandeln
- Festigkeitsklassen
- Prüfungen
- Mengenberechnung

Bewehrung
- Zusammenwirken von Beton und Bewehrung
- Lage und Form
- Betonstahl
- Herstellen der Bewehrung
- Schnittlänge
- Biegen
- Verbindungsarten
- Darstellung der Bewehrung
- Betonstahllisten

Schalung
- Schalhaut
- Tragkonstruktion
- Aussteifung
- Schal- und Schalungspläne
- Stück- und Zubehörlisten
- Herstellen der Schalung
- Ausschalen

4.2 Lernfeld-Kenntnisse

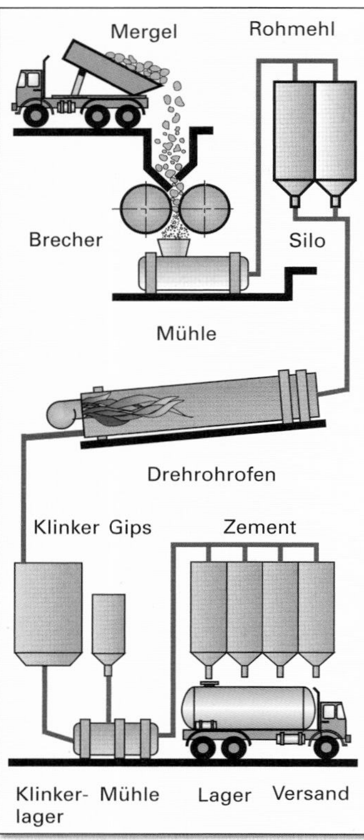

Bild 1: Zementherstellung

- Reizt die Augen und die Haut
- Sensibilisierung durch Hautkontakt möglich
- Darf nicht in die Hände von Kindern gelangen
- Staub nicht einatmen
- Berührung mit den Augen und der Haut vermeiden
- Bei Berührung mit den Augen gründlich mit Wasser abspülen und den Arzt konsultieren
- Geeignete Schutzhandschuhe tragen
- Bei Verschlucken sofort ärztlichen Rat einholen und Verpackung oder Etikett vorzeigen

Bild 2: Gefahrstoffhinweise für Zemente

4.2.1 Bestandteile des Betons

Beton ist ein Gemisch aus Gesteinskörnungen und Zement als Bindemittel. Durch Hinzufügen von Wasser entsteht verarbeitbarer Frischbeton. Nach dem Erhärten des Zementes entsteht ein künstlicher Stein, den man als Festbeton bezeichnet.

4.2.1.1 Zement

Der Zement hat die Aufgabe, die Gesteinskörner zu verbinden und Hohlräume auszufüllen. Von der Art und Menge des verwendeten Zementes hängen wichtige Eigenschaften, z.B. die Druckfestigkeit und Frostsicherheit des erhärteten Betons ab. Herstellung, Zusammensetzung und Eigenschaften sind in DIN 1164 und DIN EN 197-1 genormt und werden überwacht.

Herstellung und Lagerung

Zur Zementherstellung werden Kalkstein und Ton benötigt. Ihr Gemisch kommt in der Natur als Mergel vor. Kalkstein ist der Hauptbestandteil des Zementes. Im Ton sind die Hydraulefaktoren Siliciumdioxid (SiO_2), Aluminiumoxid (Al_2O_3) und Eisenoxid (Fe_2O_3) enthalten.

Kalkstein und Ton müssen im richtigen Mischungsverhältnis aufbereitet werden. Diese Mischung wird anschließend zu Rohmehl fein gemahlen **(Bild 1)**. Das Rohmehl wird im Drehrohrofen bei Temperaturen zwischen 800 °C und 1450 °C gebrannt. Dabei wird das Kohlenstoffdioxid (CO_2) im Kalkstein ausgetrieben. Im unteren Teil des Drehrohrofens ist die Temperatur so groß, dass die Stoffe teigigzähflüssig werden und sintern. Der Branntkalk verbindet sich mit den Hydraulefaktoren und es entstehen kugelige Zementklinker.

Nach dem Abkühlen der Zementklinker werden diese in Rohrmühlen gemahlen. Die Mahlfeinheit bestimmt später zum großen Teil die Druckfestigkeit. Die Steuerung des Erstarrungsbeginns erfolgt im Zementwerk durch Zumahlung von Anhydrit bzw. Gips.

Zement wird im Betonwerk in Silos gelagert. Auf die Baustelle wird er in Säcken geliefert. Zement ist hygroskopisch, d. h., er kann Feuchtigkeit aus der Luft und aus dem Boden aufnehmen und bildet dann Zementklumpen. Deshalb muss Zement so gelagert werden, dass er vor Feuchtigkeit geschützt ist.

Wird Zement in Säcken, z.B. im Freien gelagert, dürfen diese nicht auf feuchtem Boden aufgesetzt werden. Durch Folien werden die Zementsäcke gegen Regen geschützt. Auch sachgemäß gelagerter Zement verliert erfahrungsgemäß in 3 Monaten etwa 10 % seiner Festigkeit. Beim Umgang mit Zement sind die Gefahrstoffhinweise zu beachten **(Bild 2)**.

Bestandteile

Portlandzementklinker (K) ist der wichtigste Bestandteil der Zemente. Es ist ein hydraulisch wirkender Stoff, der aus Calciumsilikaten ($CaSiO_3$), Aluminiumoxid, Siliziumoxid und Eisenoxid besteht. Je höher der Anteil an Calziumsilikaten ist, desto höher wird die Festigkeit des Zements. Der Anteil des Portlandzementklinkers am jeweiligen Zement ist durch die Buchstaben A, B und C gekennzeichnet (Seite 151).

Zemente mit der Kennung A enthalten zwischen 80% und 94%, Zemente mit der Kennung B zwischen 65% und 79% und Zemente mit der Kennung C 5% bis 19% Zementklinker **(Tabelle 1)**.

Um bei Zementen unterschiedliche Eigenschaften zu erreichen, werden dem Portlandzementklinker andere Stoffe beigemischt. **Hüttensand,** z.B. als Hauptbestandteil des Zementes, verzögert die Festigkeitsentwicklung und die Hydratationswärmeentwicklung.

Einige Stoffe werden aus natürlichem Gestein gewonnen, z.B. **Puzzolane.** Bei anderen Stoffen handelt es sich um Reststoffe, die bei industriellen Produktionsvorgängen anfallen.

Bei Filteranlagen zur Reinigung von Abgasen fällt **Flugasche** an, die ähnliche Eigenschaften und Zusammensetzung wie der Zement aufweist.

Zusätzliche Bestandteile, z.B. Quarzmehl, Kalksteinmehl, Trass oder Farbpigmente können dem Portlandzement in festgelegten Prozentanteilen zugesetzt werden. Diese verbessern bestimmte Eigenschaften, z.B. die Festigkeit oder die Wärmeentwicklung bei der Erhärtung **(Tabelle 1)**.

Arten und Zusammensetzung

In DIN EN 197-1 werden die Zementarten nach ihrer Zusammensetzung in fünf Hauptgruppen (Hauptzementarten CEM I bis CEM V) unterteilt. Die Abkürzung CEM ergibt sich aus dem englischen Wort „cement" für Zement. Die Unterteilung erfolgt nach den Masse-Prozenten der Hauptbestandteile **(Tabelle 1)**.

Bestandteile von Zement

- K Portlandzementklinker
- S Hüttensand (granulierte Hochofenschlacke) ist ein latent hydraulischer Stoff, der bei Anregung durch den Branntkalkanteil im Zement hydraulische Eigenschaften erhält.
- D Silicastaub fällt als Filterstaub bei der Herstellung von Silicium an.
- P, Q Puzzolane sind vulkanischen Ursprungs, können aber auch industriell hergestellt werden. In Deutschland wird vorwiegend Trass als puzzolanischer Bestandteil verwendet.
- V, W Flugasche fällt z.B. bei der Filterung der Rauchabgase von Kohlekraftwerken an. Die kugeligen, glasartigen Teilchen haben hydraulische Eigenschaften.
- T Tonschiefer oder gebrannter Ölschiefer weist im gemahlenen Zustand ausgeprägte hydraulische Eigenschaften auf.
- L, LL Kalkstein kann dem Zement beigemischt werden, wenn sein Gehalt an Calciumkarbonat ($CaCO_3$) mehr als 75% beträgt.

Beispiel für die Zusammensetzung des Portlandpuzzolanzementes CEM II/A-P:

Portlandzementklinkeranteil: 80% bis 94%
natürliches Puzzolan: 6% bis 20%
Nebenbestandteile: 0% bis 5%

Tabelle 1: Zementarten und Zusammensetzung nach DIN EN 197-1 (Auszug)

Hauptzementarten	Bezeichnung der 27 Produkte (Normalzementarten)		Zusammensetzung (Massenanteile) – Hauptbestandteile: PZ-Klinker K	Hüttensand S	Silicastaub D	Puzzolane natürlich P	Puzzolane nat. getempert Q	Flugasche kieselsreich V	Flugasche kalkreich W	gebr. Schiefer T	Kalkstein L	Kalkstein LL	Nebenbestandteile
CEM I	Portlandzement	CEM I	95–100										0–5
CEM II	Portlandhüttenzement	CEM II/A-S	80–94	6–20									0–5
		CEM II/B-S	65–79	21–35									0–5
	Pl.-Silicastaubzem.	CEM II/A-D	90–94		6–10								0–5
	Portlandpuzzolanzment	CEM II/A-P	80–94			6–20							0–5
		CEM II/B-P	65–79			21–35							0–5
		CEM II/A-Q	80–94				6–20						0–5
	Pl.-Kompositzem.	CEM II/B-M	65–79	21–35									0–5
CEM III	Hochofenzement	CEM III/A	35–64	36–65									0–5
		CEM III/B	20–34	66–80									0–5
		CEM III/C	5–19	81–95									0–5
CEM IV	Puzzolanzement	CEM IV/A	65–89		11–35								0–5
		CEM IV/B	45–64		36–55								0–5
CEM V	Kompositzement	CEM V/A	40–64	18–30		18–30							0–5
		CEM V/B	20–58	31–50		31–50							0–5

Der Anteil von Silicastaub ist auf 10 Prozent begrenzt. Bei CEM II/A-M, CEM II/B-M, CEM IV und CEM V müssen die Hauptbestandteile neben PZ-Klinker durch die Bezeichnung des Zements angegeben werden.

Tabelle 1: Festigkeitsklassen von Zement nach EN 197-1

Festigkeitsklasse	Druckfestigkeit in N/mm²			
	Anfangsfestigkeit		Normfestigkeit	
	2 Tage	7 Tage	28 Tage	
32,5 N	–	≥ 16	≥ 32,5	≤ 52,5
32,5 R	≥ 10	–		
42,5 N	≥ 10	–	≥ 42,5	≤ 62,5
42,5 R	≥ 20	–		
52,5 N	≥ 20	–	≥ 52,5	–
52,5 R	≥ 30	–		

Tabelle 2: Übliche Kennfarben von Zementsäcken

Festigkeitsklasse	Kennfarbe	Farbe des Aufdrucks
32,5 N	hellbraun	schwarz
32,5 R		rot
42,5 N	grün	schwarz
42,5 R		rot
52,5 N	rot	schwarz
52,5 R		weiß

Grobe Gesteinskörnung

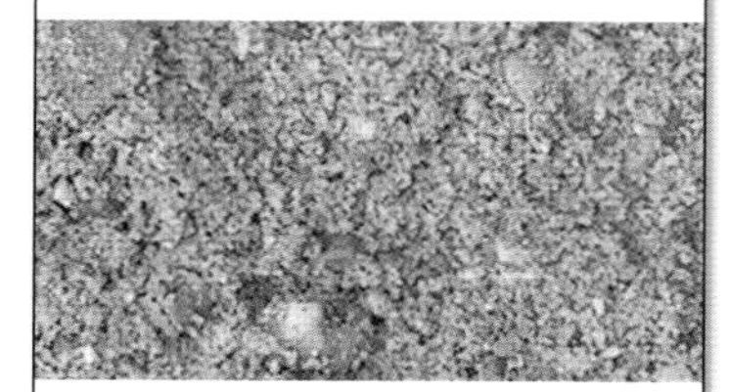

Überwiegend feine Gesteinskörnung

Gemischte Gesteinskörnung

Bild 1: Gesteinskörnungen mit unterschiedlichem Gefüge

Eigenschaften und Verwendung

Zemente werden nach ihrer Druckfestigkeit in drei Festigkeitsklassen eingeteilt. Für die Verarbeitung zu Beton und dessen Erhärtungsverhalten ist das Erreichen der Anfangsfestigkeit von Bedeutung. Normal erhärtende Zemente werden mit einem **N,** Zemente mit hoher Anfangsfestigkeit mit **R** (= rapid) gekennzeichnet **(Tabelle 1)**.

Für besondere Bauaufgaben sind Zemente mit besonderen Eigenschaften erforderlich. Diese entwickeln z.B. eine niedrige Hydratationswärme **(LH)** oder haben einen hohen Sulfatwiderstand **(SR).** Um ein Verwechseln der Zemente mit besonderen Eigenschaften auf der Baustelle zu vermeiden, haben die Zementsäcke und deren Aufdrucke unterschiedliche Kennfarben **(Tabelle 2)**.

4.2.1.2 Gesteinskörnungen

Gesteinskörnungen werden zusammen mit Zement und dem Zugabewasser zu Beton verarbeitet. Sie bilden im erhärteten Beton das tragende Gerüst.

Arten und Eigenschaften

Neben natürlichen und industriell hergestellten Gesteinskörnungen verwendet man auch solche aus rezykliertem Altbeton. Natürliche Gesteinskörnungen können aus Kiesgruben, Flüssen oder Seen, aber auch in Steinbrüchen durch Zerkleinerung von Gestein gewonnen werden. Nach der Rohdichte der Gesteinskörnung unterteilt man diese in

- leichte Gesteinskörnungen (Naturbims, Hüttenbims, Blähton, Blähschiefer),
- normale Gesteinskörnungen (Kiessand, Granit, dichter Kalkstein, Basalt),
- schwere Gesteinskörnungen (Schwerspat, Magnetit, Barit) und
- rezyklierte Gesteinskörnungen (Betonsplitt, Betonbrechsand).

Für eine gute Verarbeitung des Betons und zum Erreichen der gewünschten Anforderungen werden von den Gesteinskörnungen Eigenschaften verlangt wie

- ausreichende Kornfestigkeit,
- günstige Kornform für geringeren Bindemittelbedarf,
- günstige Kornzusammensetzung und
- keine Verunreinigungen, z.B. in Form von organischen Bestandteilen und zu hohem Salz- oder Schwefelgehalt.

Kornzusammensetzung

Bei Gesteinskörnungen für Beton ist die Kornzusammensetzung wichtig. Besteht eine Gesteinskörnung nur aus großen Körnern, so entstehen viele Hohlräume zwischen den Körnern **(Bild 1).** Diese müssen mit Zementleim gefüllt werden. Dieser schwindet beim Erhärten. Je größer der Anteil des Zementleims an einer Betonmischung ist, desto stärker schwindet der Beton, wobei Risse entstehen. Dadurch vermindern sich die Festigkeit und die Frostbeständigkeit. Außerdem ist der hohe Verbrauch von Zement unwirtschaftlich.

Dies gilt auch für Gesteinskörnungen mit vielen kleinen Körnern. Diese haben eine sehr große Oberfläche, was wiederum eine erhöhte Zementleimmenge erfordert, da die Körner vom Zementleim umschlossen werden müssen (Bild 1).

Günstig sind Gesteinskörnungen, die aus unterschiedlich großen Körnern zusammengesetzt sind. Ihre Zusammensetzung wird durch Siebversuche mit einem genormten Siebsatz festgestellt **(Bild 1)**. Das Ergebnis wird in **Sieblinien** dargestellt.

Zur Herstellung von Beton sind bestimmte Kornzusammensetzungen erforderlich. Diese sind in DIN 1045 als **Grenzsieblinien** festgelegt **(Bild 2)**.

Ein Schaubild enthält drei Sieblinien, die mit A, B und C bezeichnet sind. Sieblinie A stellt ein grobes, B ein mittleres und C ein feines Korngemisch dar. Kornzusammensetzungen zwischen den Sieblinien A und B im Bereich ③ sind grob bis mittelkörnig, zwischen B und C im Bereich ④ mittel- bis feinkörnig. Außerhalb der Sieblinien A und C liegende Kornzusammensetzungen sind im Bereich ① grobkörnig und im Bereich ⑤ feinkörnig und daher für die Herstellung von Beton nicht geeignet.

Gesteinskörnungen sind frei von Verunreinigungen, wie Erdreich und Laub, anzuliefern. Im Betonwerk werden die Gesteinskörnungen nach Korngruppen getrennt gelagert. Die Mischung einer Gesteinskörnung für einen Beton kann aus einer feinen und einer groben Gesteinskörnung zusammengesetzt werden. Diese Kornzusammensetzung bezeichnet man als **Korngemisch**.

Durch die getrennte Lagerung der Korngruppen können bei Bedarf entsprechend den Sieblinien gewünschte Korngemische zusammengestellt werden. So kann z.B. das Korngemisch 0/16 aus vier Korngruppen bestehen.

4.2.1.3 Zugabewasser

Zur Verarbeitung und Erhärtung des Betons ist Wasser erforderlich. Die benötigte Wassermenge nennt man **wirksamen Wassergehalt.** Das der Mischung beizumessende Wasser bezeichnet man als **Zugabewasser.** Da die Gesteinskörnung immer eine gewisse **Oberflächenfeuchte** aufweist, muss dies bei der Berechnung der Zugabewassermenge abgezogen werden. Als Zugabewasser ist jedes Wasser geeignet, das frei ist von Stoffen, die den Beton schädigen.

Aufgaben

1 Warum muss die Kornzusammensetzung einer Gesteinskörnung gemischtkörnig sein?

2 Beschreiben Sie eine günstige Kornzusammensetzung.

3 1000 dm³ einer Gesteinskörnung weisen eine Oberflächenfeuchtigkeit von 3,5 % auf. Ermitteln Sie die Zugabewassermenge, wenn der wirksame Wassergehalt 200 l betragen soll.

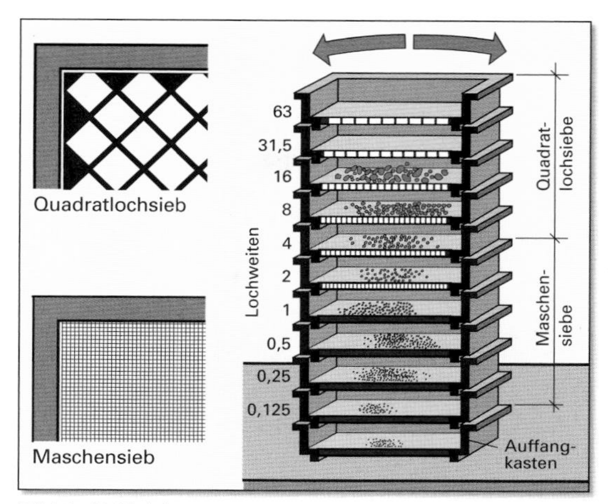

Bild 1: Prüfsiebsatz

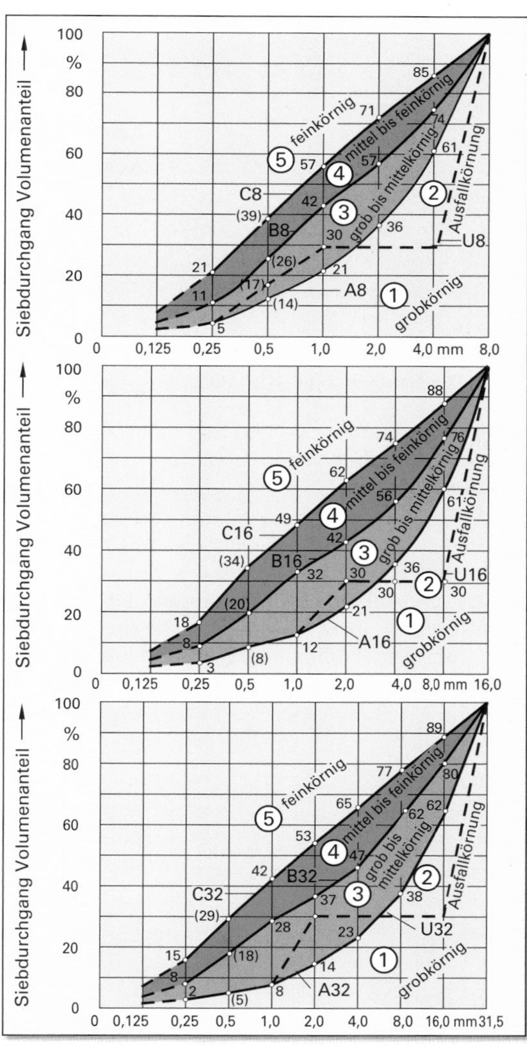

Bild 2: Sieblinien nach DIN 1045

Bild 1: Transportbetonwerk

Bild 2: Mischanlage mit Freifallmischer

4.2.2 Frischbeton

Beton bildet die Form des Bauteils und darf nur Druckkräfte aufnehmen. Er hat die Aufgabe des Rostschutzes der Bewehrung und dient dem Brandschutz.

Je nach der Rohdichte (ϱ) unterscheidet man zwischen **Leichtbeton** ($\varrho \leq 2{,}0$ kg/dm³), **Normalbeton** ($\varrho > 2{,}0$ kg/dm³ bis 2,6 kg/dm³) und **Schwerbeton** ($\varrho > 2{,}6$ kg/dm³).

Beton wird überwiegend als **werkgemischter Beton** (Transportbeton) in Betonwerken hergestellt **(Bild 1)**. Dort erfolgt die Dosierung (Zumessung) der Betonbestandteile mit besonderen Wägeeinrichtungen. Als Mischer verwendet man Zwangsmischer, bei denen das Mischgut mit Mischwerkzeugen (Mischarmen) durchmischt wird.

Werden die Bestandteile des Betons auf der Baustelle zugemessen und gemischt, bezeichnet man ihn als **Baustellenbeton.** Eingesetzt werden hier Zwangsmischer mit Rührwerk oder Freifallmischer (Trommelmischer). Dies sind Mischer, bei denen der Mischvorgang durch das Drehen einer Trommel bewirkt wird, wobei das Mischgut ständig ineinander fällt **(Bild 2).**

Wird Transportbeton oder Baustellenbeton auf der Baustelle in eine Schalung eingebracht, bezeichnet man ihn als **Ortbeton.**

4.2.2.1 Erhärtungsphasen

Beim Mischen der Betonbestandteile entsteht aus Zement und Wasser der **Zementleim.** Dieser umhüllt die Gesteinskörner und füllt den Raum dazwischen aus. Durch das Erhärten des Zementleims entsteht aus **Frischbeton** der **Festbeton.** Zum Erhärten ist Wasser notwendig, deshalb spricht man von **Hydratation.**

Der Erhärtungsvorgang des Betons erfolgt in drei Phasen, dem **Ansteifen,** dem **Erstarren** und dem **Erhärten (Bild 3).** Während dieses Vorganges bilden sich Kristalle, die sich zu einem immer fester werdenden Gefüge verbinden. Bei diesem chemisch-physikalischen Prozess wird Wärme (Hydratationswärme) freigesetzt. Der Ablauf der Erhärtung erfolgt in bestimmten Zeitabläufen. Mit dem Erhärten werden die Gesteinskörner in ihrer Lage fixiert. Die Erhärtung (Hydratation) ist beendet, wenn der Zementleim in Zementstein umgewandelt ist. Das kann je nach Lagerungsbedingungen sehr lange dauern. Die geforderte Druckfestigkeit soll der Beton nach 28 Tagen aufweisen.

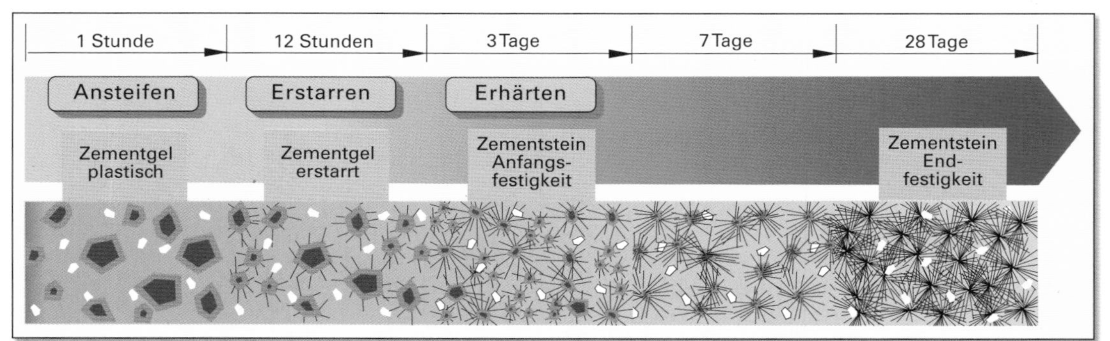

Bild 3: Erhärten des Betons

Zur vollständigen Hydratation muss neben bestimmten Temperaturbedingungen genügend Wasser vorhanden sein. Portlandzement z. B. benötigt eine Wassermenge von etwa 40 % seines Gewichts. Von dieser Menge wird etwa 25 % chemisch gebunden, 15 % verbleibt in den Poren.

Die Hydratation läuft bei hohen Temperaturen im Bauteil beschleunigt ab. Die Folge ist eine höhere Anfangsfestigkeit. Bei niedrigen Bauteiltemperaturen verlangsamt sich die Hydratation und die Anfangsfestigkeit wird später erreicht **(Tabelle 1)**. Bei Bauteiltemperaturen unter +5 °C verzögert sich die Festigkeitsentwicklung. Bei vorzeitigem Austrocknen des Betons („Verdursten") wird die Festigkeitsentwicklung unterbrochen. Er erreicht nicht seine geforderte Festigkeit, was sich am Absanden der Betonoberfläche zeigt und zu Schwindrissen führen kann.

4.2.2.2 Wasserzementwert

Die zur vollständigen Hydratation erforderliche Wassermenge ist abhängig von der Zementmenge. Das Massenverhältnis von Wasser zu Zement bezeichnet man als **Wasserzementwert** (*w*/*z*-Wert). Der Wasserzementwert bestimmt die Festigkeit des Zementsteins und damit die spätere Festigkeit des Betons.

Beim erhärteten Beton (Festbeton) soll der Zementstein die Gesteinskörner fest verbinden und den Raum zwischen den Gesteinskörnern ausfüllen. Bei einem *w*/*z*-Wert von 0,4 wird die höchste Festigkeit erreicht. Bei höheren Wasserzementwerten verbleibt ungebundenes Wasser als **Überschusswasser** und Zementteilchen setzen sich an der Oberfläche ab. Man spricht vom **Bluten**. Das Überschusswasser verdunstet und hinterlässt Hohlräume (Kapillare), welche die Druckfestigkeit vermindern und die Wassersaugfähigkeit (Kapillarität) erhöhen **(Bild 1)**.

Ein zu hoher Zementgehalt im Beton ist nicht nur unwirtschaftlich, sondern auch ungünstig, weil Zementleim beim Erhärten schwindet. Dadurch wächst die Gefahr der Schwindrissbildung.

DIN 1045 lässt für bestimmte Bauteile einen maximalen *w*/*z*-Wert von 0,75 zu und verlangt einen Mindestzementgehalt von 240 kg/m³. Beton mit einem *w*/*z*-Wert von 0,75 hat jedoch bei gleichem Zementgehalt nur etwa die Hälfte der Festigkeit eines Betons mit einem *w*/*z*-Wert von 0,40 **(Bild 2)**.

Soll die Verarbeitbarkeit des Frischbetons verbessert werden, darf bei einer Betonmischung nicht einfach die Zugabewassermenge erhöht werden, weil sich dadurch der Wasserzementwert erhöht und die Festigkeit sich verringert. Es muss auch mehr Zement zugegeben werden, um den vorgegebenen *w*/*z*-Wert beizubehalten.

Tabelle 1: Festigkeitsentwicklung von Beton in Anhängigkeit von Zementfestigkeitsklasse und Lagerungstemperatur (Richtwerte)

Zementfestigkeitsklasse	Ständige Lagerung bei	Entwicklung der Druckfestigkeit in % nach 3 Tagen	7 Tagen	28 Tagen	90 Tagen	180 Tagen
32,5 N	+20 °C	30...40	50...65	100	110...120	115...130
	+5 °C	10...20	20...40	60...75	–	–
32,5 R; 42,5 N	+20 °C	50...60	65...80	100	105...115	110...120
	+5 °C	20...40	40...60	75...90	–	–
42,5 R; 52,5 N 52,5 R	+20 °C	70...80	80...90	100	100...105	105...110
	+5 °C	40...60	60...80	90...105	–	–

[1] Die 28-Tage-Festigkeit bei 20 °C-Lagerung entspricht 100 %.

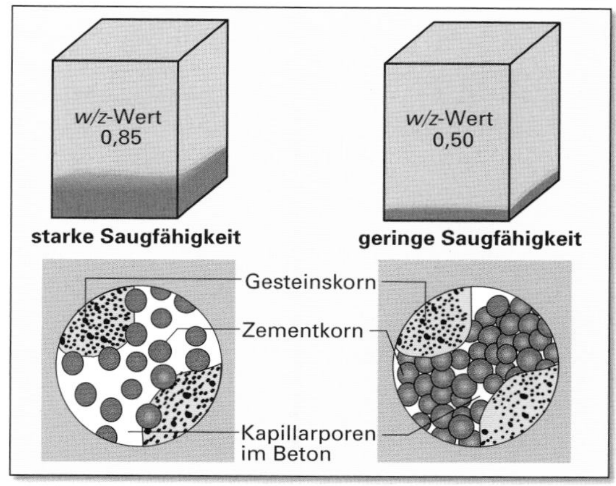

Bild 1: Beton mit verschiedenen *w*/*z*-Werten

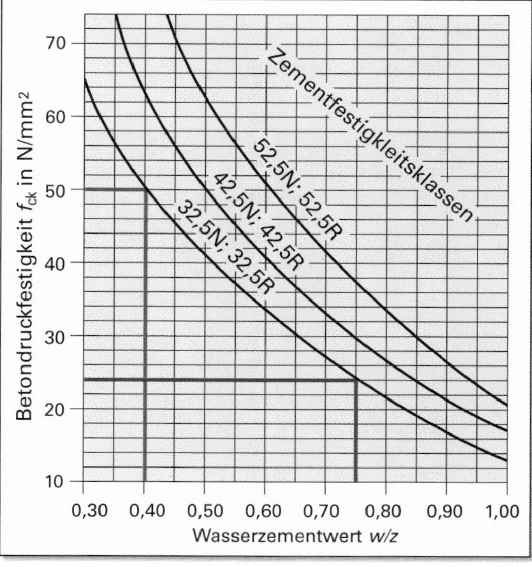

Bild 2: Einfluss des Wasserzementwertes auf die Festigkeit des Betons (nach Walz)

Verdichten des Probekörpers | Ermitteln des Durchmessers

Bild 1: Ermitteln des Ausbreitmaßes

Abziehen des Probekörpers | Ermitteln des Absinkmaßes

Bild 2: Ermitteln des Verdichtungsmaßes

Abziehen der Form | Messen des Höhenunterschieds

Bild 3: Ermitteln des Setzmaßes (Slump-Versuch)

4.2.2.3 Konsistenz

Die Konsistenz (Steifigkeit) dient als Maß für das Zusammenhaltevermögen und die Verarbeitbarkeit des Frischbetons. Sie ist so zu wählen, dass der Beton, ohne sich zu entmischen, verarbeitet und unter den jeweiligen Bedingungen verdichtet werden kann. Dies erreicht man durch eine geeignete Zementleimmenge in einer Betonmischung.

Prüfung

Die Konsistenz ist beim ersten Einbringen des Betons und beim Herstellen von Probekörpern zu überprüfen. Während des Betoniervorgangs ist sie ständig durch Augenschein zu kontrollieren, um Abweichungen vom üblichen Aussehen feststellen zu können. Je nach Konsistenzart eignen sich unterschiedliche Versuche, deren Duchführung in DIN EN 12350 Teil 1 bis 7 festgelegt ist.

Beim **Ausbreitversuch** wird ein kegelstumpf-förmiger Behälter mit Beton in 2 Lagen gefüllt, die mit je 10 Stößen einzustampfen sind **(Bild 1).** Der verwendete Ausbreittisch ist 70 cm x 70 cm groß. Überstehender Beton wird eben abgezogen. Danach zieht man den Behälter senkrecht nach oben ab. Der Ausbreittisch wird an einer Seite 15 mal um 4 cm angehoben und wieder fallen gelassen. Dabei breitet sich der Beton kuchenartig aus. Der Mittelwert aus zwei senkrecht zueinander gemessenen Durchmessern des Betonkuchens ergibt das **Ausbreitmaß *a*** (Bild 1). Durch Vergleich mit Tabellenwerten wird die vorhandene Konsistenz ermittelt. Dieser Versuch ist geeignet für plastische bis fließfähige Betone.

Beim **Verdichtungsversuch** wird ein prismatischer Behälter von 40 cm Höhe und 20 cm x 20 cm Querschnittsfläche mit Beton lose gefüllt. Auf dem Rütteltisch wird der Beton verdichtet. Danach misst man in den 4 Ecken des Behälters das Absinkmaß *s*, bildet das Mittelmaß und erhält die Füllhöhe **h = 40 cm – s.** Das **Verdichtungsmaß *v*** oder den Verdichtungsgrad erhält man aus dem Verhältnis der Behälterhöhe zur Füllhöhe **(Bild 2).** Der Verdichtungsversuch eignet sich für weiche, plastische und steife, aber nicht für fließfähige Betone.

Beim **Slump-Versuch** (Setzversuch) wird ein kegelstumpf-förmiger Behälter von 30 cm Höhe in 3 Lagen gefüllt, mit jeweils 25 Stößen verdichtet und die Form abgezogen **(Bild 3).** Die Zeit vom Füllen bis zum Hochziehen der Form sollte nicht mehr als 150 Sekunden betragen. Der Beton fällt beim Abziehen kegelstumpf-förmig zusammen. Das **Setzmaß** ist das Maß von Oberkante Behälter bis Oberkante abgesunkener Beton (Bild 3). Der Slump-Versuch wird bei weichen und plastischen Betonen durchgeführt.

Bei der **Vebé-Prüfung** (Setzzeitversuch) wird eine Metallform wie beim Slumptest gefüllt und von der Probe abgezogen. Die Form steht in einem Behälter. Eine Glasscheibe, die sich an einem Schwenkarm vertikal frei bewegen kann, wird auf die Oberfläche des Betons aufgesetzt. Danach wird der Rütteltisch eingeschaltet. Die **Setzzeit** ist die Zeit, bis zu der die Glasscheibe die Oberfläche der Betonprobe völlig bedeckt **(Bild 1)**. Es kann auch das **Setzmaß** gemessen werden. Die Vebé-Prüfung ist für Beton mit steifer und steif-plastischer Konsistenz geeignet.

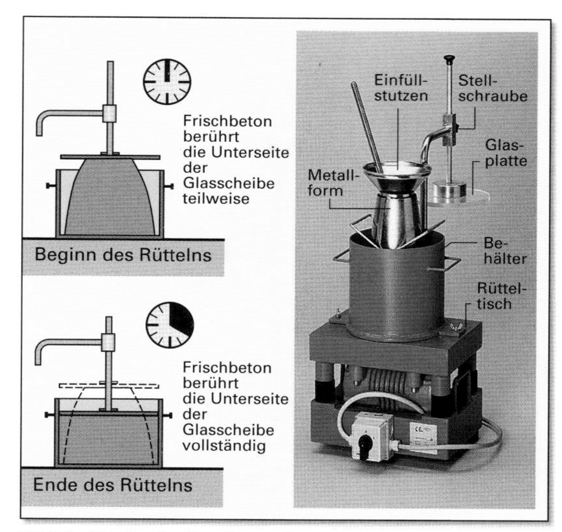

Bild 1: Ermitteln der Setzzeit (Vebé-Prüfung)

Konsistenzklassen

Die Menge des verwendeten Zementleims in einer Betonmischung bestimmt die Steifigkeit und damit die Verarbeitbarkeit des Betons beim Einbauen und Verdichten. Zur Beschreibung der Konsistenz eines Betons verwendet man die Begriffe **steif, plastisch, weich** bis hin zu **sehr fließfähig.** Entsprechend der Konsistenz werden die Betone einer Konsistenzklasse zugeordnet **(Tabelle 1)**.

Tabelle 1: Konsistenzklassen nach DIN 1045-3 und DIN EN 206

Konsistenzklassen nach DIN 1045	Konsistenzbeschreibung						
	sehr steif	steif	plastisch	weich	sehr weich	fließfähig	sehr fließfähig
Ausbreitmaßklasse		F1	F2	F3	F4	F5	F6
Ausbreitmaß in mm		≤ 340	350 bis 410	420 bis 480	490 bis 550	560 bis 620	≥ 630
Verdichtungsklasse (Verdichtungsprüfung)	C0	C1	C2	C3	–	–	
Verdichtungsmaß	≥ 1,46	1,45 bis 1,26	1,25 bis 1,11	1,10 bis 1,04	–	–	

In Deutschland werden die Ausbreitmaßklasse und die Verdichtungsmaßklasse mit Beschreibung der Konsistenz bevorzugt. Im Geltungsbereich der DIN EN 206 werden ohne Konsistenzbeschreibung zusätzliche Konsistenzklassen verwendet:

Setzmaßklasse	–	S1	S2	S3	S4	S5	–
Setzmaß in mm	–	10 bis 40	50 bis 90	100 bis 150	160 bis 210	≥ 220	–

Setzzeitklassen (Vebé)	V0	V1	V2	V3	V4	–
Setzzeit in Sekunden	≥ 31	30 bis 21	20 bis 11	10 bis 6	5 bis 3	–

Aufgaben

1 Erläutern Sie die Begriffe Baustellenbeton und Ortbeton sowie die Vorgänge beim Erhärten des Betons.

2 Welche Bedeutung hat der Wasserzementwert?

3 Ermitteln Sie die Zugabewassermenge für einen Beton mit einem Mindestzementgehalt von 300 kg/m³ und einem *w*/*z*-Wert von 0,6. Die Gesteinskörnung hat eine Eigenfeuchte von 3%.

4 Welche Festigkeit erreicht ein Beton bei Verwendung von Zement der Festigkeitsklasse 32,5 R und bei einem *w*/*z*-Wert von 0,4?

5 Wie wird das Verdichtungsmaß *v* ermittelt?

6 Berechnen Sie die Betonmenge, die ein Prüfbehälter zur Durchführung des Slumpversuches fasst (d_1 = 10 cm, d_2 = 20 cm, h = 30 cm).

7 Erläutern Sie den Einfluss der Zementleimmenge auf die Konsistenz des Betons.

8 Warum soll ein zu hoher Zementgehalt im Beton vermieden werden?

9 Beschreiben Sie die Eigenschaften des Betons in den verschiedenen Konsistenzklassen.

4.2.2.4 Expositionsklassen

Betonbauteile sind äußeren Einflüssen ausgesetzt. Diese können zu Schäden am Bauteil führen. Ist z. B. ein Betonbauteil ständiger Feuchtigkeit und Frost ausgesetzt, so kann die dichte Betonstruktur zerstört werden und die Bewehrung ist nicht mehr vor Korrosion geschützt. Auch chemische Einflüsse, z. B. Tausalz oder Meerwasser, können Schäden an Betonbauteilen hervorrufen.

Für die Zusammensetzung der Betonmischung sind daher die Einflüsse zu berücksichtigen, denen das spätere Bauteil ausgesetzt ist. Die unterschiedlichen Umgebungsbedingungen werden nach der Art des schädigenden Einflusses in sieben Klassen eingeteilt. Diese bezeichnet man als **Expositionsklassen,** abgekürzt X **(Tabelle 1).**

In DIN 1045 Teil 2 ist für Beton einer bestimmten Expositionsklasse die Zusammensetzung, z. B. der maximale Wasserzementwert (*w*/*z*-Wert), der Mindestzementgehalt (*z*) und die Mindestdruckfestigkeit (min f_{ck}) festgelegt (Tabelle 1).

Tabelle 1: Expositionsklassen und Betonzusammensetzung nach DIN 1045-2 und DIN EN 206 (Auszug)

Klassenbezeichnung		Beanspruchung		Maximaler Wasserzementwert	Mindestzementgehalt [kg/m³]	Mindestdruckfestigkeitsklasse
X0		kein Betonangriff		keine Anforderung	keine Anforderung	C8/10
XC	1	Korrosion durch Karbonatisierung	trocken/ständig nass	0,75	240	C16/20
	2		nass, selten trocken	0,75	240	C16/20
	3		mäßige Feuchte	0,65	260	C20/25
	4		wechselnd nass und trocken	0,60	280	C25/30
XD	1	Korrosion durch Chloride	mäßige Feuchte	0,55	300	C30/37
	2		nass, selten trocken	0,50	300	C35/45
XF	1	Angriffe durch Frost oder Taumittel	mäßige Wassersättigung ohne Tausalz	0,60	280	C25/30
	2		mäßige Wassersättigung mit Tausalz	0,55	300	C25/30
	3		hohe Wassersättigung ohne Tausalz	0,50	320	C35/45
	4		hohe Wassersättigung mit Tausalz	0,50	320	C30/37

4.2.2.5 Bestellen von Transportbeton

Beton wird nur noch selten auf der Baustelle hergestellt. Zum überwiegenden Teil wird er in einem Transportbetonwerk bestellt und von dort an die Baustelle geliefert. Den Transportbetonwerken ist es möglich, auch geringe Mengen Beton (ab 0,33 m³) zu mischen und abzugeben. Da die Frischbetonzusammensetzung während der Lieferung nicht mehr verändert werden darf, ist vor der Bestellung ein geeigneter Beton auszuwählen.

Standardbeton

Für Bauteile mit geringen Anforderungen an die Betonfestigkeit und den Widerstand gegen Umwelteinflüsse, z. B. unbewehrte Fundamente oder Bauteile in Innenräumen, kann Standardbeton bestellt werden **(Tabelle 2).**

Beton nach Zusammensetzung

Bei der Bestellung eines Betons nach Zusammensetzung sind dem Betonwerk die Ausgangsstoffe und die Zusammensetzung des Betons bekannt. Der Verfasser der Betonfestlegung ist dafür verantwortlich, dass der Beton die erwarteten Eigenschaften erreicht.

Tabelle 2: Grenzwerte für Standardbeton [1)]

Expositionsklasse	Mindestdruckfestigkeitsklasse	Mindestzementgehalt in [kg/m³]	Höchstzulässiger *w*/*z*-Wert
X0	C8/10	230	–
XC1	C12/15	300	0,75
XC2	C16/20	320	0,75

[1)] Die Angaben gelten für ein Größtkorn 32 mm und Zementfestigkeitsklasse 32,5 sowie F2/C2. Zusatzmittel oder -stoffe dürfen nicht eingesetzt werden.

Beton nach Eigenschaften

Bei der Bestellung von Beton sind dem Betonwerk die Eigenschaften, die der Beton aufweisen muss, mitzuteilen. Im Betonwerk erfolgt dann die Zusammensetzung des Betons nach den gewünschten Eigenschaften. Man bezeichnet diesen als **Beton nach Eigenschaften**. Das Betonwerk haftet dafür, dass der gelieferte Beton diesen Eigenschaften entspricht.

Dazu sind dem Betonwerk insbesondere mitzuteilen:

- Beton für unbewehrte oder bewehrte Bauteile,
- Druckfestigkeitsklasse und ggf. besondere Angaben, z.B. besondere Eigenschaften, gewünschte Festigkeitsentwicklung und Verarbeitbarkeitszeit,
- Zementart, z.B. Zement mit niedriger Hydratationswärme,
- Art der Gesteinskörnung,
- Expositionsklasse,
- Festigkeitsentwicklung,
- erforderliche Eigenschaften für den Frostwiderstand und die
- Konsistenzklasse.

4.2.2.6 Transport und Übergabe

Der Frischbeton wird in Fahrmischern zur Baustelle transportiert **(Bild 1)**. Der Abnehmer auf der Baustelle erhält vor dem Entladen einen nummerierten Lieferschein. Dieser enthält z.B. die Angabe des Lieferwerks, die gelieferte Betonmenge, die Betonfestigkeitsklasse und die Konsistenzklasse des Betons. Einzutragen ist die Ankunft an der Baustelle, der Beginn und das Ende des Entladens sowie die Abfahrt des Fahrmischers von der Baustelle.

Werden vor dem Entladen des Fahrmischers Fließmittel zugegeben oder werden Restmengen zurückgegeben, so ist dies auf dem Lieferschein zu vermerken.

Vor dem Entleeren des Mischfahrzeuges, das nach 45 Minuten erfolgt sein muss, wird eine Probe zur Prüfung des Betons entnommen. Die Konsistenz wird meistens nach Augenschein geprüft. Entspricht der Beton der Bestellung, wird der Lieferschein vom Beauftragen des Betonwerks (Fahrer) und vom Abnehmer (Polier) unterschrieben. Ist die Konsistenz zum Zeitpunkt der Übergabe höher als festgelegt, ist der Beton zurückzuweisen. Die Unterlagen sind aufzubewahren.

Bild 1: Fahrmischer

4.2.2.7 Einbau und Verdichten

Notwendige Vorarbeiten vor dem Einbau des Betons

- Alle Verunreinigungen sind aus der Schalung zu entfernen.
- Holzschalungen werden vorgenässt, damit die Fugen durch das Quellen des Holzes dicht werden und der Feinmörtel beim Verdichten nicht austreten kann. Außerdem entzieht eine trockene Holzschalung einen Teil des Wassers und erschwert das Ausschalen. Dies kann auch durch das Aufsprühen eines Trennmittels verhindert werden.
- Die Schalung mit ihren Spannstellen und Aussteifungen ist auf ihre Standsicherheit zu prüfen.
- Bei Stahlbetonarbeiten ist nachzuprüfen, ob die Bewehrung mit genügend Abstandhaltern versehen ist.

Der frische Beton wird entweder mit dem Krankübel transportiert oder in die Schalung gepumpt. Er kann auch über eine Rutsche in die Schalung eingebracht werden **(Bild 2)**. Wichtig dabei ist, dass er beim Einbringen sanft in die Schalung gleitet. Die **Fallhöhe** darf höchstens 1,50 m betragen, damit sich der Beton nicht entmischt.

Fördern mit Krankübel

Einbringen mit Rutsche

Bild 2: Fördern und Einbringen von Beton

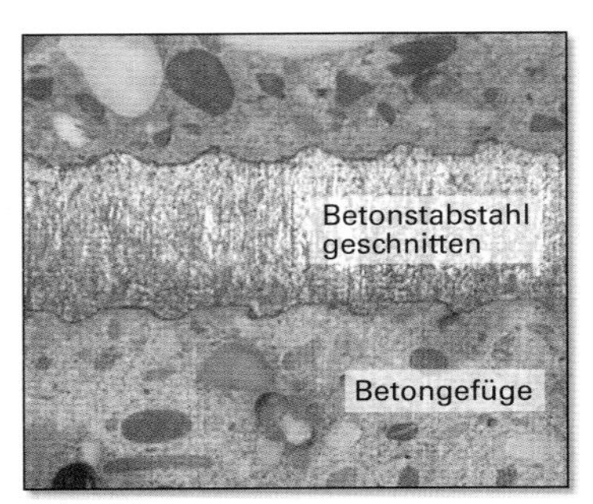

Bild 1: **Verdichteter Beton (Schnitt mit Bewehrungsstahl)**

Bild 2: **Rütteln an Schalung und Bewehrung**

Bild 3: **Verdichten durch Stochern**

Der eingebrachte Beton muss gut verdichtet werden.

Dadurch erreicht man:
- die geforderte Druckfestigkeit,
- eine hohlraumfreie Ummantelung der Bewehrung zur Sicherung des Korrosionsschutzes und
- eine geringe Wasseraufnahmefähigkeit.

Voraussetzung für eine gute Verdichtung ist eine Betonzusammensetzung, bei der die Feinteile möglichst die Hohlräume zwischen den größeren Körnern ausfüllen. Der Zementmörtel sorgt dabei für die Umlagerung des Korngefüges. Beton mit einem Anteil an Lufteinschlüssen von 1% bis 1,5% bezeichnet man als vollständig verdichtet **(Bild 1)**.

Bei Stahlbetonbalken erfolgt die Verdichtung meist mit dem Innenrüttler.

Regeln für das Verdichten mit dem Innenrüttler
- Der Beton ist gleichmäßig zu verteilen, dann zu verdichten. Beton niemals mit dem Rüttler verteilen (Entmischungsgefahr).
- Die Rüttelflasche ist rasch einzutauchen und dabei senkrecht zu führen. Es ist so lange zu rütteln, bis keine Luftblasen mehr austreten und sich an der Rüttelstelle eine ebene kreisförmige Fläche bildet.
- Die Rüttelflasche ist langsam herauszuziehen, damit sich eine geschlossene Oberfläche bilden kann, an der sich eine geringe Menge Zementleim ansammelt.
- Zu langes Rütteln kann zum Entmischen des Betons führen. Dabei setzt sich wässriger Zementleim an der Oberfläche ab.
- Die Rüttelflasche darf nicht gegen die Schalung und die Bewehrung geführt werden **(Bild 2)**. Dadurch könnte sich der Beton im Bereich der Schalhaut entmischen und der Beton von der Bewehrung teilweise lösen. Außerdem könnte die Rüttelflasche beschädigt werden.
- Nach Beendigung des Rüttelvorganges ist der Rüttler aus dem Beton herauszunehmen und erst dann abzuschalten.

Bei eng liegender Bewehrung verwendet man sehr weichen bis fließfähigen Beton, den man durch Stochern verdichtet **(Bild 3)**.

4.2.2.8 Nachbehandeln

Der frisch eingebrachte und verdichtete Beton (junger Beton) muss nachbehandelt und vor schädigenden Einflüssen geschützt werden, damit die geforderten Eigenschaften des Festbetons auch erreicht werden. So wird z. B. durch starke Sonneneinstrahlung oder starken Wind dem frischen Beton rasch Feuchtigkeit entzogen. Dadurch wird die Festigkeitsentwicklung nachteilig beeinflusst und es besteht die Gefahr, dass sich an der Oberfläche Frühschwindrisse bilden, die sich bis in das Innere das Bauteils fortsetzen können. Mit den Nachbehandlungsmaßnahmen muss unmittelbar nach dem Einbau begonnen werden.

Maßnahmen zur Nachbehandlung
- Aufbringen feuchter Abdeckungen,
- gleichmäßiges Besprühen (nicht Anspritzen) mit nicht zu kaltem Wasser,
- Feuchthalten der Holzschalung,
- Abdecken mit Dämmmatten,
- Belassen des Frischbetons in der Schalung über die Ausschalfristen hinaus und
- Abdecken mit Kunststofffolien.

4.2.3 Festbeton

Unter Festbeton versteht man den erhärteten Beton. Er muss den für das Bauteil vorher festgelegten Eigenschaften entsprechen.

4.2.3.1 Eigenschaften

Beton muss Lasten aufnehmen. Die **Druckfestigkeit** ist deshalb die wichtigste Eigenschaft des Festbetons. Diese ist von der Zementfestigkeitsklasse, dem Wasserzementwert und der Zusammensetzung der Gesteinskörnung abhängig.

Das Gefüge des Betons muss so dicht sein, dass der **Korrosionsschutz** der Bewehrung gewährleistet ist. Bei Verwendung von Beton für Außenbauteile wird **Frostbeständigkeit** gefordert. Diese erreicht man durch die richtige Betonauswahl und eine gute Verdichtung.

4.2.3.2 Druckfestigkeitsklassen

Die geforderte Druckfestigkeit richtet sich nach den Anforderungen an den Beton im Bauteil. In DIN EN 206 sind Betone in Druckfestigkeitsklassen eingeteilt und mit C (Concrete) abgekürzt **(Tabelle 1).** Die Zuordnung des Betons in die jeweilige Druckfestigkeitsklasse erfolgt durch Festigkeitsprüfungen an erhärteten, 28 Tage alten Probekörpern.

Die Probekörper werden als **Zylinder** (cylinder) mit 150 mm Durchmesser und 300 mm Höhe oder als **Würfel** (cube) mit einer Kantenlänge von 150 mm hergestellt. Die sich gegenüber liegenden Flächen müssen parallel und eben sein. Die Formen zur Herstellung der Probekörper bestehen aus Stahl oder Gusseisen **(Bild 1).**

Tabelle 1: Druckfestigkeitsklassen nach DIN EN 206 (Auszug)

Druckfestigkeitsklasse	$f_{ck,cyl}$ N/mm²	$f_{ck,cube}$ N/mm²
C8/10	8	10
C12/15	12	15
C16/20	16	20
C20/25	20	25
C25/30	25	30

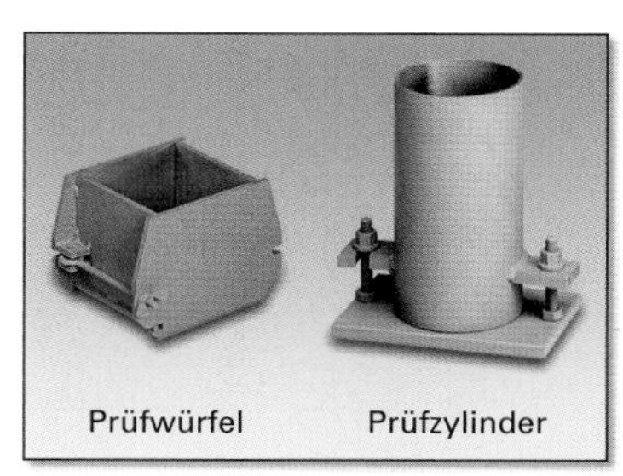

Bild 1: Formen für Probekörper

4.2.3.3 Prüfungen

Durch die **Frischbetonprüfung,** die vor dem ersten Einbringen des Betons und während des Betoniervorgangs in angemessenen Zeitabständen durchgeführt wird, stellt man fest, ob der einzubauende Beton auch tatsächlich der geforderten Zusammensetzung entspricht und die geforderten Eigenschaften erwarten lässt. Sie erfolgt durch Prüfungen im Betonwerk oder einer fremden Überwachungsstelle.

Bei der **Festbetonprüfung** werden die Probekörper in einer Presse bis zu ihrer Zerstörung belastet. An einer Messuhr oder einem Display kann die zur Zerstörung notwendige Kraft abgelesen werden **(Bild 2).** Daraus lässt sich die Druckfestigkeit, d. h. das Verhältnis von Kraft zur Fläche in N/mm², ermitteln. Die Druckfestigkeit ist an mehreren Probekörpern festzustellen.

Die nach dem Abdrücken festgestellte Druckfestigkeit wird je nach Probekörper mit $f_{ck,cyl}$ (charakteristische Festigkeit, geprüft am Zylinder) oder mit $f_{ck,cube}$ (charakteristische Festigkeit, geprüft am Würfel) angegeben (Tabelle 1).

Bild 2: Druckfestigkeitsprüfung

Aufgaben

1. Warum ist die Betonzusammensetzung von der Expositionsklasse abhängig?
2. Erläutern Sie die Einsatzmöglichkeiten und die Zusammensetzung eines Betons der Expositionsklasse XD1.
3. Erläutern Sie die Übergabe des gelieferten Betons.
4. Beschreiben Sie die Mindestanforderungen eines Betons für einen Sturz in einem Innenraum.
5. Erläutern Sie die vor dem Einbauen und Verdichten von Beton durchzuführenden Arbeiten.
6. Welche Regeln gelten für das Verdichten mit dem Innenrüttler?

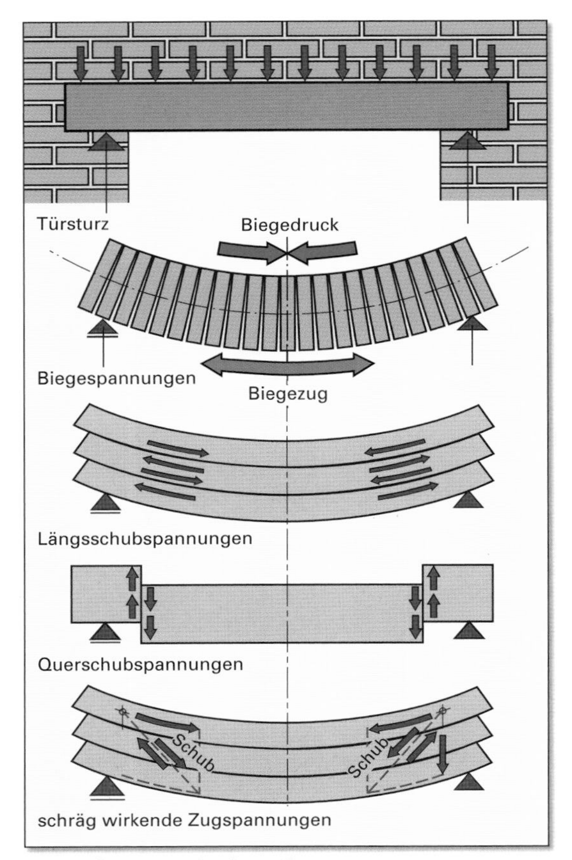

Bild 1: Spannung in einem Betonsturz

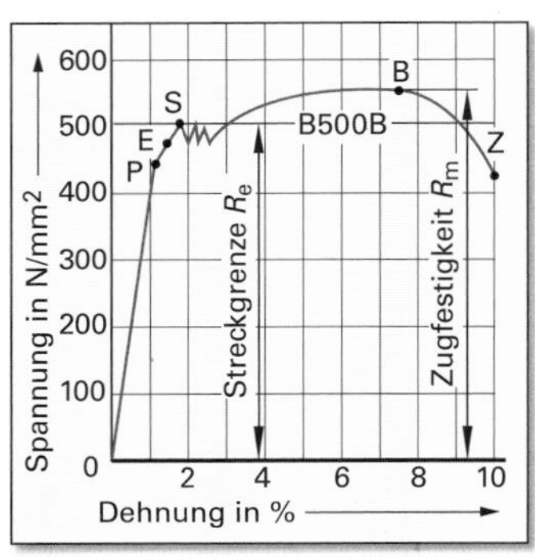

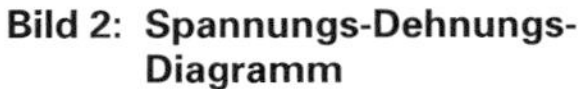

Bild 2: Spannungs-Dehnungs-Diagramm

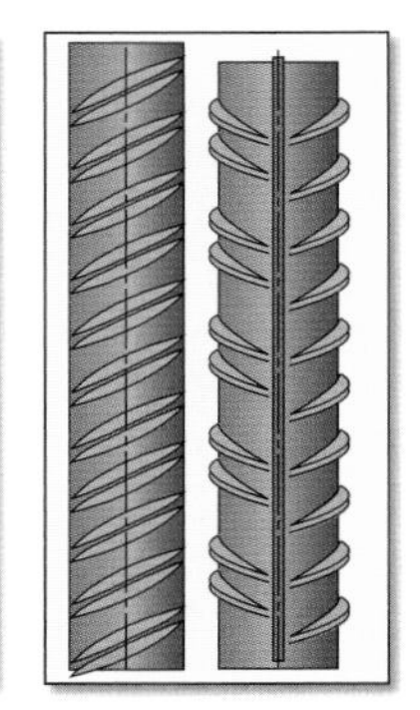

Bild 3: Oberflächen von Betonstabstahl

4.2.4 Stahlbeton

Stahlbeton bezeichnet man als **Verbundbaustoff,** weil seine Tragwirkung durch das Zusammenwirken von Beton und Stahl erreicht wird.

4.2.4.1 Bewehrung

Ein frei gespanntes Stahlbetonbauteil, z. B. ein Türsturz, wird durch Belastung auf Biegung beansprucht. Dadurch werden Spannungen hervorgerufen **(Bild 1).** Diese führen in unbewehrten Bauteilen zu Rissebildung oder Bruch.

Im oberen Bereich wird das Bauteil zusammengedrückt (gestaucht). Es entsteht Biegedruck. Diesen Bereich im Bauteil nennt man daher **Druckzone.** Die Aufnahme der Druckkräfte übernimmt der Beton.

Im unteren Bereich wird das Bauteil gedehnt und es entsteht Biegezug. Man spricht daher von der **Zugzone.** Die Biegedruck- und Biegezugspannungen sind in Trägermitte am größten. Durch die Biegung entstehen längs-, quer- und schrägwirkende Kräfte. Diese bezeichnet man als **Schubkräfte.** Sie sind am Auflager am größten. Zur Aufnahme der Kräfte verwendet man Betonstahl als Bewehrung.

Betonstahl

Die Bewehrung wird aus **Beton**st**ahl (BSt)** hergestellt. Betonstahl ist nach DIN 488 sowie nach DIN 1045 genormt. Wichtige Kenngrößen für die Beurteilung der Festigkeitseigenschaften von Betonstahl sind die **Zugfestigkeit R_m** und die **Streckgrenze S (R_e).** Diese können im Zugversuch ermittelt und im **Spannungs-Dehnungs-Diagramm** als Linie dargestellt werden **(Bild 2).**

Dabei zeigt sich, dass anfangs die Spannung und die Dehnung des Stahls im gleichen Verhältnis zunehmen **(Proportionalitätsbereich P).** Bei Entlastung geht der Stahl in seine ursprüngliche Form zurück. Er verhält sich elastisch. Bei weiterer Belastung nimmt die Dehnung bis zur **Elastizitätsgrenze E** rascher zu als die Spannung. Bei Belastung bis zur **Streckgrenze S** (R_e) bei 500 N/mm² verformt sich Stahl plastisch, d. h. die Längenänderung bleibt.

Im Fließbereich nimmt die Dehnung ohne Belastungserhöhung zunächst stark zu. Bei weiterer Belastungserhöhung steigt die Spannung bis zur **Bruchgrenze B.** Diesen Höchstwert bezeichnet man auch als **Zugfestigkeit R_m.** Wird die Zugfestigkeit überschritten, sinkt die Spannung bis zur **Zerreißgrenze Z** und der Betonstahl reißt. Betonstähle dürfen deshalb nur bis zum Proportionalitätsbereich belastet werden. Das Verhältnis von Zugfestigkeit zu zulässiger Spannung ergibt einen Wert für die Sicherheit. Im Stahlbetonbau wird mit einem Bemessungswert bis 435 N/mm² gerechnet.

Betonstabstähle haben einen nahezu kreisförmigen Querschnitt. Auf der Oberfläche der Stäbe sind zwei Reihen Schrägrippen aufgewalzt. Diese verlaufen auf der einen Hälfte des Stabes parallel und auf der anderen Hälfte sind sie abwechselnd zueinander geneigt **(Bild 3).** Durch diese Anordnung der Rippen verbessert sich die Haftung zwischen Beton und Stahl.

Betonstabstähle werden hauptsächlich mit Stabdurchmessern von 6 mm bis 40 mm und Längen von 12 m bis 15 m geliefert.

Betonstahl und Beton haben eine annähernd gleiche Wärmeausdehnung. Den Verbund zwischen den beiden Baustoffen erreicht man durch die gerippte Oberfläche und eine ausreichend große Verankerung des Bewehrungsstabes im Beton.

Betondeckung

Der Beton schützt bei fachgerechter Verarbeitung den Stahl vor Rosten (Korrosion). Darum ist auf eine ausreichende Betondeckung c_{nom} zu achten. Als Betondeckung wird der Abstand der äußersten Bewehrungsstäbe, z.B. der Bügel, von der Schalung bezeichnet **(Bild 1)**.

Die Betondeckung ist abhängig von der Expositionsklasse des Betons **(Tabelle 1)**. Man unterscheidet zwischen dem Mindestmaß c_{min} und dem Nennmaß c_{nom}. Bei der Ermittlung des Nennmaßes ist das Vorhaltemaß Δc zu berücksichtigen. Dieses ist erforderlich, damit das Mindestmaß der Betondeckung auch bei unbeabsichtigten Abweichungen, z.B. beim Einbau der Bewehrung, erreicht wird. Die Summe aus dem Mindestmaß und dem Vorhaltemaß ergibt das Nennmaß.

Abstandhalter

Der Abstand der Bewehrung von der Schalung ist durch das Maß der Betondeckung festgelegt. Deshalb werden Abstandhalter eingebaut, die aus Kunststoff, Faserzement oder Beton bestehen.

4.2.4.2 Lage und Form der Bewehrung

Die Bewehrung besteht aus geraden Tragstäben, aufgebogenen Tragstäben, Bügeln und Montagestäben **(Bild 2)**.

Die geraden Tragstäbe nehmen die Biegezugkräfte auf. Die aufgebogenen Tragstäbe nehmen im Bereich der Aufbiegung Schubkräfte auf. Die Bügel dienen der Schubkraftsicherung und stellen eine Verbindung zwischen Druck- und Zugzone her.

Montagestäbe erleichtern die Herstellung und sichern die Lage der Tragstäbe und der Bügel beim Transport und Einbau der Bewehrung.

Verankerungen

Um die Kräfte aufnehmen zu können, müssen die Bewehrungsstäbe im Beton verankert werden. Dies kann durch den Verbund zwischen Beton und Stahl erfolgen. Dazu ist jedoch, z.B. an Auflagern, eine ausreichende Verankerungslänge l_b einzuhalten **(Bild 3)**. Diese kann am Endauflager mit $\geq 6\ d_s$ angenommen werden. Durch die Ausbildung von Haken oder Winkelhaken an den Stabenden kann man die Verankerungslänge verkürzen.

Tabelle 1: Maße der Betondeckung nach DIN EN 1992-1-1 (Auszug)

Expositionsklasse	Mindestüberdeckung c_{min} [mm]	Vorhaltemaß Δc [mm]	Nennmaß der Überdeckung c_{nom} [mm]
XC1	10	10	20
XC2	20	15	35
XC3	20		
XC4	25		40

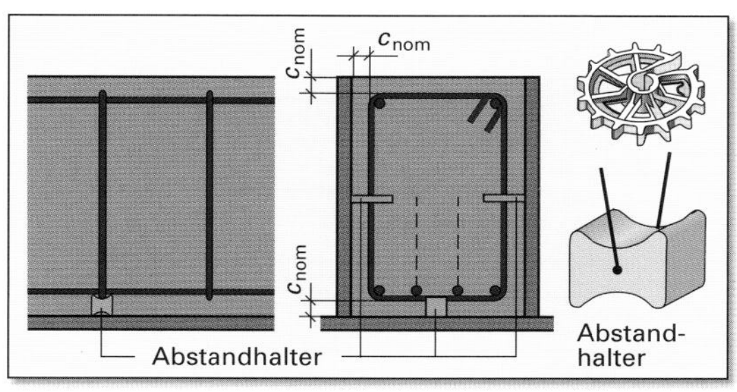

Bild 1: Nennmaß der Betondeckung c_{nom}

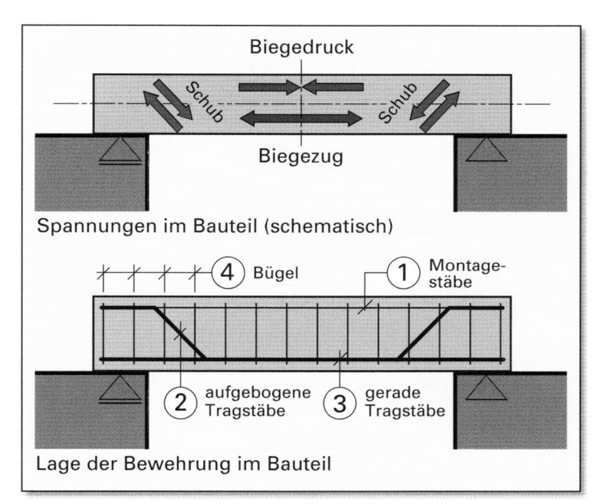

Bild 2: Lage der Bewehrung

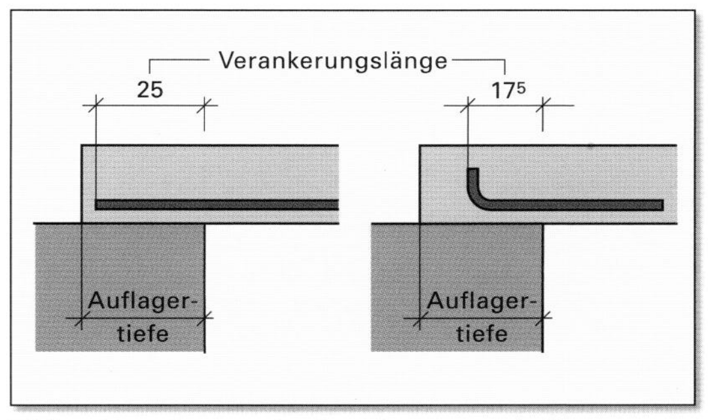

Bild 3: Verankerung der Bewehrung am Auflager

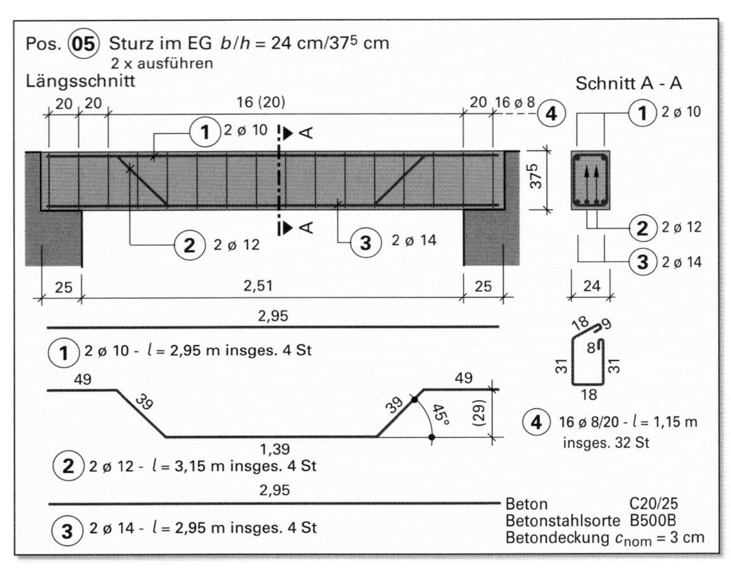

Bild 1: Bewehrungsplan (Auszug)

Betonstahl - Gewichtsliste Nr.: *zu Plan EG - Nr.3* Bauvorhaben *Wohn- und Geschäftshaus*
Betonstahlsorte: *B500B*
Bauteil: *Stahlbetonstürze im EG* Bauherr: *Hans Müller, B-Stadt*

Pos Nr.	Anzahl	d_s mm	Einzellänge m	Gesamtlänge m	d_s = 8 mm mit 0,395 kg/m	d_s = 10 mm mit 0,617 kg/m	d_s = 12 mm mit 0,888 kg/m	d_s = 14 mm mit 1,210 kg/m	d_s = 16 mm mit 1,580 kg/m	d_s = 20 mm mit 2,470 kg/m
1	4	10	2,95	11,80		7,28				
2	4	12	3,15	12,60			11,19			
3	4	14	2,95	11,80				14,28		
4	32	8	1,15	36,80	14,54					
Gewicht je Durchmesser in kg					14,54	7,28	11,19	14,28		
Gesamtgewicht in kg					47,29					

Aufgestellt: *Tostensen* ..... *B-Stadt* .... den ....

Bild 2: Betonstahl-Gewichtsliste (Beispiel)

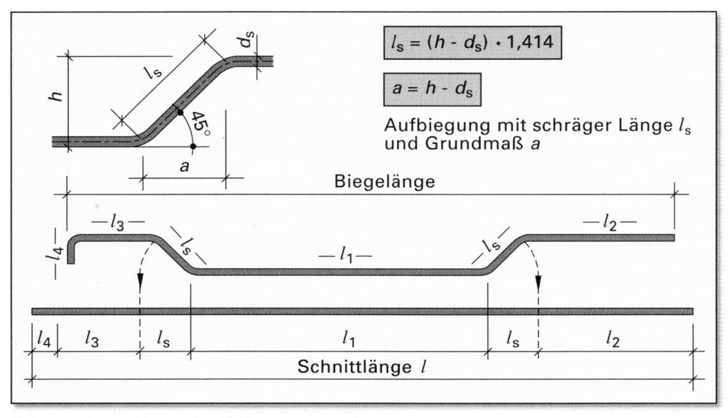

Bild 3: Ermittlung der Schnittlänge l

4.2.4.3 Herstellen der Bewehrung

Die Herstellung der Bewehrung erfolgt nach einer **Bewehrungszeichnung** (Bewehrungsplan) **(Bild 1)**. Diese enthält alle Angaben zur Herstellung der Bewehrung.

Dazu gehört die Darstellung der Bewehrung in ihrer Form und Lage im Bauteil. Der **Biegeplan** (Stahlauszug) zeigt die genaue Form und Abmessung der Stäbe und Bügel. Stäbe und Bügel mit gleichen Abmessungen werden zu **Positionen** zusammengefasst und mit **Positionsnummern** gekennzeichnet.

Daneben wird in der Bewehrungszeichnung die Betonart, die Art des Betonstahls und die Betondeckung c_{nom} angegeben.

In einer **Gewichtsliste** werden die einzelnen Positionen erfasst und das Gesamtgewicht der Bewehrung ermittelt **(Bild 2)**.

Messen und Schneiden

Um den Stahl richtig abzulängen, ist die Ermittlung der **Schnittlänge** erforderlich. Als Schnittlänge l bezeichnet man die Länge des Stabstahls in ungebogenem Zustand.

Gerade Stäbe mit Haken und Winkelhaken erhalten zur geraden Länge eine Längenzugabe. Diese beträgt bei Haken je nach Stabdurchmesser 10 d_s bis 12 d_s, bei Winkelhaken ungefähr 8 d_s.

Bei aufgebogenen Stäben müssen zur Ermittlung der Schnittlänge die schräge Aufbiegungslänge l_s und das Grundmaß a ermittelt werden. Dies geschieht mithilfe der Aufbiegehöhe h. Alle Maße sind Außenmaße **(Bild 3)**. Die Aufbiegung erfolgt meistens unter 45°. Aus der Summe der geraden Längen, der Aufbiegungslängen und der Längenzugaben für Haken und Winkelhaken ergibt sich die Schnittlänge l.

Um den Verschnitt möglichst gering zu halten, sollten die Lagerlängen von 12 m bzw. 15 m ohne Abfall durch die ausgewiesenen Schnittlängen teilbar sein.

Biegen

Das Biegen von Betonstabstahl erfolgt mit Biegemaschinen oder Handbiegeplatten. Dabei werden die Stäbe um drehbare Biegerollen gebogen **(Bild 1)**. Damit beim Biegen der Stabstahl nicht beschädigt wird, sind **Mindestdurchmesser der Biegerollen D_{min}** vorgeschrieben. Der Biegerollendurchmesser ist abhängig vom Stabquerschnitt des Tragstabes und von der rechtwinklig zur Biegerichtung gemessenen **Betondeckung c_{quer} (Bild 2)**. Diese ist erforderlich, damit die Rückstellkräfte des gebogenen Stabes nicht zu Rissebildung im Beton führen (Tabellenheft Seite 41).

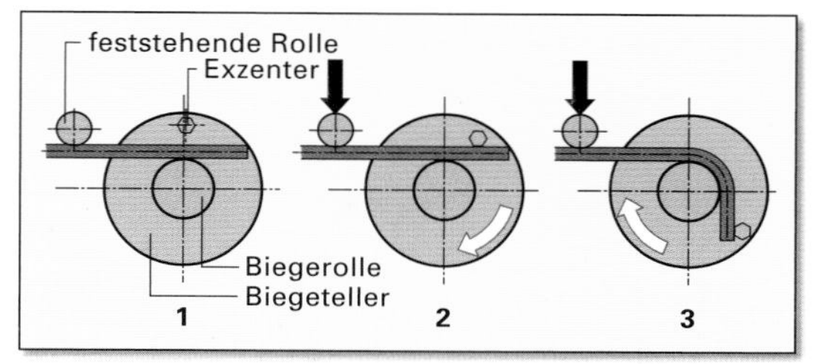

Bild 1: Biegeeinrichtung mit Biegevorgang (schematisch)

Beispiel

Stabdurchmesser d_s = 12 mm

seitliche Betondeckung $c_{quer} = 99 \text{ mm} > 50 \text{ mm} > 3\ d_s$

gewählter Mindestwert D_{min}

$D_{min} = 15 \cdot d_s$

$D_{min} = 15 \cdot 12 \text{ mm}$

$D_{min} = 180 \text{ mm}$

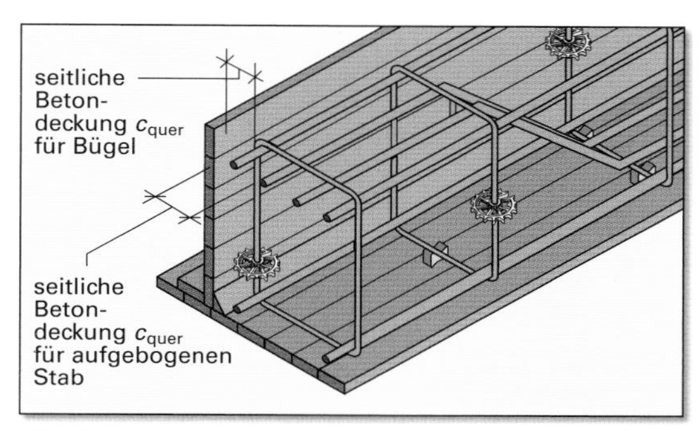

Bild 2: Seitliche Betondeckung c_{quer}

Nach dem Biegen müssen die Maße des Bewehrungsstabes und der Bügel überprüft werden.

Einbauen

Die einzelnen Stäbe werden entprechend der Bewehrungszeichnung zu steifen und unverschieblichen Bewehrungkörben verbunden. Dies geschieht durch **Rödeln** mit der Flechterzange (Monierzange) unter Verwendung von Bindedraht.

Als Verbindungsart eignen sich:

Der einfache Eckschlag (Heftmasche), der zur Befestigung von Tragstäben an Verteilerstäben bzw. Montagestäben dient **(Bild 3)**.

Der doppelte Eckschlag, auch doppelte Heftmasche oder Kreuzmasche genannt, eignet sich in der Regel bei engmaschiger Bewehrung und bei Bewehrung mit größeren Stabdurchmessern.

Der Nackenschlag (Heranholmasche) wird vorwiegend bei Stützen- und Balkenbewehrungen angewendet. Dabei werden die Tragstäbe so in die Bügelecken gezogen, dass ein Verschieben der Stäbe verhindert wird.

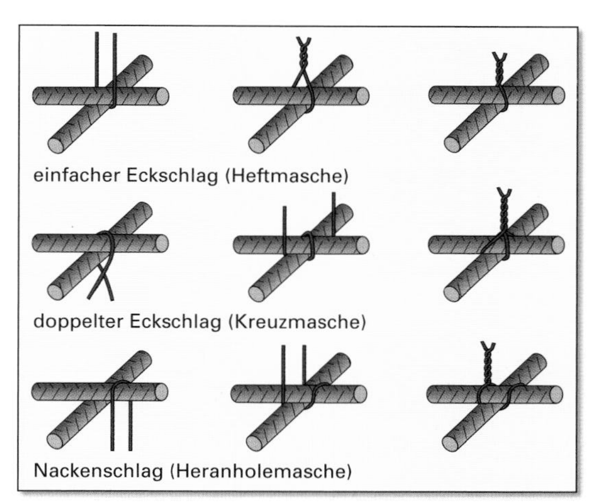

Bild 3: Verknüpfungsarten

Aufgaben

1. Erläutern Sie das Zusammenwirken von Betonstahl und Beton.
2. Was versteht man bei B500B unter der Proportionalitätsgrenze und der Streckgrenze?
3. Welche Spannungen werden von den Bewehrungsteilen aufgenommen?
4. Erläutern Sie die Möglichkeiten der Verankerung des Betonstahls im Beton.
5. Ermitteln Sie das Nennmaß der Betondeckung bei der Expositionsklasse XC3 und einem Stabdurchmesser von 14 mm.
6. Ermitteln Sie die Aufbiegungslänge l_s für einen Bewehrungsstab mit d_s = 20 mm, Aufbiegung 45°, Biegehöhe h = 15 cm.

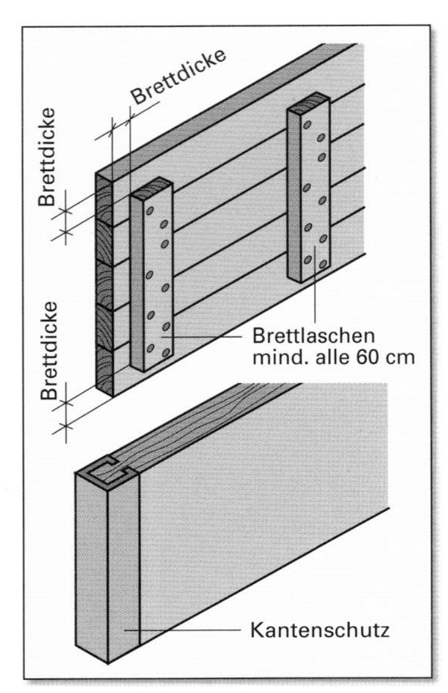

Bild 1: Schalungsplatten

Bild 2: Schalungsträger aus Holz

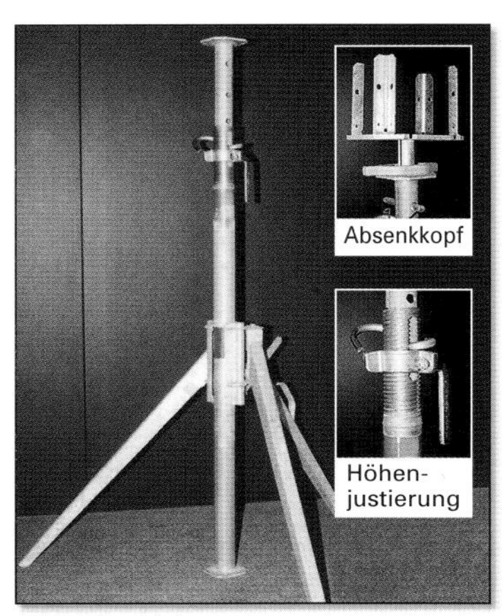

Bild 3: Metallstütze

4.2.5 Schalung

Um ein Bauteil aus Beton herstellen zu können, ist für die Aufnahme des Frischbetons und die Formgebung eine Schalung erforderlich. Sie ist nur kurzzeitig eingesetzt. Ihre Herstellung erfordert jedoch in der Regel einen großen Aufwand.

Die Schalung muss den Frischbeton aufnehmen und den während des Betonierens entstehenden Belastungen standhalten. Sie darf sich auch nach dem Betonieren in ihrer Form nicht verändern. Diese Aufgaben werden durch das Zusammenwirken von Schalhaut und Tragkonstruktion erfüllt. Damit die Schalung der gewünschten Form entspricht, ist sie sorgfältig zu planen.

4.2.5.1 Schalhaut

Die Schalhaut kommt beim Betonieren mit dem Frischbeton unmittelbar in Berührung. Sie gibt dem Bauteil die Form und bestimmt dessen Oberflächengestaltung. Die Schalhaut muss beim Betonieren und während der Erhärtungszeit des Betons maßhaltig und dicht bleiben sowie die auftretenden Lasten gleichmäßig auf die Tragkonstruktion verteilen. Die Schalhaut wird aus Schalungsbrettern oder Schalungstafeln zusammengesetzt, die sich im Wesentlichen in Werkstoff, Größe und Verbindungsmöglichkeit unterscheiden.

Schalbretter

Als Schalbretter verwendet man etwa 24 mm dicke Bretter aus Nadelholz. Die Bretter können ungehobelt (sägerau) oder gehobelt sein. Diese werden auf einem Arbeitstisch (Schaltisch) mit Brettlaschen zu Schalungstafeln (Schildern) zusammengenagelt **(Bild 1)**.

Schalungsplatten

Schalungsplatten aus Vollholz (Schaltafeln) bestehen aus beidseitig gehobelten Brettern. Die Bretter werden an den Stirnkanten durch ein Stahlprofil zusammengehalten und gleichzeitig Kanten und Ecken geschützt (Bild 1).

4.2.5.2 Tragkonstruktion

Die Tragkonstruktion hat die Aufgabe, die Lasten von Schalung, Bewehrung und Frischbeton sowie von Arbeitskräften, Geräten und Maschinen aufzunehmen und auf den Untergrund zu übertragen. Daneben muss die Tragkonstruktion die beim Betonieren auftretenden Erschütterungen sowie den Frischbetondruck aufnehmen. Die Tragkonstruktion besteht aus Schalungsträgern, Schalungsstützen sowie der Aussteifung der Schalhaut, wie z.B. Schalungszwingen und der Verankerung.

Schalungsträger

Schalungsträger unterstützen die Schalhaut. Dazu eignen sich Kanthölzer der Schnittklasse S 10 mit unterschiedlichen Abmessungen und Vollwand- oder Fachwerkträger (Gitterträger) aus Holz **(Bild 2)**. Diese haben ein höheres Tragvermögen als Kanthölzer.

Schalungsstützen

Schalungsstützen dienen der Unterstützung. Man verwendet Schalungsstützen aus Stahl oder Aluminium. Sie bestehen aus zwei ineinandergesteckten Rohren (Innen- und Außenrohr) mit Fußplatte, Kopfplatte oder Kopfgabel; sie sind in der Höhe verstellbar **(Bild 3)**.

Das Innenrohr ist ausziehbar und kann mit einem Steckbolzen grob eingestellt werden. Die Feineinstellung erfolgt mit Hilfe eines Gewindes. Metallstützen sind je nach Größe zwischen 1,70 m und 5,50 m stufenlos verstellbar. Zur Vereinfachung des Aufstellens können an die Stützen ausklappbare Stützenfüße aufgesteckt werden.

Statt Metallstützen können Bockstützen aus Holz eingesetzt werden, die zur Höheneinstellung und zum Lösen der Schalung unterkeilt werden. Zur besseren Lastübertragung verbinden aufgenagelte Dreieckslaschen den Stützenkopf mit dem Querträger **(Bild 1)**.

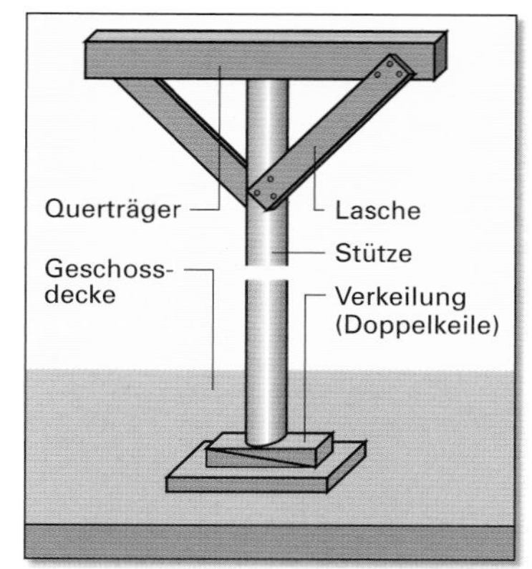

Bild 1: Bockstütze

Verspannung (Verankerung)

Seitliche Schalungen müssen wegen des auftretenden Frischbetondrucks so befestigt werden, dass sie in ihrer vorgesehenen Lage bleiben. Beim Einbringen des Betons treten Kräfte auf, z. B. bei plötzlichen Veränderungen der Schüttgeschwindigkeit ebenso wie beim Verdichten durch Rütteln. Bei geringen Schalhöhen können die auftretenden Kräfte durch aufgenagelte Brettlaschen, Verrödelungen, Schalungszwingen und Absprießungen aufgenommen werden.

Bei großen Schalhöhen sind auf Zug beanspruchte Verspannungen aus Stahl notwendig. Anzahl und Abstände der Verspannungen richten sich nach dem Betondruck und der Schalungskonstruktion. Es sind mindestens im oberen und unteren Bereich der Schalung Verspannungen anzuordnen.

Verspannungen werden hauptsächlich mit Hilfe von Schalungsankern ausgeführt **(Bild 2)**. Ein Schalungsanker besteht aus Ankerstab, Ankerverschluss und Abstandhalter (Distanzrohr) **(Bild 3)**.

Die Aufnahme des Frischbetondrucks auf die Seitenschilder kann auch durch den Einbau von Streben (Verschwertung) erfolgen (Bild 2). Dabei wirken an den Fußpunkten der Seitenschilder und Streben eingebaute Drängebretter dem Betondruck entgegen.

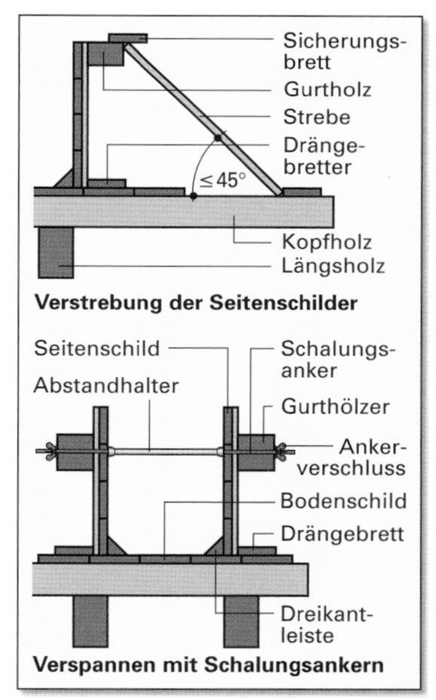

Bild 2: Verspannung

Aussteifung

Jede Schalung muss gegen horizontal und schräg angreifende Kräfte, z. B. Windkräfte, gesichert werden. Dies geschieht durch Verschwertung der Stützen mit Hilfe von Dreiecksverbänden. Dazu werden Stützen in Längs- und Querrichtung durch Streben aus Brettern diagonal miteinander verbunden.

Vorbehandlung

Vor dem Einbringen der Bewehrung und des Betons muss die Schalung vorbehandelt werden. Dabei werden die Poren der Schalhaut geschlossen. Zur Vorbehandlung setzt man meistens Schalöle (Paraffinöle) als Trennmittel ein. Dadurch wird auch der Aufwand beim Ausschalen geringer und es werden Beschädigungen von Betonoberfläche und Schalhaut vermieden.

4.2.5.3 Herstellen der Schalung

Um eine Schalung wirtschaftlich herstellen zu können, muss diese sorgfältig geplant und vorbereitet werden. Dabei ist das Ausschalen und die Wiederverwendung der Schalung zu berücksichtigen.

Die Schalhaut muss so dicht hergestellt werden, dass die feinen Betonbestandteile beim Einbringen nicht aus den Fugen fließen. Außerdem muss die Schalhaut maßgenau und formbeständig sein. Sie ist so auszusteifen, dass sie sich während des Betonierens und Verdichtens nicht verformen kann.

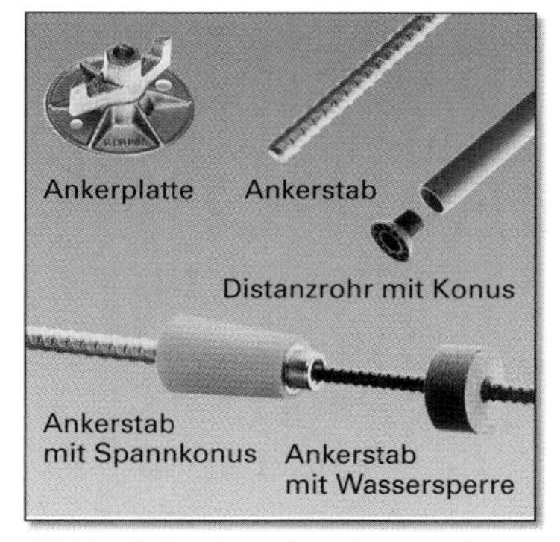

Bild 3: Teile eines Schalungsankers

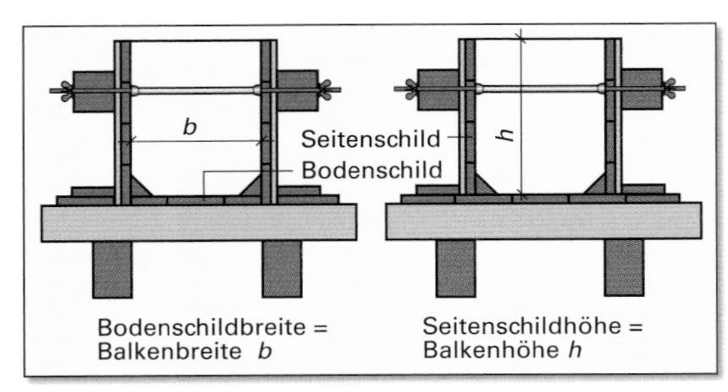

Bild 1: Anordnung der Boden- und Seitenschilder

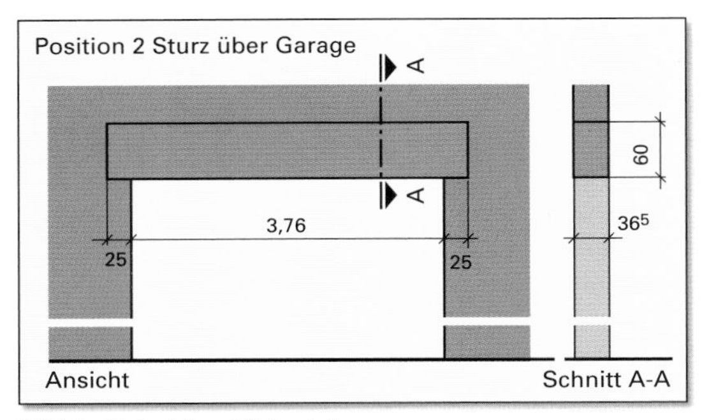

Bild 2: Schalplan (Beispiel)

Anordnung der Schalhaut

Die Schalhaut für den Stahlbetonbalken besteht aus den zwei Seitenschildern und dem Bodenschild. Für die Größe und Anordnung der Seitenschilder ist die Ausführung des Bodenschildes maßgebend. Entspricht dieses der Balkenbreite, so sind die Seitenschilder um eine Schalhautdicke höher als die Balkenhöhe und stoßen von außen gegen das Bodenschild. Die Laschen des Bodenschildes stehen um jeweils eine Schalhautdicke über **(Bild 1)**.

Ist das Bodenschild breiter als die Balkenbreite, setzt man die Seitenschalung auf die Bodentafel auf. Die Höhe der Seitenschilder entspricht dann der Balkenhöhe (Bild 1).

Schal- und Schalungspläne

Schal- und Schalungspläne werden im Rahmen der Arbeitsvorbereitung erstellt.

Schalpläne zeigen das einzuschalende Bauteil in seiner Lage und seinen Abmessungen **(Bild 2)**.

Schalungspläne zeigen die Größe und die Form der Schalhaut, die Konstruktion und die Abmessungen der Unterstützung und der Aussteifung **(Bild 3)**.

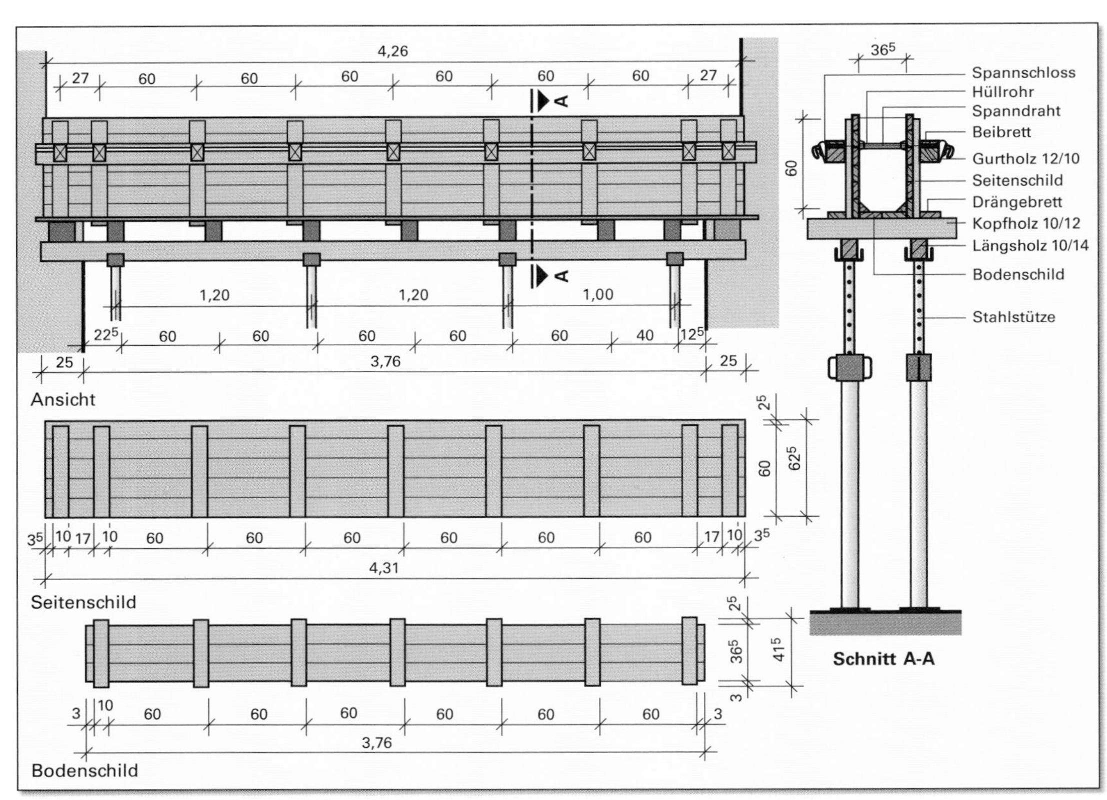

Bild 3: Schalungsplan für einen Stahlbetonsturz

Durch **Einmessen,** z.B. von Wänden oder Pfeilern aus, wird die genaue Lage der Balkenschalung festgelegt. Mit Risslinien auf dem vorhandenen Mauerwerk werden die Außenkanten des Betonbalkens bzw. die Vorderkanten der Schalhaut markiert. Nach diesen Markierungen kann die Schalhaut fluchtgerecht und in der richtigen Höhenlage ausgerichtet werden. Dies geschieht durch Feinjustierung der Höheneinstellung bei Metallstützen oder Antreiben der Keile bei Bockstützen.

Holz- und Stücklisten werden auf der Grundlage der Schalungspläne erstellt. In diesen werden die Schalungsteile für die Schalhaut, die Aussteifung und die Unterstützung erfasst **(Bild 1).** Bei der Ermittlung des gesamten Holzbedarfs sind Zuschläge, z.B. für Verschnitt, zu berücksichtigen.

Holz- und Stückliste für einen Stahlbetonsturz (Bild 3, Seite 168)

Nr.	Schalungsteil	Anzahl	Schalungsbretter				Kanthölzer		
			Breite m	Länge m	Teilfläche m²	Gesamtfläche m²	Länge m	Teillänge m	Gesamtlänge
1	Seitenschild	2	0,625	4,31	2,69	5,38	–	–	–
2	Bodenschild	1	0,365	3,75	1,37	1,37	–	–	–
3	Drängebrett	2	0,12	4,40	0,53	1,06	–	–	–
4	Beibrett	2	0,12	4,40	0,53	1,06	–	–	–
5	Laschen	18	0,10	0,60	0,06	1,08			
6	Laschen	7	0,10	0,415	0,04	0,29	–	–	–
7	Gurtholz (12/10)	2	–	–	–	–	4,40	–	8,80
8	Kopfholz (12/10)	7	–	–	–	–	1,25	–	8,75
9	Längsholz (10/14)	2	–	–	–	–	4,40	–	8,80
10	Stahlstützen	8	Ankerdrähte		9	Ankerschlösser		18	–

Bild 1: Holz- und Stückliste für einen Stahlbetonsturz

4.2.5.4 Ausschalen und Pflege

Das Ausschalen geschieht in der Regel in umgekehrter Reihenfolge wie das Einschalen. Bauteile dürfen erst ausgeschalt werden, wenn der Beton ausreichend erhärtet ist. Dies ist dann der Fall, wenn die zum Zeitpunkt des Ausschalens auf das Bauteil einwirkenden Lasten aufgenommen werden können und sich keine unzulässigen Risse im Beton bilden. Als Nachweis können Erhärtungs- und Reifegradprüfungen vorgenommen werden. Den Ausschalzeitpunkt legt danach der Tragwerksplaner fest. Damit beim Ausschalen möglichst keine Schalungsteile zerstört oder beschädigt werden, ist es wichtig, bereits beim Einschalen den Ausschalvorgang mit einzuplanen. Nagelverbindungen müssen wieder gelöst und die Schalhaut von der Betonoberfläche abgenommen werden können. Zur Vermeidung unzulässiger Rissbildungen verbleiben Hilfsstützen unter dem Bauteil. Bei Balken bis 8 m Stützweite wird z.B. eine Hilfsstütze in der Mitte des Balkens angeordnet. Bei geringeren Stützweiten ist eine Hilfsstütze nicht erforderlich.

Da die meisten Schalungsteile aus wirtschaftlichen Gründen wieder verwendet werden, ist beim Ausschalen sorgfältig vorzugehen. Schalungsträger, Stützen und die Teile der Schalhaut dürfen beim Ausschalen nicht beschädigt werden. Betonreste und Nägel müssen entfernt werden.

Aufgaben

1 Erläutern Sie die Aufgaben der Schalung eines Stahlbetonsturzes.

2 Nennen Sie Werkstoffe, die sich zur Herstellung von Schalungen eignen.

3 Beschreiben Sie Möglichkeiten um die Verformung der Schalung durch Frischbetondruck zu verhindern.

4 Aus welchen Teilen besteht eine Stahlstütze?

5 Beschreiben Sie die erforderlichen Arbeitsschritte beim Ausschalen eines Betonsturzes.

6 Ermitteln Sie für einen Stahlbetonsturz $l/b/h$ = 4,26 m/0,36⁵ m/0,60 m und einer Auflagertiefe von 0,25 m den Bedarf an Schalbrettern in m² einschließlich 15% Verschnitt. Das Bodenschild ist beidseitig 30 cm breiter als der Betonsturz.

4.3 Lernfeld-Projekt: Stahlbetonsturz

Für eine Garage soll der Stahlbetonsturz über dem Garagentor hergestellt werden **(Bild 1)**.

Erstellen Sie die erforderlichen Planungsunterlagen (Massenermittlungen, Zeichnungen, Stücklisten) und beschreiben Sie die Arbeitschritte zur Herstellung des Sturzes.

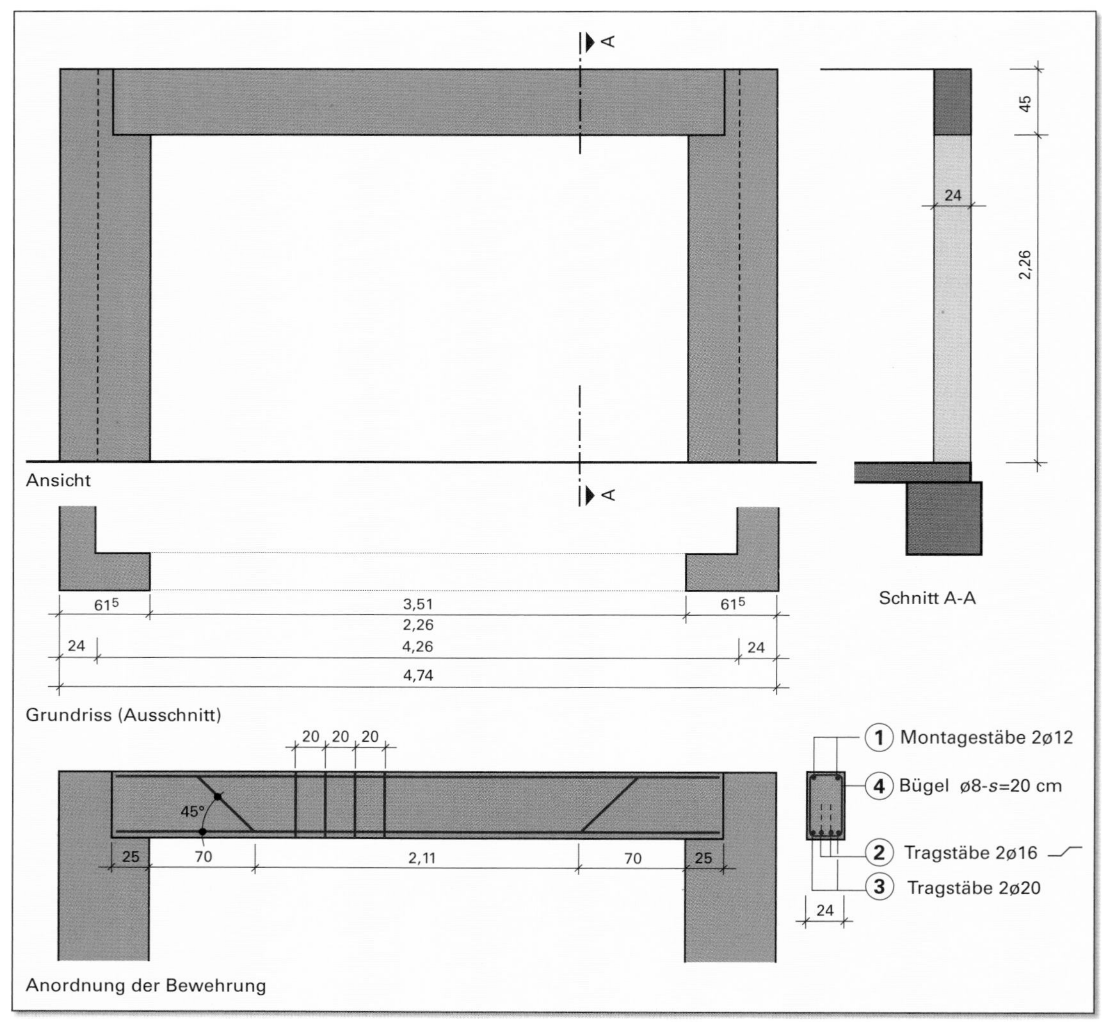

Bild 1: Stahlbetonsturz über dem Garagentor

Ausführungshinweise:

Schalung

Der Sturz soll in Stahlbeton ausgeführt werden. Die Schalung soll als Brettschalung (systemlose Schalung) hergestellt werden. Als Unterstützung sind Bockstützen vorgesehen.

Bewehrung

Die Lage der Bewehrung, die Stabdurchmesser, die Aufbiegestelle und die Abstände der Bügel sind nach statischen Berechnungen festgelegt (Bild 1).

Beton

Bei dem Sturz handelt es sich um ein Außenbauteil, das dem Regen ausgesetzt ist.

Als Beton soll Transportbeton verwendet werden.

4.3.1 Anfertigen eines Schalplanes

Zur Herstellung des Stahlbetonsturzes wird der Schalplan gezeichnet. Er zeigt in Ansicht und Schnitt die Abmessungen des einzuschalenden Bauteils **(Bild 1)**.

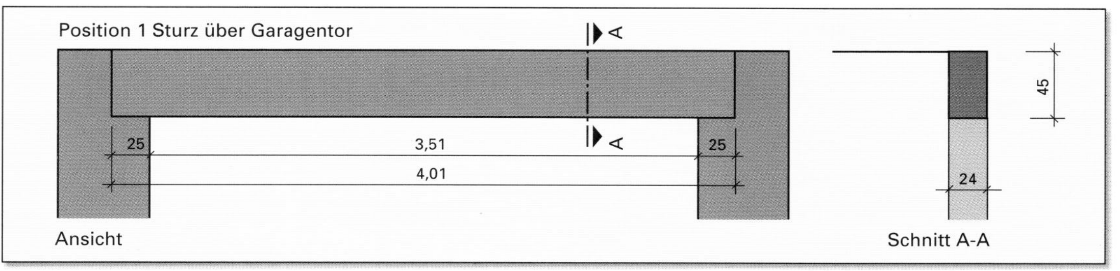

Bild 1: Schalplan

4.3.2 Planen der Schalung

Gewählt wird eine systemlose Schalung, weil die Schalung für dieses einzelne Bauteil nicht wieder verwendet wird. Als Unterstützung dienen Bockstützen, die Verspannung erfolgt mit Schalungsankern und Drängebrettern **(Bild 2)**.

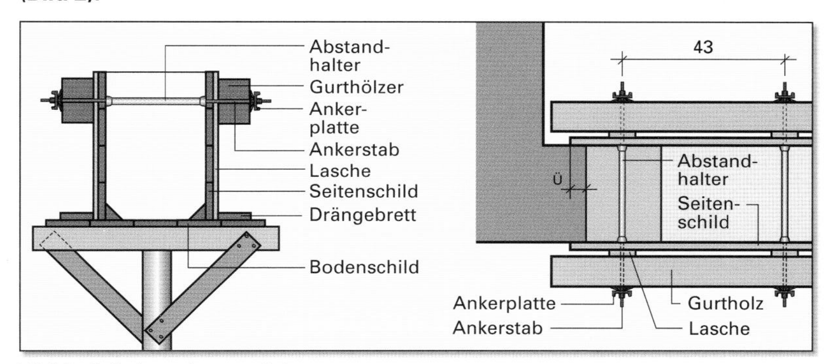

Bild 2: Schalungskonstruktion

Arbeitsschritte

Schalungsart festlegen

Art der Unterstützung und der Verspannung festlegen (Bild 2)

Konstruktion des Bodenschildes und der Seitenschilder festlegen (Bild 2)

4.3.3 Berechnungen der Abmessungen der Schalungsschilder

Länge l des Bodenschildes

Die Länge l des Bodenschildes entspricht der lichten Öffnung des Garagentores von 3,51 m.

Breite b des Bodenschildes

Weil die Seitenschilder auf dem Bodenschild aufliegen sollen, muss dieses breiter sein als die Wanddicke d. Aus der Wanddicke d sowie der Dicke der Seitenschilder d_S (einschließlich der Laschendicke d_L) und der Breite der Drängebretter b_D kann die Mindestbreite b_{min} des Bodenschildes berechnet werden.

$b_{min} = d + 2 \cdot (d_S + b_D)$
$b_{min} = 0{,}24 \text{ m} + 2 \cdot (0{,}05 \text{ m} + 0{,}14 \text{ m})$
$\mathbf{b_{min} = 0{,}62 \text{ m}}$

Höhe h der Seitenschilder

Die Seitenschilder werden auf das Bodenschild aufgestellt. Darum beträgt die Höhe h = 0,45 m.

Länge l der Seitenschilder

Am Auflager dürfen die Seitenschilder nicht zu weit über das Mauerwerk geführt werden, da sie sich beim Verspannen sonst vom Mauerwerk abheben würden. Ein Maß $l_ü$ von 2,5 cm ist ausreichend (Bild 2). Daraus ergibt sich die Länge l der Seitenschilder.

$l = l_s + 2 \cdot l_ü$
$l = 4{,}01 \text{ m} + 2 \cdot 0{,}025 \text{ m}$
$\mathbf{l = 4{,}06 \text{ m}}$

Arbeitsschritte

Länge l des Bodenschildes festlegen

Breite b des Bodenschildes berechnen

Höhe h der Seitenschilder festlegen

Überstand der Seitenschilder $l_ü$ festlegen (Bild 2)

Länge l der Seitenschilder berechnen

4.3.4 Anfertigen der Schalungszeichnung

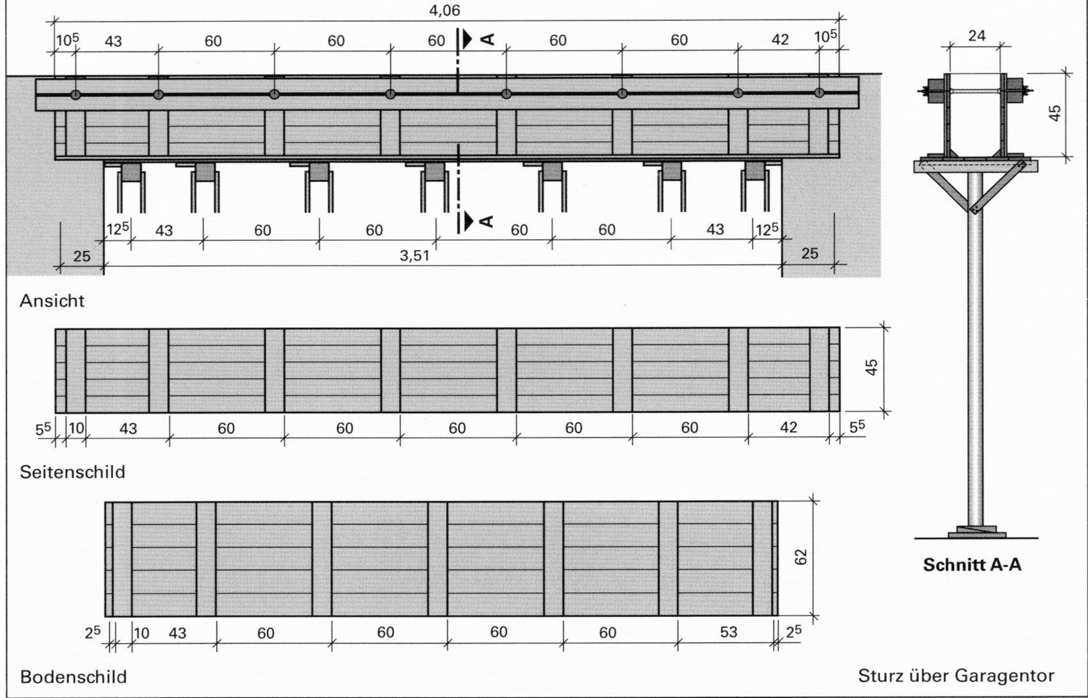

Bild 1: Schalungszeichnung

Mit den ermittelten Maßen kann die Schalungszeichnung angefertigt werden **(Bild 1)**.

4.3.5 Erstellen der Holz- und Stückliste

Holz- und Stückliste zum Stahlbetonsturz über dem Garagentor									
Nr.	Schalungsteil	Anzahl	Schalungsbretter				Kanthölzer 12/10		
			Breite m	Länge m	Teilfläche m²	Gesamtfläche m²	Länge m	Teillänge m	Gesamtlänge m
1	Seitentafel	2	0,45	4,06	1,83	3,65	–	–	–
2	Bodentafel	1	0,62	3,51	2,18	2,18	–	–	–
3	Drängebretter	2	0,12	4,06	0,49	0,98	–	–	–
4	Beibrett	2	0,12	4,25	0,51	1,02	–	–	–
5	Gurtholz (12/10)	4	–	–	–	–	4,25	–	17,00
8 Anker; 7 Bockstützen ∅ 10; 7 Kopfhölzer 10/12, 1,25 m lang; 14 Laschen, 75 cm lang; 14 Keile; 7 Unterlegbretter									

4.3.6 Berechnen der Schalfläche

$A = 2 \cdot 4{,}01\ \text{m} \cdot 0{,}45\ \text{m} + 0{,}24\ \text{m} \cdot 3{,}51\ \text{m}$

$\boldsymbol{A} = \mathbf{4{,}45\ m^2}$

Die einzuschalende Fläche beträgt 4,45 m².

Arbeitsschritte

Holz- und Stückliste anfertigen

Aus der Holz- und Stückliste ermittelt man den Bedarf an Schalungsteilen, z. B. die Menge der Schalbretter, der Kanthölzer und der Bockstützen. Auch Schalungsteile, wie z. B. Schalungsanker und Keile, müssen aufgelistet werden.

Außerdem ist der Verschnitt zu berücksichtigen, der je nach einzuschalendem Bauteil unterschiedlich groß ausfallen kann.

Größe der Schalfläche ermitteln

4.3.7 Anfertigen der Bewehrungszeichnung

Die Bewehrungszeichnung erfolgt auf der Grundlage der Angaben des Statikers **(Bild 1)**.

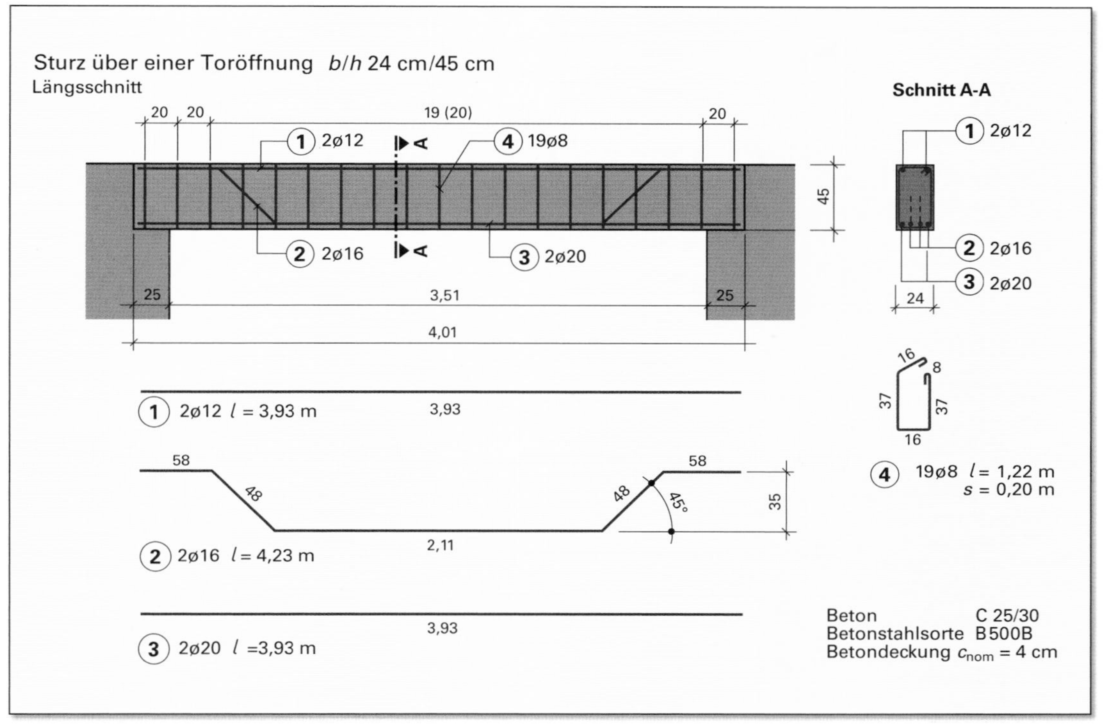

Bild 1: Bewehrungszeichnung

4.3.8 Berechnen der Schnittlängen und Anfertigen der Gewichtsliste

Die **Schnittlängen** der geraden Stäbe, der aufgebogenen Stäbe und der Stäbe für die Bügel werden entsprechend den Positionsnummern der Bewehrungszeichnung ermittelt.

Betondeckung c_{nom}

c_{nom} = 25 mm + 15 mm
c_{nom} = **40 mm**

Pos. 1/Pos. 3 (gerader Stab)

l = 3,51 m + 2 · 0,21 m
l = **3,93 m**

Pos. 2 (aufgebogener Stab)

Aufbiegehöhe h
h = 45 cm – 2 · (4 cm + 0,8 cm)
h = 35,4 cm **$h \approx$ 35 cm**

Schräge Länge l_s
l_s = (35 cm – 1,6 cm) · 1,414
l_s = 47,79 cm **$l_s \approx$ 48 cm**

Grundmaß a
$a = h - d_s$
a = 35 cm – 1,6 cm
a = 33,4 cm **Gewählt: a = 33 cm**

Länge der Stabenden l_2
l_2 = (3,93 m – 2,11 m – 2 · 0,33 m) : 2
l_2 = **0,58 m**

Schnittänge l
l = 2 · (0,48 m + 0,58 m) + 2,11 m
l = **4,23 m**

Pos. 4 (Bügel)

Bügelbreite b
b = 24 cm – 2 · 4 cm
b = **16 cm**

Bügelhöhe h
h = 45 cm – 2 · 4 cm
h = **37 cm**

Hakenlänge = 10 · 0,008 m
Hakenlänge = 0,08 m

Schnittänge l
l = 2 · (0,37 m + 0,16 m + 0,08 m)
l = **1,22 m**

Arbeitsschritte

- Betondeckung ermitteln
- Schnittlängen der Stäbe errechnen
- Schnittlängen der gerade Stäbe (Pos. 1/Pos. 3) (Verankerungslänge = 16 cm)
- Schnittlängen der aufgebogenen Stäbe (Pos. 2)
- Schnittlänge der Bügel (Pos. 4)
- Der Zuschlag für die Hakenlänge beträgt $10 \cdot d_s$

Die **Gewichtsliste** kann auf der Grundlage der Bewehrungszeichnung und der Schnittlängenermittlung erstellt werden **(Bild 1)**.

Betonstahl-Gewichtsliste zum Stahlbetonsturz über dem Garagentor

Pos. Nr.	Anzahl	d_s mm	Einzel-länge m	Gesamt-länge m	Gewichtsermittlung in kg für Stabdurchmesser in mm mit kg/m			
					$d_s = 8$ 0,395	$d_s = 12$ 0,888	$d_s = 16$ 1,580	$d_s = 20$ 2,110
1	2	12	3,93	7,86		6,80		
2	2	16	4,23	8,46	–	–	13,367	–
3	2	20	3,93	7,86	–	–	–	16,585
4	19	8	1,22	23,18	9,156	–	–	–
Gewicht je Durchmesser in kg					9,156	6,80	13,367	16,585
Gesamtgewicht in kg					46,088			

Bild 1: Betonstahl-Gewichtsliste

Arbeitsschritte

Betonstahlgewichtsliste mit Gewicht je Durchmesser und Gesamtgewicht erstellen

4.3.9 Arbeitsschritte zum Herstellen von Schalung und Bewehrung

Die **Bewehrungsstäbe** werden entsprechend der Bewehrungszeichnung ausgewählt und auf die jeweilige Länge geschnitten und gebogen. Beim Aufbiegen der Stäbe und beim Biegen der Bügel ist ein geeigneter Biegerollendurchmesser zu ermitteln.

Ermittlung des Biegerollendurchmessers D_{min} für die aufgebogenen Stäbe

Stabdurchmesser d_s = 16 mm

seitliche Betondeckung **(Bild 2)**

c_{quer} = 92 mm < 100 mm < 7 d_s

aber > 50 mm > 3 d_s, deshalb

gewählter Mindestwert D_{min}

$D_{min} = 15 \cdot d_s$

$D_{min} = 15 \cdot 16$ mm

D_{min} = 240 mm

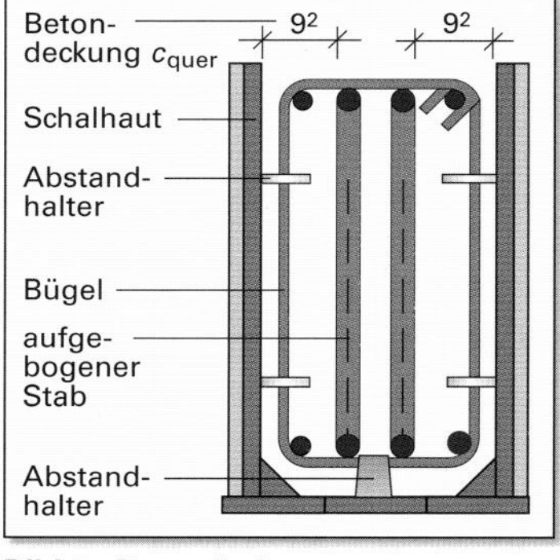

Bild 2: Betondeckung c_{quer}

Auf Montageböcken wird der Bewehrungskorb zusammengebaut. Dazu werden die Lage der Bewehrungsstäbe und der Abstand der Bügel der Bewehrungszeichnung entnommen.

Vor dem **Aufstellen der Schalung** wird deren Höhenlage eingemessen. Diese entnimmt man der Werkzeichnung und überträgt das Höhenmaß z. B. mit einer Schlauchwaage oder dem Gliedermaßstab auf das Mauerwerk. Nach dem Aufstellen der Endstützen in den Öffnungsleibungen kann das Bodenschild aufgelegt werden. Danach werden die restlichen Bockstützen aufgestellt und durch Verschwertung gegen Umkippen gesichert. Die Seitenschilder werden auf dem Bodenschild befestigt und durch Aufnageln der Drängebretter und Laschen in ihrer Lage gehalten.

Nach dem Einbau der Dreikantleisten wird durch Antreiben der Keile die Schalung auf ihre endgültige Höhe gebracht. Mit der Wasserwaage und dem Richtscheit muss anschließend ihre Lage kontrolliert werden.

Vor dem Einbau der Bewehrung entfernt man die Schalungsreste und die Schalhaut wird durch Auftragen von Schalöl vorbehandelt.

Arbeitsschritte

Bewehrungsstäbe und Bügel ablängen und biegen

Biegerollendurchmesser ermitteln

Bewehrungskorb zusammenbauen

Sturzhöhe anreißen

Bodenschilder und Unterstützung einbauen

Seitenschilder aufstellen

Dreikantleisten einbauen

Lage der Schalung überprüfen

Schalungsreste aus der Schalung entfernen

Schalung mit Schalöl vorbehandeln

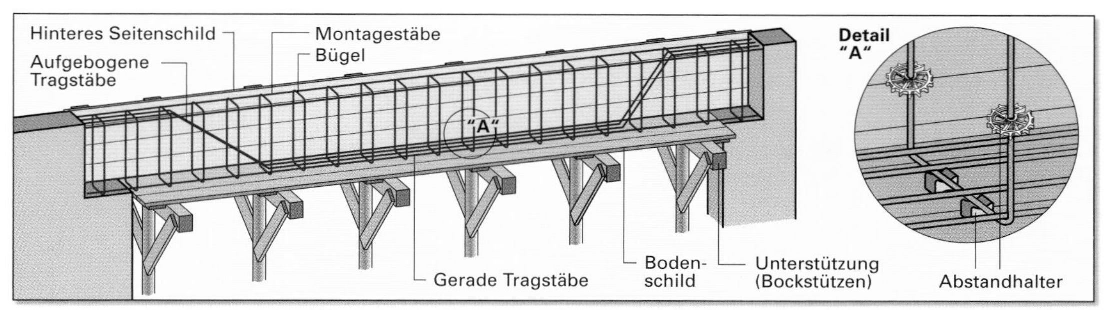

Bild 1: Lage der Bewehrung

Nach den vorbereitenden Maßnahmen kann der Bewehrungskorb eingebaut werden **(Bild 1)**. Abstandhalter sichern die geforderte Betondeckung (Bild 1). Diese ist im Bewehrungsplan mit 40 mm festgelegt.

Der Bewehrungskorb kann sich beim Transport verformen, deshalb sind nach dem Einbau die Lage der Bewehrungsstäbe, die Abstände und Lage der Bügel und die Festigkeit der Verknüpfung (Knoten) zu überprüfen.

Nach dem Einbau der Bewehrung erfolgt die Verspannung der seitlichen Schalungsschilder durch Verankerung.

Arbeitsschritte

Bewehrungskorb einbauen und Abstandhalter einlegen

Lage der Bewehrung und Festigkeit der Verknüpfungen kontrollieren

4.3.10 Planen der Betonbestellung

Festlegen des Betons

Bei dem Betonsturz handelt es sich um ein Außenbauteil, das dem Regen ausgesetzt ist. Gefordert wird ein Normalbeton mit der Expositionsklasse XC4 der Festigkeitsklasse C25/30, mit einem Mindestzementgehalt von 280 kg/m³ und einem Wasserzementwert von 0,60.

Ermittlung der Betonmenge

Der Sturz hat eine Länge l von 4,01 m. Seine Breite b entspricht der Breite des Mauerwerks von 0,24 m. Die Höhe h beträgt 0,45 m.

Betonmenge

$V = 4{,}01\ \text{m} \cdot 0{,}24\ \text{m} \cdot 0{,}45\ \text{m}$

$\boldsymbol{V = 0{,}433\ \text{m}^3}$

Bestellmenge:
0,500 m³ Beton C25/30.

Arbeitsschritte

Beton festlegen

Betonmenge ermitteln

4.3.11 Betonieren des Sturzes

Übernahme des gelieferten Betons

Vor dem Einbau des gelieferten Betons ist der Lieferschein zu überprüfen und die Konformität durch Augenschein festzustellen. Ist die Herstellung von Probekörpern erforderlich, müssen Betonproben entnommen werden.

Fördern, Einbauen und Verdichten

Der gelieferte Beton wird mit dem Krankübel gefördert, lagenweise eingebracht und mit dem Innenrüttler verdichtet. Die Unterstützung und Verspannung der Schalung muss während des Betonierens überprüft werden. Nach dem Einbringen des Betons wird die Oberseite des Betons abgezogen, sodass eine glatte Oberfläche entsteht. Da es sich bei dem Betonsturz um ein kleinflächiges Bauteil handelt, reicht ein Belassen in der Schalung 2 Tage über den Ausschalzeitpunkt hinaus.

Ausschalen

Nach Abschluss der Nachbehandlungsmaßnahme kann der Betonsturz ausgeschalt werden. Dazu werden die Seitenschilder entfernt. Das Bodenschild und die Bockstützen können durch Lösen der Keile vom Betonsturz getrennt werden. Die Schalungsteile werden entnagelt und gereinigt und stehen so einer Wiederverwendung zur Verfügung.

Arbeitsschritte

Gelieferten Beton kontrollieren

Geeignete Förder- und Verdichtungsart auswählen

Betoniervorgang kontrollieren

Geeignete Nachbehandlungsmaßnahmen auswählen

Ausschalen, Schalung entnageln und reinigen

4.4 Lernfeld-Aufgaben

4.4.1 Sturz über einem Garagentor

Über dem Garagentor soll der Sturz gefertigt werden **(Bild 1)**. Erstellen Sie die Planungsunterlagen mit den notwendigen Berechnungen und Stücklisten und beschreiben Sie die Arbeitsschritte zur Herstellung des Sturzes.

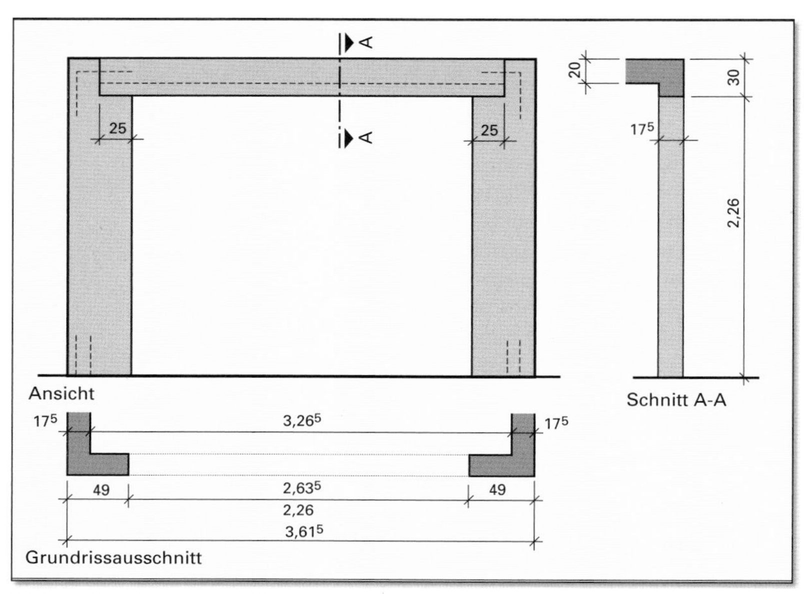

Bild 1: Sturz über einem Garagentor

Ausführungshinweise

Schalung
Brettschalung, Kanthölzer, Stahlstützen, Schalungsanker

Bewehrung
Gerade Tragstäbe: 2 ∅ 16 mm
Aufgeb. Tragstäbe: 2 ∅ 14 mm
Aufbiegung: 45°, 0,45 m vom Auflager entfernt
Montagestäbe: 2 ∅ 12 mm
Bügel: ∅ 8 mm, $s = 0{,}20$ m

Beton
Zu verwenden ist Transportbeton.

4.4.2 Sturz über einer Fensteröffnung

Für ein Mehrfamilienhaus soll der Sturz über einer Fensteröffnung gefertigt werden **(Bild 2)**. Erstellen Sie alle Planungsunterlagen und erläutern Sie die Herstellung des Sturzes durch Arbeitsanweisungen.

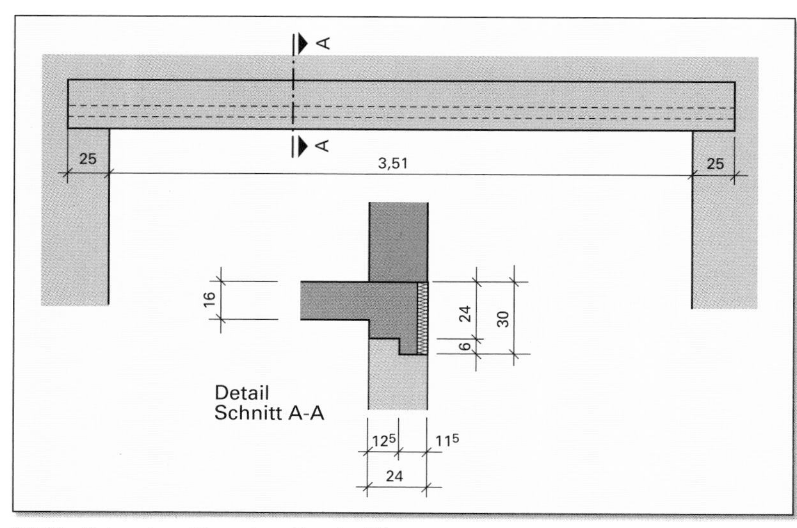

Bild 2: Betonsturz über einer Fensteröffnung

Ausführungshinweise

Schalung
Brettschalung, Vollwandträger, Stahlstützen, Schalungsanker, Dämmung HWL 25

Bewehrung
Gerade Tragstäbe: 2 ∅ 16 mm
Aufgeb. Tragstäbe: 2 ∅ 14 mm
Aufbiegung: 45°, 0,62 m vom Auflager entfernt
Montagestäbe: 2 ∅ 12 mm
Bügel: ∅ 8 mm, $s = 0{,}20$ m

Beton
Zu verwenden ist Transportbeton.

5 Herstellen einer Holzkonstruktion

5.1 Lernfeld-Einführung

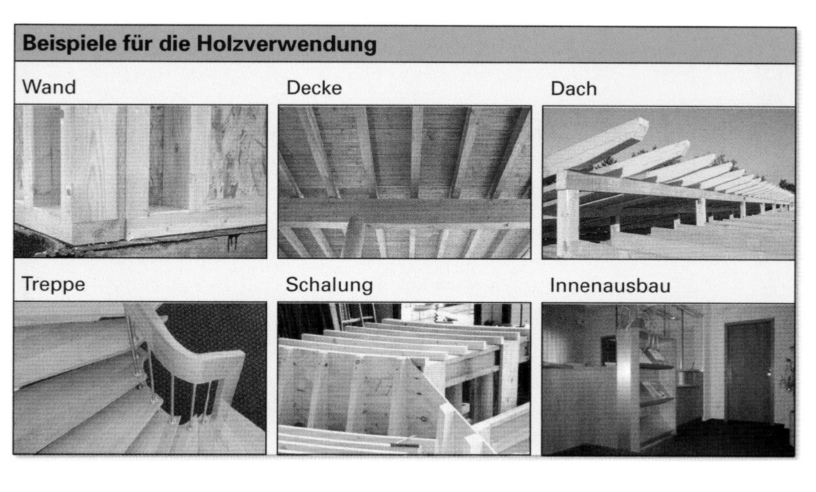

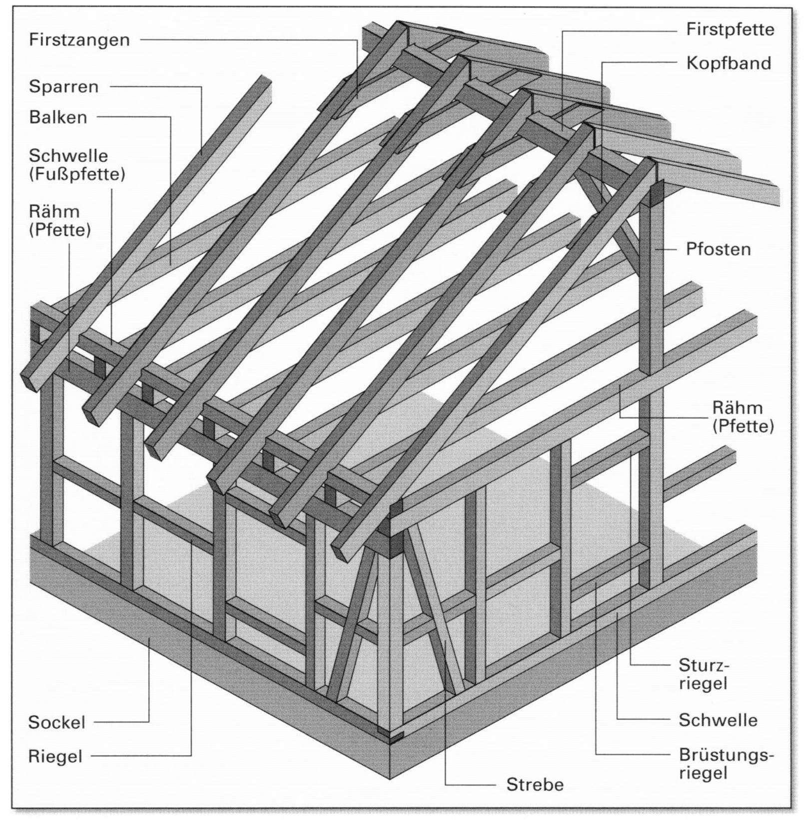

Bild 1: Gebäude mit Fachwerkwänden, einer Balkenlage als Decke und einer Dachkonstruktion aus Holz

Erforderliche Kenntnisse

- Wirtschaftliche und ökologische Gründe der Holzverwendung
- Wachstum und Aufbau des Holzes
- Laub- und Nadelhölzer
- Holzeigenschaften
- Holzfeuchte und Arbeiten des Holzes
- Holzschädlinge
- konstruktiver und chemischer Holzschutz
- Bauschnittholz
- Holzverbindungen
- Holzverbindungsmittel
- Kräfteverlauf, Knotenpunkte
- Messen, Anreißen von Schnittholz
- Holzbearbeitung mit Werkzeugen und Maschinen
- Materialbedarf, Holzliste, Verschnitt
- Entwurfs- und Fertigungszeichnungen

5.2 Lernfeld-Kenntnisse

Bild 1: Bedeutung des Waldes

Bild 2: Lawinenverbau als „Ersatz" für fehlenden Bergwald

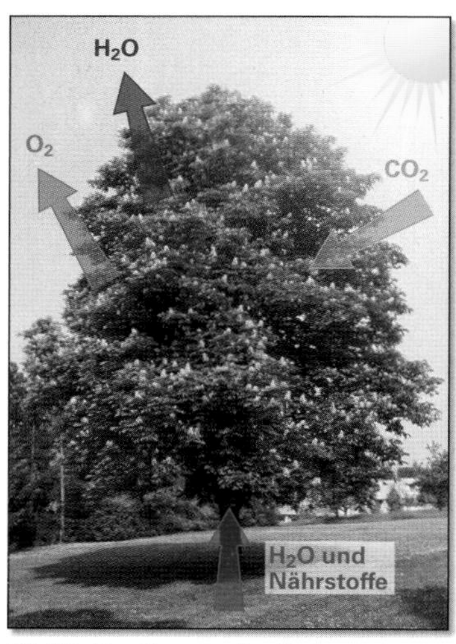

Bild 3: Ernährung des Baumes

5.2.1 Wirtschaftliche und ökologische Bedeutung des Holzbaus

Mit dem Baustoff Holz können Bauteile wirtschaftlich erstellt werden. Außerdem wird bei der Herstellung, Verarbeitung und Entsorgung von Holz vergleichsweise wenig Energie verbraucht. Da Holz ein verhältnismäßig geringes Gewicht hat und fast überall verfügbar ist, bleibt auch der **Energieverbrauch** beim Transport **gering.** Durch die Weiterverarbeitung von Restholz zu Holzwerkstoffen wird Abfall weitgehend vermieden.

Der Einsatz von Holz im Bauwesen ist aus der Sicht des **Umweltschutzes** auch deshalb sinnvoll, weil Holz ein **nachwachsender Rohstoff** ist und dadurch auf andere Rohstoffe, deren Vorrat begrenzt ist, verzichtet werden kann.

Die Erhaltung und Pflege des Waldes hat nicht nur wirtschaftliche Bedeutung, sondern ist auch ökologisch notwendig. Wälder wirken daran mit, den Lebensraum für Menschen, Tiere und Pflanzen zu erhalten und leisten damit einen wichtigen Beitrag zum Schutz der Umwelt. Neben der **Nutz- und Schutzfunktion** dient der Wald auch als Erholungsraum für den Menschen **(Bild 1).**

Wälder sind zur Erhaltung des ökologischen Gleichgewichtes erforderlich, da sie zur **Reinhaltung der Luft** und zur **Verbesserung des Klimas** sowie zum **Schutz der Landschaft** maßgeblich beitragen.

- Bäume binden Kohlenstoff durch Aufnahme von CO_2 und Abgabe von Sauerstoff an die Luft. Der CO_2-Anteil der Atmosphäre und damit der Treibhauseffekt wird verringert.
- Der Wald bindet Ruß- und Staubteilchen.
- Der Oberboden wird vor Abtragung durch Naturkräfte (Erosion) geschützt und damit eine Verkarstung verhindert.
- Die Entstehung von Schnee- und Geröllawinen wird eingeschränkt **(Bild 2).**
- Wald hält die Bodenfeuchtigkeit lange und gibt das Wasser nur langsam ab. Das bewirkt ein ausgeglichenes Klima und vermeidet das Absinken des Grundwasserspiegels.
- Die Gefahr von Überschwemmungen, insbesondere bei der Schneeschmelze, wird eingeschränkt.

5.2.2 Wachstum und Aufbau des Holzes

Der Baum bildet seine zum Wachstum notwendigen Aufbaustoffe selbst. Dazu nimmt er durch Spaltöffnungen an der Unterseite der Blätter Kohlenstoffdioxid auf. Außerdem entnimmt er dem Boden durch die Saugkraft der Wurzeln Wasser und leitet es bis in die Blätter. Der Wassertransport erfolgt durch den Sog, der durch die Verdunstung des Wassers in den Blättern entsteht und durch Diffusion und Kapillarwirkung unterstützt wird. Das Wasser enthält Nährsalze und Spurenelemente, wie z. B. Stickstoff, Phosphor, Kalium, Calcium, Magnesium und Eisen, die zum Aufbau organischer Stoffe und zum Wachstum des Baumes erforderlich sind **(Bild 3).**

Der Baum wandelt mit Hilfe des Blattgrüns (Chlorophyll) und des Sonnenlichtes Wasser und Kohlenstoffdioxid in Zucker und Stärke um und gibt dabei Sauerstoff ab. Zusammen mit den Nährsalzen werden daraus Zellulose und andere organische Stoffe wie Lignin, Harze und Fette gebildet. Die chemische Umwandlung der aufgenommenen Stoffe in organische Stoffe nennt man **Assimilation** bzw. **Photosynthese;** dabei ist Sonnenenergie erforderlich.

Das Wachstum der Bäume beginnt in unseren Breitengraden im Frühjahr und dauert bis zum Spätsommer und Herbst. Während der Wintermonate ruht das Wachstum. Der Holzzuwachs beim **Dickenwachstum** erfolgt im **Kambium (Bild 1)**. Diese dünne Wachstumsschicht umschließt die Holzteile des Baumes und bildet nach innen Holzzellen und nach außen Bastzellen.

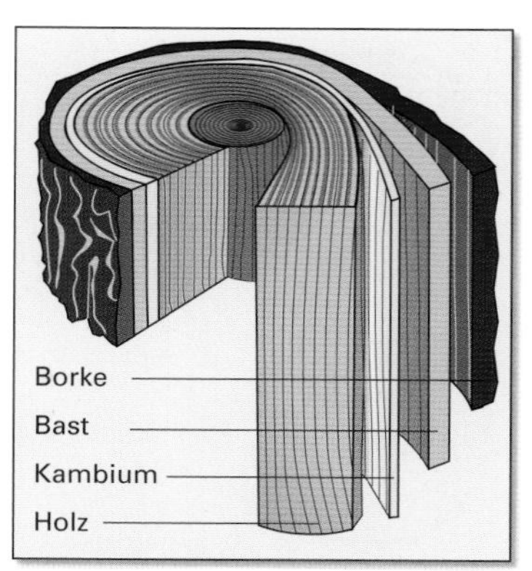

Bild 1: Dickenwachstum

Die Holzmasse der **Nadelhölzer** besteht vor allem aus den **Tracheiden**. Diese Zellen, die nur bei Nadelhölzern vorkommen, geben dem Holz die Festigkeit und übernehmen die Saftleitung aufwärts. Sie sind langgestreckt und bilden etwa 95% der Holzmasse. Die Nähr- und Wuchsstoffe werden in vorwiegend quer zur Faserrichtung angeordneten **Speicherzellen** abgelagert, die gebündelt bei manchen Laubhölzern als Holzstrahlen erkennbar sind.

Laubhölzer haben neben **Stütz-** und **Speicherzellen** spezielle langgestreckte **Leitzellen,** die den Saft leiten und auch als Tracheen, Gefäße oder Poren bezeichnet werden. Die Größe und Verteilung dieser Leitzellen haben auf die Holzstruktur einen großen Einfluss. Man unterscheidet deshalb grobporige und feinporige sowie ringporige und zerstreutporige Hölzer **(Bild 2)**. Feinporige Hölzer sind z. B. die Rotbuche und die Hainbuche, zu den grobporigen Hölzern zählen beispielsweise die Eiche und die Esche.

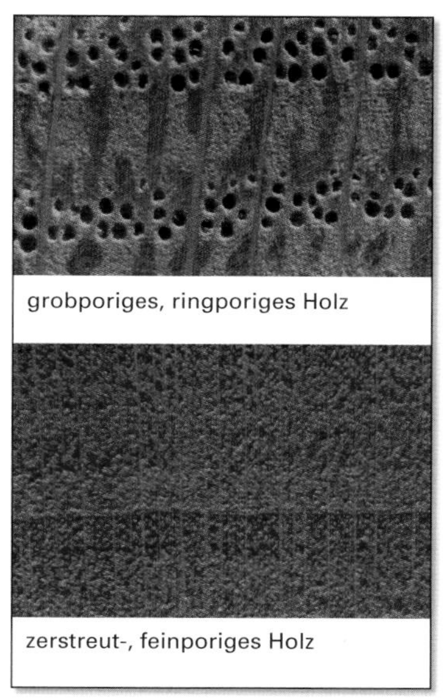

Bild 2: Poren im Laubholz

Im **Bast** werden in Siebzellen bzw. Siebröhren die Aufbaustoffe abwärts zu den Wachstumszonen und in die Speicherzellen von Ästen, Stamm und Wurzeln geleitet. Die Bastschicht bildet nach außen die **Rinde,** deren abgestorbene Teile als Borke bezeichnet werden (Bild 1).

Die beim Dickenwachstum gebildeten Holzzellen umschließen ringförmig die abgestorbene Markröhre, aus der sich der Baum entwickelt hat. Die im Frühjahr und Frühsommer entstandenen Holzzellen sind weiträumig, dünnwandig und von heller Farbe (Frühholz). Das Holz ist deshalb weich und leicht. Die im Spätsommer gebildeten Zellen sind dickwandig, engräumig und von dunkler Farbe (Spätholz). Das Spätholz ist deshalb entsprechend härter und schwerer als das Frühholz. Das gesamte Dickenwachstum eines Jahres ergibt sich aus dem **Frühholz** und dem **Spätholz** und wird als **Jahrring** bezeichnet. An der Zahl der Jahrringe lässt sich das Alter eines Baumes bestimmen, wenn diese am Stammquerschnitt dicht über dem Boden gezählt werden **(Bild 3)**.

Das Holz der äußeren Jahrringe ermöglicht die Saft- bzw. Wasserführung des Baumes und wird als **Splintholz** bezeichnet. Bei einer großen Zahl von Baumarten tritt mit zunehmendem Alter eine Verkernung des Holzes ein. Die älteren inneren Jahrringe stellen die Saftführung ein und werden mit Ablagerungsstoffen, wie z. B. Gerb- und Farbstoff, Harz, Wachs und Fett gefüllt. Diese dunklen inneren Holzschichten nennt man **Kernholz**. Kernholz ist **schwerer, fester** und **dauerhafter** als Splintholz und arbeitet weniger.

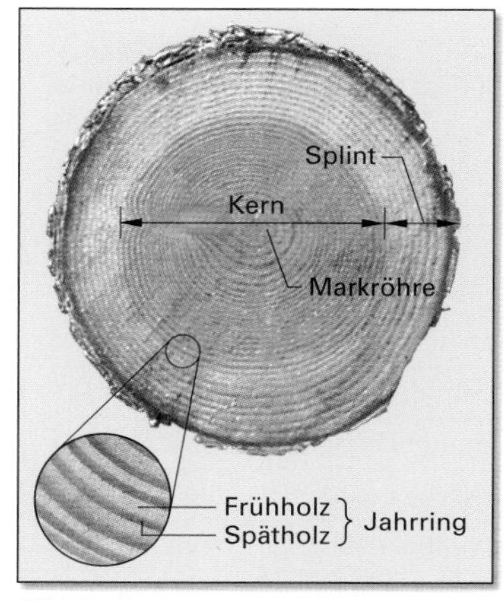

Bild 3: Stammquerschnitt mit Jahrringen

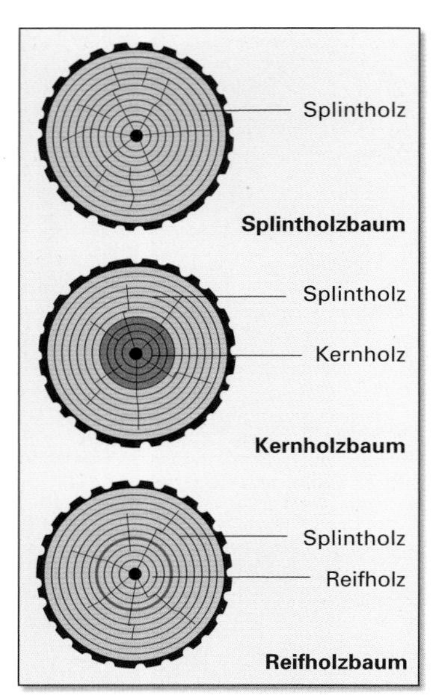

Bild 1: Splintholzanteil von Bäumen

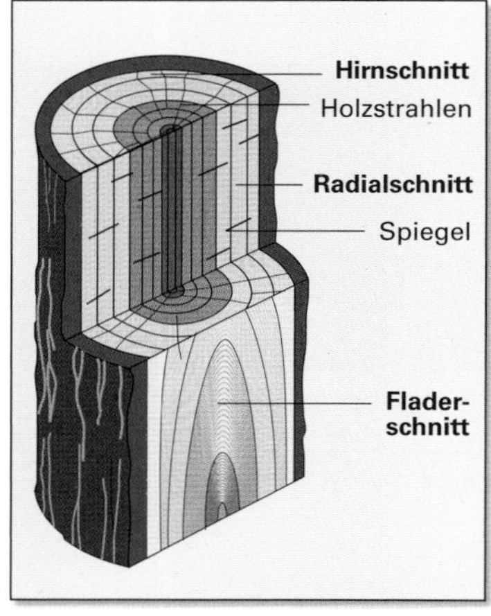

Bild 2: Schnittebenen bei Vollholz

Tabelle 1: Dauerhaftigkeit verschiedener Holzarten

Dauerhaftigkeit	Holzarten
sehr dauerhaft	Robinie, Teak
dauerhaft	Eiche, Eibe
mäßig dauerhaft	Lärche, Kiefer
wenig dauerhaft	Tanne, Fichte
nicht dauerhaft	Birke, Pappel, Buche, Esche

Bäume, die neben dem Splintholz auch Kernholz (Farbkernholz) aufweisen, bezeichnet man als **Kernholzbäume.** Zu den Kernholzbäumen zählen z.B. Kiefer, Lärche und Eiche **(Bild 1).**

Bei manchen Baumarten geht das Splintholz vom Mark bis zum Kambium durch. Zu diesen gleichmäßig harten **Splintholzbäumen** gehören z.B. Weißbuche, Linde, Birke und Ahorn.

Bei anderen Baumarten tritt zwar eine Verkernung aber keine deutliche Farbveränderung ein. Diese Bäume, z.B. Fichte, Tanne und Rotbuche, bezeichnet man als **Reifholzbäume.**

Wird ein Baumstamm in verschiedene Richtungen geschnitten, zeigt sich deutlich der Aufbau des Holzes **(Bild 2).** Man unterscheidet:

- **Quer- oder Hirnschnitt**
  Mark, Jahrringe, Bast und Rinde sind ringförmig sichtbar. Eventuell sind Kern- und Splintholz, Holzstrahlen (Markstrahlen) und Poren erkennbar.
- **Radial- oder Spiegelschnitt**
  Jahrringe ergeben parallele Streifen. Manchmal sind durch angeschnittene Holzstrahlen „Spiegel" sichtbar.
- **Sehnen- oder Fladerschnitt**
  Wegen der Verjüngung des Stammes entsteht eine parabelförmige Zeichnung, die Fladerung genannt wird.

Sind in den Schnitten, bedingt durch üppiges Wachstum, breite Jahrringe zu sehen, spricht man von **grobjährigem** Holz. Schmale Jahrringe ergeben **feinjähriges** Holz. Feinjähriges Holz ist besonders wertvoll, da es wenig arbeitet und sich beim Schwinden kaum verformt.

5.2.3 Eigenschaften des Holzes

Der Naturbaustoff Holz ist vielseitig verwendbar. Dabei sind jedoch die sehr unterschiedlichen Eigenschaften des Holzes zu beachten.

Bei der Holzauswahl müssen je nach Verwendungszweck insbesondere technische Eigenschaften wie Dauerhaftigkeit, Rohdichte, Härte, Festigkeit und das „Arbeiten des Holzes" berücksichtigt werden. Diese Eigenschaften sind hauptsächlich von den Wuchsbedingungen und der Holzart abhängig.

Zur Unterscheidung der Holzarten dienen insbesondere Farbe, Holzstruktur, Maserung und Geruch.

5.2.3.1 Dauerhaftigkeit

Werkgerecht verarbeitetes Holz ist sehr dauerhaft. Bei häufigem Wechsel von Feuchtigkeit und Trockenheit wird die Dauerhaftigkeit allerdings wesentlich herabgesetzt. Dagegen hat Holz, das unter Wasser verbaut wird, eine lange Lebensdauer.

Grundsätzlich ist Kernholz dauerhafter als Splintholz, da für die Dauerhaftigkeit vorrangig die Inhaltsstoffe maßgebend sind, die im Kernholz vorhanden sind. Die Dauerhaftigkeit des Holzes wird hauptsächlich durch Pilze und Insekten eingeschränkt und ist je nach Holzart sehr unterschiedlich **(Tabelle 1).**

5.2.3.2 Rohdichte

Unter der **Rohdichte** des Holzes versteht man die Dichte des Holzes einschließlich seiner Zellhohlräume. Diese ist von der Holzart und dem jeweiligen Feuchtegehalt des Holzes abhängig. Im Allgemeinen werden die Werte der Rohdichte von lufttrockenem Holz angegeben **(Tabelle 1)**.

Die Rohdichte wirkt sich auf weitere Eigenschaften des Holzes, z.B. Festigkeit, Härte und Bearbeitbarkeit, aus.

Tabelle 1: Rohdichte verschiedener Holzarten

Holzart	kg/dm³
Fichte, Tanne	0,47
Kiefer	0,52
Lärche	0,59
Esche	0,69
Eiche	0,67
Rotbuche	0,69
Weißbuche	0,77

5.2.3.3 Härte

Die Härte beschreibt den Widerstand, den das Holz dem Eindringen eines anderen Körpers, z.B. einer Werkzeugschneide, entgegensetzt. Bearbeitbarkeit und Abrieb sind demnach von der Härte abhängig.

Holz ist umso härter, je größer die Rohdichte und je kleiner sein Feuchtegehalt ist. Langsam gewachsenes Holz mit dickwandigen Zellen ist in der Regel härter als schnell gewachsenes Holz. Splintholz ist weicher als Kernholz.

In der Praxis wird zwischen Harthölzern und Weichhölzern unterschieden **(Tabelle 2)**.

Tabelle 2: Härte verschiedener Holzarten

Weichhölzer		Harthölzer	
sehr weich	weich	hart	sehr hart
Pappel Linde Balsa	Fichte Tanne Kiefer Lärche	Ahorn Eiche Esche Rotbuche	Weißbuche

5.2.3.4 Festigkeit

Unter Festigkeit des Holzes versteht man seinen Widerstand gegen Verformung durch äußere Einwirkungen. Die Festigkeit des Holzes nimmt, wie die Härte, in der Regel mit steigender Rohdichte zu und mit zunehmender Holzfeuchte ab. Unregelmäßiger Wuchs, Astigkeit und Risse mindern die Festigkeit des Holzes.

Je nach Belastungsart unterscheidet man insbesondere Druck- und Zugfestigkeit längs und quer zur Faser sowie Biege- und Schub- bzw. Scherfestigkeit. Beginnt bei einer dieser Beanspruchungen eine Zerstörung des Holzgefüges, ist die Festigkeitsgrenze überschritten. In der Produktnorm DIN EN 338 sind hierfür **charakteristische Festigkeitskennwerte** angegeben. Sie berücksichtigen die Qualität des Holzes, gemäß den Sortierklassen nach DIN 4074 (Seite 185).

Um die Tragfähigkeit und Gebrauchstauglichkeit von Bauteilen aus Holz zu gewährleisten, werden nach DIN EN 1995-1-1 charakteristische Festigkeitskennwerte durch Division mit Teilsicherheitsbeiwerten abgemindert. Zusätzlich werden bei der Ermittlung der **Bemessungswerte** die Lasteinwirkungsdauer und die Klimabedingungen, d.h. die Nutzungsklassen berücksichtigt (Tabelle 1, Seite 187).

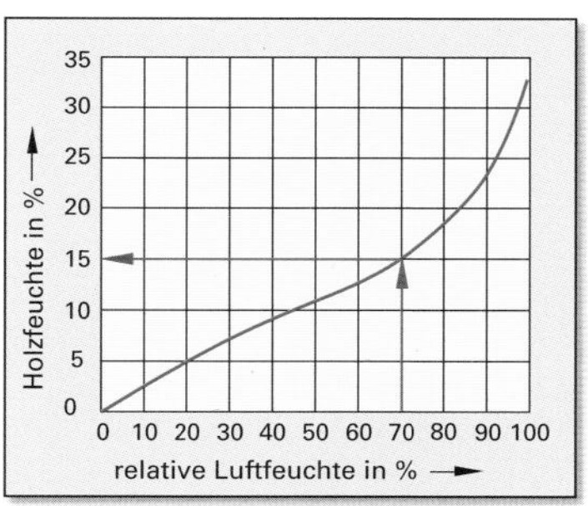

Bild 1: Feuchtegleichgewicht bei einer Lufttemperatur von 15° C

5.2.3.5 Arbeiten des Holzes

Holz kann Feuchtigkeit abgeben und Feuchtigkeit aufnehmen. Zwischen der Holzfeuchte und der relativen Luftfeuchte stellt sich ein Ausgleich ein. Den Zustand, bei dem Holz weder Feuchtigkeit aufnimmt noch abgibt, bezeichnet man als **Feuchtegleichgewicht**.

In unserem Klima beträgt die relative Luftfeuchtigkeit von März bis September etwa 70%, die Temperatur im Durchschnitt etwa 15°C. Das Feuchtegleichgewicht ist bei diesen Durchschnittswerten bei etwa 15% Holzfeuchte erreicht **(Bild 1)**. Während der Wintermonate tritt jedoch das Feuchtegleichgewicht bereits bei einer Holzfeuchte von etwa 20% ein. Holz, das im Freien oder in offenen Schuppen getrocknet worden ist, bezeichnet man als **lufttrocken**.

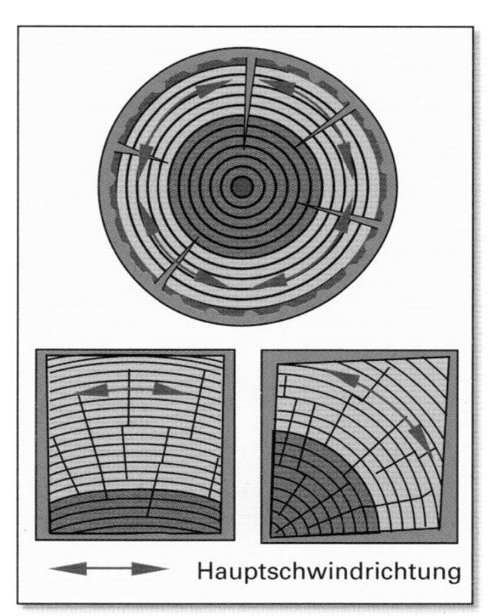

Bild 2: Schwinden von Rundhölzern und Kanthölzern

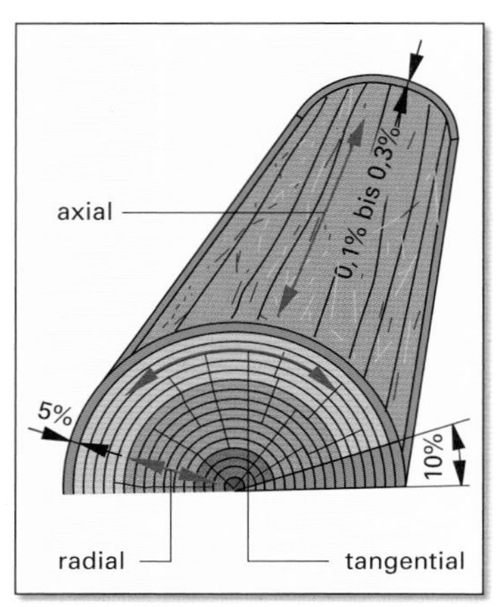

Bild 1: Maximale Größenänderung durch Schwund bei einer Trocknung von 30% auf 0% Holzfeuchte

Tabelle 1: Schwund je 1% Holzfeuchteänderung

Holzart	radial	tangential
Tanne	0,14%	0,28%
Lärche	0,14%	0,30%
Eiche	0,18%	0,34%
Fichte	0,19%	0,36%
Kiefer	0,19%	0,36%
Rotbuche	0,20%	0,41%
Esche	0,21%	0,38%

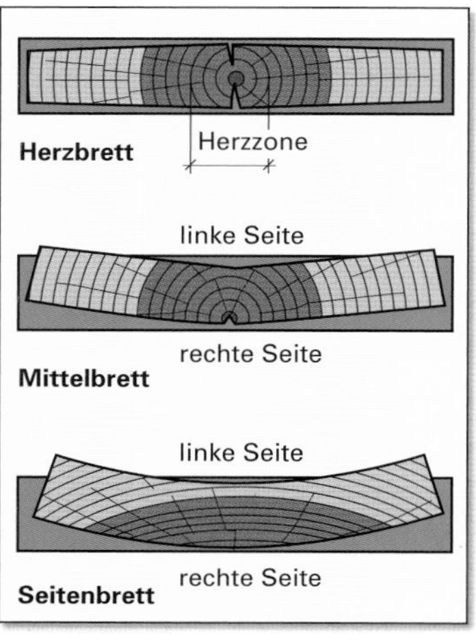

Bild 2: Schwundformen von Brettern und Bohlen

Frisch eingeschlagenes Holz enthält je nach Holzart, Standort und Alter eines Baumes zwischen 50% und mehr als 100% Wasser, bezogen auf die trockene Holzmasse. Das Wasser befindet sich als „freies Wasser" in den Zellhohlräumen und als „gebundenes Wasser" in den Zellwänden. Bedingt durch das röhrenartige Zellgefüge des Holzes wird beim Trocknen das freie Wasser verhältnismäßig rasch abgegeben. Enthält das Holz kein freies Wasser mehr, beträgt die Holzfeuchte je nach Holzart etwa 23% bis 35%. Dieser Feuchtebereich wird als **Fasersättigungsbereich** bezeichnet.

Die Abgabe des gebundenen Wassers erfolgt dagegen sehr langsam, weil es nur durch Diffusion über die Zellwände nach außen gelangen kann. Wenn das Wasser aus den Fasern abgegeben wird, also unterhalb der **Fasersättigung von etwa 30% Holzfeuchte,** verringert sich das Volumen des Holzes, das Holz **schwindet.** Dabei ändert sich auch die Form des Holzes und das Holz kann sich **werfen** bzw. verziehen sowie **reißen** (**Bild 2,** Seite 181). Bei Aufnahme von Feuchtigkeit vergrößert sich das Volumen des Holzes wieder, es **quillt.** Schwinden und Quellen bezeichnet man als **Arbeiten des Holzes.**

Das Schwinden erfolgt nicht in allen Richtungen gleichmäßig. In **Richtung des Faserverlaufs** (längs bzw. axial) beträgt der Schwund etwa **0,1% bis 0,3%,** in **Richtung der Holzstrahlen** (radial) rund **5%** und in **Richtung der Jahrringe** (tangential) ungefähr **10% (Bild 1).** Dies sind Durchschnittswerte, die für darrtrockenes Holz gelten, d.h. für Holz, das bis zu einem Feuchtegehalt von 0% getrocknet wurde.

Bei einigen Holzarten weichen die Schwindmaße jedoch erheblich von den Durchschnittswerten ab. Da sich die Schwind- und Quellmaße im bauwichtigen Bereich von etwa 5% bis 25% Holzfeuchte (**Tabelle 1,** Seite 183) gleichmäßig verändern, gibt man häufig diese für verschiedene Holzarten bezogen auf 1% Holzfeuchteänderung an **(Tabelle 1).**

Durch das unterschiedlich starke Schwinden in radialer und tangentialer Richtung ergeben sich verschiedene **Formänderungen.** Rundhölzer reißen auf und bilden Trocken- oder Schwundrisse, Kantholzquerschnitte verformen sich je nach Verlauf der Jahrringe (Bild 2, Seite 181).

Herzbretter und Herzbohlen werden durch das Schwinden dünner, der Rinde zu mehr als dem Herz zu. Außerdem tritt ein geringer Breitenschwund ein. In der Herzzone reißt das Holz auf. Mittelbretter und Mittelbohlen knicken im Bereich der einseitig geschlossenen Jahrringe ab und werden nach außen dünner und schmäler. Bei Seitenbrettern und -bohlen zeigt sich das Schwinden durch starkes Rundziehen aufgrund des stärkeren Schwunds in Richtung des Jahrringverlaufs. Dadurch wird die rechte Seite rund und die linke Seite hohl **(Bild 2).**

Bei starkem und vor allem bei schnellem Schwinden kann Schnittware an ihren Hirnenden aufreißen, es bilden sich Hirn- oder Endrisse.

Splintholz schwindet stärker als Kernholz. Unterschiedliche Wuchsbedingungen bewirken auch verschieden starkes Schwinden und Quellen. Je weniger das Holz arbeitet, umso besser ist seine Dimensions- und Formbeständigkeit. In der Praxis spricht man vom **Stehvermögen** des Holzes.

Beispiel einer Schwundberechnung:

Eine 30 cm breite Lärchenseitenbohle trocknet von 25% auf 9%.

Feuchtedifferenz: 25% – 9% = **16%**

Schwund in %: **Schwund je 1% Feuchteunterschied · 16%**

Schwund in %: $\frac{0{,}30\,\%}{1\,\%} \cdot 16\,\% = \mathbf{4{,}80\,\%}$

Schwindmaß: 30 cm · 4,80% ~ **1,4 cm**

Breitenmaß nach dem Schwinden: 30 cm – 1,4 cm = **28,6 cm**

Tabelle 1: Soll-Holzfeuchte in Prozent für Holzbauteile	
Pergolen	12% bis 24%
Dachstühle	12% bis 18%
Fenster und Außentüren	12% bis 15%
Parkett	7% bis 11%
Treppen, Innenausbau	6% bis 10%
Schalungsplatten	≥ 7%

Damit keine Schäden durch starkes Schwinden und Quellen nach dem Einbau des Holzes auftreten, sollte die Holzfeuchte beim Einbau etwa der seiner späteren Nutzung entsprechen **(Tabelle 1)**.

Die Holzfeuchte kann mit der Darrprobe oder mit Hilfe von Messgeräten bestimmt werden.

Bei der **Darrprobe** entnimmt man dem Holz mehrere kleine Probestücke und wiegt diese. Man erhält so das Nassgewicht. In einem elektrisch beheizten Trockenofen oder auf einer Wärmeplatte trocknet man diese Holzproben so lange, bis das Gewicht nicht mehr abnimmt. Das nach dem Trocknen festgestellte Gewicht ist das Trockengewicht oder Darrgewicht mit einem Feuchtegehalt von 0%. Bei der prozentualen Berechnung der Holzfeuchte wird der Wassergehalt der Probestücke in g auf ihr Darrgewicht in g bezogen.

Bei batteriebetriebenen **elektrischen Feuchtemessern** wird über zwei Elektroden Strom durch das Holz geleitet. Da die elektrische Leitfähigkeit des Holzes durch die Holzfeuchte verändert wird, lassen sich die Feuchtewerte auf einer Skala oder als Zahlenwerte ablesen **(Bild 1)**.

Bild 1: Elektrisches Feuchtemessgerät mit Rammsonde

5.2.4 Holzarten

Die gebräuchlichsten **europäischen Nadelholzarten** Fichte, Tanne, Kiefer und Lärche haben teilweise ähnliche Eigenschaften. Sie lassen sich leicht trocknen und gut bearbeiten, schwinden wenig bis mäßig und haben ein gutes Stehvermögen. Außerdem sind sie leicht, elastisch und fest.

Fichtenholz hat nur einen geringen Farbunterschied zwischen Kern- und Splintholz und weist häufig Harzgallen auf. Die Astquerschnitte sind meist oval **(Bild 2)**.

Das Holz ist weich, nur mäßig witterungsfest und nicht beständig gegen Pilze und Insekten. Es ist recht gut zu beizen aber schlecht zu imprägnieren, insbesondere trockenes Holz und Kernholz.

Fichtenholz ist das häufigste Bau- und Konstruktionsholz.

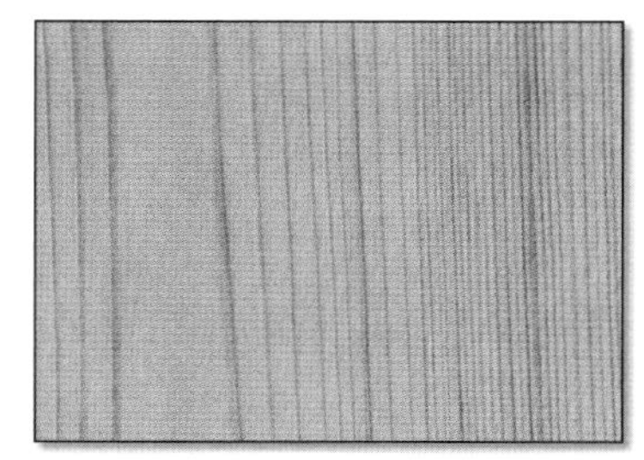

Bild 2: Fichtenholz

Tannenholz ist langfaserig und häufig grobjährig. Es ist nicht harzig und hat deshalb keine Harzgallen. Seine gehobelten Flächen haben ein mattes Aussehen. Die meist runden Äste sind dunkler und härter als die der Fichte. Frisches Holz hat einen sehr unangenehmen Geruch und ist deshalb von dem nach Harz riechenden Fichtenholz leicht zu unterscheiden **(Bild 3)**.

Tannenholz ist chemisch beständig, jedoch nicht witterungsfest und wird von Insekten und Pilzen befallen. Es ist mäßig gut zu imprägnieren.

Das Holz wird wie Fichtenholz eingesetzt.

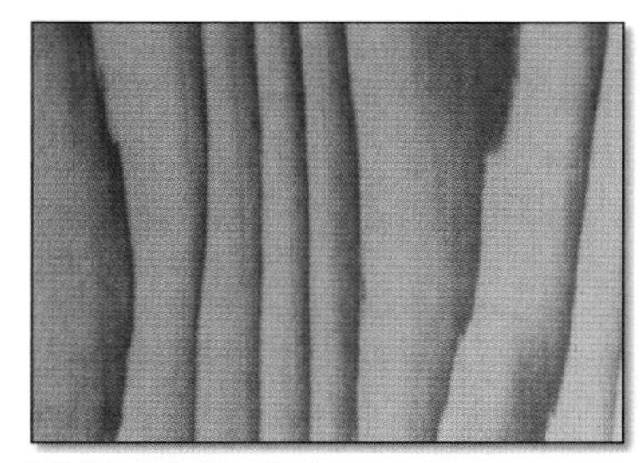

Bild 3: Tannenholz

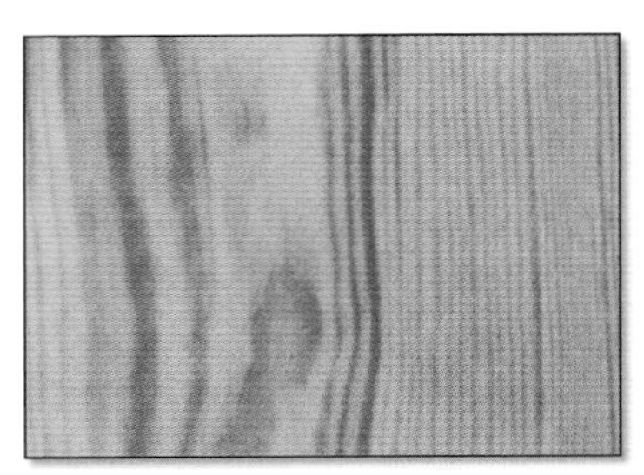

Bild 1: Kiefernholz

Kiefernholz zeigt eine markante Zeichnung. Das Kernholz dunkelt stark nach und ist deutlich vom Splintholz zu unterscheiden. Gehobeltes Kiefernholz ist matt bis wachsig glänzend. Es ist sehr harzig und fühlt sich fettig an. Harzgallen sind häufig vorhanden **(Bild 1)**.

Kiefernholz ist sehr gut zu bearbeiten. Aufgrund des Harzgehaltes ist das Kernholz ziemlich dauerhaft. Das Splintholz wird von Insekten bevorzugt befallen, ist nicht witterungsfest und neigt bei unsachgemäßer Lagerung zum Verblauen, ist jedoch recht gut zu tränken.

Das Holz eignet sich besonders für Fenster, Türen, Tore, Masten, Rammpfähle, Schwellen, Treppen, Fußböden und Holzwerkstoffe.

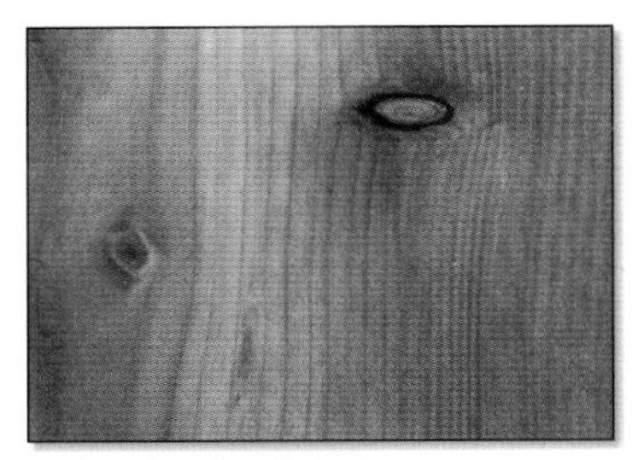

Bild 2: Lärchenholz

Lärchenholz hat eine sehr lebhafte Zeichnung, da vor allem im breiten rötlichen Kernholz der farbliche Unterschied zwischen Früh- und Spätholz auffallend groß ist. Gehobelte Flächen haben ein teils mattes, teils glänzendes Aussehen. Das harzhaltige Holz hat im frischen Zustand einen angenehm aromatischen Geruch **(Bild 2)**.

Lärchenholz wird selten von Insekten und Pilzen befallen. Es ist noch dichter, härter, zäher, harzreicher und witterungsbeständiger als Kiefernholz, jedoch auch schwerer zu imprägnieren.

Es ist besonders gut für Bauteile im Außenbereich geeignet.

Europäische Laubhölzer sind sehr vielfältig und unterscheiden sich im Aussehen und den Eigenschaften erheblich. Im Bauwesen werden häufig harte, feste Hölzer wie Eiche, Esche und Buche verwendet.

Bild 3: Eichenholz

Eichenholz hat einen gelbbraunen bis lederbraunen, stark nachdunkelnden Kern und einen schmalen grauweißen Splint. Das grobporige Holz riecht säuerlich. Im Radialschnitt zeigen sich angeschnittene Holzstrahlen als mattglänzende „Spiegel" **(Bild 3)**.

Eichenkernholz ist hart, schwer, sehr fest, elastisch und dauerhaft. Es schwindet mäßig und hat ein gutes Stehvermögen. Das ringporige Holz ist gut zu beizen und zu imprägnieren. Eichensplintholz ist sehr anfällig für Schädlinge und nicht witterungsbeständig.

Eichenholz wird als Bauholz, für Türen, Tore, Fenster, Treppen, Fußböden sowie im Brücken- und Wasserbau eingesetzt.

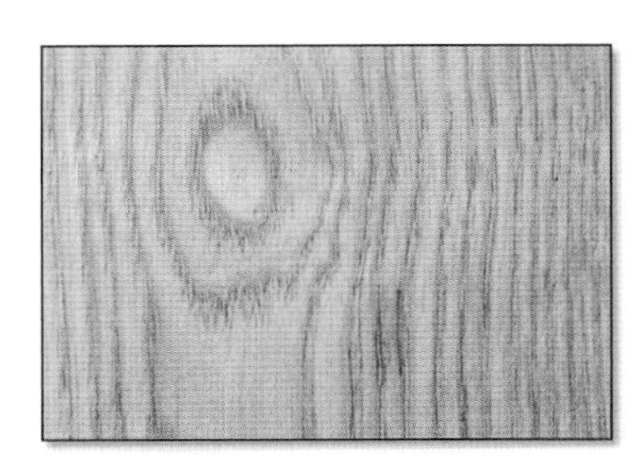

Bild 4: Eschenholz

Eschenholz ist grobporig und markant gestreift oder gefladert. Splint- und Kernholz sind meist gleich weißlich bis gelblich gefärbt **(Bild 4)**. Im Kern kann sich ein dunkelbrauner Falschkern ausbilden.

Eschenholz ist hart und abriebfest, schwer, fest sowie sehr zäh, hochelastisch und gut zu biegen. Es schwindet mäßig, hat ein gutes Stehvermögen und ist gut beizbar. Das Holz ist jedoch nicht witterungsfest und kann von Pilzen und Insekten befallen werden.

Eschenholz wird als Massivholz und Furnier im Innenausbau, z. B. für Wand- und Deckenverkleidungen, Treppen und Parkett verwendet. Besonders geeignet ist es für Werkzeugstiele und Sportgeräte.

Bild 5: Rotbuchenholz

Rotbuchenholz hat frisch eingeschnitten eine gelbweiße Farbe, die gelbbraun nachdunkelt. Durch Dämpfen bekommt das Holz eine rötlichbraune Färbung. Splint- und Reifholz sind farblich kaum zu unterscheiden. Die Zeichnung ist gleichmäßig **(Bild 5)**.

Rotbuchenholz ist hart, fest und zäh. Es lässt sich gut verarbeiten, beizen und imprägnieren; gedämpft ist es sehr gut zu biegen. Es arbeitet stark und neigt zu Rissen und Verformungen.

Rotbuchenholz wird vielseitig eingesetzt. Es wird für Treppen, Parkett, Holzpflaster und Eisenbahnschwellen verwendet.

5.2.5 Handelsformen des Holzes

Im Bauwesen wird vor allem Vollholz der Nadelholzarten Fichte, Tanne, Kiefer und Lärche als Schnittholz verwendet. Bei höheren Anforderungen an Güte und Tragfähigkeit werden häufig Konstruktionsvollholz und Brettschichtholz verbaut. Für großflächige Beplankungen setzt man oft Holzwerkstoffe ein.

5.2.5.1 Schnittholz

Nadelschnitthölzer mit einer Mindestdicke von 6 mm, deren Querschnitte nach der Tragfähigkeit bemessen werden, sind in DIN 4074, Teil 1 aufgeführt. Nach den Abmessungen wird dieses Schnittholz in **Latten, Bretter, Bohlen** und **Kanthölzer** eingeteilt **(Tabelle 1, Bild 1)**. Die Bezeichnung Kanthölzer schließt bei dieser Einteilung die herkömmlichen Bezeichnungen Balken für große Kantholzquerschnitte sowie Kreuzhölzer (Rahmen) mit ein **(Bild 2)**.

Übliche Kantholzquerschnitte mit Maßen von z.B. 4/6, 10/10, 12/12 oder 8/16 Zentimetern werden häufig als **Vorratskantholz** gehandelt.

Die **Tragfähigkeit des Schnittholzes** wird nach DIN 4074 mithilfe von **Sortiermerkmalen** festgestellt. Sortiermerkmale sind z.B. Äste, Jahrringbreite, Faserneigung, Risse, Verfärbungen, Druckholz, Insektenfraß durch Frischholzinsekten, Mistelbefall, Krümmung, Markröhre und die Querschnittschwächung durch Baumkante. Die zulässige Baumkante muss frei von Rinde und Bast sein.

Aufgrund von festgelegten Sortierkriterien für die genannten Merkmale werden Kanthölzer bei der **visuellen Sortierung** (nach Augenschein) in die **Sortierklassen** S 7, S 10 und S 13 eingeteilt. Wird die visuelle Sortierung durch Sortierapparate unterstützt, so ist eine Schnittholzsortierung in die Klasse S 15 möglich.

Hochkant biegebeanspruchte Bretter und Bohlen werden wie Kanthölzer sortiert und erhalten die Zusatzbezeichnung K, z.B. S 10K. Für Latten gibt es nur die Sortierklassen S 10 und S 13. Trocken sortiertes Schnittholz, mit einer Holzfeuchte bis 20%, erhält den Zusatz TS.

Das **Aussehen von Schnittholz** für Zimmerarbeiten aus Nadelholz kann durch die **Güteklassen** 1 bis 3 nach DIN 68365 zusätzlich zu den Anforderungen nach DIN 4074 festgelegt werden. Beispielsweise sind für Kanthölzer der Güteklasse 1 nach den Sortierkriterien weder Baumkante noch Bläue oder Insektenfraß zulässig.

Zweiseitig eingeschnittenes Bauschnittholz ergibt Bretter bzw. Bohlen mit Baumkante, die als **unbesäumte** Schnittware bezeichnet werden (Bild 2). Dabei unterscheidet man von außen nach innen die **Schwarte,** die **Seitenbretter** mit liegenden Jahrringen und das **Herzbrett** mit stehenden Jahrringen. Wird beim Einschneiden das Mark durchtrennt, entstehen anstelle des Herzbrettes zwei **Mittelbretter,** die ebenfalls stehende Jahrringe aufweisen.

Häufig werden Bretter oder Bohlen besäumt, d.h. ohne Baumkante gehandelt. Bei **konisch besäumter** Schnittware verlaufen die Sägeschnitte (Besäumschnitte) entlang der Baumkante, bei **parallel besäumter** Schnittware parallel zueinander. Die dem Herz zugewandte Seite der Bretter und Bohlen wird als **rechte Seite,** die der Rinde zugewandte Seite als **linke Seite** (Splintseite) bezeichnet (Bild 2). Bretter und Bohlen werden ungehobelt (sägerau) und gehobelt aus europäischen Nadel- und Laubhölzern angeboten.

Tabelle 1: Schnittholzeinteilung nach DIN 4074

Holzerzeugnis	Dicke d bzw. Höhe h	Breite b
Latte	$d \leq 40$ mm	$b < 80$ mm
Brett	$d \leq 40$ mm	$b \geq 80$ mm
Bohle	$d > 40$ mm	$b > 3\,d$
Kantholz	$b \leq h \leq 3\,b$	$b > 40$ mm

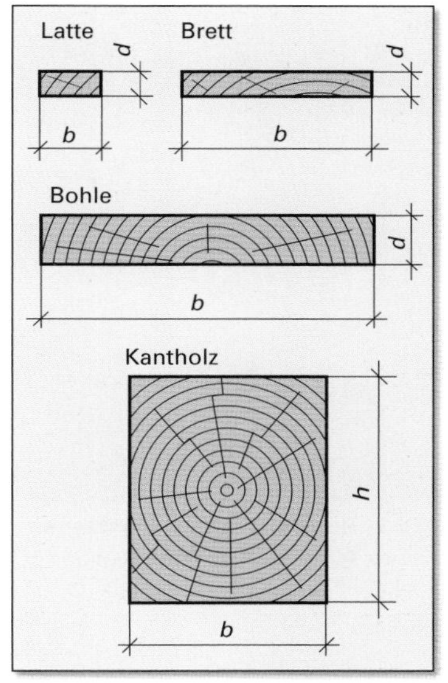

Bild 1: Schnittholz nach DIN 4074

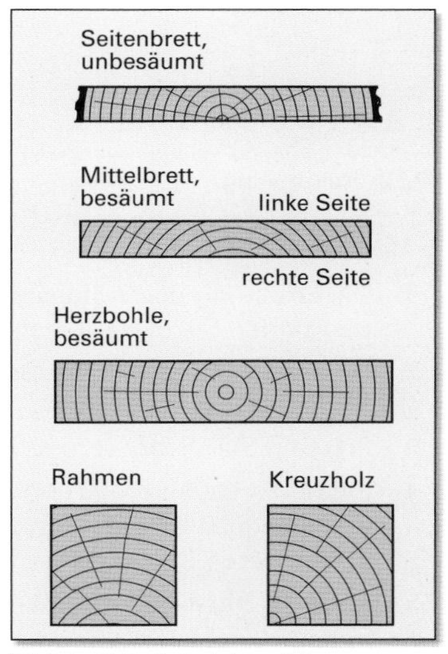

Bild 2: Schnittholzbezeichnungen

Tabelle 1: Standardquerschnitte für Konstruktionsvollholz

Dicke in mm	Breite in mm						
	100	120	140	160	180	200	240
60	■	■	■	■	■	■	■
80		■	■	■	■	■	■
100	■			■	■	■	■
120		■		■		■	■
140			■				■

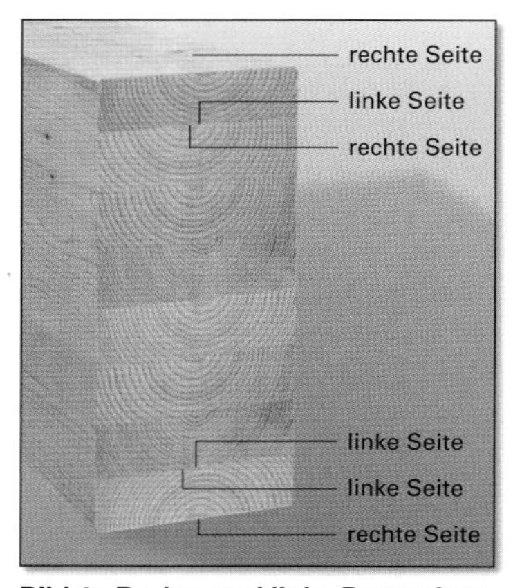

Bild 1: Rechte und linke Brettseiten bei Brettschichtholz

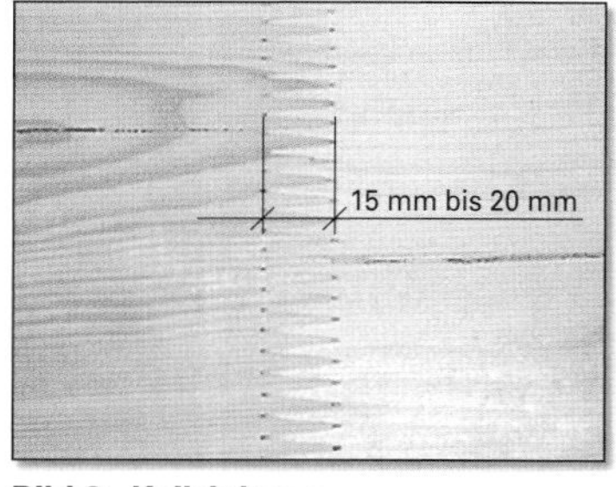

Bild 2: Keilzinkung

5.2.5.2 Konstruktionsvollholz

Um moderne Holzkonstruktionen, insbesondere sichtbare Holzbauteile aus Vollholz, wirtschaftlich und mangelfrei herstellen zu können, haben die Vereinigung Deutscher Sägewerksverbände und der Bund Deutscher Zimmermeister das Bauprodukt **Konstruktionsvollholz** (KVH) geschaffen. Konstruktionsvollholz ist ein güteüberwachtes Schnittholz aus Nadelholz der Sortierklasse S 10, an das gegenüber DIN 4074 zusätzliche oder erhöhte Anforderungen gestellt werden. Solche Anforderungen sind beispielsweise eine Holzfeuchte von etwa 15%, herzfreier oder herzgetrennter Einschnitt, Beschränkung von Rissbreiten und Baumkanten sowie für sichtbaren Einbau die gehobelte und gefaste Oberfläche (KVH Si). Die hohe Qualität wird durch Aussägen von Fehlstellen und Verklebung mittels Keilzinkenstoß erreicht. Um eine Vorratshaltung und eine rasche Lieferung zu ermöglichen, wird Konstruktionsvollholz in standardisierten Querschnitten produziert **(Tabelle 1)**.

5.2.5.3 Brettschichtholz

Brettschichtholz (BS-Holz) besteht aus mindestens drei Nadelholzbrettern, zumeist Fichtenholz, deren Breitflächen so miteinander verklebt sind, dass jeweils eine linke und eine rechte Seitenfläche aneinanderliegen. Das Brett, dessen linke Seite bei dieser Abfolge außen liegen würde, muss jedoch bei Verwendung in Nutzungsklasse 3 gewendet werden, da dort zur Verringerung der Rissbildung nur rechte Brettflächen liegen dürfen **(Bild 1)**.

Die Dicke der einzelnen gehobelten Bretter, die man auch als **Lamellen** bezeichnet, liegt in der Regel bei 33 mm, höchstens jedoch bei 45 mm. Zur Herstellung dieser Lamellen werden meist regelmäßig gewachsene Brettabschnitte mittels verleimter Keilzinkung zusammengefügt **(Bild 2)**.

Für konstruktive Leimverbindungen dürfen nur Hölzer mit höchstens 15% Feuchte verwendet werden. Zur Erzielung dieser Feuchtigkeitsgehalte ist die künstliche Holztrocknung unerlässlich. Beim Transport, bei der Lagerung und bei der Montage ist sicherzustellen, dass sich die Feuchte von Holzleimbauteilen durch länger einwirkende Einflüsse aus Bodenfeuchte, Niederschlägen sowie infolge Austrocknung nicht unzuträglich verändert.

Brettschichtholz hat eine gute Formbeständigkeit, höhere Festigkeitswerte als Vollholz sowie eine gestalterisch wirkende, schwindrissarme Oberfläche. Es wird in Breiten bis 30 cm und Querschnittshöhen von bis zu 3 m hergestellt.

Aufgaben

1 Die Erhaltung des Waldes und die Nutzung des Holzes ist ökologisch und wirtschaftlich sinnvoll. Begründen Sie diese Behauptung.

2 Unterscheiden Sie Frühholz und Spätholz sowie Splintholz und Kernholz nach Entstehung, Aussehen und Eigenschaften.

3 Erklären Sie Ursachen und Folgen des Arbeitens des Holzes am Beispiel eines Seitenbretts.

4 Ein Herzbrett aus Kiefernholz hat bei einer Holzfeuchte von 24% die Querschnittsmaße 280/30 mm.
a) Berechnen Sie die Abmessungen, wenn das Brett auf 8% Holzfeuchte getrocknet wird.
b) Skizzieren Sie die typische Formveränderung und erläutern Sie diese.

5 Für eine Trittstufe im Außenbereich ist eine Holzart zu wählen und die Auswahl zu begründen.

6 Erläutern Sie die Schnittholzbezeichnungen Latte, besäumtes Mittelbrett, Kantholz, S 10 und KVH.

5.2.5.4 Holzwerkstoffe

Der natürliche Werkstoff Holz weist häufig Unregelmäßigkeiten im Gefüge und auch je nach Faserrichtung sehr unterschiedliche Eigenschaften auf. Damit man eine hohe Holzausnutzung und für die jeweiligen Verwendungszwecke bestmögliche Eigenschaften erreicht, zerlegt man den Rohstoff Vollholz beispielsweise durch Schälen, Messern, Hobeln, Zerspanen oder Zerfasern. Daraus werden in der Regel unter Zugabe von Klebstoffen oder anderen Bindemitteln unter Druck Holzwerkstoffe hergestellt **(Bild 1)**. Durch diesen Aufbau wird das Quellen und Schwinden häufig eingeschränkt. Dies ermöglicht großflächige Bauteile.

Holzwerkstoffe im Bauwesen müssen je nach Anwendungsbereich unterschiedlich feuchtebeständig sein. Die Verwendbarkeit von Holzwerkstoffen bei unterschiedlichen Klimabedingungen wird durch die Zuordnung zu **Nutzungsklassen** zum Ausdruck gebracht **(Tabelle 1)**.

Tabelle 1: Nutzungsklassen

NK	Klimabedingungen
1	**Trockenbereich:** 20° C und relative Luftfeuchte selten > 65 %, z. B. in geschlossenen, beheizten Bauwerken
2	**Feuchtbereich:** 20° C und relative Luftfeuchte selten > 85 %, z. B. bei überdachten offenen Bauwerken
3	**Außenbereich:** höhere Holzfeuchten als in NK 2, z. B. bei der Witterung ausgesetzten Konstruktionen

Sperrholzplatten			
	**Furniersperrholz** aus einer ungeraden Zahl kreuzweise verleimter Furnierlagen, symmetrischer Aufbau biegefest, formbeständig für Beplankungen von Holzhäusern, Innenausbau, Schalhaut	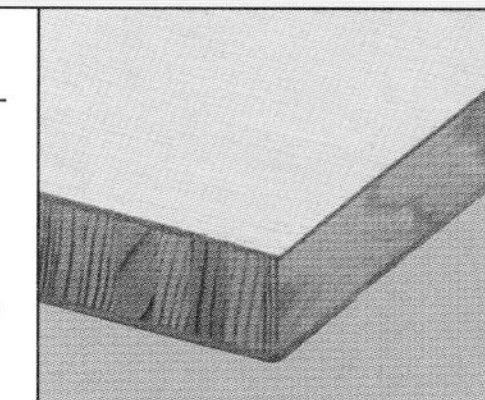	**Stäbchensperrholz** Mittellage aus schmalen Stäben mit stehenden Jahrringen, außen Sperrfurniere Platten für alle drei Nutzungsklassen lieferbar für Beplankungen, Schalhaut
Spanplatten			
	**Flachpressplatte** Holzspäne mit Kunstharz, ein- oder mehrschichtiger Aufbau Plattentypen P4, P6 für NK1 Plattentypen P5, P7 für NK 1 u. 2 für Wand- und Deckenverkleidungen, Fußböden		**Langspanplatten/OSB-Platten** Langspäne mit Kunstharz große Biegefestigkeit in Längsrichtung für oft auch sichtbare Beplankungen, Fertighausbau, Fußböden
Faserplatten			
	**Poröse Holzfaserplatten** lockeres Gefüge mit Bitumenzugabe feuchtebeständig für Wärmedämmung an Dach und Wand, Schalldämmung		**Harte Holzfaserplatten** dünne Platten mit glatter Vorderfläche und rückseitiger Siebnarbe große Rohdichte für nichttragende Beplankungen, Verkleidungen, Sperrtüren, kunstharzvergütet als Schalhaut
Mineralisch gebundene Platten			
	**Zementgebundene Flachpressplatten** Nadelholzspäne und Zement als Bindemittel für tragende und aussteifende Beplankungen bei höherer Feuchtebelastung		**Holzwolleleichtbauplatten** Holzwolle mit Zement oder Magnesit als Bindemittel, häufig mit Mittellage aus Hartschaum als Mehrschichtplatte für Wärme- und Schalldämmung, als Putzträger

Bild 1: Aufbau und Verwendung von Holzwerkstoffen (Beispiele)

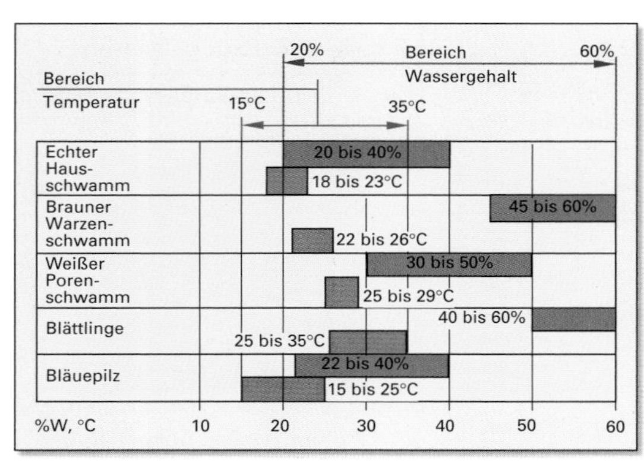

Bild 1: Günstige Wachstumsbedingungen für Pilze

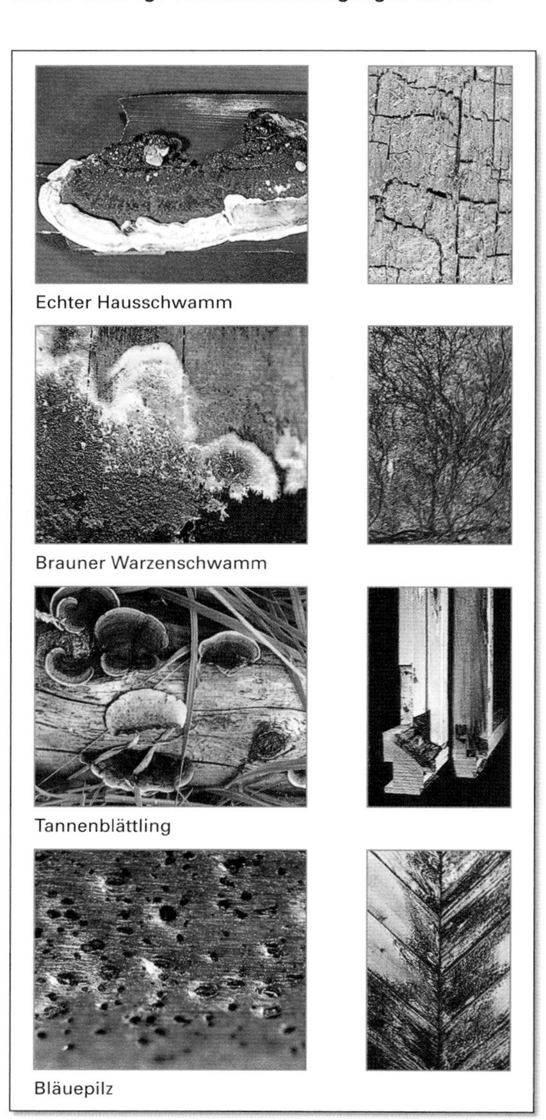

Bild 2: Pilze und ihr Schadensbild

5.2.6 Holzschädlinge und Holzschutz

Holz kann von **Pilzen** und von **Insekten** befallen werden. Der Befall ist meist nicht nur ein Schönheitsfehler, sondern bewirkt auch einen Verlust an Festigkeit des Holzes, der bis zur Zerstörung führen kann.

Maßnahmen, die den Befall und die Zerstörung des Holzes und der Holzwerkstoffe verhindern, bezeichnet man als **vorbeugenden Holzschutz.** Die wichtigsten vorbeugenden Maßnahmen sind neben der richtigen Holzauswahl, Holztrocknung und Lagerung das werkgerechte Einbauen. Dies bezeichnet man als **konstruktiven Holzschutz** oder baulichen Holzschutz. Die zusätzliche Verwendung von Holzschutzmitteln nennt man **chemischen Holzschutz.**

5.2.6.1 Holzzerstörende Pilze

Pilze können ihre zum Leben notwendigen Aufbaustoffe nicht selbst erzeugen, da sie kein Blattgrün besitzen. Sie sind auf die organischen Stoffe anderer Pflanzen angewiesen. Pilze können zwar auf Sonnenlicht verzichten, benötigen jedoch zu ihrer Entwicklung ausreichend Feuchtigkeit und Wärme **(Bild 1)**.

Bei Pilzen unterscheidet man die Sporen, aus denen sie entstehen, die Fruchtkörper, in denen die Sporen gebildet werden und die Pilzkörper. Letztere sind meist hautartige Gebilde mit einem Geflecht von wurzelartigen Fäden und Strängen, dem Myzelgeflecht, mit deren Hilfe die Pilze ihre Nahrung dem befallenen Holz entziehen **(Bild 2).**

Pilze, die verarbeitetes Holz befallen, nennt man auch **Gebäudepilze.** Sie zerstören das Lignin (Weißfäule oder Korrosionsfäule) oder die Zellulose (Braun- oder Destruktionsfäule).

Der gefährlichste Pilz am verarbeiteten Holz ist der **Echte Hausschwamm,** da er nach einem Befall sehr zählebig ist und längere Zeit Nahrungs-, Feuchtigkeits- und Wärmemangel überstehen kann (Bild 2). Er kann sogar seine zum weiteren Wachstum notwendige Feuchtigkeit selbst erzeugen und dadurch auf trockenes Holz übergreifen. Außerdem ist er im Stande, Mauerwerk zu durchdringen. Er befällt vorwiegend Nadelholz. Jedoch vermag er fast alle zellulosehaltigen Stoffe, mit Ausnahme von Eichenkernholz, in kurzer Zeit würfelbrüchig zu machen. Deshalb müssen nach einem Befall umfassende Sanierungsmaßnahmen ergriffen werden.

Weniger gefährliche Arten der Gebäudepilze sind der **Keller- oder Warzenschwamm** und der **Tannenblättling,** da sie zu ihrer Entwicklung sehr feuchtes Holz benötigen (Bild 1 und 2).

Neben den Gebäudepilzen gibt es auch Pilze, die bevorzugt frisch gefälltes Holz oder Schnittholz befallen. Die daraus entstehenden Schäden nennt man **Rotstreifigkeit, Blaustreifigkeit** und **Verstocken (Tabelle 1** und Bild 2, Seite 188**)**. Durch rechtzeitiges Entrinden, Einschneiden und fachgerechtes Stapeln können diese Schäden vermieden werden.

Tabelle 1: Pilze am gefällten Holz

Schadensbild	Rotstreifigkeit	Blaustreifigkeit	Verstocken
bevorzugte Holzart	Fichte	Kiefernsplint	Rotbuchensplint
Auswirkungen	Festigkeitsminderung	zerstört Anstriche	Festigkeitsminderung
Verwendbarkeit des Holzes	bei geringer Belastung	für nicht sichtbare Bauteile	bei geringer Belastung

5.2.6.2 Holzzerstörende Insekten

Holzzerstörende Insekten am gelagerten und verarbeiteten Holz sind verschiedene Käfer- und Wespenarten. Durch ihren Fraß mindern sie den technischen Wert des Holzes oder zerstören es völlig. Die Schäden werden durch die Larven der Käfer und Wespen verursacht.

Der bis zu 22 mm große **Hausbock** gilt als der gefährlichste Schädling des Bauholzes **(Bild 1)**. Das Weibchen dieses Käfers legt etwa 200 Eier vorwiegend in feine Risse von Nadelhölzern. Aus den Eiern entwickeln sich Larven mit einem nach hinten verjüngten Körper. Die erwachsenen Larven haben eine Länge von 15 mm bis 30 mm. Sie benötigen zu ihrer Entwicklung meist 3 bis 5 Jahre, zum Teil auch erheblich länger. Dabei zernagen sie das Splintholz völlig und schädigen auch das Reifholz, lassen jedoch eine dünne Außenschicht übrig. Dadurch wird der Befall oft erst an den Ausfluglöchern bemerkt. Diese sind oval, meist ausgefranst und haben einen Durchmesser von 5 mm bis 10 mm.

Von den vielen Arten der Nage-, Klopf- oder Pochkäfer ist der etwa 3 mm bis 5 mm große **Gewöhnliche Nagekäfer** der gefährlichste (Bild 1). Man findet ihn in Laub- und Nadelhölzern, jedoch meist nur im Splintholz. Seine 4 mm bis 6 mm lange engerlingartig gekrümmte Larve wird im Volksmund als kleiner Holzwurm bezeichnet und das befallene Holz als wurmstichig. Man erkennt den Befall an den vielen kleinen kreisrunden Bohrlöchern mit einem Durchmesser von etwa 2 mm sowie an den vielen Häufchen feinsten Bohrmehls, das bei Erschütterungen aus diesen Löchern rieselt.

Zu den 3 mm bis 6 mm großen Splintholzkäfern zählen der **Parkettkäfer** und der **Braune Splintholzkäfer** (Bild 1). Sie befallen in der Regel nur den Splint von Laubhölzern. Die Larven sind in Größe und Form mit den Nagekäferlarven vergleichbar. Sie zernagen das Holz in Richtung der Holzfaser und verstopfen die Fraßgänge mit feinstem Fraßmehl. Dadurch ist der Befall oft erst an dem kreisrunden Ausflugloch mit einem Durchmesser von etwa 1 mm bis 1,5 mm zu erkennen. Wegen der kurzen Entwicklungszeit von 4 Monaten bis 18 Monaten und weil er auch Holz mit geringer Holzfeuchte befällt, kann sich der Splintholzkäfer rasch ausbreiten.

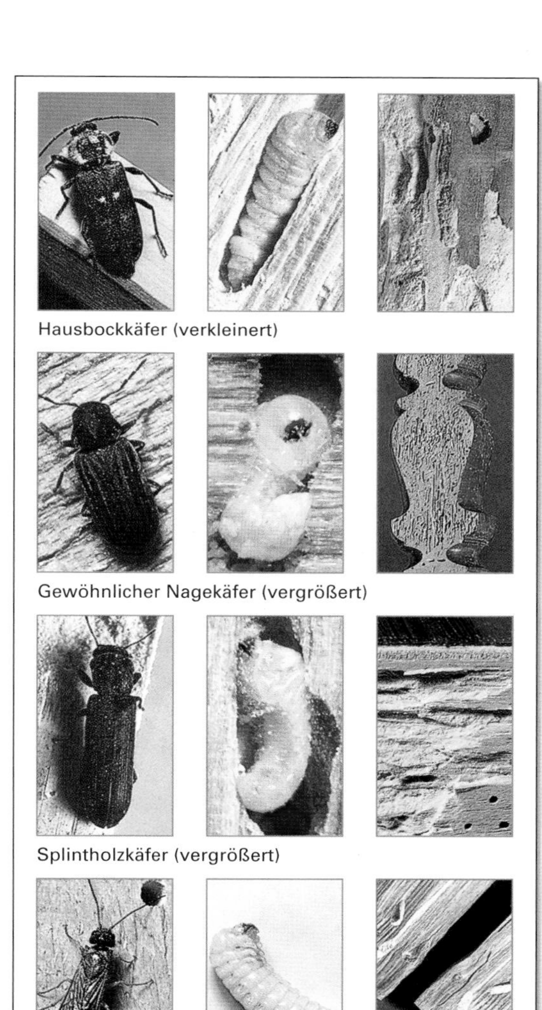

Bild 1: Holzzerstörende Insekten

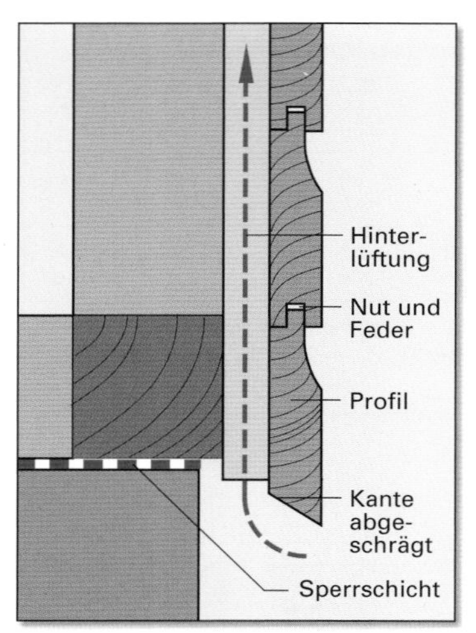

Bild 1: Fachwerkwand mit hinterlüfteter Verbretterung

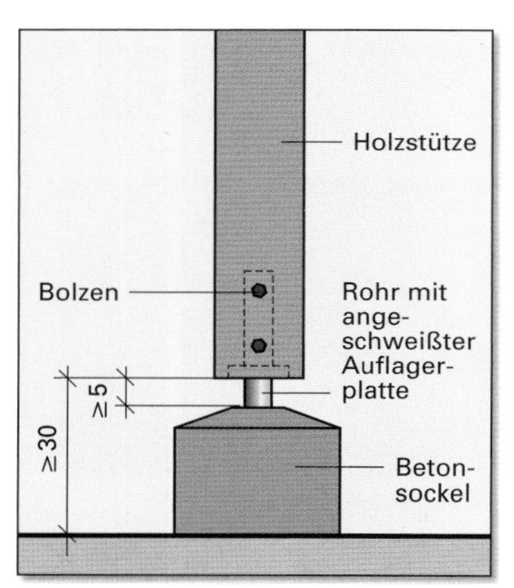

Bild 2: Spritzwassergeschützter Stützenfuß

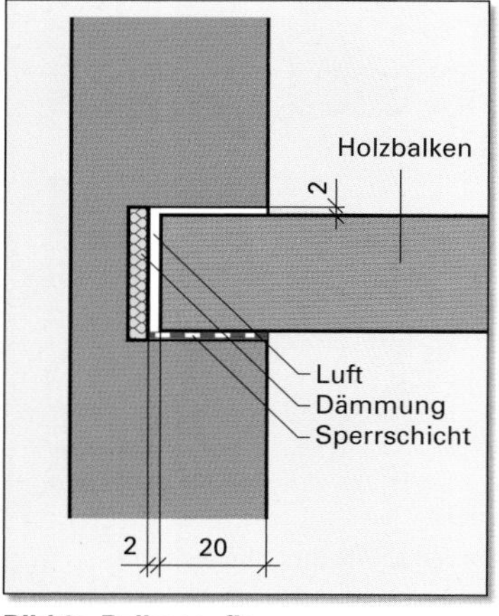

Bild 3: Balkenauflager

Weniger gefährlich sind die bis 40 mm großen **Holzwespen,** da sie nur stehendes Nadelholz oder frisch gefällte Stämme befallen (Bild 1, Seite 189). Ihre runden Ausfluglöcher haben einen Durchmesser von etwa 4 mm bis 7 mm, die Fraßgänge der Larven sind fest mit Bohrmehl verstopft. Da die Larven dieses Schädlings bis zu ihrer Entwicklung zur Wespe zwei bis vier Jahre brauchen, kann es vorkommen, dass sie erst im gefällten, geschnittenen oder verarbeiteten Holz ausfliegen. Schäden entstehen häufig dadurch, dass sie sich stets nach oben durchfressen und dabei beispielsweise Dichtungsbahnen durchdringen können.

5.2.6.3 Konstruktiver Holzschutz

Vorbeugender konstruktiver Holzschutz besteht vor allem in der Verwendung von Holz, das gesund, frei von Rinde und Bast sowie ausreichend trocken ist. Außerdem muss zum Schutz gegen Schädlingsbefall durch geeignete konstruktive Maßnahmen eine spätere Durchfeuchtung ausgeschlossen werden. Das ist erreichbar, indem man den Zutritt von Feuchtigkeit verhindert oder die rasche Ableitung des Wassers bzw. eine Austrocknung des Bauteils ermöglicht.

Wird Holz im Freien verwendet, sollte es so verbaut werden, dass es nach Möglichkeit vor Niederschlägen geschützt ist. Genügend große Dachüberstände, zurückspringende Sockel und die Überdeckung des sehr saugfähigen Hirnholzes, beispielsweise bei Sparren- und Pfettenköpfen, sind notwendige Maßnahmen **(Bild 1).** Zum Schutz vor Spritzwasser muss der Abstand vom Boden zu Pfosten und anderen Holzbauteilen mindestens 30 cm betragen **(Bild 2).** Ist der Schutz vor Regenwasser nicht möglich, sollten Bauweisen gewählt werden, bei denen das Wasser schnell und vollständig ablaufen kann. Dies erreicht man z.B. durch geeignete Profile sowie abgeschrägte Unterkanten bei Außenverschalungen und Wassernasen bei vorspringenden Holzbauteilen (Bild 1).

Werden Holzteile, die dem Regen ausgesetzt sind, mit einem Anstrich versehen, sollten nur offenporige Mittel verwendet werden. Diese ermöglichen das Verdunsten von eingedrungener Feuchtigkeit aus dem Holz.

Um die Aufnahme von Baufeuchte aus dem Mauerwerk und Beton zu verhindern, müssen unter Hölzern waagerechte Sperrschichten angeordnet werden (Bild 1). Gegen aufsteigende Baufeuchte unter Balkenköpfen eignen sich Sperrstoffe, wie z.B. Bitumenbahnen. Außerdem müssen Balkenköpfe an der Hirnseite und an den Seitenflächen einen Abstand von etwa 2 cm vom Mauerwerk haben, damit der Balkenkopf gut umlüftet wird **(Bild 3).** Damit am Balkenkopf keine Wärmebrücke und somit Tauwasser entsteht, kann eine zusätzliche Wärmedämmung erforderlich sein. Bei Dächern und Fassaden kann durch eine Hinterlüftung anfallendes Tauwasser abgeführt werden.

Konstruktiver Holzschutz bedeutet Schutz vor Feuchtigkeit durch:

- Einbau von trockenem Holz,
- Schutz vor Niederschlägen und Spritzwasser sowie vor kapillarer Feuchte,
- Verhinderung von Tauwasserbildung und
- ausreichende Belüftung.

5.2.6.4 Chemischer Holzschutz

Nach DIN 68800 müssen Holzbauteile, die zur Standsicherheit beitragen und besonders gefährdet sind, zusätzlich zu den baulichen Maßnahmen mit chemischen Holzschutzmitteln geschützt werden. Zu den besonders gefährdeten Bauteilen zählen z. B. solche in Außenbereichen und in feuchten Räumen. Nach dem Anwendungsbereich und damit dem Maß der Gefährdung sind die Bauteile in die **Gebrauchsklassen** 0 bis 5 eingeteilt und damit die Anforderungen an den Holzschutz festgelegt. Holzteile, die durch Niederschläge, Spritzwasser oder dergleichen beansprucht werden, gehören zu den Gebrauchsklassen 3 bis 5, solche ohne diese Beanspruchungen zu den Gebrauchsklassen 0 bis 2 **(Tabellenheft, Seite 49)**.

Holz, das in Innenräumen verbaut ist und ständig trocken bleibt, wird unter bestimmten Voraussetzungen der Gebrauchsklasse 0 zugeordnet. Für dieses Holz ist kein vorbeugender chemischer Holzschutz erforderlich. Bei Einhaltung von baulichen Maßnahmen nach DIN 68800-2 gilt dies bis zur Gebrauchsklasse 3.1 ebenfalls. Dies gilt auch bei Verwendung von bestimmten splintarmen oder splintfreien Farbkernhölzern mit hoher Dauerhaftigkeit.

Die Wirksamkeit der Holzschutzmittel gegen holzzerstörende Insekten und holzzerstörende Pilze wird in Kurzform in **Prüfprädikaten** beschrieben **(Bild 1)**.

Holzschutzmittel teilt man im Wesentlichen in wasserlösliche Salze und in gebrauchsfertig gelieferte lösemittelhaltige bzw. ölige Holzschutzmittel ein **(Tabelle 1)**.

Der Schutz des Holzes ist von der Eindringtiefe der Schutzmittel abhängig. Man unterscheidet sechs **Eindringtiefeklassen,** den Oberflächenschutz (NP 1), den Randschutz (NP 2) mit einer Eindringtiefe von einigen Millimetern sowie den Tiefschutz (NP 3) mit einer Eindringtiefe von mindestens 6 mm. Beim Vollschutz (NP 5) muss der gesamte Holzquerschnitt, bei Farbkernhölzern mindestens jedoch das gesamte Splintholz durchtränkt sein **(Bild 2)**.

Die erreichbare Eindringtiefe richtet sich nach der holzartbedingten Tränkbarkeit, der Holzfeuchte und dem Einbringverfahren (Tabelle 1). Die nach der Gebrauchsklasse erforderliche Aufbringmenge bzw. Eindringtiefe muss durch entsprechende Holzschutzmittel und Einbringverfahren sichergestellt und nachgewiesen werden. Bauteile aus Holz ohne hohe natürliche Dauerhaftigkeit müssen deshalb ab der Gebrauchsklasse 4 immer einen Vollschutz durch Druckimprägnierung (NP 6) erhalten, bei der auch das Kernholz teilweise getränkt wird. Treten bei Hölzern ohne Vollschutz Trockenrisse auf, muss eine Nachimprägnierung erfolgen. Dies ist auch erforderlich, wenn geschützte Hölzer nachträglich bearbeitet wurden. Wird nicht witterungsbeständiges Holzschutzmittel verwendet, ist das Bauholz vor Niederschlägen zu schützen.

Chemische Holzschutzmittel, auch Imprägnierungsmittel genannt, enthalten biozide Wirkstoffe, d. h. sie wirken als **Berührungs-, Atmungs- und Fraßgifte**. Es dürfen deshalb nur solche Holzschutzmittel angewendet werden, die nach dem Biozidrecht verkehrsfähig sind. Dies setzt voraus, dass die Wirksamkeit der Holzschutzmittel von einer Materialprüfanstalt nachgewiesen wurde. Außerdem muss die gesundheitliche Unbedenklichkeit bei vorschriftsgemäßer Anwendung überprüft sein. Geprüfte Holzschutzmittel für den vorbeugenden Holzschutz von tragenden und aussteifenden Bauteilen sind am **„Ü"-Zeichen** erkennbar.

Iv = gegen **I**nsekten **v**orbeugend wirksam,
P = gegen **P**ilze vorbeugend wirksam,
W = auch für Holz, das der **W**itterung ausgesetzt ist, jedoch nicht im ständigen Erdkontakt und nicht im ständigen Kontakt mit Wasser,
E = auch für Holz, das **e**xtremer Beanspruchung ausgesetzt ist (im ständigen Erdkontakt und/oder im ständigen Kontakt mit Wasser sowie bei Schmutzablagerungen in Rissen und Fugen).
B = gegen Ver**b**lauung an verarbeitetem Holz wirksam

Bild 1: Prüfprädikate

Tabelle 1: Holzschutzmittel

Arten	wasserlösliche Salze	ölige Mittel
Anwendungsbereiche	saftfrisches, feuchtes und halbtrockenes Holz	trockenes oder halbtrockenes Holz
Einbringverfahren	Spritzen, Sprühen und Fluten (in stationären Anlagen), Streichen, Tauchen, Trogtränkung, Kesseldruck- und Vakuumtränkung	

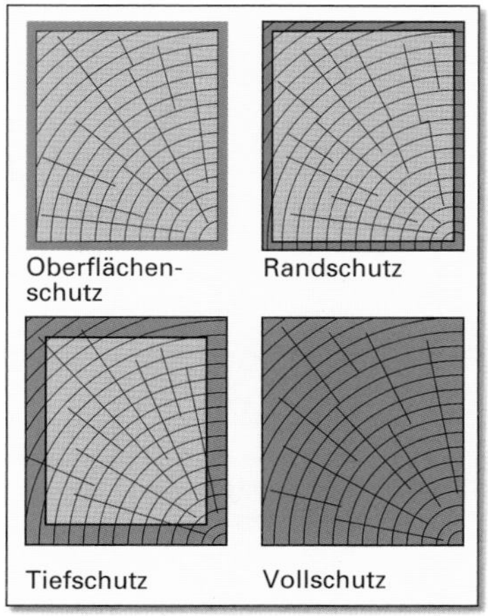

Bild 2: Beispiele für Eindringtiefeanforderungen

Die Risikobewertung hinsichtlich der Gesundheitsgefahren und der Umweltbelastung sowie die Zulassung oder Registrierung von chemischen Holzschutzmitteln erfolgt durch die Bundesanstalt für Arbeitsschutz und Arbeitsmedizin. Da Holzschutzmittel giftige Stoffe enthalten, müssen auf dem Gebinde und in einem Sicherheitsdatenblatt **Gefahrenhinweise** (H-Sätze) und **Sicherheitshinweise** (P-Sätze) gemäß der Gefahrstoffverordnung vorhanden sein, die Vorgaben für die Verarbeitung und Verwendung machen. Diese Angaben über Verarbeitung, Einsatzbereich, die notwendige Schutzkleidung sowie die Entsorgung der Reste und Gebinde sind zwingend einzuhalten.

Um Gesundheitsschäden und Gefahren für die Umwelt beim Umgang mit chemischen Holzschutzmitteln zu vermeiden, ist Folgendes zu berücksichtigen:

- Beim Arbeiten mit Holzschutzmitteln sind undurchlässige Schutzhandschuhe und entsprechende Oberbekleidung anzuziehen, da Hautkontakt mit Holzschutzmitteln vermieden werden muss. Unbedeckte Hautpartien sind mit einer wasserabweisenden fetthaltigen Schutzsalbe einzureiben.
- Nach der Arbeit sind Hände und Gesicht sorgfältig zu reinigen. Sind Spritzer auf die Haut oder in die Augen gekommen, ist sofort gründlich mit Wasser zu spülen und ein Arzt aufzusuchen.
- Treten beim Arbeiten Kopfschmerzen, Übelkeit, Schwindelgefühl und andere Beschwerden auf, ist sofort für Frischluft zu sorgen und ein Arzt aufzusuchen. Diesem sind das Technische Merkblatt und das Sicherheitsdatenblatt vorzulegen.
- Holzschutzmittel dürfen weder in den Boden noch in das Grund- oder Oberflächenwasser gelangen. Deshalb sind erforderlichenfalls entsprechende Abdeckungen anzubringen. Unverbrauchte Holzschutzmittelreste müssen durch besonders konzessionierte Firmen beseitigt werden.

Aufgaben

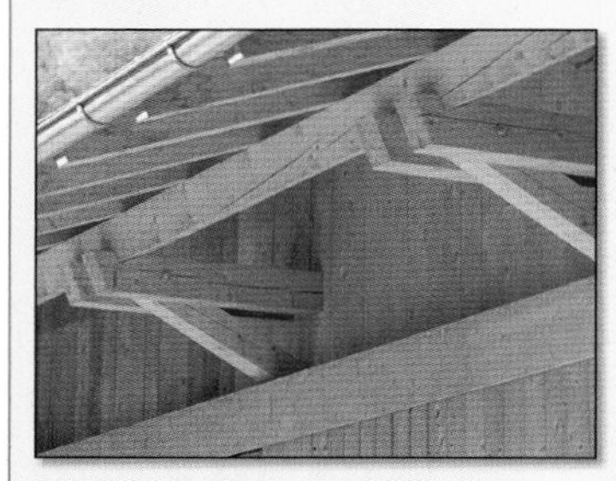

Bild 1: Vordach einer Scheune

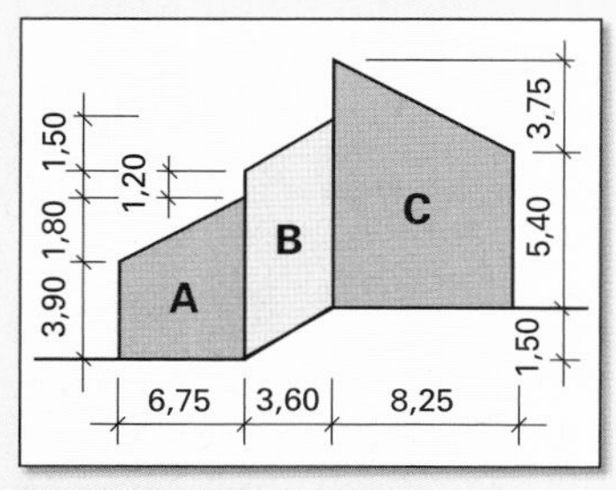

Bild 2: Giebelseite eines Gebäudes

1 Beim Bau des Vordaches einer Scheune wurde auf den konstruktiven Holzschutz geachtet **(Bild 1)**.
  a) Erläutern Sie die konstruktiven Holzschutzmaßnahmen.
  b) Begründen Sie, durch welchen Holzschädling das Vordach dennoch besonders gefährdet ist.

2 Der Anwendungsbereich des Holzes entscheidet über den notwendigen chemischen Holzschutz und die durch Prüfprädikate beschriebenen Anforderungen an die Holzschutzmittel.
Beschreiben Sie die Gefährdung der folgenden Bauteile und wählen Sie erforderliche Prüfprädikate aus für
  a) auf Betonsockel befestigte Pfosten eines Carports,
  b) sichtbare Balken in einem Wohnraum,
  c) in den Boden gerammte Pfosten einer Einzäunung und
  d) einen nicht ausgebauten Dachstuhl.

3 Die Giebelseite eines Gebäudes soll mit Holz oder mit Holzwerkstoffen verkleidet werden **(Bild 2)**.
  a) Berechnen Sie die Giebelflächen.
  b) Erläutern Sie konstruktive Holzschutzmaßnahmen am Gebäude und an der Verkleidung.
  c) Begründen Sie, ob auf chemischen Holzschutz an der Fassade verzichtet werden kann.
  d) Wählen Sie geeignete Holzwerkstoffe für die Verkleidung.
  e) Die Fassade kann wahlweise auch mit Brettern verschalt werden. Wählen Sie dafür geeignete Holzarten.

4 Der Umgang mit Holzschutzmitteln muss verantwortungsbewusst erfolgen. Erläutern Sie notwendige Verhaltensweisen.

5.2.7 Verbindungsmittel

Verbindungsmittel im Holzbau sind Nägel und Klammern, Schrauben und Dübel sowie Stahlbleche und Stahlblechformteile. Außerdem kann man Holz mit Klebstoffen zu Bauteilen verschiedener Form und Größe verbinden.

5.2.7.1 Nägel

Nägel sind aus unlegiertem Stahldraht hergestellte stiftförmige Verbindungsmittel. Die im Holzbau vorwiegend verwendeten Nägel nach DIN EN 10230-1 werden deshalb herkömmlich auch als **Drahtstifte** bezeichnet **(Bild 1)**. Nägel können unbeschichtet, verzinkt oder beispielsweise mit Metallpigmenten angereichertem Lack überzogen sein.

Nägel unterscheiden sich durch unterschiedliche Formen, die Nagelkopf, Nagelschaft und Nagelspitze haben können. Für Nagelverbindungen nach Holzbaunorm sind Nägel mit flachem **Senkkopf** und rundem **Flachkopf** zulässig, deren Kopfoberfläche glatt oder geriffelt sein kann. Nägel mit **Stauchkopf** eignen sich besonders zum Versenken. Die Nagelspitze ist häufig als Diamantspitze ausgebildet. Der Schaft von Nägeln ist meist glatt und hat einen runden Querschnitt, kann aber auch geraut, angerollt, gerillt oder verdrillt und im Querschnitt vierkantig oder oval sein. Nägel mit angerolltem Schaft werden gemäß Holzbaunorm als Sondernägel bezeichnet (Bild 1).

Zu den **Sondernägeln** zählen die **Schraubnägel** und die **Rillennägel** (Bild 1). Sie haben einen profilierten Schaft. Darum ist die Haftfestigkeit von Sondernägeln in Holz erheblich größer als die von Drahtstiften; sie dürfen deshalb nach der Bemessungsnorm höher belastet werden. Kurze Rillennägel, die sich insbesondere zur Befestigung von Lochblechen und Stahlblechformteilen eignen, werden auch als **Kammnägel** oder **Ankernägel** bezeichnet **(Bild 2)**.

Als **Maschinenstifte** bezeichnet man Nägel in loser Form mit rundem Schaft für die Verwendung in automatischen Nagelmaschinen nach DIN 1143. Außerdem gibt es besondere Maschinenstifte in Streifen oder Rollen, die mit Druckluftmagazinnaglern eingeschlagen werden **(Bild 3)**.

Neben den allgemein üblichen Nägeln gibt es viele Sonderausführungen wie Breitkopfstifte, auch als Dachpapp-, Schiefer- und Gipsdielenstifte bezeichnet, Leichtbauplattenstifte und gehärtete Stahlnägel verschiedener Form (Bild 1). Außerdem gibt es Nägel, z.B. aus Edelstahl, Kupfer und Aluminium.

Nägel werden nach Gewicht gehandelt. Das Füllgewicht der Nagelpakete liegt je nach der Größe der Drahtstifte zwischen 1 kg und 10 kg. Die Nagelgröße für Nägel nach DIN EN 10230-1 wird für Schaftdurchmesser und Nagellänge in mm angegeben **(Tabellenheft)**.

5.2.7.2 Klammern

Klammern sind Verbindungsmittel, die nur mit Hilfe von Klammernaglern eingetrieben werden können. Diese werden meist mit Druckluft betrieben. Nach der Form der Klammern unterscheidet man Schmal-, Normal- und Breitrückenklammern **(Bild 4)**. Klammern werden vor allem zum Befestigen von Platten aus Holzwerkstoffen und von Vertäfelungen eingesetzt. Sie dürfen nach DIN EN 1995-1-1 auch für tragende Verbindungen verwendet werden.

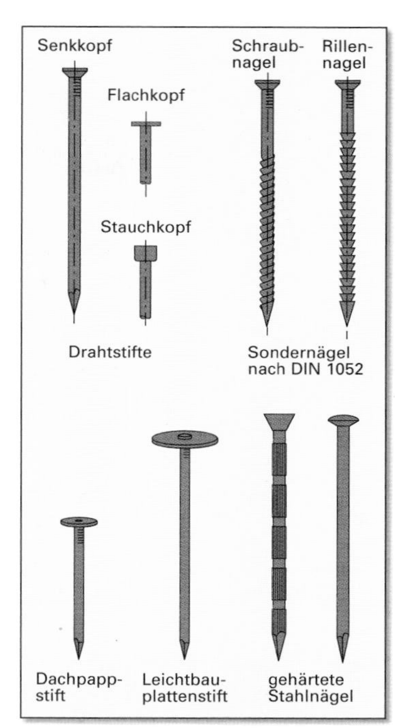

Bild 1: Nägel

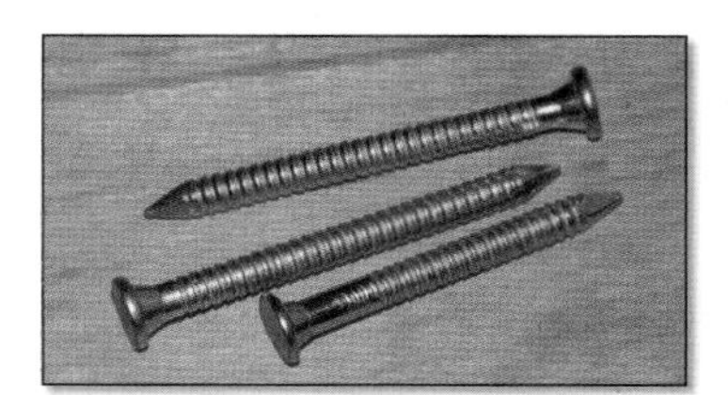

Bild 2: Kammnägel, Ankernägel

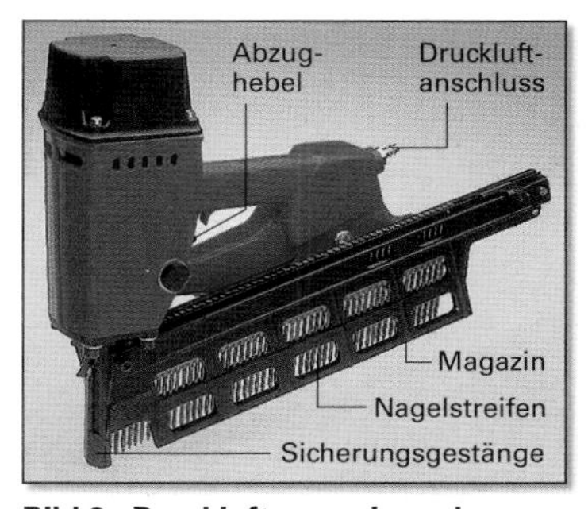

Bild 3: Druckluftmagazinnagler

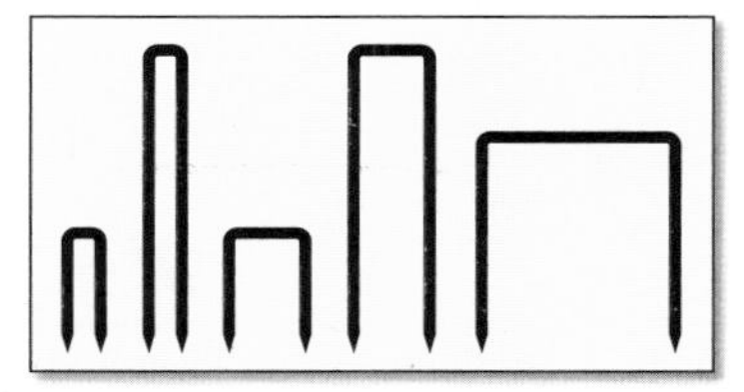

Bild 4: Klammern

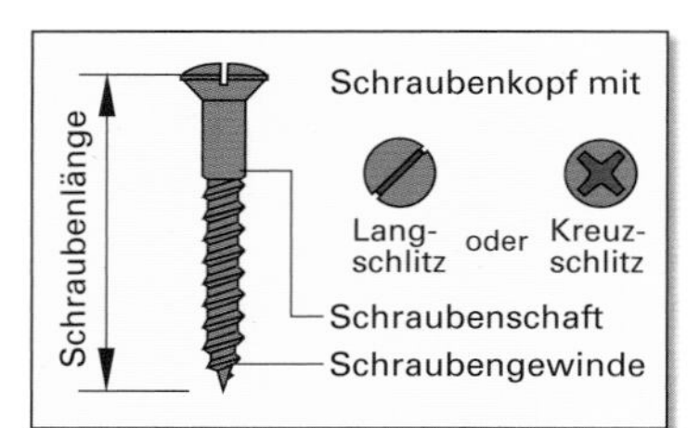

Bild 1: Teile der Holzschraube

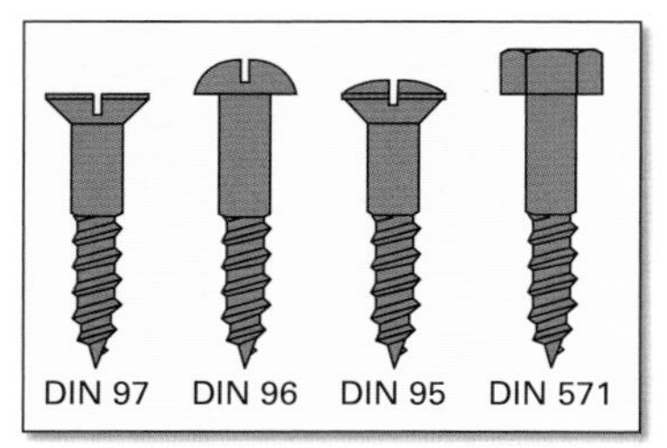

Bild 2: Holzschrauben

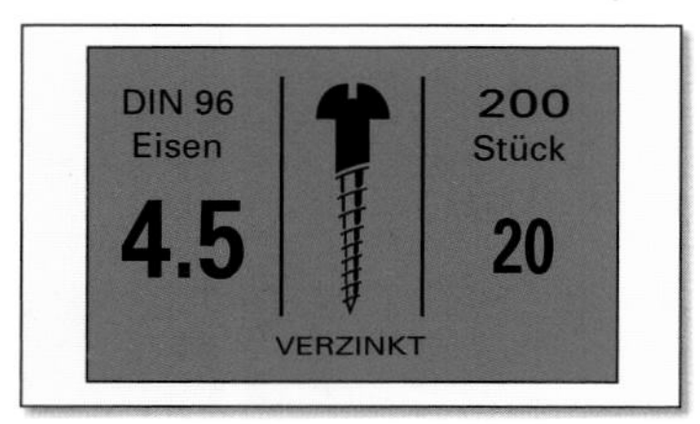

Bild 3: Schraubenpaketaufkleber

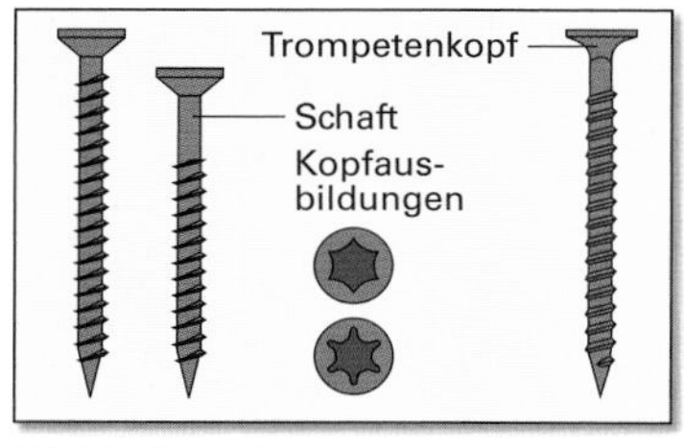

Bild 4: Spanplattenschrauben, Schnellbauschraube

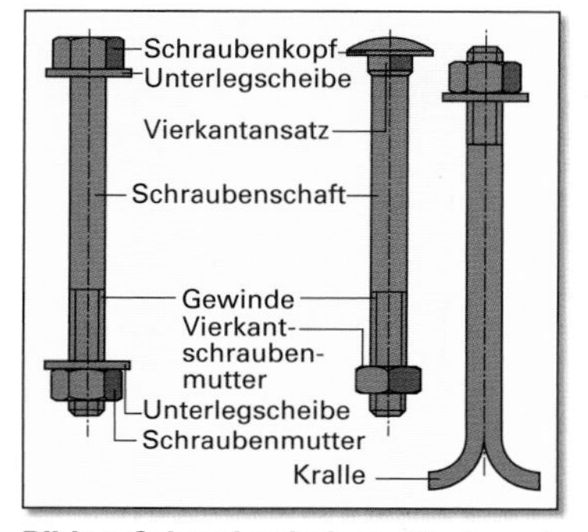

Bild 5: Schraubenbolzen, Flachrund- und Steinschraube

2.5.7.3 Schrauben

Schraubenverbindungen sind haltbarer als Verbindungen mit Drahtstiften und Klammern. Auch lassen sie sich wieder leicht lösen. Schrauben unterscheidet man im Wesentlichen nach dem verwendeten Werkstoff, der Art des Gewindes und der Kopfform.

Holzschrauben sind aus unlegiertem Stahl (St), aus einer Kupfer-Zink-Legierung (Cu-Zn) oder aus einer Aluminium-Legierung (Al-Leg). In der Regel sind sie blank, sie können auch mit einem Oberflächenschutz versehen sein, z. B. brüniert oder verzinkt. Holzschrauben bestehen aus dem Schraubenkopf, dem Schaft und dem Gewinde **(Bild 1)**. Bei genormten Schrauben unterscheidet man nach der Kopfform **Senk-Holzschrauben, Halbrund-Holzschrauben, Linsensenk-Holzschrauben** mit einfachem Schlitz oder mit Kreuzschlitz sowie **Sechskant-** bzw. **Vierkant-Holzschrauben (Bild 2)**. Die Pakete von Holzschrauben sind durch farbige Aufklebezettel gekennzeichnet. Auf ihnen ist die Form der Holzschraube, der Schaftdurchmesser in Millimeter, die Länge in Millimeter, die DIN-Nummer und die Art des Werkstoffes sowie die Stückzahl angegeben **(Bild 3)**. Die Länge wird von der Spitze bis an die Stelle des Schraubenkopfs gemessen, an der dieser mit dem Holz bündig ist.

Neben den genormten Holzschrauben gibt es weitere mit bauaufsichtlicher Zulassung mit unterschiedlicher Kopfform. Sie können beispielsweise Fräsrippen am Schaft, eine veränderliche Gewindesteigung oder eine Bohrspitze aufweisen und dadurch ohne Vorbohren mit geringerem Kraftaufwand eingedreht werden.

Spanplattenschrauben (Spax-Schrauben) sind aus gehärtetem, oberflächengeschütztem Stahl **(Bild 4)**. Sie haben einen verhältnismäßig kurzen oder keinen Schaft und meist einen Senkkopf mit Kreuzschlitz. Anstelle des Kreuzschlitzes sind auch spezielle Kopfausbildungen für die Montage mit Schraubern üblich (Bild 4). Die Zentrierspitze der Schrauben ermöglicht ein gerades Eindrehen. Durch geringen Druck beim Eindrehen wird das Aufreißen der Spanplatten weitgehend verhindert.

Schnellbauschrauben, die zur Befestigung von Gipsplatten verwendet werden, sind den Spanplattenschrauben ähnlich, haben aber meist einen Trompetenkopf (Bild 4).

Schraubenbolzen, auch Bauschrauben genannt, verwendet man zum Verbinden stark beanspruchter Bauteile wie z. B. von verdübelten Balken. Schraubenbolzen haben einen Schaft mit Gewinde, einen vier- oder sechskantigen Kopf und eine vier- oder sechskantige Schraubenmutter **(Bild 5)**. Da sich beim Anziehen der Schraubenkopf und die Schraubenmutter in das Holz eindrücken würde, muss auf beiden Seiten eine quadratische oder runde Unterlegscheibe unterlegt werden.

Flachrundschrauben dienen vorwiegend zum Verbinden von Beschlagteilen mit Holz, meist zum Anschlagen von Türen und Toren (Bild 5). Sie werden deshalb auch als Schlossschrauben bezeichnet. Flachrundschrauben sind unter dem Schraubenkopf mit einem Vierkant versehen. Dieser verhindert beim Anziehen der Schraubenmutter das Mitdrehen der Schrauben.

Steinschrauben haben auf der einen Seite ein Gewinde und eine Schraubenmutter, auf der anderen Seite eine Kralle (Bild 5). Sie werden vor allem zum Verbinden von Schwellen mit Massivdecken verwendet, wobei die Kralle in die Decke einbetoniert wird.

5.2.7.4 Dübel

Zur Übertragung großer Kräfte in Tragwerken ist es oft zweckmäßig, mechanische Verbindungsmittel einzusetzen, die Konstruktionshölzer miteinander verzahnen bzw. verdübeln. Solche formschlüssigen Verbindungsmittel bezeichnet man als Dübel. Sie werden vorwiegend auf Druck und Abscheren belastet und müssen stets zusätzlich gesichert werden. Dies erfolgt meist mit nachziehbaren Schraubenbolzen aus Stahl.

Für Dübelverbindungen werden vorwiegend **Dübel besonderer Bauart** verwendet **(Bild 1)**. Diese genormten ingenieurmäßigen Verbindungsmittel sind meist rund. Nach DIN EN 912 unterscheidet man eingefräste Ringdübel und eingepresste Scheibendübel:

- Ringdübel aus Aluminium-Gusslegierung,
- Scheibendübel mit Zähnen aus Stahl und
- Scheibendübel mit Dornen aus Temperguss.

Ringdübel aus Aluminium

Scheibendübel mit Zähnen aus Stahl

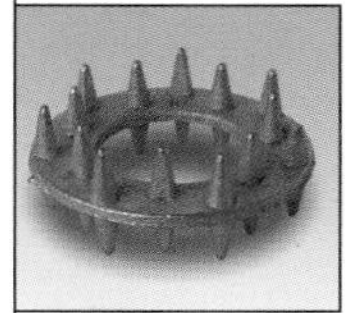

zweiseitiger einseitiger Scheibendübel mit Dornen aus Temperguss

Bild 1: Dübel besonderer Bauart

5.2.7.5 Stahlbleche und Stahlblechformteile

Vollholz und Brettschichtholz dürfen nach DIN EN 1995-1-1 mit korrosionsgeschützten Stahlblechen und Stahlblechformteilen durch Nagelung verbunden werden.

Ebene Bleche werden z. B. als Knotenbleche im konstruktiven Holzbau eingesetzt. Die Bleche werden in verschiedenen Größen mit und ohne vorgebohrte Löcher geliefert. Als dicke Bleche gelten ebene Bleche, die mindestens 2 mm dick sind. Dünne Bleche haben eine Blechdicke von weniger als dem halben Nagelschaftdurchmesser. Die Nagelung erfolgt mit Drahtstiften, Maschinenstiften oder Sondernägeln.

Stahlblechformteile sind kaltgeformte Stahlbleche, die mit Sondernägeln an Holzbauteile angenagelt werden. Die korrosionsgeschützten Stahlblechformteile haben eine Blechdicke zwischen 2 mm und 4 mm. Sie sind gelocht, damit sie einfach an Holzbauteilen angenagelt werden können. Entsprechend ihren unterschiedlichen Verwendungszwecken sind sie verschieden geformt. Häufig verwendete Stahlblechformteile sind Sparrenpfettenanker, Winkelverbinder und Balkenschuhe **(Bild 2)**.

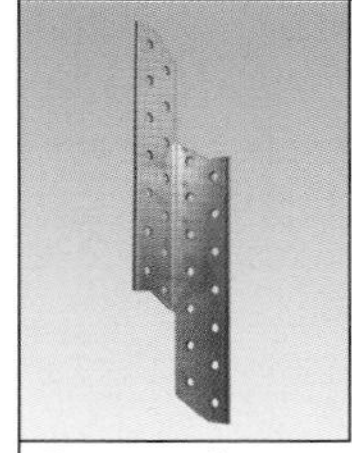

Sparrenpfettenanker

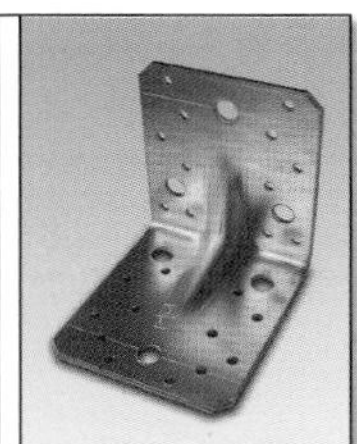

Winkelverbinder

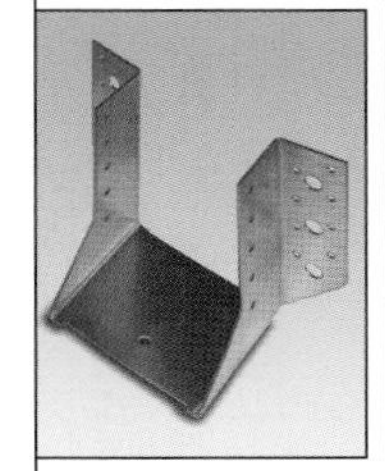

Balkenschuhe

Bild 2: Stahlblechformteile

5.2.7.6 Klebstoffe

Wird Holz nach dem Auftragen von Klebstoffen zusammengefügt, entsteht durch Adhäsionskräfte und Kohäsionskräfte eine feste Verbindung. Meist sind zum Abbinden bzw. Aushärten der Klebstoffe Druck und Wärme erforderlich.

Die Erhärtung erfolgt durch eine chemische Reaktion und/oder der Verdunstung eines Lösemittels, wobei ein Kunststoff in der Klebefuge verbleibt. Klebstoffe, die Wasser als Lösemittel enthalten, bezeichnet man herkömmlich als **Leime,** Klebstoffe mit anderen Lösemitteln auch als **Kleber (Tabelle 1)**.

Mit Klebstoffen können Träger, Binder und plattenförmige Bauteile verschiedener Form und Größe wirtschaftlich hergestellt werden. Verklebungen werden in der Regel in Betrieben und nicht auf der Baustelle ausgeführt. Da Klebstoffe gesundheitsschädigende oder leicht entzündbare Bestandteile enthalten können, sind die Verarbeitungsvorschriften der Herstellerfirmen genau zu beachten.

Tabelle 1: Verwendung von Klebstoffen

Klebstoff	Verwendung
Weißleim (KPVAC-Dispersionsklebstoff)	Montageleim im Innenausbau, Verleimen von Fußbodenplatten
Kondensationsklebstoff, z. B. Melaminharzklebstoff	Sperrholz, Spanplatten, Faserplatten, Brettschichtholz
Epoxidharz-Kleber	Holz-Stahl-Verbindungen
Polyurethan-Kleber	Spanplatten P5, P7, Brettschichtholz

Zimmermannsmäßige Holzverbindungen

Kreuzung: Sparren/Schwelle
Eckverbindung: Schwellen
Abzweigung: Schwellen/Stiel

Längsverbindung: Pfettenstoß

Ingenieurmäßige Holzverbindungen

Knotenpunkt

Balkenanschluss

Bild 1: Holzverbindungen

5.2.8 Holzverbindungen

Holz eignet sich zur Herstellung von tragenden und raumabschließenden **Holzkonstruktionen für Wände, Decken und Dächer.** Dazu werden beispielsweise Kanthölzer, Bohlen oder Bretter miteinander verbunden. Man unterscheidet dabei **Längsverbindungen, Eckverbindungen** sowie **Abzweigungen** und **Kreuzungen.** Die unverschiebliche Verbindung von verschiedenen Hölzern bezeichnet man als **Knotenpunkt,** die zu verbindenden Hölzer als **Stäbe.** Die Stäbe und Knotenpunkte müssen auftretende **Kräfte** aufnehmen können.

Anschlüsse können mit **zimmermannsmäßigen Verbindungen** ausgeführt werden. Zusätzlich können diese mit Schraubenbolzen oder Nägeln gesichert sein **(Bild 1).**

Verbindungen mit Dübeln, Stahlblechen und Stahlblechformteilen sowie tragende Schrauben- oder Nagelverbindungen werden als **ingenieurmäßige Verbindungen** oder als mechanische Verbindungen im Holzbau bezeichnet (Bild 1).

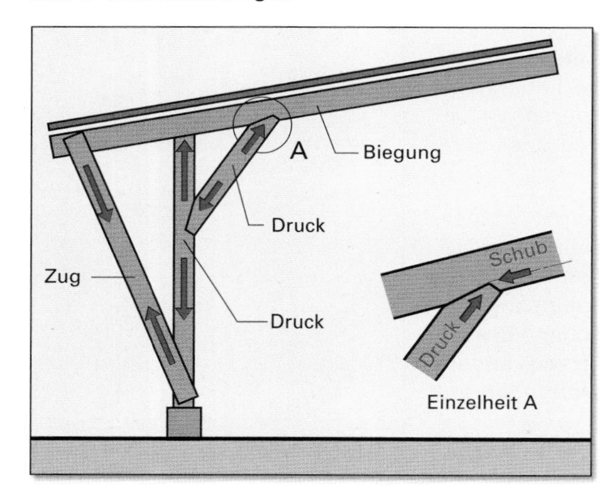

Bild 2: Beanspruchungen an einer Überdachung

5.2.8.1 Kräfte an Knotenpunkten

Bauteile werden durch von außen einwirkende Kräfte belastet. Diese **Lasten** müssen von den Hölzern sowie von den Verbindungen an den Anschlüssen und Knotenpunkten aufgenommen und sicher weitergeleitet werden.

Je nach Art der Konstruktion entstehen unterschiedliche Beanspruchungen. Dabei werden die Bauteile und Anschlüsse beispielsweise auf **Druck, Zug, Biegung** sowie auf **Schub** oder **Abscheren** belastet, wobei jeweils Spannungen entstehen **(Bild 2).** Sowohl die Hölzer als auch die Verbindungen müssen die dafür erforderliche **Festigkeit** aufweisen. Dabei ist zu beachten, dass Holz je nach Beanspruchungsart und Faserrichtung unterschiedlich belastbar ist.

Aufgabe

Pfette
Sparren
Pfosten

Bild 3: Knotenpunkt mit Stahlblechformteilen

Der Sparren aus Brettschichtholz liegt auf Kanthölzern aus KVH auf **(Bild 3):**

a) Welche Beanspruchungsarten treten bei Sparren, Pfette und Pfosten auf?

b) Berechnen Sie die vorhandene Spannung in N/mm^2, wenn der Pfosten einen Querschnitt von 12/16 cm aufweist und mit 30 kN belastet wird (Seite 67).

c) Berechnen Sie, welcher quadratische Pfostenquerschnitt bei einer Last von 39 kN erforderlich wäre, wenn am Anschluss vom Pfosten an die Pfette eine Spannung von $2\ N/mm^2$ entstehen darf.

5.2.8.2 Zimmermannsmäßige Holzverbindungen

Zimmerer haben traditionell die Hölzer so bearbeitet, dass die Anschlüsse durch ihre Form dazu geeignet waren, Kräfte zu übertragen. Diese Anschlüsse, die auch heute noch verwendet werden, bezeichnet man als zimmermannsmäßige Holzverbindungen.

Längsverbindungen werden meist über Auflagern angeordnet und als **Blattstoß,** seltener als **Zapfenblatt** ausgeführt **(Bild 1).**

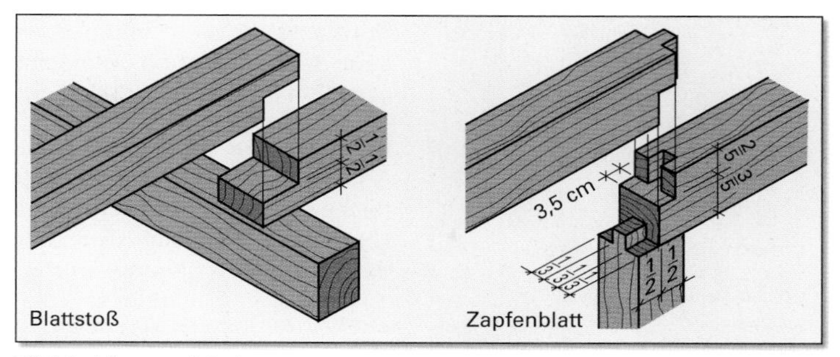

Bild 1: Längsverbindungen

Eckverbindungen werden nötig, wenn zwei Bauhölzer an einer Ecke rechtwinklig oder annähernd rechtwinklig in einer Ebene zusammentreffen. Gebräuchliche Eckverbindungen sind der **Scherzapfen,** das glatte **Eckblatt** und das **Druckblatt.** Soll das Hirnholz, beispielsweise aus Gründen des konstruktiven Holzschutzes, vollständig verdeckt sein, kann man **Eckblätter** auch **verdeckt** ausbilden **(Bild 2).**

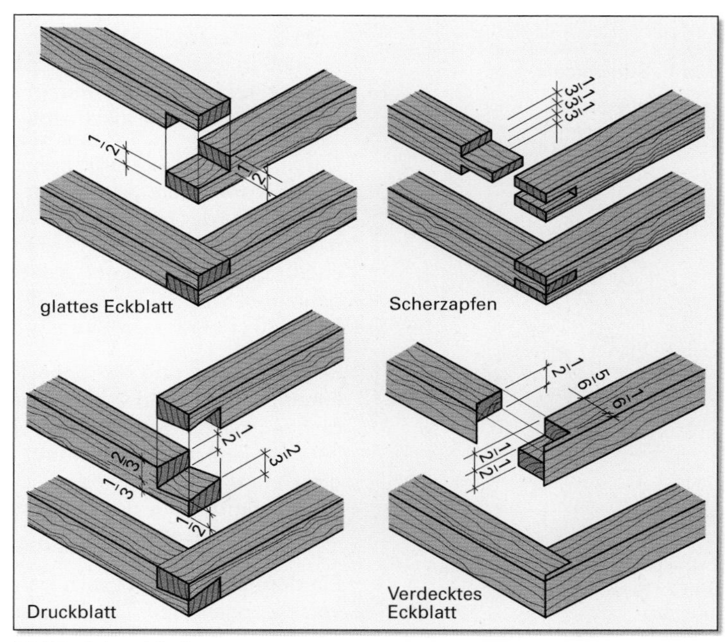

Bild 2: Eckverbindungen

Mit dem Scherzapfen oder mit dem glatten Eckblatt werden aufliegende oder auskragende Enden von Pfetten und Sparren verbunden. Zur Sicherung der Verbindungen können Nägel oder Schraubenbolzen verwendet werden. Das Druckblatt hat schräg ineinander greifende Flächen. Es eignet sich besonders zur Verbindung belasteter, voll aufliegender Schwellen.

Bei der **Abzweigung** wird ein recht- oder spitzwinklig auftreffendes Kantholz meist oberflächengleich mit einem anderen verbunden. Bei herkömmlicher Holzbauweise verwendet man dazu hauptsächlich die **Verzapfung,** bei Druckstäben den **Versatz** und bei untergeordneten Konstruktionen auch das **Blatt.**

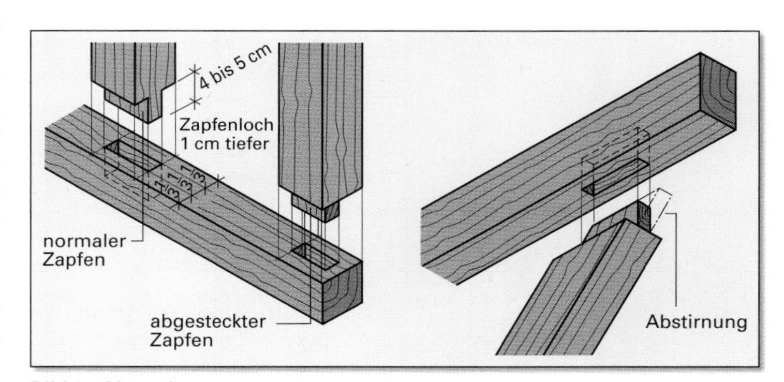

Bild 3: Abzweigungen

Bei der Verzapfung unterscheidet man den normalen, über die ganze Holzbreite reichenden Zapfen und den **abgesteckten Zapfen,** der für Verbindungen an Holzenden angewendet wird **(Bild 3).** Treffen bei einer Zapfenverbindung die Hölzer nicht rechtwinklig zusammen, z. B. bei Kopfbändern, muss der Zapfen rechtwinklig **abgestirnt** werden.

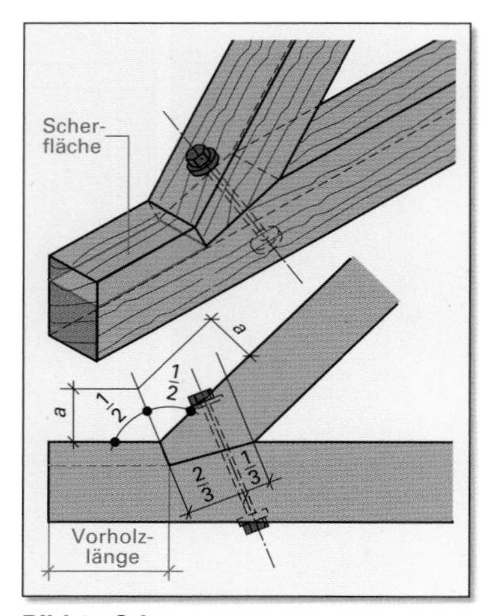

Bild 1: Stirnversatz

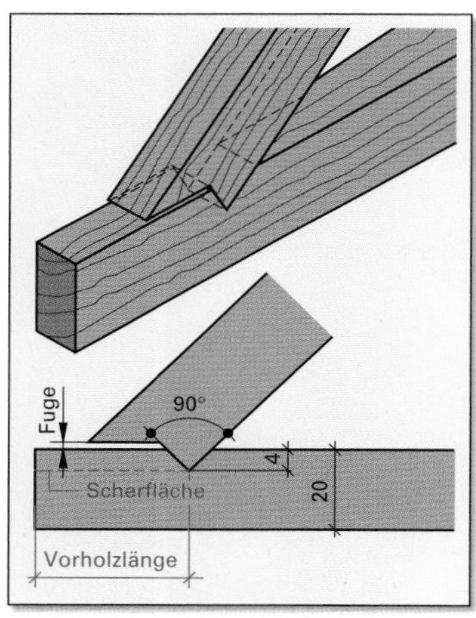

Bild 2: Fersenversatz

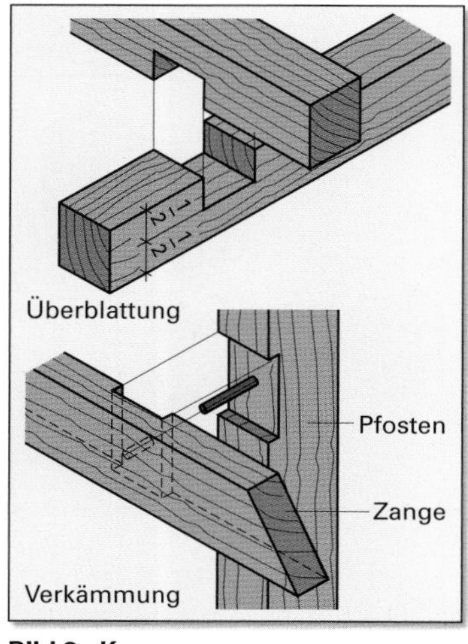

Bild 3: Kreuzungen

Der **Versatz** ist eine Abzweigung, bei der ein spitzwinklig auftreffender Druckstab durch eine oder mehrere Passflächen an seiner Stirnseite mit dem anderen Holz verbunden wird. Nach Zahl und Lage der Passflächen unterscheidet man den Stirnversatz, den Rück- bzw. Fersenversatz und den doppelten Versatz.

Beim **Stirnversatz** erhält der aufnehmende Stab eine keilförmige Ausklinkung, in die der Druckstab eingepasst wird **(Bild 1)**. Die Stirnfläche soll dabei in der Winkelhalbierenden des stumpfen Außenwinkels liegen. Die gleiche Richtung soll auch der Heftbolzen haben, der die Verbindung gegen seitliches Verschieben sichert.

Zum Anreißen des Versatzes zieht man zu den beiden Schenkeln des zu halbierenden Winkels jeweils Parallelen im gleichen Abstand. Die Verbindungslinie von deren Schnittpunkt mit dem Scheitel des stumpfen Winkels ist die Winkelhalbierende (Bild 1). Die Lage des Heftbolzens ergibt sich, wenn man den Abstand dieser Winkelhalbierenden vom Scheitel des spitzen Anschlusswinkels in drei gleiche Teile teilt. Den Heftbolzen legt man etwa durch den zweiten Drittelpunkt parallel zur Winkelhalbierenden.

Durch die eingeleitete Druckkraft wird das vor der Versatzfläche liegende **Vorholz** auf **Abscheren** beansprucht (Bild 1). Da die Bemessungswerte der Festigkeit auf Abscheren in Faserrichtung verhältnismäßig gering sind, muss die Vorholzlänge (Scherfläche) entsprechend groß sein. Da außerdem mit der Bildung von Trockenrissen gerechnet werden muss, sollte die Vorholzlänge nur in Ausnahmefällen 20 cm unterschreiten.

Eine Vergrößerung der Scherfläche erreicht man beim **Rück-** oder **Fersenversatz (Bild 2)**. Die Versatzfläche wird beim Fersenversatz rechtwinklig zur Unterfläche des Druckstabs angeschnitten. Dadurch entsteht jedoch ein außermittiger Anschluss und für den Druckstab die Gefahr des Aufspaltens. Deshalb darf beim Fersenversatz die freie Schnittfläche des Druckstabes nicht aufsitzen, sondern muss eine Fuge aufweisen.

Ein **doppelter Versatz** setzt sich aus einem Stirn- und einem Fersenversatz zusammen. Der Fersenversatz muss aber mindestens 1 cm tiefer eingelassen werden, damit dessen Scherfläche unter der des Stirnversatzes liegt.

Kreuzungen können, sofern die Querschnittsschwächung keine Rolle spielt, als oberflächengleiche Kreuzungen voll **überblattet** werden **(Bild 3)**.

Seitlich anliegende, zum Teil auch aufliegende Hölzer bekommen ebenfalls einen festen Sitz, wenn sie **verkämmt** werden (Bild 3). Dazu werden die Berührungsflächen beider Hölzer nur 1,5 cm bis 2 cm tief ausgeblattet. Die Verbindung ist unverschieblich und wird in der Regel durch einen Schraubenbolzen zusammengehalten.

Bei Kreuzungen von geneigten mit waagerechten Hölzern, wie sie hauptsächlich bei Sparren mit Pfetten vorkommen, erhalten die Sparren einen der Neigung entsprechenden Einschnitt, den man als **Kerve** (Kerbe, Sattel) bezeichnet (Bild 1, Seite 196). Bei Sparrenhöhen von 16 cm bis 20 cm beträgt die Tiefe von Sparrenkerven 2,5 cm bis 3,5 cm. Zur Befestigung dient ein Nagel, der mindestens 12 cm (Haftlänge) in die Pfette eindringen sollte oder Sparrenpfettenanker.

5.2.8.3 Ingenieurmäßige Holzverbindungen

Als ingenieurmäßige Holzverbindungen bezeichnet man solche Holzverbindungen, die mit mechanischen Verbindungsmitteln nach Holzbaunorm hergestellt werden. Zu diesen gehören Dübel besonderer Bauart, Nägel, Schrauben, ebene Stahlbleche sowie Stahlblechformteile **(Bild 1)**. Damit können Holzkonstruktionen sicher und rationell gefertigt werden. Gegenüber den handwerklichen Holzverbindungen haben sie den Vorteil, dass sie rasch und ohne oder nur geringer Schwächung der Holzquerschnitte hergestellt werden können.

Dübelverbindungen werden zum Anschluss glatt anliegender Hölzer verwendet **(Bild 2)**. Bevorzugt werden dabei Dübel besonderer Bauart aus Metall eingesetzt (Seite 195). Solche Dübel gibt es als Ringdübel oder Scheibendübel mit Zähnen oder Dornen in verschiedenen Formen und Größen. Bei den gebräuchlichsten Dübeln liegt der Durchmesser zwischen 50 mm und 165 mm. Zu jedem **Dübel** gehört in der Regel ein **Schraubenbolzen,** dessen Schaftdurchmesser je nach Dübelgröße zwischen 10 mm und 30 mm beträgt sowie **Unterlegscheiben.**

Die Dübel ordnet man so an, dass sie gleichmäßig in die Oberflächen der zu verbindenden Hölzer eingreifen. Dadurch erfolgt die Kraftübertragung vorwiegend durch die Dübel, während die Schraubenbolzen durch ihre Klemmwirkung insbesondere verhindern müssen, dass die Dübel verkanten können. Bei der Anordnung der Dübel müssen bestimmte Abstände der Dübel untereinander und von den Holzrändern (Vorholz) eingehalten werden.

Damit die Klemmwirkung auch nach dem Schwinden der Hölzer erhalten bleibt, müssen bei Dübelverbindungen in der Regel die Schraubenbolzen einige Monate nach dem Einbau nachgezogen werden.

Tragende **Nagelverbindungen** haben die Aufgabe, Zug- und Druckkräfte zu übertragen. Mit Hilfe der Nagelverbindungen können zur Herstellung tragender Bauteile, z. B. für freigespannte Binder, auch Bretter und Bohlen verwendet werden.

Im Allgemeinen sind für jeden Anschluss bei einer Nagelverbindung mindestens zwei Nägel erforderlich. Die Befestigung von Schalungen und Latten sowie von Sparren, Pfetten und dergleichen ist mit weniger als zwei Nägeln zulässig.

Die gleichmäßige Anordnung dieser Nägel auf der Verbindungsfläche erfolgt mit Hilfe von **Nagelrisslinien (Bild 3)**. Damit nicht zwei hintereinanderliegende Nägel in der gleichen Faser sitzen, kann man sie an den Kreuzungspunkten der Nagelrisslinien jeweils um die Schaftdicke versetzen.

Bild 1: Ingenieurmäßige Holzverbindung

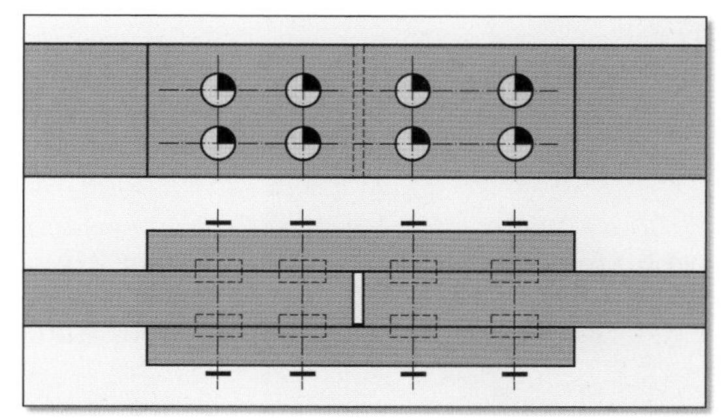

Bild 2: Holzverbindung mit Dübel und Bolzen

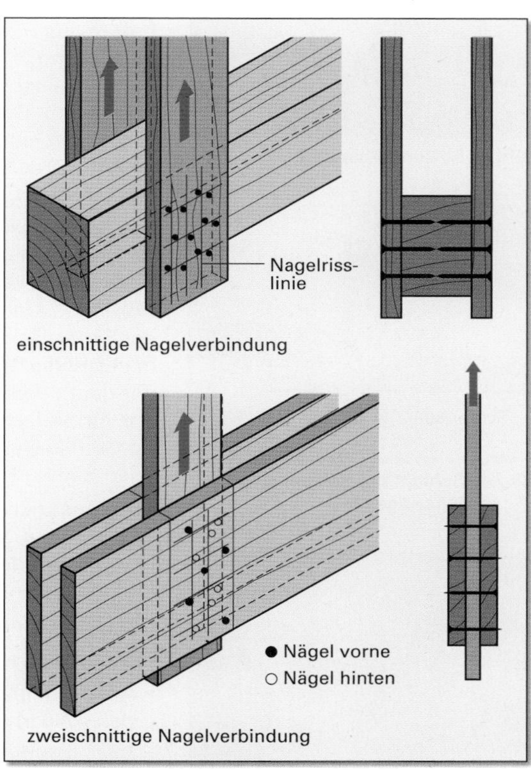

Bild 3: Nagelverbindungen

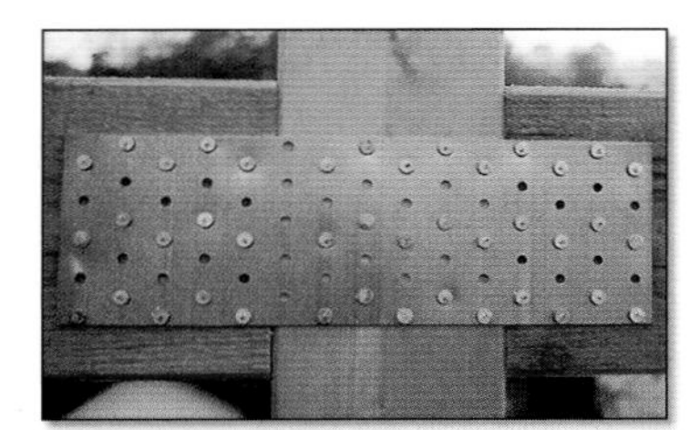

Bild 1: Verbindung mit gelochten Stahlblechen

Bild 2: Sparrenpfettenanker

Bild 3: Bolzenverbindung

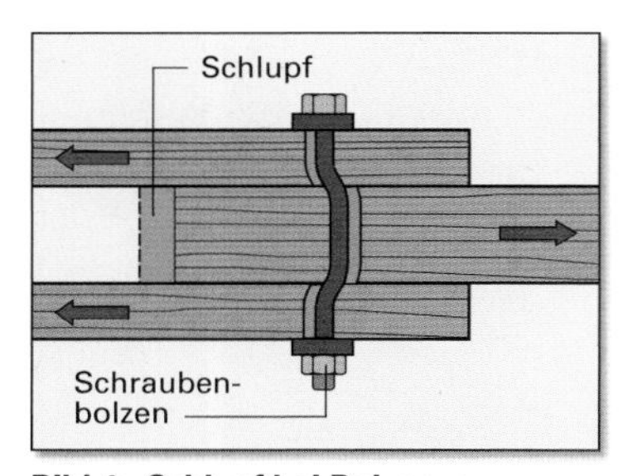

Bild 4: Schlupf bei Bolzenverbindungen

Bild 5: Verankerung auf Beton

Nagelverbindungen werden **einschnittig, zweischnittig** und **mehrschnittig** ausgeführt (Bild 3, Seite 199). Dabei richtet sich die Nagelgröße nach der Holzdicke und nach der Einschlagtiefe. Außerdem müssen bei der Anordnung der Nägel bestimmte Abstände eingehalten werden. Werden tragende Nagelverbindungen vorgebohrt, spaltet das Holz nicht so leicht auf. Deshalb darf die Tragkraft erhöht, Nagelabstände und die Holzdicke verringert werden. Das Bohrloch muss dabei etwa ein Zehntel kleiner sein als der Durchmesser des Nagelschafts.

Bei **Nagelverbindungen mit Stahlblechen** unterscheidet man Verbindungen mit außenliegenden oder mit eingeschlitzten Blechen.

Außenliegende Bleche sind in der Regel vorgelocht **(Bild 1).** Sie werden über die stumpf aneinander stoßenden Hölzer mit einer entsprechenden Zahl von Drahtstiften oder Sondernägeln genagelt.

Bei **eingeschlitzten Blechen** müssen die Löcher für die Nägel gleichzeitig durch die Holz- und Blechteile vorgebohrt werden oder sie können bei dünnen Blechen ohne Vorbohren durchgenagelt werden. Bei Verbindungen mit genagelten Stahlblechen ist die Tragfähigkeit der Scherfuge nachzuweisen.

Stahlblechformteile sind räumlich geformte Stahlbleche von mindestens 2 mm Dicke, die durch einschnittig wirkende Nägel an Holz angeschlossen werden (Seite 195). Werden die Nägel auf Herausziehen beansprucht, müssen Sondernägel verwendet werden (Seite 193). Stahlblechformteile gibt es in vielfältigen Formen und Größen für alle im Holzbau üblichen Anschlüsse. Es können damit hoch belastbare Verbindungen zeitsparend hergestellt werden **(Bild 2).**

Zu **Bolzenverbindungen** verwendet man hauptsächlich Schraubenbolzen aus Stahl mit genormten Durchmessern von 12 mm, 16 mm, 20 mm und 24 mm **(Bild 3).** Wie bei Nagelverbindungen unterscheidet man einschnittige, zweischnittige und mehrschnittige Bolzenverbindungen. Damit sich Kopf und Mutter der Schraubenbolzen nicht in das Holz eindrücken können, müssen tragfähige Stahlscheiben unterlegt werden.

Löcher für Bolzen müssen gut passend gebohrt werden, ein Spiel von 1 mm darf nicht überschritten werden. Bei Bolzenverbindungen wirkt es sich ungünstig aus, wenn der Bolzen im Bohrloch etwas Spiel hat. Ebenfalls ungünstig ist es, dass durch das Schwinden der Hölzer die Klemmwirkung der Bolzen nachlässt. Dadurch entsteht in der Scherfläche ein Schlupf, der bewirkt, dass die Bolzenschäfte nur noch auf die Randzonen der Bohrlochwände drücken **(Bild 4).** Wegen der damit verbundenen Nachgiebigkeit dürfen Bolzenverbindungen nur für einfache Bauten wie Schuppen und Unterstellräume sowie für Gerüste verwendet werden. Außerdem müssen die Bolzen im fertigen Bauwerk mehrmals nachgezogen werden.

Holzkonstruktionen werden in der Regel auf massive Bauteile wie Fundamente, Wände oder Stahlbetondecken aufgesetzt. Dazu dienen verschiedene Stahlteile und Verankerungselemente, die aus korrosionsbeständigem Stahl hergestellt sind.

Übliche Verankerungsmittel sind:

- Stützenfüße,
- Ankerschienen, auf denen Profilanker oder Winkel befestigt werden **(Bild 5)** und
- Sechskantholzschrauben (Schlüsselschrauben), die in Spreizdübel eingedreht werden sowie Steinschrauben (Seite 194).

5.2.8.4 Holzkonstruktionen

Holzkonstruktionen haben eine geringe Eigenlast und eignen sich wegen der hohen Festigkeit des Holzes für nahezu alle Bauaufgaben. Häufige Konstruktionen sind Dachtragwerke wie das **Pfettendach** und das **Sparrendach (Bild 1** und **Bild 2)**. Decken werden meist als **Balkenlagen** hergestellt **(Bild 3)**. Bei der **Fachwerkwand** werden viele zimmermannsmäßige Holzverbindungen angewendet **(Bild 4)**. Die Hölzer von Wänden, Decken und Dachkonstruktionen werden nach ihrer Funktion unterschiedlich bezeichnet.

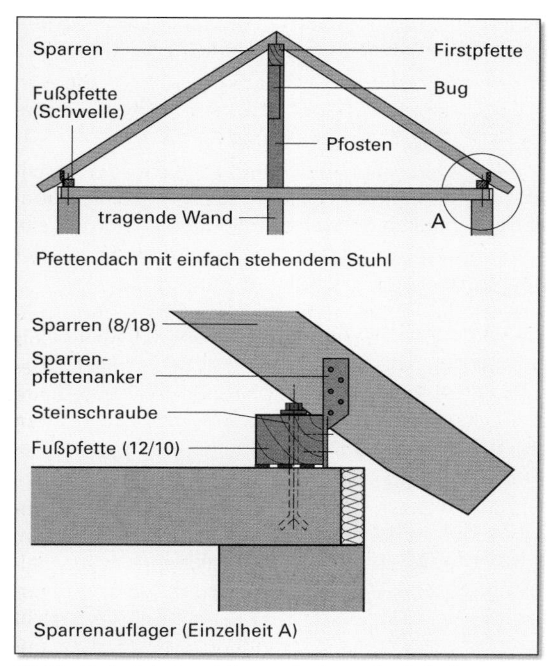

Bild 1: Beispiel eines Pfettendaches mit einfach stehendem Stuhl

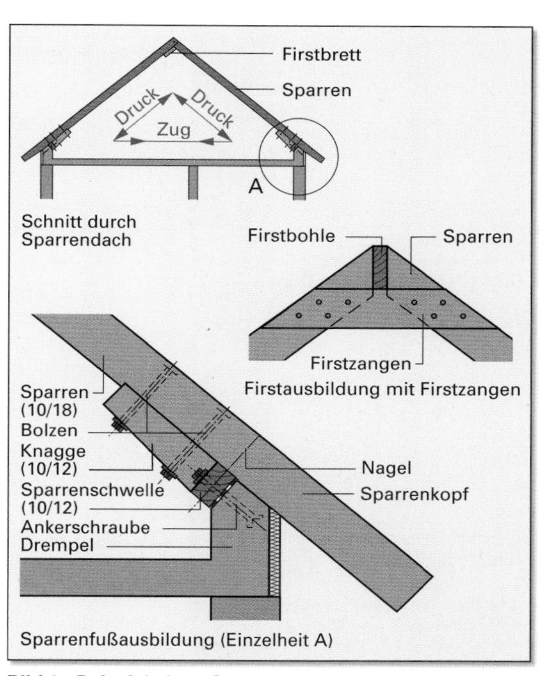

Bild 2: Beispiel eines Sparrendaches

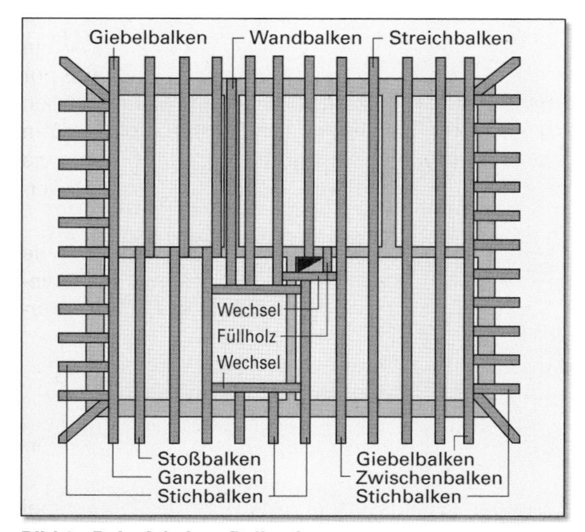

Bild 3: Beispiel einer Balkenlage

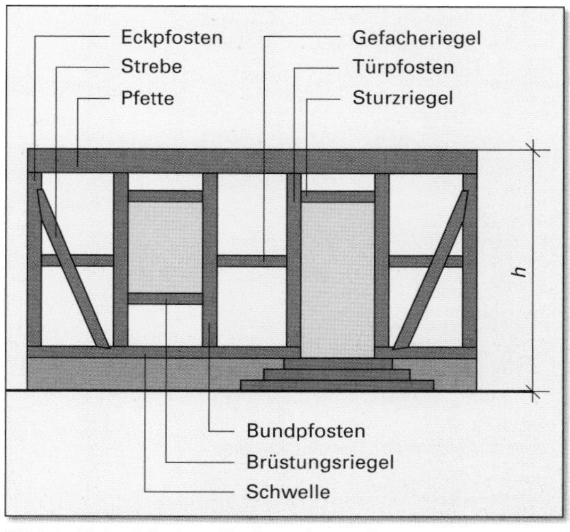

Bild 4: Beispiel einer Fachwerkwand

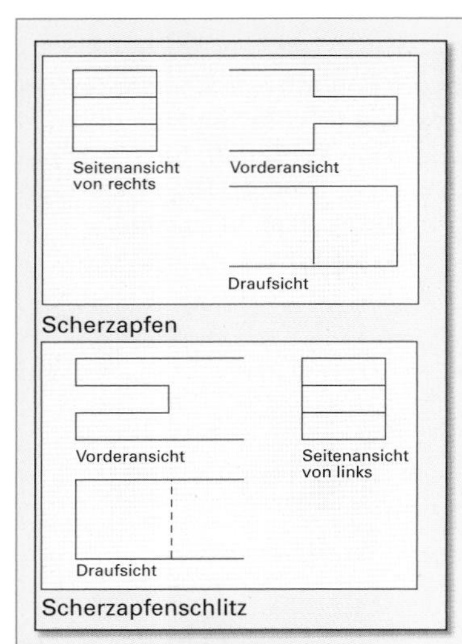

Bild 1: Dreitafelprojektionen

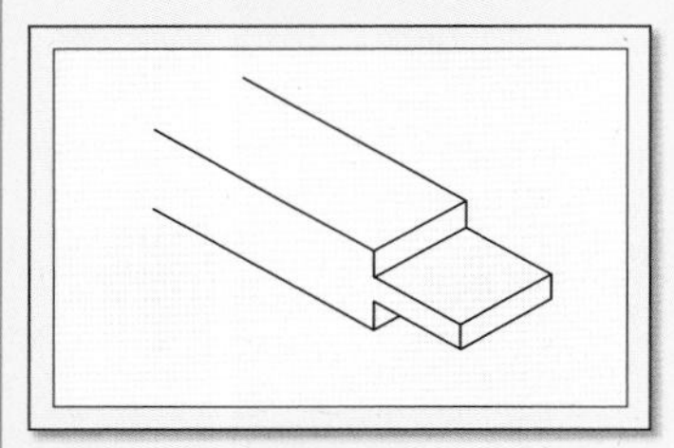

Bild 2: Isometrie

Bild 3: Gebäudeecke

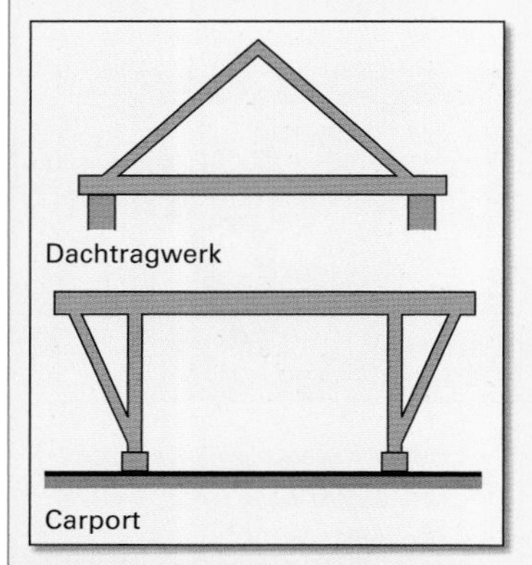

Bild 4: Tragwerke aus Holz

Aufgaben

1 **Holzverbindungen** werden in der Dreitafelprojektion in Vorderansicht, einer Seitenansicht und der Draufsicht dargestellt. Im Beispiel sind die Hölzer einer Scherzapfenverbindung jeweils mit der Seitenansicht abgebildet, welche die Verbindung zeigt **(Bild 1)**.

Die Hölzer sind jeweils 25 cm lang und haben einen Querschnitt von 12 cm/12 cm. Zeichnen Sie Vorderansicht, Draufsicht und eine Seitenansicht der Holzverbindungen (Bilder 1 und 2, Seite 197) im Maßstab 1:2, DIN A4, Querformat.

a) Druckblatt

b) verdecktes Eckblatt

c) Pfetten mit Zapfenblatt

2 Durch räumliche Darstellungen, wie z.B. der Isometrie, kann man Hölzer sehr anschaulich darstellen **(Bild 2)**.

Zeichnen Sie die **Holzverbindungen** aus Aufgabe 1 in isometrischer Darstellung im Maßstab 1:2, DIN A4, Querformat.

3 Zeichnen Sie die Vorderansicht von **Abzweigungen** im Maßstab 1:5, DIN A4, Querformat. Die Pfetten haben einen Querschnitt von 12 cm/20 cm, alle anderen Hölzer von 12 cm/12 cm. Darzustellen sind

a) Verzapfungen (Bild 3, Seite 197),

b) Stirnversatz und Fersenversatz (Bild 1 und 2, Seite 198).

4 An der **Ecke eines Gebäudes** sind Hölzer mit zimmermannsmäßigen Holzverbindungen angeschlossen **(Bild 3)**.

a) Geben Sie die Bezeichnungen der Hölzer an.

b) Nennen Sie die verwendeten Holzverbindungen und Verbindungsmittel.

c) Erläutern Sie, welche ingenieurmäßige Holzverbindungen man anstelle der zimmermannsmäßigen Verbindungen anwenden könnte.

d) Berechnen Sie die Länge der schrägen Hölzer, wenn das Stirnmaß 75 cm beträgt und für die Holzverbindungen jeweils 4 cm zugeschlagen werden.

e) Zeichnen Sie eines dieser Hölzer in der Ansicht und in der Draufsicht im Maßstab 1:5, DIN A4, Hochformat. Die Hölzer haben die Querschnittsmaße 14 cm/14 cm.

5 **Tragewerke,** z.B. für Dächer, müssen Lasten aufnehmen und ableiten können **(Bild 4)**. Dadurch werden die Hölzer und die Anschlüsse belastet.

a) Beurteilen Sie, in welchen Stäben Druck-, Zug- und Biegebeanspruchungen auftreten.

b) Wählen Sie geeignete zimmermannsmäßige Verbindungen bzw. Verbindungsmittel für die Anschlüsse aus.

c) Beschreiben Sie, welche ingenieurmäßigen Verbindungsmittel möglich sind.

d) Erläutern Sie, welche Belastungen die Verbindungen bzw. Verbindungsmittel aufnehmen müssen.

5.2.9 Arbeitsplanung

Vor der Herstellung einer Holzkonstruktion müssen Zweck, örtliche Bedingungen, aufzunehmende Lasten (Einwirkungen) und Gestaltungswünsche bekannt sein. Nach diesen Vorgaben wählt man die Bauweise und die Baustoffe sowie die Verbindungen und Verbindungsmittel aus, insbesondere unter Beachtung der Standsicherheit. Das Ergebnis dieser **Werkplanung** wird in Zeichnungen festgehalten **(Bild 1)**.

Danach schließt sich die **Arbeitsplanung** an. Dazu gehört die Bereitstellung der Baustoffe. Die Holzmenge wird mit Hilfe von Stücklisten, den Holzlisten, ermittelt. Zur Berechnung der Holzkosten muss der Verschnitt berücksichtigt werden.

Außerdem müssen die notwendigen Werkzeuge und Maschinen bereitgestellt und der Arbeitsablauf geplant werden. Zur Bearbeitung gehören das Anreißen und Zurichten der Hölzer, der sogenannte Abbund. Zur Kennzeichnung der Anordnung und Bearbeitung der Hölzer verwendet der Zimmerer Symbole (Seite 208).

Nach dem Abbund folgt die Montage der Hölzer. Diese wird in der Sprache der Zimmerer als Aufrichten oder Aufschlagen bezeichnet.

5.2.9.1 Holzliste

Holzlisten sind Stücklisten, die zur Bereitstellung des Holzes und zur Abrechnung von Holzbauarbeiten dienen. Sie können von Hand oder mit Hilfe von PC-Programmen erstellt werden **(Bild 2)**. Die Hölzer werden unter Angabe ihrer Verwendung in einer zweckmäßigen Reihenfolge aufgelistet, z.B. von unten nach oben oder zuerst alle waagerecht, dann alle senkrecht angeordneten Hölzer.

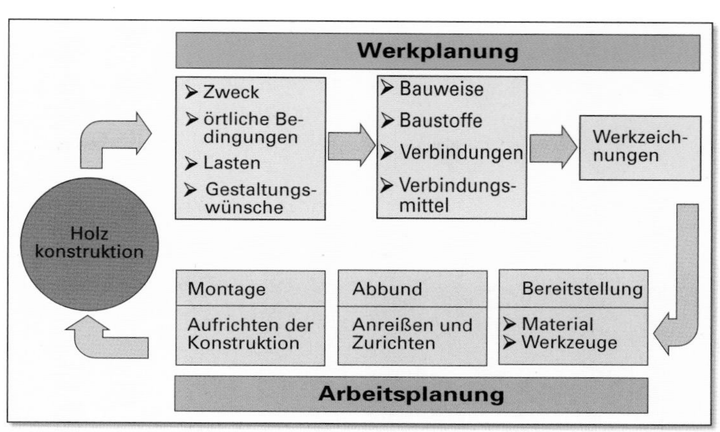

Bild 1: Arbeitsschritte zur Herstellung einer Holzkonstruktion

Zimmerei Mayer, Hauptstraße 11; 47110 Fichtach — Projekt-Nr. 122, Datum: TT.MM.JJ

Bauvorhaben: Pfettendach, Wohnhaus, Gartenstraße 11
Kunde: Familie Adam Müller, Holzingen

Nr.	Benennung	Material	Güteklasse	Stück	Breite (cm)	Höhe (cm)	Länge (m)	Gesamtlänge (m)	m³	Bemerkungen
1	Fußpfetten	NH S 10	2	2	12	10	11,60	23,20	0,278	
2	Mittelpfetten	NH S 10	2	2	24	36	11,60	23,20	2,004	
3	Firstpfette	NH S 10	2	1	16	24	11,60	11,60	0,445	
4	Sparren	NH S 10		34	10	20	6,90	234,60	4,692	KVH
14	Kaminwechsel	NH S 10		2	10	20	0,80	1,60	0,032	KVH
	Summen							325,60	12,453	

Bild 2: Beispiel einer Holzliste als Bestellliste (Längen gerundet)

Der **Verschnitt** oder die **Verschnittmenge** V ist die Differenz zwischen der **Rohmenge** R und der entsprechenden **Fertigmenge** F, jeweils in m, m² oder m³.

Verschnitt = Rohmenge – Fertigmenge $\quad V = R - F$

In der Regel ist die Fertigmenge bekannt. Für den betriebsüblichen Verschnitt liegen Erfahrungswerte als Verschnittzuschläge in % vor, die sich auf die Fertigmenge F von 100% beziehen. Aus dem Verschnittzuschlag Z kann man den Verschnitt V und damit die Rohmenge R berechnen.

$$\text{Verschnitt} = \frac{\text{Fertigmenge} \cdot \text{Verschnittzuschlag (\%)}}{100\ (\%)} \qquad V = \frac{F \cdot Z\,(\%)}{100\,\%}$$

Beispiel:

Wie viel Bauholz wir bei einem Verschnittzuschlag von 5% benötigt, wenn die Fertigmenge 7,354 m³ beträgt?

Die Rohmenge kann auch direkt mit einem Verschnittzuschlagsfaktor Z_f berechnet werden.

$$Z_f = \frac{100\,\% + Z\,(\%)}{100\,\%} \qquad R = F \cdot Z_f$$

Lösung 1:

$$V = \frac{7{,}354\ \text{m}^3 \cdot 5\,\%}{100\,\%}$$

$\boldsymbol{V = 0{,}368\ \text{m}^3}$

$R = 7{,}354\ \text{m}^3 + 0{,}368\ \text{m}^3$

$\boldsymbol{R = 7{,}722\ \text{m}^3}$

Lösung 2:

$R = 7{,}354\ \text{m}^3 \cdot 1{,}05$

$\boldsymbol{R = 7{,}722\ \text{m}^3}$

Bild 3: Verschnittberechnung

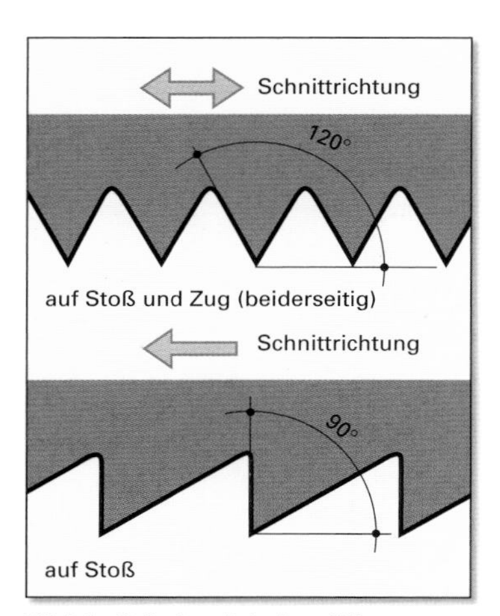

Bild 1: Schnittwinkel an Sägezähnen

Tabelle 1: Schnittwirkungen von Sägezähnen

Schnittwinkel	Schnittwirkung
120°	auf Stoß und Zug
100°	schwach auf Stoß
90°	auf Stoß
< 90°	stark auf Stoß

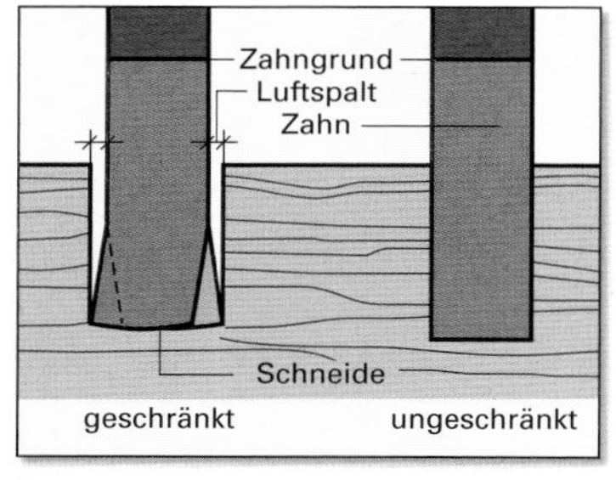

Bild 2: Schnittbahn bei geschränkter und ungeschränkter Säge

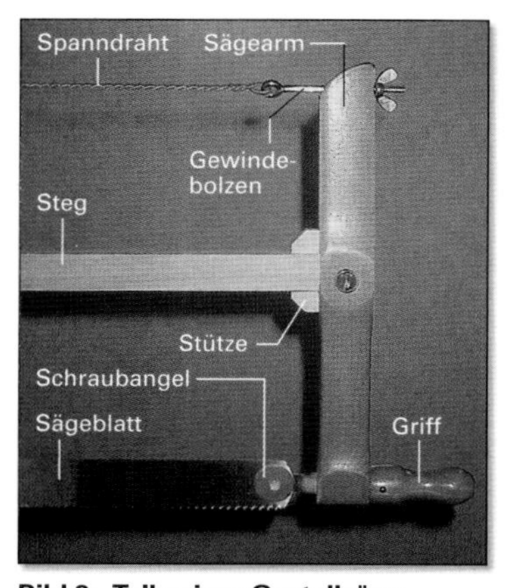

Bild 3: Teile einer Gestellsäge

In der Holzliste werden Stückzahl, Sortierklasse, gegebenenfalls Güteklasse, Querschnittmaße und Länge angegeben. Außerdem werden die Gesamtlängen und das Volumen ausgewiesen. Die Längenmaße werden unter Berücksichtigung von Längenzugaben ermittelt, z.B. 5 cm für Zapfen und 2 cm bis 3 cm für erforderliche Winkelschnitte. Die Längenmaße werden meist auf volle 5 cm gerundet.

Für die Abrechnung wird in der Regel das Fertigmaß der größten Länge einschließlich der Verbindungen zugrunde gelegt. Sind Längenzugaben erforderlich oder wird Vorratskantholz mit üblichen Liefermaßen verwendet, muss der **Verschnitt** berechnet und in der Kostenrechnung berücksichtigt werden (**Bild 3,** Seite 203).

5.2.9.2 Holzbearbeitungswerkzeuge

Zur Herstellung von Holzkonstruktionen muss das Holz z.B. längs und quer zur Faser durchtrennt werden. Außerdem müssen beispielsweise Löcher hergestellt und Oberflächen geglättet werden. Dies geschieht mit spanenden Bearbeitungen, wie z.B. Sägen, Stemmen, Bohren, Hobeln und Schleifen. Obwohl für diese Tätigkeiten heute häufig Maschinen eingesetzt werden, sollte der Zimmerer die traditionellen Werkzeuge kennen und deren Gebrauch beherrschen.

Handsägen

Der wichtigste Teil einer Handsäge ist das Sägeblatt aus gehärtetem Werkzeugstahl mit den Sägezähnen. Ein Sägezahn hat die Form eines Dreiecks bzw. eines Keils. Die Schnittwirkung ist von der Größe der Zähne und vom Schnittwinkel abhängig **(Bild 1).** Bei einem großen Schnittwinkel schneidet die Säge beim Vorwärts- und Zurückführen, d.h. die Bezahnung wirkt auf **Stoß und Zug.** Mit der Verkleinerung des Schnittwinkels ändert sich die Sägewirkung. Dabei greift die Säge nur noch beim Vorwärtsführen an, sie arbeitet **auf Stoß (Tabelle 1).**

Damit sie beim Sägen nicht klemmen und an der Risslinie geführt werden können, müssen Sägen **geschränkt** werden **(Bild 2).** Dabei werden die Zähne abwechselnd nach links und rechts ausgebogen. Dadurch wird die Schnittbahn breiter, das Sägeblatt hat Luft.

Mit der Größe der Sägezähne nimmt die Schnittwirkung zu, aber der Schnitt wird grober und erfordert mehr Kraftaufwand. Für feine, saubere Schnitte, insbesondere bei Hartholz, verwendet man Sägen mit kleiner Bezahnung, die nur wenig geschränkt sind. Weiches und feuchtes Holz verlangt dagegen große Zähne, die weit geschränkt sein müssen.

Sägeblätter müssen bei ihrer Verwendung eine gewisse Steifigkeit haben, sie dürfen nicht flattern. Man erreicht das z.B. durch das Einspannen in einen Bügel bzw. in ein Gestell.

Bügelsägen haben einen ovalen Stahlbügel, mit dessen Hilfe das Sägeblatt gestreckt bzw. gespannt wird. Ihre Sägeblätter sind mit Sonderzahnungen ausgestattet, die nicht geschärft werden müssen. Die Zähne stehen auf Zug und Stoß. Der Schnitt der Bügelsägen ist grob. Man verwendet sie vor allem zum Ablängen von Brettern, Rund- und Kanthölzern.

Gestellsägen sind die Spannsägen, Absatzsägen, Schweifsägen und Schittersägen **(Bild 3).**

Spannsägen haben verhältnismäßig große, auf Stoß stehende Sägezähne. Die Spannsägeblätter arbeiten deshalb mit einem gröberen Schnitt und mit einer guten Schnittleistung. Sie eignen sich darum vornehmlich zum Längsschneiden von Brettern.

Absatzsägen haben etwa halb so große Zähne wie die Spannsägen und stehen schwach auf Stoß. Sie eignen sich für Arbeiten, die einen feinen, sauberen und genauen Schnitt verlangen.

Schweifsägen haben ein schmales Sägeblatt mit auf Stoß gerichteten kleinen Zähnen. Man verwendet sie zum Schneiden von Schweifungen.

Schittersägen sind Gestellsägen, deren Bezahnung auf Zug und Stoß stehen. Ihre Zähne sind verhältnismäßig groß. Sie werden deshalb zum Ablängen von Brettern, Bohlen und Kanthölzern verwendet.

Heftsägen verwendet man für Arbeiten, bei denen das Sägegestell hinderlich ist **(Bild 1)**. Zu den Heftsägen zählen Fuchsschwänze, Feinsägen, Rückensägen und Japansägen. Sie erhalten ihre Steifigkeit durch die Dicke des Blattes oder durch einen aufgesetzten Rücken. Japansägen haben ein dünnes Sägeblatt mit gehärteten Zähnen. Da sie nur auf Zug sägen, bleiben sie mit und ohne Rücken gerade.

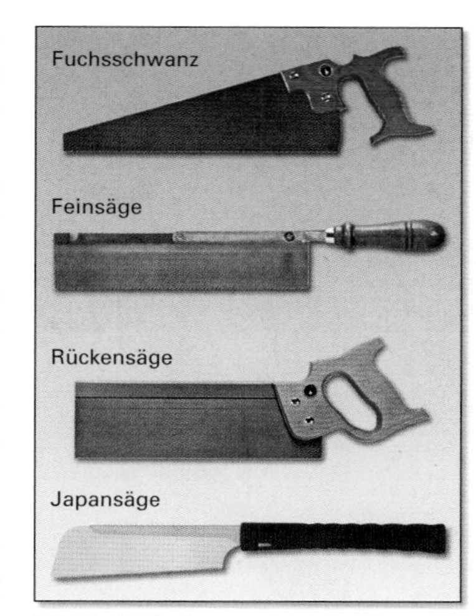

Bild 1: Heftsägen

Stemmwerkzeuge

Die wichtigsten Werkzeuge zum Stemmen sind verschiedene Stechbeitel bzw. Stemmbeitel mit Klopfholz (Holzklüpfel) sowie die Stoß- oder Stichaxt.

Beitel werden nach der Form der Klingen unterschieden. Der **Stechbeitel** (Stecheisen) hat in der Regel eine an den Längsseiten abgefaste Klinge. Der **Stemmbeitel** (Stemmeisen) wird für schwerere Arbeiten verwendet und hat deshalb eine kräftigere Klinge **(Bild 2)**. Der **Hohlbeitel** (Hohleisen) hat eine Klinge, deren Querschnitt einem Kreisringausschnitt entspricht. Der Hohlbeitel eignet sich daher zum Nachstechen von Hohlkehlen und zum Ausstemmen gerundeter Löcher. Der **Lochbeitel** (Locheisen), dessen Dicke größer ist als die Breite, eignet sich besonders zum Ausstemmen von Zapfenlöchern.

Die **Stoß-** oder **Stichaxt** verwendet man zum Abspalten von Holzteilen angeschnittener Zapfen und Abplattungen sowie zum Verputzen aus- oder abgestemmter Holzteile (Bild 2). Ihre Schneidfläche ist einseitig angeschliffen.

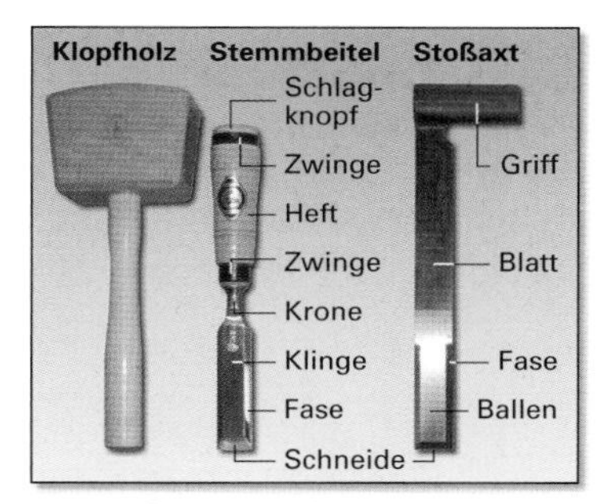

Bild 2: Stemmwerkzeuge

Bohrer

Zum Bohren von Löchern in Holz werden Bohrwinden oder häufiger Bohrmaschinen verwendet, in die verschiedene Bohrerarten eingesetzt werden können.

Schlangenbohrer haben eine Gewindespitze, ein oder zwei Vorschneider und ein oder zwei Spanabheber **(Bild 3)**. Die Gewindespitze gibt dem Bohrer eine gute Führung und zieht ihn in das Holz ein. Durch die Vorschneider und die Spanabheber wird das Bohrloch ausgeschnitten und die Späne abgehoben. Die Förderschlange transportiert die Späne selbsttätig aus dem Bohrloch, so dass der Bohrer nicht so leicht verstopft. Es gibt auch Schlangenbohrer, bei denen das Schlangengewinde durch breitkantige Spiralwindungen ersetzt wird.

Spiralbohrer mit Zentrierspitze und **Forstnerbohrer** eignen sich zum Bohren von Holz und Holzwerkstoffen, wobei der Forstnerbohrer vorwiegend zum Ausbohren von Ästen verwendet wird **(Bild 4)**.

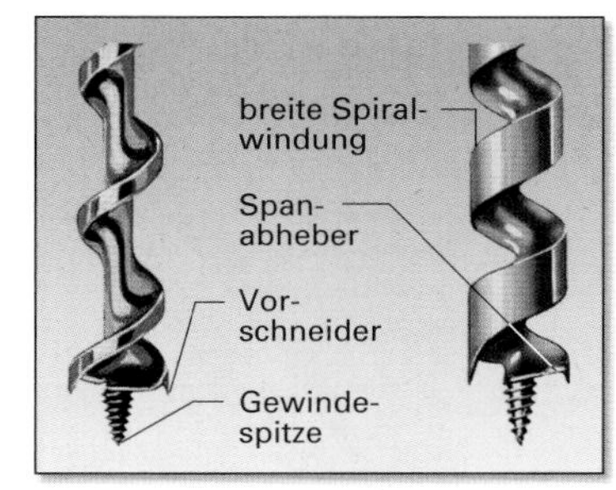

Bild 3: Schlangenbohrer

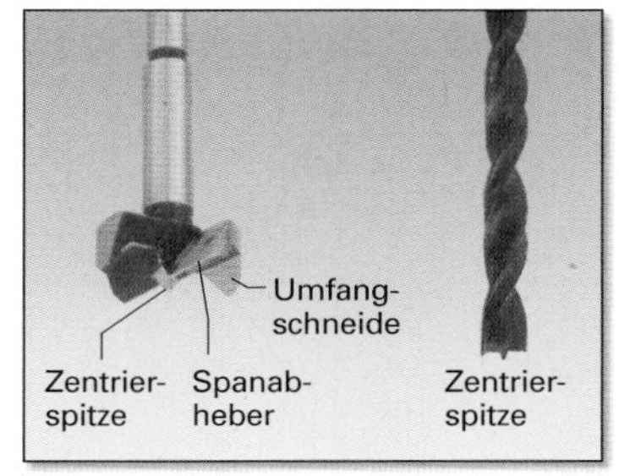

Bild 4: Bohrerarten

Hobel

Handhobel bestehen aus dem Hobelkasten mit einer Hartholzsohle, Handschoner, Nase und Schlagknopf sowie aus dem Hobeleisen und seiner Befestigung **(Bild 1)**.

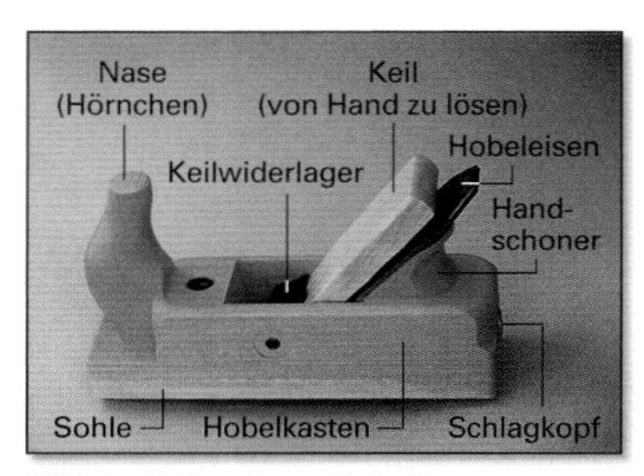

Bild 1: Teile eines Hobels

Die vordere Seite des Hobeleisens nennt man die Spiegelseite, die entgegengesetzte Seite den Rücken. Die am unteren Teil des Eisens angeschliffene Fläche ist die Fase. Spiegelseite und Fase bilden die Schneide **(Bild 2)**.

Der Schnittwinkel beträgt bei den meisten Hobelarten etwa 45°. Vom Keilwinkel hängt die Standzeit der Schneide ab. Er beträgt ungefähr 25°. Bei diesem Winkel entspricht die Länge der Fase etwa der doppelten Hobeleisendicke. Als Freiwinkel bezeichnet man den Winkel, den die Fase des Hobeleisens mit der Hobelsohle bildet. Ist der Freiwinkel zu klein, ist beim Hobeln ein größerer Kraftaufwand notwendig (Bild 2).

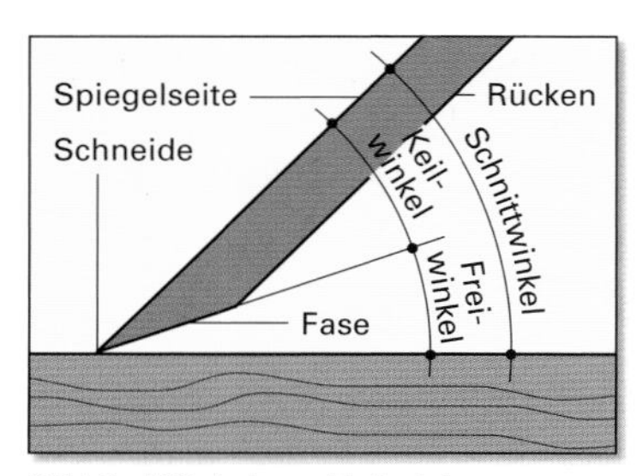

Bild 2: Winkel am Hobeleisen

Vor der Schneide des Hobeleisens entsteht beim Abtrennen des Hobelspans im Holz ein vorauseilender Riss **(Bild 3)**. Die Hobelmaulvorderkante drückt beim Hobeln auf die Holzfläche und knickt den abgetrennten Span um. Je feiner der Span sein soll, desto kleiner muss das Hobelmaul sein. Beim Doppelhobeleisen bricht ein zweites Eisen, die Klappe, den abgehobenen Span unmittelbar hinter der Schneide, damit er nicht einreißen kann **(Bild 4)**.

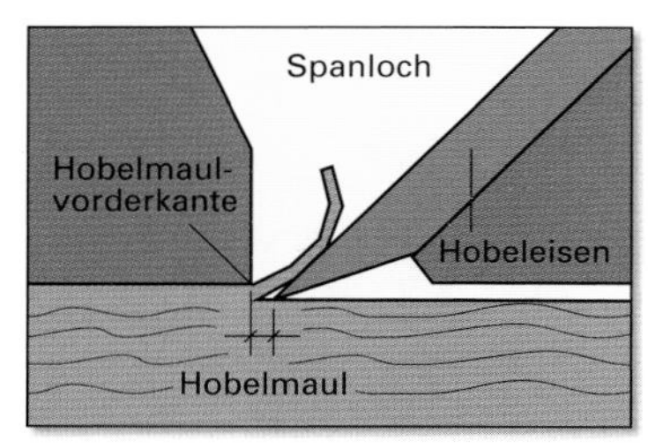

Bild 3: Spanbildung beim Hobeln

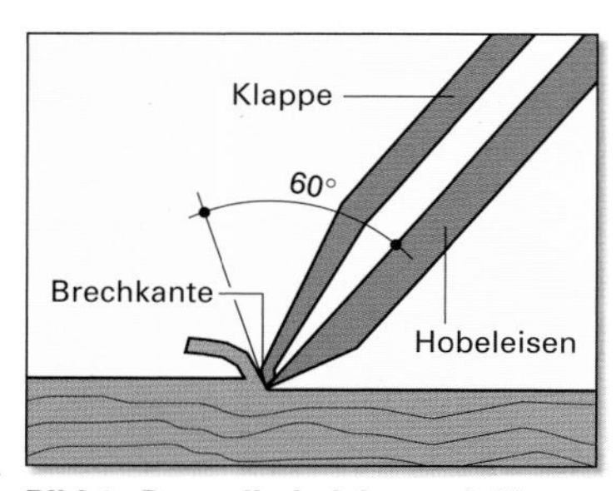

Bild 4: Doppelhobeleisen mit Klappe

Die wichtigsten **Hobelarten** sind der Schrupphobel, der Schlichthobel, der Doppelhobel, der Putzhobel und der Simshobel **(Tabelle 1)**.

Tabelle 1: Handhobelarten

Hobel	Merkmale	Verwendung
Schrupphobel	bogenförmige Schneide, weit vorstehendes Eisen	Vorhobeln mit dickem Span
Schlichthobel	einfaches Hobeleisen, Hobelmaul etwa 1 mm	Hobeln von rohen Flächen (schlichten)
Doppelhobel	Doppelhobeleisen, Hobelmaul etwa 1 mm	Hobeln auch gegen die Faser möglich
Putzhobel	kurzer Hobel mit Doppelhobeleisen, Schnittwinkel 50°	Glätten gehobelter Flächen (Putzen), Einpassarbeiten
Simshobel	schmaler Hobel, Hobel so breit wie Hobeleisen	Fälze und Profile nachhobeln

Schleifmittel

Zum Glätten von Holzoberflächen verwendet man Schleifmittel wie Glas, Flint, Granat, Korund und Siliciumkarbid. Sie werden nach Größe sortiert und auf Papiere oder auf Textilgewebe aufgeleimt.

Nach den einzelnen Korngrößen (Körnungen) bezeichnet man die Schleifmittel mit Kornnummern, wie beispielsweise 100, 120 oder 150. Je kleiner die Nummer der Körnung ist, desto gröber ist der Schliff, da weniger aber größere Körner aufgestreut wurden **(Tabelle 2)**.

Tabelle 2: Schleifmittelkörnungen

Bezeichnung	Kornnummer
grob	24...40
mittel	60...80
fein	100...180
sehr fein	220...400

Beim Schleifen von Hand dienen Schleifklötze aus Holz oder Kork dazu, gleichmäßigen Druck auf das Schleifgewebe und somit auf die zu schleifende Oberfläche auszuüben.

5.2.9.3 Holzbearbeitungsmaschinen

Holzbearbeitung mit Werkzeugen erfordert einen großen Einsatz von Muskelkraft und Ausdauer. Durch den Einsatz von Maschinen wird diese Arbeit erleichtert und eine rasche und kostengünstige Fertigung ermöglicht. Handmaschinen werden im Holzbau für die verschiedensten Bearbeitungen und bei der Montage eingesetzt **(Bild 1)**.

Zerteilen des Holzes

Kreissägen für Hart- und Weichholz längs und quer zur Faser sowie für Holzwerkstoffe

Sägeblätter, häufig hartmetallbestückt für hohe Standzeiten

Stichsägen mit Pendelhub zum Sägen von Ausschnitten in Brettern und Platten, auch ohne Vorbohren

Zusatzausrüstung für Parallelschnitte

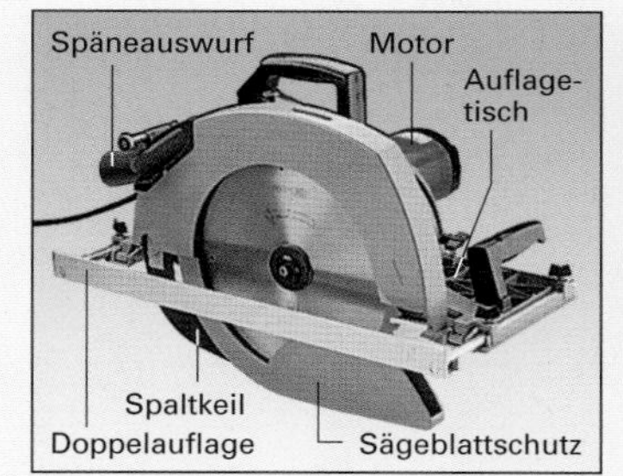

Handkreissäge

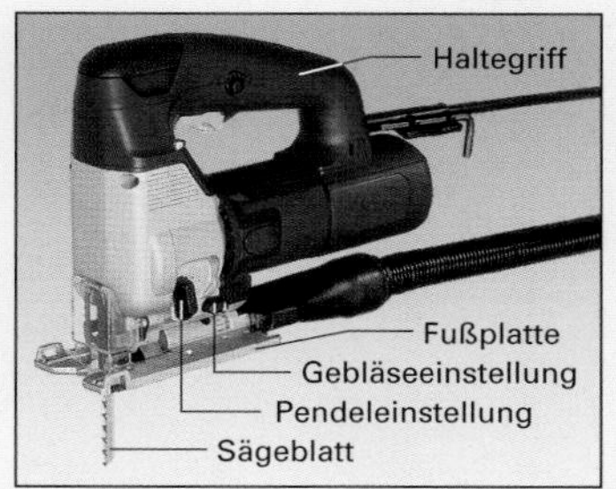

Stichsäge

Herstellen von Löchern

Kettenstemm-Maschinen zum Fräsen von Zapfenlöchern

Zapfenlochbreite entspricht Fräskettenbreite

Handbohrmaschinen zum Bohren von Holz, Holzwerkstoffen und Metallen sowie mit Schlageinrichtung auch von Mauerwerk und Beton

Bohrgestelle als Zusatzausstattung

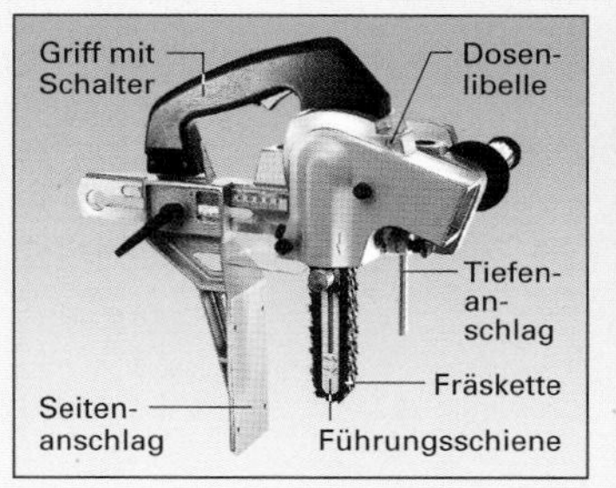

Kettenstemm-Maschine

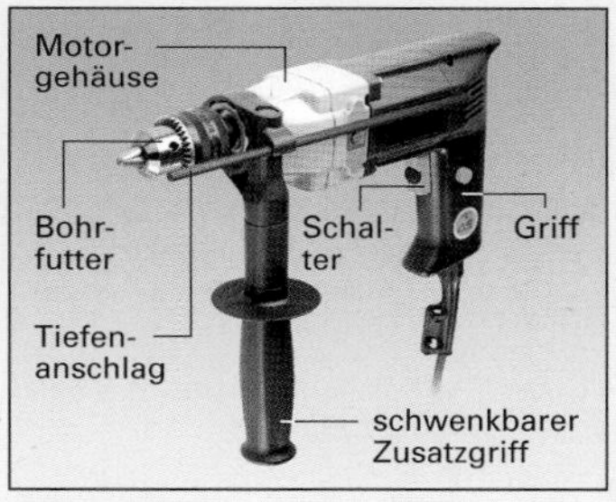

Bohrmaschine

Glätten von Holzoberflächen

Handhobelmaschinen (Balkenhobel) in Hobelbreiten von 82 mm bis 350 mm

Spandicke bis 3 mm möglich

Handbandschleifmaschinen mit Staubabsaugung und Schleifsack, mit oder ohne Auflagerahmen

Weitere Handschleifmaschinen, z. B. Schwing- und Rotationsschleifer

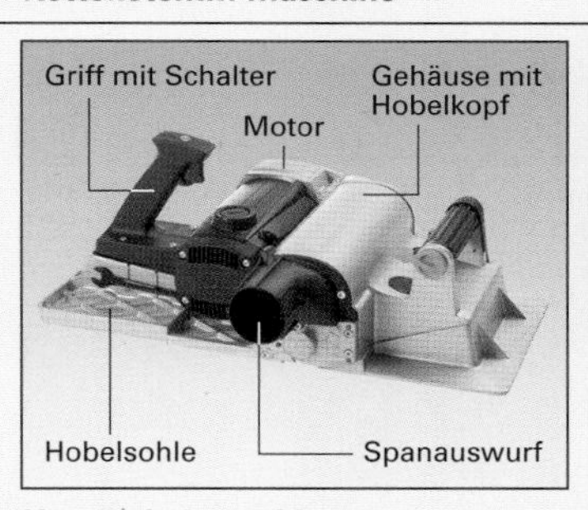

Handhobelmaschine

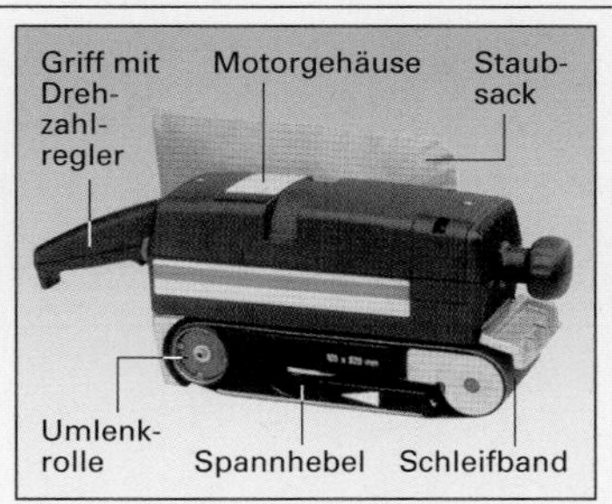

Handbandschleifmaschine

Montage von Hölzern

Druckluftnagler mit Streifen- oder Rundmagazinen für verschiedene Nagelarten, Nageldurchmesser und Nagellängen

Akku-Bohrschrauber mit Schnellspannfutter zur Aufnahme von Bohrern oder Werkzeugen zum Schrauben (Bits)

Rechts-Linkslauf möglich

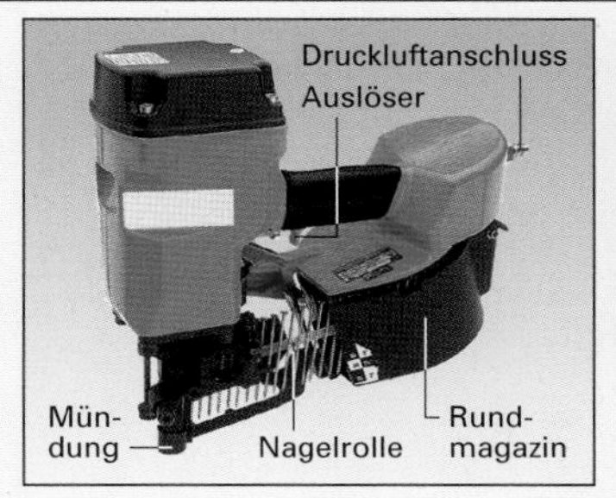

Druckluftnagler

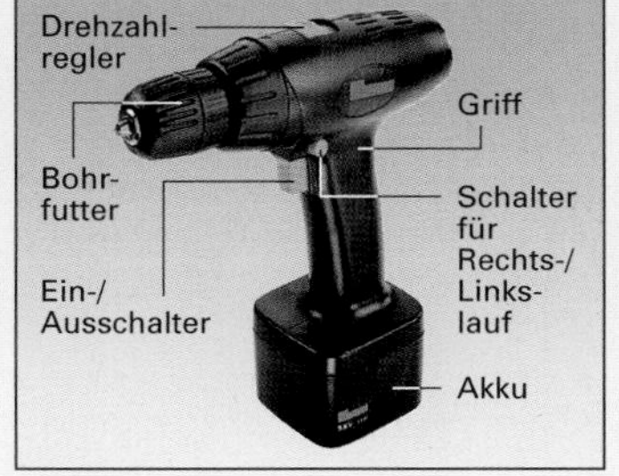

Akku-Bohrschrauber

Bild 1: Verwendung von Handmaschinen im Holzbau

Weitere wichtige Handmaschinen sind Bandsägen, Kettensägen, Kervenfräsen und Oberfräsen.

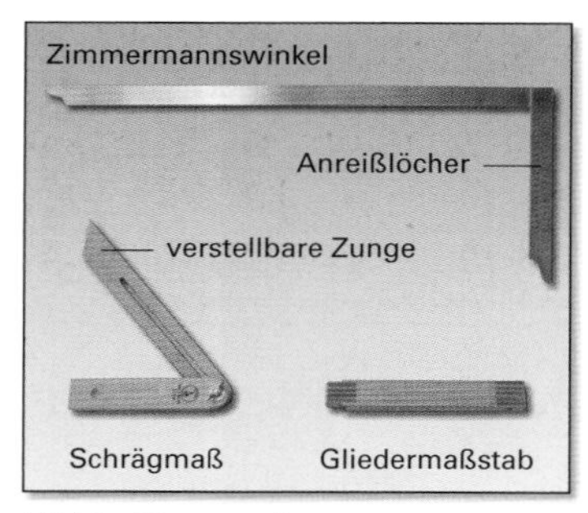

Bild 1: Messwerkzeuge

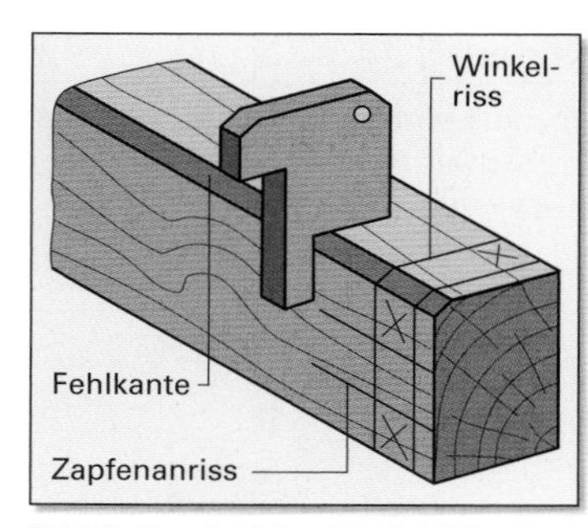

Bild 2: Zweiseitige Streichlehre

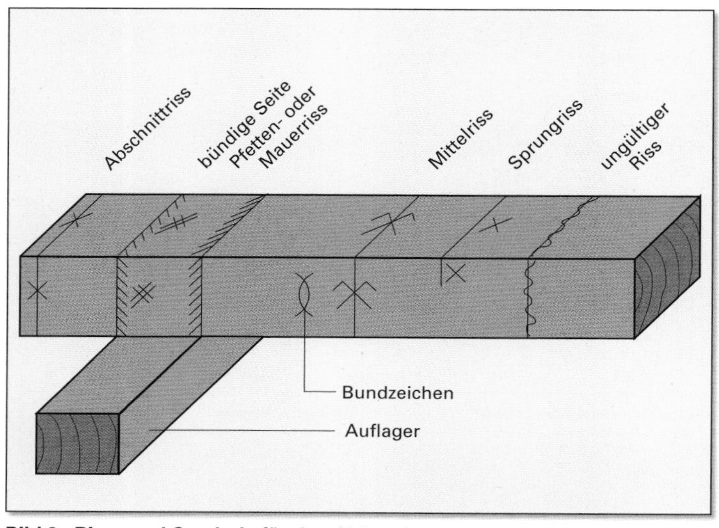

Bild 3: Risse und Symbole für den Abbund

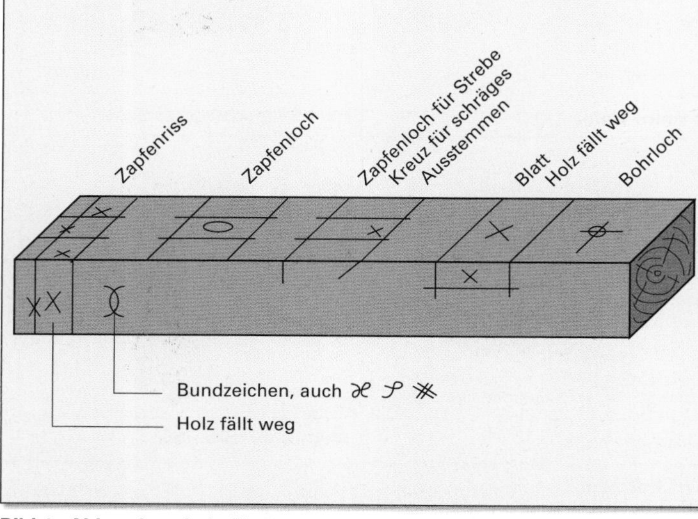

Bild 4: Abbundsymbole für Bearbeitungen

5.2.9.4 Abbund

Messwerkzeuge

Hölzer müssen vor der Bearbeitung gemessen und angerissen werden. Zum Messen von Hölzern wird meist der **Gliedermaßstab** verwendet **(Bild 1).** Winkelrechte Risse für Abbundschnitte und Holzverbindungen erfolgen mit dem **Zimmermannswinkel** (Winkeleisen). Er ist 3,5 cm breit und hat ungleiche Schenkellängen. Häufig haben Zimmermannswinkel ovale Anreißlöcher, mit denen parallele Risse möglich sind (Bild 1).

Schräge Risse werden mit dem **Schrägmaß** (Stellschmiege) übertragen (Bild 1). Es besteht aus beweglichen Schenkeln, die mit einer Flügelmutter in jedem Winkel fixiert werden können.

Zum Anzeichnen (Anstreichen) von gleichen Abständen, z. B. beim Anreißen von Zapfen, eignen sich **Streichlehren (Bild 2),** mit denen auch fehlkantiges Holz genau angerissen werden kann.

Abbundrisse

Um die Bearbeitung zu ermöglichen und die richtige Anordnung der Hölzer im Bauwerk zu gewährleisten, werden diese durch verschiedene **Risse** und **Symbole** gekennzeichnet. Zunächst wird das Holz so angeordnet, dass die schönere Seite zum Anschlagen des Winkels außen liegt. Diese Seite wird mit dem **Bundzeichen** markiert und muss stets bündig liegen. Danach werden **Risse** für **Abschnitte** und **Auflager** auf Wänden und Pfetten, **Sprungrisse** für das Auflager anderer Hölzer sowie **Mittelrisse** angetragen **(Bild 3).**

Außerdem gibt es Symbole für Bearbeitungen wie **Ausschnitte, Zapfenlöcher, Strebenlöcher** und **Bohrungen (Bild 4).** Strebenlöcher können von Hand schräg ausgestemmt werden. Ein fehlerhaft angetragener Riss wird durch eine Wellenlinie ungültig gemacht.

Manche Zeichen werden regional unterschiedlich ausgeführt.

Schriftzeichen der Zimmerer

Beim Holzskelettbau, insbesondere bei **Fachwerkwänden,** wird die Anordnung der Hölzer durch **Schriftzeichen** gekennzeichnet, die mit der Stichaxt oder dem Stechbeitel aus dem Holz ausgestochen werden **(Bild 1).** Dazu werden die Hölzer einer Wand der Reihenfolge nach durch fortlaufende Schriftzeichen markiert, die den römischen Zahlen ähnlich sind. Die Vier (IIII) und die Neun (VIIII) usw. sowie Kombinationen von der Zehn und der Fünf, wie z. B. die Fünfzehn (X/) usw. werden jedoch abweichend dargestellt **(Bild 2).** Die Schriftzeichen werden stets auf der Bundseite ausgestemmt, so dass diese hiermit ebenfalls festgelegt wird und die Zeichen in der Regel sichtbar bleiben.

Der Ausgangspunkt der Kennzeichnung wird im Plan markiert. Das ist in der Regel die linke Ecke der Längsseite des Gebäudes, die der Straße zugewandt ist. Zur Unterscheidung erhalten die Hölzer der Längswände zusätzlich **Ruten** als **Beizeichen** (Zusatzzeichen), die der Querwände **Ausstichzeichen (Bild 3).** Die Anzahl der Ruten bzw. der Ausstiche gibt die Anordnung der Wand an. So bedeuten z. B. zwei Ruten zweite Längswand oder drei Ausstiche dritte Querwand. Das Zeichen vier und eine Rute bedeutet beispielsweise viertes Holz in der ersten Längswand (Bild 1).

Bild 1: Schriftzeichen der Zimmerer

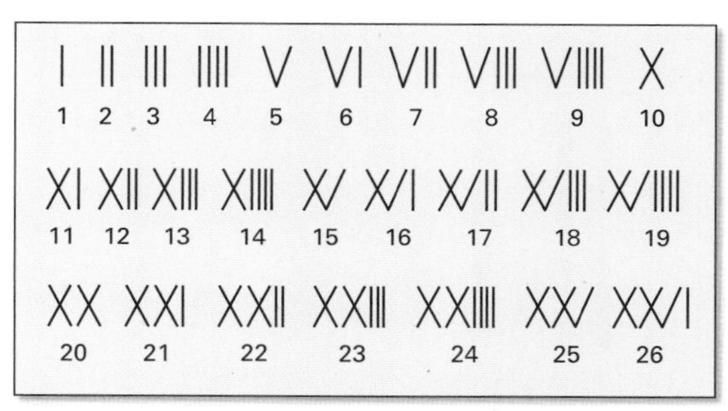

Bild 2: Schriftzeichen für Reihenfolge der Hölzer

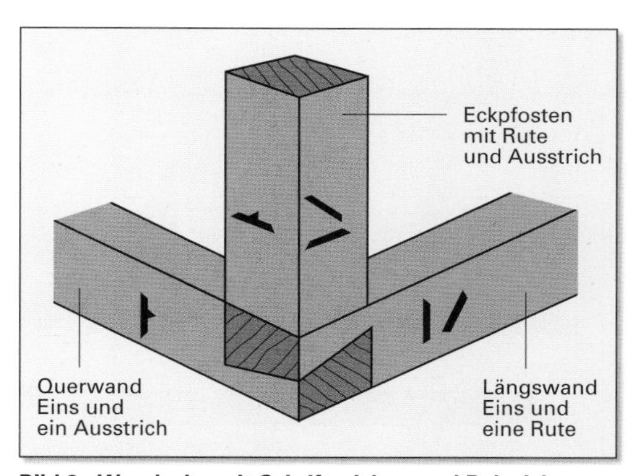

Bild 3: Wandecke mit Schriftzeichen und Beizeichen

5.2.9.5 Montage

Zur Montage einer Holzkonstruktion, dem **Aufrichten** oder **Aufschlagen,** werden die Hölzer abgebunden an die Baustelle geliefert. Das bedeutet, dass alle erforderlichen Holzbearbeitungen, wie Säge-, Fräs-, Bohr- oder Hobelarbeiten sowie gegebenenfalls notwendiger chemischer Holzschutz an den Hölzern bereits erfolgt ist **(Bild 4).**

Die Reihenfolge des Einbaus ist bereits beim Beladen der Transportfahrzeuge zu beachten. Damit eine zügige Montage ohne Zwischenlagerung möglich ist, werden die Teile, die zuerst gebraucht werden, zuletzt aufgeladen.

An der Baustelle werden die Hölzer mittels Hebezeuge zur Montagestelle gefördert und eingebaut. Dabei sind die Hölzer stets zu sichern, z. B. durch Montagestützen und Verschwertungen. Die Regeln der **Unfallverhütung** sind einzuhalten. Insbesondere ist die Absturzsicherheit, z. B. durch Fanggerüste oder Sicherheitsgeschirre, zu gewährleisten.

Bevor die Hölzer genagelt oder verschraubt werden, sind sie waagerecht, senkrecht, in der Höhe und untereinander (fluchtrecht) auszurichten.

Bild 4: Sparren, bereit zum Aufrichten

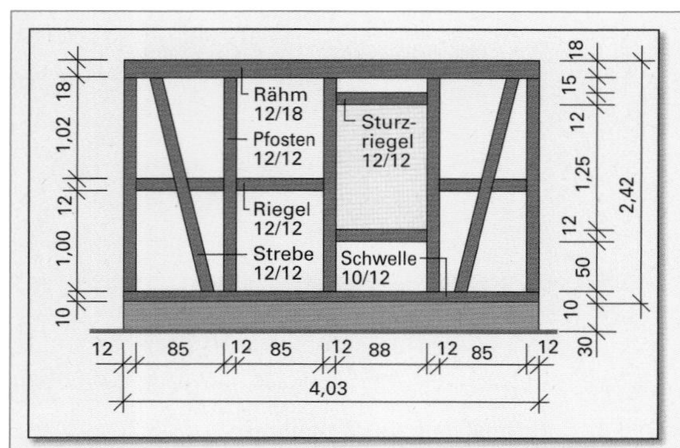

Bild 1: **Ansicht einer Fachwerkwand**

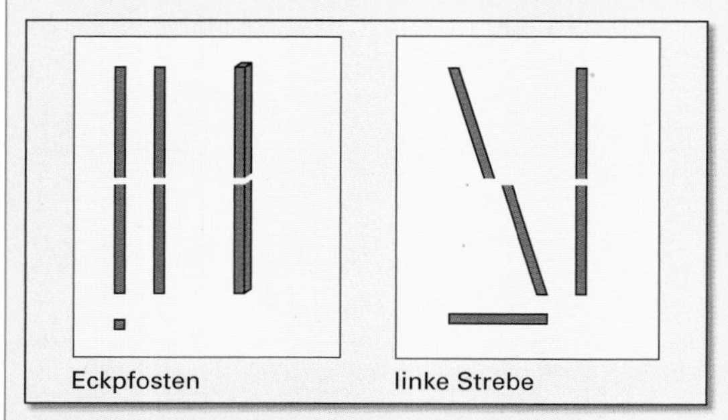

Bild 2: **Anordnung von Pfosten und Strebe**

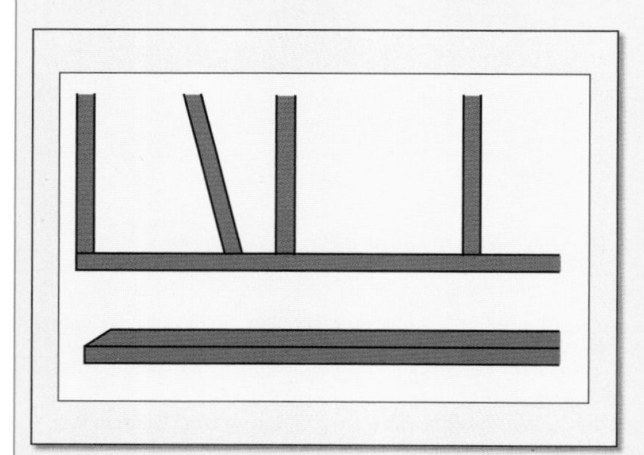

Bild 3: **Hölzer mit Abbundrissen und Schriftzeichen für die Anordnung**

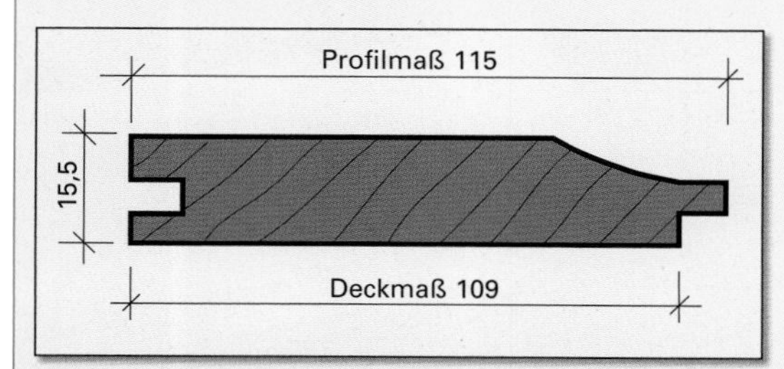

Bild 4: **Querschnittsmaße bei Profilbrettern**

Aufgaben

1 Eine Längswand wird als Fachwerk aus Nadelholz der Sortierklasse S 10 mit zimmermannsmäßigen Holzverbindungen erstellt **(Bild 1).**

Für die Zapfen ist eine Längenzugabe von 3,5 cm anzunehmen. Der Abstand zwischen Streben und Pfosten (Besteck) beträgt 12 cm.

Berechnen Sie unter Berücksichtigung der Längenzugabe für die Zapfen die Länge der

a) Pfosten,
b) Fensterriegel (Sturz- und Brüstungsriegel),
c) Gefacheriegel (in den Strebengefachen kann die Strebe wegen der Zapfen übermessen werden) und der
d) Streben.

Zeichnen Sie jeweils auf DIN A4

e) die Ansicht der dargestellten Längswand im Maßstab 1:20,
f) den Eckpfosten in der Dreitafelprojektion und in der Kavalierperspektive mit Schnittunterbrechung im Maßstab 1:5 **(Bild 2),**
g) die linke Strebe in der Dreitafelprojektion mit Schnittunterbrechung im Maßstab 1:5 (Bild 2),
h) die Schwelle der ersten beiden Gefache in der Kavalierperspektive mit den für die Bearbeitung erforderlichen Abbundrissen sowie die Schwelle und die aufgehenden Hölzer mit den Schriftzeichen für die Anordnung im Maßstab 1:10 **(Bild 3).**

2 Mengen- und Preisberechnungen zu Aufgabe 1.

a) Erstellen Sie für die Fachwerkwand eine Holzliste und berechnen Sie Gesamtlängen und das Volumen des Holzes der Güteklasse 1 als Fertigmenge.
b) Berechnen Sie den Preis des Holzes mit 3% Verschnittzuschlag und einen Bauholzpreis von netto 490,– €/m³.

3 Die Fachwerkwand aus Aufgabe 1 soll mit gespundeten Profilbrettern verkleidet werden.

Berechnen Sie:

a) die zu verkleidende Fläche, wenn die Wand von Oberkante Pfette bis 5 cm unter Unterkante Schwelle verschalt wird,
b) den Verlust in Prozent, der dadurch entsteht, dass das Deckmaß geringer ist als das Profilmaß **(Bild 4),**
c) die Bestellmenge der Profilbretter bei einem zusätzlichen Verschnitt von 5%,
d) den Preis einschließlich MwSt. für die Bretter, wenn der Nettopreis 18,20 €/m² beträgt.

4 Die Decke für einen Geräteraum wird mit einer Balkenlage aus Kanthölzern mit dem Querschnitt von 12 cm/24 cm erstellt **(Bild 1)**. Die Streichbalken haben von den Seitenwänden einen Abstand von etwa 5 cm. Der lichte Balkenabstand soll höchstens 65 cm betragen. Für eine Einschubtreppe ist eine Auswechslung von 1,20 m/0,60 m vorzusehen. Das Balkenauflager beträgt beidseitig etwa 20 cm.

a) Berechnen Sie die erforderliche Anzahl der Balken sowie die lichte Feldweite und das Sprungmaß für das Verlegen der Balken.

b) Zeichnen Sie einen Verlegeplan für die Balken im Maßstab 1:50 (DIN A4, Querformat).

c) Ermitteln Sie die Menge des benötigten Bauholzes mit Hilfe einer Holzliste.

d) Die Auswechslung erfolgt mit ingenieurmäßigen Verbindungen. Wie viele Balkenschuhe werden für die Auswechslung benötigt?

e) Berechnen Sie die Kosten der Balkenlage für den Kunden bei folgenden Nettopreisen: Liefern von Bauholz 430,– €/m², Abbinden und Aufschlagen 5,80 €/m.

5 Ein Carport wird aus Konstruktionsvollholz (KVH) errichtet **(Bild 2)**. Die Abmessungen der Hölzer sind tabellarisch erfasst **(Tabelle 1)**.

a) Berechnen Sie die Länge der Kopfbänder zur Längsaussteifung. Das Stirnmaß beträgt 0,90 m, der Zuschlag je Zapfen 5 cm.

b) Erstellen Sie für den Carport eine Holzliste als Bestellliste und berechnen Sie die Gesamtlänge und das Volumen des Holzes.

c) Berechnen Sie den Kaufpreis des Holzes einschließlich Mehrwertsteuer, wenn 505,– €/m³ netto bezahlt werden müssen.

d) Ermitteln Sie den Bedarf an Brettern für die Verkleidung der Rückwand (l = 8,66 m, h = 1,60 m), wenn der Zuschlag für Verschnitt und Überdeckung 26 % beträgt.

6 Ein Dach mit einer Neigung von 40° wird als Sparrendach mit Richtholz im First und Firstzangen ausgeführt **(Tabelle 2)**.

a) Ermitteln Sie durch eine Zeichnung im Maßstab 1:10 die Länge der Firstzangen, die links und rechts je 1 cm kürzer abgelängt werden (DIN A4, Querformat).

b) Erstellen Sie für das Sparrendach eine Holzliste und berechnen Sie die Gesamtlänge und das Volumen des Holzes, wenn für das Dach 14 Sparrenpaare erforderlich sind und die Längsaussteifung durch Windrispenbänder aus Stahl erfolgt.

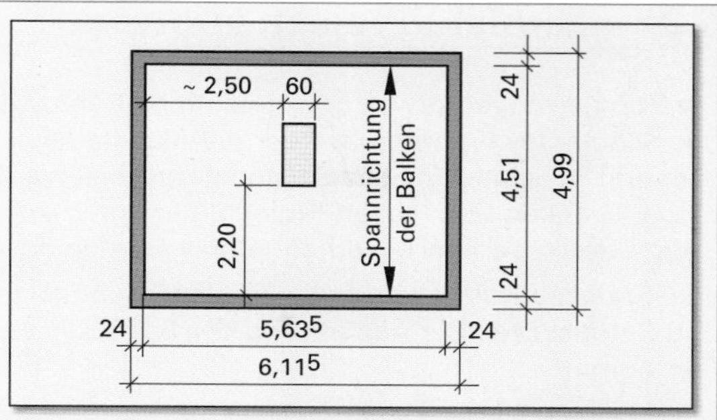

Bild 1: Grundriss des Geräteraumes für Balkenlage

Ansicht

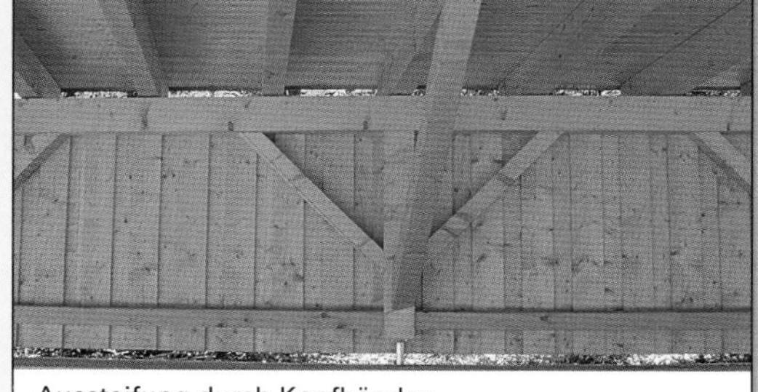

Aussteifung durch Kopfbänder

Bild 2: Carport

Tabelle 1: Hölzer des Carports

Art der Hölzer	Querschnitt in cm	Länge in m
Front-Pfosten	14/14	2,85
Rückwand-Pfosten	12/14	1,35
Pfetten	14/20	9,40
Kopfbänder, längs	12/12	?
Kopfbänder, quer	12/14	1,95
Füllhölzer	10/12	2,60/2,90
Sparren	14/18	6,20
Windrispen	3/12	6,50

Tabelle 2: Hölzer des Sparrendaches

Art der Hölzer	Querschnitt in cm	Länge in m
Fußpfetten	8/10	10,20
Sparren	8/18	6,10
Knaggen	8/12	0,60
Richtholz	10/12	10,20
Firstzangen	3/12	?

5.3 Lernfeld-Projekt: Infowand

Die Schülermitverantwortung möchte eine Infowand im Eingangsbereich des Schulhofes errichten, auf der die Aktivitäten der Schule auch für Besucher und Passanten in Schaukästen dargestellt werden **(Bild 1)**. Mit Hilfe von Fotos, Grafiken usw. sollen Projekte gezeigt werden, die im Unterricht, im Sport oder in der Freizeit durchgeführt wurden oder geplant sind.

Es ist nur die Holzkonstruktion zu planen und zu fertigen, ohne Gründung und Betonsockel. Die Ausführung der Schaukästen wird von den Tischlern übernommen.

Ausführungshinweise

Holzkonstruktion auf Betonsockel außerhalb des Spritzwasserbereichs

Die Wand soll nicht geschlossen wirken, d. h. die Wand soll nicht beplankt werden.

Gesamthöhe der Wand 2,20 m

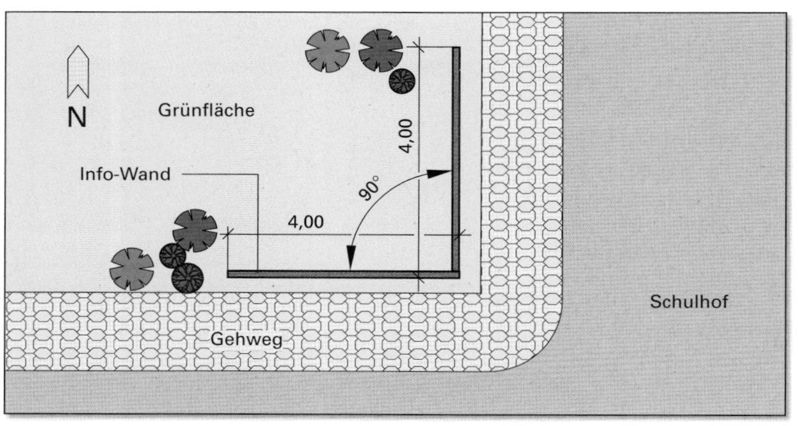

Bild 1: Standortskizze für Infowand

5.3.1 Konstruktion und Holzauswahl

Da eine Wand gewünscht wird, die den dahinter liegenden Platz nicht völlig abschließt, wird ein Holzskelett ohne Beplankung gewählt, d. h. eine Fachwerkwand mit zimmermannsmäßigen Holzverbindungen.

Arbeitsschritte

Auswahl der Konstruktion treffen

Zusätzlich möglich: Konstruktionsüberlegungen, weitere Skizzen in der Ansicht und von Details erarbeiten

Auftretende Lasten erfassen **(Bild 2)**

Zusätzlich möglich: Kräfteverlauf beschreiben/Standsicherheit begründen

Konstruktionsergebnis in räumliche Darstellung skizzieren (Bild 2)

Bezeichnung der Hölzer eintragen

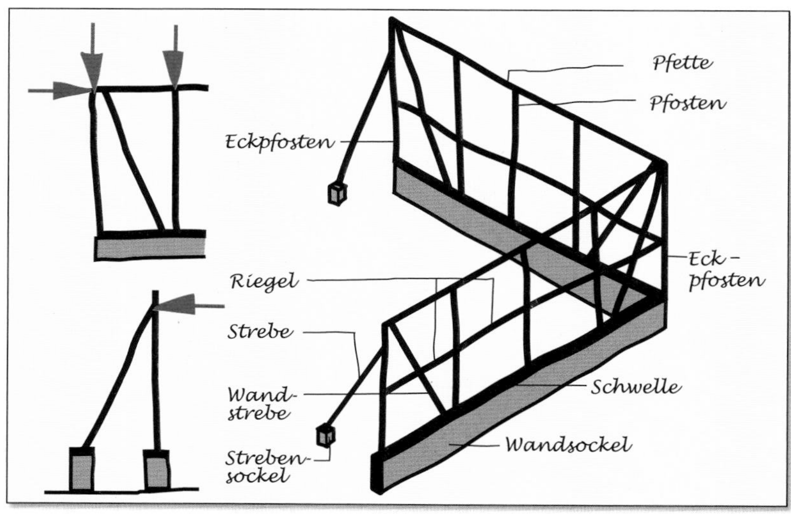

Bild 2: Konstruktion der Fachwerkwand (Handskizze)

Tabelle 1: Teile der Fachwerkwand und deren Aufgaben

Bauteile	Aufgaben
Schwelle	Lasten auf Sockel abtragen
Pfosten	Senkrechte Lasten abtragen
Wandstreben	Horizontallasten aufnehmen, Längsaussteifung
Pfetten	Wand oben abschließen
Riegel	Gefache unterteilen, Wand aussteifen
Strebe	Queraussteifung, Standsicherheit gewährleisten

Als Regelquerschnitte für Pfosten, Streben und Riegel entscheidet man sich für 12 cm/12 cm.

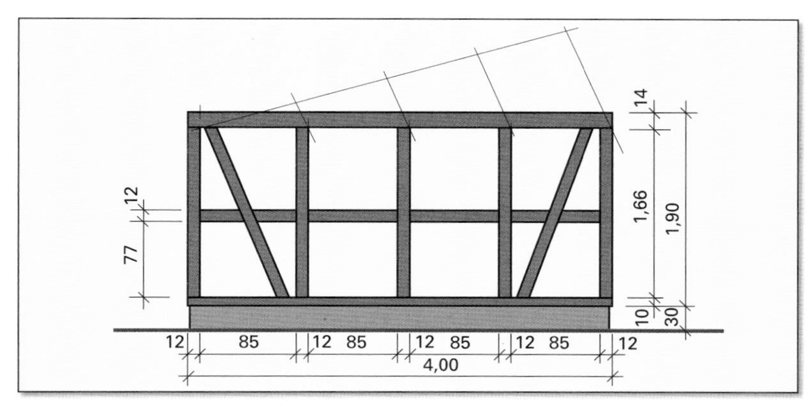

Bild 1: Ansicht einer Fachwerkwand

Tabelle 2: TP-Versuch zur Bestimmung des Schwundverhaltens des Holzes

Holzart	Schwundrichtung		
	tangential	radial	achsial
Fichte			

Aufgabe: Schwund in tangential Richtung von Fichtenholz mit dem Querschnitt 12 cm/12 cm bei einer Feuchteänderung von 26% auf 15%

Lösung: Schwundverlust = Schwundverlust je % · Feuchteänderung

Schwundverlust $= \frac{0{,}36\,\%}{1\,\%} \cdot 11\,\%$ **Schwundverlust = 3,96%**

Schwindmaß = Holzbreite · Schwundverlust in %

Schwindmaß = 120 mm · 3,96% **Schwindmaß = 4,75 mm**

Tabelle 3: Holzarten unterscheiden

Holzart	Merkmale/Erkennung	Eigenschaften	Verwendung
Eiche	Kern gelbbraun bis lederbraun stark nachdunkelnd schmaler grauweißer Splint deutliche Poren, ringporig im Radialschnitt Holzstrahlen als mattglänzende Spiegel	Kernholz: schwer, sehr hart, sehr fest und dauerhaft elastisch, Splintholz: weich, schädlingsanfällig, nicht witterungsbeständig	Hoch beanspruchtes Bauholz, Fußböden, Fenster, Türen, Treppen, Brücken, Wasserbau

Aus ökologischen Gründen wird eine europäische Holzart gewählt. Außerdem sollte das Holz ausreichend dauerhaft und fest, leicht zu bearbeiten und preiswert sein. Deshalb fällt die Wahl auf lufttrockenes Lärchenholz der Sortierklasse S 10.

Arbeitsschritte

Hölzer bezeichnen und deren Aufgaben nennen **(Tabelle 1)**

Holzquerschnitte für das Bauschnittholz festlegen

Gefache einteilen und eine Ansicht der Wand zeichnen **(Bild 1)**

Zusätzlich möglich: Wachstum des Holzes beschreiben, Ökologische Gründe für die Holznutzung erarbeiten, Aufbau des Holzes, Holzeigenschaften unterscheiden, Holzfeuchte/Holztrocknung/Arbeiten des Holzes beschreiben **(Tabelle 2)**

Schwundverluste ermitteln

Schwindmaße berechnen

Zusätzlich möglich: Schwundformen ableiten

Tabelle erstellen: Erkennung/Eigenschaften und Verwendung verschiedener Holzarten **(Tabelle 3)**

Geeignete Holzart und Sortierklasse auswählen

5.3.2 Holzverbindungen und Holzverbindungsmittel

Tabelle 1: Auswahl der Holzverbindungen

Knotenpunkt	Verbindungsart
Schwellenecke und Pfettenecke	Eckblatt
Wandpfosten mit Schwelle und Pfette	gerader Zapfen
Eckpfosten mit Schwelle und Pfette	abgesteckter Zapfen
Anschluss der Wandstreben	Stirnversatz mit Zapfen
Riegel mit Pfosten	gerader Zapfen
Riegel mit Streben	abgestirnter Zapfen
Streben	Stirnversatz mit Zapfen

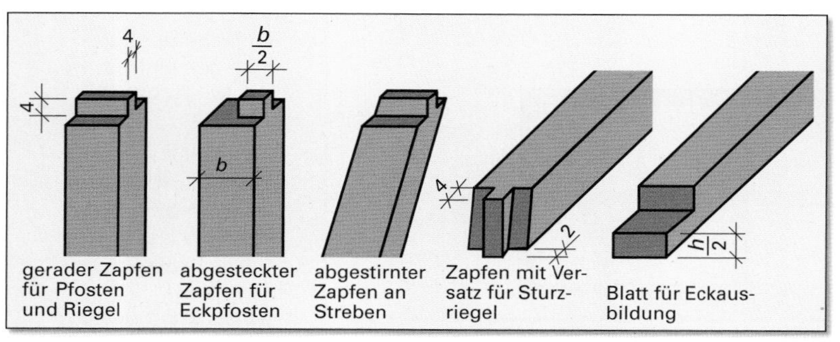

Bild 1: Räumliche Darstellung von Holzverbindungen im Fachwerkbau

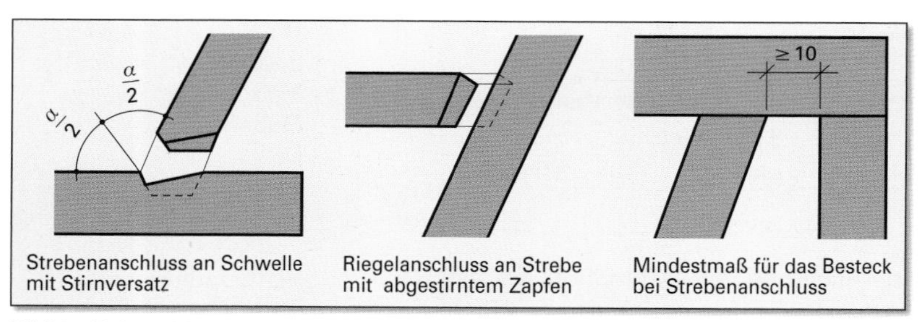

Bild 2: Holzverbindungen in Ansichten

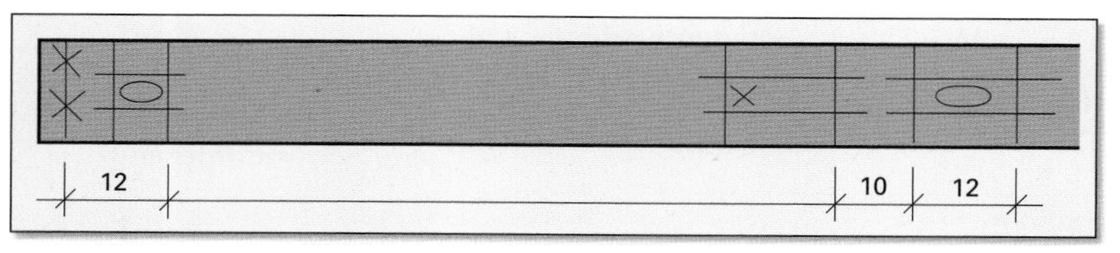

Bild 3: Anreißen der Schwelle

Tabelle 2: Auswahl der Verbindungsmittel

Befestigung	Verbindungsmittel
Eckblatt der Schwellen/Pfetten	Nägel 3,4 x 90/4,2 x 100
Pfetten	Nägel 6,0 x 180
Verzapfungen	Nägel 4,2 x 100
Schwelle mit Betonsockel	Sechskant-Holzschrauben 10 x 180 und Spreizdübel
zugfeste Verbindung Strebe und Pfette	Flachrundschrauben M10
Strebe und Einzelfundament	Stahllaschen und Schraubenbolzen M12

Arbeitsschritte

Holzverbindungen an den Knotenpunkten auswählen **(Tabelle 1)**

Zusätzlich möglich: ingenieurmäßige Holzverbindungen auswählen und beurteilen

Holzverbindungen als räumliche Darstellungen skizzieren **(Bild 1)**

Ansichten von Holzverbindungen zeichnen **(Bild 2)**

Draufsicht auf Schwelle mit Rissen für Abbund **(Bild 3)**

Zusätzlich möglich: Übersicht über Verbindungsmittel im Holzbau erstellen

Verbindungsmittel auswählen **(Tabelle 2)**

5.3.3 Holzschutz

Die Holzwand ist der Witterung ungeschützt ausgesetzt. Deshalb muss die Schwelle und die Strebe spritzwassergeschützt aufgelagert werden. Die Schwelle wird mit einer Bitumenbahn gegen aufsteigende Feuchtigkeit geschützt und die Strebe 30 cm über dem Boden mittels Stahllaschen befestigt. Für Schwelle, Strebe und Pfette wird ausschließlich Kernholz verwendet. Die Pfette ist profiliert und erhält seitlich Wassernasen. Alle Kanten werden leicht gerundet. Zusätzlich wird die Konstruktion mit Holzschutzlasur behandelt.

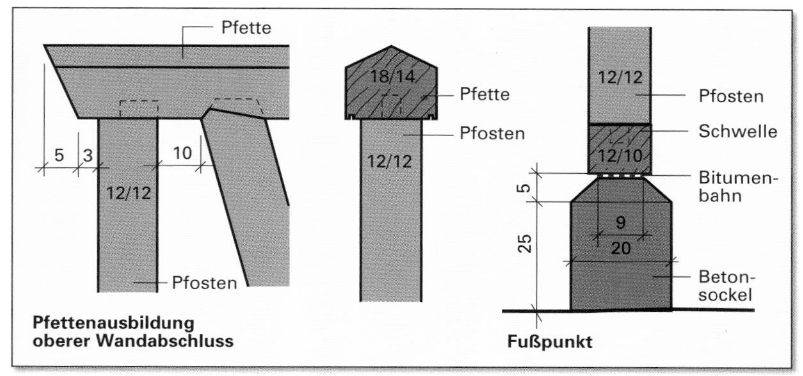

Bild 1: Konstruktive Holzschutzmaßnahmen

Arbeitsschritte

Holzschutzmaßnahmen begründen

Zusätzlich möglich: Holzschädlinge und deren Schadensbilder beschreiben

Konstruktive Holzschutzmaßnahmen erarbeiten und darstellen **(Bild 1)**

Zusätzlich möglich: Die Wirkungsweise und die Anwendung chemischer Holzschutzmittel beschreiben, Arbeitsschutz und Entsorgung bedenken

5.3.4 Materialbedarf, Holzliste, Verschnitt

Zur Bestellung des Schnittholzes und der Abrechnung wird der Materialbedarf ermittelt. Die dazu verwendete Holzliste ergibt die dargestellten Mengen. Dabei sind die Längenzugaben für die Verbindungen zu beachten. Für den Einkauf sind Verschnittzuschläge zu berücksichtigen.

Berechnung der Strebenlängen:

Wandstrebe

$l = \sqrt{b^2 + h^2}$

$l = \sqrt{(0{,}65\ \text{m})^2 + (1{,}66\ \text{m})^2}$

$\boldsymbol{l = 1{,}783\ \text{m}}$

Strebe zur Queraussteifung

$l = \sqrt{b^2 + h^2}$

$l = \sqrt{(0{,}90\ \text{m})^2 + (1{,}60\ \text{m})^2}$

$\boldsymbol{l = 1{,}836\ \text{m}}$

Holzbau GmbH, Kiefernweg 2, 54007 Eichingen

Projekt-Nr. 1
Datum: TT.MM.JJ

Bauvorhaben: INFOWAND
Kunde: SMV, Berufschulzentrum Eichingen

Nr.	Benennung	Holzart	Güte-klasse	Stück	Breite (cm)	Höhe (cm)	Länge (m)	Gesamt-länge (m)	m³	Bemer-kungen
1	Schwellen	NH S 10	2	2	12	10	4,05	8,10	0,097	Lärche
2	Pfosten	NH S 10	2	9	12	12	1,75	15,75	0,227	Lärche
3	Wandstreben	NH S 10	2	4	12	12	1,90	7,60	0,110	Lärche
4	Riegel	NH S 10	2	8	12	12	0,50	4,00	0,058	Lärche
5	Riegel	NH S 10	2	4	12	12	0,95	3,80	0,055	Lärche
6	Pfetten	NH S 10	2	2	14	18	4,10	8,20	0,207	Lärche
7	Streben	NH S 10	2	2	12	12	1,90	3,80	0,055	Lärche
	Summen							51,25	0,809	

Bild 2: Holzliste

Arbeitsschritte

Materialbedarf ermitteln

Strebenlängen berechnen

Holzliste als Bestellliste mit Längenzugaben aufstellen und Mengen ermitteln **(Bild 2)**

Für die Kanthölzer mit dem Querschnitt 12 cm/12 cm wurden 10 Vorratskanthölzer mit 3,75 m Länge verwendet und dafür 730,– €/m³ bezahlt.

Die Schwelle wurde mit einer Länge von 4,05 m und die Pfette 4,10 m lang nach Liste bestellt. Das Schnittholz nach Liste kostet 870,– €/m³.

Mengenermittlung für die Bestellung von Vorratskantholz und Listenware:

$V_{R\text{-}Vorratskantholz} = b \cdot h \cdot l \cdot Anzahl$

$V_{R\text{-}Vorratskantholz} = 0{,}12\ m \cdot 0{,}12\ m \cdot 3{,}75\ m \cdot 10$

$\mathbf{V_{R\text{-}Vorratskantholz} = 0{,}540\ m^3}$

$V_{R\text{-}Listenware} = b \cdot h \cdot l \cdot Anzahl_{Schwellen} + b \cdot h \cdot l \cdot Anzahl_{Pfetten}$

$V_{R\text{-}Listenware} = 0{,}12\ m \cdot 0{,}10\ m \cdot 4{,}05\ m \cdot 2 + 0{,}18\ m \cdot 0{,}14\ m \cdot 4{,}10\ m \cdot 2$

$\mathbf{V_{R\text{-}Listenware} = 0{,}304\ m^3}$

Kosten für das gesamte Bauholz ohne MwSt:

Holzkosten = *Vorratskantholz · Preis/m³ + Listenware · Preis/m³*

Holzkosten = 0,540 m³ · 730,– €/m³ + 0,304 m³ · 870,– €/m³

Holzkosten = **680,28 €**

Arbeitsschritte

Mengen- und Kostenberechnungen durchführen

Zusätzlich möglich: Verschnitt für das Vorratskantholz ermitteln

5.3.5 Herstellen der Konstruktion

Die **Holzbearbeitung** kann mit verschiedenen Holzbearbeitungswerkzeugen und -maschinen erfolgen.

Tabelle 1: Werkzeuge und Maschinen zur Holzbearbeitung

Holzbearbeitung	Werkzeuge	Maschinen
Messen und Anreißen	Winkeleisen, Meterstab, Bleistift, Streichmaß, Schmiege	
Kanthölzer ablängen	Handsäge	Handkreissäge
Zapfen und Versatz herstellen	Handsäge, Stemmeisen, Stoßaxt	Bandsäge, Handkreissägen mit Fräskopf, Kervenfräsen
Zapfenlöcher stemmen	Stemmeisen, Klopfholz	Kettenstemm-Maschine
Schraubenlöcher bohren	Spiral- oder Schlangenbohrer	Handbohrmaschine eventuell mit Gestell
Holz hobeln und fasen	Doppelhobel	Balkenhobel
Wassernase herstellen		Nutfräsmaschine oder Oberfräse bzw. Kreissäge

Beim **Aufrichten** sind die folgenden Arbeitsschritte erforderlich:

- Maßkontrolle der Fundamente
- Bitumenbahnen ausrollen
- Schwellen verlegen, ausrichten, nageln und mit Sockel verschrauben
- Pfosten, Streben, Riegel und Pfette zusammenbauen
- Rechte Winkel und Senkrechte prüfen
- Wandbauteile nageln
- Streben mit Wand verbinden, Wand ausrichten und Streben befestigen

Arbeitsschritte

Holzbearbeitungswerkzeuge und -maschinen auftragsbezogen auswählen **(Tabelle 1)**

Zusätzlich möglich: Arbeitsablauf beim Abbund beschreiben

Arbeitsablauf beim Aufrichten beschreiben und Qualitätskontrollen durchführen

5.4 Lernfeld-Aufgaben

5.4.1 Fahrradabstellplatz

Zum Unterstellen von Fahrrädern und Mülltonnen soll eine Überdachung errichtet werden, die zum Garten hin offen ist **(Bild 1)**. Die anderen drei Seiten sollen als Fachwerkwände errichtet und an der Außenseite mit Holz oder Holzwerkstoffen verkleidet werden. Das flache Dach erhält eine Blechabdeckung. Deshalb ist eine Neigung von 5° ausreichend.

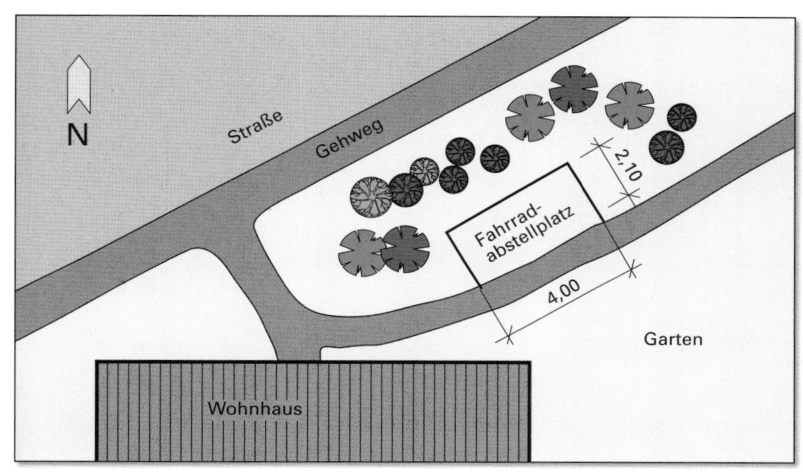

Bild 1: Lageplanskizze für Fahrradabstellplatz

Ausführungshinweise

Spritzwasserschutz und konstruktiven Holzschutz beachten

Gesamthöhe ≤ 2,30 m

Dachneigung zur Straße hin: 5°, d.h. etwa 1:11

Ausführung mittels zimmermannsmäßiger Holzverbindungen

Alternativausführung mit ingenieurmäßigen Verbindungen

5.4.2 Hauseingangsüberdachung

Der Eingangsbereich eines Wohnhauses soll ein Schutzdach erhalten **(Bild 2)**. Die stützenfreie Konstruktion ist aus Holz zu errichten und an der Hauswand zu befestigen. Die Dachneigung soll entsprechend dem Hausdach 30° betragen.

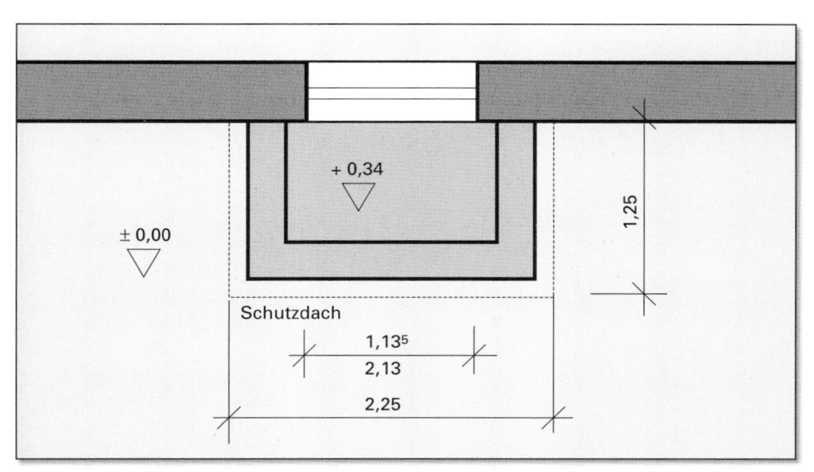

Bild 2: Grundriss des Eingangbereichs

Ausführungshinweise

Bei der Wahl von Konstruktion und Verbindungen ist neben den statischen Erfordernissen die gestalterische Wirkung zu beachten.

Außenwand aus Ziegelmauerwerk

Dachneigung: 30°, d.h. $1:\sqrt{3}$

Durch die Verwendung von Verschiebeziegeln ist die Sparrenlänge frei wählbar.

5.4.3 Pergola

An ein Wohnhaus mit Terrasse soll eine Pergola angebaut werden **(Bild 1)**. Die Befestigung der hausseitigen Pfette ist am Gebäude möglich. Die gegenüberliegende Pfette ruht auf Pfosten.

Ein Teilbereich der Pergola soll auf etwa 4,00 m Breite mit Acrylglas-Stegplatten überdeckt werden. Deshalb ist ein Rasterabstand für die Sparren von 1,01 m einzuhalten. Die Lieferlängen der Stegplatten erfordert eine Sparrenlänge von 4,03 m.

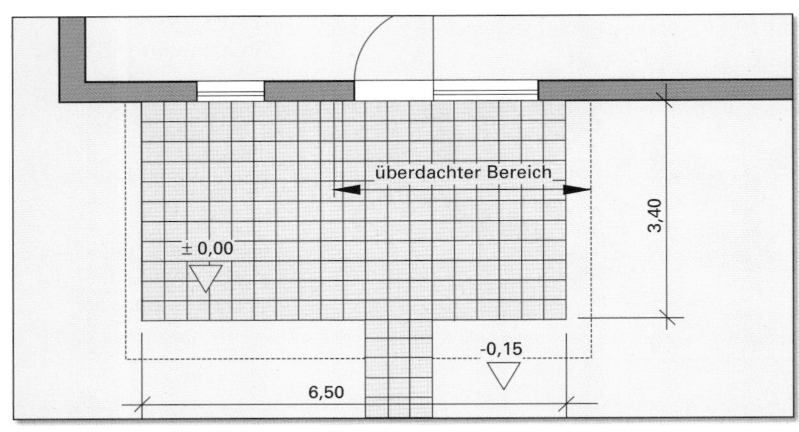

Bild 1: Lageplan für Terrasse mit Pergola

Ausführungshinweise

Gartenseite offen gestalten

Bei der Pfostenstellung auf ungehinderten Durchgang zum Gehweg achten

Pfosten auf Einzelfundamente aufstellen

Anschlüsse mit zimmermannsmäßigen Verbindungen ausführen

Höhe OK Pfette am Haus + 2,80

Neigung der Sparren etwa 1:10

5.4.4 Gartengerätehaus

Für einen Kleingarten ist ein Gartengerätehaus mit überdachtem Freisitz zu errichten **(Bild 2)**. Das Dach des Gerätehauses bildet zusammen mit dem Vordach für den Freisitz ein flach geneigtes Satteldach. Die Wände des Gerätehauses werden beplankt. Die Westwand wird als Witterungsschutz zum Freisitz hin verlängert. Zugang und Belichtung des Gerätehauses erfolgen über eine Türe im Vordachbereich.

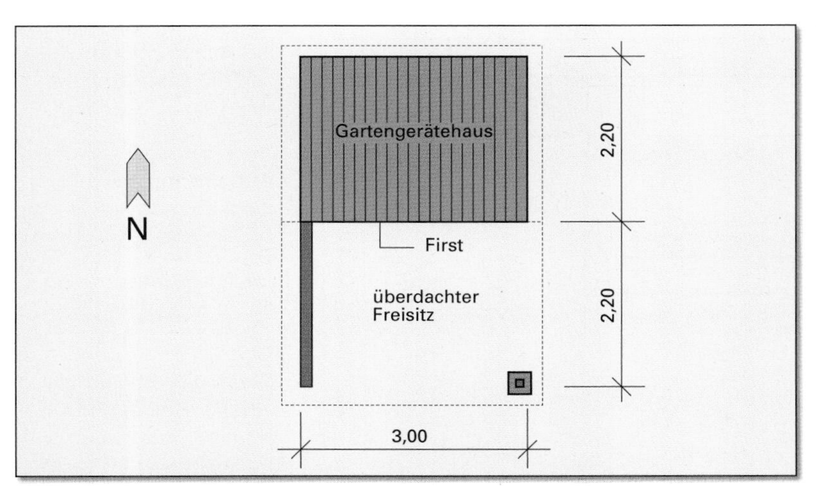

Bild 2: Lageplan zu Gartengerätehaus mit überdachtem Freisitz

Ausführungshinweise

Gründung des Gartengerätehauses auf Streifenfundamente

Gründung des Pfostens für Freisitzüberdachung auf Einzelfundamenten

Traufhöhe 2,10 m

Dachneigung 10°, d.h. etwa 1:6

Dachdeckung mit Standardwellplatten aus Faserzement mit 2,50 m Länge je Dachseite

Maximale Auflagerabstände für Wellplatten 1,15 m

6 Beschichten und Bekleiden eines Bauteils

6.1 Lernfeld-Einführung

Bei den Rohbauarbeiten, vor allem jedoch bei den Ausbauarbeiten eines Bauwerks, werden Wände, Decken und Böden entsprechend dem Baufortschritt mit geeigneten Baustoffen beschichtet, belegt oder bekleidet.

Diese Maßnahmen umfassen das Putzen, den Estrich, das Fliesen sowie das Abdichten gegen Feuchtigkeit bei Wänden und Bodenplatten, die gegen Erdreich angrenzen, ebenso das Abdichten gegen Spritzwasser in Nassräumen wie in Duschen und Bädern. Weiterhin ist das Einbauen von Dämmschichten zur Wärme- und Schalldämmung in besonderen Fällen erforderlich. Bei der Durchführung dieser Einzelmaßnahmen kommt der Oberflächenqualität der Rohbauteile bzw. dem Untergrund der Beschichtungs- oder Belagsstoffe besondere Bedeutung zu **(Bild 1)**.

Die Ausführung von Beschichtungs-, Belags- und Bekleidungsmaßnahmen bildet in vielen Fällen den gebrauchsfertigen Zustand der betreffenden Bauteile.

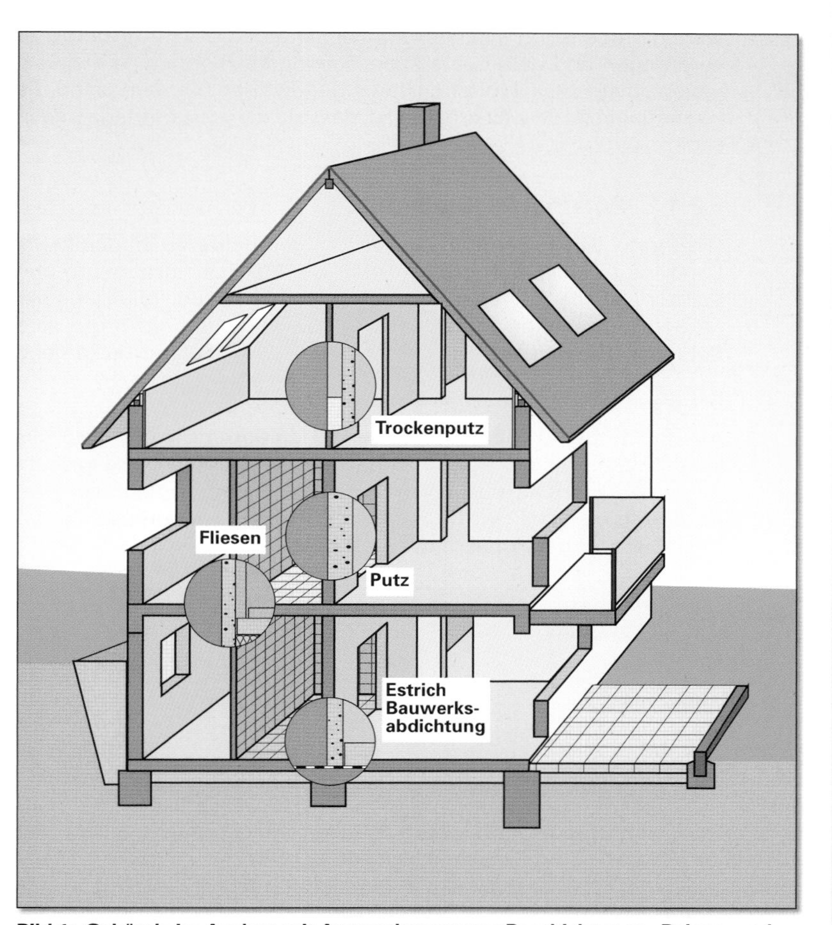

Bild 1: Gebäude im Ausbau mit Anwendungen von Beschichtungs-, Belags- und Bekleidungsmaßnahmen

Erforderliche Kenntnisse

Putz, Trockenputz
- Arbeitsweise
- Putzmörtel, Bindemittel
- Putzgrund
- Einbauteile
- Putzaufbau, Putzlagen
- Putzweisen
- Stuckprofile
- Baustoffbedarf
- Materiallisten
- Werkzeichnung

Estrich
- Estrichmörtel, Estrichmassen
- Estrichkonstruktionen
- Aufgabe der Estrichschichten
- Einbau der Estrichschichten
- Dämmstoffe
- Baustoffbedarf
- Detailkonstruktionen

Fliesen und Platten
- Kennzeichnung und Maße
- Fliesen- und Plattenarten
- Ansetz- und Verlegeverfahren
- Innenbekleidungen
- Innenbeläge
- Außenbeläge
- Ansetz- und Verlegeplan
- Baustoffbedarf
- Fliesenplan

Bauwerksabdichtung
- Abdichten von Bauteilen
- Abdichtungsstoffe
- Feuchtigkeitsfluss im Bauteil
- Abdichtungskonstruktionen
- Baustoffbedarf
- Schnittdarstellungen

6.2 Lernfeld-Kenntnisse

Bild 1: Putzfassade

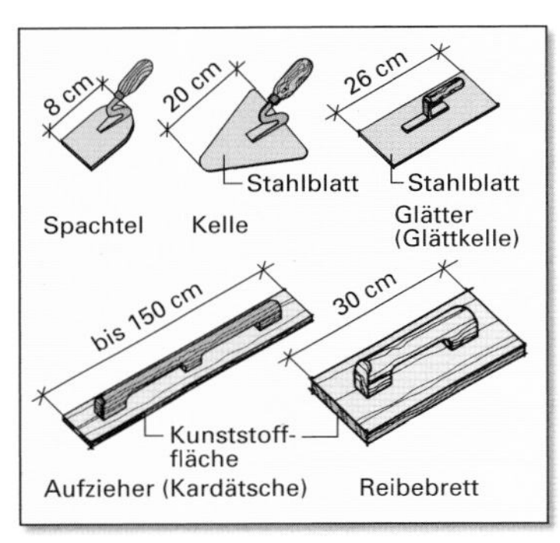

Bild 2: Putzwerkzeuge

Tabelle 1: Putzmörtel (Übersicht)
– Luftkalkmörtel, Mörtel mit hydraulischem Kalk
– Kalkzementmörtel, Mörtel mit hochhydraulischem Kalk oder mit Putz- und Mauerbinder
– Zementmörtel mit oder ohne Zusatz von Kalkhydrat
– Gipsmörtel und gipshaltige Mörtel

6.2.1 Putz

Putz ist ein Mörtelbelag aus mineralischen Bindemitteln mit oder ohne Gesteinskörnung, der auf Außenwände, Innenwände und Decken aufgebracht wird **(Bild 1)**. Werden Gipsplatten durch Ansetzgips an Innenwänden befestigt oder an Decken auf eine Unterkonstruktion montiert, so spricht man von Trockenputz.

6.2.1.1 Arbeitsweise

Putzwerkzeuge

Zum Putzen sind Putzwerkzeuge notwendig, womit die Putzlagen gleichmäßig dick aufgetragen werden. Die Putzwerkzeuge dienen zum Anwerfen, Aufziehen, Glätten sowie Anreißen und Prüfen lotrechter, waagerechter und geneigter Putzflächen. Wichtige Werkzeuge sind Spachtel, Kelle, Glätter (Traufel), Aufzieher, Reibebrett, Filzscheibe, Richtscheit und Lehrlatte **(Bild 2)**.

Putzen von Hand

Beim Putzen von Hand ist der Mörtel mit der Putzkelle kräftig anzuwerfen, um die Luft aus den Oberflächenporen des Putzgrundes zu verdrängen und damit eine ausreichende Putzhaftung zu erzielen. Eine nächste Lage Mörtel darf erst angeworfen werden, wenn die vorhergehende so weit erhärtet ist, dass sie die neue Putzlage tragen kann.

6.2.1.2 Putzmörtel, Bindemittel

Putzmörtel ist ein Gemisch aus einem oder mehreren Bindemitteln, Sand bis zu einer Korngröße von 4 mm als Gesteinskörnung und Wasser **(Tabelle 1)**. Weiterhin können Zusätze zur Beeinflussung der Mörteleigenschaften enthalten sein. Bindemittel für Putzmörtel sind Baugipse (Gipsbinder), Kalke, Putz- und Mauerbinder sowie Zement.

Baugipse

Als Rohstoff wird Gipsstein verwendet. Er kommt in der Natur als kristallwasserhaltiges Calciumsulfat vor. Der Gipsstein wird in Drehöfen im Niedertemperaturbereich bis 300 °C und im Hochtemperaturbereich bis etwa 900 °C gebrannt. Dabei wird dem Gipsstein das Kristallwasser ganz oder teilweise ausgetrieben (**Bild 1,** Seite 121).

Brennen im Niedertemperaturbereich

$$CaSO_4 \cdot 2\,H_2O + \text{Wärme} \xrightarrow{\text{unter } 300\,°C} CaSO_4 \cdot \tfrac{1}{2}\,H_2O + 1\tfrac{1}{2}\,H_2O$$

Calciumsulfat-Dihydrat → Calciumsulfat-Halbhydrat + Wasser

Brennen im Hochtemperaturbereich

$$CaSO_4 \cdot 2\,H_2O + \text{Wärme} \xrightarrow{\text{über } 300\,°C} CaSO_4 + 2\,H_2O$$

Calciumsulfat-Dihydrat → Calciumsulfat + Wasser

Baugipse sind pulverförmig und von weißer bis grauer Farbe. Beim Mischen von Gipspulver mit Wasser nimmt der Gips unter heftiger Reaktion Wasser auf und erwärmt sich dabei.

Mischen

$$CaSO_4 \cdot \tfrac{1}{2}\,H_2O + \text{Wärme} + 1\tfrac{1}{2}\,H_2O \longrightarrow CaSO_4 \cdot 2\,H_2O + \text{Wärme}$$

Calciumsulfat-Halbhydrat + Wasser → Calciumsulfat-Dihydrat

Bei Baugipsen (Gipsbindern) ist die Verarbeitungszeit vom Mischen bis zum Versteifungsbeginn kurz. Bis zu diesem Zeitpunkt hat der Gips etwa 40% seiner Endfestigkeit erreicht **(Tabelle 1)**. Von diesem Zeitpunkt an darf Gips nicht mehr weiter verarbeitet werden, auch nicht bei weiterer Wasserzugabe. Der Versteifungsbeginn kann durch chemische Zusätze bei der Herstellung verzögert werden. Warmes Zugabewasser und alte Gipsreste an Werkzeugen und Mörtelkästen verkürzen die Verarbeitungszeit.

Bei der Erhärtung von Gips verdunstet das überschüssige Zugabewasser, das nicht zur Kristallisation gebraucht wird. Der Gipsmörtel dehnt sich etwas aus und ergibt daher glatte Putzflächen.

Gipsputze können Feuchtigkeit aufnehmen und abgeben. Das Gefüge kann jedoch bei zu häufigem Wechsel zwischen feucht und trocken zerstört werden. Metallteile im Gipsputz, wie z.B. Stahleinlagen, Rabitz und Aufhängungen, können rosten. Sie müssen daher einen Rostschutz erhalten.

Die Fähigkeit des Gipses, Wasser aufzunehmen, sowie sein Kristallwassergehalt sind für den Brandschutz von Vorteil. Im Brandfall bilden das aufgenommene Wasser und das frei werdende Kristallwasser eine Schutzzone aus Wasserdampf um die verputzten Bauteile.

Baugipse ohne Zusätze (Bild 2)

Stuckgips entsteht durch Brennen im Niedertemperaturbereich und besteht überwiegend aus Calciumsulfat-Halbhydrat. Er wird für Stuck-, Form- und Rabitzarbeiten, für Innenputz oder zur Herstellung von Gipsplatten verwendet.

Putzgips entsteht durch Brennen im Hoch- und Niedertemperaturbereich und besteht aus Calciumsulfat-Halbhydrat. Er beginnt bereits nach drei Minuten zu versteifen, kann jedoch bedeutend länger als Stuckgips verarbeitet werden. Putzgips wird für Innenputz- und Rabitzarbeiten verwendet.

Um bei Putz- und Stuckgips bestimmte Eigenschaften zu erhalten, mischt man diesen Zusatzstoffe und Zuschläge bei.

- **Zusatzstoffe** sind Stoffe, die Eigenschaften des Gipses, wie z.B. die Konsistenz, die Haftung oder die Versteifungszeit, günstig beeinflussen.
- **Zuschläge,** wie z.B. Sand, Blähperlite und Blähglimmer, dürfen zugesetzt werden, um z.B. die Ergiebigkeit zu steigern.

Tabelle 1: Zeitlicher Erhärtungsablauf bei Baugips (Anhaltswerte)

Vorgang	Zeitspanne
Einstreuen	wenige Minuten
Mischen	bis ca. 3 min
Verarbeiten	bis ca. 20 min.
Versteifungsbeginn	nach ca. 25 min
Erhärtung	nach ca. 1 h
Aushärtung	bis ca. 20 h

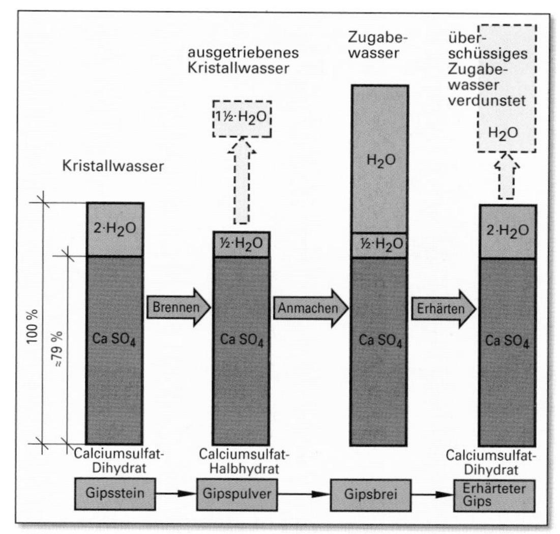

Bild 1: **Kristallwassermenge in Gips**

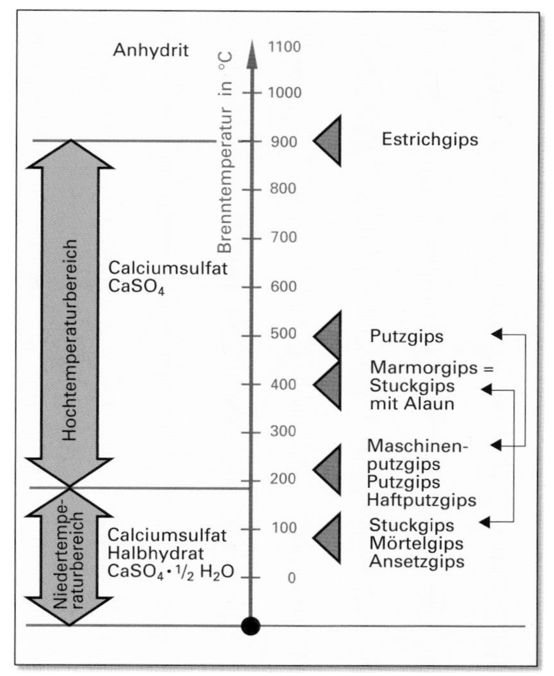

Bild 2: Gipsarten nach der Brenntemperatur

Baugipse mit Zusätzen nach DIN EN 13279-1

- **Gips-Putztrockenmörtel** versteift langsam und wird für das Herstellen von Innenputzen verwendet. Ihm sind Stellmittel und Füllstoffe zugesetzt.
- **Dünnlagen-Gips-Trockenmörtel** wird vorzugsweise für das Herstellen von Innenputzen verwendet. Zur besseren Haftung sind Stellmittel zugesetzt; Füllstoffe dürfen beigemischt werden.
- **Gipsmaschinenputz** wird besonders für das Herstellen von Innenputzen unter Einsatz von Putzmaschinen verwendet. Stellmittel in Form von Verzögerern ermöglichen einen ununterbrochenen Maschineneinsatz bei seiner Verarbeitung. Füllstoffe, wie z.B. Sand, dürfen zugesetzt sein.
- **Gipshandputz** wird zum Ansetzen von Gipsplatten oder faserverstärkten Gipsplatten als Wand-Trockenputz verwendet. Stellmittel bewirken ein langsames Versteifen, ein erhöhtes Wasserrückhaltevermögen und verbessern die Haftung an den Gipsplatten.
- **Gipsbinder** wird insbesondere zum Verbinden von Gipswandbauplatten verwendet. Stellmittel bewirken erhöhtes Wasserrückhaltevermögen und langsames Versteifen.
- **Gipsfugenspachtel** wird insbesondere zum Verspachteln der Fugen zwischen Gipsplatten verwendet. Seine Eigenschaften gleichen denen des Fugengipses.

Calciumsulfat-Binder und Calciumsulfat-Compositbinder

Gipsstein ohne Kristallwasser ist Calciumsulfat ($CaSO_4$) und wird auch als Anhydrit bezeichnet. Dieses Calciumsulfat kann in der Natur vorkommen oder wird künstlich hergestellt, z.B. in **R**auchgas**e**ntschwefelungs**a**nlagen bei Kohlekraftwerken als sogenannter **REA**-Gips.

Tabelle 1: Festigkeit von Bindern CAB und CAC

Festigkeitsklasse	Mindestdruckfestigkeit in N/mm²	
	nach 3 Tagen	nach 28 Tagen
20	8,0	20,0
30	12,0	30,0
40	16,0	40,0

Tabelle 2: Druckfestigkeit von Putz- und Mauerbinder

Art	Druckfestigkeit in N/mm² nach			Luftporenbildner
	7 Tagen	28 Tagen		
		mind.	max.	
MC 5	–	≥ 5	≤ 15	mit
MC 12,5 MC 12,5 X	≥ 7	≥ 12,5	≤ 32,5	mit/ X ohne
MC 22,5 MC 22,5 X	≥ 10	≥ 22,5	≤ 42,5	mit/ X ohne

Normbezeichnung
Putz- und Mauerbinder DIN EN 413-1-MC 12,5 X
Putz- und Mauerbinder nach DIN EN 413-1
Festigkeitsklasse 12,5; ohne Luftporenbildner

Calciumsulfat-**B**inder (**CAB**) besteht z.B. aus Anhydrit oder Halbhydrat und Zusatzstoffen. Der Calciumsulfatgehalt muss als Massenanteil größer als 85% sein. Diese Bestandteile binden durch Hydratation ab. Die Zusatzstoffe, z.B. Füllstoffe, Puzzolane, Pigmente und Kunstharze, beeinflussen die Eigenschaften des mit Calciumsulfat-Binder hergestellten Werkmörtels.

Calciumsulfat-**C**ompositbinder (**CAC**) besteht aus Calciumsulfat-Binder und weiteren Zusatzstoffen. Die Bindemittel eignen sich als Calciumsulfat-Werkmörtel (CA) für die Herstellung von Estrich.

CAB- und CAC-Binder werden nach Festigkeitsklassen eingeteilt **(Tabelle 1)**.

Putz- und Mauerbinder

Putz- und Mauerbinder (MC) ist ein werkmäßig hergestelltes, hydraulisches Bindemittel. Es besteht aus Portlandzement und anorganischen Stoffen, wie z.B. Gesteinsmehl. Beim Mischen mit Sand und Wasser erhält man einen Mörtel, der für Putz- und Mauerarbeiten geeignet ist.

Putz- und Mauerbinder wird nach DIN EN 413-1 in drei Festigkeitsklassen eingeteilt **(Tabelle 2)**. Die Zugabe luftporenbildender Zusatzmittel verbessert die Verarbeitbarkeit und die Dauerhaftigkeit.

6.2.1.3 Putzgrund

Als Putzgrund wird die zu putzende Fläche bezeichnet. Vor Beginn der Putzarbeiten ist es erforderlich, den Putzgrund hinsichtlich seiner Beschaffenheit und Eignung zu überprüfen.

Prüfen und beurteilen

Die Überprüfung des Putzgrundes erfolgt durch verschiedene Prüfverfahren **(Tabelle 1)**.

Eine sichere Putzhaftung auf der zu putzenden Fläche wird erreicht, wenn diese fest, staubfrei, rau und wenig saugfähig ist sowie aus einem einheitlichen Wandbaustoff besteht.

Die Prüfung des Putzgrundes ist stets an mehreren Stellen der Putzfläche vorzunehmen. Entsprechend dem Ergebnis der Prüfung ist die zu putzende Fläche durch geeignete Maßnahmen auf den jeweiligen Putzaufbau vorzubereiten.

Vorbereiten

Eine entsprechende Vorbereitung ist immer dann erforderlich, wenn die gestellten Anforderungen an die Qualität des Putzgrundes nicht erfüllt werden. Die geeigneten Maßnahmen zur Untergrundvorbreitung richten sich dann nach den Feststellungen im Rahmen der Überprüfung des Putzgrundes **(Tabelle 2)**.

Die häufigsten Maßnahmen zur Vorbereitung des Putzgrundes sind die Sicherstellung der Putzhaftung auf glatten Beton- oder Mauerwerksflächen, der Ausgleich des unterschiedlichen Saugverhaltens der Untergründe oder der Schutz feuchteempfindlicher Putzträger, z.B. aus zementgebundenen Leichtbauplatten oder Mehrschichtplatten.

Die Verbesserung der Putzhaftung erfolgt in der Regel durch das Aufbringen eines **Spritzbewurfs,** der sowohl volldeckend als auch nicht volldeckend (noppenartig) auf den Untergrund aufgetragen sein kann.

Zur Herstellung des Spritzbewurfs wird meist ein Zementmörtel verwendet, der im Mischungsverhältnis von 1 RT Zement und 3 RT Sand 0/4 hergestellt wird. Zur Verbesserung von Haftung und Verarbeitung können auch entsprechende Zusätze beigemischt werden.

Auf Betonflächen wird häufig anstelle des Spritzbewurfs ein **Haftanstrich** oder **Haftgrund** aufgetragen.

Die über dem Spritzbewurf oder Haftanstrich folgenden Putzlagen dürfen erst dann aufgetragen werden, wenn der Spritzputzbewurf mit der Hand nicht mehr abgerieben werden kann. Die Erhärtungsdauer beträgt daher mindestens 12 Stunden.

Tabelle 1: Prüfung des Putzgrundes

Prüfverfahren	Durchführung	Feststellungen
Prüfung nach Augenschein	genaue Betrachtung der Putzfläche	– offene Fugen – lockere Teile – Schmutz – Ausblühungen – Rissebildungen – Mischmauerwerk
Wischprobe	Putzgrund mit der Handfläche prüfen	– Unebenheiten – Abplatzungen – Absandungen
Kratzprobe	Putzgrund mit Spachtel prüfen	– Festigkeit des Untergrundes – Hohlstellen
Benetzungsprobe	Aufspritzen von Wasser auf den Untergrund	– Schalölreste – Saugverhalten – Feuchtigkeitsgehalt

Tabelle 2: Maßnahmen zur Vorbereitung des Putzgrundes

Feststellung	Erforderliche Vorbereitungsmaßnahmen
Lockere Teile, anhaftende Verschmutzung	– Abfegen mit Stahlbesen – Abstoßen mit Stahlscharre – Abspritzen mit Wasser – Dampfstrahlen
Offene Fugen, unvermörtelte Fugen	– Fugen und Fehlstellen mit gleichem Mörtel schließen, mit dem das Mauerwerk hergestellt wurde
Rissebildungen, Hohlstellen	– Schadstellen sachgemäß öffnen, mit Putzträger überspannen und mit Putzmörtel schließen – Fugen mit Fugenprofilen ausbilden
Schalölreste	– Betonflächen chemisch neutralisieren oder mechanisch aufrauen
Feuchtigkeitsgehalt	– Trocknung abwarten oder durch geeignete Lüftergeräte beschleunigen – Ursachen im Untergrund beseitigen
Starkes Saugverhalten	– Untergrund gleichmäßig vornässen – Grundierung mit geeignetem Sperrgrundmittel auftragen
Unebenheiten	– Auftrag einer ausgleichenden Putzlage

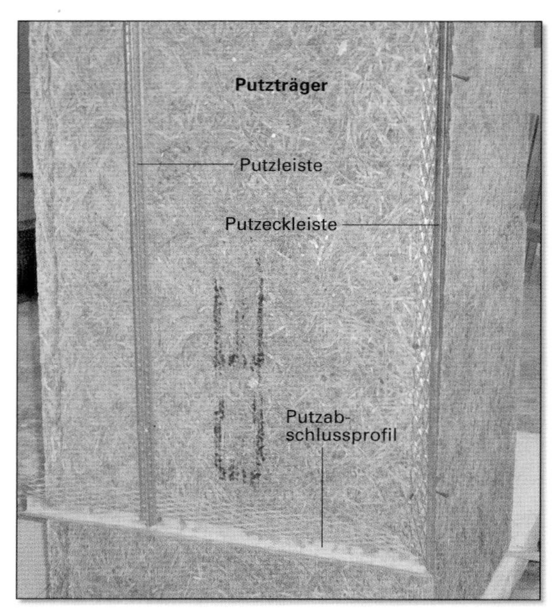

Bild 1: Putzprofile, Putzträger

Bild 2: Einbau der Putzprofile

Bild 3: Putzbewehrung

6.2.1.4 Einbauteile

Um den hohen Anforderungen an die Putzflächen gerecht zu werden, verwendet man Einbauteile wie Putzprofile, Putzträger und Putzbewehrung.

Putzprofile

Zur Herstellung von stoßgeschützten und sauberen Kanten verwendet man **Putzeckleisten** oder Kantenprofile. Um die erforderlichen Dehnfugen auch im Putz ausbilden zu können, setzt man **Dehnfugenprofile** ein. Für eine sichere und genaue Putzabgrenzung verwendet man **Putzabschlussprofile. Putzleisten** werden als Abziehhilfen und zur Fixierung der Putzdicken in großen Putzflächen gesetzt **(Bild 1)**.

Putzprofile bestehen aus verzinktem Stahlblech mit gelochten Profilschenkeln. Die beanspruchten Kanten sind meist mit einem Schutzprofil aus Kunststoff überzogen. Das Setzen der Profile erfolgt mit Stahlstiften und punktweisem Einbetten der Profilschenkel in den Ansetzmörtel. Nach dem endgültigen Ausrichten wird der durch die Lochungen gequollene Mörtel verstrichen, so dass die Putzprofile nach Erhärtung des Ansetzmörtels problemlos eingeputzt werden können **(Bild 2)**.

Putzträger

Zur Verbesserung der Putzhaftung werden Putzträger eingesetzt. Sie dienen zur Überbrückung von Bauteilen aus Holz oder Stahl sowie nichttragfähiger Putzgründe. Ebenso können damit selbsttragende Putzschalen (Rabitzbauteile) hergestellt werden.

Putzträger sind z. B. Tafeln aus **Rippenstreckmetall** oder Drahtgittergewebe sowie Ziegeldrahtgewebe, **Leichtbauplatten** und gelochte Gipsputzträgerplatten (Bild 1). Bei Altbausanierungen finden auch Rohrmatten als Putzträger Verwendung. Putzträger aus Streckmetall oder Drahtgewebe werden vollflächig über dem Putzgrund befestigt. Holz- und Stahlbauteile als Putzgründe müssen z. B. mit Bitumenpapier vor Feuchtigkeit oder ungewünschter Putzhaftung geschützt und zur Rissesicherheit mit einem Putzträger überspannt werden.

Putzbewehrung

Um die Zugfestigkeit des Putzes zu verbessern und um die Rissgefährdung unterschiedlicher Wandbaustoffe, z. B. im Bereich von Öffnungen und Rollladenkästen, zu verringern, werden Putzbewehrungen eingebaut. Man unterscheidet zwischen gitterartigem Metallgewebe und Glasfasergewebe. Die Putzbewehrung wird in die Putzschicht eingebettet und kann so auftretende Spannungen im Putz großflächig verteilen **(Bild 3)**.

6.2.1.5 Putzaufbau und Putzlagen

Der Aufbau des Putzes richtet sich nach den Putzanforderungen und dem Putzgrund. Die Putzlagen werden in mehreren Arbeitsgängen aufgetragen, um die geforderten Putzdicken für den Putzaufbau zu erreichen **(Bild 1)**.

Die Anforderungen an Putze sind nach der Putzanwendung für Außenputze und Innenputze verschieden. Besondere Anforderungen können z. B. an Sockelputze, Putze in Feuchträumen, wärmedämmende Außenputze oder Wärmedämmverbundsysteme gestellt werden.

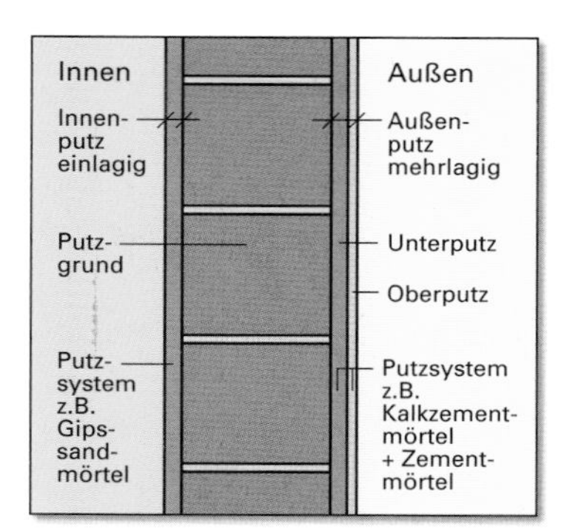

Bild 1: Putzaufbau

Außenputze

Außenputze müssen witterungsbeständig sein. Die Beanspruchung durch Frost, Feuchtigkeit und Sonneneinstrahlung darf nicht zur Zerstörung führen. Deshalb bestehen Außenputze in der Regel aus Kalk- und Zementmörteln. Das bauphysikalische Verhalten der Putze wird besonders vom Saugverhalten und von der Wasserdampfdurchlässigkeit bestimmt. Zementmörtel haben im Allgemeinen ein geringes Saugvermögen.

Außenputze bewohnter Räume müssen ausreichend wasserdampfdurchlässig sein, um bei der Dampfdiffusion von innen nach außen keinen Feuchtigkeitsstau auf der Innenseite des Außenputzes entstehen zu lassen **(Bild 2)**. Wasserhemmende und wasserabweisende Putze vermindern das Eindringen des Regenwassers. Sie müssen jedoch wasserdampfdurchlässig sein. Diese Anforderungen können z. B. mit Kalkzementmörtel bei günstigem Kornaufbau erreicht werden.

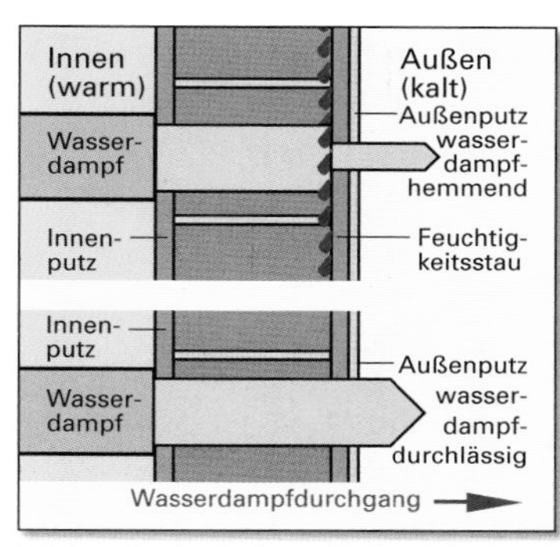

Bild 2: Dampfdiffusion

Sockelputze

Wasserabweisende Putze aus Zementmörtel mit und ohne chemische Zusätze sind dicht gegen drückendes Wasser. Ihre Wasseraufnahme ist sehr gering. Diese Putzart eignet sich besonders für Sockelputze und für Kellerwandaußenputze.

Innenputze

Mit Innenputzen werden ebene Flächen an Decken und Wänden hergestellt. Ihre feuchteregelnde Eigenschaft fördert die Behaglichkeit des Raumklimas. Um ebene Flächen zu erhalten, können auf dem Unterputz dünne **Feinschichten** aufgetragen werden. Mit dem Aufbringen der Feinschicht sollte so lange gewartet werden, bis der Unterputz erhärtet ist. Bei Feinschichten aus Baugips ist der Unterputz mit Gipszusatz, aus Luftkalkmörtel, Mörtel aus PM-Binder oder Kalkgipsmörtel herzustellen. Bei Innenputzen unterscheidet man Wand- und Deckenputze für Räume üblicher Luftfeuchte einschließlich häuslicher Küchen und Bäder und für Feuchträume bei langzeitig einwirkender Feuchtigkeit. Innenputze werden fast ausschließlich als **Einlagenputze** aus Gipsmörtel oder Kalkzementmörtel hergestellt.

Die raumklimaregelnde Eigenschaft des Innenputzes beruht vor allem auf der Wasserdampfaufnahme und -abgabe innerhalb bewohnter Räume **(Bild 3)**.

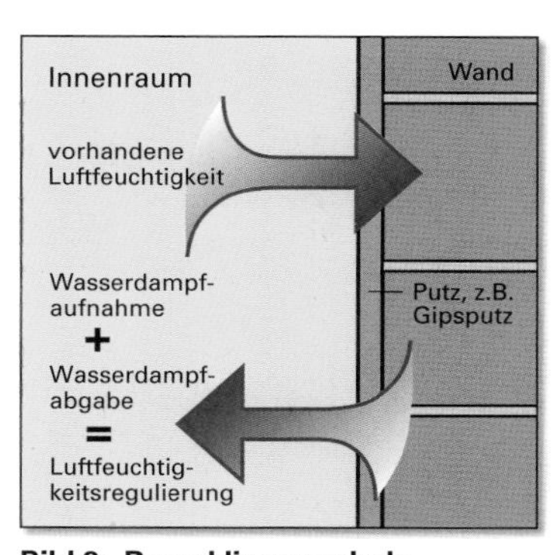

Bild 3: Raumklimaregelnde Eigenschaft des Putzes

Putzlagen

Die in getrennten Arbeitsgängen aufzubringenden Schichten bezeichnet man als Putzlagen, die als **Putzsysteme** aufeinander abge-

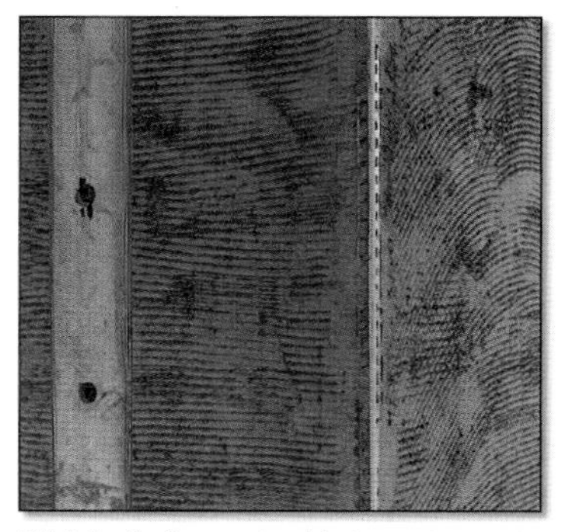

Bild 4: Aufgerauter Unterputz

Bild 1: Reibeputz

stimmt sind. Die unteren Lagen nennt man **Unterputz,** die obere Lage **Oberputz**. Der Oberputz bestimmt das Aussehen der Putzfläche oder dient als Untergrund für die weitere Wandbehandlung. Die physikalischen Eigenschaften des Putzes, z. B. die Saugfähigkeit oder die Festigkeit, sind hauptsächlich vom Unterputz abhängig. Der Unterputz hat bei Außenputzen in der Regel eine mittlere Dicke von 20 mm, der Oberputz kann bis 5 mm dick sein. Daraus ergibt sich für zweilagige Außenputze eine Dicke von etwa 2,5 cm. Damit der Oberputz sich fest mit dem Unterputz verbinden kann, muss der Unterputz rau sein (**Bild 4,** Seite 225). Die Putzlagen sind in ihrer Mörtelzusammensetzung aufeinander abzustimmen. Der Unterputz weist üblicherweise dabei eine größere Festigkeit auf als der Oberputz.

Bild 2: Kratzputz

6.2.1.6 Putzweisen

Als Putzweise bezeichnet man das Verfahren, die Oberfläche eines Putzes zu bearbeiten und zu gestalten. Man unterscheidet z. B. gefilzten oder geglätteten Putz, Reibeputz, Kratzputz, Spritzputz oder Scheibenputz. Besondere Putzweisen sind z. B. Sgraffito, Stuck als Stuckputz, Stuckmarmor und Stuckolustro sowie Lehmputz. Diese Putzweisen können je nach Bindemittel bei Innen- oder Außenputzen angewendet werden.

Reibeputz

Der Mörtel für Glätt- und Reibeputze soll möglichst wasserarm sein. Er ist in kleinen Flächen anzuwerfen und in gleichmäßigen Arbeitsgängen fertigzustellen (**Bild 1**). Reiben oder Glätten darf nicht zu lange erfolgen. Sobald die Putzoberfläche blank wird, muss man mit Glätten bzw. Reiben aufhören. Bei zu langem Abreiben wird die Mörteloberfläche mit übermäßig viel Bindemittel angereichert, wodurch Schwindrisse entstehen.

Bild 3: Spritzputz

Kratzputz

Der Kratzputz gehört zu den Rauputzen (**Bild 2**). Durch Kratzen wird die bindemittelreichere Oberschicht aufgeraut; die Schwindrissbildung wird dadurch vermieden. Zum Kratzen eignen sich z. B. Nagelbretter. Gekratzt werden darf erst bei geeigneter Putzhärte, die als Voraussetzung für das sauber abspringende Korn gilt. Die Putzfläche ist anschließend mit einem weichen Besen abzukehren.

Spritzputz

Der Spritzputz hat eine ähnliche Oberfläche wie der Kratzputz (**Bild 3**). Er wird häufig mit dem maschinellen Putzgerät aufgetragen. Der Mörtel soll aus feinkörnigen Sanden bestehen. Eine gleichmäßige Oberfläche lässt sich durch mehrmaliges Spritzen erreichen. In der Regel erfolgt dies in drei Lagen, wobei jede Lage in eine andere Richtung zu spritzen ist.

Bild 4: Scheibenputz

Scheibenputz

Die Struktur des Scheibenputzes entsteht beim Verreiben der Oberschicht durch das Grobkorn (**Bild 4**). Das Grobkorn von 2 mm oder 4 mm Durchmesser rollt dabei auf dem festen Untergrund und bildet Rillen. Mit dem Reibebrett kann waagerecht, senkrecht oder bogenförmig gerieben werden.

6.2.1.7 Stuckprofile

Stuckprofile werden für Wand- und Deckengestaltungen im Außenbereich als **Fassadenstuck** und im Innenbereich als **Innenstuck** hergestellt.

Zur Formgebung, dem Ziehen der Stuckprofile, werden unterschiedliche **Profilschablonen** verwendet. Damit wird das Stuckprofil mit dem jeweils geeigneten **Stuckmörtel** als Wand- oder Deckenzug direkt am Bauteil gefertigt. Vorgefertigte Stuckelemente stellt man als Tisch- oder Bankzug auf dem Ziehtisch her **(Bild 1)**.

Bild 1: Stuckprofile

Profilschablonen

Profilschablonen dienen dem Ziehen der Stuckprofile. Die Schablone besteht aus dem Sattelholz, auf dem das Profilblech des Stuckprofils befestigt wird. Schlitten- bzw. Läuferholz dienen der Führung der Schablone beim Ziehen über dem Stuckmörtel. Ein diagonal aufgenagelter Handgriff über dem Sattel- und Schlittenholz steifen die Schablone aus **(Bild 2)**.

Bild 2: Profilschablone

Die Sattelholzseite mit der etwa 5 mm größeren und abgefasten Profilform wird für den **Schleppzug** zur Herstellung der Grobform des Profils verwendet. Die endgültige Profilform wird über die Blechschablonenseite des Sattelholzes im Scharfzug hergestellt **(Bild 3)**.

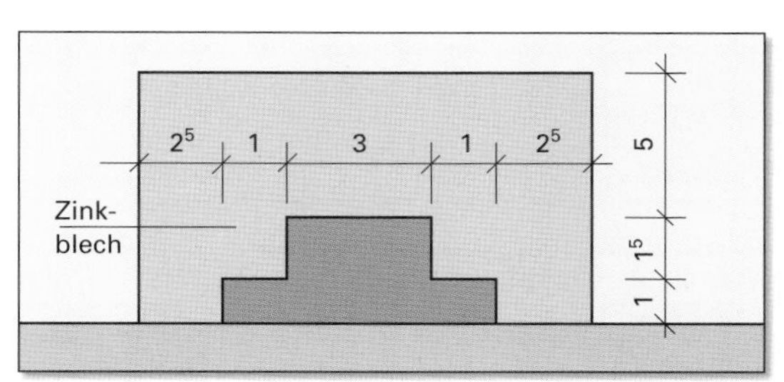

Bild 3: Blechschablone (Beispiel)

Stuckmörtel

Stuckmörtel für Fassadenstuck im Außenbereich muss witterungsbeständig sein. Hierfür eignen sich Kalkzementmörtel im Mischungsverhältnis Puzzolanzement : Kalk = 1:1,5. Dabei können zur Magerung bis zu 4 Raumteile Sand zugegeben werden.

Der Scharfzug als oberste Stuckschicht besteht beim Fassadenstuck aus hydraulischem Kalkmörtel. Aus wirtschaftlichen Gründen werden auch Werktrockenmörtel verwendet.

Der Innenstuck wird aus den verschiedenen Gipsmörteln gezogen. Dabei können zur Stabilisierung, zur Rissesicherung oder zum Transport z. B. Glasfasergewebe eingelegt werden.

Grundprofile

Die vielen Profilierungen von Stuck lassen sich auf wenige geometrische Grundprofile und deren Kombinationen begrenzen **(Bild 4)**.

Dabei unterscheidet man nach geraden und bogenförmigen Profilgliedern, die sowohl für die Gliederung einer Wand- oder Deckenfläche als auch für eine Eckgestaltung eingesetzt werden können.

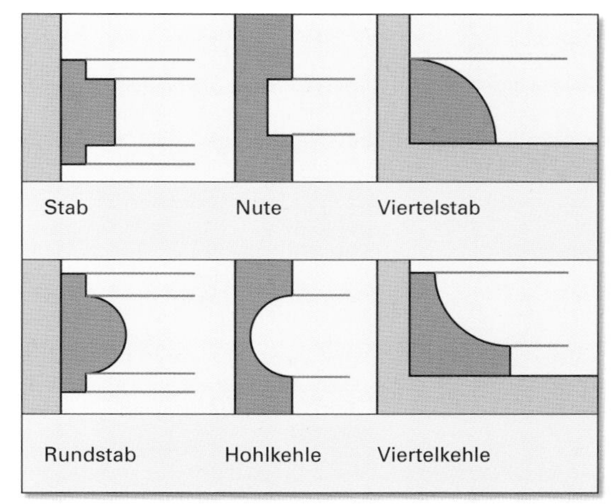

Bild 4: Grundprofile (Beispiele)

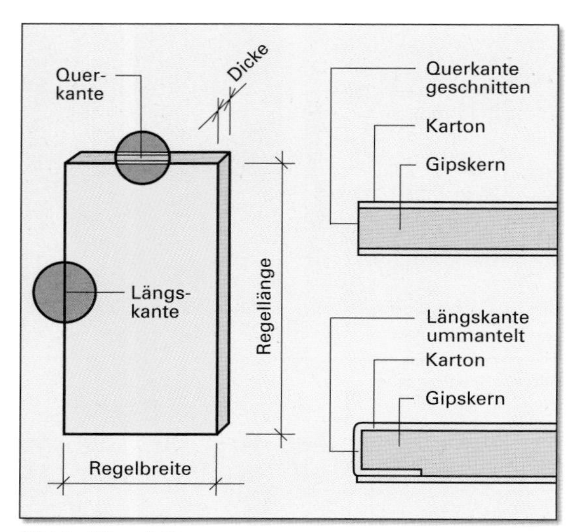

Bild 1: Gipsplatte

Tabelle 1: Abmessungen (mm) der Gipsplatten

Dicke (mm)	Regelbreite (mm)	Regellänge; alle 250 mm
9,5	1250	2000 bis 4000
12,5	Sonderbreiten	2000 bis 4000
15,0	600, 625, 900	2000 bis 4000
18,0	1200	2000 bis 3500
20,0 25,0	600	2000 bis 3500
9,5	400	1500 und 2000

6.2.1.8 Wandtrockenputz, Deckenbekleidungen

Um die Austrocknungszeiten bei Ausbaumaßnahmen zu verkürzen oder um das Einbringen von Baufeuchte durch Putzarbeiten auszuschließen, werden an Wänden Gipsplatten und faserverstärkte Gipsplatten als Wandtrockenputz angesetzt. Deckenbekleidungen befestigt man auf einer Unterkonstruktion.

Gipsplatten

Gipsplatten werden nach Plattenarten DIN 18180 bzw. Plattentypen DIN EN 520 unterschieden, deren Herstellung auf einem Produktionsband erfolgt. Sie bestehen aus einem Gipskern, der einschließlich der Längskanten mit einem Karton ummantelt ist **(Bild 1)**. Der Karton ist mit dem Gipskern fest verbunden und wirkt wie eine Zugbewehrung. Bei **faserverstärkten Gipsplatten** wird die Aufgabe des Kartons durch die Fasern ersetzt. Dadurch erhalten die großformatigen Platten, die in Regelabmessungen gefertigt werden, ihre notwendigen Festigkeits- und Elastizitätseigenschaften **(Tabelle 1)**.

Arten von Gipsplatten

Gipsplatten werden nach Leistungsmerkmalen eingeteilt. Dabei können Gipsplatten mehrere Leistungsmerkmale aufweisen. Sie sind unterschiedlich ausgerüstet und damit für die verschiedensten Anwendungszwecke verwendbar **(Tabelle 2)**. Die Oberflächen eignen sich zum Aufbringen geeigneter Putze oder Beschichtungen.

Tabelle 2: Gipsplatten nach Plattenarten DIN 18180 und Plattentypen DIN EN 520 (Beispiele)

Plattenart Plattentyp	Leistungsmerkmale	Verwendung	Anwendungsbereich
Bauplatten (GKB) Gipsplatte Typ A	Gipsplatte ohne besondere Leistungsmerkmale	– Beplankung von Montagewänden – Bekleidung von abgehängten Decken (Montagedecken) – Bekleidung von Wänden und Decken als Trockenputz	in Innenräumen aller Art ohne besondere Anforderungen
Bauplatten – imprägniert (GKBI) Gipsplatte Typ H	Gipsplatte mit reduzierter Wasseraufnahmefähigkeit	– wie zuvor beschrieben, jedoch mit Anforderungen an den Feuchteschutz durch verzögertes bzw. begrenztes Wasseraufnahmevermögen	in Räumen im Kellergeschoss, in Feuchträumen wie Küchen oder Bädern
Gipsplatte Typ E (nur DIN EN 520)	Gipsplatte für Beplankungen	– Beplankung für Außenwandelemente ohne dauernde Außenbewitterung – Anforderung an reduzierte Wasseraufnahmefähigkeit und geringe Wasserdampfdurchlässigkeit	bei Außenwänden im Holz- oder Stahlfertigteilbau, in Garagen und Durchfahrten
Feuerschutzplatten (GKF) Gipsplatte Typ F	Gipsplatte mit verbessertem Gefügezusammenhalt des Kerns bei hohen Temperaturen	– wie bei Gipsplatte Typ A beschrieben, jedoch bei Anforderungen an den baulichen Brandschutz bezüglich Feuerwiderstandsdauer der Bauteile	in Innenräumen aller Art, im Dachgeschoss, in Fluren und Treppenhäusern oder in Heizräumen
Putzträgerplatten (GKP) Gipsplatte Typ P	Putzträgerplatte auf Unterkonstruktionen	– als Putzträger, perforiert, für Nassputz an Wänden und Decken	in Innenräumen aller Art

Kantenausbildung

Gipsplatten werden mit unterschiedlichen Formen der Längskanten hergestellt **(Bild 1)**.

Die Querkanten sind werkseitig geschnitten und müssen auf der Baustelle am Stoß nachbearbeitet werden. Nach dem Einbau der Gipsplatten, wenn keine temperatur- und feuchtigkeitsbedingte Längenänderungen mehr zu erwarten sind, werden die entsprechenden Kanten verspachtelt.

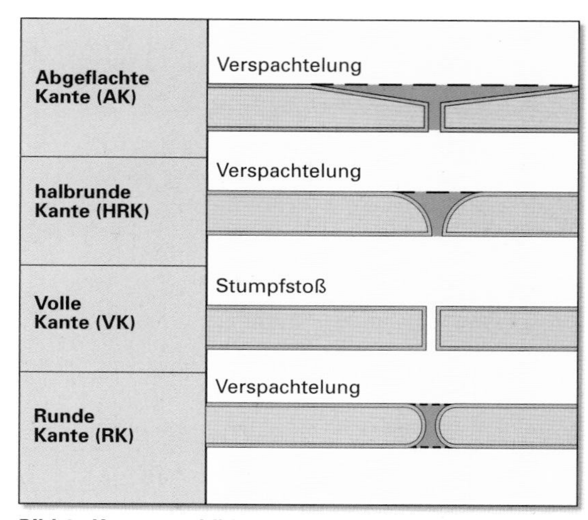

Bild 1: Kantenausbildung

Bezeichnung (Beispiel)

Gipsplatte DIN 18180 – GKBI 12,5 – 2400 AK oder **Gipsplatte H/EN 520 – 1250/2400/12,5 – abgeflachte Kante,** bedeutet:

Bauplatten – imprägniert nach DIN 18180 oder Gipsplatte Typ H nach DIN EN 520 (Gipsplatte mit reduzierter Wasseraufnahmefähigkeit), 1250 mm breit, 2400 mm lang, 12,5 mm dick, mit abgeflachten Längskanten.

Verarbeitung

Bei der Verarbeitung von großformatigen Gipsplatten sind besondere Be- und Verarbeitungsregeln sowie die Werksvorschriften zu beachten. Dies gilt für die Lagerung und den Transport der Platten ebenso wie für den Zuschnitt, die Kantenbearbeitung oder die Herstellung von Ausschnitten **(Tabelle 1)**.

Tabelle 1: Verarbeitung von Gipsplatten

Lagerung	– auf ebener Unterlage, z. B. auf Paletten – gegen Feuchtigkeit schützen
Transport	– mit Plattenträger oder Plattenroller
Zuschnitt	– mit Plattenmesser, Plattenschneider oder Fuchsschwanz
Schnittkanten	– Begradigung mit dem Kantenhobel – Karton darf nicht einreißen
Installationsausschnitte	– mit Lochschneider oder Stichsäge ausführen

Nach Montage der Unterkonstruktion werden die Platten mit geeigneten Schnellbauschrauben vorschriftsmäßig, von der Plattenmitte aus oder einer Plattenseite her, befestigt. Fehlstellen oder örtliche Beschädigungen an den Platten werden durch Fugenfüller ausgebessert.

Wandtrockenputz

Das Ansetzen von Gipsplatten an Wandflächen durch gipshaltige Ansetzbinder (Ansetzmörtel) nennt man Wandtrockenputz (Trockenputz). Die Verbindung von Platte und Wand erfolgt durch punkt- oder streifenförmiges Aufbringen des Ansetzmörtels auf der Rückseite der raumhohen und 9,5 mm oder 12,5 mm dicken Gipsplatte. Zum Rohboden ist ein Abstand von 10 mm bis 20 mm, z. B. durch Leistenstücke, sicherzustellen. Ebenso muss eine offene Fuge bis 10 mm zur Deckenunterseite für den Luftaustausch im Hohlraum berücksichtigt werden.

- **Ansetzen auf Mauerwerk**

Für Mauerwerk mit Unebenheiten bis 20 mm wird der Ansetzmörtel auf der Plattenrückseite streifenweise an den Längskanten und punktweise an den Querkanten sowie den Platteninnenflächen aufgetragen **(Bild 2)**. Die Gipsplatte wird auf die Leistenstücke gestellt und an die Wand angedrückt. Die angesetzte Platte ist mit dem Richtscheit auszurichten.

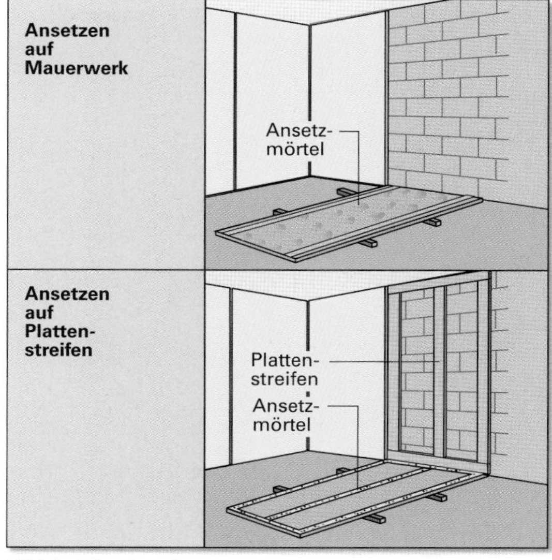

Bild 2: Wandtrockenputz

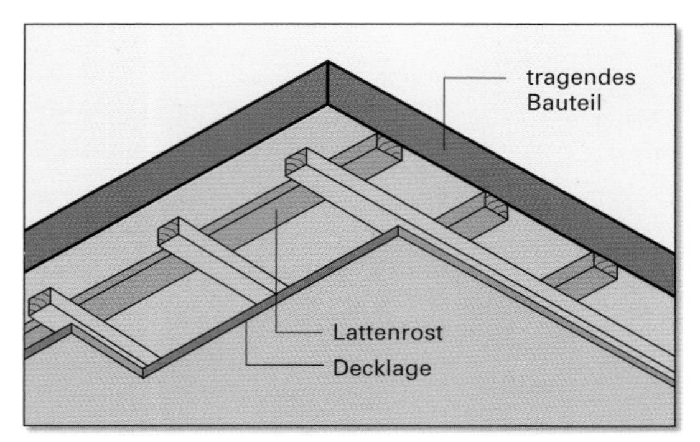

Bild 1: Leichte Deckenbekleidung

Tabelle 1: Querschnitte für Holzunterkonstruktionen in mm	
Leichte Deckenbekleidung	je nach Abstand
– Grundlattung (direkt befestigt)	z. B. 24/48, 30/50
– Traglattung	z. B. 24/48, 30/50

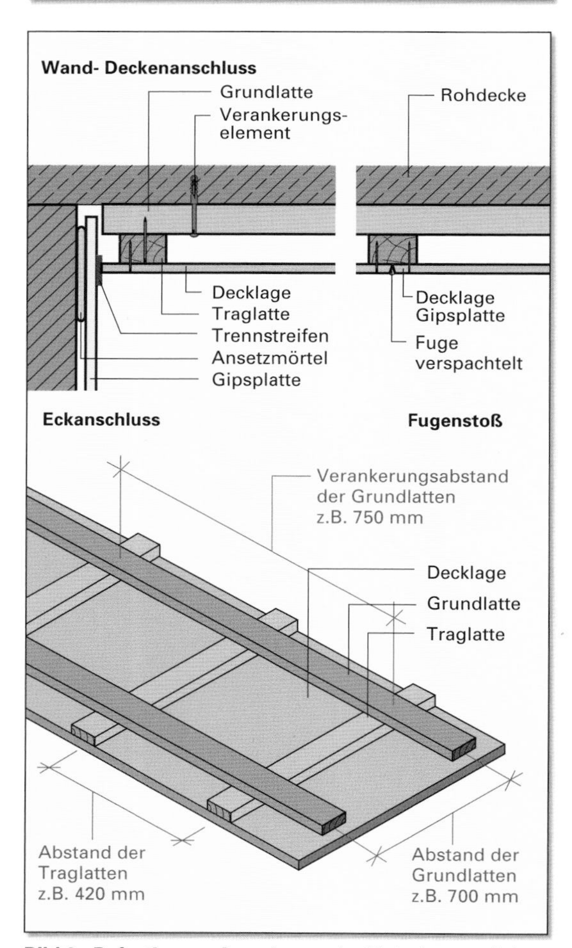

Bild 2: Befestigung, Anordnung der Unterkonstruktion

- **Ansetzen auf Gipsplattenstreifen**

Bei Unebenheiten des Untergrundes von über 20 mm, z. B. bei Altbausanierungen, ist ein Niveauausgleich mit angesetzten Plattenstreifen herzustellen. Dabei werden im Abstand von 62,5 cm senkrechte Streifen von etwa 10 cm Breite angesetzt und mit dem oberen und unteren horizontalen Streifen ausgerichtet. Anschließend werden die Gipsplatten mit dünn aufgetragenem Ansetzmörtel an die Plattenstreifen geklebt (Bild 2, Seite 229).

Leichte Deckenbekleidungen

Leichte Deckenbekleidungen sind Deckensysteme, deren Unterkonstruktion direkt an den tragenden Bauteilen befestigt wird **(Bild 1)**.

- **Unterkonstruktion**

Unterkonstruktionen für Deckenbekleidungen werden meist aus Holzlatten hergestellt **(Bild 2)**. Diese müssen der Sortierklasse S 10 entsprechen. Die Holzquerschnitte sind je nach Beanspruchung auszuwählen **(Tabelle 1)**.

- **Lattenrost, Decklage**

Der Lattenrost wird aus einer Grundlattung und einer Traglattung gebildet. Die Grundlattung wird an der Rohdecke befestigt. Die Traglattung, welche die Decklage trägt, wird quer dazu angeordnet. Der Querschnitt von Grund- und Traglattung muss bei leichten Deckenbekleidungen mindestens 24 mm x 48 mm betragen, wobei die Latten an jedem Kreuzungspunkt miteinander zu verbinden sind. Zur Befestigung am tragenden Untergrund dürfen nur geeignete und zugelassene Verankerungselemente verwendet werden (Bild 2).

Die zulässigen Abstände der Grund- und Traglatten und die Befestigung der Grundlatten an der Rohdecke sind abhängig von der Gesamtlast der Konstruktion. Dabei sind Einbauten, z. B. Beleuchtungskörper und die Dicke der Platten, zu berücksichtigen.

Fugenverspachtelung

Besonderer Sorgfalt bedarf es bei der Verspachtelung aller Plattenfugen durch aufeinander abgestimmte Verspachtelungssysteme mit Fugendeckstreifen und Spachtelmasse. Nach dem Erhärten der Spachtelmasse wird diese plattenbündig und fein abgeschliffen.

An besonders beanspruchten Plattenanschlüssen oder Außenecken werden Einfassprofile, Kantenschutzprofile oder Kantenschutzstreifen aufgesetzt und eingespachtelt.

Die Oberfläche der Gipsplatten bildet einen guten Untergrund für weitere Beschichtungs- oder Belagsaufbauten, z. B. für Anstriche, Tapeten, Putze und Fliesen.

6.2.1.9 Baustoffbedarf

Ein überwiegender Teil der Putzmörtel kommt werkgemischt als Fertigmörtel zur Verwendung. Zur Bedarfsermittlung müssen die herstellereigenen Verbrauchsangaben zugrunde gelegt werden **(Tabellenheft)**. Die Ermittlung des Baustoffbedarfs bei Putzmörtel zur ‚Mörtelzusammensetzung nach Raumteilen' sowie zur ‚Mörtelausbeute' erfolgt wie bei Mauermörtel beschrieben.

Werkzeichnungen oder Aufmaßzeichnungen, wie Grundriss, Schnitt und Ansicht des jeweiligen Bauwerks oder Bauteils, sind zur Mengenermittlung erforderlich. Eine dazugehörige Bau- oder Ausführungsbeschreibung benennt die Art der Bauausführung und die zur Verwendung kommenden Baustoffe für Putz und Trockenputz.

Zur übersichtlichen Erfassung des Baustoffbedarfes werden zunächst die zu bearbeitenden Flächen aufgemessen und in einer Aufmaßliste erfasst **(Bild 1, Druckvorlage auf CD)**. Danach wird für diese Flächen der Baustoffbedarf in einer Baustoffliste ermittelt **(Bild 2, Druckvorlage auf CD)**. Diese Bedarfsermittlung ist Grundlage für die erforderlichen Bestellmengen zur Abwicklung des Arbeitsauftrages.

Aufmaßliste
Blatt : ....
Projekt : .... Gewerk : ....
Bauteil : ....

Pos. Nr.	Bezeichnung Raum, Bauteil	Stück +	Stück -	Länge [m]	Breite [m]	Höhe [m]	Mess-gehalt	Abzug	Reiner Messgehalt

Bild 1: Aufmaßliste

Baustoffliste
Blatt : ....
Projekt : .... Gewerk : ....
Bauteil : ....

Pos. Nr.	Bezeichnung Raum, Bauteil	Reiner Messgehalt	Baustoff-art	Verbrauchswert (Tabelle)	Baustoff-bedarf

Bild 2: Baustoffliste

Aufgaben

1 Zwischenwand

Die Zwischenwand ist beidseitig zu verputzen **(Bild 3)**. Die 24 cm tiefen Seiten- und Sturzleibungen der Öffnungen werden ebenfalls verputzt. Ermitteln Sie:

a) die Putzflächen,

b) die Bestellmenge in Säcken als Fertigmörtel,

c) die Länge der anzusetzenden Eckleisten.

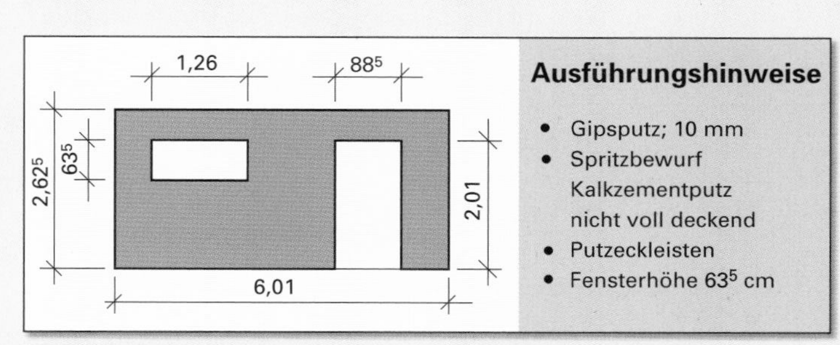

Bild 3: Zwischenwand

2 Zugangsanlage

Die Zugangsanlage ist einschließlich Leibungsflächen zu verputzen **(Bild 4)**.

a) Zeichnen Sie die Anlage in Grundriss, Schnitt und Ansicht im M 1:50 und ermitteln Sie die Putzflächen.

b) Stellen Sie die Anteile für Bindemittel und Sand fest.

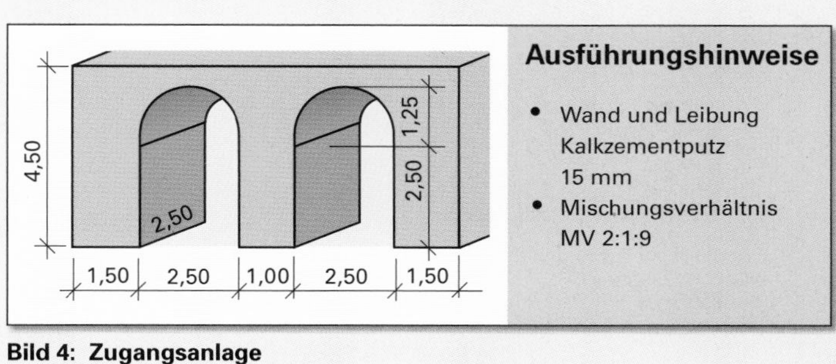

Bild 4: Zugangsanlage

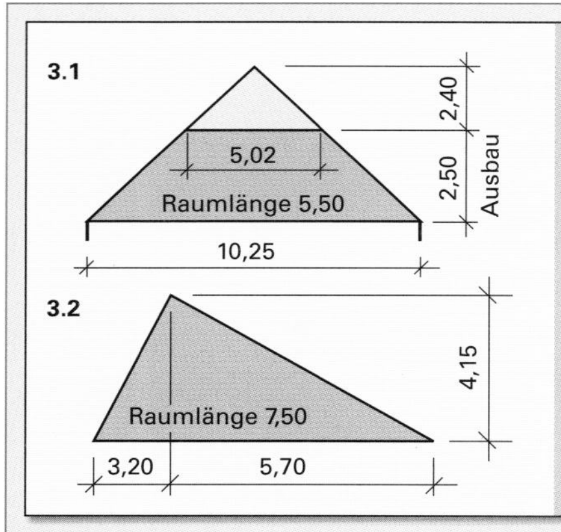

Ausführungshinweise

- Wandfläche Gipsplatte Typ A Dicke 12,5 mm
- Deckenfläche Gipsplatte Typ F Dicke 12,5 mm
- Traglattung 30/50
- Fugen gespachtelt
- Lattabstand siehe Bild 2, Seite 230

Bild 1: Dachraum

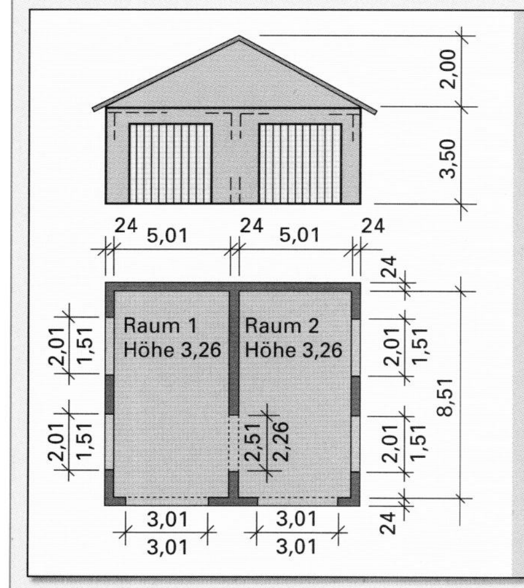

Ausführungshinweise

- Wandputz 20 mm Kalkzementputz
- Sockelputz 15 mm Zementputz
- Deckenputz 10 mm Spritzbewurf Kalkzementputz volldeckend Kalk-Gips-Putz
- Putzeckleisten
- Putztrennleisten zwischen Sockel- und Wandputz

Bild 2: Betriebsgebäude

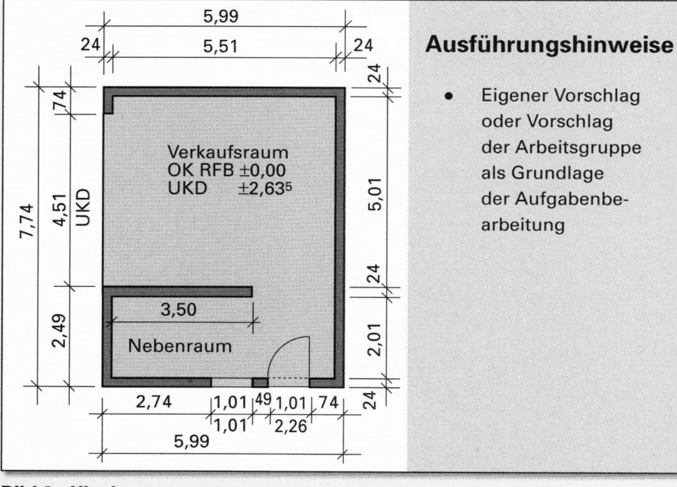

Bild 3: Kiosk

3 Dachraum

Der Dachraum wird ausgebaut **(Bild 1)**. An den Giebelwandflächen wird ein Wandtrockenputz angesetzt. Dach- und Deckenunterseiten erhalten eine leichte Deckenbekleidung. In den Dachflächen sind 6 Dachflächenfenster 0,70 m x 1,40 m (*b* x *h*) eingebaut.

a) Erstellen Sie die Aufmaßliste und ermitteln Sie den Baustoffbedarf.

b) Ermitteln Sie das Gewicht der Gipsplatten an Dach- und Deckenflächen.

4 Betriebsgebäude

Die Innenwände aus Leichtbetonsteinen und die Stahlbetondecke des Betriebsgebäudes sind zu verputzen **(Bild 2)**. Die Tiefe der Leibung an den Fenstern ist mit 10 cm anzunehmen. Es ist ein umlaufender Putzsockel mit einer Höhe von 25 cm herzustellen.

a) Zeichnen Sie die Innenwandabwicklung von Raum 1 im Maßstab 1:50.

b) Erstellen Sie die Aufmaßliste und ermitteln Sie den Baustoffbedarf für den Deckenputz.

5 Kiosk

Für den Kiosk sind die Innenputzarbeiten sowie die Deckenbekleidung auszuführen **(Bild 3)**. Das Mauerwerk ist aus Porenbetonsteinen, die Decke aus Stahlbeton hergestellt. Die Putztiefe der Leibungen beträgt 12 cm.

a) Erarbeiten Sie einen Ausführungsvorschlag.

b) Erstellen Sie die Aufmaßliste mit Deckenplan 1:50.

c) Ermitteln Sie den Baustoffbedarf für den Innenwandputz sowie für die Deckenbekleidung und legen Sie hierzu eine Baustoffbestellung vor.

6.2.2 Estrich

Estrich ist ein Bauteil, das auf den tragenden Untergrund des Rohfußbodens oder der Rohdecke eingebaut wird. Dabei kann zwischen Estrich und Untergrund eine Trennschicht oder eine Dämmschicht angeordnet werden **(Bild 1)**. Estriche haben als Teil des Fußbodens die Aufgabe, Nutzlasten auf den Untergrund zu übertragen. Weiterhin können sie bauphysikalische Anforderungen an den Wärme- und Schallschutz erfüllen.

Die Verlegung des Estrichs erfolgt im Rahmen der Ausbauarbeiten eines Gebäudes und wird nach den Innenputzarbeiten ausgeführt.

Estriche sind unmittelbar als Boden nutzfähig, z. B. in Fabrikhallen und Garagen, oder erhalten einen Bodenbelag, wie z. B. in Hobbyräumen, Abstellräumen und Balkonen.

Je nach Anforderung und Einbau wird der Estrich (Estrichmörtel, Estrichmassen) nach dem verwendeten Bindemittel oder nach der Estrichkonstruktion (Schichtenaufbau, Einbauart) unterschieden **(Tabelle 1)**. Estriche werden je nach Beanspruchung oder Eigenschaft in verschiedene Festigkeits-, Härte- oder Widerstandsklassen eingeteilt. Diese Einteilung erfolgt nach genormten Prüfverfahren.

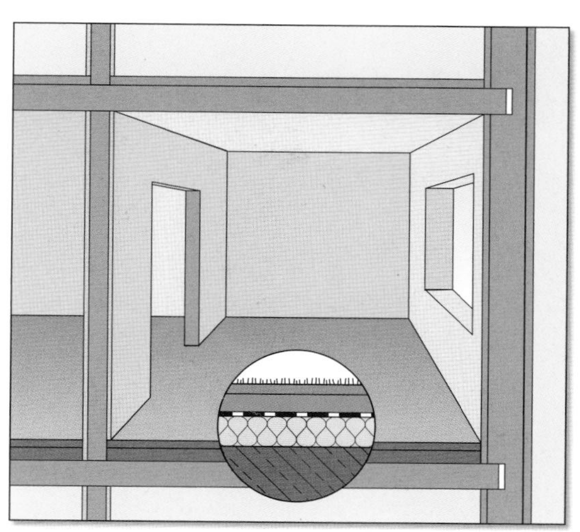

Bild 1: Bodenaufbau

Tabelle 1: Unterscheidung der Estriche (Beispiele)

Estrichmörtel, Estrichmassen; DIN EN 13813 (Estriche nach Bindemittel)	Estriche nach Konstruktion; DIN 18560 (Einbauart, Schichtenaufbau)
Calciumsulfatestrich Gussasphaltestrich Kunstharzestrich Zementestrich	Verbundestrich Estrich auf Trennschicht Estrich auf Dämmschicht
Eigenschaftsklassen	**Sonstige Estricharten**
Druckfestigkeitsklasse Biegezugfestigkeitsklasse Verschleißwiderstandsklasse Oberflächenhärteklasse	Fertigteilestrich Heizestrich Industrieestrich Hartstoffestrich

6.2.2.1 Estrichmörtel, Estrichmassen

Estriche nach Bindemittel

Nach dem verwendeten Bindemittel unterscheidet man die Estrichmörtel und Estrichmassen, z. B. nach Calciumsulfatestrich, Gussasphaltestrich, Kunstharzestrich und Zementestrich.

Calciumsulfatestrich (CA) ist ein Estrichmörtel, der aus Calciumsulfat oder Anhydrit, Gesteinskörnung und Zugabewasser hergestellt wird. Als Gesteinskörnungen eignen sich Sande bis zu einer Korngröße von 8 mm. Zur besseren Verarbeitung und Konsistenzveränderung können Zusatzmittel verwendet werden **(Bild 2)**.

Calciumsulfatestrich eignet sich besonders für die Trockenbereiche von Wohn-, Büro- oder Dienstleistungsgebäuden. Er ist etwa zwei Tage nach dem Einbau begehbar und kann nach fünf Tagen geringfügig belastet werden.

Calciumsulfatestrichmörtel kann auch als **Fließestrich (CAF)** hergestellt werden. Er zeichnet sich durch einen leichten Einbau mit selbstnivellierender Oberfläche aus. Der werkgemischte Trockenmörtel wird z. B. in Silos angeliefert und auf

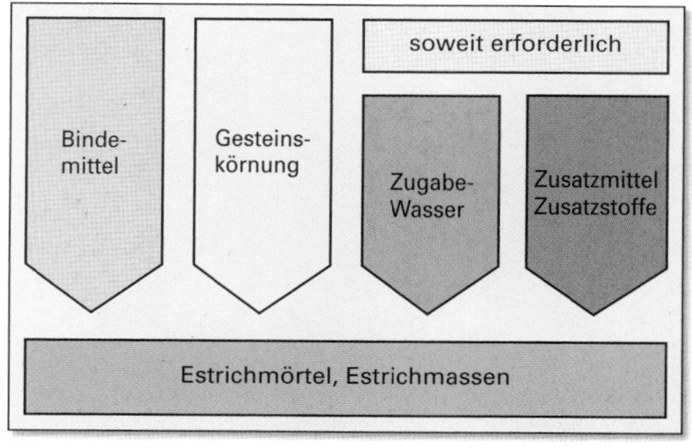

Bild 2: Estrichzusammensetzung

Estrichpumpe mit Silo

Bild 1: Einbau von Fließestrich

Bild 2: Einbau von Zementestrich

der Baustelle, unter Zugabe von Wasser, mit entsprechenden Mischpumpen zur Einbaustelle gefördert. Bei Fließestrich ist die lange Austrocknungszeit zu beachten **(Bild 1)**.

Gussasphaltestrich (AS) besteht aus Bitumen, Füller (gemahlener Naturstein) und Sand (Bild 2, Seite 233). Das Mischgut wird als Estrichmasse mit einer Temperatur von 220 °C bis 250 °C eingebaut und ist nach Abkühlung voll belastbar. Die Oberfläche des heißen Gussasphaltestrichs wird im Zuge des Einbaus mit Sand abgerieben. Der Gussasphaltestrich eignet sich besonders bei Bauwerksanierungen oder kurzen Bauzeiten und kann in allen Nutzungsbereichen der Gebäude eingesetzt werden.

Kunstharzestrich (SR) ist ein Estrichmörtel aus synthetischem Reaktionsharz als Bindemittel und Sand. Die Aushärtezeit von Kunstharzestrich ist sowohl von der Untergrundtemperatur (Bauteiltemperatur) als auch von der Lufttemperatur abhängig. Bei Temperaturen ab 15 °C kann Kunstharzestrich nach etwa 10 Stunden begangen und nach drei Tagen belastet werden. Für die Herstellung und den Einbau von Kunstharzestrichmörtel sind die Verarbeitungs- und Sicherheitshinweise für Reaktionsharzprodukte besonders zu beachten.

Der Kunstharzestrich eignet sich durch seine hohe Festigkeit besonders zum Einbau in dünnen Schichten, bei geringen Konstruktionshöhen sowie als Nutzestrich in Garagen und Fabrikhallen.

Zementestrich (CT) besteht aus Zement als Bindemittel, Gesteinskörnung und Zugabewasser. Als Zement wird meist Portlandzement CEM I 32,5 R eingesetzt. Durch geeignete Zusätze kann z. B. die Verarbeitbarkeit des Zementestrichmörtels beeinflusst werden. Für die Gesteinskörnung werden je nach Estrichdicke Sande der Korngruppe 0/4 und 0/8 sowie ab einer Estrichdicke von 50 mm Kies der Korngruppe 0/16 verwendet.

Zementestrich kann nach drei Tagen begangen, nach sieben Tagen geringfügig belastet und nach 21 Tagen voll beansprucht werden. Er ist für alle Nutzungsbereiche einsetzbar **(Bild 2)**.

Zementestrichmörtel kann auch fließfähig, als **Fließestrich,** eingebaut werden. Diese können durch die Verwendung von Zusatzmittel (Fließmittel und Stabilisierer) nach zwei Tagen begangen und nach fünf Tagen belastet werden. Zusätzlich zur Erhärtungsdauer ist jedoch eine ausreichend lange Austrocknungszeit zu berücksichtigen.

Erhärteter Zementestrich mit Natursteinkörnungen, z.B. Marmor, und geschliffener Oberfläche wird als **Terrazzo** bezeichnet.

Zementestrich mit Zugabe von Hartstoffen, z.B. Korund, bezeichnet man als **zementgebundenen Hartstoffestrich**.

Einteilung und Prüfung der Estrichmörtel

Bei der Lieferung der Estrichprodukte ist zu prüfen, ob die Angaben auf der Verpackung oder dem Lieferschein der Bestellung entsprechen (Eingangsprüfung).

Bei baustellengemischten Estrichmörteln ist eine Sichtprüfung der Ausgangsstoffe sowie die Einhaltung der vorgegebenen Estrichrezeptur erforderlich (Erstprüfung).

Estrichmörtel werden in festgelegte Eigenschaftsklassen eingeteilt **(Tabelle 1)**.

Die geforderten Mörteleigenschaften sind bei den jeweiligen Estrichmörteln oder Estrichmassen im erhärteten Zustand zu prüfen **(Tabelle 2)**.

Dabei werden die angegebenen Eigenschaften überprüft (Bestätigungsprüfung). Die Prüfungen erfolgen nach der jeweils zutreffenden Prüfnorm **(Bild 1)**.

Bei der Konformitätskennzeichnung (CE-Kennzeichnung) können weitere Eigenschaften des Produktes, wie z.B. das Brandverhalten, die Wasserdampfdurchlässigkeit oder die chemische Beständigkeit, vom Hersteller deklariert werden.

6.2.2.2 Estrichkonstruktionen

Estriche nach Einbauart

Mit der Estrichkonstruktion wird die Schichtenfolge des Estricheinbaus (Estrichverlegung) vom tragenden Untergrund bis zur fertigen Estrichschicht, unter Beachtung der vorgesehenen Raumnutzung, festgelegt. Estrichkonstruktionen ohne besondere Anforderungen an den Schall- und Wärmeschutz sind die Verbundestriche und die Estriche auf Trennschicht.

Verbundestriche (V) sind im Verbund mit dem tragenden Untergrund hergestellte Estriche. Sie können unmittelbar als Boden, wie z.B. in Keller- und Abstellräumen oder Garagen, genutzt werden. Zusätzlich können Verbundestriche auch mit einer Beschichtung oder einem Belag versehen werden.

Tabelle 1: Estrichmörtel, Estrichmassen; Einteilung in Eigenschaftsklassen nach DIN EN 13813 (Auszug)

Eigenschaft, Abkürzung, Einheit	Eigenschaftsklassen Beispiel gemäß Prüfnorm
Druckfestigkeit **C** (Compression) N/mm²	C5; C7; C12; C16; C20; C25; C30; C40…C80 **C20** Druckfestigkeit 20 N/mm²
Biegezugfestigkeit **F** (Flexural) N/mm²	F1; F2…F7; F10; F15…F50 **F10** Biegezugfestigkeit 10 N/mm²
Verschleißwiderstand nach Böhme **A** (Abrasion) cm³/50 cm²	A22; A15; A12; A9; A6; A3; A1,5 **A9** Abriebmenge 9 cm³/50 cm²
Eindringtiefe als Maß für die Härte **IC** (Identation Cube) 1/10-mm-Werte	IC10; IC15; IC40; IC100 **IC15** Eindringtiefe 1,5 mm

Weitere zu prüfende Eigenschaften mit Angabe der Eigenschaftsklassen sind die Oberflächenhärte, der pH-Wert, die Schlagfestigkeit oder die Haftzugfestigkeit.

Tabelle 2: Estrichmörtel, Estrichmassen; Normprüfung der Eigenschaften nach DIN EN 13813

Bindemittel des Estrichmörtels, der Estrichmasse	Geforderte Normprüfung
Zement (Zementestrich)	– Druckfestigkeit – Biegezugfestigkeit – Verschleißwiderstand bei Nutzestrichen
Calciumsulfat (Calciumsulfatestrich)	– Druckfestigkeit – Biegezugfestigkeit – pH-Wert
Gussasphalt (Gussasphaltestrich)	– Eindringtiefe (Härte)
Kunstharz (Kunstharzestrich)	– Verschleißwiderstand – Schlagfestigkeit bei Nutzestrichen – Haftzugfestigkeit

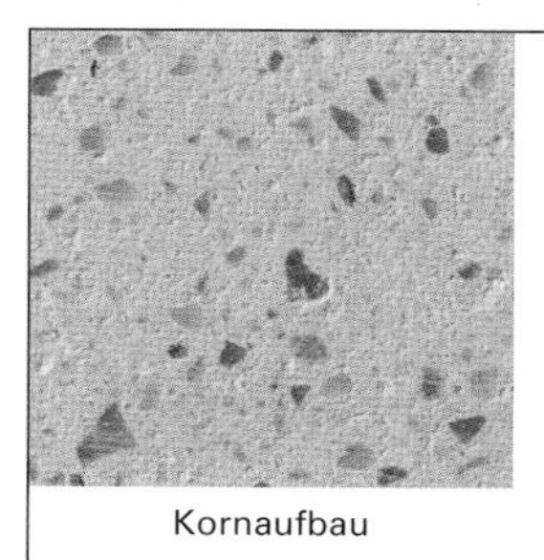

Kornaufbau

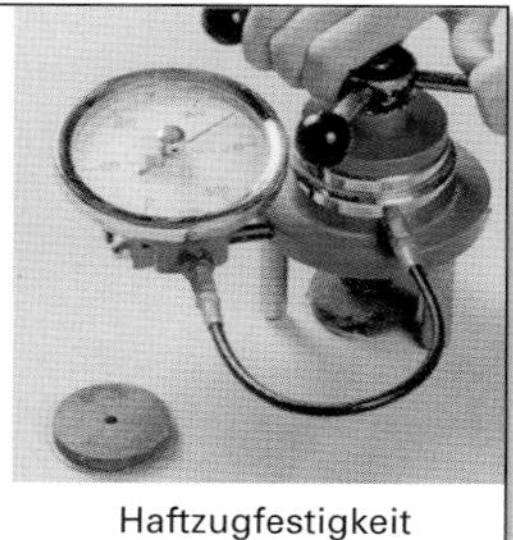

Haftzugfestigkeit

Bild 1: Prüfung der Estriche

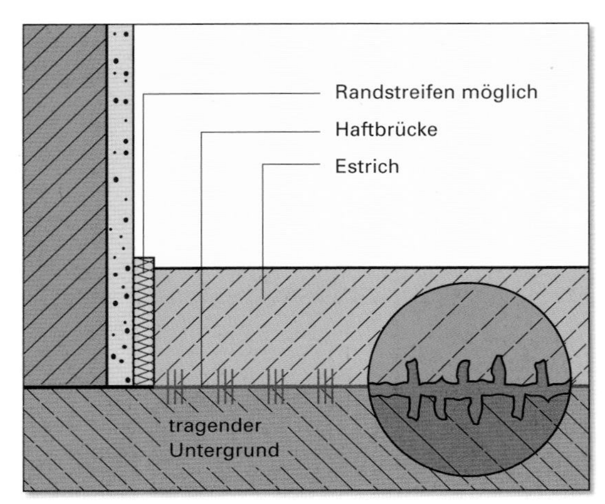

Bild 1: Verbundestrich

Bild 2: Bezeichnung eines Verbundestrichs

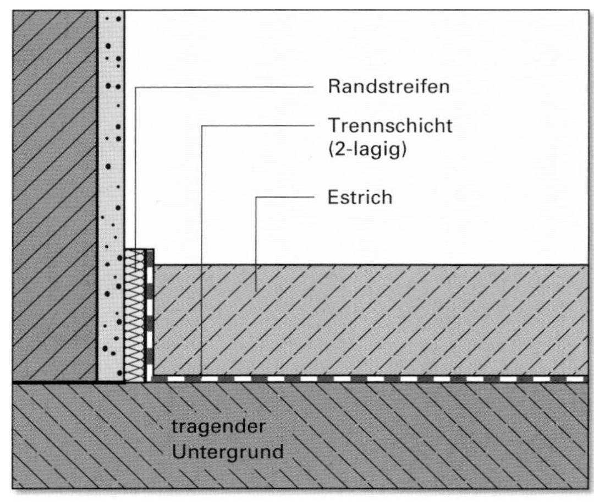

Bild 3: Estrich auf Trennschicht

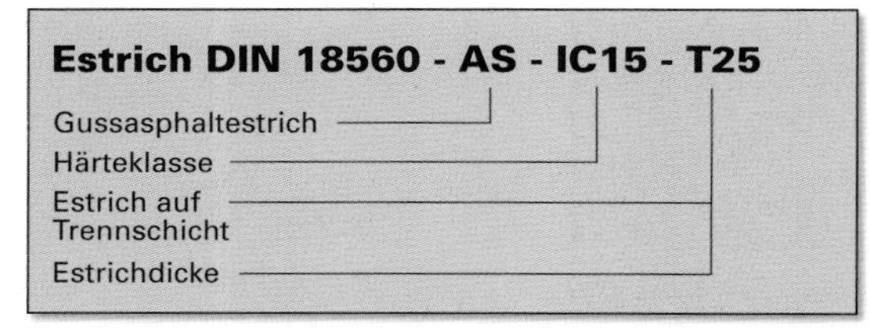

Bild 4: Bezeichnung eines Estrichs auf Trennschicht

Für Verbundestriche eignen sich alle Estrichmörtelarten. Dabei kann der Zementestrich sowohl „frisch in frisch" als monolithischer Estrich oder nachträglich, wie alle anderen Estriche, über eine geeignete Haftbrücke zur Sicherung des Verbundes eingebaut werden **(Bild 1)**.

Die Dicke der Estrichschicht liegt bei einschichtigen Estrichen, je nach Nutzungszweck, verwendetem Bindemittel und Korngröße der Gesteinskörnung, zwischen 20 mm und 50 mm. Aus Gründen des Einbaus sollte die Schichtdicke nicht weniger als das Dreifache des Größtkorns der Gesteinskörnung betragen.

Verbundestriche werden nach verwendeter Mörtelart, Druckfestigkeits- bzw. Härteklasse, Estrichkonstruktion und Dicke der Estrichschicht bezeichnet. Weitere Angaben, wie z. B. die Biegezugfestigkeitsklasse (F) oder die Verschleißwiderstandsklasse (A), sind möglich **(Bild 2)**.

Estriche auf Trennschicht (T) sind Estriche, die durch eine Zwischenlage vom Untergrund getrennt sind. Sie eignen sich unmittelbar als Fußboden sowie zur Aufnahme einer Beschichtung oder eines Belages, z. B. in Heizräumen, Wasch- und Trockenräumen oder Lagerräumen.

Für Estriche auf Trennschicht können alle Estrichmörtelarten verwendet werden. Als Trennschichten werden Polyethylenfolien, Bitumenpapier oder Rohglasvliesbahnen verwendet. Sie sind, außer bei Calciumsulfatestrich und Gussasphaltestrich, zweilagig zu verlegen. Dabei kann eine Lage der Trennschicht, z. B. in Untergeschossräumen, auch als Abdichtung gegen aufsteigende Feuchtigkeit ausgeführt werden.

Die zweilagige Verlegung der Trennschicht sichert die Entkopplung des Estrichs vom Untergrund und ermöglicht eine spannungsfreie Bewegung auf der Unterlage. Durch den umlaufenden 5 mm dicken Randstreifen wird der Estrich von den angrenzenden Bauteilen durch die entstehende Randfuge getrennt (Seite 238).

Die Mindestdicken der Estrichschichten betragen bei Gussasphaltestrich 20 mm, bei Calciumsulfatestrich 30 mm und bei Zementestrich 35 mm **(Bild 3)**. Weiterhin ist die Schichtdicke, wie bei den Verbundestrichen, abhängig vom Größtkorn der Gesteinskörnung.

Bei der Bezeichnung des Estrichs auf Trennschicht werden der verwendete Estrich mit der Druckfestigkeits- bzw. Härteklasse, die Estrichkonstruktion und die Dicke der Estrichschicht angegeben **(Bild 4)**.

6.2.2.3 Aufgabe und Einbau der Estrichschichten

Je nach Anforderung an den Estrich besteht die entsprechende Estrichkonstruktion aus unterschiedlichen Bauteilschichten. Für den schichtenweisen Aufbau spielt der Feuchteschutz eine besondere Rolle. Vor dem Einbau des Estrichs ist der Untergrund entsprechend vorzubereiten.

Vorbereiten des Untergrundes

Der tragende Untergrund muss sauber und eben sein sowie den Anforderungen der jeweiligen Estrichkonstruktion entsprechen.

Da Estriche in gleichmäßiger Schichtdicke eingebaut werden müssen, sind auch punktförmige Erhöhungen oder andere Unebenheiten, z. B. Mörtelreste, zu beseitigen **(Bild 1)**.

Eingebaute Rohrleitungen müssen auf dem Untergrund befestigt und über eine Ausgleichsschicht abgeglichen oder überdeckt werden.

Gefälle im Bodenbelag sind durch entsprechende Gefälleschichten über dem Untergrund herzustellen, damit der Estrich in gleichmäßiger Dicke eingebaut werden kann.

Abdichtungsschicht

In Untergeschossräumen oder auf Bodenplatten, die gegen Erdreich angrenzen, ist die Estrichkonstruktion gegen aufsteigende Bodenfeuchte und nichtstauendes Sickerwasser durch eine Abdichtung zu schützen. Dies gilt besonders für Raumnutzungen mit erhöhten Anforderungen an die Trockenheit der Raumluft, z. B. für Hobbyräume, Lagerräume, Betriebs- und Werkstatträume.

Die Herstellung der Abdichtung erfolgt in Bahnen, z. B. durch Bitumen- und Polymerbitumenbahnen oder durch Kunststoff- und Elastomer-Dichtungsbahnen. Beim Einbau einer kunststoffmodifizierten Bitumendickbeschichtung ist eine Trockenschichtdicke von mindestens 3 mm sicherzustellen **(Tabelle 1)**.

Die Abdichtungsschicht muss eine durchgehende Abdichtungslage über dem vorbereiteten Untergrund bilden. Diese ist an die Querschnittsabdichtung (waagerechte Abdichtung) der angrenzenden Wände so heranzuführen oder zu verkleben, dass keine Feuchtigkeitsbrücken im Übergangsbereich (Randbereich) entstehen können. Dies gilt sowohl für die Abdichtung in Bahnen als auch für Dickbeschichtungen **(Bild 2)**.

Estrichschicht

Estrichschichten müssen je nach Raumnutzung die Nutzlasten, z. B. aus Möblierung, Geräten und Maschinen oder Personen aufnehmen und direkt an den tragenden Untergrund weiterleiten.

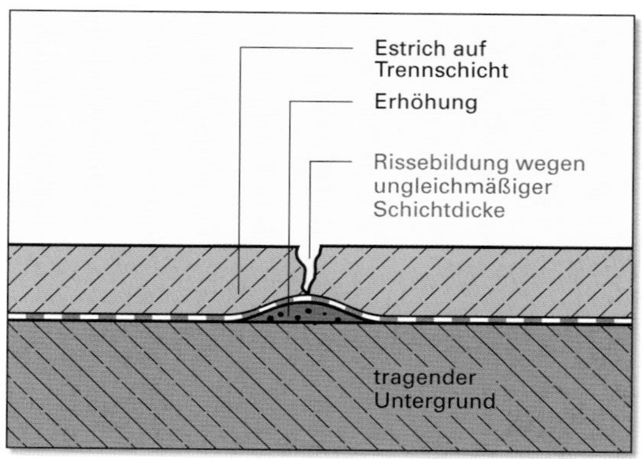

Bild 1: Punktförmige Erhöhung

Tabelle 1: Abdichtungsschichten

Abdichtungsstoffe	Einbauhinweise (Beispiele)
Bitumenbahn	als Dichtungsbahn, z. B. punktweise auf dem Untergrund verkleben; Stöße vollflächig verkleben
Polymerbitumenbahn	als Schweißbahn, z. B. lose auf dem Untergrund verlegen; Stöße vollflächig verschweißen
Kunststoff-Dichtungsbahn Elastomer-Dichtungsbahn	Dichtungsbahn, lose verlegen, Längs- und Quernähte durch Quellschweißen, mit Lösemittel, nach Werksvorschrift verbinden
Kunststoffmodifizierte Bitumendickbeschichtung	vollflächig durch Spachtelung in zwei Arbeitsgängen auftragen

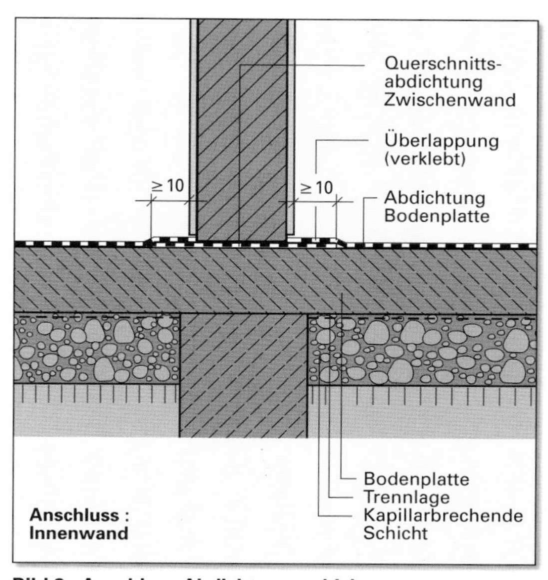

Bild 2: Anschluss Abdichtungsschicht

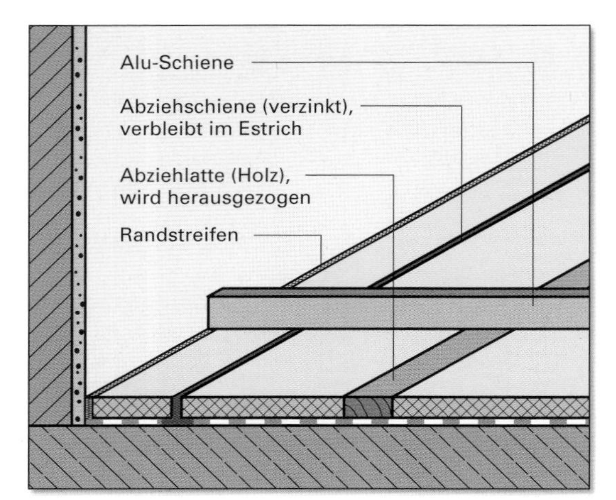

Bild 1: Abziehleisten

Bild 2: Dreifuß-Markierung

Bild 3: Einbau Trennschicht

Dabei wirkt die Estrichschicht auch als lastverteilende Schicht. Daher müssen Estriche entsprechend der Belastung eine bestimmte Festigkeit und Mindestdicke haben.

Das Einbringen des Estrichmörtels ist auf die jeweilige Estrichmörtelart und die Baustellensituation abzustimmen.

Die Herstellung und der Transport des Estrichmörtels zum Einbauort erfolgt meist durch Mischpumpen. Dabei wird der Zementestrich in steifer Konsistenz eingebaut. Nach dem Verdichten durch Oberflächenrüttler oder Rüttelbohlen wird der Nassestrich über die höhenmäßig eingemessenen Abziehleisten eben abgezogen und anschließend gescheibt oder geglättet **(Bild 1)**. Der Einbau von Calciumsulfat- oder Zementfließestrich erfolgt nach Zugabe von Fließmittel in weich-flüssiger Konsistenz. Der Estrichmörtel nivelliert sich nach dem Einbau unter Zuhilfenahme eines Besens oder einer Schwabbelstange von selbst ein. Die Festlegung der Einbauhöhe erfolgt durch zuvor höhenmäßig einjustierte Dreifuß-Markierungen **(Bild 2)**.

Der Einbau des Estrichmörtels darf nicht bei Temperaturen unter 5 °C erfolgen.

Haftbrücken

Beim Einbau von Verbundestrichen, Gefälleschichten oder mehrschichtigen Estrichen sichert die Haftbrücke den Verbund zum Untergrund oder zur unteren Estrichlage. Sie kann je nach Estrichmörtel und Untergrund als Kunstharzemulsion, Bitumenemulsion oder als bindemittelgebundene und kunstharzvergütete Schicht in die Oberfläche eingeschlämmt werden.

Trennschicht

Zur Trennung und Sicherung der Funktion des Estrichs sind Trennschichten aus Bitumenpapier, Polyethylenfolien oder Rohglasvlies erforderlich. Diese sind entsprechend des verwendeten Estrichmörtels oder der Estrichbauart auszuwählen, konstruktionsgerecht und meist zweilagig zu verlegen. Dabei gelten Abdichtungslagen als eine Lage der Trennschicht. Die Verlegung muss glatt , ohne Aufwerfungen und mit etwa 10 cm Überlappung erfolgen **(Bild 3)**.

Estrichfugen

Um Rissebildungen im Estrich zu verhindern, die durch Schwindvorgänge, Bewegungen im Untergrund oder über Trennschichten auftreten können, sind z. B. Randfugen auszubilden.

Randfugen sind in der Regel bei allen Estrichkonstruktionen entlang der Bauteilränder sowie bei Bauteildurchführungen, wie z.B. bei Stützen, durch Randstreifen herzustellen. Sie sollen eine Bewegung des Estrichs von mindestens 5 mm ermöglichen.

Estrichnachbehandlung

Calciumsulfatestrich und Zementestrich bedürfen einer sorgfältigen Nachbehandlung. Calciumsulfatestrich muss ungehindert und gleichmäßig austrocknen können. Er kann nach etwa fünf bis zehn Tagen angeschliffen werden. Dadurch wird die an der Oberfläche angereicherte Bindemittelschicht (Sinterschicht) abgetragen und damit eine schnellere Austrocknung erreicht.

Zementestriche sind wegen ihrer Festigkeitsentwicklung und der Neigung zum Schwinden mindestens sieben Tage feucht zu halten und vor Austrocknung, z. B. durch Abdecken mit Kunststoffbahnen, zu schützen.

Alle Estriche sind während der Aushärtungsphase vor schädlichen Einwirkungen, wie z. B. erhöhte Temperaturen, zu schnelle Auskühlung, Zugluft oder direkte Sonneneinstrahlung, durch geeignete Maßnahmen zu schützen.

6.2.2.4 Estrichkonstruktionen nach Raumnutzung

Unter Berücksichtigung der Anforderungen und Beanspruchungen des Bodens sowie der Raumnutzung innerhalb des Bauwerks sind geeignete Einbauarten zu wählen. Dabei können neben den Ausführungskosten auch die Erhärtungszeit des Estrichmörtels eine Rolle spielen **(Tabelle 1)**.

Tabelle 1: Einbauarten (Beispiele)

Raumbedingungen, Anforderungen	Raumnutzung, Raumbezeichnung	Geeignete Estrichkonstruktion mit Bauteilanschluss (Wandanschluss)
Raum – gegen Erdreich angrenzend – unbewohnt – nicht beheizt, z. B. Kellergeschoss, Garagen	Kellerraum Abstellraum Heizraum Fahrradraum Hausanschlussraum Garagenraum Geräteraum Lagerraum Wasch- und Trockenraum	**Verbundestrich** 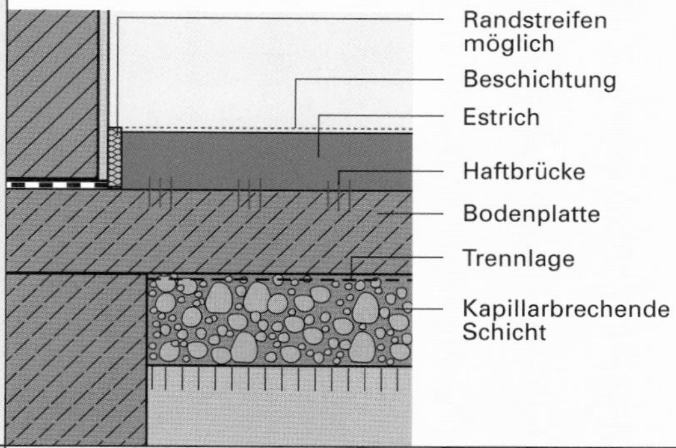 Randstreifen möglich Beschichtung Estrich Haftbrücke Bodenplatte Trennlage Kapillarbrechende Schicht
Raum – gegen Erdreich angrenzend – unbewohnt, z. B. Erdgeschoss, Lagerhalle, Fabrikhalle	Palettenlager Lagerfläche Montagefläche Materiallager Produktionsfläche Werkstatt	**Estrich auf Trennschicht** 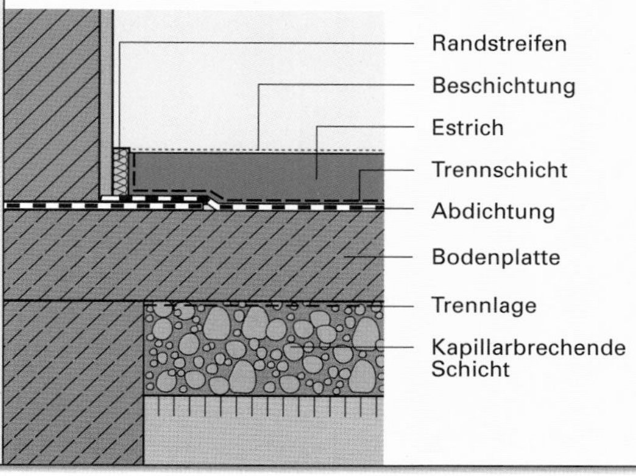 Randstreifen Beschichtung Estrich Trennschicht Abdichtung Bodenplatte Trennlage Kapillarbrechende Schicht

6.2.2.5 Baustoffbedarf

Zur Vorbereitung der Estrichverlegung bedarf es neben der Ermittlung des Baustoffbedarfes für die vorgesehene Estrichkonstruktion auch der Erstellung eines Fugenplanes. Dieser ist insbesondere bei großen und unregelmäßigen Estrichflächen erforderlich. Dabei sind die Schwind- und Quellmaße der verschiedenen Estrichmörtel zu beachten. Weiterhin ist bei Zementestrichen die Art der Mörtelherstellung, ob baustellengemischt oder werkgemischt, nach wirtschaftlichen Gesichtspunkten festzulegen.

Zur jeweiligen Mengenermittlung werden die Werkzeichnungen oder Aufmaßzeichnungen der einzelnen Geschossebenen verwendet. Die Angaben zur festgelegten Estrichkonstruktion, die je nach Raumnutzung bekannt sein muss, sind Grundlage für die Verlegung des Estrichs. Danach werden die Estrichflächen in einer geeigneten Aufmaßliste erfasst. Unter Berücksichtigung der vorgegebenen Schichtdicke des Estrichmörtels können dann die entsprechenden Bestellmengen nach den jeweiligen Verbrauchswerten ermittelt werden.

Aufgaben

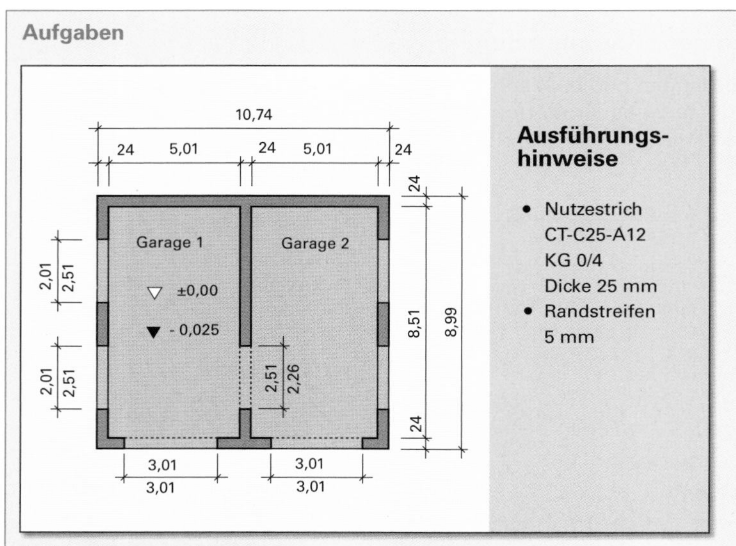

Bild 1: Garagengebäude

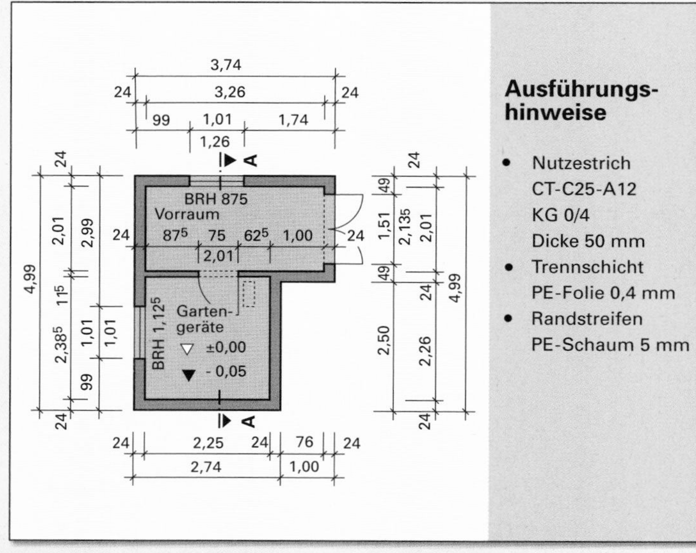

Bild 2: Nebengebäude

1 Garagengebäude

Im Garagengebäude ist ein Verbundestrich einzubauen **(Bild 1)**. Der umlaufende Putzsockel mit einer Putzdicke von 1,5 cm ist zu berücksichtigen. Randfugen sind mit dauerelastischem Dichtstoff zu schließen.

a) Ermitteln Sie die Estrichflächen in einer Aufmaßliste.

b) Bestimmen Sie die Menge des Trockenestrichmörtels und ermitteln Sie die anzuliefernde Sackanzahl.

c) Berechnen Sie die Länge der dauerleastischen Verfugung.

d) Erklären Sie die Kurzbezeichnung für die Estrichart.

2 Nebengebäude

Im Nebengebäude ist ein Estrich auf Trennschicht zu verlegen **(Bild 2)**. Die Dicke des Innenputzes aus Kalk-Zementmörtel beträgt 15 mm.

a) Ermitteln Sie die Erstrichflächen in einer Aufmaßliste.

b) Berechnen Sie die Fläche der Trennschicht und die Länge des Randstreifens.

c) Stellen Sie die anzuliefernde Sackanzahl des Trockenestrichs fest.

d) Zeichnen Sie den Estrichanschluss an die verputzte Außenwand im Maßstab 1:2 und erklären Sie die Kurzbezeichnung für die Estrichart.

6.2.3 Fliesen und Platten

Fliesen und Platten werden in einer Vielzahl von Formen und Abmessungen nach verschiedenen Verfahren hergestellt. Sie können in den unterschiedlichsten Verbänden im Dickbettverfahren oder im Dünnbettverfahren angesetzt und verlegt werden **(Bild 1)**.

Unter Fliesenlegen versteht man das Ansetzen von Wandbekleidungen und das Verlegen von Bodenbelägen aus keramischen Fliesen und Platten. Dabei bezeichnet man grobkeramische Bekleidungen und Beläge als Platten und feinkeramische Beläge und Bekleidungen als Fliesen.

Bild 1: Fliesenverband

6.2.3.1 Kennzeichnung und Maße

Die Klassifizierung und Einordnung von Fliesen und Platten, Mosaik und Industriefliesen sowie den dazugehörenden Sonderformstücken erfolgt nach DIN EN 14411. Danach werden die keramischen Fliesen und Platten nach dem **Formgebungsverfahren** und ihrer **Wasseraufnahme** eingeteilt **(Tabelle 1, Tabelle 2)**.

Tabelle 1: Formgebungsverfahren

Formgebung	Bezeichnung
Verfahren A	Stranggepresste keramische Fliesen und Platten
Verfahren B	Trockengepresste keramische Fliesen und Platten
Andere Verfahren	z. B. Gegossene Fliesen und Platten

Tabelle 2: Wasseraufnahmegruppen

Gruppe	Wasseraufnahme (E_b)
I	niedrige Wasseraufnahme $E_b \leq 3\%$
II IIa IIb	mittlere Wasseraufnahme $3\% < E_b \leq 6\%$ $6\% < E_b \leq 10\%$
III	hohe Wasseraufnahme $E_b > 10\%$

Weiterhin sind die Angaben zu den Maßen mit den **Maßbezeichnungen** festgelegt. Hier werden das **Koordinierungsmaß** oder Nennmaß (Maße einschließlich Fuge in cm) sowie das eigentliche **Werkmaß** oder Herstellmaß (Maße in mm) als Einzelabmessung der Fliese und Platte angegeben **(Bild 2)**. Ebenso werden zu den einzelnen Fliesen- und Plattenarten Angaben zur Oberflächenbeschaffenheit sowie zu den physikalischen und chemischen Eigenschaften gemacht.

Diese sind dann bei der Auswahl von Bodenbelägen und Wandbekleidungen in den verschiedensten Anwendungsbereichen, wie z. B. im Wohnbereich, im Objektbereich wie Läden, Fertigungs- oder Laborbereich, zu beachten.

Weitere Bedeutung kommt dabei neben der Kennzeichnung der **Frostsicherheit** auch der Einordnung keramischer Fliesen und Platten bezüglich der zulässigen **Oberflächenbeanspruchung** zu. Jeder genutzte Bodenbelag unterliegt dem Verschleiß. Dieser ist abhängig vom jeweiligen Einsatzbereich und der Gehfrequenz, vom Verschmutzungsgrad sowie der Härte und Verschleißfestigkeit des Belagwerkstoffes. Danach werden glasierte Fliesen- und Plattenbeläge auf möglichen Glasurabrieb geprüft und entsprechend ihrem Widerstand gegen Oberflächenverschleiß klassifiziert (**Tabelle 1,** Seite 242).

Für den Einsatz von Fliesen- und Plattenbelägen im Arbeitsbereich von Betrieben (Gewerbebereich)

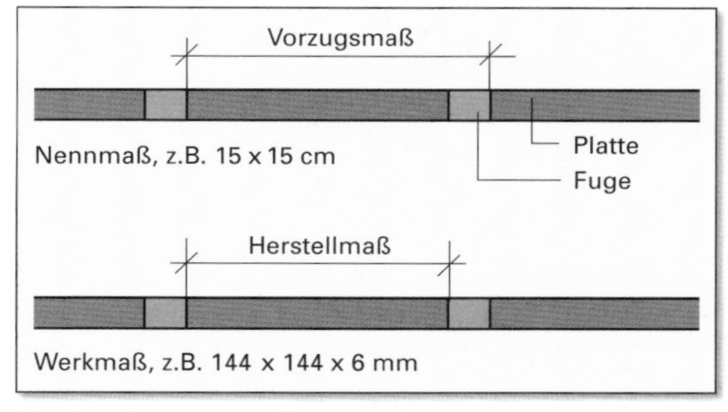

Bild 2: Fliesen- und Plattenmaße

Tabelle 1: Klassifizierung von Fliesen und Platten für Bodenbeläge

Klasse	Beanspruchung durch kratzende Verschmutzung	Anwendungsbereich
1	ohne kratzende Verschmutzung	Wohnbereich: Schlafraum, Bad
2	gelegentliche kratzende Verschmutzung	Wohnbereich: Wohnräume außer Küchen und Dielen
3	häufige kratzende Verschmutzung	Wohnbereich, Objektbereich: Gesamter Wohnbereich, Balkone, Hotelbäder
4	regelmäßige kratzende Verschmutzung	Objektbereich: Eingänge, Büros, Verkaufsräume
5	starke kratzende Verschmutzung	Objektbereich: Gaststätten, Schalterhallen, Kaufhäuser

Tabelle 2: Modulare Vorzugsmaße (Beispiele)

Fliesen- und Plattenarten	Vorzugsmaß (Koordinierungsmaß) in cm	Herstellmaß (Werkmaß) in mm
Spaltplatten	30 x 30 25 x 25 15 x 15 25 x 12,5	290 x 290 x 15 240 x 240 x 11 140 x 140 x 11 240 x 115 x 11
Fliesen und Platten aus Steinzeug und Steingut	30 x 30 20 x 20 15 x 15 10 x 10	294 x 294 x 8 194 x 194 x 8 144 x 144 x 8 97,5 x 97,5 x 8
Mosaik	5 x 5	48 x 48 x 6
Bodenklinkerplatten	25 x 25 25 x 12,5	240 x 240 x 25 240 x 115 x 25

Tabelle 3: Fugenbreiten

Fliesen- und Plattenarten	Seitenlänge	Fugenbreite
Trockengepresst	bis 10 cm über 10 cm	1 mm bis 3 mm 2 mm bis 8 mm
Stranggepresst	bis 30 cm über 30 cm	4 mm bis 8 mm ≥ 10 mm
Bodenklinkerplatten	für alle Seitenlängen	8 mm bis 15 mm

sowie im Barfuß- und Nassbereich von Schwimmanlagen und Sportstätten ist die **Trittsicherheit** und **Rutschhemmung** des Bodenbelages zu klassifizieren. Besondere Schutzmaßnahmen gegen **Ausgleiten** sind im Gewerbebereich erforderlich, wenn durch den Umgang mit Wasser, Öl, Fett, Schlamm oder Abfällen Rutschgefahr besteht. Ebenso sind die Barfußbereiche in Bädern, Wasch- und Duschräumen stark rutschgefährdet. Deshalb ist bei der Auswahl der Belagstoffe entsprechend den Unfallverhütungsvorschriften besonders darauf Rücksicht zu nehmen.

Maßgebend für die **Trittsicherheit** von Belägen ist deren **Oberflächenbeschaffenheit,** die nach einem festgelegten Prüfverfahren eben, feinrau, rau oder profiliert sein kann. Der so ermittelte **Reibungskoeffizient** wird zum Beispiel im Gewerbebereich in die **Bewertungsgruppen** R 9 bis R 13 eingeteilt.

Ebenso ist die **Schmutzbelastung** zu berücksichtigen. Dabei ist die Oberfläche des Belages so zu gestalten, dass ein **Verdrängungsraum** zwischen der Gehebene und der Entwässerungsebene entsteht **(Bild 1).**

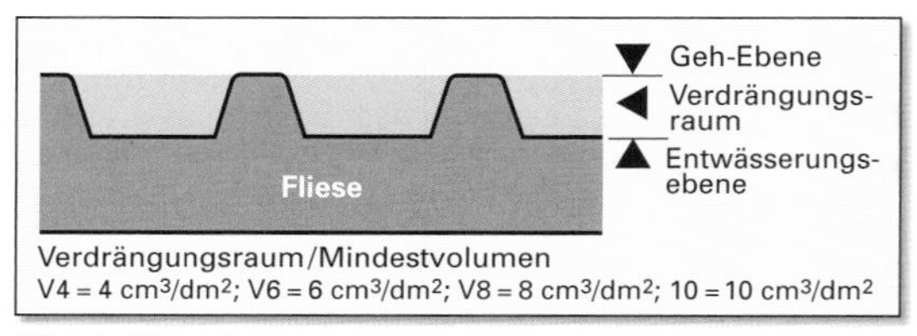

Bild 1: Verdrängungsraum

Nach diesen Angaben kann die geforderte Trittsicherheit des Bodenbelages für jeden Arbeitsbereich eines Betriebes festgelegt werden.

So muss z. B. für eine Hotelküche die Oberfläche des Fliesen- oder Plattenbelages eine Trittsicherheit nach der **Bewertungsgruppe** R 12 und einen **Verdrängungsraum** V 4 aufweisen.

Keramische Fliesen und Platten gibt es in den verschiedensten Formen und Abmessungen, wobei nur die Maße der rechtwinkligen Formen genormt sind.

Die **Abmessungen** der genormten Formen werden in modularen Vorzugsmaßen **(Koordinierungsmaß),** die bei allen Herstellern gleich sind oder im herstellerbezogenen **Herstellmaß** gefertigt **(Tabelle 2).** Der Maßunterschied zwischen dem Koordinierungsmaß und dem Herstellmaß von Fliesen und Platten ergibt das **Fugenmaß.** Dabei sind die Fugen für Bekleidungen und Beläge gleichmäßig breit anzulegen. Maßtoleranzen werden mit den **Fugenbreiten** ausgeglichen. Die Fugenbreiten sind nach den unterschiedlichen Fliesen- und Plattenarten sowie deren Seitenlängen festgelegt **(Tabelle 3).**

6.2.3.2 Fliesen- und Plattenarten

Keramische Fliesen und Platten werden aus einer Mischung von Ton, Quarzsand und Flussmitteln, z.B. Feldspat, hergestellt. Die natürlichen Rohstoffe werden aufbereitet und durch Pressen, Ziehen oder Gießen zu Fliesen oder Platten geformt. Nach dem Trocknen werden diese bei hohen Temperaturen gebrannt. Dabei können sie je nach Oberflächengestaltung glasiert (GL) oder unglasiert (UGL) sein.

Bild 1: Spaltplatte

Stranggepresste Platten

Stranggepresste Platten sind keramische **Spaltplatten** oder einzeln **gezogene Platten**, die aus Tonen mit Gesteinskörnung hergestellt und bei ca. 1200 °C gebrannt werden **(Bild 1)**. Spaltplatten werden im plastischen Zustand auf Strangpressen zu Doppelplatten gezogen, die man nach dem Brand in Einzelplatten spaltet. Dabei ergeben sich auf den Einzelplatten schwalbenschwanzförmige Rippen. Die Platten werden glasiert oder unglasiert hergestellt. Sie müssen frost-, farb- und lichtbeständig sein. Glasierte Platten sind beständig gegen Laugen und Säuren. Spaltplatten werden mit einer Wasseraufnahme von $E_b < 3\%$ und einer Wasseraufnahme von $3\% < E_b < 6\%$ hergestellt.

Eine unglasierte Spaltplatte mit dem Nennmaß 25 cm x 25 cm und einer mittleren Wasseraufnahme wird wie folgt gekennzeichnet:

Spaltplatte DIN EN 14411, A IIa, 25 x 25 cm (240 x 240 x 11 in mm) UGL

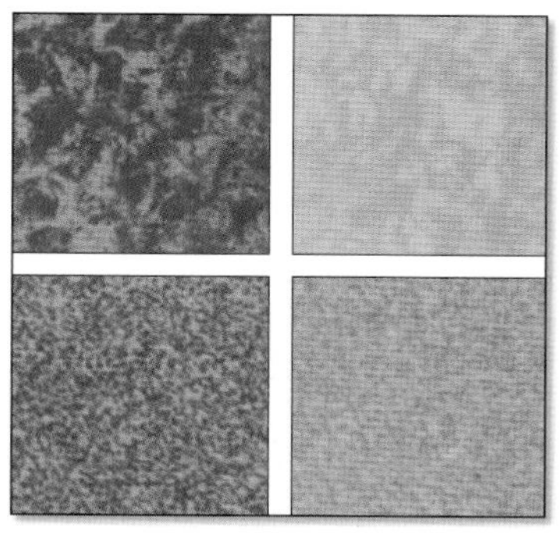

Bild 2: Steinzeugfliese

Trockengepresste Fliesen und Platten

Trockengepresste Fliesen und Platten sind Steinzeugfliesen und -platten mit Mosaik und Steingutfliesen.

Die **Steinzeugfliesen und -platten** haben einen feinkörnigen Scherben. Sie werden bei Temperaturen von 1200 °C gebrannt und haben nur ein geringes Wassersaugvermögen. Die unglasierten Steinzeugfliesen und -platten haben eine einfarbige gelbe, rote oder eine geflammte grau-weiße, rot-weiße, braun-gelbe Oberfläche. Sie kann glatt oder profiliert sein. Glasierte Steinzeugfliesen und -platten haben eine Scharffeuerglasur, die auf die Rohfliese aufgetragen wird **(Bild 2)**. Steinzeugfliesen und -platten werden mit einer Wasseraufnahme von $E_b < 3\%$ hergestellt.

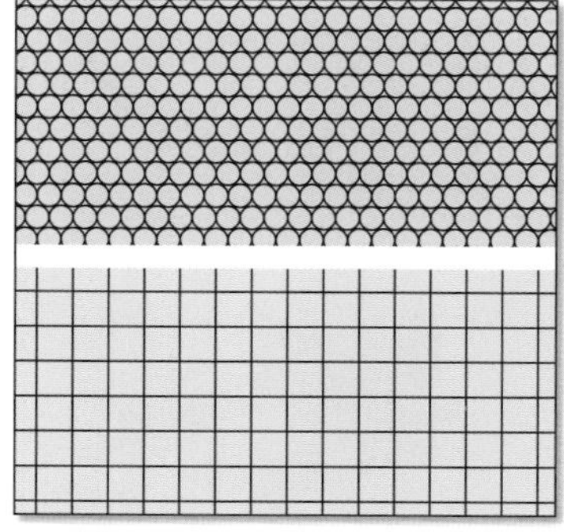

Bild 3: Mosaik

Eine glasierte Steinzeugfliese mit dem Nennmaß 30 cm x 30 cm und einer geringen Wasseraufnahme hat folgende Kennzeichnung:

Steinzeugfliese DIN EN 14411, B I, 30 x 30 cm (294 x 294 x 8 in mm) GL

Fliesen und Platten, deren Ansichtsfläche 90 cm² nicht übersteigt, werden als **Mosaik** bezeichnet. Zur einfacheren Verlegung ist das Mosaik verlegeseitig auf Kunststoffnetzen oder auf Papiernetzen zu einzelnen Verlegetafeln aufgeklebt **(Bild 3)**.

Bild 4: Steingutfliese

Die **Steingutfliesen** werden unter hohem Druck in Stempelpressen gepresst und bei einer Temperatur von 1100 °C gebrannt. Sie haben einen feinkristallinen, porösen Scherben, der eine hohe Wasseraufnahme zulässt. Der fast weiße Scherben der Steingutfliese hat eine Glasur, die auch in einem zweiten Brennvorgang aufgeschmolzen werden kann. Irdengutfliesen werden wie Steingutfliesen hergestellt und haben daher auch die gleichen Eigenschaften. Kennzeichnend für diese Fliese ist der gelb, gelbbraun oder rotbraun gefärbte Scherben, dessen Farbe vom Abbauort der Ausgangsstoffe herrührt **(Bild 4)**.

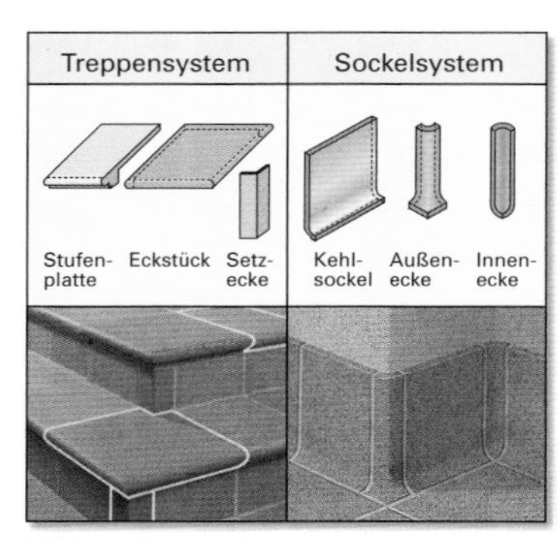

Bild 1: Formstücke

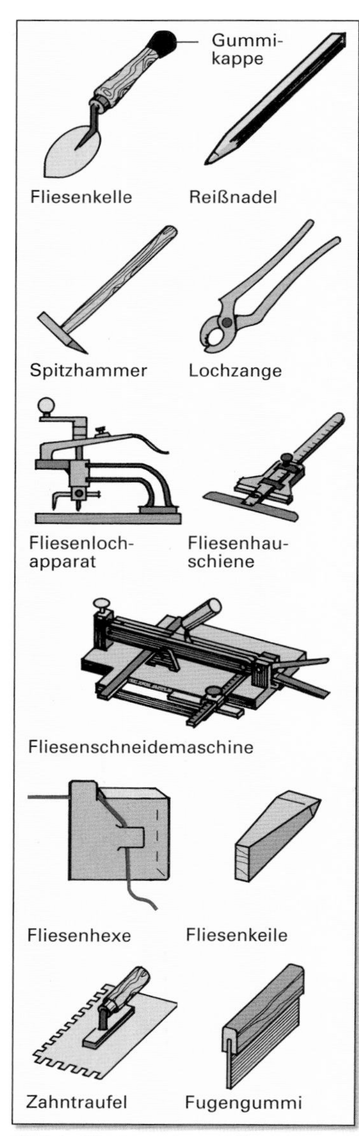

Bild 2: Werkzeuge und Geräte

Steingut- oder Irdengutfliesen haben eine Wasseraufnahme von $E_b > 10\,\%$ und sind nicht frostbeständig.

Eine glasierte Steingutfliese mit dem Nennmaß 15 cm x 15 cm und einer hohen Wasseraufnahme wird wie folgt gekennzeichnet:

Steingutfliese DIN EN 14411, B III, 15 x 15 cm (146 x 146 x 6 in mm) GL

Bodenklinkerplatten

Bodenklinkerplatten werden nach DIN 18158 aus sinterfähigen Tonen bei trockener Aufbereitung in Flachpressen geformt. Durch den hohen Druck bei der Herstellung des Rohlings sowie durch den Brand bei über 1000 °C (Sintergrenze) erlangt die Klinkerplatte eine sehr große Härte. Sie ist beständig gegen Säuren, Laugen, Frost und Abrieb. Durch eine geriffelte oder genarbte Oberfläche wird sie rutschfest. Die Platten sind zwischen 10 mm und 40 mm dick und haben verschiedene Abmessungen.

6.2.3.3 Formstücke

Die Fliesen- und Plattenarten werden insbesondere mit funktionsbezogenen und ästhetisch abgestimmten Formteilen ergänzt. Diese beziehen sich meist auf bestimmte Produktlinien, wie z. B. Treppen- und Schwimmbadsysteme, Sockel- und Hohlkehlsysteme oder Duschtassen- und Rinnensysteme **(Bild 1)**. Diese Formstücke ergänzen die Fliesen- und Plattenflächen für spezielle Abschluss-, Übergangs- und Anschlussbereiche. Die Verwendung dieser Sonderartikel ist auf das Produktsegment eines Herstellers abgestimmt. Weiterhin gibt es Fliesentafeln mit Farbverlauf, handbemalte Fliesen oder Mosaikbilder.

6.2.3.4 Werkzeuge und Geräte

Zur fachgerechten Werkzeug- und Geräteausstattung des Fliesenlegers gehören Fliesenkelle, Reißnadel, Spitzhammer, Lochzange, Fliesenlochapparat, Hauschiene, Fliesenschneidmaschine, Fliesenhexe (Schnur), Fliesenkeile, Zahntraufel und Fugengummi **(Bild 2)**.

Die **Fliesenkelle** gibt es mit verschiedenen Blattformen. Dabei unterscheidet man z. B. die Herzform, die Hamburger, Schweizer oder die Süddeutsche Form. Die Fliesenkelle benutzt man zum Aufbringen des Verlegemörtels und deren Griff zum Anklopfen der Fliese. Um Beschädigungen der Fliesen beim Anklopfen zu vermeiden, hat das Griffende eine Gummikappe.

Die **Reißnadel** hat eine sehr harte Spitze aus Hartmetall und dient zum Anreißen der Fliesenoberfläche (Glasur). Die Fliese kann entlang dieser Reißlinie gebrochen werden.

Der **Spitzhammer** wird zum Aufbrechen der Glasur, zum Durchschlagen eines Loches oder zum Ausklinken der Fliese verwendet.

Die **Lochzange** dient zum Erweitern von Öffnungen auf das gewünschte Öffnungsmaß.

Der **Fliesenlochapparat** ermöglicht das Anreißen und Lochen der Fliesen bis zu einem Lochdurchmesser von etwa 80 mm in einem Arbeitsgang. Anstelle des Lochapparates kann auch eine Bohrmaschine mit Bohrständer und entsprechendem Bohrvorsatz verwendet werden.

Die **Fliesenhauschiene** wird zum Abtrennen von sehr harten und dicken Fliesen (Steinzeugfliesen) verwendet. Nach dem Einstellen der Abtrennlinie wird entlang der Hauschiene ein Hartmetallmeißel unter leichten Hammerschlägen entlanggeführt, bis die Fliese getrennt ist.

Die **Schneidmaschine** erübrigt ein Vorreißen der Trennlinie, da die Fliesen nach einer Skala eingelegt und festgeklemmt werden. Danach wird mit einem eingebauten Fliesenschneider (Glasschneider) die Trennlinie vorgerissen und durch Verstärkung des Druckes am Klemmhebel die Fliese gleichzeitig gebrochen.

Die **Fliesenhexe** ist eine Gummischnur mit zwei Halteblechen, die nach dem Ansetzen von Punkt- oder Richtfliesen angelegt wird. Die **Fliesenkeile** aus Kunststoff werden beim Ansetzen der Wandfliesen in die waagerechte Fuge gedrückt, um ein Abrutschen der Fliese zu verhindern. Die **Zahntraufel** dient zum Aufziehen von Dünnbettmörtel.

Der **Fugengummi** wird beim Verfugen von Fliesen- und Plattenbelägen sowie zum Verteilen und Abstreifen des Fugenmörtels verwendet.

6.2.3.5 Ansetzen und Verlegen von Fliesen und Platten

Fliesen und Platten sind senkrecht, fluchtrecht, waagerecht oder im angegebenen Gefälle anzusetzen oder zu verlegen. Entsprechende Anforderungen sind auch an den **Untergrund** zu stellen. Dieser muss tragfähig und staubfrei sein. Den Untergrund für eine Wandbekleidung nennt man **Ansetzfläche,** für einen Bodenbelag **Verlegefläche (Bild 1)**.

Das Ansetzen von Fliesen und Platten an eine Wand kann ebenso wie das Verlegen auf einem Boden im Dickbett- oder Dünnbettverfahren erfolgen. Dabei haben die so angesetzten Wandbekleidungen einen festen Verbund mit der Ansetzfläche. Bei der Verlegung der Bodenbeläge kann dies jedoch auch ohne festen Verbund mit der Verlegefläche, z.B. über einer Trennschicht, einer Dämmschicht oder einem schwimmenden Estrich, erfolgen.

Das Ansetzen oder Verlegen von Fliesen und Platten im **Dickbettverfahren** erfolgt mit Mörtel der Mörtelgruppe III. Die Dicke des Ansetzmörtels bei einer Wandbekleidung beträgt mindestens 15 mm. Die Dicke des Verlegemörtels bei Bodenbelägen im festen Verbund beträgt mindestens 20 mm, auf Trennschichten mindestens 30 mm und auf Dämmschichten mindestens 45 mm **(Bild 2)**.

Das Ansetzen oder Verlegen von Fliesen und Platten im **Dünnbettverfahren** erfolgt durch hydraulisch erhärtenden Dünnbettmörtel mit organischen Zusätzen oder mit Klebern. Dabei beträgt die Bettungsdicke je nach Fliesen- und Plattenart zwischen 2 mm und 15 mm **(Bild 3)**.

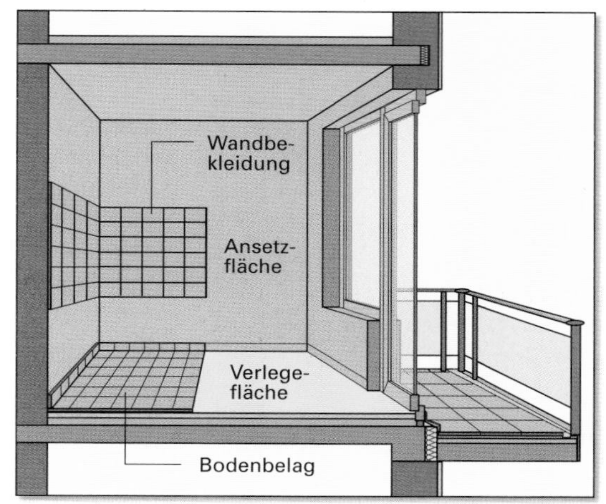

Bild 1: Ansetz- und Verlegefläche

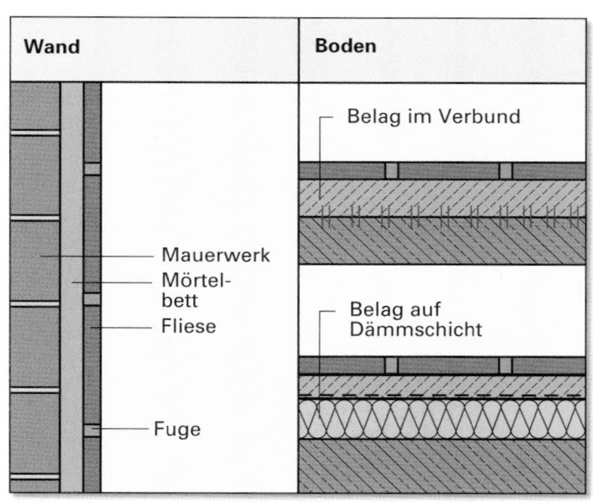

Bild 2: Dickbettverfahren

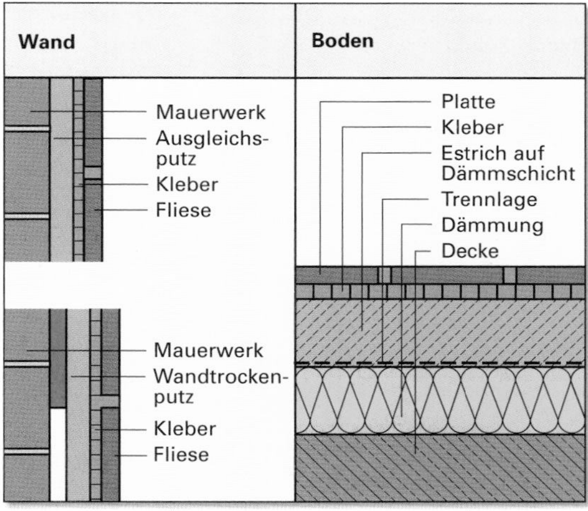

Bild 3: Dünnbettverfahren

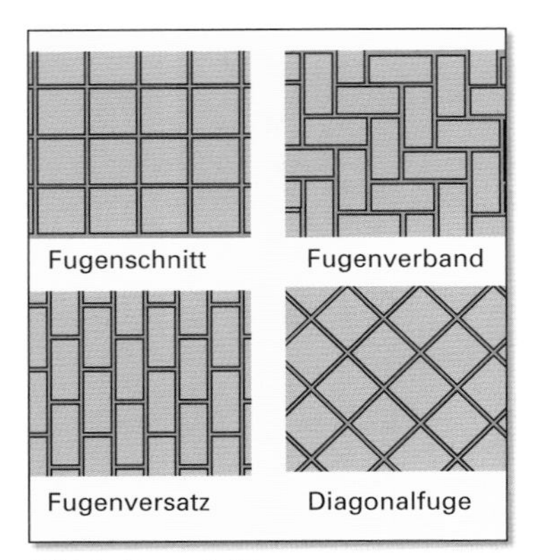

Bild 1: Fugenbild

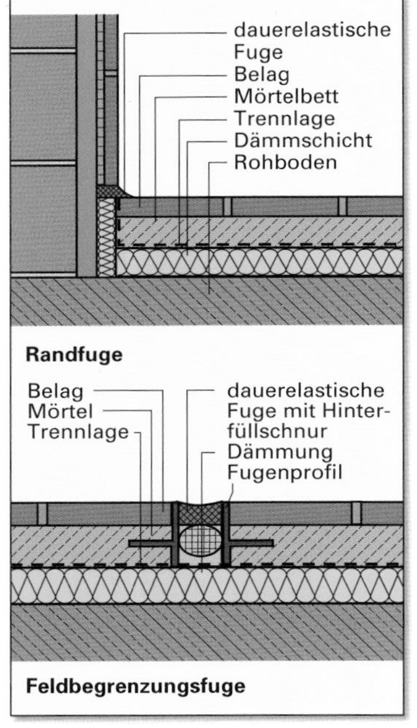

Bild 2: Fugen

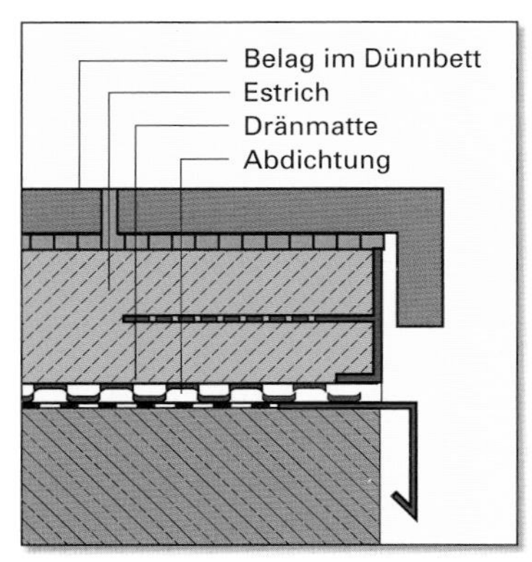

Bild 3: Balkonbelag

Nach Erhärtung der Mörtel oder Kleber sind die **Fugen** als toleranzbedingter und beabsichtigter Zwischenraum der einzelnen Fliesen und Platten mit Fugenmörtel, z. B. durch Einschlämmen, zu verfugen.

Bereits vor dem Ansetzen oder Verlegen muss das **Fugenbild** geplant und eingeteilt werden, da es maßgeblich die Gestaltung der fertigen Bekleidung oder des Belages mitbestimmt. Quadratische Fliesen und Platten werden meist im Fugenschnitt oder diagonal, rechteckige Fliesen und Platten im Fugenversatz oder Verband angeordnet. Mit besonders geformten Fliesen und Platten lassen sich bei entsprechender Kombination die vielfältigsten Fugenmuster herstellen **(Bild 1)**.

6.2.3.6 Innenbekleidungen und Innenbeläge

Innenbekleidungen und -beläge werden häufig in Sanitärräumen, Küchen, Eingangshallen oder Treppenhäusern von Wohn- und Verwaltungsgebäuden sowie in den Nassbereichen von Sport- und Schwimmhallen ausgeführt. Neben der Eignung der verwendeten Werkstoffe sind dabei auch die baupysikalischen Anforderungen des Wärme-, Schall- und Feuchteschutzes zu beachten.

Das Ansetzen von **Wandbekleidungen** erfolgt bei unebenem oder unverputztem Untergrund im Dickbettverfahren. Ist der Untergrund eben, wie z. B. bei Gipsplatten oder verputzten Wänden, werden die Fliesen und Platten im Dünnbett angesetzt. Das Ausfugen der Bekleidungsflächen erfolgt nach ca. 1 bis 2 Tagen mit zementgebundenem Fugenmörtel. **Anschlussfugen** zu anderen Bekleidungsflächen oder **Randfugen** in Ecken oder bei Wand-Bodenübergängen sind von Fugenmörtel freizuhalten und mit dauerelastischer Fugenmasse auszuspritzen **(Bild 2)**.

Das Verlegen von Bodenbelägen erfolgt ebenfalls im Dickbett- oder Dünnbettverfahren. Aus Gründen des Wärme- und Schallschutzes werden diese meist schwimmend eingebaut. Dabei sind bei Flächen über 25 m² **Feldbegrenzungsfugen** (Bewegungsfugen) mit einer Breite von 10 mm bis 20 mm anzuordnen. Hierzu werden geeignete **Fugenprofile** aus Kunststoff oder Metall, wie z. B. Messing oder Edelstahl, verwendet.

Treppenläufe werden häufig im Zusammenhang mit dem Bodenbelag gestaltet. Dazu werden die entsprechenden Stufensysteme mit Stufenplatte oder Schenkelplatte verwendet und im Dickbett verlegt.

6.2.3.7 Außenbeläge

Außenbeläge aus keramischen Fliesen oder Platten werden auf Balkonen, Terrassen und Gebäudeeingängen verlegt. Diese Beläge müssen frostbeständig und sehr verschleißfest sein. Die Verlegung kann wie bei den Innenbelägen sowohl im Dickbettverfahren als auch auf einem Verbundestrich im Dünnbettverfahren erfolgen. Bei größeren Flächen müssen Verbundbeläge durch Fugen in Felder bis zu 30 m² unterteilt werden. An Wandanschlüssen sind **Randfugen** anzuordnen, um eine Rissebildung durch Einspannung des Belages zu vermeiden. Für **Balkonflächen** werden meist untergrundentkoppelte Belagsysteme mit Dränmatten zur Entwässerung eingesetzt **(Bild 3)**.

6.2.3.8 Ausführung von Fliesenarbeiten

Die Ausführung von Wandbekleidungen und Bodenbelägen aus Fliesen und Platten, wie z.B. in Bädern, Küchen oder Fluren, erfolgt meist nach den Innenputzarbeiten. Man beginnt nach Feststellung der Bezugshöhe (Meterriss) mit dem Ansetzen der Wandbekleidung. Erst danach werden üblicherweise die Bodenbeläge verlegt.

Nach Auswahl der Fliesen, deren Abmessungen für die Boden- und Wandflächen aufeinander abgestimmt sein sollen sowie der Festlegung des Fugenbildes, werden die Ansetz- oder Belagflächen entsprechend eingeteilt. Dies kann sowohl auf den vorbereiteten Wand- oder Bodenflächen des Gebäudes als auch zeichnerisch auf der Grundlage einer Werkzeichnung erfolgen. Dabei wird das jeweilige Fugenbild für die Wand- oder Bodenfläche, z.B. im Maßstab 1:20 oder 1:25, dargestellt. Diese Ansetz- oder Verlegepläne können durch Detaildarstellungen, z.B. im Maßstab 1:5 oder 1:2, ergänzt werden.

Grundlage dieser Planung sind die Koordinierungsmaße (Nennmaße einschließlich Fugen) der Fliesen und Platten sowie die Abmessungen der Ansetz- und Verlegeflächen. Zur Bestimmung dieser Flächen sind z.B. die Putzdicken an Wänden, Randfugen oder Randstreifen, das Ansetz- oder Verlegeverfahren sowie die Estrichkonstruktion zu berücksichtigen.

Fugeneinteilung einer Wandfläche

Für die Fugeneinteilung im Ansetzplan einer Wandfläche sind ausführungsbezogene **Vorgaben** erforderlich:

- Baunennmaße und Höhenangaben nach Werkzeichnung oder Aufmaß
- Wandaufbau der zu fliesenden Wände sowie der angrenzenden Wände
- Boden- und Deckenaufbau
- Fliesenformat (Koordinierungsmaß)
- Fugenbild und Ansetzart der Fliesen
- Höhe der zu fliesenden Fläche mit Maßangabe
- Randfugendicke (Boden, Wand, Decke)

Ebenso sind die Abmessungen der **Ansetzfläche** zu ermitteln sowie die Anzahl der **Fliesenteiler** und die Breite der **Teilerstreifen** zu bestimmen.

Abmessungen der Ansetzfläche

Die Maße der Ansetzfläche werden durch die Festlegung der Ansetzbreite und der Ansetzhöhe bestimmt **(Bild 1)**.

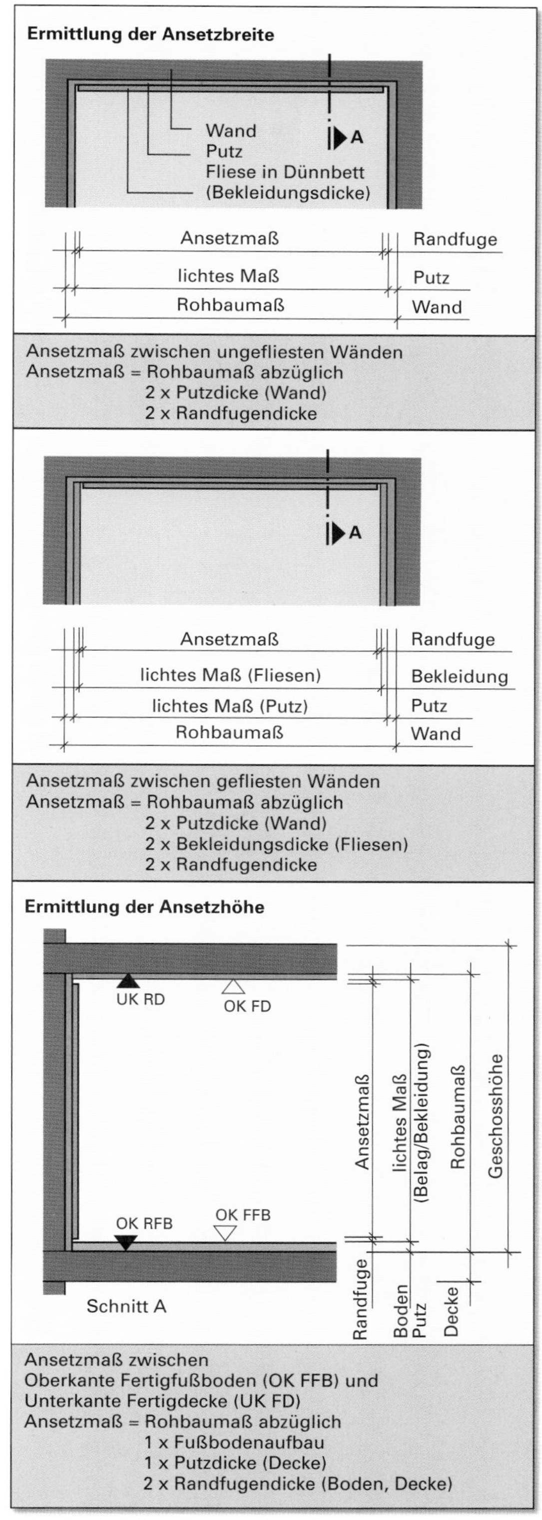

Bild 1: Abmessungen der Ansetzfläche

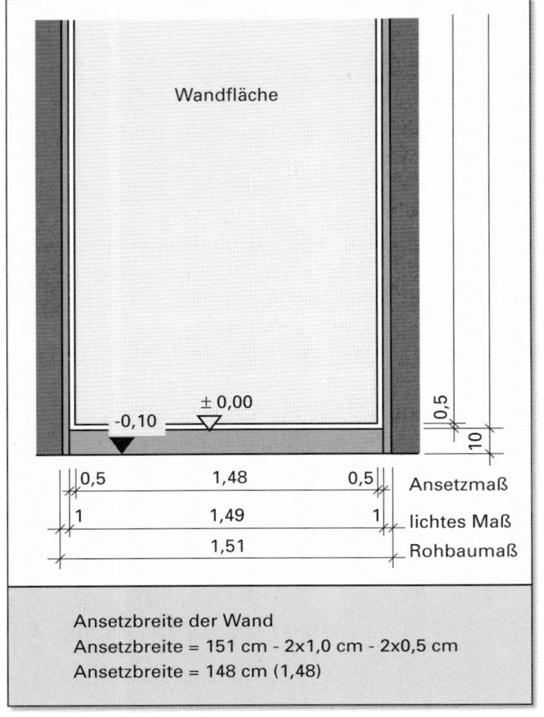

Bild 1: Abmessungen im Ansetzplan

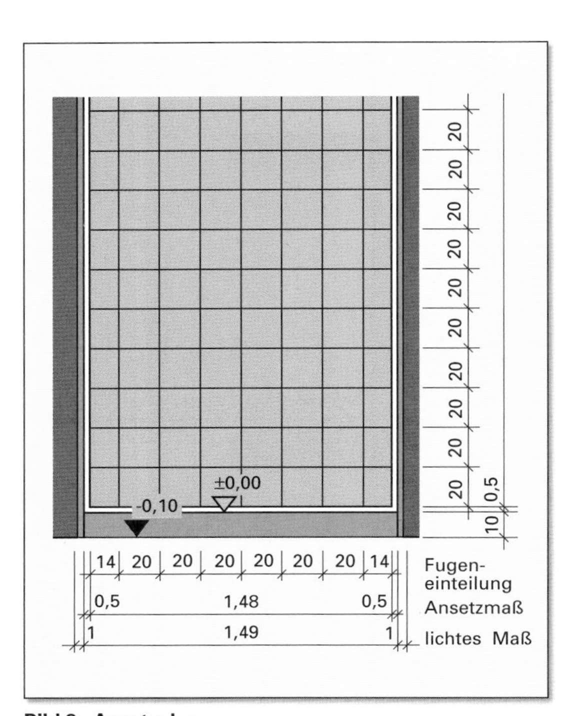

Bild 2: Ansetzplan

Anzahl der Fliesenteiler und der Teilerstreifen

Nachdem die Abmessungen der Ansetzfläche bestimmt sind, wird die Fugeneinteilung festgelegt. Hierzu ist die Anzahl der Fliesenteiler in Breite und Höhe der Ansetzfläche zu berechnen.

$$\text{Anzahl der Teiler} = \frac{\text{Ansetzmaß (cm)}}{\text{Koordinierungsmaß (cm)}}$$

Die Anzahl der Teiler ergibt neben den ganzen Fliesen meist noch einen Rest. Ist dieser Rest größer als die Hälfte der jeweiligen Fliesenabmessung, plant man nur **einen** Fliesenstreifen ein. Dieser Streifen wird am Rand der Fliesenfläche angeordnet. Bei einem Rest kleiner als die Hälfte der jeweiligen Fliesenabmessung werden aus optischen Gründen **zwei** Fliesenstreifen geplant. Dabei wird die ermittelte ganze Teilerzahl um einen Teiler verringert und zum Rest addiert. Der um einen Teiler vergrößerte Rest wird halbiert und ergibt das Planmaß für die Fliesenstreifen. Diese werden an beiden Rändern der Fliesenfläche angeordnet.

Für das Zuschnittsmaß der Fliesenstreifen wird eine Fugenbreite abgezogen und das Ergebnis danach halbiert. Das Fugenbild der Fliesenfläche ist damit ausgemittelt.

Beispiel: Ansetzplan für eine Wandfläche

Ausführungsbezogene Vorgaben für die Wandbreite
- Wandmaße: Breite 1,51 m
- Höhen: OK RFB –0,10 m; OK FFB +0,00 m
- Wände verputzt; Putzdicke 1,0 cm
- Fliesenformat: Koordinierungsmaß (cm) 20 x 20, Werkmaß (mm) 195 x 195, Fugenmaß 5 mm
- Ansetzart: Dünnbettverfahren
- Fugenbild: Fugenschnitt
- Randfuge: 5 mm

Auf der Grundlage der ausführungsbezogenen Vorgaben werden die Abmessungen der Ansetzfläche rechnerisch ermittelt und zeichnerisch dargestellt **(Bild 1)**.

Beispiel: Berechnung der Teilermaße und Teilerstreifen für die Wandbreite

Teileranzahl der Breite: $\frac{148\text{ cm}}{20\text{ cm}} = 7{,}4$

Da der Teilerrest 0,4 < 0,5 der Fliesenbreite ist, werden 2 Teilerstreifen und 6 ganze Fliesen geplant.

Breite des Fliesenstreifens (mit Fuge): $\frac{1{,}4 \times 20\text{ cm}}{2} = 14{,}0\text{ cm}$

Zuschnittbreite des Fliesenstreifens: $\frac{1{,}4 \times 20\text{ cm} - 0{,}5\text{ cm}}{2} = 13{,}75\text{ cm}$

Auf der Grundlage dieser Berechnungen kann nun der Ansetzplan gezeichnet werden **(Bild 2)**. Bei der Berechnung der Teilermaße und Teilerstreifen für die Wandhöhe ist entsprechend vorzugehen.

6.2.3.9 Baustoffbedarf

Die Ermittlung des Baustoffbedarfes für die Fliesenarbeiten erfolgt auf der Grundlage eines Aufmaßes oder einer Werkzeichnung und den ausführungsbezogenen Vorgaben. Danach können die Fliesen- oder Plattenflächen ermittelt und der Fliesen- oder Plattenbedarf errechnet werden. Bei der Feststellung der Fliesen- oder Plattenmengen wird üblicherweise ein Verschnitt von 3% angenommen. Dieser berücksichtigt jedoch nicht den zusätzlichen Bedarf für Fliesen- oder Plattenstreifen, falls diese nach dem entsprechenden Ansetz- oder Verlegeplan herzustellen sind.

Zur Feststellung des Baustoffbedarfes gehört die Ermittlung der erforderlichen Menge an Ansetz- oder Verlegemörtel in Abhängigkeit des vorgesehenen Ansetz- oder Verlegeverfahrens. Weiterhin ist die Menge des Fugenmörtels zum Ausfugen der Fliesen- oder Plattenflächen in Bezug auf Fliesenformat und Fugendicke festzustellen. Weitere Baustoffe können für dauerelastische Verfugungen und Abdichtungsmaßnahmen erforderlich werden **(Tabellenheft: Beschichten und Bekleiden eines Bauteils)**.

Aufgaben

1 Wandfläche

Die dargestellte Wandfläche eines Duschraumes erhält eine raumhohe Fliesenbekleidung **(Bild 1)**.

a) Berechnen Sie das Ansetzmaß der Wandbreite und der Wandhöhe.

b) Ermitteln Sie die Anzahl der Fliesenteiler in Breite und Höhe einschließlich der Teilerstreifen.

c) Zeichnen Sie den Ansetzplan der Wandfläche im M 1:20 (M 1:10).

d) Ermitteln Sie die Bestellmengen der Baustoffe.

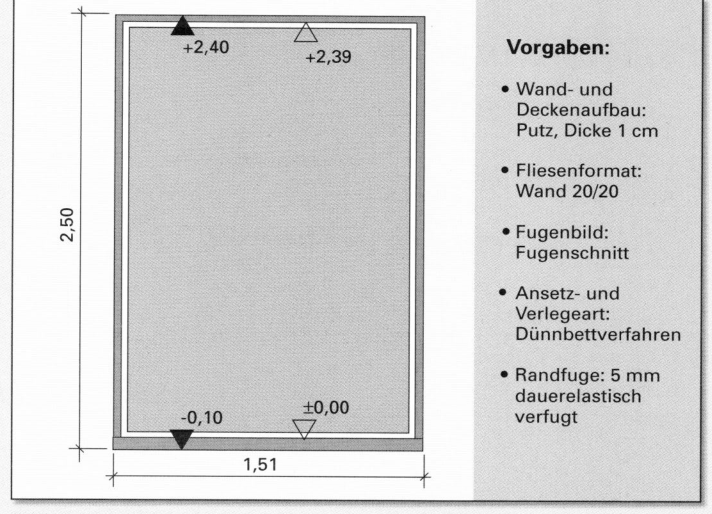

Bild 1: Wandfläche

2 Kochbereich

Der Kochbereich erhält einen Bodenbelag aus Steingutfliesen **(Bild 2)**. Die Wandbekleidung aus feinkeramischen Fliesen wird als Fliesenspiegel in einer Wandhöhe zwischen UK + 0,90 m und OK +1,80 m angesetzt.

a) Erstellen Sie die Berechnungen für den Verlegeplan und den Ansetzplan.

b) Zeichnen Sie den Verlegeplan für den Bodenbelag und zeichnen Sie den Ansetzplan für den Fliesenspiegel im M 1:25 (M 1:20).

c) Ermitteln Sie die Bestellmengen der Baustoffe getrennt nach Bodenbelag und Fliesenspiegel.

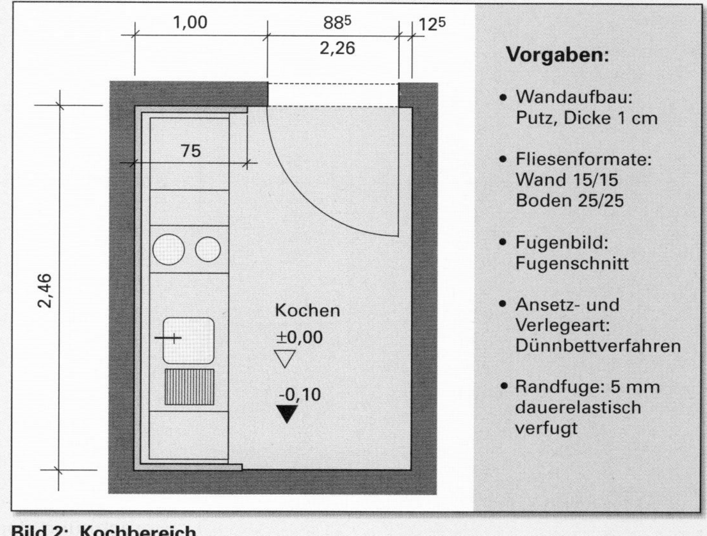

Bild 2: Kochbereich

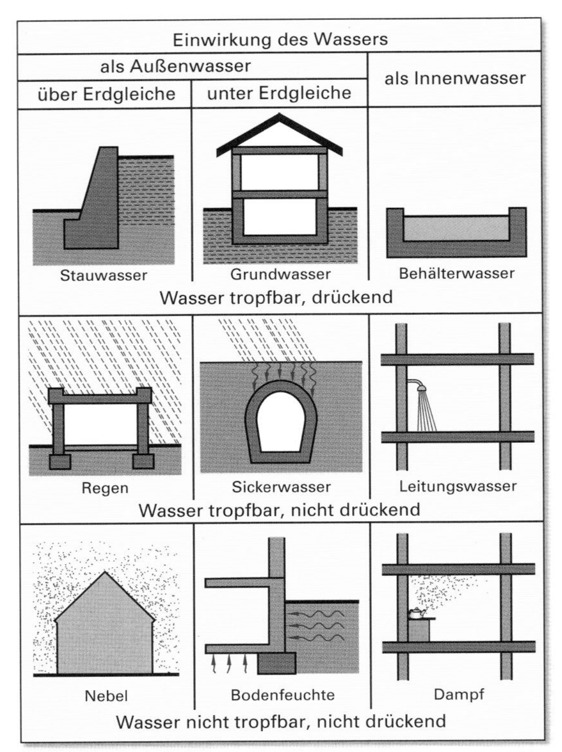

Bild 1: Wasser bei Bauwerken

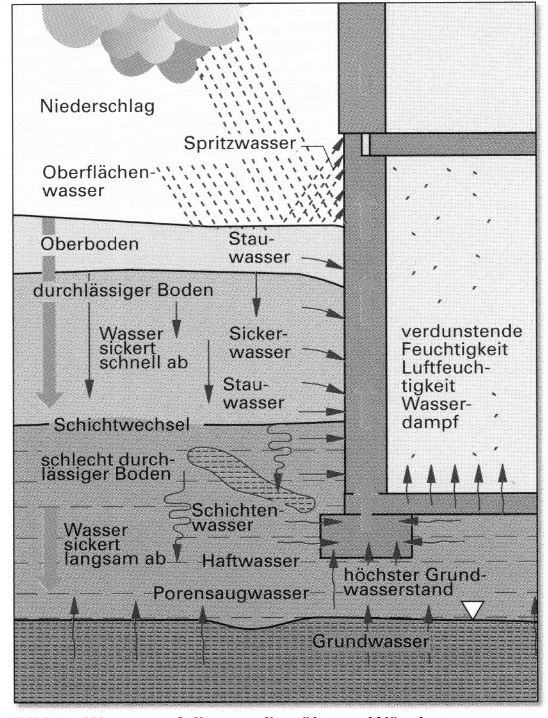

Bild 2: Wasseranfall an erdberührten Wänden

6.2.4 Bauwerksabdichtung

Als Bauwerksabdichtung bezeichnet man alle Maßnahmen, die das Bauwerk vor dem Eindringen von Wasser oder Feuchtigkeit schützen. Sie dient der Bauwerkserhaltung und ist damit auch für den Umweltschutz und die Gesamtenergiebilanz eines Gebäudes von Bedeutung.

Die meisten Schäden am Bauwerk entstehen durch Wasser bzw. Feuchtigkeit. Wo diese auftreten, können Mörtel und Beton ausgelaugt werden, kann Holz faulen und Stahl rosten, können Steine verwittern sowie Putze, Lacke und Tapeten sich lösen. Enthält Wasser schädliche Stoffe, so verstärkt sich seine zerstörende Wirkung. Solches Wasser bezeichnet man als aggressives Wasser. Da Wasser die Wärme 25-mal besser leitet als Luft, wird auch der Wärmeschutz durch feuchte Bauteile stark vermindert.

Wasser und Feuchtigkeit können von außen und von innen auf ein Bauwerk einwirken und dessen Bauteile beanspruchen **(Bild 1).** Man unterscheidet daher Außen- und Innenwasser.

Als **Außenwasser** bezeichnet man Wasser, das von oben als Niederschlagswasser durch Regen oder Schnee, von der Seite als Oberflächenwasser und Spritzwasser sowie im Erdreich als Sickerwasser, Stauwasser und Grundwasser auf ein Bauwerk einwirken kann. Auch die Bodenfeuchtigkeit, die hauptsächlich von Kapillarwasser, Haftwasser und Sickerwasser herrührt, beansprucht von außen das Bauwerk **(Bild 2).**

Als **Innenwasser** ist das Wasser zu bezeichnen, das als Brauchwasser in Nassräumen, wie z. B. in Bädern, Duschen oder Becken, auf die Bauwerke einwirkt. Auch die an kalten Bauteilen sich niederschlagende Luftfeuchtigkeit, das Tau- oder Schwitzwasser (Kondenswasser) zählt zum Innenwasser (Bild 1).

Wasser kann als Flüssigkeit (tropfbar), als Feuchtigkeit (nicht tropfbar) und als Wasserdampf (fein verteilte Tröpfchen in der Luft) mit unterschiedlicher Dauer auf die Bauteile einwirken (Bild 2). Für die zu schützenden Bauwerke werden nach DIN 18195 je nach Art der Wasserbeanspruchung den Bauteilen unterschiedliche Bauwerksabdichtungen zugeordnet.

Wichtige **Arten der Abdichtungen** sind:

- Abdichtungen gegen Bodenfeuchte und nichtstauendes Sickerwasser
- Abdichtungen gegen nichtdrückendes Wasser auf Deckenflächen und in Nassräumen

6.2.4.1 Abdichtung von Innen- und Außenbauteilen

Abdichtungen nach DIN 18195 gegen Bodefeuchte und nichtstauendes Sickerwasser an erdberührten Bauteilen von Wänden und Bodenplatten sind einzubauen bei Beanspruchung durch Bodenfeuchte, Sickerwasser, Kapillarwasser und Spritzwasser **(Tabelle 1)**.

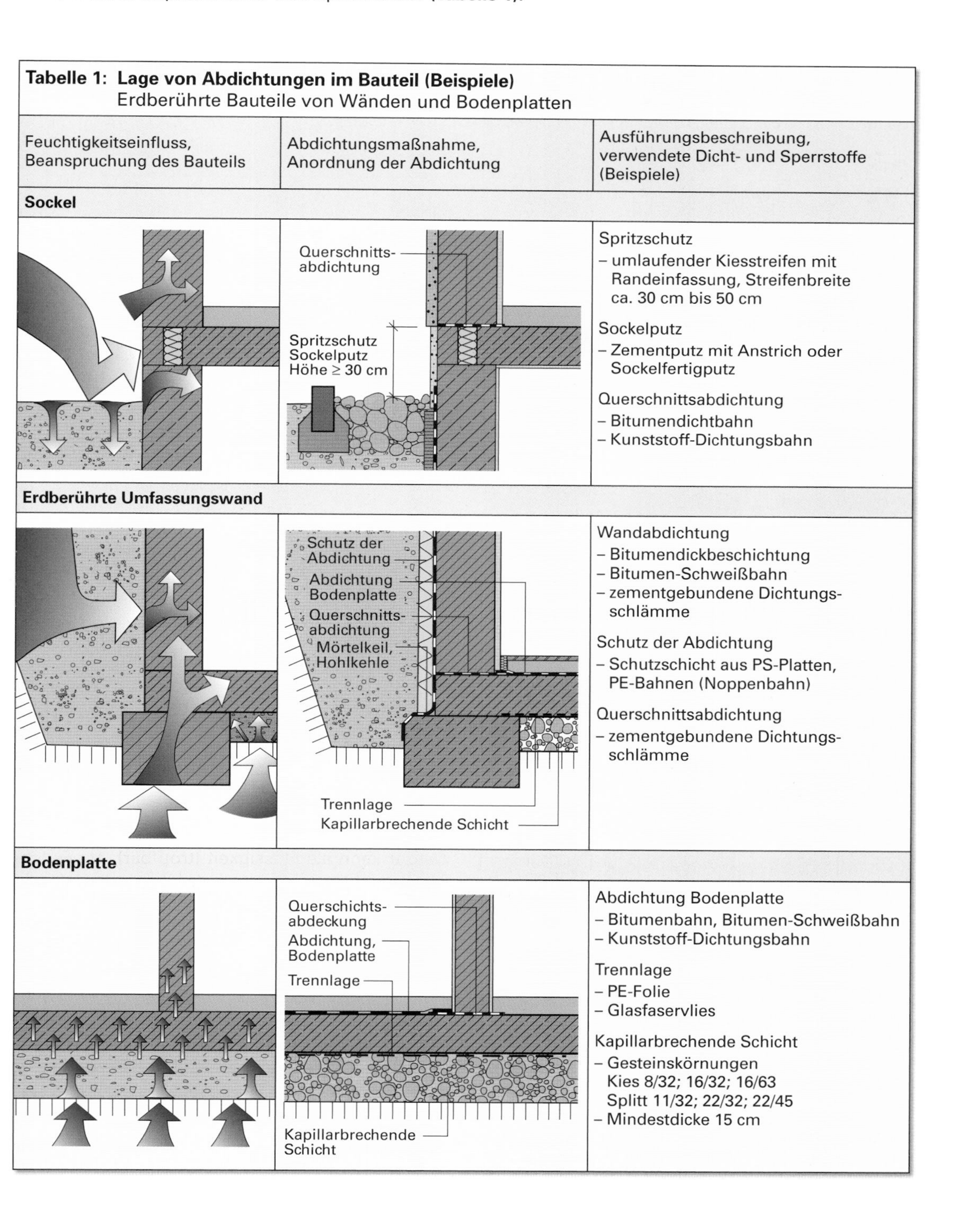

Tabelle 1: Lage von Abdichtungen im Bauteil (Beispiele)
Erdberührte Bauteile von Wänden und Bodenplatten

Feuchtigkeitseinfluss, Beanspruchung des Bauteils	Abdichtungsmaßnahme, Anordnung der Abdichtung	Ausführungsbeschreibung, verwendete Dicht- und Sperrstoffe (Beispiele)
Sockel		
		Spritzschutz – umlaufender Kiesstreifen mit Randeinfassung, Streifenbreite ca. 30 cm bis 50 cm Sockelputz – Zementputz mit Anstrich oder Sockelfertigputz Querschnittsabdichtung – Bitumendichtbahn – Kunststoff-Dichtungsbahn
Erdberührte Umfassungswand		
		Wandabdichtung – Bitumendickbeschichtung – Bitumen-Schweißbahn – zementgebundene Dichtungs-schlämme Schutz der Abdichtung – Schutzschicht aus PS-Platten, PE-Bahnen (Noppenbahn) Querschnittsabdichtung – zementgebundene Dichtungs-schlämme
Bodenplatte		
		Abdichtung Bodenplatte – Bitumenbahn, Bitumen-Schweißbahn – Kunststoff-Dichtungsbahn Trennlage – PE-Folie – Glasfaservlies Kapillarbrechende Schicht – Gesteinskörnungen Kies 8/32; 16/32; 16/63 Splitt 11/32; 22/32; 22/45 – Mindestdicke 15 cm

Abdichtungen nach DIN 18195 gegen nichtdrückendes Wasser auf Deckenflächen von horizontalen und geneigten Flächen im Freien oder im Erdreich sowie auf Wand- und Bodenflächen in Nassräumen sind einzubauen bei Beanspruchung durch Niederschlags- und Sickerwasser sowie durch Spritz- und Brauchwasser **(Tabelle 1)**.

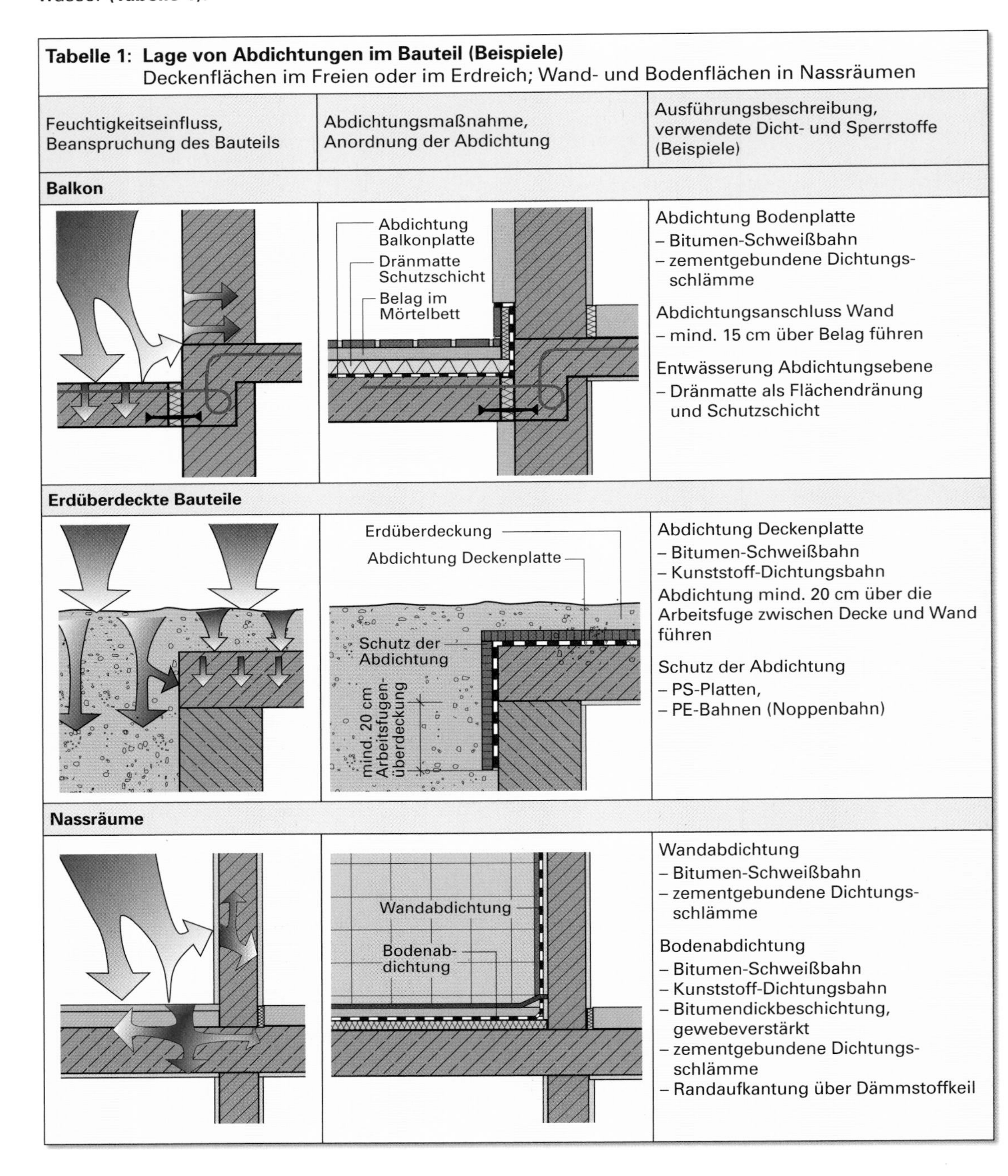

Tabelle 1: Lage von Abdichtungen im Bauteil (Beispiele)
Deckenflächen im Freien oder im Erdreich; Wand- und Bodenflächen in Nassräumen

Feuchtigkeitseinfluss, Beanspruchung des Bauteils	Abdichtungsmaßnahme, Anordnung der Abdichtung	Ausführungsbeschreibung, verwendete Dicht- und Sperrstoffe (Beispiele)
Balkon		
	Abdichtung Balkonplatte Dränmatte Schutzschicht Belag im Mörtelbett	Abdichtung Bodenplatte – Bitumen-Schweißbahn – zementgebundene Dichtungsschlämme Abdichtungsanschluss Wand – mind. 15 cm über Belag führen Entwässerung Abdichtungsebene – Dränmatte als Flächendränung und Schutzschicht
Erdüberdeckte Bauteile		
	Erdüberdeckung Abdichtung Deckenplatte Schutz der Abdichtung mind. 20 cm Arbeitsfugenüberdeckung	Abdichtung Deckenplatte – Bitumen-Schweißbahn – Kunststoff-Dichtungsbahn Abdichtung mind. 20 cm über die Arbeitsfuge zwischen Decke und Wand führen Schutz der Abdichtung – PS-Platten, – PE-Bahnen (Noppenbahn)
Nassräume		
	Wandabdichtung Bodenabdichtung	Wandabdichtung – Bitumen-Schweißbahn – zementgebundene Dichtungsschlämme Bodenabdichtung – Bitumen-Schweißbahn – Kunststoff-Dichtungsbahn – Bitumendickbeschichtung, gewebeverstärkt – zementgebundene Dichtungsschlämme – Randaufkantung über Dämmstoffkeil

6.2.4.2 Abdichtungsstoffe

Tabelle 1: Abdichtungsstoffe (Beispiele)

Stoffart, Bezeichnung, Kurzzeichen (Beispiel)	Aufbau, Lieferform	Verwendung, Verarbeitung
Bitumen-Voranstrichmittel		
Bitumenlösung Bitumenemulsion	Flüssigbitumen mit ca. 30% bis 50% Festkörperanteil (Bitumenanteil) Lieferform als Flüssiggebinde	– als Grundierung (Haftgrund) für weiteren Beschichtungsaufbau – Verarbeitung durch Rollen, Streichen, Spritzen
Bitumen- und Polymerbitumenbahnen		
Nackte Bitumenbahn (R 500 N) Bitumendachbahn (R 500) Glasvlies-Bitumendachbahn (V 13) Bitumen-Dachdichtungsbahn (G 200 DD)	Rohfilzpappe mit Bitumen getränkt Rohfilzpappe mit Bitumen getränkt und beidseitiger Deckschicht aus Bitumen Oberflächen besandet oder unbesandet Trägerbahn aus Glasvlies oder Polyestervlies beidseitig mit Bitumen beschichtet Oberfläche besandet oder beschiefert Lieferform in Rollen	– waagerechte Abdichtung in oder unter Wänden (Querschnittsabdichtung) – waagerechte Abdichtung auf Bodenflächen, in Bitumenklebemasse eingewalzt – Verarbeitung im Gieß- und Einwalzverfahren oder im Flämmverfahren – senkrechte Abdichtung an Wänden, in vollflächigem Anstrich aus Bitumenklebemasse eingebettet
Bitumen Schweißbahn (G 200 S4) Polymerbitumen-Schweißbahn (PYE-G 200 S4)	zusätzlich zur Trägerbahn und Deckschicht; einseitige Schicht aus Klebemasse Lieferform in Rollen	– Verarbeitung im Schweißverfahren durch Erhitzen des Untergrundes und Aufschmelzen der Klebeschicht auf der Schweißbahnunterseite
Kunststoffmodifizierte Dickbeschichtungen		
Kunststoffmodifizierte Dickbeschichtung (KMB)	ein- oder zweikomponentige Masse auf Basis einer gefüllten oder faserhaltigen Bitumenemulsion Lieferform als Einzelgebinde oder abgestimmte Gebindeeinheit in Eimern	– waagerechte Abdichtung auf Bodenflächen – senkrechte Abdichtung an Wandflächen – Auftrag auf Voranstrich im Spachtel- oder Spritzverfahren
Kunststoff-Dichtungsbahnen		
Polyisobutyl-Bahnen (PIB) Polyvinylchlorid Weichbahnen bitumenverträglich oder nicht bitumenverträglich (PVC-P)	Thermoplastische Kunststofffolien Lieferform als werkseitig vorgefertigte (vorkonfektionierte) Planen oder Rollen	– waagerechte Abdichtung auf Bodenplatten und Decken – lose verlegt oder in Bitumen verklebt – Nähte verschweißt, z.B. durch Quellschweißen
Zementgebundene Dichtungsschlämme (mit bauaufsichtlichem Prüfzeugnis)		
Flexible, zementgebundene Zweikomponenten-Dichtungsschlämme	Trockenkomponente mit Zementanteilen, Flüssigkomponente als Kunstharzdispersion Lieferform als abgestimmte Gebindeeinheit im Papiersack und Kunststoffkanister	– waagerechte Abdichtung unter Stahlbetonwänden, Fliesen- und Plattenbelägen – senkrechte Abdichtung an Wandflächen – schichtenweise Auftrag im Streichverfahren

Vorbereiten des Untergrundes

Aufkleben einer Bitumen-Schweißbahn

Auftragen einer Dickbeschichtung

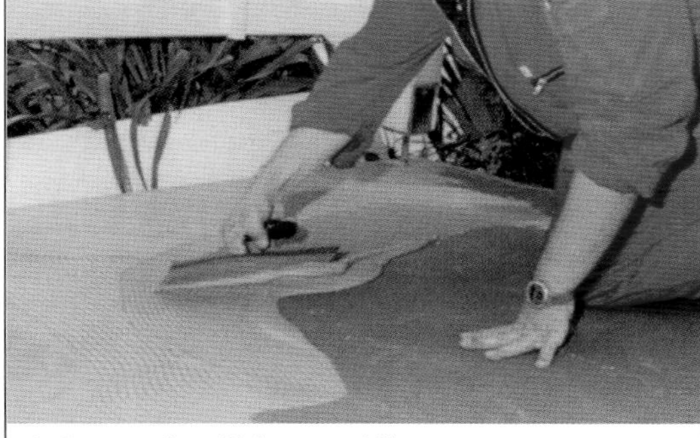
Auftragen einer Dichtungsschlämme

Bild 1: Ausführung von Bauwerksabdichtungen

6.2.4.3 Ausführung von Bauwerksabdichtungen

Bauwerksabdichtungen sind neben der Baukonstruktion insbesondere von der Angriffsart des Wassers und der Nutzung des Bauteils abhängig.

Die Bestimmung der jeweiligen Art der Abdichtung erfolgt bei Baukörpern im Erdreich, z.B. nach der Bodenart und deren Wasserdurchlässigkeit oder der Geländeform am Bauwerksstandort. Eine Abdichtung gegen Bodenfeuchte ist stets auszuführen, da diese Belastungsart im Boden oder Baugrund immer vorhanden ist.

Ebenso sind alle Deckenflächen im Freien oder im Erdreich, wie z.B. Balkone oder erdüberdeckte Garagen, abzudichten.

Im Inneren von Bauwerken sind bei Fußböden und Wänden im spritzwasserbeanspruchten Bereich, wie z.B. in Bädern oder Duschen, geeignete Abdichtungsmaßnahmen vorzusehen und auszuführen.

Bei allen erforderlichen Abdichtungsmaßnahmen unterscheidet man bei derAusführung

- das Vorbereiten des Untergrundes,
- das Verarbeiten der Abdichtungsstoffe und
- den Schutz der Abdichtung **(Bild 1).**

Vorbereiten des Untergrundes

Eine Überprüfung und Vorbereitung des Untergrundes gilt für Abdichtungsmaßnahmen wie für Abdichtungsstoffe.

Dabei müssen die Untergründe weitgehend ebenflächig, tragfähig sowie schmutz- und fettfrei sein.

Maßnahmen zur Untergrundvorbereitung:

- Reinigen des Untergrundes durch Hochdruckwasserstrahl- oder Sandstrahlgeräte
- Risse über der zulässigen Rissbreite schließen oder verpressen
- Kanten unter 45° brechen oder abfasen
- Innenecken durch Hohlkehlen ausrunden
- Fehlstellen und Betonnester ausbessern
- Grate an Betonflächen entfernen
- Fugenvertiefungen nachfugen
- Ausgleichsputz oder Spachtelung bei Mauerwerk mit sehr rauer Oberfläche oder vielen Fehlstellen aufbringen
- Wasserflächen entfernen und nasse Untergründe vortrocknen

Die sorgfältige Vorbereitung des Untergrundes, die teilweise schon bei der Bauausführung beginnt, ist Voraussetzung für eine dauerhafte Abdichtung der Bauteile.

Verarbeiten der Abdichtungsstoffe

Die Verarbeitung der Abdichtungsstoffe erfolgt nach den jeweiligen Normen, den Technischen Vertragsbedingungen für Bauleistungen (VOB/C) sowie den einschlägigen Werksvorschriften und Verarbeitungsregeln für die jeweiligen Abdichtungsprodukte. Diese Vorgaben sind für die Abdichtungsstoffe teilweise sehr unterschiedlich und müssen daher genau beachtet werden **(Tabelle 1)**.

Tabelle 1: Verarbeitungsübersicht der Abdichtungsstoffe (Beispiele)

Abdichtungsstoff	Verarbeitungsablauf	Hinweise
Bitumenbahnen	– Aufbringen eines Voranstrichs als Grundierung auf möglichst trockenem Untergrund – Vorbereiten der Anschlüsse an Ecken und Kanten durch Verstärkungs- und Anschlussstreifen – Aufbringen der Bahnen, lose verlegt oder vollflächig verklebt, Mindestüberlappung ist zu beachten – parallel verlaufende Bahnen sind im Längsversatz einzubauen	– Voranstrich vollflächig im Streich- oder Spritzverfahren auftragen – Verarbeitungstemperatur ab + 5 °C – Breite der Anschlussstreifen ca. 30 cm – Dicke der Bitumenbahn, z. B. 4 mm – Mindestüberlappungen bei Längsnaht 10 cm bei Quernaht 20 cm
Kunststoff-modifizierte Dickbeschichtung	– Aufbringen der Grundierung auf möglichst trockenem Untergrund – Dickbeschichtung auf durchtrockneter Grundierung gleichmäßig in mindestens 2 Schichten – je nach Beanspruchung kann zur Risseüberbrückung zwischen der 1. und 2. Beschichtung eine Gewebelage eingebettet werden	– Grundierung vollflächig auftragen als Anstrich oder Kratzspachtelung – die Mindesttrockenschichtdicke von 3 mm ist einzuhalten – eine Durchtrocknungsprüfung und Schichtdickenkontrolle ist am Objekt erforderlich; die Prüfung kann an einem Referenzbauteil erfolgen – die Verarbeitungstemperatur darf nicht unter + 5 °C liegen
Kunststoff-Dichtungsbahnen	– der Einbau der Bahnen erfolgt durch lose Verlegung oder vollflächige Verklebung – eine Haftgrundierung als Voranstrich ist nur bei geklebter Verlegung erforderlich, lose Verlegung, wie z. B. auf Bodenplatten, erfordert keinen Voranstrich – die Mindestüberlappung der Bahnen ist je nach Fügeverfahren, z. B. durch Quell-, Heizelement- bzw. Heißluftschweißen einzuhalten – parallel verlaufende Bahnen sind im Längsversatz einzubauen – vorgefertigte, großflächige Planen sind lose zu verlegen	– Grundierung vollflächig im Streich- oder Spritzverfahren auftragen – die Dicke der Kunststoffbahn ist je nach verwendetem Kunststoff ≥ 1,2 mm dick – Mindestüberlappungen bei Längsnaht 30 cm, bei Quernaht 30 cm – der Längsversatz ist in gleichmäßigen Abständen anzuordnen
Zementgebundene Dichtungsschlämme	– eine Grundierung mit streichfähiger Schlämme ist bei stark saugenden Untergründen erforderlich – der Auftrag der Dichtungsschlämme erfolgt in mindestens zwei Schichten nach ausreichender Durchtrocknung der jeweiligen Unterschicht – die Abdichtung ist vor zu schneller Austrocknung zu schützen	– Grundierung vollflächig aufbringen – die Konsistenzregulierung erfolgt durch Zugabe von Wasser – die Trockenschichtdicke beträgt mindestens 2,5 mm – die Verarbeitungstemperatur von + 5 °C bis + 25 °C ist zu beachten

Schutz der Abdichtung

Zum Schutz der Abdichtungen, insbesondere vor mechanischen Beschädigungen, werden Schutzschichten über der Abdichtung verlegt oder eingebaut. Diese Schutzschichten dienen als Trennlage für den weiteren Konstruktionsaufbau und ermöglichen einen Spannungsausgleich zwischen unterschiedlichen Baustoffen. Zusätzlich können diese Schutzschichten weitere Funktionen am Bauteil übernehmen, wie z. B. Trittschalldämmung, Wärmedämmung oder Dränung. Dazu eignen sich z. B. PE-Folien, Glasfaservlies, Noppenbahnen, Dränmatten, PS-Platten, Mineralfaserplatten, Schutzestriche oder Schutzbetonschichten.

6.2.4.4 Baustoffbedarf

Die Abdichtungsstoffe kommen werkmäßig verpackt auf die Baustelle. Zur Ermittlung des Baustoffbedarfes sind die herstellereigenen Verbrauchsangaben zu beachten **(Tabellenheft: Beschichten und Bekleiden eines Bauteils)**. Für die übersichtliche Erfassung des Baustoffbedarfes werden Aufmaßlisten und Baustofflisten erstellt (Seite 231). Damit kann der Arbeitsauftrag vollständig erfasst und fachgerecht abgewickelt werden.

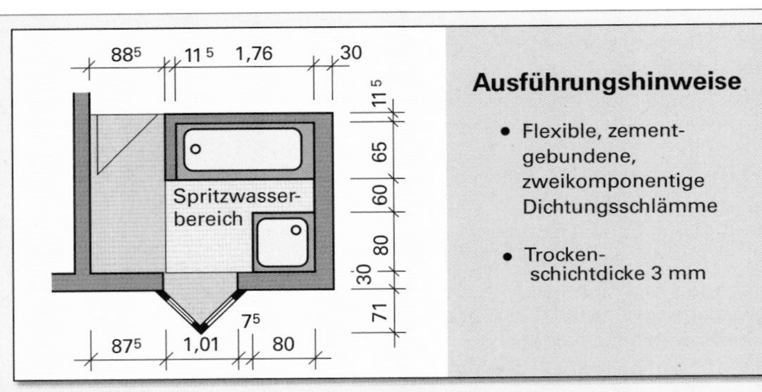

Bild 1: Badezimmer

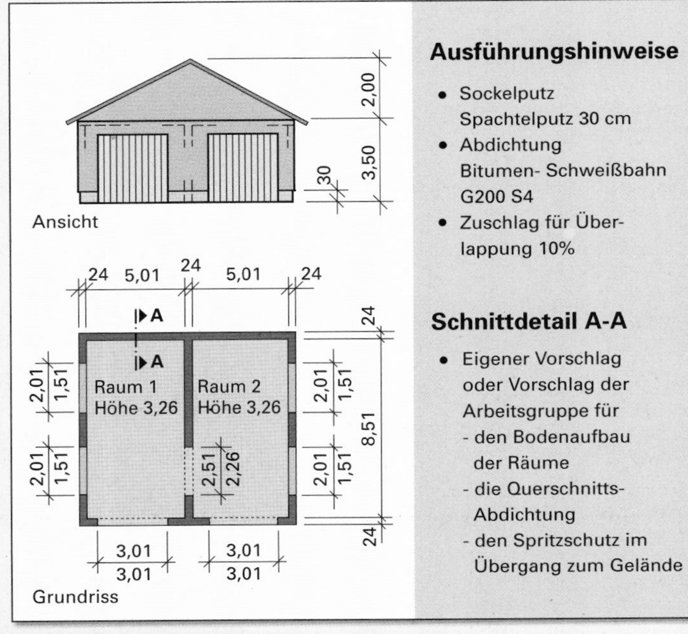

Bild 2: Betriebsgebäude

Aufgaben

1 Badezimmer

Im Badezimmer werden die spritzwasserbelasteten Boden- und Wandflächen vor dem Einbau der Fliesen abgedichtet **(Bild 1)**.

Fliesenhöhe: 2,00 m
Duschwanne: bodengleich
Badewanne: Bauhöhe 50 cm

Ermitteln Sie

a) die Boden- und Wandfläche sowie die Bestellmenge der Dichtungsschlämme.

b) Fertigen Sie die erforderlichen Aufmaßskizzen.

2 Betriebsgebäude

Das Betriebsgebäude erhält außen einen 30 cm hohen, wasserabweisenden Sockelputz **(Bild 2)**. Die Bodenflächen der Betriebsräume sind gegen aufsteigende Feuchtigkeit zu schützen. Diese ist im Sockelbereich innen ringsum 25 cm über den Rohboden hochzuführen. Die Querschnittsabdichtung ist vorhanden.

Ermitteln Sie

a) den Bausttoffbedarf für den Sockelputz und

b) den Baustoffbedarf für die vorgesehene Schweißbahn.

c) Zeichnen Sie das Schnittdetail M 1:10 im Bereich der Außenwand.

6.3 Lernfeld-Projekt: Ausbau eines Magazingebäudes

Ein Jungunternehmen für Gebäudedienstleistungen mietet sich ein bestehendes Magazingebäude in Massivbauweise an. Für die geplante Nutzung als Betriebsgebäude ist der Innenausbau in verschiedenen Räumen noch auszuführen.

Arbeitsschritte

Feststellung der erforderlichen Innenausbaumaßnahmen

Erstellen der Werkzeichnung mit Berücksichtigung des Baubestandes im Grundriss M 1:50 **(Bild 1)**

6.3.1 Festlegung der Bauausführung

Werkzeichnung, Ausführungsplan

Grundlage für die weitere Bauausführung ist die Werkzeichnung. Diese berücksichtigt sowohl den baulichen Bestand, der durch ein Aufmaß festgestellt wird, als auch die geplanten Ausbauarbeiten.

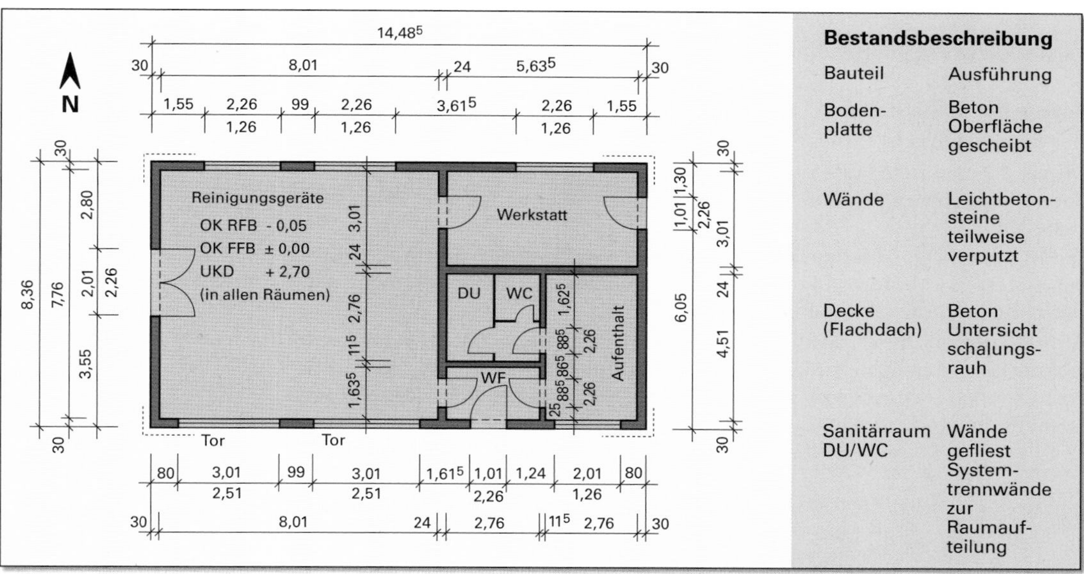

Bestandsbeschreibung	
Bauteil	Ausführung
Bodenplatte	Beton Oberfläche gescheibt
Wände	Leichtbetonsteine teilweise verputzt
Decke (Flachdach)	Beton Untersicht schalungsrauh
Sanitärraum DU/WC	Wände gefliest Systemtrennwände zur Raumaufteilung

Bild 1: Werkzeichnung Betriebsgebäude; Grundriss, Bestandsbeschreibung

Ausführung

Die Umnutzung des Magazingebäudes zum Betriebsgebäude erfordert folgende Ausbaumaßnahmen in den bisherigen Räumen.

Tabelle 1: Ausbaumaßnahmen

Raum, Nutzung	Ausbauarbeiten gegliedert nach Bauteilen		
	Decke	Wand	Boden
Reinigungsgeräte, Werkstatt	keine	Innenwandputz	keine
Windfang	keine	keine	keine
Aufenthalt	leichte Deckenbekleidung		
Sanitärräume, WC, Dusche	keine	keine	Abdichtung, Estrich auf Trennschicht, Fliesenbelag

Diese Ausbaumaßnahmen erfordern folgende Ausbaugewerke:

- Innenwandputz → Putzarbeiten
- Leichte Deckenbekleidung → Trockenbauarbeiten
- Estrich auf Trennschicht mit Abdichtung → Estricharbeiten
- Bodenfliesenbelag → Fliesenarbeiten

Arbeitsschritte

Festlegung der Ausbaumaßnahmen für den Innenausbau **(Tabelle 1)**

Entscheidung über die auszuführenden Arbeiten, gegliedert nach Bauteilen

Die Außenfassade mit Toren, Türen und Fenstern sowie das Dach sind nicht Bestandteil der Ausführungen

Festlegung der erforderlichen Einzelgewerke mit Zuordnung der jeweiligen Ausbaumaßnahme

6.3.2 Putzarbeiten

Ausführung der Putzarbeiten

Prüfen und Vorbereiten des Putzgrundes

Nach Prüfung des Putzgrundes sind an verschiedenen Wandflächen vorbereitende Maßnahmen erforderlich.

Tabelle 1: Ergebnis der Prüfung des Putzgrundes

Raum	Wandseite	Feststellung	Maßnahme
Reinigungsgeräte, Putzmittel	Außenwand: Westen Innenwand: Osten	Offene Fugen, Unebenheiten bis 1,5 cm Tiefe	Fugen und Fehlstellen schließen, Ausgleichsputzlage auftragen

Verwendeter Putzmörtel: Kalkzementputz; Putzdicke im Mittel 2,0 cm

Setzen der Einbauteile

Der **Toranschluss** ist durch Putzabschlussprofile auszubilden.

Die ca. 1,0 cm breite Fuge zwischen Toranschlag und Putzabschlussprofil ist dauerelastisch zu schließen. Der Toranschluss ist wand- und sturzseitig herzustellen.

Die 18,0 cm tiefen Leibungen von Fenstern und Außentüren sind durch **Putzeckleisten** zu schützen. Diese werden sowohl an den Wandleibungen als auch an den Sturzleibungen eingebaut.

Auf den größeren Putzflächen, ab einer Breite von etwa 2,00 m, sind **Putzleisten** für die geforderte Putzdicke als Abziehhilfe anzusetzen. Durch die vorhandenen Umfassungszargen der Innentüren sind hier keine Anschlussausbildungen erforderlich.

Arbeitsschritte

Prüfen und Bewerten des Putzgrundes nach Räumen bzw. für Wandseiten (Tabelle 1, Seite 223)

Maßnahmen zur Vorbereitung des Putzgrundes bestimmen (Tabelle 2, Seite 223)

Ergebnis der Putzgrundbewertung in einer Liste zusammenfassen **(Tabelle 1)**

Putzmörtelart und mittlere Putzdicke für den Ausgleichsputz festlegen

Erforderliche Einbauteile auswählen

Art des Putzprofiles unter Beachtung der Putzdicke und der Einbauorte festlegen (Bild 1, Seite 224)

Skizzenhafte Darstellung der Einbauteile für bedeutende Anschlusspunkte **(Bild 1)**

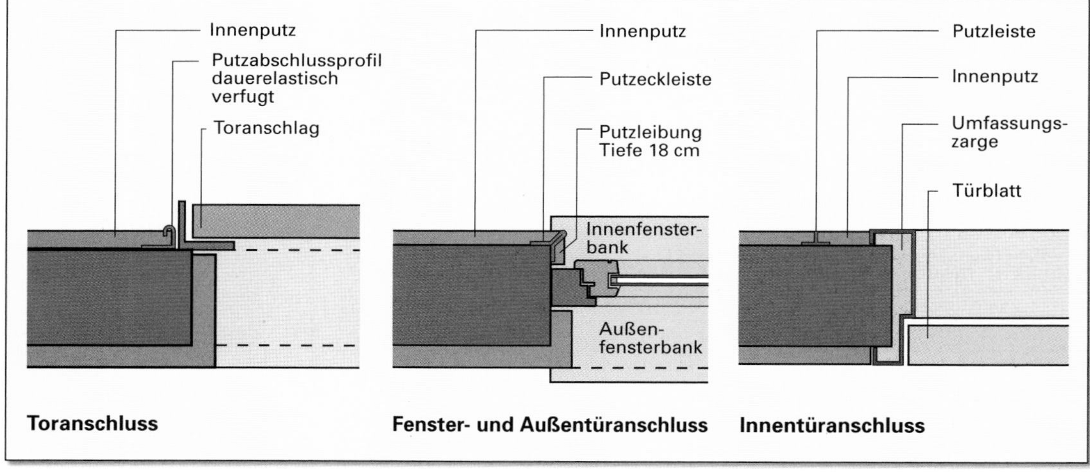

Bild 1: Bauteilanschlüsse, Einbauteile

Putzaufbau und Putzweise des Innenwandputzes

- Innenwandputz in allen Räumen als Einlagenputz
- Putzdicke von 1,5 cm aus Kalkzementputz
- Reibeputz mit gefilzter Oberfläche

Festlegen des Putzaufbaus und Bestimmen der geeigneten Putzmörtelart

Festlegen der Putzweise

Ermittlung des Baustoffbedarfs

Putzarbeiten an Innenwänden im Raum für Reinigungsgeräte und in der Werkstatt

Projekt: Magazingebäude Gewerk: Innenputzarbeiten

Bauteil: Wände

Pos. Nr.	Bezeichnung Raum, Bauteil	Stück +	Stück -	Länge [m]	Breite [m]	Höhe [m]	Messgehalt	Abzug	Reiner Messgehalt
2	Reinigungsgeräte								
	Wand (N, S)	2		8,01		2,75	44,06		
	Fenster (N)		2		8,26	1,26		5,70	
	Tore (S)		2		3,01	2,75		15,11	
	Wand (O, W)	2		7,76		2,75	42,59		
	Türe (W)		1		2,01	2,26		4,54	
	Türe (O)		1		1,01	2,26		2,28	
	Türe (O)		1		0,88^5	2,26		2,00	
	Leibungen								
	Sturz Fenster (N)	2		2,26	0,18		0,81		
	Wand Fenster (N)	4			0,18	1,26	0,91		
							88,37	29,63	58,74 m²
3	Werkstatt								
	Wand (N, S)	2		5,63^5		2,75	30,99		
	Fenster		1		2,26	1,26		2,85	
	Wand (O, W)	2		3,01		2,75	16,56		
	Türe (O, W)		2		1,01	2,26		4,57	
	Leibungen								
	Sturz Fenster (N)	1		2,26	0,18		0,41		
	Wand Fenster (N)	2			0,18	1,26	0,45		
							48,41	7,42	40,99 m²
1	Ausgleichsputz								
	Reinigungsgeräte								
	Wand (O, W)	2		7,76		2,75	42,59		

Bild 1: Aufmaßliste

Projekt: Magazingebäude Gewerk: Innenputzarbeiten

Bauteil: Wände

Pos. Nr.	Bezeichnung Raum, Bauteil	Reiner messgehalt	Baustoff-art	Verbrauchswert (Tabelle)	Baustoff-bedarf
1	Ausgleichsputz 10 mm	33,77 m²	Kalkzementp.	13 Kg/m²	439,01 Kg
	Reinigungsgeräte			(Trockenmörtel)	
2	Innenwandputz 15 mm				
	Reinigungsgeräte	58,74 m²	Kalkzementp.	13 Kg/m² x1,5	
3	Innenwandputz 15 mm			19,5 Kg/m²	1145,43 Kg
	Werkstatt	40,99 m²	Kalkzementp.	13 Kg/m² x1,5	
				19,5 Kg/m²	799,30 Kg
				Trockenmörtel	2383,74 Kg
				gerundet	2400,00 Kg

Lieferform Trockenmörtel: 30 Kg/Sack
Silo ab 1000 Kg
Bestellmenge bei Sacklieferung 80 Sack
bei Silolieferung 2,4 to Silo

Bild 2: Baustoffliste

Arbeitsschritte

Aufmaß der Putzflächen nach Werkzeichnung

Erstellen der Aufmaßliste nach Formblatt für Innenputzarbeiten getrennt nach Leistungspositionen **(Bild 1)**

Das Aufmaß der Putzprofile und der dauerelastischen Fugen entfällt hier.

Erstellen der Baustoffliste nach Formblatt auf der Grundlage des Aufmaßes der Putzflächen **(Bild 2)**

Festlegen der Baustoffart unter Berücksichtigung der Bauausführung

Feststellen der jeweiligen Verbrauchswerte nach Tabelle

Ermitteln des entsprechenden Baustoffbedarfs

Festlegen der gewünschten Lieferform

Ermitteln der Bestellmenge des Baustoffes

6.3.3 Leichte Deckenbekleidung

Ausführung der Trockenbauarbeiten

Nach Prüfung der Deckenabmessungen im Aufenthaltsraum Deckenbekleidung ausführen unter Berücksichtigung der festgestellten Putzdicke von 1,5 cm an den Wänden

Ausführung der Deckenbekleidung

Lattenrost aus Grund- und Traglattung 30 mm x 50 mm
Decklage aus Gipsplatten (mm) 2000 x 1250 x 12,5
Verspachtelung der Fugen und Schraubenköpfe

Ausführungsplan, Bekleidungskonstruktion

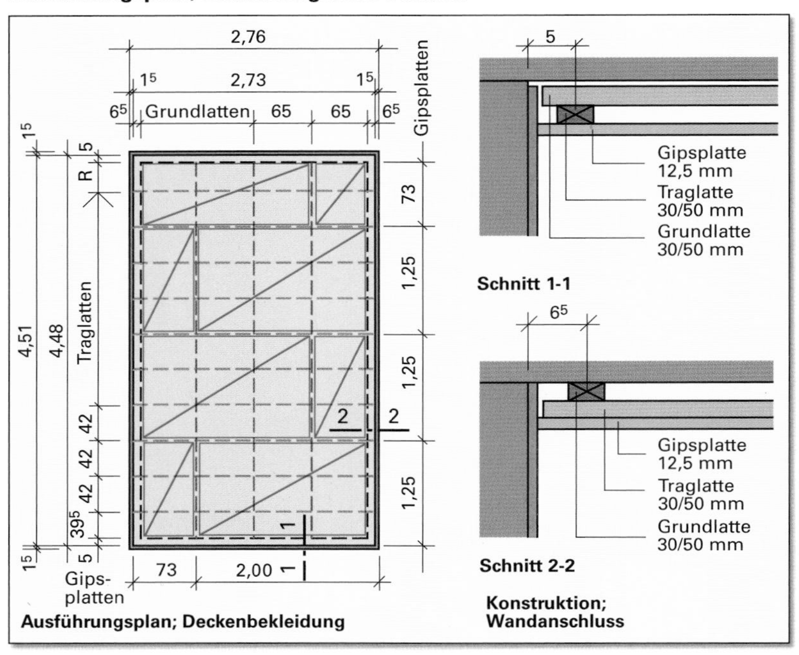

Bild 1: Leichte Deckenbekleidung im Aufenthaltsraum

Ermittlung des Baustoffbedarfs

Nach den Ausbaumaßnahmen ist im Aufenthaltsraum eine leichte Deckenbekleidung einzubauen.

Projekt: *Magazingebäude* Gewerk: *Trockenbauarbeiten*
Bauteil: *Decke*

Pos. Nr.	Bezeichnung Raum, Bauteil	Stück +	Stück -	Länge [m]	Breite [m]	Höhe [m]	Mess-gehalt	Abzug	Reiner Messgehalt
1	*Aufenthaltsraum*								
	Deckenfläche	*1*		*4,48*	*2,73*		*12,23*		*12,23 m²*
	Lattenrost								
	Grundlatte	*5*		*4,48*			*20,40*		
	Traglatte	*12*		*2,73*			*32,76*		
							53,16		*53,16 m*

Bild 2: Aufmaßliste

Arbeitsschritte

Prüfen und Beurteilen der Deckenunterschicht als Bekleidungsfläche sowie Feststellen der Raumabmessungen

Festlegung der Bauausführung und Bestimmen der erforderlichen Konstruktionsteile

Erstellen des Ausführungsplanes im Maßstab M 1:20 auf Grundlage der Werkzeichnung und der überprüften Raummaße **(Bild 1)**

Darstellen des Lattenrostes und Festlegung des Verlaufes von Grund- und Traglattung

Ermitteln der Lattenabstände unter Beachtung der maximalen Abstandsvorgaben und der zulässigen Randabstände von < 10 cm

Einteilen der Traglatten unter Berücksichtigung von Verlegerichtung und Abmessung der gewählten Decklage

Einzeichnen der Decklage unter Beachtung des Versatzes bei Teilplatten/Passplatten

Erstellen der Konstruktionszeichnung für den Wandanschluss im Maßstab 1:1 (Bild 1)

Aufmaß der leichten Deckenbekleidung nach Ausführungsplan

Erstellen der Aufmaßliste nach Formblatt für Trockenbauarbeiten, getrennt nach Räumen und Konstruktionsaufbau **(Bild 2)**

Projekt : *Magazingebäude* Gewerk : *Trockenbauarbeiten*

Bauteil : *Decke*

Pos. Nr.	Bezeichnung Raum, Bauteil	Reiner messgehalt	Baustoff-art	Verbrauchswert (Tabelle)	Baustoff-bedarf
1	*Aufenthaltsraum*				
	Decklage	*12,23 m²*	*Gipsplatte*	*2,50 m²/St*	*4,8 St*
	Zusatzplatte	*Vermeidung kleiner Plattenflächen*			*1,0 St*
					5,8 St
			Bestellmenge : gerundet		*6 St*
	Lattenrost	*53,16 m*	*Latten*	*2,80 m/St*	*19,98 St*
				gerundet	*20 St*
			Lieferform 10 St/ Bund		
			Bestellmenge:		*2 Bund*
	Fugenverspachtelung	*12,23 m²*	*Fugenfüller*	*0,5 Kg/m²*	*6,1 Kg*
				gerundet	*7 Kg*

Bild 1: Baustoffliste

Arbeitsschritte

Erstellen der Baustoffliste nach Formblatt auf der Grundlage des Aufmaßes der Trockenbauarbeiten **(Bild 1)**

Festlegen der Baustoffart unter Berücksichtigung der Bauausführung

Feststellen der jeweiligen Verbrauchswerte nach Tabelle und Ermitteln des Baustoffbedarfs

6.3.4 Estricharbeiten

Prüfen und Vorbereiten des Untergrundes

Die Prüfung des Betonbodens im Sanitärraum (WC, Dusche) ergibt folgende Maßnahmen:

Gründliche Reinigung,

Einbau der Abdichtungsschicht und

darüber Einbau des Estrichs auf Trennschicht.

Ausführung der Abdichtung

Abdichtungsstoff: Bitumen-Schweißbahn G 200 S4

Einbau: Haftgrundierung als Voranstrich
Bitumen-Schweißbahn vollflächig verklebt
Überlappung Längsnaht/Quernaht; 10 cm/20 cm

Ausführung des Estrichs auf Trennschicht

Trennlage: PE-Folie 0,2 mm

Randstreifen: Schaumkunststoff 8 mm

Einbauart: Estrich DIN 18560 CT – C20 – F5 – T35

Oberfläche: Gerieben, zur Aufnahme des Fliesenbelages

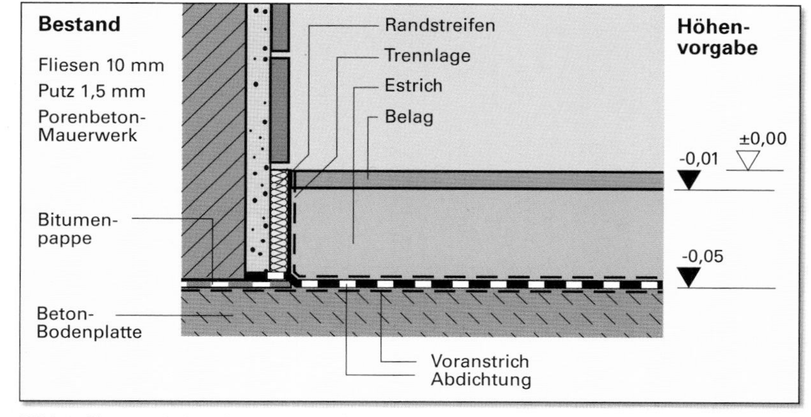

Bild 2: Konstruktion des Bodenaufbaus im Wandanschluss

Arbeitsschritte

Prüfen und Beurteilen des Betonbodens

Festlegen der Maßnahmen zur Vorbereitung des Untergrundes.

Festlegen des Abdichtungsstoffes mit Einbauanweisung

Vorgabe der Ausführung des Estrichs und der verwendeten Baustoffe

Darstellung der Estrichkonstruktion im Anschlussbereich der Wand anhand einer Detailzeichnung M 1:2 **(Bild 2)**

Angabe der Aufbauhöhen und der Belagdicke, die mit 1 cm für den Fliesenbelag anzunehmen ist

Prüfen der Höhen mit den Vorgaben der Werkzeichnung

Ermittlung des Baustoffbedarfs

Abdichtung und Estrich auf Trennschicht im Sanitärraum (WC, Dusche)

Projekt: Magazingebäude Gewerk: Estricharbeiten
Bauteil: Boden

Pos. Nr.	Bezeichnung Raum, Bauteil	Stück +	Stück -	Länge [m]	Breite [m]	Höhe [m]	Messgehalt	Abzug	Reiner Messgehalt
1	Sanitärraum								
	Schweißbahn	1		2,73	2,73		7,45		7,45 m²
	Trennlage mit								
	Randausbildung	1		2,83	2,83		8,00		8,00 m²
	Randstreifen	2		2,73			5,46		
	Höhe 5 mm	2			2,73		5,46		10,92 m
	Zementestrich								
	Dicke 35 mm	1		2,73	2,73				7,45 m²

Bild 1: Aufmaßliste

Projekt: Magazingebäude Gewerk: Estricharbeiten
Bauteil: Boden

Pos. Nr.	Bezeichnung Raum, Bauteil	Reiner Messgehalt	Baustoffart	Verbrauchswert (Tabelle)	Baustoffbedarf
1	Sanitärraum				
	Schweißbahn	7,45 m²			
	+ Nahtüberd. -10%	0,75 m²			
	Gesamt	8,20 m²	G 200 S4		
		Lieferform Rollen. 5 m²			
		Bestellmenge: 1,64 Rollen			2 Rollen
	Trennlage	8,00 m²			
	+ Nahtüberd. -10%	0,80 m²			
	Gesamt	8,80 m²	PE-Folie		
		Lieferform Großrolle			
		Bestellmenge			9,00 m²
	Randstreifen	10,92 m	PE-Schaum		10,92 m
	Höhe 5 mm	Lieferform: Großrolle			
		Bestellmenge:			11,00 m
	Zementestrich				

Bild 2: Baustoffliste

Arbeitsschritte

Aufmaß von Abdichtung und Estrich auf Trennschicht nach Ausführungsplan

Erstellen der Aufmaßliste für Estricharbeiten nach Konstruktionsaufbau und Einbaufolge auf Formblatt **(Bild 1)**

Erstellen der Baustoffliste nach Formblatt auf der Grundlage des Aufmaßes der Estricharbeiten **(Bild 2)**

Festlegen der Baustoffart unter Berücksichtigung der Bauausführung

Feststellen der jeweiligen Verbrauchswerte nach Tabelle und Ermitteln des entsprechenden Baustoffbedarfes

Festlegen der gewünschten Lieferform und Ermitteln der Bestellmenge des Baustoffes

6.3.5 Fliesenarbeiten

Prüfen der Belagfläche

Nach Feststellung einer ausreichenden Estricherhärtung, der Ebenheit der Estrichfläche und der Rechtwinkligkeit des Sanitärraumes können die Bodenfliesen verlegt werden.

Ausführung des Fliesenbelages

Tabelle 1: Ausführungsbezogene Vorgaben

Rohbaumaß:	2,76 m x 2,76 m	Verlegeart:	Dünnbettverfahren, Dicke 4 mm
Lichte Raummaße:	2,71 m x 2,71 m		
Koordinierungsmaß:	15 cm x 15 cm	Fugenbild:	Fugenschnitt
Werkmaß in mm:	144 x 144 x 6	Randfuge:	5 mm, dauerelastisch verfugt
Fliesenart:	Steinzeugfliese		

Arbeitsschritte

Prüfen und Beurteilen des Estrichs

Feststellen der Rechtwinkligkeit des Raumes

Feststellen der Raummaße **(Tabelle 1)**

Festlegen des Fliesenbelages

Bestimmen der Verlegeart und des Flieseneinbaus

Verlegeplan der Bodenfläche

Berechnung der Teilermaße und der Teilerstreifen

Belaglänge: 2,70 m

Fugenteiler: $\frac{270\text{ cm}}{15\text{ cm}} = 18$

Belagbreite: 2,70 m

Fugenteiler: $\frac{270\text{ cm}}{15\text{ cm}} = 18$

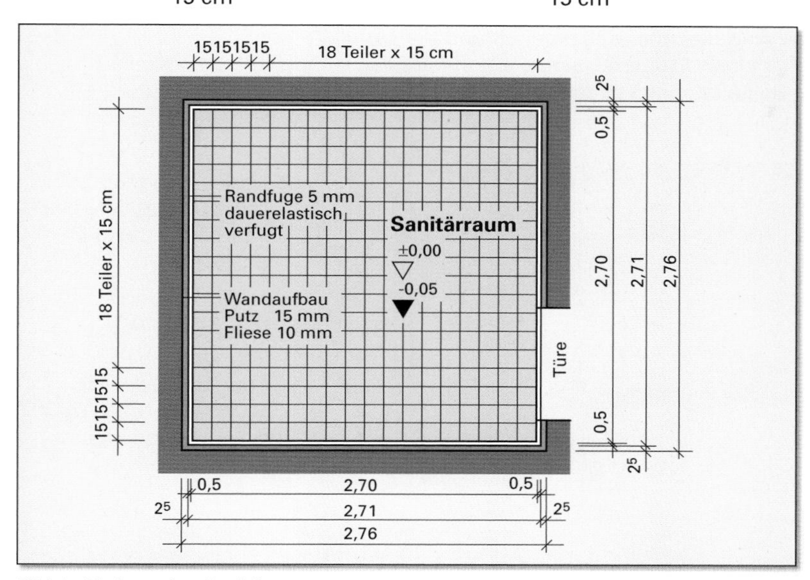

Bild 1: Verlegeplan Sanitärraum

Arbeitsschritte

Belaglänge und Belagbreite unter Berücksichtigung der Randfuge feststellen und die Fugenteiler berechnen

Zeichnen des Verlegeplans für den Sanitärraum (WC, Dusche) M 1:25 **(Bild 1)**

Maßeintrag für Rohbaumaße, der lichten Raummaße und der Verlegemaße unter Beachtung der Randfuge

Darstellen des Fugenbildes gemäß der ermittelten Fugenteiler

Eintrag der Raumnutzung und der Bezugshöhen

Ermittlung des Baustoffbedarfs

Fliesenbelag im Sanitärraum (WC, Dusche)

Projekt: *Magazingebäude* Gewerk: *Fliesenarbeiten*

Bauteil: *Boden*

Pos. Nr.	Bezeichnung Raum, Bauteil	Stück +	Stück -	Länge [m]	Breite [m]	Höhe [m]	Messgehalt	Abzug	Reiner Messgehalt
1	*Sanitärraum*								
	Bodenfliesenbelag	1		2,71	2,71		7,34		7,34 m²
	Randfuge								

Bild 2: Aufmaßliste

Projekt: *Magazingebäude* Gewerk: *Fliesenarbeiten*

Bauteil: *Boden*

Pos. Nr.	Bezeichnung Raum, Bauteil	Reiner Messgehalt	Baustoffart	Verbrauchswert (Tabelle)	Baustoffbedarf
1	*Sanitärraum*				
	Dünnbettmörtel	7,34 m²	*Fliesenkleber*	1,95 Kg/m²	14,31 Kg
	Zahnung 6 mm	*Lieferform: Gebinde 5 Kg/Beutel* *Bestellmenge: 2,86 Beutel*			3 Beutel
	Bodenfliesen	7,34 m²			
	+ Reservefliesen	0,16 m²			
		7,50 m²	*Stz-Fliese*	44 St/ m²	330,00 St

Bild 3: Baustoffliste

Arbeitsschritte

Aufmaß der Fliesenarbeiten nach Verlegeplan

Erstellen der Aufmaßliste für die Fliesenarbeiten nach Einzelleistungen **(Bild 2)**

Erstellen der Baustoffliste nach Formblatt auf der Grundlage des Aufmaßes der Fliesenarbeiten **(Bild 3)**

Festlegen der Baustoffart unter Berücksichtigung der Bauausführung und Feststellen der jeweiligen Verbrauchswerte nach Tabelle

Festlegen der gewünschten Lieferform

Ermitteln der Bestellmenge des Baustoffes

Baustoffliste um Fugenmörtel und dauerelastische Randfuge ergänzen

6.4 Lernfeld-Aufgaben

6.4.1 Gartenhaus mit Arbeitsraum

Ein Bauträger bietet als Verkaufsanreiz für eine Reihenhausgruppe ein Ausbau-Gartenhaus an **(Bild 1)**.

Für den erforderlichen Ausbau sind die Innenputzarbeiten und die Estricharbeiten für den Arbeitsraum zu planen. Weiterhin sind die Aufmaßlisten sowie die Baustofflisten mit den Bestellmengen zu fertigen.

Ausführungs-hinweise

Arbeitsraum erhält Innenwandputz als Kalkzementputz, Dicke 1 cm

Estrich als Verbundestrich, oberflächenfertiger Zementestrich, Dicke 3 cm

Planungsgrundlage ist neben der Werkzeichnung des Gebäudegrundrisses auch die Wandabwicklung des Arbeitsraumes.

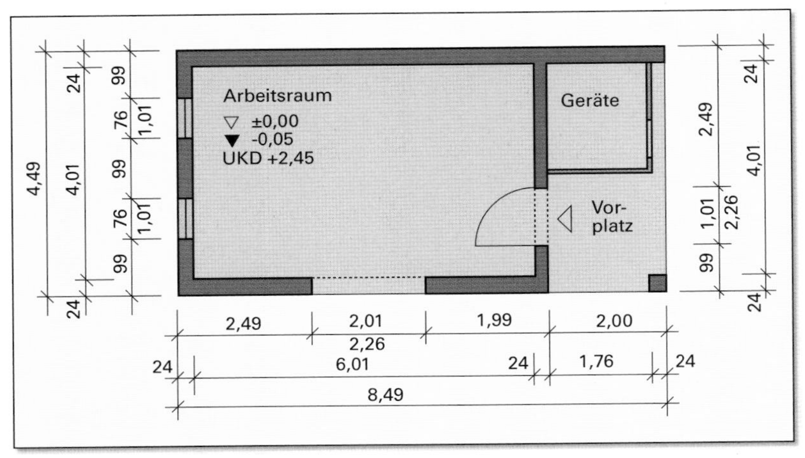

Bild 1: Gartenhaus mit Arbeitsraum

6.4.2 Gartenhaus mit Aufenthaltsraum

Für das Gartenhaus (Aufgabe 6.4.1) gibt es eine Grundrissvariante als Gartenhaus mit Aufenthaltsraum **(Bild 2)**.

Für den erforderlichen Ausbau sind neben Putz- und Estricharbeiten auch Fliesenarbeiten durchzuführen. Ebenso sind Abdichtungsarbeiten gegen Bodenfeuchtigkeit und Trockenbauarbeiten für eine leichte Deckenbekleidung durchzuführen.

Erarbeiten Sie einen Ausbauvorschlag und planen Sie alle erforderlichen Arbeiten. Fertigen Sie die Baustoff- und Aufmaßlisten.

Ausführungs-hinweise

Mauerwerk aus Leichtbeton-Mauersteinen

Fertigen Sie die entsprechenden Ausführungs- und Detailzeichnungen.

Präsentieren Sie Ihre Ausarbeitung.

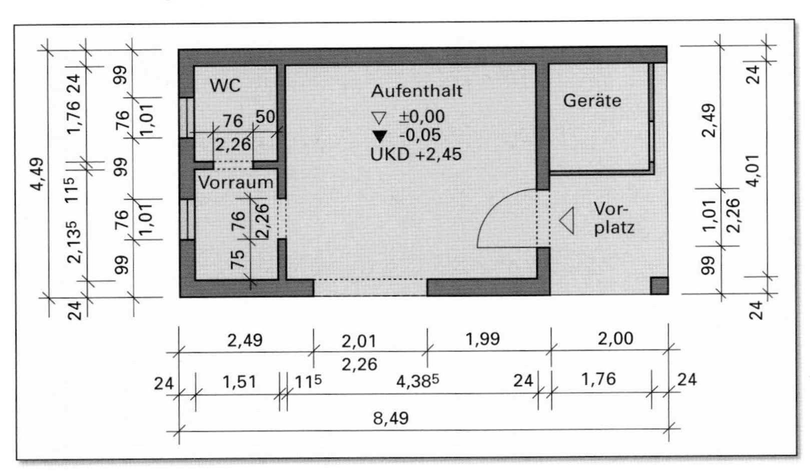

Bild 2: Gartenhaus mit Aufenthaltsraum

Projektarbeit im Lernfeld

Projektverlauf

Im Unterricht nach Lernfeldern wird überwiegend praxisbezogen gearbeitet. Ähnlich wie bei der Abwicklung eines Kundenauftrags sind alle Arbeitsschritte von der Arbeitsvorbereitung bis zur Qualitätskontrolle durchzuführen **(Bild 1)**.

Arbeiten auf der Baustelle		Projektarbeit im Lernfeld
• Auftragserteilung • Arbeitsvorbereitung • Materialbedarfsermittlung • Bauzeitenplanung • Bestellung	  	• Aufgabenstellung • Arbeitsplatz einrichten • Zeitlichen Rahmen abstecken • Arbeitsablauf abstimmen
• Lieferung • Absprachen • Zusammenfügen • Handarbeit • Maschineneinsatz • Erkennen von Gefahren • Unfallverhütungsmaßnahmen	  	• Informationen sammeln • Bücher und Prospekte studieren • Lösungen suchen • Zeichnen • Schreiben, Rechnen • Auswirkungen auf die Umwelt erkennen • Modelle bauen
• Qualitätskontrolle • Beseitigung von Mängel • Bauabnahme		• Dokumentation der Ergebnisse • Ergebnisse präsentieren • Bewerten und Korrigieren

Bild 1: Vergleich von Baustelle und Projekt

Die Schülerinnen und Schüler sollen lernen, anhand eines Arbeitsauftrags, im Unterricht Projekt genannt, ihre Kompetenzen einzubringen, um das Projekt allein oder im Team lösen zu können.

Zur Erarbeitung oder Vertiefung des Unterrichtsstoffes eines Lernfeldes kann eine Projektaufgabe gestellt werden, die wie ein Kundenauftrag abläuft. Ein Projekt umfasst alle zur Ausführung einer Arbeit notwendigen Planungs- und Arbeitsschritte.

Beim Lernfeldunterricht werden von den Schülerinnen und Schülern besondere Selbständigkeit, Ideen, Eigeninitiative, Sorgfalt und Fleiß erwartet. Bei der Arbeit innerhalb einer Gruppe kommt Teamfähigkeit dazu.

Zur **Durchführung eines Projektes** ist es von Vorteil, schrittweise vorzugehen und den Projektverlauf Punkt für Punkt abzuarbeiten:

Projektvorbereitung

Projektbearbeitung

Projektergebnisse

Projektvorbereitung

Schritt 1: **Gruppen einteilen**

Schritt 2: **Arbeitsplatz organisieren**

Schritt 3: **Aufgabe erfassen, Rückfragen**

Projektbearbeitung

Schritt 4: **Teilaufgaben festlegen**

Schritt 5: **Ideen sammeln**

Schritt 6: **Gliederung in Aufgabengebiete**

Schritt 7: **Aufgaben verteilen**

Schritt 8: **Informationen sammeln**

Schritt 9: **Informationen verarbeiten**

Schritt 10: **Vergleich mit Aufgabenstellung**

Projektergebnisse

Schritt 11: **Präsentation vorbereiten**

Schritt 12: **Präsentation**

Schritt 13: **Bewertung der Ergebnisse**

Bild 1: Darstellung des Projektverlaufs in einzelnen Schritten

Arbeitshinweise

Teamfähigkeit und selbständiges Arbeiten erlernen

Bedeutung von Ordnung und Organisation erkennen

Arbeitsabläufe erfassen

Arbeitsschritte festlegen

zielstrebiges Arbeiten praktizieren

Umgang mit Büchern, Fachzeitschriften, Sammlungen, Bibliotheken, Produktinformationen, Computer, Internet, Telefon sowie Fax erlernen und einüben

Informationen auswählen und bewerten

neue Informationen mit bereits vorhandenem Wissen verknüpfen

Fachwissen erwerben, anwenden und vertiefen

Dokumentation gliedern

Ergebnisse darstellen und vortragen

Arbeitsergebnisse beurteilen und bewerten

Projektvorbereitung

Bei der Durchführung eines Projekts muss von Anfang an jeder Arbeitsschritt in einem Protokoll dokumentiert werden. Die Dokumentation soll dazu beitragen, den Projektverlauf später überprüfen und bei weiteren Projekten aus den Erfahrungen lernen zu können.

Auch für die Ausführung eines Kundenauftrags wird eine tägliche Dokumentation der geleisteten Arbeiten und der getroffenen Absprachen erstellt, die später als Grundlage für die Abrechnung, die Lohnzahlung und Nachkalkulation zur Verfügung steht.

Im Protokoll wird aufgeschrieben,

- welche Aufgaben erledigt werden,
- wie viel Zeit die einzelnen Arbeiten in Anspruch nehmen,
- wer bestimmte Aufgaben erledigt hat oder noch erledigen muss,
- welche Termine für die Erledigung von Teilaufgaben einzuhalten sind,
- wann die Präsentation der Ergebnisse erfolgen soll und
- welche Probleme bei der Bearbeitung aufgetreten sind.

Für das Protokoll zum Projektverlauf kann ein Formular verwendet werden **(Bild 1, Druckvorlage auf CD)**.

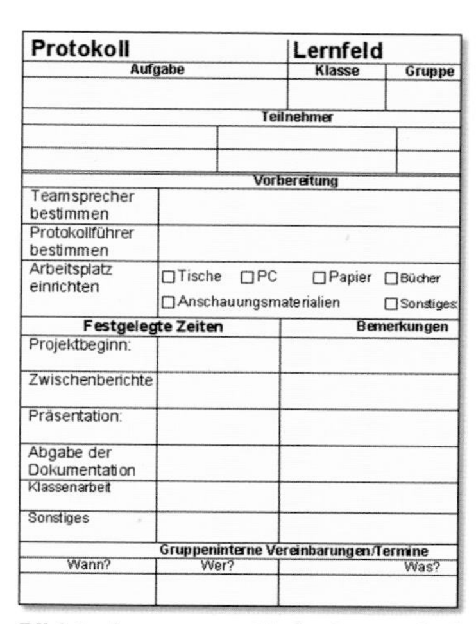

Protokoll	**Lernfeld**	
Aufgabe	**Klasse**	**Gruppe**
Teilnehmer		
Vorbereitung		
Teamsprecher bestimmen		
Protokollführer bestimmen		
Arbeitsplatz einrichten	□Tische □PC □Papier □Bücher □Anschauungsmaterialien □Sonstiges	
Festgelegte Zeiten		**Bemerkungen**
Projektbeginn:		
Zwischenberichte		
Präsentation:		
Abgabe der Dokumentation		
Klassenarbeit		
Sonstiges		
Gruppeninterne Vereinbarungen/Termine		
Wann?	Wer?	Was?

Bild 1: Auszug aus Verlaufsprotokoll

Schritt 1: Gruppen einteilen

Die Gruppengröße

Als Gruppengröße haben sich 3 bis 4 Teilnehmer als günstig erwiesen. Sie ist abhängig von der

- Größe der Klasse,
- Erfahrung mit Gruppenarbeit,
- Aufgabenstellung.

Zusammensetzung der Gruppen

Die Zusammensetzung der Gruppen kann von den Schülern selbst organisiert, von den Lehrern vorgegeben oder ausgelost werden. Folgende Interessen und Umstände können auch berücksichtigt werden:

- Gegenseitiges Verstehen
- Bisherige Zusammenarbeit im Betrieb oder in der Werkstatt
- Begabungen, Neigungen, Leistung
- Sitzordnung, Mitfahrgelegenheiten

Die Gruppenmitglieder sollen lernen, auch in beliebig zusammengesetzten Gruppen Ergebnisse zu erzielen. Auch in kurzzeitig eingerichteten Arbeitsgruppen kommt es darauf an, dass jeder seinen Beitrag zum Gelingen einer Aufgabe leistet.

Schritt 2: Arbeitsplatz organisieren

Eine gute Arbeitsumgebung ist Vorraussetzung für störungsfreies Arbeiten. Vor allem bei Gruppenarbeit muss auf einen geordneten Arbeitsplatz geachtet werden **(Bild 2)**. Dazu gehören

- eine Arbeitsfläche (Gruppentisch),
- bereitgelegtes Zeichenmaterial, Schreibzeug, Taschenrechner,
- Fachbücher, Informationsblätter, Tabellenbuch,
- digitale Medien sowie
- Zugang zur Werkstatt, zum Labor oder zum Sammlungsraum.

Für die Ordnung am Arbeitsplatz und die Bereithaltung der Arbeitsmittel ist jeder Schüler selbst verantwortlich.

Gruppentisch

Modellbau in der Werkstatt

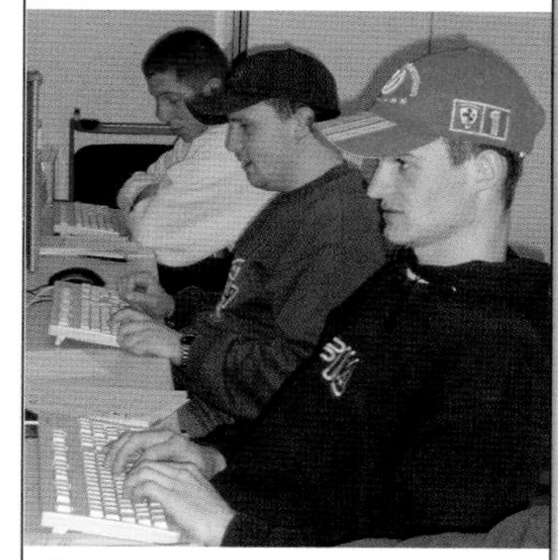

Computerarbeitsplatz

Bild 2: Arbeitsumgebung bei der Projektarbeit

Vorgaben für das Projekt

Maße: ....

....

Nutzung
Konstruktion: ....

....

Lastannahmen: ....

....

Bild 1: Vorgaben für ein Projekt

Stichworte zu Lernfeld 1

A	Arbeitsraum
B	Bauleiter
C	Container
D	....
E	....
F	....
G	....
H	Holzlager

Bild 2: ABC-Methode

Bild 3: Gedanken unsortiert an der Pinnwand

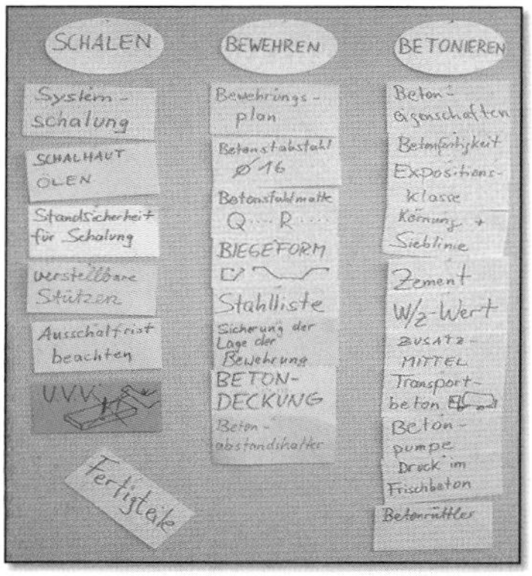

Bild 4: Zuordnung der Gedanken zu Teilaufgaben

Schritt 3: Aufgabe erfassen

Häufig ist der Umfang der zu erbringenden Leistungen in der Aufgabenstellung nicht erkennbar, z. B. bei der Formulierung „Planen Sie die Herstellung einer Betonstütze". Sind die Angaben unvollständig, so sind diese zu erfragen oder von den Schülerinnen und Schülern selbständig festzulegen. Erst wenn Ziele und Umfang des Projektes erkannt sind, kann mit der Durchführung der Aufgabe begonnen werden.

Durch Fragen kann geklärt werden, welche Vorgaben zu beachten sind:

- Welche bautechnischen Vorgaben müssen bei der Planung eines Bauteils beachtet werden?
- Welche Baustoffe, Werkzeuge und Arbeitstechniken sind festgelegt, welche sollen von den Schülern selbst gewählt werden?
- Wie viel Zeit und welche Mittel stehen den Schülern für die Lösung der Projektaufgabe zur Verfügung?
- Wie und wann sollen die Ergebnisse präsentiert werden?

Die Antworten auf diese Fragen sind zu dokumentieren, damit sie bei der späteren Bearbeitung zur Verfügung stehen **(Bild 1)**.

Projektbearbeitung

Schritt 4: Teilaufgaben festlegen

In der Aufgabenstellung sind Ziele formuliert, die im Projekt erarbeitet werden sollen. Zur Erreichung dieser Ziele müssen die Schüler und Schülerinnen Teilaufgaben festlegen.

Dazu gehören z. B.

- Werkpläne, Skizzen, Details, Modelle,
- Planung von Arbeitsabläufen, Zeiteinteilung, Protokolle,
- Beschreibungen von Bauteilen, Konstruktionen und Funktionen,
- Hinweise auf Gefahren und Schutzmaßnahmen,
- Berechnungen, Bestellscheine, Baustofflisten und Werkzeuglisten.

Schritt 5: Ideen sammeln

Die Festlegung von Teilaufgaben hilft, das Projekt zu gliedern. Damit eine inhaltliche Gliederung entsteht und alle Aspekte eines Projektes beachtet werden, muss Vorarbeit geleistet werden. Dazu werden zunächst stichwortartig Ideen gesammelt.

Stichworte zu einem Thema findet man im Sachwortverzeichnis oder im Inhaltsverzeichnis von Fachbüchern. Weitere Methoden der Ideensammlung sind z. B.

- Brainstorming,
- ABC-Methode,
- Kartenmethode und
- Mindmap.

Beim **Brainstorming** schreibt der Schüler alle Gedanken auf, die ihm spontan zu einem Thema einfallen. Erst wenn viele Begriffe gefunden wurden, werden sie geprüft und geordnet.

Bei der **ABC-Methode** wird zu jedem Buchstaben des Alphabets ein Begriff gesucht, der mit dem Thema zu tun hat **(Bild 2)**.

Bei der **Kartenmethode** wird jeder Gedanke zum Thema auf eine Karte geschrieben und unsortiert an die Pinnwand geheftet **(Bild 3)**. Die Karten können dann Teilaufgaben zugeordnet werden **(Bild 4)**.

Bei der **Mindmap-Methode** werden Ideen in einer Baumstruktur vernetzt dargestellt. Stichworte zum Thema werden wie Äste angefügt. Zu jedem neuen Wort passen wieder andere Stichworte, die als weitere Äste ein baumartiges Bild entstehen lassen **(Bild 1)**. Die bildhafte Darstellung bei der Mindmap-Methode lenkt die Gedanken zu neuen Ideen, die zu den einzelnen Begriffen passen.

Wird eine **Mindmap** mit einem **PC-Programm** erstellt, so kann man jederzeit auch Änderungen vornehmen und verschiedene Darstellungen auswählen.

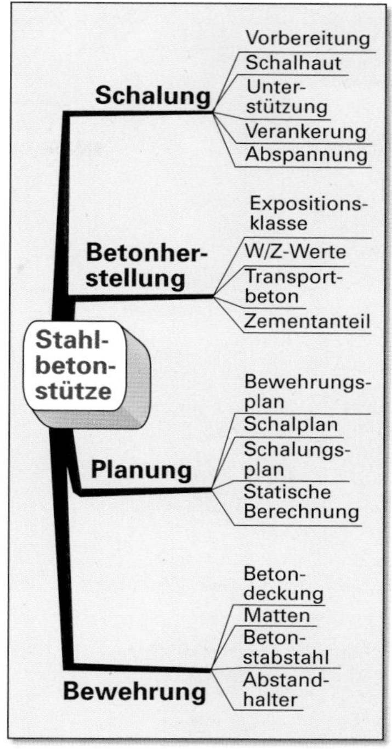

Bild 1: Mindmap (Ausschnitt)

Schritt 6: Gliederung in Aufgabengebiete

Um den Überblick zu wahren und um die Projektaufgabe weiter zu bearbeiten, müssen die notierten Ideen und Begriffe nach Themen und Unterthemen geordnet werden. So entsteht eine Gliederung in Aufgabengebiete, die auch für die Gliederung einer schriftlichen Dokumentation des Projektes übernommen werden kann. Die Aufgabengebiete können nun von den Gruppenmitgliedern bearbeitet werden.

Bei einer **einfachen Gliederung** werden die Themen nach den Inhalten angeordnet: Zeichnungen, Tabellen, Beschreibungen oder Berechnungen werden jeweils zusammengefasst **(Tabelle 1)**.

Bei der **Gliederung nach Arbeitsschritten** werden alle Zeichnungen, Berechnungen und sonstigen Unterlagen einem Arbeitsschritt zugeordnet.

Bei der **Gliederung nach Bauteilen** werden alle Zeichnungen, Berechnungen und sonstige Unterlagen dem jeweiligen Bauteil zugeordnet.

Tabelle 1: Übersicht über verschiedene Gliederungsarten (Beispiele)

Gliederung nach Inhalten	Gliederung nach Arbeitsschritten	Gliederung nach Bauteilen
1 Baustoffeigenschaften	**1 Einschalen**	**1 Stützen**
1.1 Festigkeit und Härte	1.1 Schaltafeln	1.1 Anforderungen
1.2 Wärmedämmung	1.2 Systemschalung	1.2 Zeichnungen und Berechnungen
1.3 Frostbeständigkeit	1.3 Vorbereitung der Schalhaut	1.3 Ausführung
1.4 …	1.4 …	1.4 …
2 Zeichnerische Darstellung	**2 Bewehren**	**2 Wände**
2.1 Übersichtsplan	2.1 Bewehrungspläne	2.1 Anforderungen
2.2 Schnitte	2.2 Bewehrungskörbe	2.2 Zeichnungen und Berechnungen
2.3 …	2.3 …	2.3 Ausführung
3 Arbeitsverfahren	**3 Betonieren**	2.4 …
3.1 Betonverarbeitung	3.1 Herstellen des Betons	**3 Überdachung**
3.2 …	3.2 Verarbeiten des Betons	3.1 System, Lastabtragung
4 Kostenermittlung	3.3 …	3.2 …

Schritt 7: Aufgaben verteilen

Durch die Gliederung entstehen Bereiche, die als Teilaufgaben in Einzel- oder Partnerarbeit ausgeführt werden können.

Auch wenn diese Aufgaben von Einzelnen durchgeführt werden, soll sich das Team immer wieder austauschen, beobachten, kritisieren und motivieren. Jeder bringt seine Ergebnisse wie bei einem Puzzle in die gemeinsame Arbeit ein, auch kleine Beiträge sind wichtig für das Erreichen des Projektzieles.

Bei der Aufgabenverteilung muss darauf geachtet werden, dass jeder im Laufe des Schuljahres alle wichtigen Aufgaben einmal übernimmt und einübt **(Bild 2)**. Die aktive Beteiligung ermöglicht Erfolgserlebnisse, stärkt das Selbstbewusstsein und fördert Methodenkompetenz ebenso wie Fachkompetenz.

Wichtige Aufgaben bei der Projektbearbeitung

- Arbeitsschritte festlegen
- Informationen beschaffen
- Zeichnungen erstellen
- Berechnungen durchführen
- Arbeitsverfahren beschreiben
- Gruppenordner führen
- Ergebnisse präsentieren

Bild 2: Aufgaben für alle Schülerinnen und Schüler

Nachdenken und notieren

Nachfragen beim Lieferanten

Nachschlagen im Fachbuch

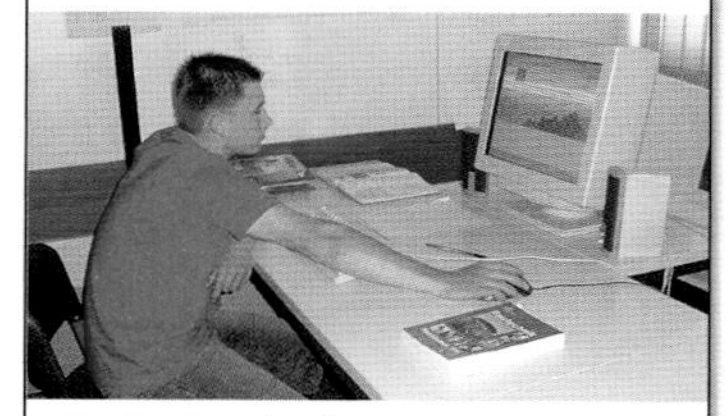
Nachsehen im Internet

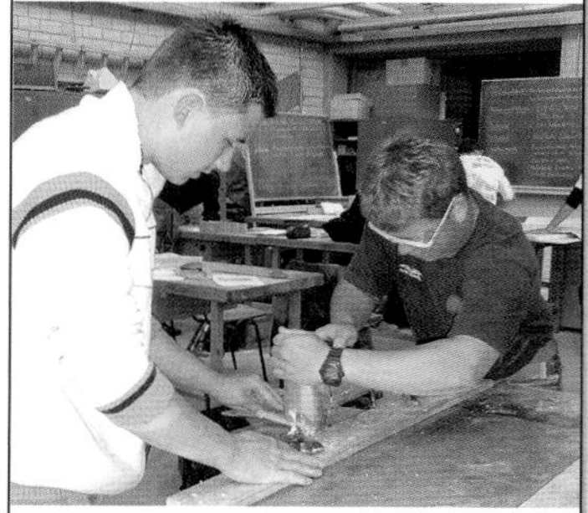
Nachprüfen im Labor

Bild 1: Wege zu Informationen

Schritt 8: Informationen sammeln

Nach der Verteilung der Aufgaben müssen Informationen zu den verschiedenen Bereichen beschafft werden, die für die Ausführung der Arbeit notwendig sind **(Bild 1)**. Dies können beispielsweise sein:

- Anforderungen an das Bauteil
- Bauteilabmessungen
- Baustoffeigenschaften
- Beschaffungsmöglichkeiten und Liefergrößen
- Arbeitsverfahren und Fertigungstechniken
- Ausführungsregeln

Als Hilfsmittel können gedruckte und digitale Medien genutzt werden. Es gibt verschiedene Möglichkeiten, vertiefende Informationen zu einem Thema zu finden **(Tabelle 1)**.

Tabelle 1: Wege zu vertiefenden Informationen

Nachdenken	– über bisher in Schule und Betrieb Gelerntes – über Erfahrungen auf der Baustelle
Nachfragen	– bei Mitschülern, Kollegen oder Lehrern – bei Baufirmen und Lieferanten
Nachschlagen	– im Fachbuch oder Tabellenbuch – in Zeitschriften und Büchern – in Nachschlagewerken
Nachsehen	– in Prospekten und Software von Firmen – auf Internetseiten
Nachprüfen	– durch Versuche im Baulabor – bei der Arbeit auf der Baustelle

Wenn mehrere Gruppen das gleiche Projekt bearbeiten, so ist ein Austausch von Informationen für alle Beteiligten von Vorteil. Hierzu eignet sich die Einrichtung von **Expertengruppen** nach dem Prinzip **„Gruppenpuzzle“**.

In jeder **Stammgruppe** (Projektgruppe) sind den Teilnehmern verschiedene Aufgaben zugewiesen; sie sind die Experten in einem Bereich. Nun können sich aus allen Gruppen die Teilnehmer mit gleichen Aufgaben in einer dafür eingerichteten **Expertengruppe** zu einem Informationsaustausch treffen. Es können gleichzeitig mehrere Expertengruppen gebildet werden. Nach dem Informationsaustausch kehren alle wieder in ihre Stammgruppe zurück und bringen die neuen Informationen in die Stammgruppe ein.

Durch diesen Gruppenwechsel können in jeder Gruppe neue Erkenntnisse gewonnen werden. Außerdem kann so jeder für seine Gruppe Verantwortung übernehmen und lernen, Informationen weiterzugeben und vorzutragen.

Die Expertengruppen können Lehrer oder andere Fachleute einbeziehen, um unklare Sachverhalte zu diskutieren oder Hilfestellung zu bekommen.

Schritt 9: Informationen verarbeiten

Informationen sind nur nützlich, wenn sie verarbeitet werden. Dies erfolgt schrittweise (**Bild 2** und **Bild 1,** Seite 271).

- **Auswählen**
- **Reflektieren**
- **Überprüfen**
- **Umformen**
- **Darstellen**
- **Behalten**

Bild 2: Stufen der Informationsverarbeitung

Auswählen

- Unterstreichen von Begriffen oder wichtigen Sätzen schon beim ersten Durchlesen einer Informationsquelle
- Notieren der Fundorte von Informationen, um bei Bedarf nähere Einzelheiten nachschlagen zu können (z.B. Buchtitel mit Seitenangabe oder Adressen von Internetseiten)
- Auswählen von wichtigen Details für das Projekt aus der Fülle von Informationen (Ausschneiden, Kopieren, Fotografieren, Speichern)
- Gezieltes Suchen nach Begriffen und Details, kein unüberlegtes Blättern in Büchern oder im Internet
- Konzentrieren auf das Wesentliche

Reflektieren

- Mitteilen von Teilergebnissen in der Gruppe oder Vortragen von Zwischenberichten vor der Klasse
- Gemeinsames Prüfen von Alternativen für eine Lösung
- Anpassen von Informationen aus Büchern oder aus dem Internet an die Aufgabenstellung, Kürzen oder gegebenenfalls Ergänzen von übernommenen Texten
- Verbessern der Ergebnisse durch Rückfragen, Korrekturen und Kritik der Mitschüler
- Erzielen neuer Erkenntnisse für die Gruppe durch Austausch mit Experten (Gruppenpuzzle)

Überprüfen

- Vergleichen von Informationen aus Büchern mit Erfahrungen auf der Baustelle
- Diskutieren von Ergebnissen, Eingehen auf kritische Rückfragen
- Durchführen von Versuchen zum Überprüfen von Lösungen
- Überprüfen der Ergebnisse auf Vollständigkeit und Übereinstimmung mit den Vorgaben
- Nachmessen von Ergebnissen und Vergleichen mit den Vorgaben, z.B. Maße in Zeichnungen, Tabellenwerte
- Erkennen und Vermeiden von unklaren Beschreibungen oder missverständlichen Informationen

Umformen

- Formulieren von Erklärungen und Informationen mit eigenen Worten zum besseren Verständnis
- Nutzen von Formeln, Baustoffangaben und Tabellenwerten, z.B. zur Berechnung von Kräften, Flächen, Rauminhalten und Massen
- Zeichnerisches Darstellen von Konstruktionen und Bauteilen
- Sortieren und Gliedern von Informationen für ein übersichtliches Darstellen der Ergebnisse
- Zuordnen von Details und Teilaufgaben zu Projektzielen, Erstellen von Übersichtsplänen und Zusammenfassungen

Darstellen

- Beachten der Wirkung auf den Betrachter, z.B. Interesse wecken, Überblick verschaffen, zum Nachdenken motivieren
- Einsetzen von wirkungsvollen Medien und unterschiedlichen Darstellungsarten
- Anstreben von Verständlichkeit und ansprechender Gestaltung
- Visualisieren, auch als Ergänzung bei mündlichem Vortrag

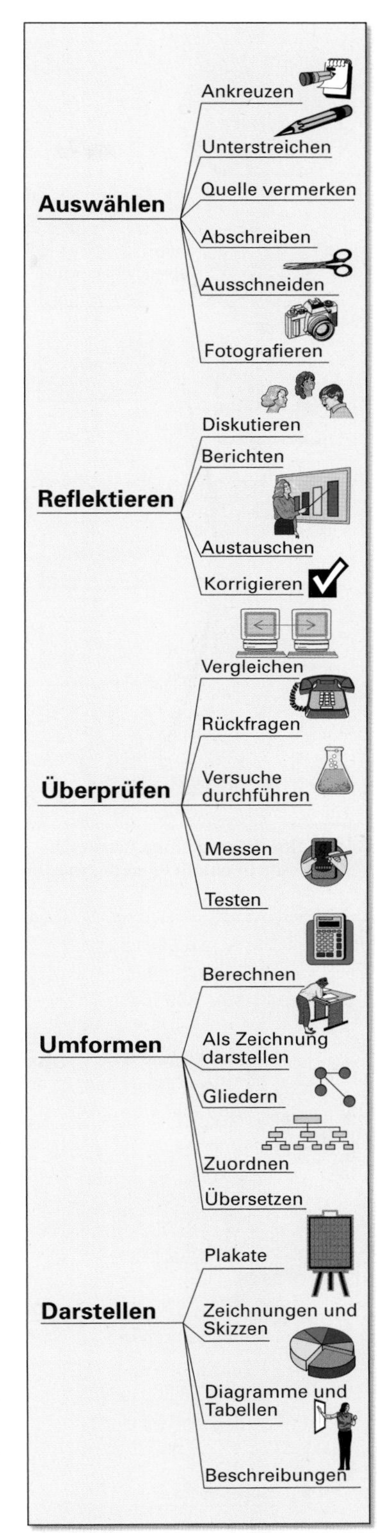

Bild 1: Informationsverarbeitung

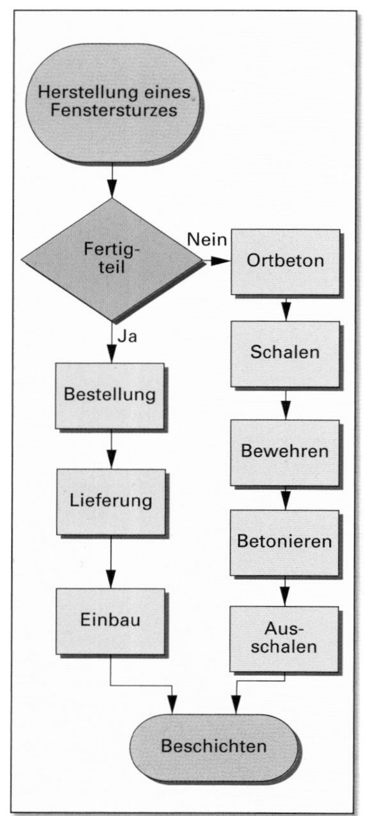

Bild 1: Darstellung eines Arbeitsablaufs in einem Flussdiagramm

Behalten

Wissen muss bei Bedarf abrufbereit sein. Es ist notwendig, einige Informationen im Gedächtnis zu behalten. Bei Informationen ist es oft ausreichend, den Ort zu kennen, wo diese zu finden sind.

Das Gedächtnis kann durch Gedächtnistraining und Gedächtnisstützen verbessert werden **(Bild 2)**. Folgende Übungen sind hilfreich:

- Mehrfaches Lesen eines Textes, auch lautes Lesen,
- Umformen von Informationen als Wiederholung in anderen Worten oder in anderer Darstellung und
- Verknüpfung von Informationen mit Bildern, Bewegungen, Musik, Formen oder Begriffen, z.B. auch durch ein Flussdiagramm **(Bild 1)**.

Um sich die Orte von Informationen merken zu können, ist es wichtig, ein gutes Ablagesystem zu haben. Professionell wird das in Bibliotheken und Archiven durchgeführt. Privat ist es notwendig, Dokumente, Informationen und Unterlagen so zu ordnen, dass ein gezieltes Suchen möglich ist.

Um in Dokumenten Informationen bei Bedarf wieder zu finden, sind folgende Regeln hilfreich:

- Erstellen eines Inhaltsverzeichnisses und bei großen Dokumenten Erstellen eines Sachwortverzeichnisses
- Hervorheben von wichtigen Begriffen durch Unterstreichungen oder durch auffälligen Druck
- Anfügen von untergeordneten Informationen als Anlage

Um im Computer gespeicherte Informationen leichter zu finden, hat sich Folgendes bewährt:

- Einrichten von Ordnern und Unterordnern
- Verwendung von aussagekräftigen Namen für Dateien und Ordner
- Nutzen der Suchfunktion bei unbekanntem Dateinamen oder Ordnern
- Erstellen von Links zu Internetseiten

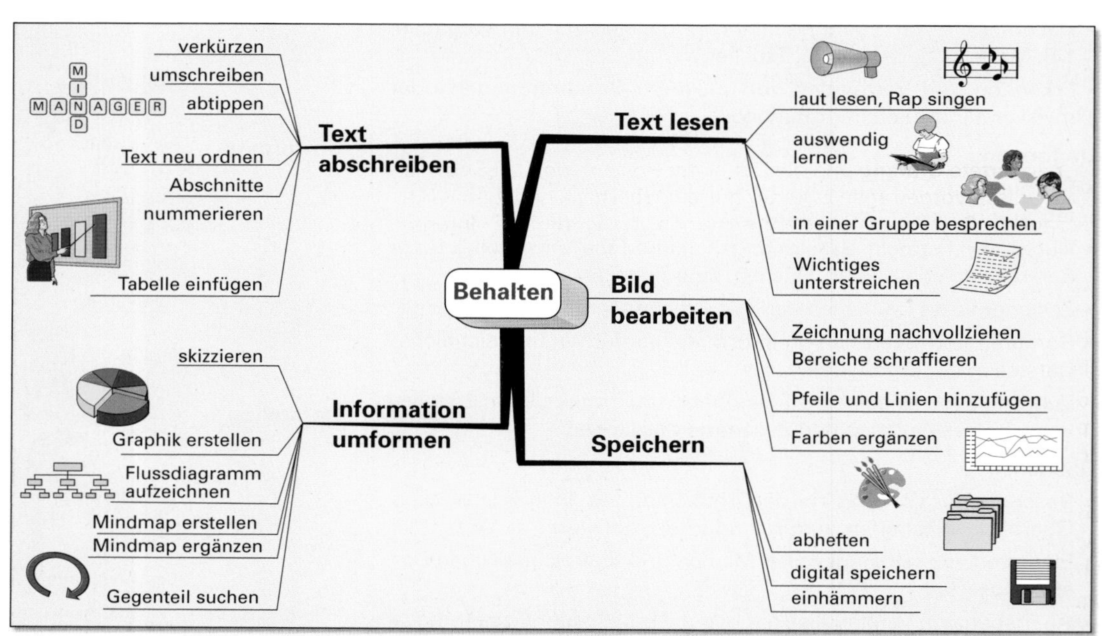

Bild 2: Methoden zum Behalten von Informationen

Schritt 10: Vergleich mit der Aufgabenstellung

Während der Projektbearbeitung werden die Ergebnisse immer wieder mit den Vorgaben und den Projekten verglichen.

Überprüfen Sie, ob

- alle Fragen beantwortet wurden,
- die Projektziele erreicht sind, die bei der Aufgabenstellung vorgegeben oder als Teilaufgaben festgelegt wurden,
- alle Informationen für die Präsentation bereitgestellt sind.

Die Projektbearbeitung beginnt mit „Teilaufgaben festlegen". Auch wenn die Aufgabenstellung bereits Projektziele vorgibt, liegt es doch am Bearbeiter, wie er diese genau beschreibt und welcher Schwierigkeitsgrad angestrebt wird. Der Umfang und die Qualität der Lösungen müssen der vorgegebenen Zeit entsprechen **(Tabelle 1)**.

Tabelle 1: Ergebnisse

bei viel Zeit	bei wenig Zeit
Exakte Zeichnung	Skizze
Kostenberechnung	Schätzung von Kosten
Ausführliche Beschreibung	Stichworte
Modell oder Materialproben	Bilder oder Zeichnungen
Prospekte und Kopien als Anlagen	Hinweise auf weitere Informationsquellen

Projektergebnisse

Schritt 11: Präsentation vorbereiten

Mit der Projektbearbeitung wird hauptsächlich Fachwissen erworben und zielgerichtete Teamarbeit eingeübt. Mit der Präsentation der Ergebnisse sollen folgende Ziele erreicht werden:

- Dokumentation der Arbeitsergebnisse für die Bewertung der Schülerleistungen und für die eigenen Unterlagen
- Weitergabe der erarbeiteten Ergebnisse und Informationen an die Mitschüler und Mitschülerinnen
- Erlernen und üben von Präsentationsformen

Präsentationsformen

Für die Präsentation vor der Klasse stehen verschiedene Präsentationsformen zur Verfügung, z. B. ein mündlicher Vortrag, Bildprojektionen oder Versuchsdurchführungen (**Tabelle 1,** Seite 274).

Kriterien für die **Wahl der Präsentationsform** sind

- die erwünschte Wirkung bei den Zuhörern und deren Erwartung, z. B. Sachlichkeit, Fachkompetenz und Seriosität, aber auch Humor,
- der erwartete Umfang und die Dauer der Präsentation, z. B. ob alle Ergebnisse vorgetragen oder ob nur ein Überblick gegeben wird, ob auf die Dokumentation verwiesen oder ob schriftliche Unterlagen verteilt werden,
- die Vorbereitungszeit, die sich danach richtet, ob z. B. die Form der Präsentation vorgegeben ist oder frei gewählt werden kann, ob die Präsentation als Stegreifübung geplant ist oder ob genügend Zeit auch für einen Probelauf bleibt,
- die verfügbaren Medien wie z. B. Tafel, Plakate, Modelle, Überkopfprojektor (Overheadprojektor), Bildschirmprojektion und die Medienkompetenz der Gruppenmitglieder.

Weiterhin ist eine schriftliche Dokumentation notwendig **(Bild 1)**. Sie wird beurteilt nach formellem Aufbau und Übersichtlichkeit, nach sachlicher Richtigkeit und Vollständigkeit sowie nach ihrer Gestaltung.

Die schriftliche Dokumentation, meist als Projektordner angelegt, geht in die Wertung der Projektarbeit ein. Daher lohnt es sich, dafür besondere Sorgfalt aufzuwenden und Kreativität zu entwickeln **(Bild 2)**.

Bild 1: Gruppenordner für die schriftliche Dokumentation

Herstellung eines Stahlbetonsturzes

Klasse:	B1Mal, Gruppe 3
Datum:	02. - 10. Mai
Bearbeiter:	Klaus Mustermann Hans Müller Katrin Meier

Bild 2: Deckblatt der Dokumentation für Lernfeld 4 (Beispiel)

Tabelle 1: Überblick über Präsentationsformen und Medieneinsatz

Präsentation	Besonderheiten	Einsatzmöglichkeiten
Mündlicher Vortrag	– Geringer Aufwand für die Vorbereitung – Bei ungeübten Rednern oft langweilig – Von Stimmung und Lampenfieber beeinflussbar – Kann durch Zwischenfragen lebhaft werden – Sehr kurze oder längere Vorträge möglich – Vortrag im Team möglich	– Als Ergänzung zu jeder Präsentationsform möglich – Zwischenberichte – Wirkungsvolles und einfaches Werkzeug für gute Redner
Folien am Overhead-Projektor (OP)	– Folien können gut vorbereitet werden – Erfahrung im Umgang mit Overhead-Projektor nötig – Folien lassen sich am Overhead-Projektor ergänzen – Viele Informationen können schnell gezeigt werden – Vorsicht: zu viele Folien und Informationen überfordern die Zuhörer	– Effektive Ergänzung zu mündlichem Vortrag – Überblick über umfangreiche Informationen – Gemeinsames Ausfüllen von Arbeitsvorlagen, z.B. Arbeitsblätter
Tafelanschrieb	– Flexibel und leicht zu verändern – Mit wenig Übung zu erlernen – Zuschauer können einbezogen werden – Kann nur bedingt vorbereitet werden – Tafelanschrieb steht später als Dokument nur zur Verfügung, wenn er abgeschrieben wurde	– Darstellung von Abläufen und Zusammenhängen – Skizzen und Erklärungen – Verschaffen eines Überblicks und Setzen von Schwerpunkten
Plakate und Wandtapeten	– Gute Vorbereitung möglich und nötig – Bei und nach der Präsentation vielseitig einsetzbar – Kann begrenzt ergänzt und korrigiert werden	– Alternative zu digitalen Medien – Einfache Beschaffung der Medien
Diavortrag	– Verdunkelung notwendig – Vorbereitungen oft umständlich – Unterbrechungen sehr störend – Konzentration der Zuschauer auf die gezeigten Bilder gewährleistet – Ergänzung durch Tonbildschau möglich	– Höhepunkt einer längeren Präsentation – Zusammenfassung von Ergebnissen mit viel Bildmaterial
PC-Präsentationen	– Kann alle anderen Medien ersetzen – Vorraussetzung ist die Beherrschung der entsprechenden Soft- und Hardware – Relativ einfache Vorbereitung für erfahrene PC-Nutzer – Sehr eindrucksvolles Medium, Animationen möglich – Kurzer Einsatz und Unterbrechungen möglich – Ausdruck als Prospekt möglich – Bestehende Dateien aus anderen Programmen können verwendet werden	– Jederzeit einsetzbar statt Folien, Dia, Film, Tafel oder Plakaten, wenn die technischen Vorraussetzungen gegeben sind: • PC mit Beamer oder mit großem Bildschirm • Digitale Tafel
Modelle, Materialproben	– Vorbereitung nötig, manchmal sehr zeitaufwändig – Sehr gute Veranschaulichung – Konzentration auf wesentliche Merkmale möglich – Wirklichkeitsnah und leicht nachvollziehbar – Betastbar, als Anschauungsmaterial auch später verfügbar – Lagerung der Modelle und Materialproben kann problematisch sein	– Zur Präsentation von Ergebnissen, die Konstruktionen, Formen oder Baustoffeigenschaften beinhalten
Versuchsdurchführung	– Vorbereitung und Räumlichkeiten notwendig – Risiko des Gelingens – Oft zeitaufwändig bei der Durchführung – Ergebnisse überzeugend – Spannend und interessant für die Zuschauer	– Zur Präsentation von Ergebnissen, die Reaktionen oder Eigenschaften begründen oder beweisen sollen
Einbezug der Teilnehmer	– Gespräch mit den Teilnehmern – Fragen an die Teilnehmer – Aufgaben, z.B. handwerkliche, schriftliche und mündliche Aufgaben, Rollenspiele oder rhetorische Fragen	– Bei längeren Präsentationen, die als Unterricht gestaltet werden oder besonders publikumswirksam sein sollen

Ein Projektordner soll enthalten:

- Deckblatt mit Projekt-Thema und Namen der Bearbeiter (Bild 2, Seite 273)
- Inhaltsangabe, Register und Seitenangaben **(Bild 1)**
- Aufgabenstellung
- Beschreibung von Arbeitsabläufen und Arbeitstechniken
- Konstruktionsbeschreibungen mit Verbindungen und weiteren Details
- Angaben zu Geräten, Werkzeugen und Maschinen
- Baustoffangaben, Baustoffberechnungen, Lieferbedingungen
- Produktinformationen der Herstellerfirmen
- Zeichnungen, Skizzen, Fotos
- Fotos von erstellten Plakaten, Wandtafeln und Modellen
- Versuchsbeschreibungen und Versuchsergebnisse
- Nachweise der Qualitätsprüfungen
- Maßnahmen zur Unfallverhütung
- Angaben zur Umweltbeeinflussung einer Baumaßnahme
- Protokolle der Gruppenarbeit
- Literaturhinweise, Bildquellenverzeichnisse

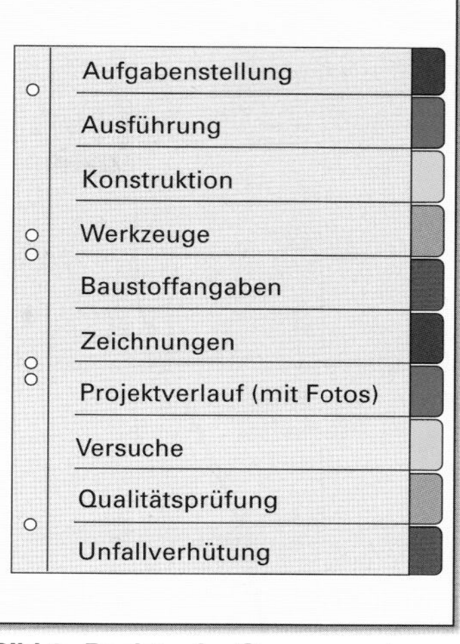

Bild 1: Register im Gruppenordner

Vorbereitungshilfen für die Präsentation

Die Präsentation muss geplant werden **(Bild 2, Tabelle 1)**.

Tabelle 1: Vorbereitungsblatt für die Präsentation (Beispiel)

Projekt: Betonschalung, Lernfeld 4 — Datum ....

Teilnehmer: Schüler 1, Schüler 2, Schüler 3, Schüler 4

Zeit	Wer?	Thema	Präsentationsform
2 Min	Schüler 1	Vorstellung der Gruppe Aufgabe: Einschalen eines Betonsturzes Hinweise auf den Projektverlauf	Mündlicher Vortrag
4 Min	Schüler 2	Schalungsarten – Systemschalung – systemlose Schalung Vor- und Nachteile der Schalungsarten	Mündlicher Vortrag mit OH-Folie und Prospekten für Schalsysteme
3 Min	Schüler 3	Angaben aus dem Schalungsplan gewählt: systemlose Schalung Schalhaut, Unterkonstruktion, Unterstützung, Aussteifung	Mündlich, Schalplan und Aufbau der Schalung als OH-Folie
2 Min	Schüler 1	Details: – Vorbereitung und Pflege der Schalhaut – Verkeilen der Stützen oder höhenverstellbare Stützen – Einfluss auf die Betonoberflächen	Mündlicher Vortrag Tafelskizze
2 Min	Schüler 4	Hinweis auf weitere Arbeitsschritte: – Einbau der Bewehrung (Hinweis auf Betonabstandhalter) – Einbringen des Betons und – Verdichten (Hinweis auf die Beanspruchung der Schalung durch Druck des Frischbetons, Erschütterungen, Dichtheit)	Mündlicher Vortrag mit Hinweis auf Wandtafeln und andere Informationsquellen
2 Min	Schüler 2	Zusammenfassung und Hinweis auf Nachbehandlung des Betons oder Betonfestigkeit Zeit für Fragen Schlussbemerkungen, z.B. mit Hinweisen zum Projektverlauf	Einbezug der Teilnehmer

Bild 2: Vorbereitung der Präsentation

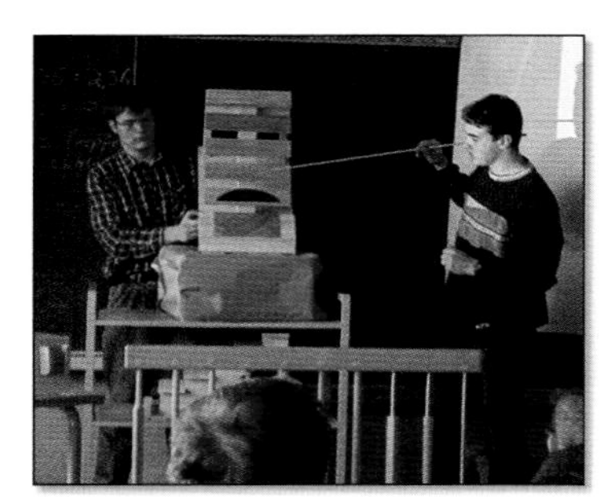

Bild 1: Präsentation durch Bearbeiter

Ergebnisse sollten frei vorgetragen und nicht vorgelesen werden. Aber dennoch sind ein Vorbereitungsblatt oder ein Stichwortzettel bereitzuhalten (**Tabelle 1**, Seite 275 und **Druckvorlage auf CD**).

Probelauf

Ungeübten Rednern hilft es, wenn sie sich zunächst selbst den Vortrag halten – also laut sprechen, was sie später in der Klasse sagen wollen.

Die Gruppenmitglieder sollen sich ihre Berichte auch gegenseitig vortragen, damit es bei der Präsentation keine ungeplanten Wiederholungen gibt und keine wichtigen Aspekte vergessen werden.

Auch der Einsatz von Medien soll eingeübt werden, um Schwierigkeiten rechtzeitig zu erkennen und um Pannen bei der Präsentation zu vermeiden.

Bild 2: Gestaltung der Präsentation

Schritt 12: Präsentation

Der gesamte Projektverlauf ist wichtig für die Schüler. Die Präsentation ist das Ziel und der Höhepunkt des Projektverlaufs. Zur Präsentation zählen

- das Vorstellen der Ergebnisse vor der Klasse,
- die Übergabe der schriftlichen Dokumentation und
- gegebenenfalls die Abgabe von elektronischen Datenträgern.

Im beruflichen Alltag ist die Präsentation der geleisteten Arbeit oft entscheidend für die Berücksichtigung bei neuen Aufträgen oder für die Auftragserteilung. Daher soll bereits im Unterricht gelernt werden, Ergebnisse wirkungsvoll zu präsentieren und zu gestalten (**Bild 1** und **Bild 2**).

Bei der **Präsentation als Höhepunkt** sollte man

- Klassenzimmer vorbereiten,
- Gäste einladen,
- Medien fachgerecht einsetzen,
- Schrift und Visualisierung ausreichend groß bemessen,
- angenehme Lautstärke wählen,
- angemessene Kleidung tragen,
- auf persönliches Auftreten achten,
- Selbstdisziplin zeigen.

Tipps gegen Redeangst

- Inhalte gut vorbereiten
- Die ersten Sätze der Rede auswendig lernen
- Allein vor dem Spiegel oder vor der Gruppe laut üben
- Vor dem Auftritt Entspannungsübungen machen, gut durchatmen
- Laut und deutlich reden
- Keine Angst vor Kniezittern – der Redner kann es fühlen, der Zuhörer aber nicht sehen
- Lampenfieber zulassen, es verhilft zu natürlicher Spannung, die uns zu Höchstleistungen treibt

Auch wenn die Präsentation gut vorbereitet ist, darf sich Lampenfieber bemerkbar machen. Viele geübte Redner und Schauspieler gestehen, dass sie vor jedem Auftritt Lampenfieber spüren; erst dadurch können sie volle Leistung erbringen.

„Übung macht den Meister", das gilt auch für das Reden und Auftreten vor der Klasse und vor Publikum. In der Schule kann eingeübt werden, was später in entscheidender Situation bewältigt werden muss. Aber es gibt auch Tipps und Tricks, wie man mit Lampenfieber umgehen kann, damit es nicht zu einer lähmenden Redeangst kommt.

Lampenfieber ist nützlich

Wenn Sie Lampenfieber haben, spüren Sie eine leichte nervöse Anspannung, weil Ihr Körper Adrenalin produziert. Ihre Aufmerksamkeit läuft auf Hochtouren und Ihre Sinne sind geschärft. Diese natürliche Spannung hilft Ihnen dabei, Höchstleistungen zu vollbringen, weil so Ihre Konzentration gesichert ist.

Lassen Sie sich also nicht ins Bockshorn jagen, wenn Sie ein flattriges Gefühl in der Magengegend spüren oder Ihre Hände heiß und kalt werden. Atmen Sie einfach ruhig und tief durch.

Schritt 13: Bewertung der Ergebnisse

Die Bewertung der Projektarbeit wird von den Schülern selbst und von den Lehrern vorgenommen. Kritik und Lob sollen dazu führen, Stärken und Schwächen zu erkennen, um auch zukünftige Aufgaben gut lösen zu können.

Die fachliche Richtigkeit und die Präsentation der Ergebnisse wird nach vorher festgelegten Kriterien benotet. Die Gewichtung der einzelnen Kriterien richtet sich nach der Aufgabenstellung und den Vereinbarungen mit der Klasse **(Tabelle 1, Druckvorlage auf CD)**.

Tabelle 1: Vorschlag eines Auswertungsbogens für die Bewertung der Projektergebnisse (Ausschnitt)

Bewertung	Details	Erreichbare Punkte	Gruppe
Optische Gestaltung	Sauberkeit und Gestaltung des Gruppenordners	**10**	......
Formaler Aufbau/Gliederung	Deckblatt/Vollständigkeit	(4)	☐
	Inhaltsverzeichnis/Übersichtlichkeit/ Seitenzahlen/Register	(8)	☐
	Verlaufsprotokoll	(8)	☐
	Gesamtpunkte:	**20**	......
Inhalte/Informationsverarbeitung	Konzentration auf das Wesentliche/Gewichtung Ausführlichkeit der gesuchten Ergebnisse Anpassung an die Aufgabenstellung Bewertung und Auswahl Eigenbeitrag, Originalität	**25**	......
Zeichnungen und Berechnungen	Bemaßung, Beschriftung, Übersichtlichkeit Rechenergebnisse	**25**	......
Präsentation	Kontakt zum Zuhörer	(3)	☐

Nicht nur die Projektergebnisse, auch der Projektverlauf kann bewertet werden. Dabei werden folgende Kompetenzbereiche untersucht:

- Fachkompetenz → zielerreichendes fachliches Lernen
- Methodenkompetenz → methodisch-strategisches Lernen
- Sozialkompetenz → sozial-kommunikatives Lernen
- Lernkompetenz → individuelles Lernen, Selbsteinschätzung

Diese Kompetenzen können nicht wie Fachwissen abgefragt werden. Sie werden während der Projektarbeit deutlich oder sie werden vermisst und treten so als Störungen bei der Projektbearbeitung auf.

Aus folgendem Verhalten lassen sich bei der Projektbearbeitung Rückschlüsse auf die Kompetenzen ziehen:

- Zeitplanung und Organisation des Arbeitsplatzes
- Umgangsformen der Gruppenmitglieder
- Einhalten der Zeitvorgaben und der Verhaltensregeln
- Umgang mit Medien
- Selbständiges Arbeiten
- Konfliktbewältigung
- Durchsetzungsvermögen
- Motivation und Unterstützung der Mitschüler
- Spaß an der Arbeit, Ausdauer, Zielstrebigkeit
- Konzentration, Stressbewältigung

Für die einzelnen Kompetenzen sind Ziele formuliert, die angestrebt werden sollen **(Tabelle 2)**.

Tabelle 2: Anzustrebende Zielvorgaben für Kompetenzen

Fachkompetenz
– Arbeitsabläufe erfassen – Festlegung von Problemlösungsschritten bzw. Arbeitsschritten – Beachtung von Normen und Vorschriften – Zielgerichtetes Arbeiten – Sachgerechte Darstellung von Lernergebnissen – Erfolgreiche Nutzung von Fachbüchern – Bewertung von Arbeitsergebnissen
Methodenkompetenz
– Beschaffung und zielgerichtete Auswahl von Informationsmaterialien – Anwendung von Methoden zur Strukturierung der Projektaufgabe – Anwendung von Methoden zur Gliederung der Projektdokumentation – Fachgerechter Umgang mit verschiedenen Medien
Sozialkompetenz
– Einhalten von vereinbarten Verhaltensregeln – Übernahme von Verantwortung – Zurückstellung von eigenen Interessen gegenüber den Gruppenzielen – Zuverlässiges, rücksichtsvolles Handeln – Bereitschaft zum Arbeiten nach festgelegter Aufgabenteilung
Lernkompetenz
– Erkennenlassen von Lern- und Einsatzwilligkeit – Selbstkritischer Umgang mit eigenen Stärken und Schwächen – Sinnvolles Festlegen von Schwerpunkten – Sorgsamer Umgang mit Medien und Materialien – Konstruktives Nachfragen und Hinterfragen

Probleme bei der Projektbearbeitung

Das Ziel eines Projektes ist oft kurz und bündig formuliert, wie z. B. „Planen Sie die Herstellung eines Stahlbetonsturzes". Bei der Bearbeitung des Projektes können deshalb Probleme auftreten.

Die Gruppe weiß nicht, was zu tun ist.

Es herrscht **Ratlosigkeit** in der Gruppe **(Bild 1)**.

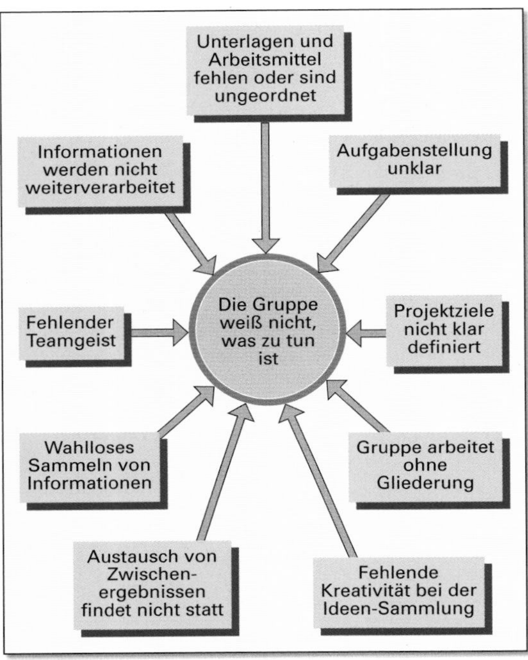

Bild 1: Ursachen für Ratlosigkeit

Weitere Fragen:

- Sind alle Gruppenmitglieder mit der Lösung der Aufgabe beschäftigt oder warten einige auf Arbeitsanweisungen von Mitschülern oder vom Lehrer?
- Gibt es Gruppenmitglieder, die sich mit anderen Dingen beschäftigen, statt mitzuarbeiten?
- Ist den Gruppenmitgliedern der Standort im Projektverlauf bekannt?
- Wurden Projektziele nicht ausführlich genug herausgearbeitet ?
- Wurden Projektergebnisse als Grundlage für weitere Schritte nicht ausreichend den anderen Gruppenmitgliedern bekannt gemacht?
- Fehlen Grundlagen und Kenntnisse für den nächsten Schritt im Projektverlauf?

Die Zeit reicht nicht aus.

Die Gruppenarbeit leidet unter **Zeitmangel (Bild 2)**.

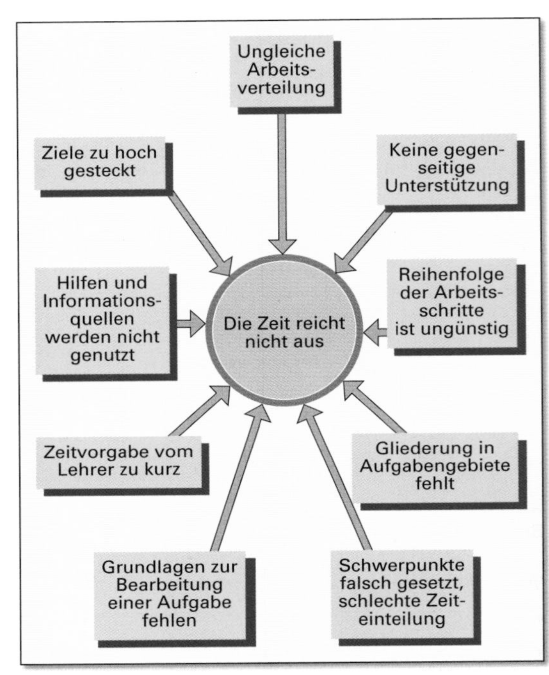

Bild 2: Ursachen für Zeitmangel

Weitere Fragen:

- Arbeiten alle Gruppenmitglieder an ihrer Aufgabe?
- Wurden die Aufgaben günstig verteilt?
- Helfen sich die Gruppenmitglieder gegenseitig?
- Hat die Gruppe ihre Ziele zu hoch gesteckt?
- Wird der Schwerpunkt für die Lösung der Projektaufgabe auf Nebensächliches gesetzt?
- Fehlen Grundlagen zur Projektlösung?
- Muss eigentlich vorhandenes Wissen erst wieder neu erarbeitet werden?
- Werden Informationen zu lange im Internet gesucht, obwohl sie schnell im Fachbuch zu finden wären?
- Wird zu viel Zeit für die Gestaltung der Präsentation verwendet?
- Müssen viele Ergebnisse nachträglich wieder geändert werden?

Die Gruppe ist zu schnell fertig.

Die Gruppe hat **Leerlauf,** d.h. nichts zu tun **(Bild 1).**

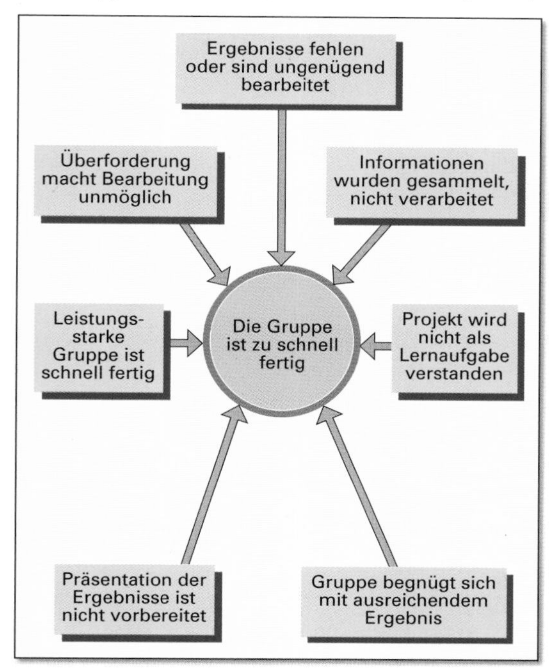

Bild 1: Ursachen für Leerlauf

Weitere Fragen:

- Wurden alle Projektziele erreicht?
- Wurden Ergebnisse nur kopiert oder abgeschrieben?
- Wurden die Ergebnisse nicht gründlich genug erarbeitet?

Die Gruppe will nicht mehr.

Es fehlt der Gruppe an **Motivation (Bild 2).**

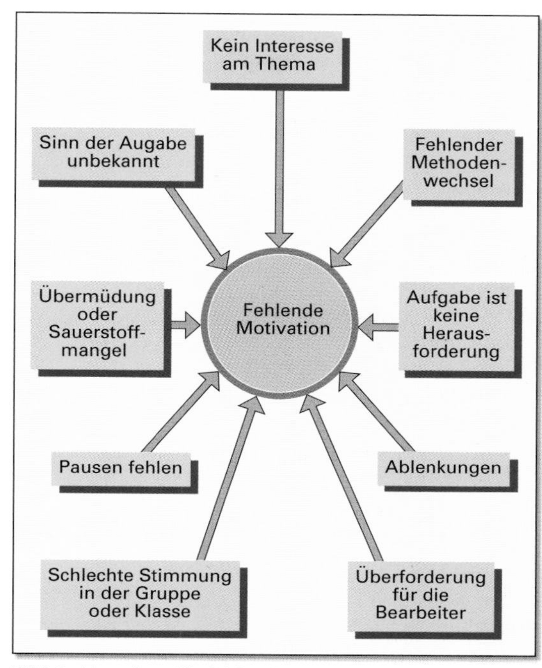

Bild 2: Ursachen für fehlende Motivation

Weitere Fragen:

- Sind für die Gruppenmitglieder gerade andere Ereignisse wichtiger?
- Ist das Projekt zu langweilig?
- Sind die Gruppenmitglieder nicht in der Lage, das Projekt selbstständig zu lösen?

Unterrichtsversäumnisse

Fehlen Gruppenmitglieder während der Projektbearbeitung, ist es von Vorteil, einige Regeln einzuhalten.

- Austausch von Telefonnummern und E-Mail-Adressen, damit Kontakt möglich ist
- Benachrichtigung der Gruppe bei Versäumnis
- Bereits erarbeitete Ergebnisse verbleiben im Gruppenordner in der Schule
- Übernahme von Arbeiten als Hausaufgabe oder durch andere Gruppenmitglieder
- Änderungen im Projektverlauf erfordern Absprache mit dem Lehrer

Unterrichtsausfall

Bei Unterrichtsvertretungen kann das Projekt bei festgelegtem Projektverlauf häufig eine zeitlang selbstständig durch die Gruppenmitglieder weitergeführt werden.

- Probleme und Fragen können von anderen Fachlehrern der Klasse beantwortet werden oder sie werden schriftlich im Gruppenordner festgehalten und später geklärt.
- In solchen Fällen können die Schüler besonders Projektkompetenz, Selbständigkeit, und Teamgeist zeigen.

Werden die Probleme bei der Projektbearbeitung und Störungen des Projektverlaufs rechtzeitig erkannt und beachtet, können viele dieser Probleme und Störungen auch vermieden werden und zu einer verstärkten Handlungskompetenz der einzelnen Schüler führen.

Sachwortverzeichnis